SOLIDWORKS® 公司官方指定培训教程
CSWP 全球专业认证考试培训教程

SOLIDWORKS®
钣金件与焊件教程

（2019版）

[美] DS SOLIDWORKS®公司 著
陈超祥 胡其登 主编
杭州新迪数字工程系统有限公司 编译

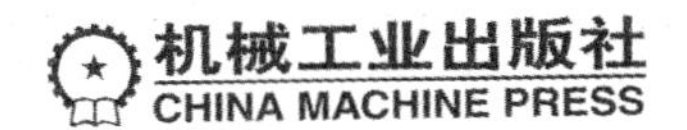

《SOLIDWORKS®钣金件与焊件教程（2019 版）》是根据 DS SOLIDWORKS®公司发布的《SOLIDWORKS® 2019：Sheet Metal》和《SOLIDWORKS® 2019：Weldments》两本书编译而成的，着重介绍了使用 SOLIDWORKS 软件进行钣金件与焊件设计的基本方法和相关技术。本教程提供练习文件下载，详见“本书使用说明”。本教程提供高清语音教学视频，扫描书中二维码即可免费观看。

本教程在保留英文原版教程精华和风格的基础上，按照中国读者的阅读习惯进行编译，配套教学资料齐全，适于企业工程设计人员和大专院校、职业院校相关专业的师生使用。

图书在版编目（CIP）数据

SOLIDWORKS®钣金件与焊件教程：2019 版/美国 DS SOLIDWORKS®公司著；陈超祥，胡其登主编. —5 版. —北京：机械工业出版社，2019. 11

SOLIDWORKS®公司官方指定培训教程　CSWP 全球专业认证考试培训教程

ISBN 978 - 7 - 111 - 63661 - 8

Ⅰ. ①S…　Ⅱ. ①美…②陈…③胡…　Ⅲ. ①钣金工 - 计算机辅助设计 - 应用软件 - 技术培训 - 教材②焊接 - 计算机辅助设计 - 应用软件 - 技术培训 - 教材　Ⅳ. ①TG382 - 39②TG409

中国版本图书馆 CIP 数据核字（2019）第 195168 号

机械工业出版社（北京市百万庄大街 22 号　邮政编码 100037）
策划编辑：张雁茹　　责任编辑：张雁茹
责任校对：李锦莉　刘丽华　封面设计：陈　沛
责任印制：李　昂
北京京丰印刷厂印刷
2019 年 10 月第 5 版 · 第 1 次印刷
184mm × 260mm · 20. 75 印张 · 513 千字
0 001—4 000 册
标准书号：ISBN 978 - 7 - 111 - 63661 - 8
定价：69. 80 元

电话服务
客服电话：010-88361066
　　　　　010-88379833
　　　　　010-68326294

网络服务
机　工　官　网：www. cmpbook. com
机　工　官　博：weibo. com/cmp1952
金　　书　　网：www. golden-book. com
机工教育服务网：www. cmpedu. com

序

尊敬的中国 SOLIDWORKS 用户：

DS SOLIDWORKS®公司很高兴为您提供这套最新的 SOLIDWORKS®中文官方指定培训教程。我们对中国市场有着长期的承诺，自从 1996 年以来，我们就一直保持与北美地区同步发布 SOLIDWORKS 3D 设计软件的每一个中文版本。

我们感觉到 DS SOLIDWORKS®公司与中国用户之间有着一种特殊的关系，因此也有着一份特殊的责任。这种关系是基于我们共同的价值观——创造性、创新性、卓越的技术，以及世界级的竞争能力。这些价值观一部分是由公司的共同创始人之一李向荣（Tommy Li）所建立的。李向荣是一位华裔工程师，他在定义并实施我们公司的关键性突破技术以及在指导我们的组织开发方面起到了很大的作用。

作为一家软件公司，DS SOLIDWORKS®致力于带给用户世界一流水平的 3D 解决方案（包括设计、分析、产品数据管理、文档出版与发布），以帮助设计师和工程师开发出更好的产品。我们很荣幸地看到中国用户的数量在不断增长，大量杰出的工程师每天使用我们的软件来开发高质量、有竞争力的产品。

目前，中国正在经历一个迅猛发展的时期，从制造服务型经济转向创新驱动型经济。为了继续取得成功，中国需要相配套的软件工具。

SOLIDWORKS® 2019 是我们最新版本的软件，它在产品设计过程自动化及改进产品质量方面又提高了一步。该版本提供了许多新的功能和更多提高生产率的工具，可帮助机械设计师和工程师开发出更好的产品。

现在，我们提供了这套中文原版培训教程，体现出我们对中国用户长期持续的承诺。这套教程可以有效地帮助您把 SOLIDWORKS® 2019 软件在驱动设计创新和工程技术应用方面的强大威力全部释放出来。

我们为 SOLIDWORKS 软件能够帮助提升中国的产品设计和开发水平而感到自豪。现在您拥有了好用的软件工具以及配套教程，我们期待看到您用这些工具开发出创新型的产品。

Gian Paolo Bassi

DS SOLIDWORKS®公司首席执行官

2019 年 3 月

陈超祥　现任 DS SOLIDWORKS®公司亚太区资深技术总监

陈超祥先生早年毕业于香港理工学院机械工程系，后获英国华威大学制造信息工程硕士和香港理工大学工业及系统工程博士学位。多年来，陈超祥先生致力于机械设计和 CAD 技术应用的研究，已发表技术文章 20 余篇，拥有多个国际专业组织的专业资格，是中国机械工程学会机械设计分会委员。陈超祥先生曾参与欧洲航天局“猎犬 2 号”火星探险项目，是取样器 4 位发明者之一，拥有美国发明专利（US Patent 6，837，312）。

前言

DS SOLIDWORKS®公司是一家专业从事三维机械设计、工程分析、产品数据管理软件研发和销售的国际性公司。SOLIDWORKS 软件以其优异的性能、易用性和创新性，极大地提高了机械设计工程师的设计效率和设计质量，目前已成为主流 3D CAD 软件市场的标准，在全球拥有超过 600 万的用户。DS SOLIDWORKS® 公司的宗旨是：to help customers design better products and be more successful——让您的设计更精彩。

“SOLIDWORKS®公司官方指定培训教程”是根据 DS SOLIDWORKS®公司最新发布的 SOLIDWORKS® 2019 软件的配套英文版培训教程编译而成的，也是 CSWP 全球专业认证考试培训教程。本套教程是 DS SOLIDWORKS® 公司唯一正式授权在中国大陆出版的官方指定教程，也是迄今为止出版的较为完整的 SOLIDWORKS®公司官方指定培训教程。

本套教程详细介绍了 SOLIDWORKS® 2019 软件的功能，以及使用该软件进行三维产品设计、工程分析的方法、思路、技巧和步骤。值得一提的是，SOLIDWORKS® 2019 软件不仅在功能上进行了 600 多项改进，更加突出的是它在技术上的巨大进步与创新，从而可以更好地满足工程师的设计需求，带给新老用户更大的实惠！

《SOLIDWORKS®钣金件与焊件教程（2019 版）》是根据 DS SOLIDWORKS®公司发布的《SOLIDWORKS® 2019：Sheet Metal》和《SOLIDWORKS® 2019：Weldments》编译而成的，着重介绍了使用 SOLIDWORKS 软件进行钣金件与焊件设计的基本方法和相关技术。

胡其登　现任 DS SOLIDWORKS®公司大中国区技术总监

胡其登先生毕业于北京航空航天大学，先后获得“计算机辅助设计与制造（CAD/CAM）”专业工学学士、工学硕士学位。毕业后一直从事 3D CAD/CAM/PDM/PLM 技术的研究与实践、软件开发、企业技术培训与支持、制造业企业信息化的深化应用与推广等工作，经验丰富，先后发表技术文章 20 余篇。在引进并消化吸收新技术的同时，注重理论与企业实际相结合。在给数以百计的企业进行技术交流、方案推介和顾问咨询等工作的过程中，对如何将 3D 技术成功应用到中国制造业企业的问题上，形成了自己的独到见解，总结出了推广企业信息化与数字化的最佳实践方法，帮助众多企业从 2D 平滑地过渡到了 3D，并为企业推荐和引进了 PDM/PLM 管理平台。作为系统实施的专家与顾问，以自身的理论与实践的知识体系，帮助企业成为 3D 数字化企业。

胡其登先生作为中国较早使用 SOLIDWORKS 软件的工程师，酷爱 3D 技术，先后为 SOLIDWORKS 社群培训培养了数以百计的工程师，目前负责 SOLIDWORKS 解决方案在大中国区全渠道的技术培训、支持、实施、服务及推广等全面技术工作。

本套教程在保留英文原版教程精华和风格的基础上，按照中国读者的阅读习惯进行了编译，使其变得直观、通俗，让初学者易上手，让高手的设计效率和质量更上一层楼！

本套教程由 DS SOLIDWORKS®公司亚太区资深技术总监陈超祥先生和大中国区技术总监胡其登先生担任主编，由杭州新迪数字工程系统有限公司副总经理陈志杨负责审校。承担编译、校对和录入工作的有陈志杨、张曦、李鹏、胡智明、肖冰、王靖等杭州新迪数字工程系统有限公司的技术人员。杭州新迪数字工程系统有限公司是 DS SOLIDWORKS®公司的密切合作伙伴，拥有一支完整的软件研发队伍和技术支持队伍，长期承担着 SOLIDWORKS 核心软件研发、客户技术支持、培训教程编译等方面的工作。本套教程的操作视频由 SOLIDWORKS 高级咨询顾问赵罘制作。在此，对参与本套教程编译和视频制作的工作人员表示诚挚的感谢。

由于时间仓促，书中难免存在疏漏和不足之处，恳请广大读者批评指正。

陈超祥　胡其登

2019 年 3 月

本书使用说明

关于本书

本书的目的是让读者学习如何使用 SOLIDWORKS 软件的多种高级功能，着重介绍了使用 SOLIDWORKS 软件进行高级设计的技巧和相关技术。

SOLIDWORKS® 2019 是一个功能强大的机械设计软件，而书中章节有限，不可能覆盖软件的每一个细节和各个方面，所以，本书将重点给读者讲解应用 SOLIDWORKS® 2019 进行工作所必需的基本技能和主要概念。本书作为在线帮助系统的一个有益补充，不可能完全替代软件自带的在线帮助系统。读者在对 SOLIDWORKS® 2019 软件的基本使用技能有了较好的了解之后，就能够参考在线帮助系统获得其他常用命令的信息，进而提高应用水平。

前提条件

读者在学习本书前，应该具备如下经验：

- 机械设计经验。
- 已经学习了《SOLIDWORKS®零件与装配体教程（2019 版）》。
- 使用 Windows 操作系统的经验。

编写原则

本书是基于过程或任务的方法而设计的培训教程，并不专注于介绍单项特征和软件功能。本书强调的是完成一项特定任务所应遵循的过程和步骤。通过对每一个应用实例的学习来演示这些过程和步骤，读者将学会为了完成一项特定的设计任务应采取的方法，以及所需要的命令、选项和菜单。

知识卡片

除了每章的研究实例和练习外，书中还提供了可供读者参考的“知识卡片”。这些知识卡片提供了软件使用工具的简单介绍和操作方法，可供读者随时查阅。

使用方法

本书的目的是希望读者在有 SOLIDWORKS 使用经验的教师指导下，在培训课中进行学习；希望读者通过“教师现场演示本书所提供的实例，学生跟着练习”的交互式学习方法，掌握软件的功能。

读者可以使用练习题来应用和练习书中讲解的或教师演示的内容。本书设计的练习题代表了典型的设计和建模情况，读者完全能够在课堂上完成。应该注意到，学生的学习速度是不同的，因此，书中所列出的练习题比一般读者能在课堂上完成的要多，这确保了学习能力强的读者也有练习可做。

标准、名词术语及单位

SOLIDWORKS 软件支持多种标准，如中国国家标准（GB）、美国国家标准（ANSI）、国际标准（ISO）、德国国家标准（DIN）和日本国家标准（JIS）。本书中的例子和练习基本上采用了中国国家标准（除个别为体现软件多样性的选项外）。为与软件保持一致，本书中一些名词术语和计量单位未与中国国家标准保持一致，请读者使用时注意。

练习文件下载方式

读者可以从网络平台下载本教程的练习文件，具体方法是：微信扫描右侧或封底的“机械工人之家”微信公众号，关注后输入“2019BH”即可获取下载地址。

机械工人之家

视频观看方式

扫描书中二维码可在线观看视频，二维码位于章节之中的“操作步骤”处。可使用手机或平板电脑扫码观看，也可复制手机或平板电脑扫码后的链接到计算机的浏览器中，用浏览器观看。

模板的使用

本书使用一些预先定义好配置的模板，这些模板也是通过有数字签名的自解压文件包的形式提供的。这些文件可从网址 http://swsft.solidworks.com.cn/ftp-docs/2019 下载。这些模板适用于所有 SOLIDWORKS 教程，使用方法如下：

1. 单击【工具】/【选项】/【系统选项】/【文件位置】。
2. 从下拉列表中选择文件模板。
3. 单击【添加】按钮并选择练习模板文件夹。
4. 在消息提示框中单击【确定】按钮和【是】按钮。

当文件位置被添加后，每次新建文档时就可以通过单击【高级】/【Training Templates】选项卡来使用这些模板（见下图）。

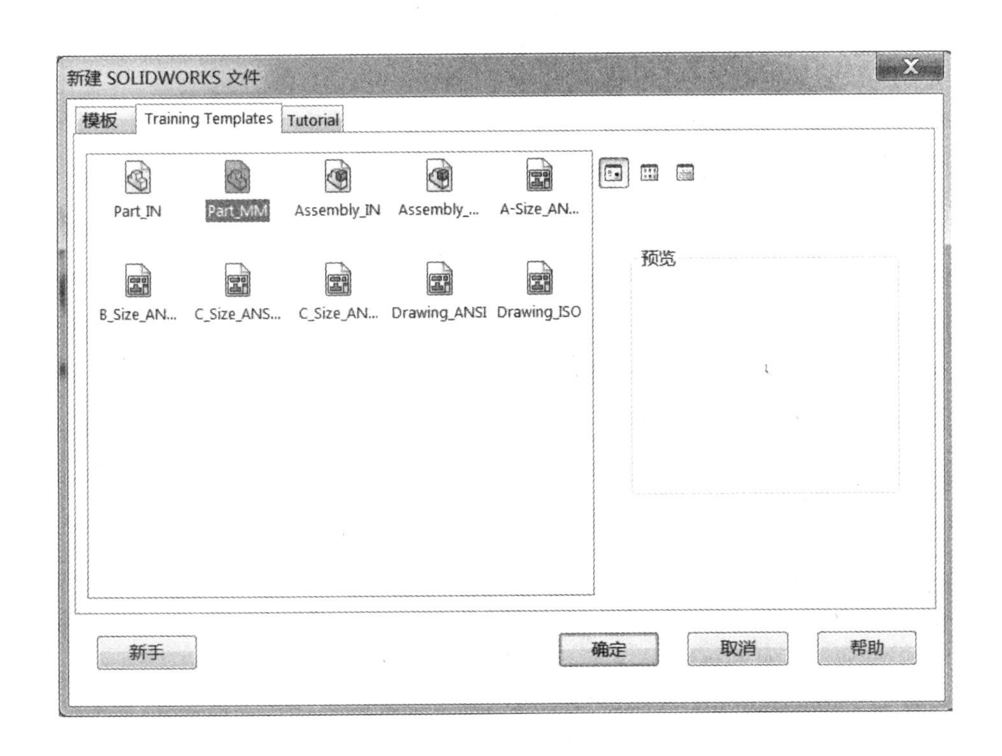

Windows 操作系统

本书所用的截屏图片是 SOLIDWORKS® 2019 运行在 Windows® 7 和 Windows® 10 时制作的。

格式约定

本书使用下表所列的格式约定：

约　定	含　义	约　定	含　义
【插入】/【凸台】	表示 SOLIDWORKS 软件命令和选项。例如，【插入】/【凸台】表示从菜单【插入】中选择【凸台】命令	注意	软件使用时应注意的问题
提示	要点提示	操作步骤 步骤 1 步骤 2 步骤 3	表示课程中实例设计过程的各个步骤
技巧	软件使用技巧		

色彩问题

SOLIDWORKS® 2019 英文原版教程是采用彩色印刷的，而我们出版的中文版教程则采用黑白印刷，所以本书对英文原版教程中出现的颜色信息做了一定的调整，尽可能地方便读者理解书中的内容。

更多 SOLIDWORKS 培训资源

my. solidworks. com 提供了更多的 SOLIDWORKS 内容和服务，用户可以在任何时间、任何地点，使用任何设备查看。用户也可以访问 my. solidworks. com/training，按照自己的计划和节奏来学习，以提高使用 SOLIDWORKS 的技能。

用户组网络

SOLIDWORKS 用户组网络（SWUGN）有很多功能。通过访问 swugn. org，用户可以参加当地的会议，了解 SOLIDWORKS 相关工程技术主题的演讲以及更多的 SOLIDWORKS 产品，或者与其他用户通过网络进行交流。

目　录

第1章　基体法兰特征

学习目标

- 了解独特的钣金 FeatureManager 设计树项目
- 使用基体法兰创建钣金零件
- 展开钣金零件并查看其平板型式
- 添加边线法兰和斜接法兰到钣金零件
- 使用褶边特征
- 创建薄片特征
- 理解钣金的特殊切除选项

1.1　钣金零件概述

钣金零件是由一块等厚的薄片材料加工成形的。通过各种方法，将平板材料弯曲成形，并最终制造成零件，如图 1-1 所示。

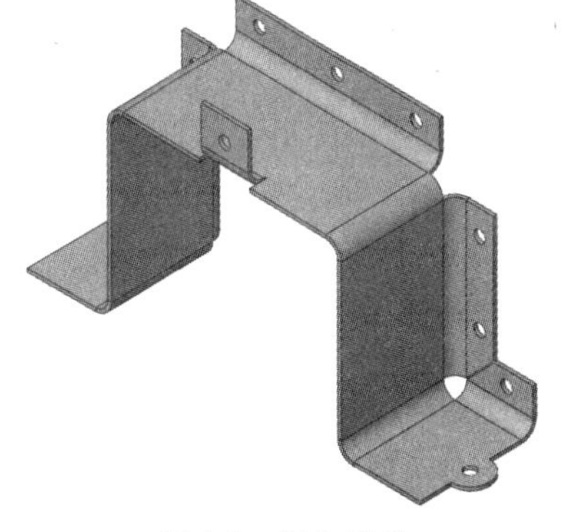

图 1-1　钣金零件

在 SOLIDWORKS 中，钣金零件是指通过特有功能创建的具有特殊属性的一类零件模型。钣金零件模型应包括以下特点：

- 是很薄的部件。
- 在边角具有折弯。
- 能够被展开。

虽然钣金模型通常被用来代表真正的钣金设计，但其特有的特征属性同样可用于其他的零件设计，如纸板包装或织物，如图 1-2 所示。

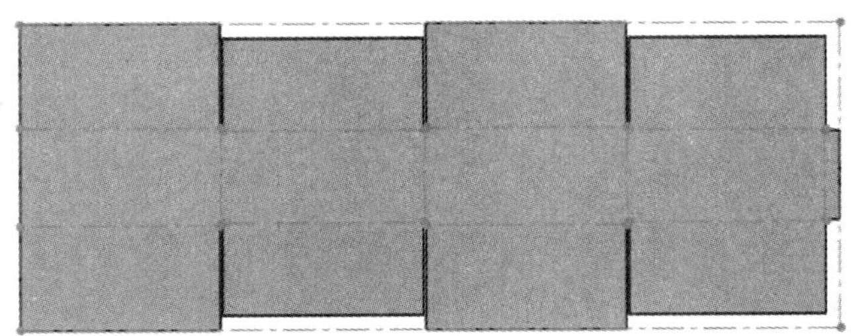

图 1-2　纸板包装

1.2　创建钣金零件的方法

创建钣金零件的方法见表 1-1。

表 1-1　创建钣金零件的方法

方法分类	图示及说明
法兰方法	使用专门的法兰特征在成形状态下创建钣金零件 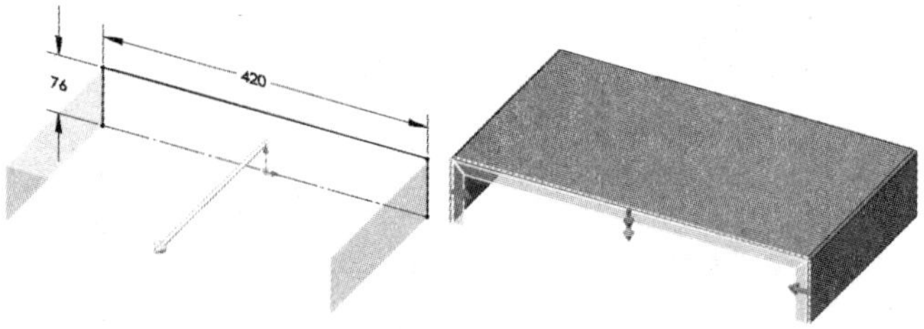
通过平板设计	通过在平板材料上添加一些折弯来创建钣金零件 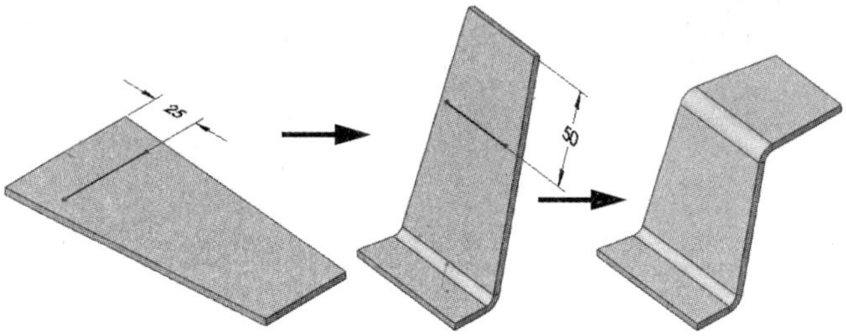
扫描法兰	通过一个轮廓和路径生成钣金法兰 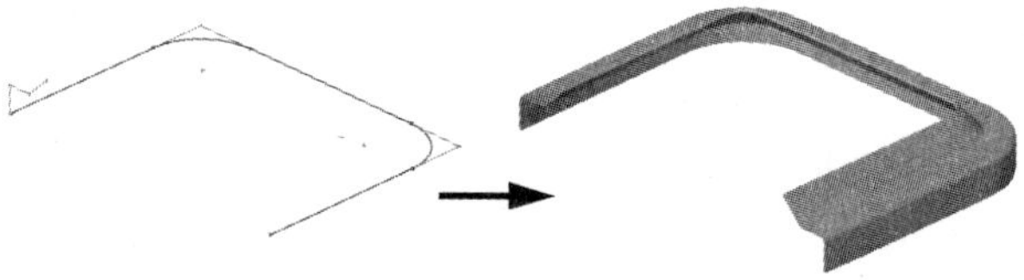
放样折弯	使用变化的轮廓文件创建过渡钣金零件 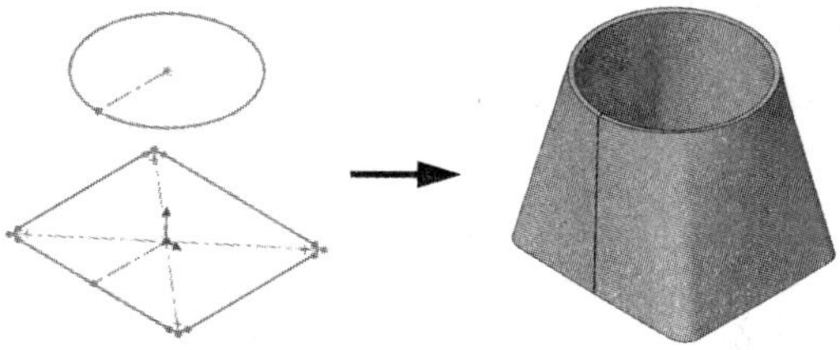
插入折弯	为薄壁零件添加折弯和切边，以允许其被展开 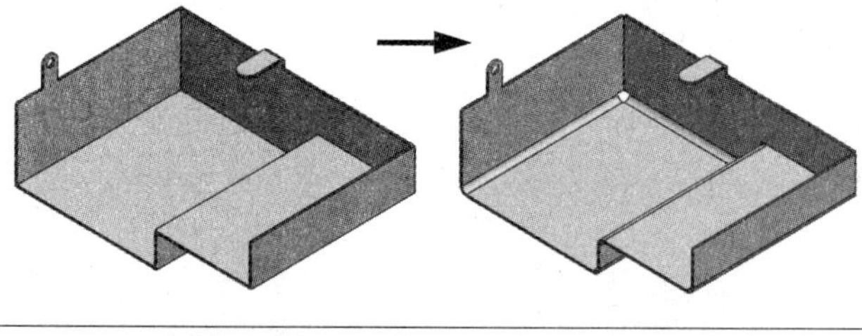
转换钣金	通过选择要包含的面和折弯边线将实体转换为钣金 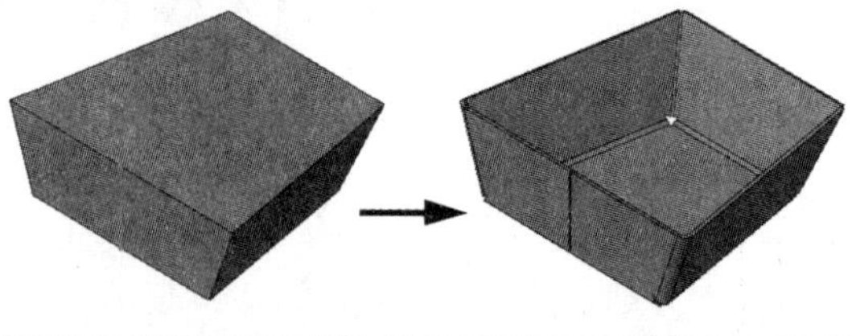

1.3 特有的钣金项目

不论使用哪种方法，只要模型被定义为钣金，两个特有的钣金项目将被添加到 FeatureManager 设计树中，如图 1-3 所示。

1. 钣金 钣金文件夹储存默认的钣金参数，如整个零件的厚度和默认折弯半径。此文件夹中的各个特征关联到零件中的各个实体的参数。如果使用了规格表，它也将出现在此文件夹中。

2. 平板型式 平板型式文件夹储存零件中每个钣金实体的平板型式。当模型在成形状态时平板型式特征被压缩，解除压缩时则显示平板型式。

使用 SOLIDWORKS® 2013 之前版本创建的钣金模型因不含钣金和平板型式的文件夹，文件架构会有所不同。这些旧零件在使用新钣金功能时可能会遇到问题。如果文档模板包含旧的架构代码，在 SOLIDWORKS® 2013 或更高版本中请一定要重建模型，如图 1-4 所示。

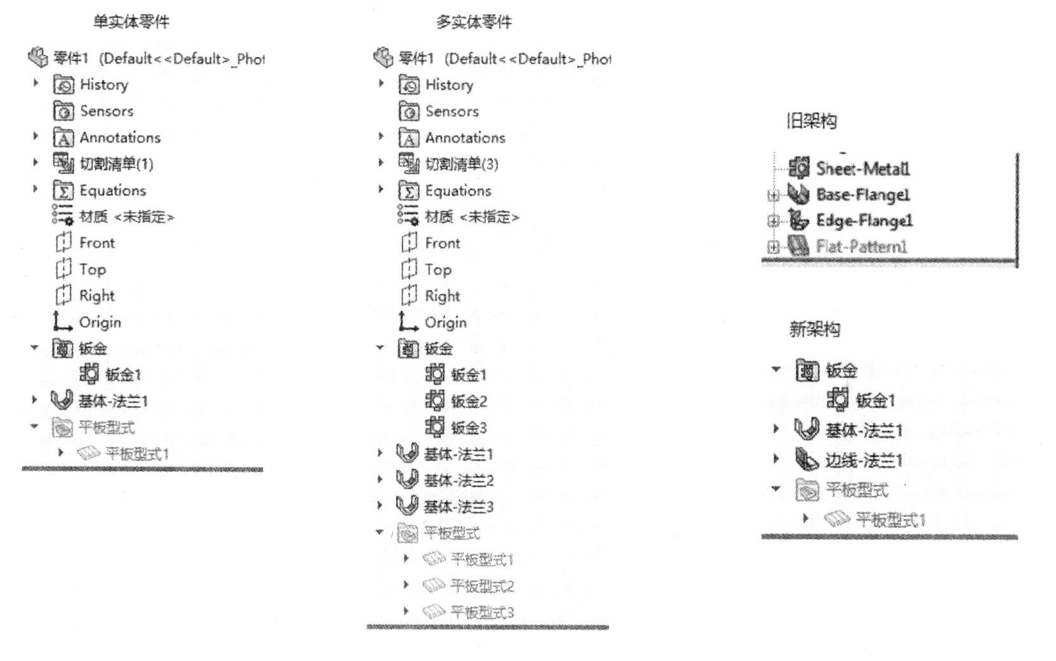

图 1-3 FeatureManager 设计树中的钣金项目

图 1-4 钣金特征架构

1.3.1 法兰方法

创建钣金零件最常用的方法为法兰方法。该方法的重点是模型的成品成形状态，并使用几个可用的法兰特征去生成零件面和折弯。法兰方法是利用【基体法兰】作为模型基本特征的钣金方法。

1.3.2 基体法兰/薄片

【基体法兰/薄片】特征可以认为是钣金设计的“凸台—拉伸”。此特征类似于常规的【拉伸凸台】，但采用了一些钣金零件特有的功能。例如，使用【拉伸凸台】特征，如果将开放的轮廓用于基体法兰，将创建薄壁特征。但是作为钣金特征，钣金参数用于确定壁厚，并在草图任何尖角处均会自动替换为默认半径的折弯。

如果开放的轮廓草图包含圆弧，它们将被自动创建为特征的折弯区域。由于钣金零件是薄壁型的，因此开放轮廓通常与【基体法兰】特征一起使用，如图 1-5 所示。

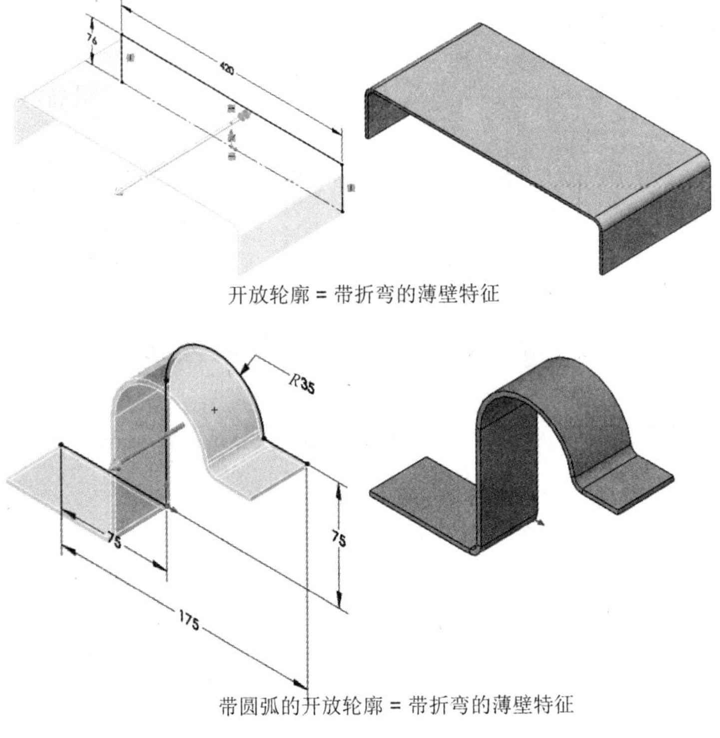

图 1-5　开放轮廓的基体法兰

如果封闭轮廓用于【基体法兰/薄片】，轮廓则近似于拉伸凸台。但作为钣金特征，钣金厚度参数用于控制拉伸距离。这样可以生成一个简单平板作为零件的第一个特征，或可以为现有钣金面添加一个薄片，如图 1-6 所示。

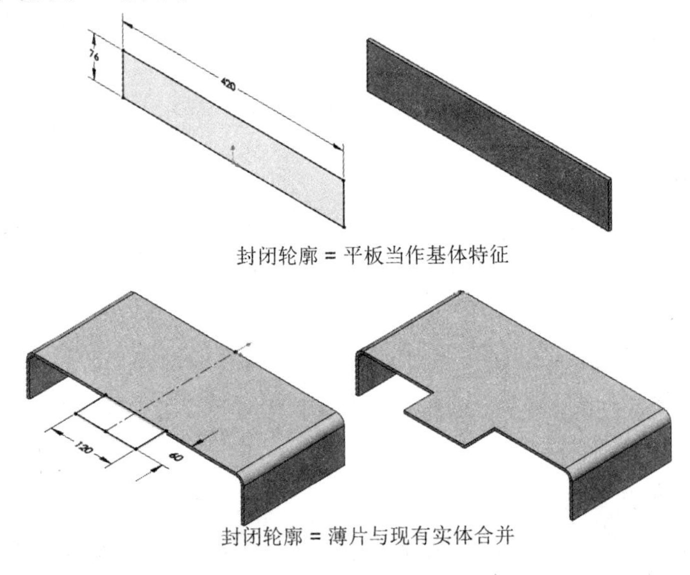

图 1-6　封闭轮廓的基体法兰

知识卡片	基体法兰	• CommandManager：【钣金】/【基体法兰/薄片】。 • 菜单：【插入】/【钣金】/【基体法兰】。

操作步骤

扫码看视频

步骤1　新建零件　使用Part_MM模板创建新零件，将零件命名为Cover。

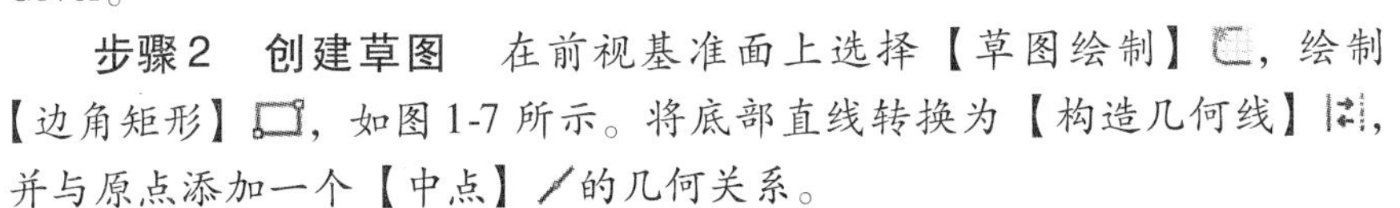

步骤2　创建草图　在前视基准面上选择【草图绘制】，绘制【边角矩形】，如图1-7所示。将底部直线转换为【构造几何线】，并与原点添加一个【中点】的几何关系。

步骤3　创建基体法兰　单击【基体法兰/薄片】。如图1-8所示，由于是开放轮廓，特征近似为薄壁拉伸件。【方向1】和【方向2】分别控制从草图平面向两侧的拉伸距离。选择【方向1】，输入240mm。

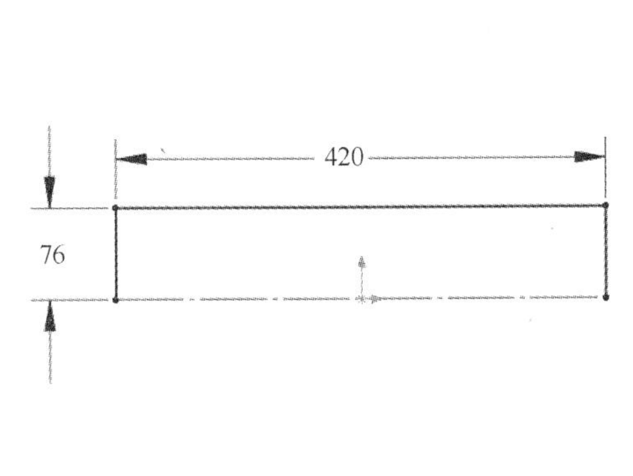

图1-7　创建草图

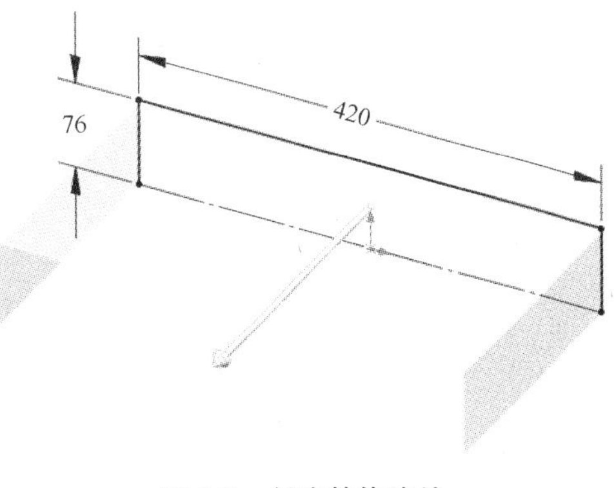

图1-8　创建基体法兰

1.4　钣金参数

零件的第一个钣金特征用于定义模型的默认钣金参数。这些参数包括：钣金厚度、默认折弯半径、折弯系数和自动切释放槽。

1. **钣金厚度**　指该材料的厚度。
2. **默认折弯半径**　指在零件尖角折弯处添加的默认半径，折弯半径始终是内侧的半径值。
3. **折弯系数**　折弯系数决定了平板型式的计算方式。
4. **自动切释放槽**　如果选择自动切释放槽，软件会根据需要自动添加释放槽的切割尺寸和形状。对于【矩形】和【矩圆形】释放槽而言，尺寸可以通过材料厚度比例或者指定宽度和深度来确定。自动切释放槽类型如图1-9所示。

提示　上述钣金参数的初始值确定了零件的默认状态。但是，个别特征和折弯可单独进行定义。

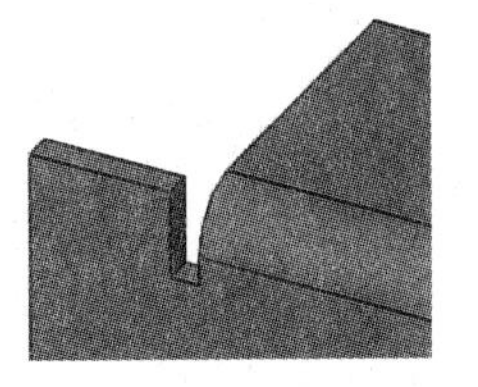

矩形

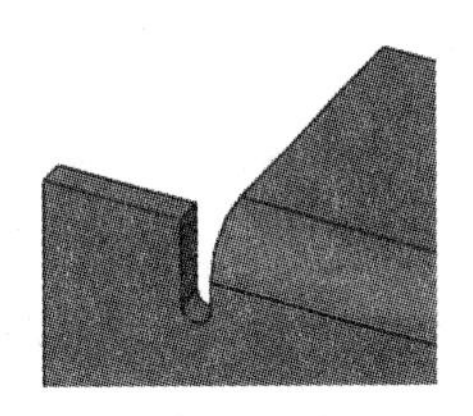

矩圆形

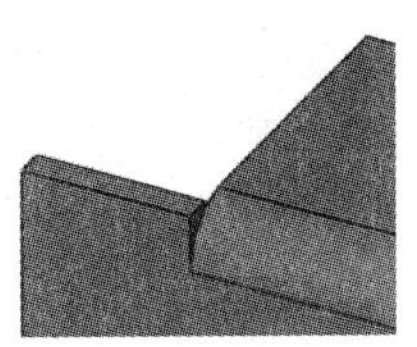

撕裂形——切口

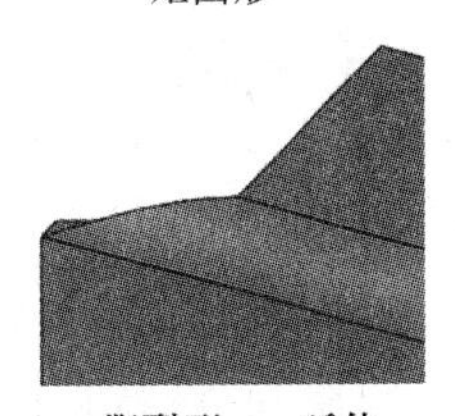

撕裂形——延伸

图1-9　自动切释放槽类型

1.4.1　折弯系数定义

折弯系数是SOLIDWORKS用来计算平板型式数值的通用术语。现实中，折弯系数可以用K因子、折弯系数或折弯扣除表示。无论使用哪种类型的数值，目标都是寻找中性轴的长度（此轴沿着材料的厚度方向，既不被压缩也不被拉伸）。

表1-2总结了K因子、折弯系数和折弯扣除之间的差别。

表1-2　K因子、折弯系数和折弯扣除之间的差别

K因子	折弯系数（BA）	折弯扣除（BD）
K因子＝到中性轴距离/材料厚度	平板型式＝X＋Y＋BA	平板型式＝X＋Y－BD BD＝2×（折弯半径＋材料厚度）－BA

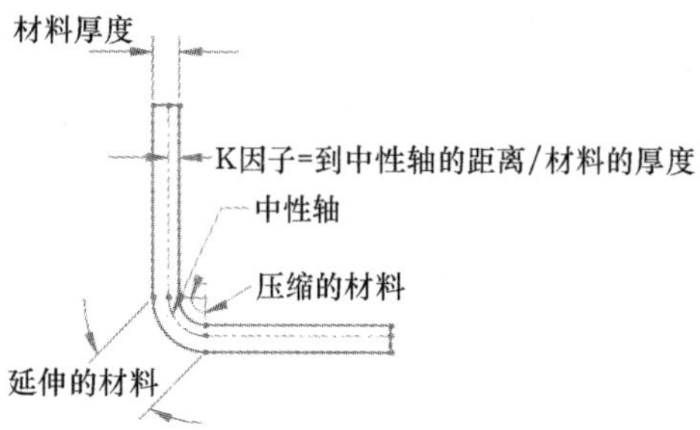

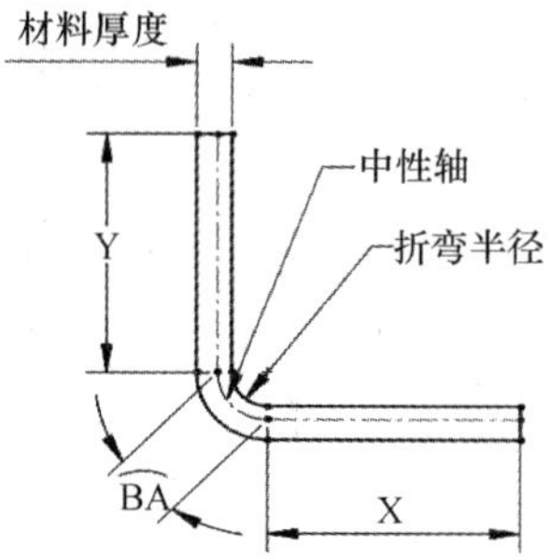

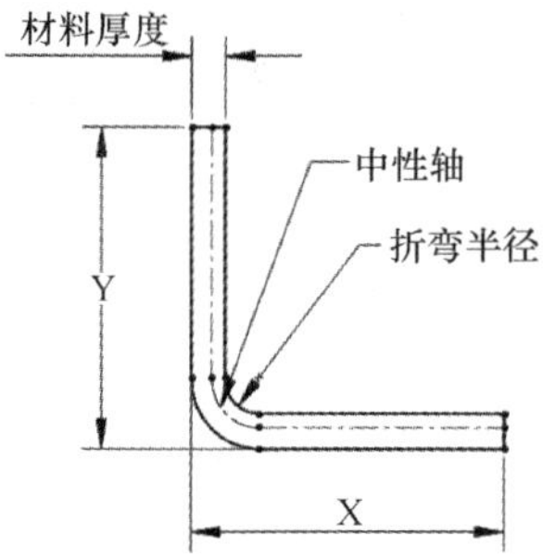

钣金零件的【折弯系数】中有【折弯系数表】、【K因子】、【折弯系数】、【折弯扣除】和【折弯计算】5种方式可选择，如图1-10所示。从下拉菜单中选择【K因子】、【折弯系数】或【折弯扣除】时，可分别输入对应的参数值。选择【折弯系数表】或【折弯计算】时，可通过使用Excel文件确定钣金参数值。

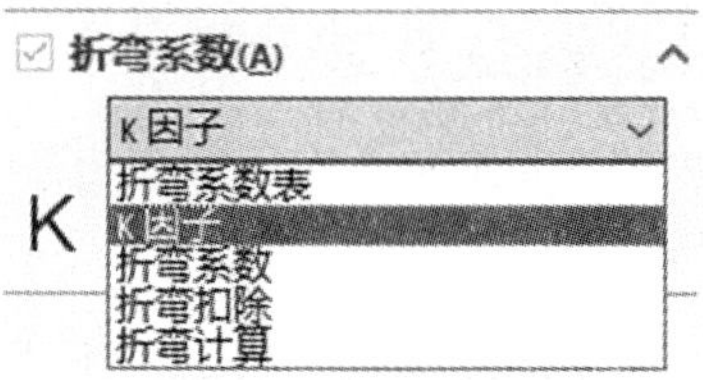

图1-10　折弯系数

1.4.2　使用表格

钣金参数可以手动修改，但为了限制有效值和标准化输入，建议采用Excel表格。折弯系数表可以使用除Excel文件之外的文本文件。

> 提示　【厚度】、【折弯半径】和【折弯系数】中的参数均可使用表格来控制。【自动切释放槽】是为模型单独定义的。

有2种类型的表格可以使用：【规格表】和【折弯系数表】，每类表格都有几种可用的格式。表格中使用的信息和格式都来源于每个公司加工工序所收集的信息。

1.4.3　规格表

规格表用来定义哪些规格的材料是可用的，对于每一种规格都有一些折弯半径可以使用。当使用规格表时，【厚度】和【折弯半径】的钣金参数会被表格中的标准值以下拉菜单的形式替换。

有2种类型的规格表：简单规格表（见图1-11）和组合规格表（见图1-12）。

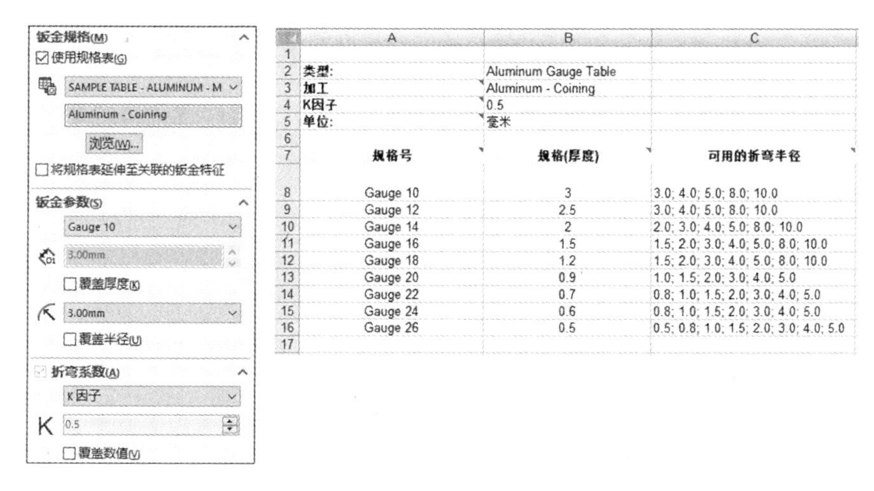

图 1-11　简单规格表

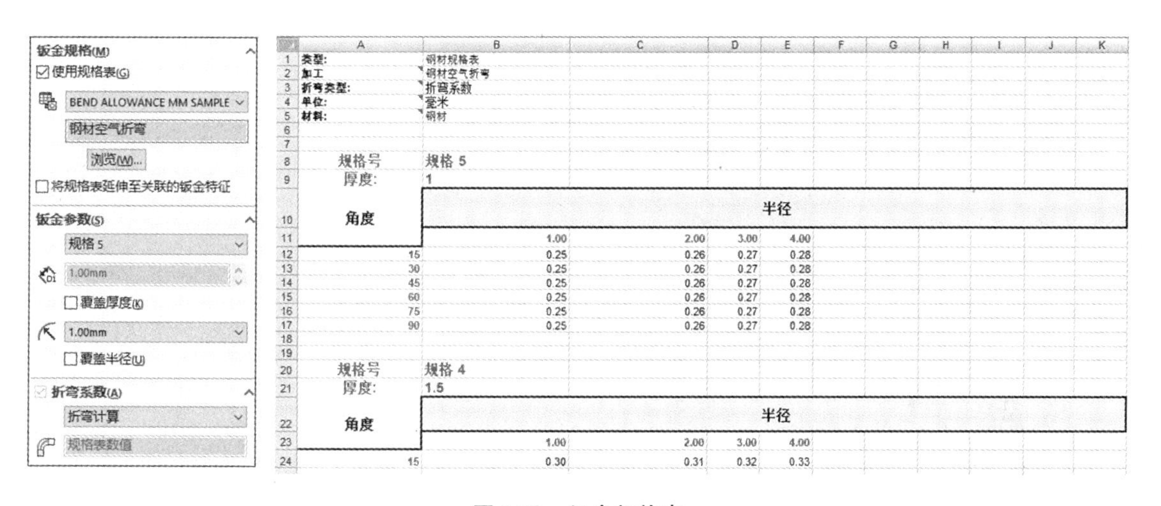

图 1-12　组合规格表

表 1-3 总结了各项参数在两类规格表中的指定方法。

表 1-3　各项参数在两类规格表中的指定方法

说　明	简单规格表	组合规格表
定义规格和材料厚度	表格中的列用于指定规格和材料厚度	在 Excel 文件的左上角，每种规格都有它自己的“厚度表”。左上角的每个厚度表单元格都代表了一个规格和材料厚度
定义每个厚度的可用折弯半径	可用折弯半径列举在每个规格行中，折弯半径值用分号分开	每个可用的折弯半径值在相关的厚度表中都有一列数据
指定可使用的折弯系数	K 因子位于文件顶部，且仅有唯一的值。为了将不同的值或不同类型的值合并，可以使用独立的折弯系数表	折弯系数或折弯扣除值可以为厚度表中的每个半径和角度所使用和改变。值的类型在 Excel 表格的顶部指定
不同的折弯角允许不同的折弯系数	一张独立的折弯系数表可以用来合并该信息	可以根据需要为每个不同的半径和各种折弯角度指定不同的值

1.4.4　折弯系数表

折弯系数表常和简单规格表一起配合使用。折弯系数表会通过表中的钣金厚度和折弯角度值匹配信息。某些格式的折弯系数表允许值随不同的折弯角度值变化。

折弯系数表的类型有以下 4 种。

1. 简单折弯系数表 如图 1-13 所示。

	A	B	C	D	E	F	G	H	I	J	K	L	M	N
1	单位:	英寸												
2	类型:	折弯系数												
3	材料:	**软铜和软黄铜**												
4	评论:	所指定的数值用于 90-度折弯												
5	**半径**	**厚度**												
6		1/64	1/32	3/64	1/16	5/64	3/32	1/8	5/32	3/16	7/32	1/4	9/32	5/16
7	1/32	0.058	0.066	0.075	0.083	0.092	0.101	0.118	0.135	0.152	0.169	0.187	0.204	0.221
8	3/64	0.083	0.091	0.1	0.108	0.117	0.126	0.143	0.16	0.177	0.194	0.212	0.229	0.246
9	1/16	0.107	0.115	0.124	0.132	0.141	0.15	0.167	0.184	0.201	0.218	0.236	0.253	0.27
10	3/32	0.156	0.164	0.173	0.181	0.19	0.199	0.216	0.233	0.25	0.267	0.285	0.302	0.319
11	1/8	0.205	0.213	0.222	0.23	0.239	0.248	0.265	0.282	0.299	0.316	0.334	0.351	0.368
12	5/32	0.254	0.262	0.271	0.279	0.288	0.297	0.314	0.331	0.348	0.365	0.383	0.4	0.417
13	3/16	0.303	0.311	0.32	0.328	0.337	0.346	0.363	0.38	0.397	0.414	0.432	0.449	0.466
14	7/32	0.353	0.361	0.37	0.378	0.387	0.396	0.413	0.43	0.447	0.464	0.482	0.499	0.516
15	1/4	0.401	0.409	0.418	0.426	0.435	0.444	0.461	0.478	0.495	0.512	0.53	0.547	0.564
16	9/32	0.45	0.458	0.467	0.475	0.484	0.493	0.51	0.527	0.544	0.561	0.579	0.596	0.613
17	5/16	0.499	0.507	0.516	0.524	0.533	0.542	0.559	0.576	0.593	0.61	0.628	0.645	0.662
18	评论:	择录于 Machinery Handbook - 26th Edition，经 Industrial Press 公司许可												
19	评论:													

图 1-13 简单折弯系数表

2. 折弯系数可变/折弯扣除可变/K-因子可变（通过半径和角度值） 如图 1-14 所示。

	A	B	C	D	E	F	G	H	I	J	K	L
1												
2	单位:	英寸			#	可用单位		毫米	厘米	米	英寸	英尺
3	类型:	折弯系数			#	可用类型		折弯系数		折弯扣除		K-因子
4	材料:	软铜和软黄铜										
5	#											
6												
7	**厚度:**	1/64										
8	**角度**	**半径**										
9		1/32	3/64	1/16	3/32	1/8	5/32	3/16	7/32	1/4	9/32	5/16
10	15											
11	30											
12	45											
13	60											
14	75											
15	90											
16	105											
17	120											
18	135											
19	150											
20	165											
21	180											
22												
23												
24												
25	**厚度:**	1/32										
26	**角度**	**半径**										
27		1/32	3/64	1/16	3/32	1/8	5/32	3/16	7/32	1/4	9/32	5/16
28	15											
29	30											
30	45											
31	60											
32	75											

图 1-14 可变基础折弯系数表

3. K-因子可变（通过半径/厚度比） 如图 1-15 所示。

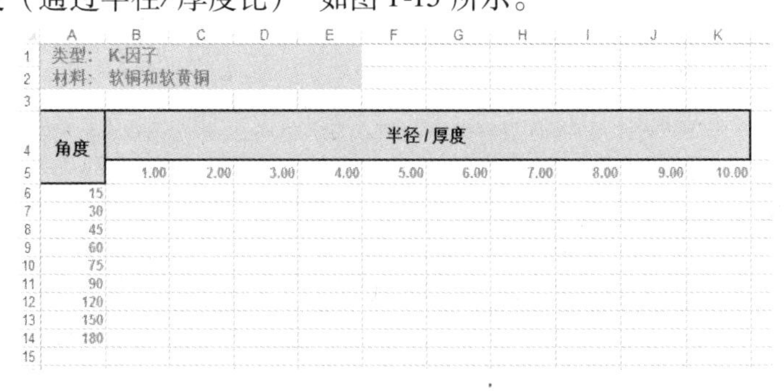

	A	B	C	D	E	F	G	H	I	J	K
1	类型:	K-因子									
2	材料:	软铜和软黄铜									
3											
4	**角度**	**半径 / 厚度**									
5		1.00	2.00	3.00	4.00	5.00	6.00	7.00	8.00	9.00	10.00
6	15										
7	30										
8	45										
9	60										
10	75										
11	90										
12	120										
13	150										
14	180										
15											

图 1-15 K-因子折弯系数表

4. 折弯计算表（见图 1-16） 此类表通过方程式计算来确定平板型式长度值。

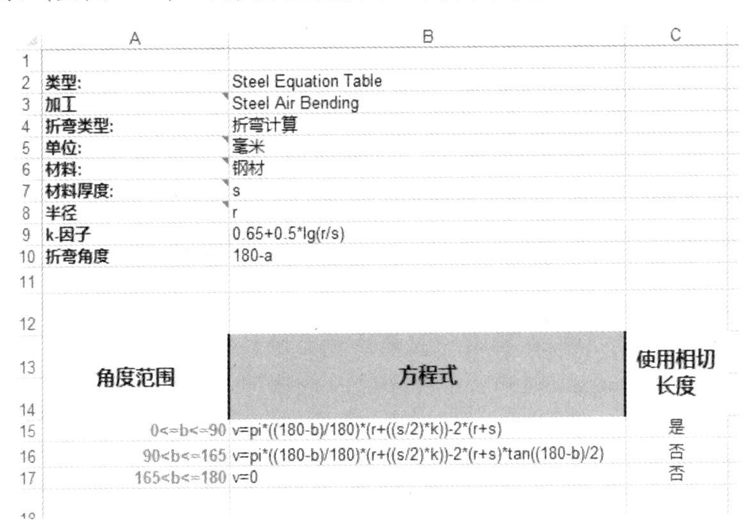

	A	B	C
1			
2	类型:	Steel Equation Table	
3	加工	Steel Air Bending	
4	折弯类型:	折弯计算	
5	单位:	毫米	
6	材料:	钢材	
7	材料厚度:	s	
8	半径	r	
9	k-因子	0.65+0.5*lg(r/s)	
10	折弯角度	180-a	
11			
12			
13	角度范围	方程式	使用相切长度
14			
15	0<=b<=90	v=pi*((180-b)/180)*(r+((s/2)*k))-2*(r+s)	是
16	90<b<=165	v=pi*((180-b)/180)*(r+((s/2)*k))-2*(r+s)*tan((180-b)/2)	否
17	165<b<=180	v=0	否

图 1-16 折弯计算表

1.4.5 示例表

安装 SOLIDWORKS 时，上述的每一种表格样本都会被同步安装。表格样本可以作为以不同材料、工具和标准创建的特定值来自定义表格时的模板使用。

1. 规格表 位于 SOLIDWORKS 安装路径\lang\ < language > \Sheet Metal Gauge Tables 中。

2. 折弯系数表 位于 SOLIDWORKS 安装路径\lang\ < language > \Sheetmetal Bend Tables 中。

在本教程中，我们将使用 SOLIDWORKS 自带的简单规格表样本（见图 1-17），所有示例的折弯系数都会使用表中定义的默认为 0.5 的 K 因子值。

	A	B	C
1			
2	类型:	Aluminum Gauge Table	
3	加工	Aluminum - Coining	
4	K因子	0.5	
5	单位:	毫米	
6			
7	规格号	规格(厚度)	可用的折弯半径
8	Gauge 10	3	3.0; 4.0; 5.0; 8.0; 10.0
9	Gauge 12	2.5	3.0; 4.0; 5.0; 8.0; 10.0
10	Gauge 14	2	2.0; 3.0; 4.0; 5.0; 8.0; 10.0
11	Gauge 16	1.5	1.5; 2.0; 3.0; 4.0; 5.0; 8.0; 10.0
12	Gauge 18	1.2	1.5; 2.0; 3.0; 4.0; 5.0; 8.0; 10.0
13	Gauge 20	0.9	1.0; 1.5; 2.0; 3.0; 4.0; 5.0
14	Gauge 22	0.7	0.8; 1.0; 1.5; 2.0; 3.0; 4.0; 5.0
15	Gauge 24	0.6	0.8; 1.0; 1.5; 2.0; 3.0; 4.0; 5.0
16	Gauge 26	0.5	0.5; 0.8; 1.0; 1.5; 2.0; 3.0; 4.0; 5.0
17			

图 1-17 样本

步骤 4 使用规格表 勾选【使用规格表】复选框，在下拉菜单中选择“SAMPLE TABLE-ALUMINUM”。

步骤 5 设置钣金参数 如图 1-18 所示，钣金参数的设置如下：

- 厚度：Gauge 20。

- 折弯半径：3.00mm。
- 折弯系数：K因子（读取自表格）。
- 自动切释放槽：矩圆形，使用释放槽比例=0.5。

检查以确保该材料的厚度被添加到轮廓外侧，如图1-19所示。若有必要，勾选【反向】复选框设置厚度方向。

提示 若有必要，勾选【覆盖默认参数】复选框可以覆盖表中的默认数值。单击【确定】✔。

步骤6 查看结果 图1-20所示的基体法兰和独特的钣金项目：【钣金】文件夹和【平板型式】文件夹同时被添加到FeatureManager设计树中。

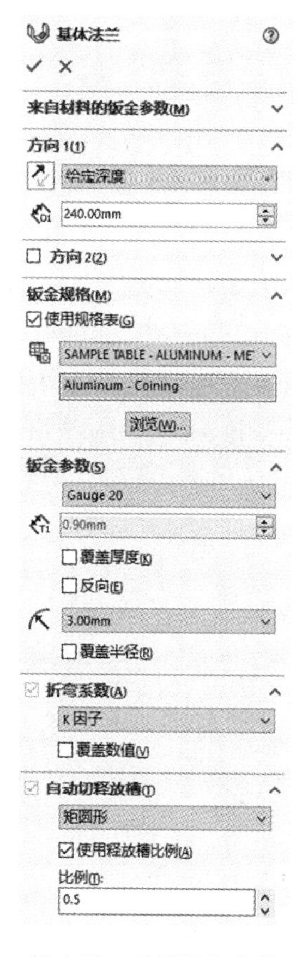

图1-18 设置钣金参数

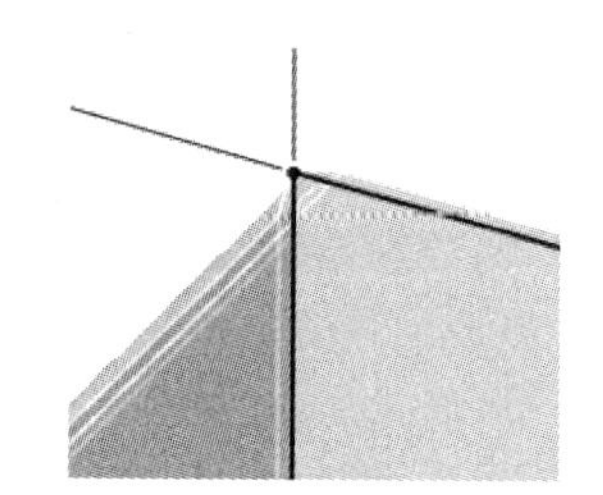
图1-19 基体在轮廓外侧

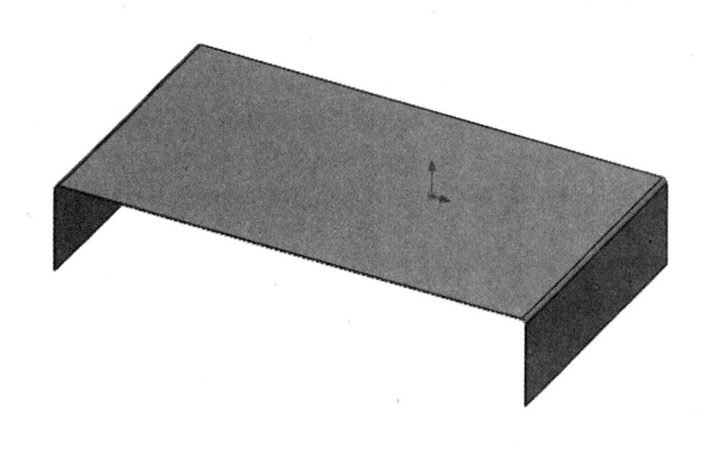
图1-20 查看结果

1.5 编辑钣金参数

一旦创建了初始的钣金特征，所有的默认钣金参数都存储在【钣金】文件夹内（见图1-21）。这意味着更改默认的【厚度】、【折弯半径】、【折弯系数】和【自动切释放槽】，都需要编辑【钣金】文件夹。【钣金】文件夹内的单独钣金特征控制着零件中的单独实体设定。

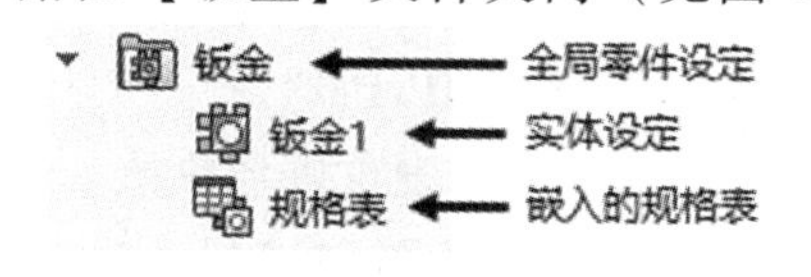

图1-21 【钣金】文件夹

提示 当编辑初始特征时，如刚创建的“基体-法兰 1”，只有针对该特征的设定才可以被编辑。

步骤 7 编辑“基体-法兰 1” 单击“基体-法兰 1”，选择【编辑特征】，如图 1-22 所示，可编辑的参数只有【方向】和【覆盖默认参数】。单击【取消】✕。

步骤 8 编辑钣金参数 单击【钣金】文件夹，选择【编辑特征】，如图 1-23 所示，更改【厚度】为 Gauge 18，【折弯半径】为 2mm。单击【确定】✓。

提示 如果需要更改零件的规格表，需要首先取消勾选【使用规格表】复选框，并单击【确定】✓。这将完全移除嵌入零件中的表格。然后再次编辑【钣金】文件夹，重新勾选【使用规格表】复选框，选择适当的规格表。

步骤 9 查看结果 “基体-法兰 1”的参数更新为新的数值，所有的后续特征也将使用更改的数值作为默认值。

图 1-22 编辑基体-法兰 1

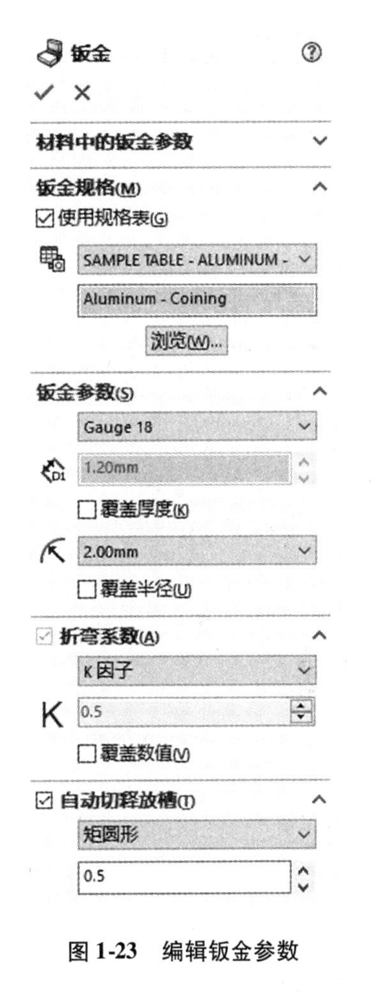

图 1-23 编辑钣金参数

1.6 钣金折弯特征

每个钣金特征都包含着为折弯区域创建的子特征。为了满足个别的折弯需要，这些折弯特征均可以进行编辑，修改默认的钣金参数。

图 1-24 显示了修改单个折弯参数的示例。大半径折弯的创建方式与零件中的其他折弯不同，因此需要自定义折弯系数。所有折弯都是在同一个特征中创建的，但可以编辑单个折弯特征以仅定义该区域的值。

提示 图 1-24 中的零件可以在 Lesson01\Case Study\L1 Reference 文件夹中找到。

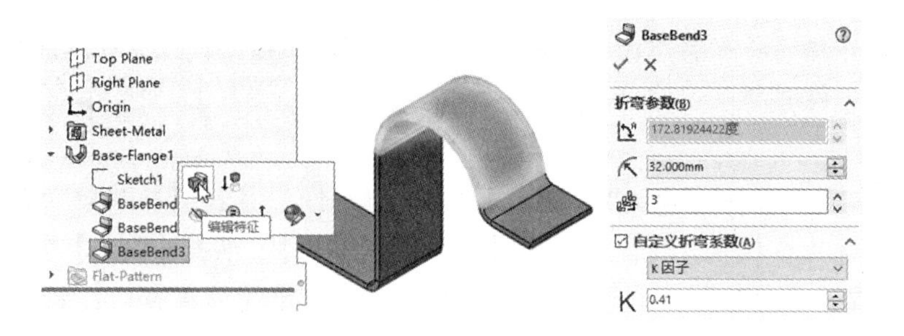

图 1-24 修改折弯参数

1.6.1 平板型式特征

零件中的每个钣金实体都自动拥有与之关联的平板型式特征，如图 1-25 所示。平板型式特征包含每个加工的折弯子特征。这些子特征用于显示平板型式状态时用到的折弯线和边界框草图。

折弯线代表了折弯区域的中心，它们可以在工程图中显示，与标明折弯半径和角度的折弯注释相关联。在工程视图中，可以在折弯线上添加尺寸标注，以辅助加工制造。

边界框草图包含了平板型式能够容纳的最小矩形。这些信息对于确定零件所需要的毛坯板尺寸非常重要。属性会自动与边界框相关联，并在工程图中显示。

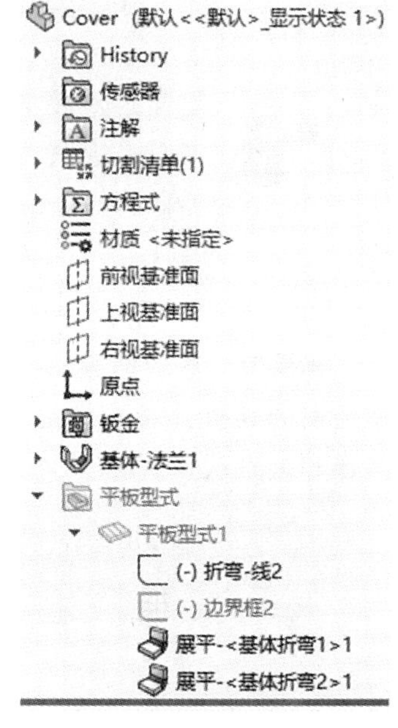

图 1-25 平板型式特征

1.6.2 展平和退出平展

当钣金实体处于成形状态时，平板型式特征是被压缩的，用户可以在任何时候解除压缩来显示展平状态。表 1-4 中的几种方法可用来激活平板型式和退出平板型式。

表 1-4 平板型式的激活和退出

激活平板型式	退出平板型式
在【平板型式】文件夹中选择平板型式特征，单击【解除压缩】	在【平板型式】文件夹中选择平板型式特征，单击【压缩】
在钣金工具栏中按下【展平】按钮	在钣金工具栏中关闭【展平】按钮
右键单击钣金实体，从快捷菜单中选择【展平】	右键单击钣金实体，从快捷菜单中选择【退出平展】
—	在确认角落处单击【退出平展】

1.6.3 切换平坦显示

平板型式也可以在不激活平板型式特征的情况下在视图区域中进行预览，方法是从快捷菜单中启动【切换平坦显示】选项；在视图区域单击远离零件的区域，预览将会消失，如图 1-26 所示。

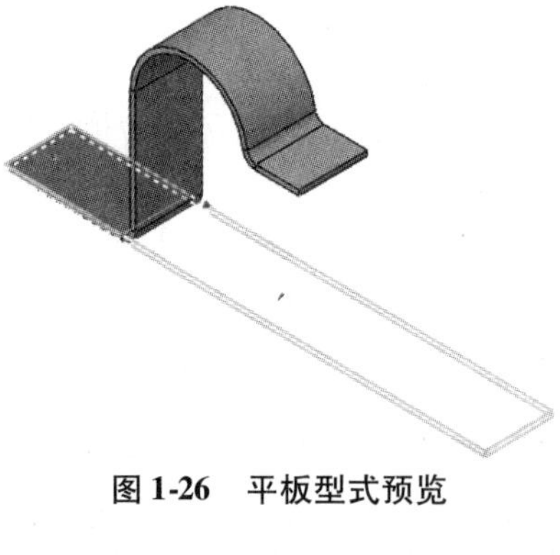

图 1-26 平板型式预览

知识卡片	切换平坦显示	快捷菜单：右键单击钣金实体，选择【切换平坦显示】。

步骤 10　激活平板型式　使用表 1-4 中介绍的任意方法激活平板型式。可以注意到折弯线和边界框草图已经变为可见，如图 1-27 所示。

图 1-27　激活平板型式

步骤 11　退出平板型式　使用表 1-4 中介绍的任意方法退出平板型式。

步骤 12　切换平坦显示　右键单击零件，选择【切换平坦显示】，如图 1-28 所示。在视图区域单击远离零件的区域，清除平坦显示。

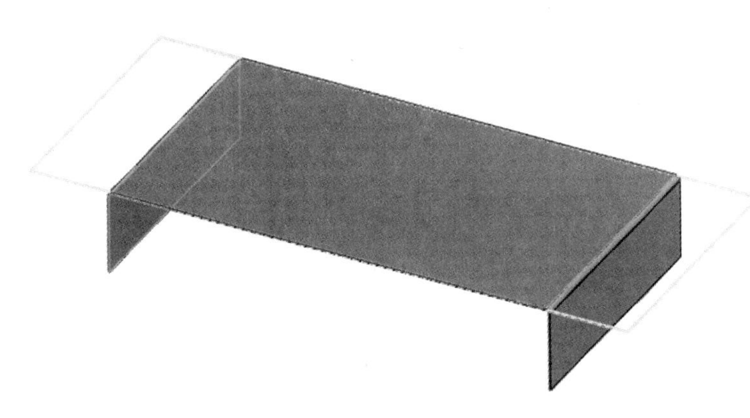

图 1-28　切换平坦显示

1.7　其他法兰特征

为了在钣金零件的边线添加折弯法兰，要用到两种主要的法兰特征：【边线法兰】和【斜接法兰】。表 1-5 是两个特征的对比。

表 1-5　边线法兰和斜接法兰特征的对比

	边线法兰	斜接法兰
创建时的基准	为法兰选择一条边线和一个方向	绘制一个沿现有钣金边线扫描的轮廓草图
法兰的轮廓	自动生成一个面轮廓，也可以按照需要进行修改	必须创建一个简单的法兰横截面轮廓
斜接角落	如有必要，在单个特征中创建的多个边线法兰将彼此斜接	当法兰沿着多条边线时，斜接角落才会按照需要被创建
适合范围	单个折弯的法兰或短于整条边线长度的法兰	在零件中沿着多条连接边线，具有多个折弯或相同法兰的复杂法兰

1.8　边线法兰

【边线法兰】不需要草图，通过在折弯处选择已存在的边线动态创建，然后为其定义方向和距离即可。系统将自动创建法兰面的轮廓草图，也可以根据需要进行编辑来调整法兰的尺寸和外形，如图 1-29 所示。

使用【边线法兰】创建的法兰形状有很多种，如图 1-30 所示。

在同一个【边线法兰】特征中，可以选择单个或多个边线。如果选择了多个边线（见图 1-31），它们将应用相同的设置，但可以创建为相反的方向。在同一特征中创建的边线法兰轮廓将自动彼此裁剪，形成斜接角。

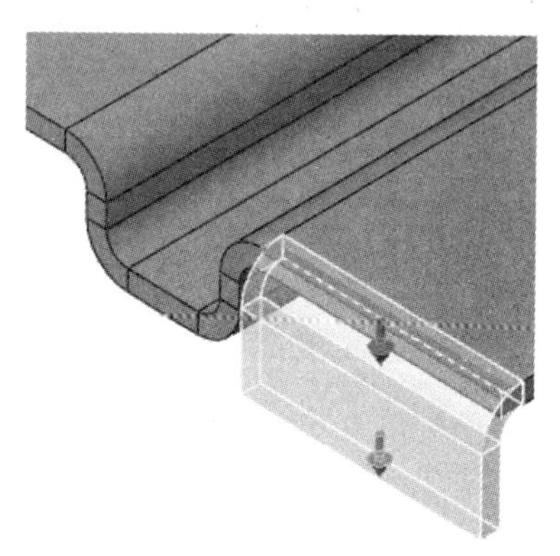

图 1-29　生成边线法兰

图 1-30　【边线法兰】创建的法兰形状

图 1-31　选择多边的边线法兰

知识卡片	边线法兰	• CommandManager：【钣金】/【边线法兰】。 • 菜单：【插入】/【钣金】/【边线法兰】。

步骤 13　生成边线法兰　单击【边线法兰】，选择图 1-32 所示的边线。

> 技巧　选择内部的边线或外部的边线均可。

向下移动光标，再次单击定义法兰的方向。

步骤 14　选择其他边线　选择零件前面的两个短边线，如图 1-33 所示。

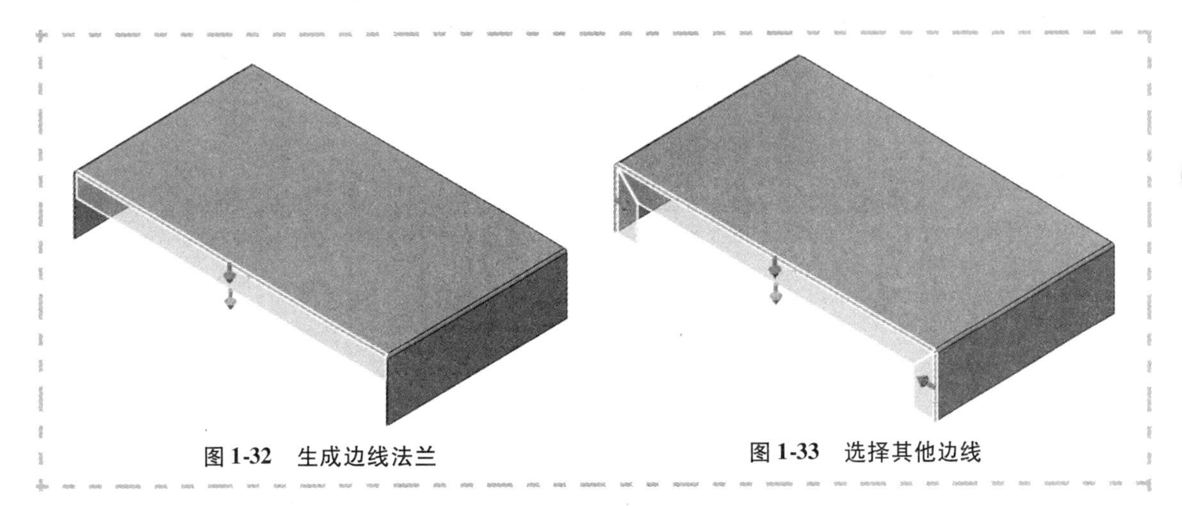

图 1-32　生成边线法兰　　　　图 1-33　选择其他边线

边线法兰的 PropertyManager 中包含许多设置，以控制法兰的创建。

1. 法兰参数　【法兰参数】中的复选框可以用来保持或覆盖最初的设置，如图 1-34 所示。在本例中，将使用默认的半径。

【缝隙距离】可以用于控制在特征中创建的斜接角的缝隙尺寸。

若有必要，可以使用【编辑法兰轮廓】按钮来修改法兰的面轮廓草图，如图 1-35 所示。其可以用于以下几个方面：

1）更改轮廓草图的尺寸或几何形状。

2）更改边线法兰的长度。

3）更改边线法兰的开始或结束位置。

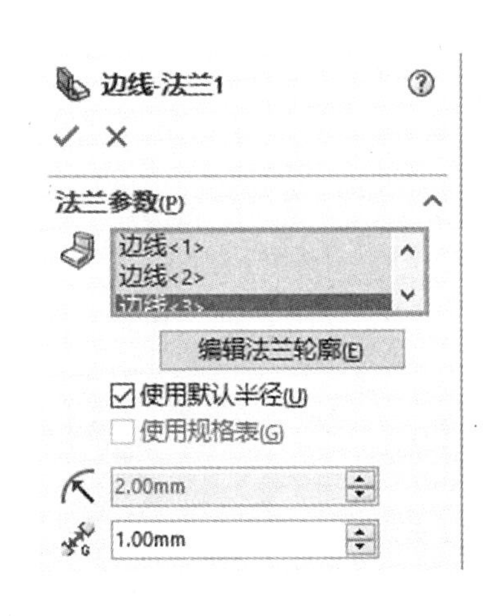

图 1-34　法兰参数

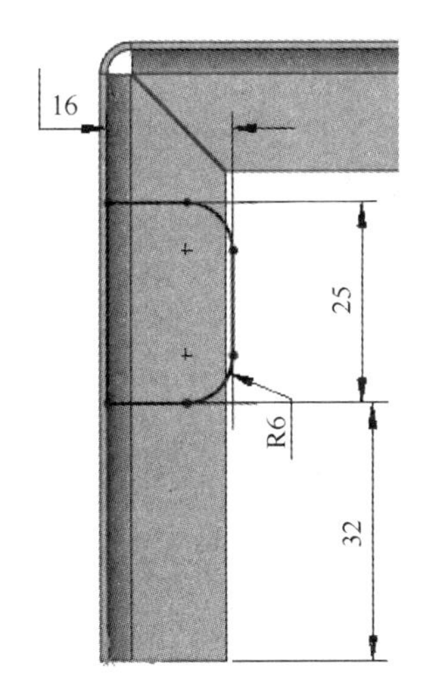

图 1-35　编辑法兰轮廓

【角度】（见图 1-36）在默认状态下会以直角添加法兰，但可以更改为某一角度或与选定面相关。

2. 法兰长度　【法兰长度】可以将法兰的长度设置为一个数值或设定在零件中某个位置，如图 1-37 所示。

1）可以从外部虚拟交点、内部虚拟交点和双弯曲处测量给定深度。

2）使用【成形到一顶点】，并保持垂直于法兰基准面或平行于基体法兰。

3）成形到边线并合并（多实体零件）。

> **提示** 如果使用【编辑法兰轮廓】修改了草图，此处的长度设置将被覆盖。

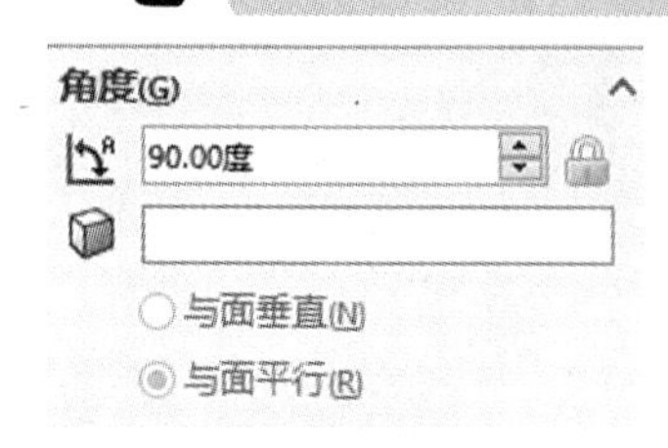

图 1-36 角度

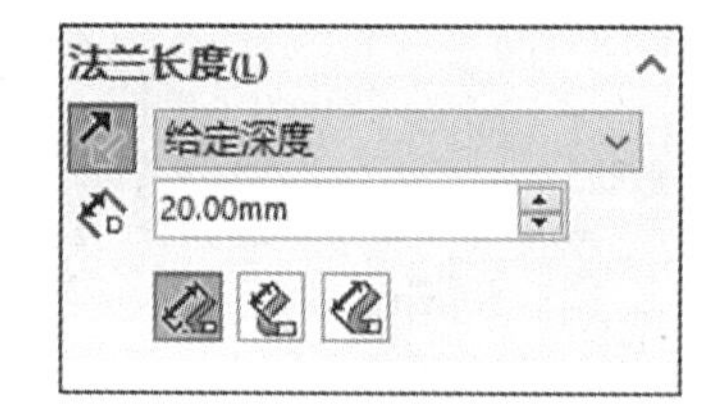

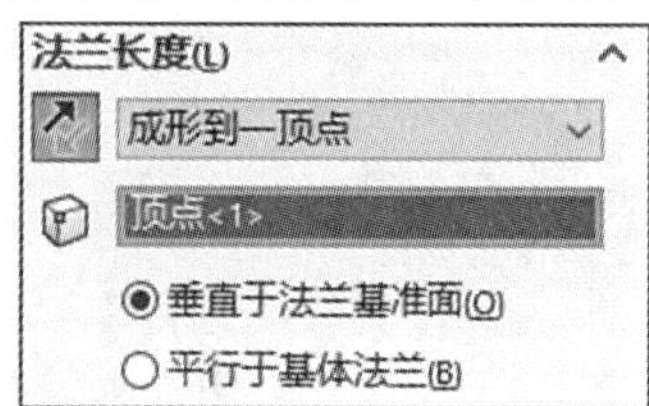

图 1-37 法兰长度

3. 法兰位置 【法兰位置】用于设定法兰和折弯相对于所选边线的位置，如图 1-38 所示。

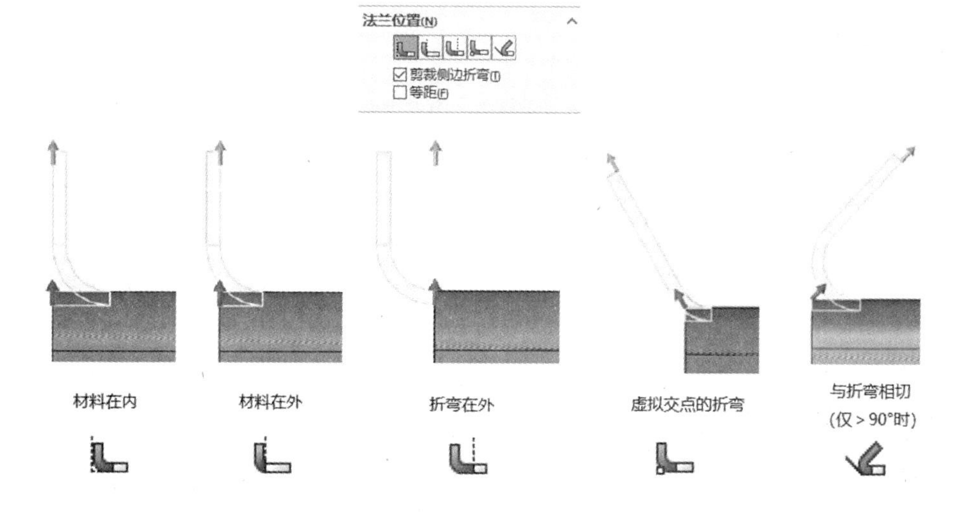

图 1-38 法兰位置

等距是指允许法兰从选择的位置偏移一定距离，如图 1-39 所示。

4. 剪裁侧边折弯 【剪裁侧边折弯】通常用于新的边线法兰和已有法兰发生接触时的折弯处切除，见表 1-6。

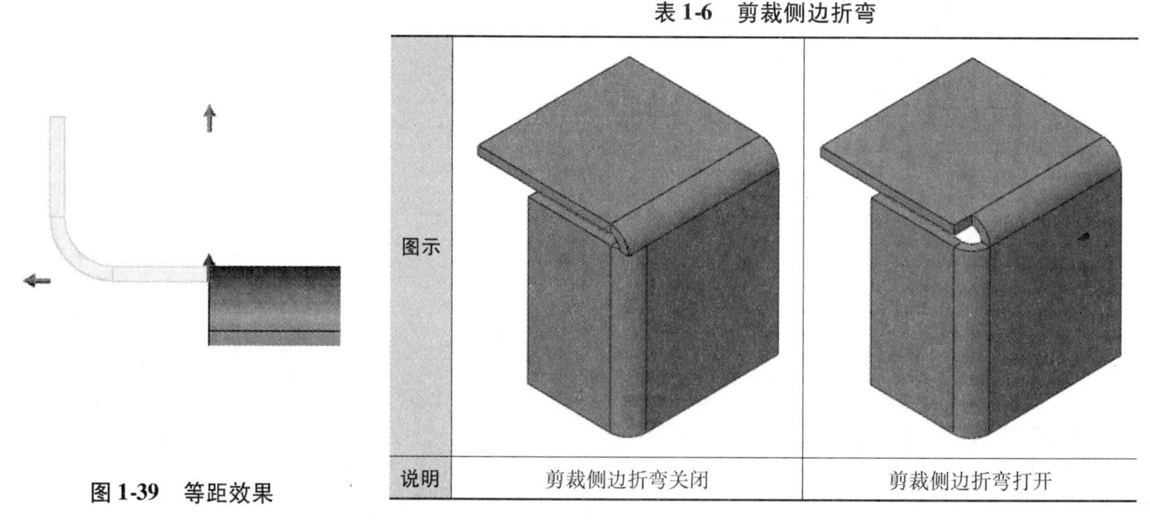

图 1-39 等距效果

表 1-6 剪裁侧边折弯

图示		
说明	剪裁侧边折弯关闭	剪裁侧边折弯打开

> **技巧** 在创建法兰后，【闭合角】特征也可用于调整边角条件。

- 间距：120mm。
- 实例数：2。

步骤 21　镜像阵列的法兰　以右视基准面镜像相反侧的法兰，如图 1-48 所示。

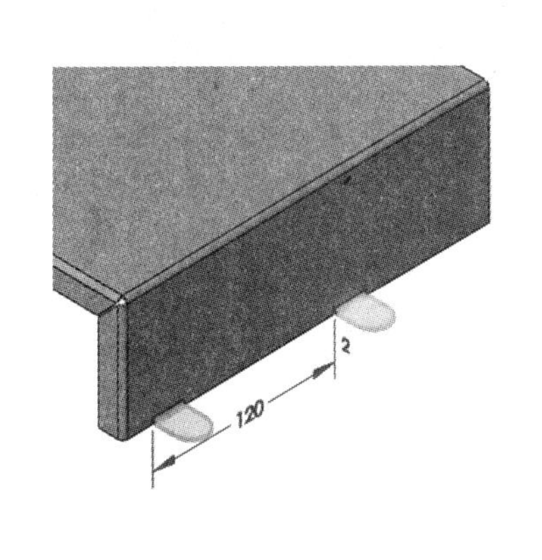

图 1-47　阵列“边线-法兰 2”

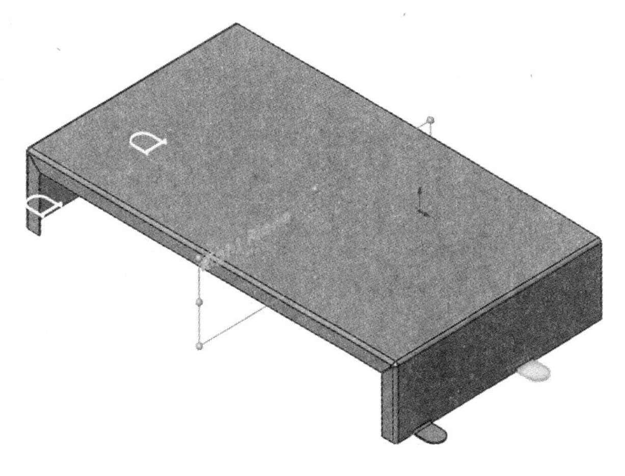

图 1-48　镜像阵列的法兰

1.10　在曲线上的边线法兰

边线法兰并不限于使用直线边线，曲线也可用于创建边线法兰，如图 1-49 所示，但法兰面轮廓是不可以编辑的。此外，在切线边线处也可以创建单独的边线法兰，和曲线边线一样，此处的法兰面轮廓也是不可以编辑的。在单一特征中，只可以选择一组相切的边线。

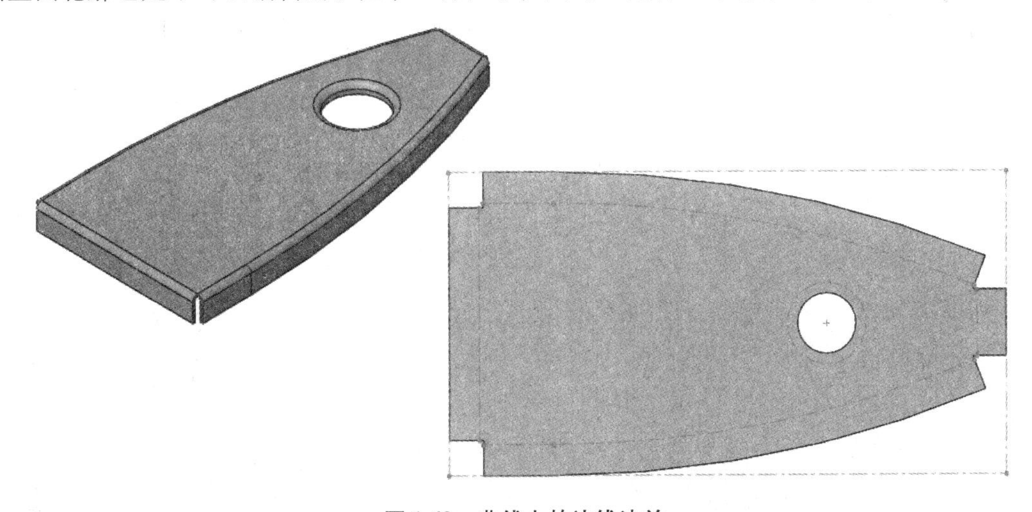

图 1-49　曲线上的边线法兰

圆柱状的边线（如折弯区域的边线）是不能用于创建边线法兰的。

1.11　斜接法兰

【斜接法兰】需要法兰的横截面轮廓草图，此草图必须创建在与已有的钣金边线终点处垂直的平面上。轮廓沿着选择的边线进行扫描，斜接法兰只能沿一个方向进行扫描。斜接法兰的一些示例如图 1-50 所示。

图 1-50 斜接法兰的示例

知识卡片	斜接法兰	• CommandManager：【钣金】/【斜接法兰】。 • 菜单：【插入】/【钣金】/【斜接法兰】。

步骤 22 创建草图平面 翻转 Cover 模型。创建一个【垂直】⊥于所选外边线的【基准面】，并与边线终点【重合】，如图 1-51 所示。

> **技巧** 在键盘上按住〈Shift〉键，并按两次向上箭头来翻转零件 180°。

步骤 23 绘制新草图 单击【草图绘制】。在上述平面上添加直线和尺寸，创建的轮廓草图如图 1-52 所示。

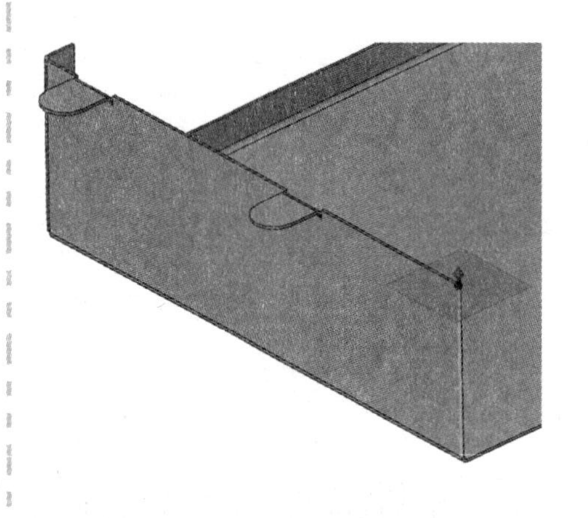

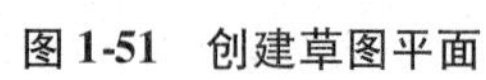

图 1-51 创建草图平面

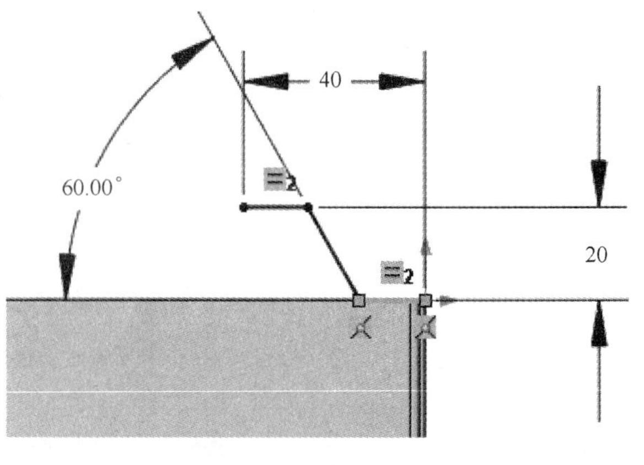

图 1-52 绘制新草图

步骤 24 创建斜接法兰 单击【斜接法兰】。

【斜接法兰】设置与【边线法兰】设置非常相似。在【斜接法兰】中存在一些独特的选项（如【起始/结束处等距】），允许斜接法兰从选择边线链的开始或结束处偏移。

为斜接法兰选择边线时，可以从零件中单个选择，也可以使用视图区域中出现的【相切】按钮（若存在相切边线时）。

步骤 25　法兰设置　单击视图区域中的【相切】按钮，选择 Cover 背面的相切边线。其他参数设置如下：

- 法兰位置：材料在内。
- 缝隙距离：1mm。

单击【确定】，如图 1-53 所示。

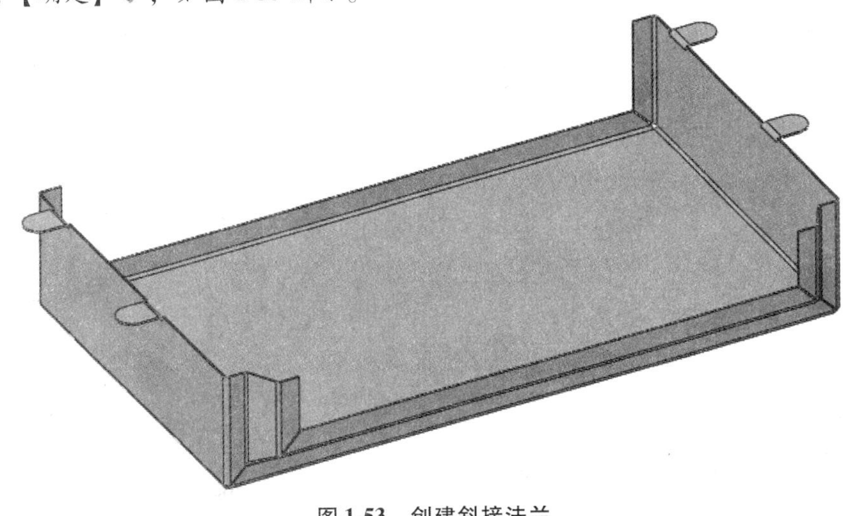

图 1-53　创建斜接法兰

1.12　褶边特征

【褶边】工具提供了另一种在钣金件边线添加材料的方法，如图 1-54 所示。【褶边】工具用于使用一种形状翻折模型的边线。类似于【边线法兰】特征，【褶边】特征会自动创建轮廓草图。如果需要，可以修改轮廓来更改【褶边】的宽度。关于【褶边】工具，有以下几点需要注意：

- 所选边线必须为直线或圆环。
- 可以对多条边线使用褶边。
- 斜接边角会自动添加到交叉褶边上。

图 1-54　褶边

知识卡片	褶边	• CommandManager：【钣金】/【褶边】。 • 菜单：【插入】/【钣金】/【褶边】。

步骤 26　添加褶边　单击【褶边】，选择斜接法兰的内侧边线，如图 1-55 所示。

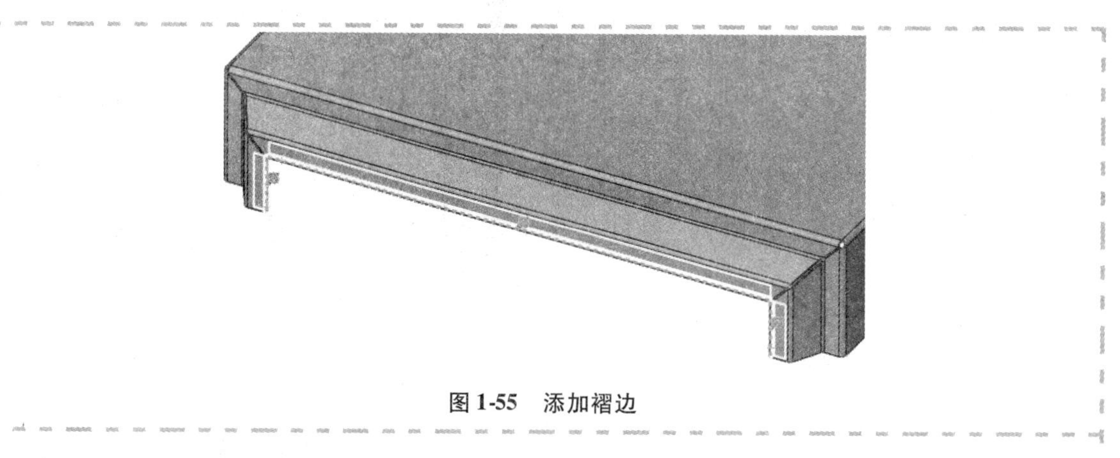

图 1-55　添加褶边

当选择边线作为褶边时，默认的方向将朝向所选边线的内侧或外侧。使用【反向】按钮，可以更改褶边的方向。

1. 轮廓　沿着所选边线的褶边长度可以通过【编辑褶边宽度】进行修改，类似于更改边线法兰的轮廓。

2. 位置　有两个选项可以设定褶边在已有边线的相对位置：

- 【材料在内】。
- 【折弯在外】。

用户可以选择四种不同的褶边形状，见表 1-7。

表 1-7　褶 边 形 状

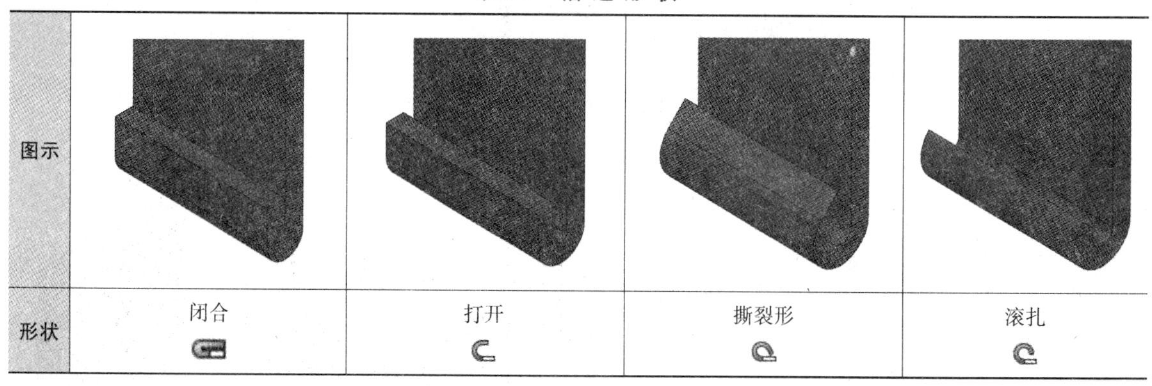

图示				
形状	闭合	打开	撕裂形	滚扎

步骤 27　褶边设定　按如下要求修改褶边设定：

- 位置：材料在内。
- 类型：闭合。
- 长度：8mm。

单击【确定】，如图 1-56 所示。

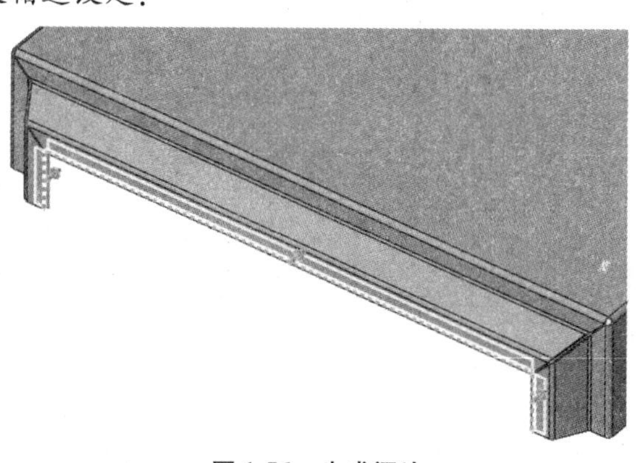

图 1-56　生成褶边

1.13　薄片特征

为了在钣金零件中添加不需要折弯的材料，可以使用【薄片】特征，如图 1-57 所示。【薄片】特征是【基体法兰/薄片】命令的功能之一。

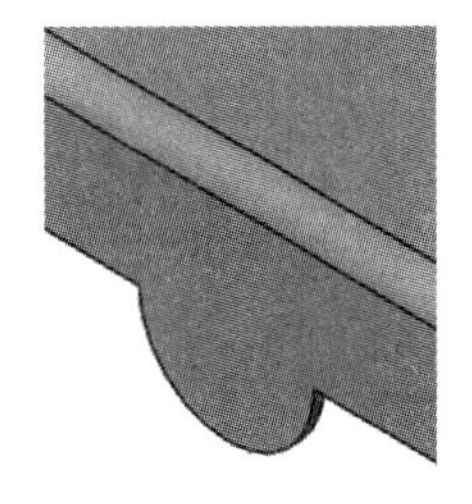

图 1-57　薄片特征

步骤 28　绘制草图　在图 1-58 所示面上创建新的草图。

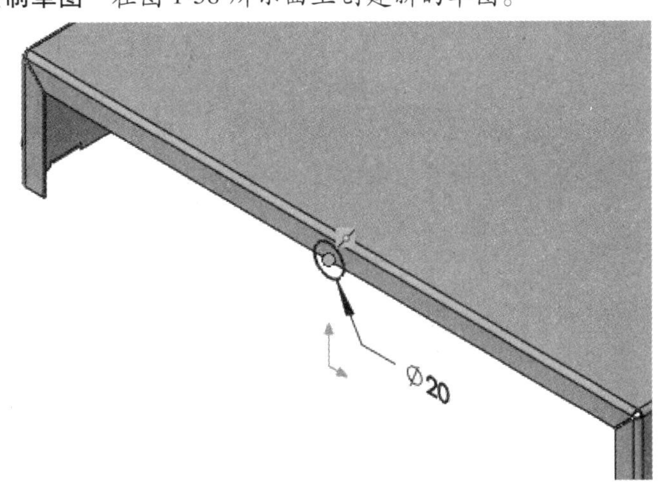

图 1-58　绘制草图

步骤 29　生成薄片特征　单击【基体法兰/薄片】，如图 1-59 所示。

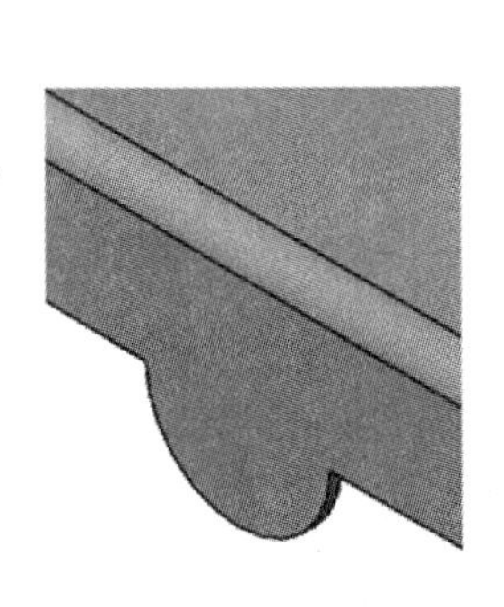

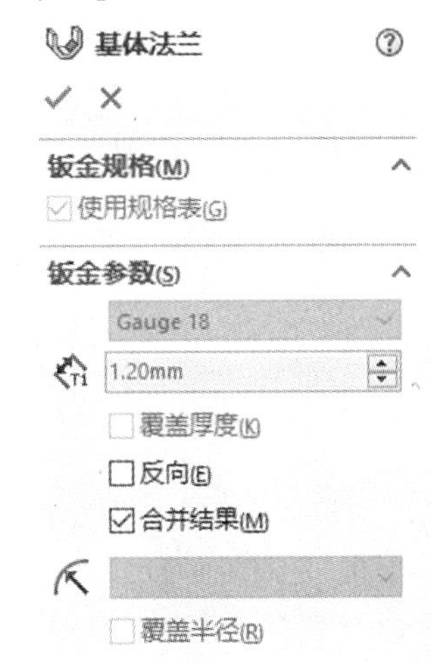

图 1-59　生成薄片特征

提示：勾选【合并结果】复选框，将使用简单的 PropertyManager 来生成【薄片】特征。若未勾选【合并结果】复选框，将在零件中生成一个新的【基体法兰】实体。

单击【确定】✓。

步骤30　查看平板型式（见图1-60）

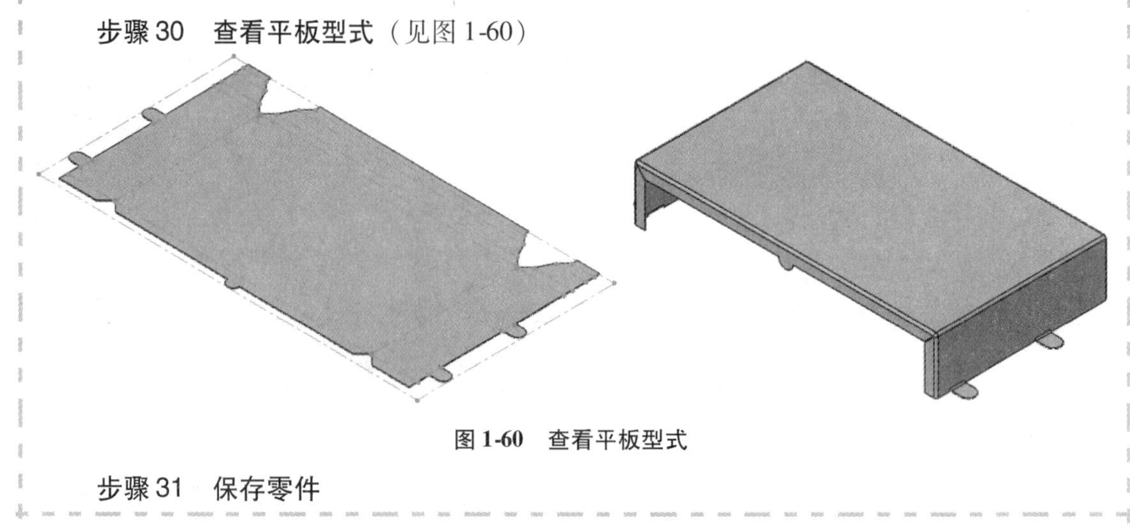

图1-60　查看平板型式

步骤31　保存零件

1.14　在钣金中切除

切除可以按照在常规模型中的方式使用到钣金零件中，然而在钣金零件中添加切除时，一些与此类模型相关的其他选项将变为可用：【与厚度相等】、【正交切除】和【优化几何图形】，如图1-61所示。

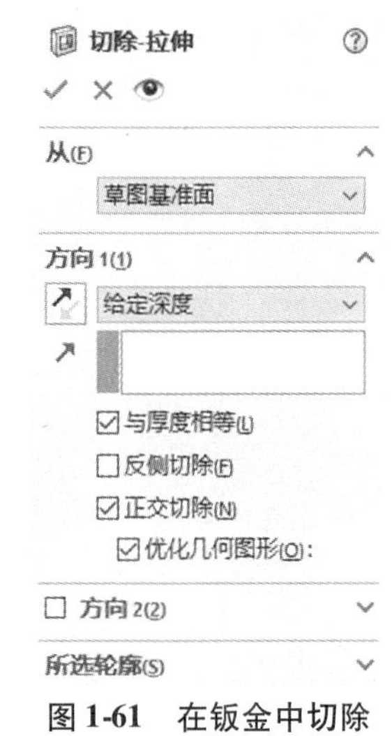

图1-61　在钣金中切除

1）【与厚度相等】。该选项可以与【给定深度】终止条件一起使用，保证切除的深度等于材料厚度。

2）【正交切除】。该选项可以保证切除垂直于钣金的厚度。这对于在生产过程中切割成平板毛坯料的切除非常重要。用户可以使用【正交切除】功能将现有的非正交切除更改为正交切除。当选择【正交切除】时，将默认勾选【优化几何图形】复选框。其将简化复杂切除的切除面来优化几何形状。图1-62所示是正交切除结果的对比。

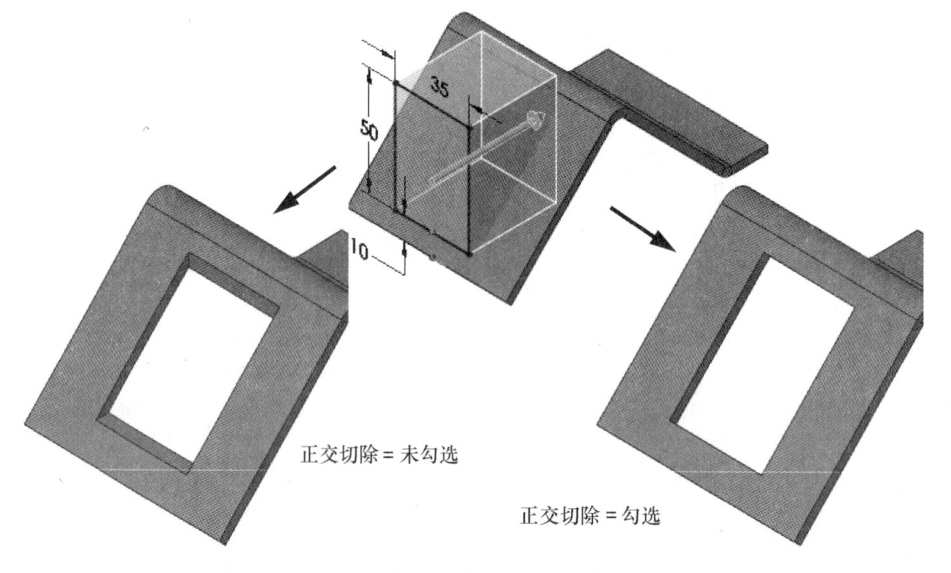

图1-62　正交切除结果的对比

步骤 32　绘制切除草图　在法兰面绘制切除草图，如图 1-63 所示。

步骤 33　拉伸切除　单击【拉伸切除】，出现图 1-64 所示切除设置。勾选【与厚度相等】复选框和【正交切除】复选框。

单击【确定】。

步骤 34　查看切除结果　使用【与厚度相等】选项来控制切除的深度，以确保其始终贯穿单一材料的厚度，如图 1-65 所示。

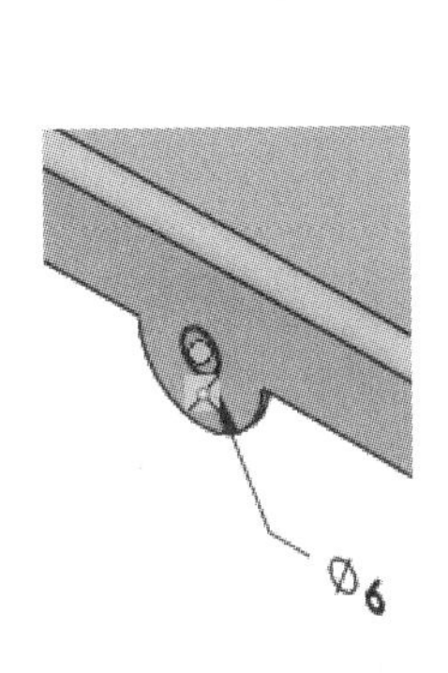

图 1-63　绘制切除草图

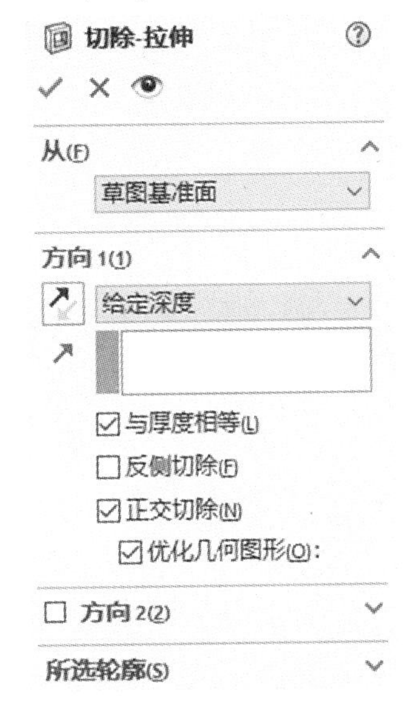

图 1-64　切除设置

图 1-65　切除结果

步骤 35　绘制新草图　在斜接法兰面上创建新的草图，如图 1-66 所示。

步骤 36　插入拉伸切除　单击【拉伸切除】，不勾选【与厚度相等】复选框，输入 10mm 作为深度。单击【确定】，如图 1-67 所示。

步骤 37　查看结果　切除被投影到倾斜面上且切除垂直于材料厚度。此切除可以在平板型式中加工。

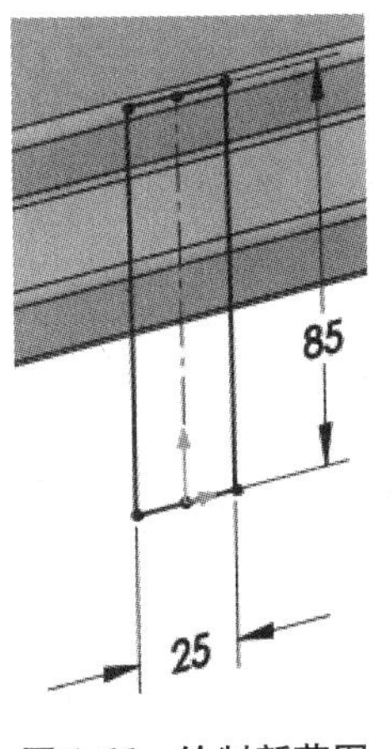

图 1-66　绘制新草图

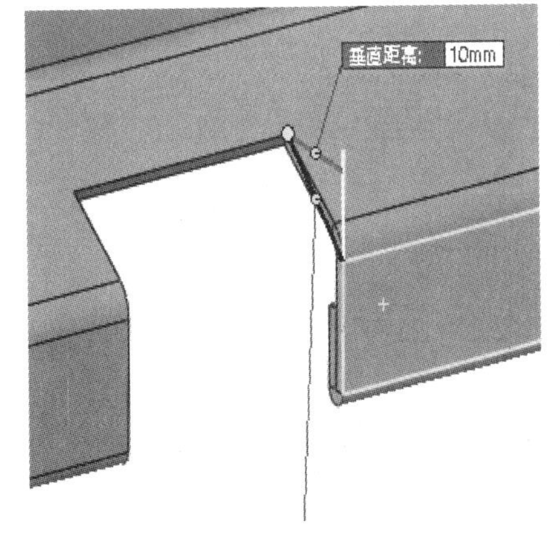

图 1-67　设置切除深度

步骤 38　添加孔特征　从【特征】工具栏中单击【异形孔向导】。

使用如下设置：

- 孔类型：锥形沉头孔。
- 标准：ANSI Metric。
- 类型：平头螺钉-ANSI B18.6.7M。
- 大小：M2。
- 终止条件：成形到下一面。

技巧 【异形孔向导】不包含【与厚度相等】选项，但可以使用【成形到下一面】来保证孔完全贯穿一种材料厚度。

步骤39 孔位置 单击【位置】选项卡，在每个阵列的边线法兰圆弧中心添加草图点，如图1-68所示。单击【确定】✔。

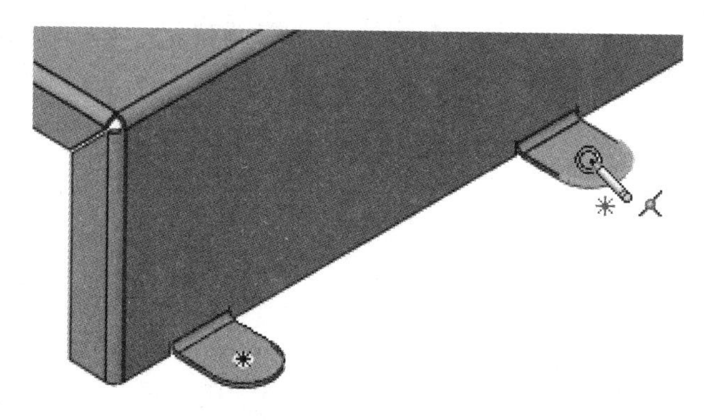

图1-68 添加草图点

步骤40 查看平板型式（见图1-69）

图1-69 查看平板型式

步骤41 保存并关闭该零件

1.15 法兰特征总结

表1-8总结了本章中介绍的法兰特征。

表 1-8　法兰特征

特　征	说　明	图　示
基体法兰/薄片	基体法兰是钣金零件的基础特征。它类似于拉伸凸台特征，但会使用特定的折弯半径自动添加折弯。此例使用了一个开放的轮廓草图	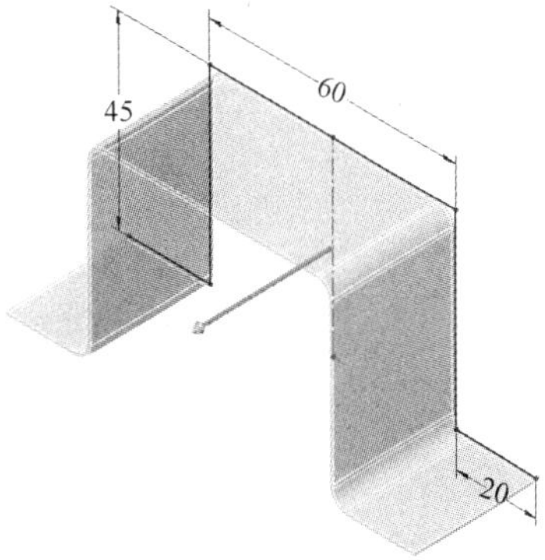 45　60　20
	基体法兰也可以使用封闭的轮廓草图来创建展开的钣金零件	
	当一个封闭的轮廓和已存在的钣金实体合并时，将生成薄片	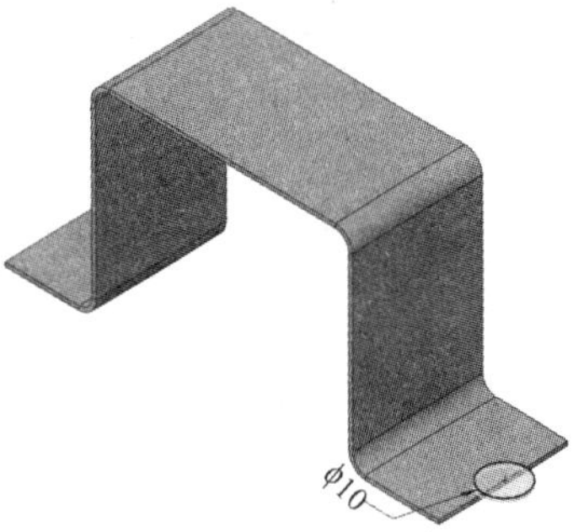 φ10
边线法兰	边线法兰可以按照特定的角度在已存在的边线上添加材料。在同一个特征内可以选择多条边线，形成的法兰将会自动彼此裁剪。用户可以访问边线法兰的面轮廓并像草图一样进行修改	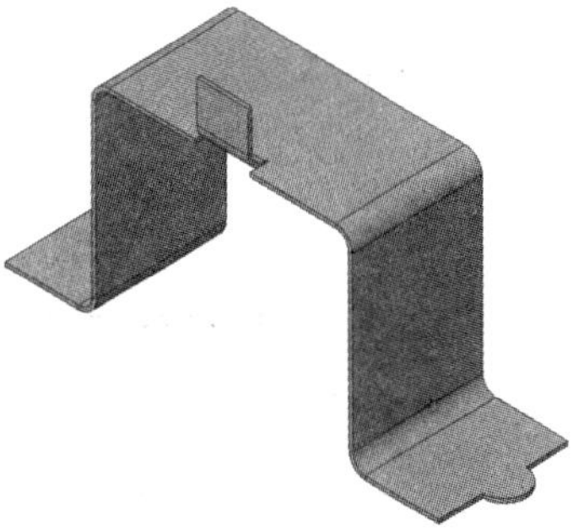
斜接法兰	斜接法兰需要一个法兰的横截面轮廓，使其沿着已存在的边线进行扫描。如有需要，将会自动创建斜接边角	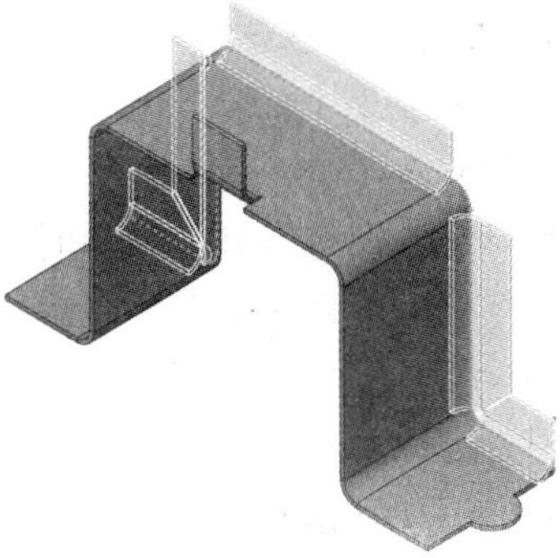

（续）

特　征	说　明	图　示
褶边	褶边可以像边线法兰特征一样应用到已存在的边线上。用户可以修改草图来更改沿边线的法兰宽度。有多种褶边形状可用	

练习 1-1　钣金托架

使用图 1-70 所示提供的信息，创建该零件。

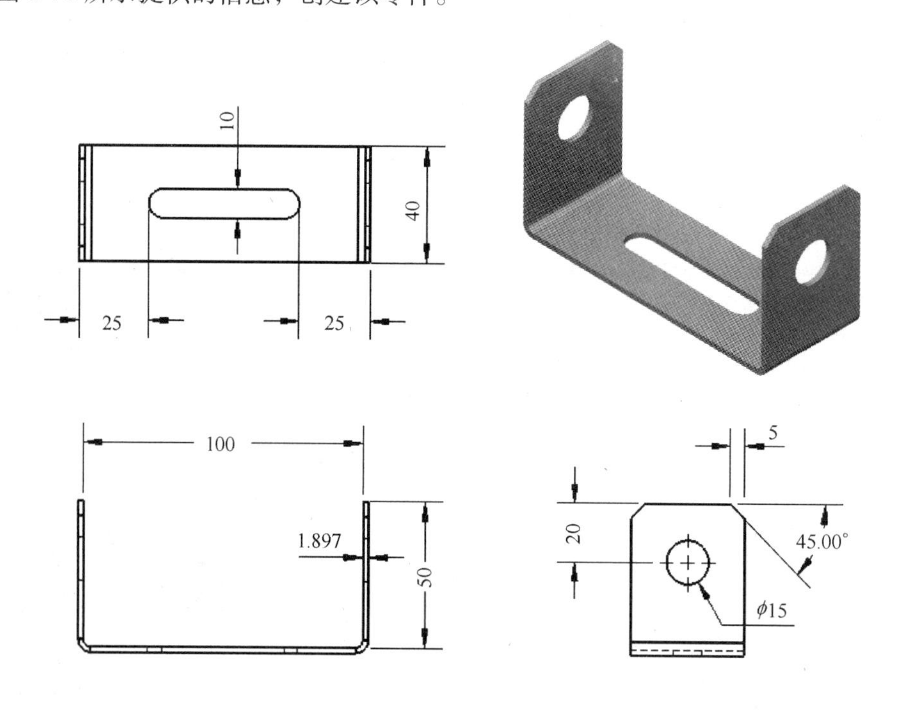

图 1-70　钣金托架

本零件的设计意图如下：

1）材料使用 14gauge 钢。

2）所有折弯半径为 2. 54mm。

3）给出的尺寸是在托架内侧定义的。

4）零件关于默认参考平面对称。

本练习将应用以下技术：

- 基体法兰/薄片。
- 在钣金中切除。

扫码看视频

操作步骤

步骤 1　新建零件　使用“Part_MM”模板创建新文档。

步骤 2　创建基体法兰　在前视基准面为【基体法兰】创建草图，草图需与提供的工程图视图相匹配。确保材料添加到正确的方向，以满足初始的设计意图。

步骤 3　添加切除和倒角　添加【拉伸切除】和【倒角】特征来完成零件。

练习 1-2　法兰特征

使用法兰特征创建如图 1-71 所示的零件。

本练习将应用以下技术：

- 基体法兰/薄片。
- 钣金参数。
- 使用表格。
- 边线法兰。
- 薄片特征。
- 平板型式特征。

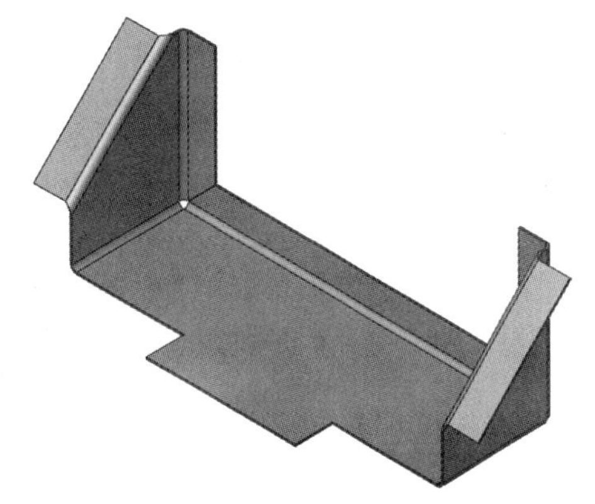

图 1-71　法兰特征零件

操作步骤

扫码看视频

步骤 1　新建零件　使用“Part_MM”模板创建新文档。

步骤 2　绘制草图　在前视基准面绘制草图轮廓，如图 1-72 所示。

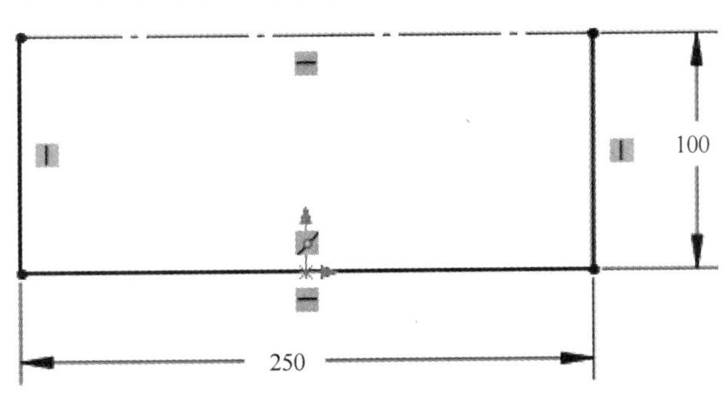

图 1-72　绘制草图

步骤 3　创建基体法兰　单击【基体法兰/薄片】。设置方向 1 为给定深度、75mm。勾选【使用规格表】复选框，选择“SAMPLE TABLE-ALUMINUM”。

步骤 4　设置钣金参数　使用如下设置设定钣金参数（见图 1-73）：

- 厚度：Gauge 18。
- 折弯半径：3mm。
- 折弯系数：k 因子（从表格中读取）。
- 自动切释放槽：矩圆形，使用释放槽比例 =0.5。

单击【确定】。

步骤 5　修改外观（可选操作）　在视图区域空白处单击，以清除任何选择。

在任务窗格中单击【外观】/【布景】/【贴图】。展开【外观】/【油漆】，并选择【粉层漆】。按住〈Alt〉键，拖动【铝粉层漆】外观到零件上。

技巧　在拖放时按住〈ALT〉键将打开【外观】的 PropertyManager。

使用 PropertyManager 更改外观的颜色（见图 1-74），将其应用到整个零件。生成的基体法兰如图 1-75 所示。

单击【确定】✔。

图 1-73　设置钣金参数

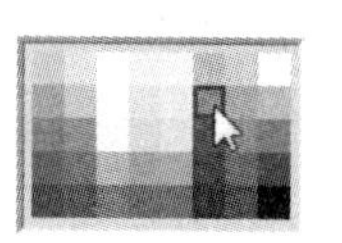

图 1-74　选择颜色

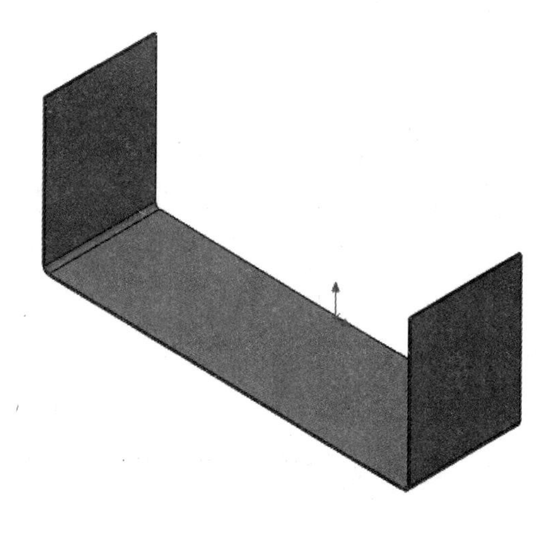

图 1-75　生成的基体法兰

步骤 6　生成边线法兰　单击【边线法兰】，选择如图 1-76 所示的边线。向右移动光标，单击后再定义法兰的方向。

技巧　生成边线法兰时，选择内侧、外侧边线均可。

技巧　视图区域中的箭头可以用于更改法兰的方向和长度，也可以使用 PropertyManager 中【法兰长度】内的选项进行更改。

步骤 7　设置其他边线　选择零件后面的另外两条边线，如图 1-77 所示。

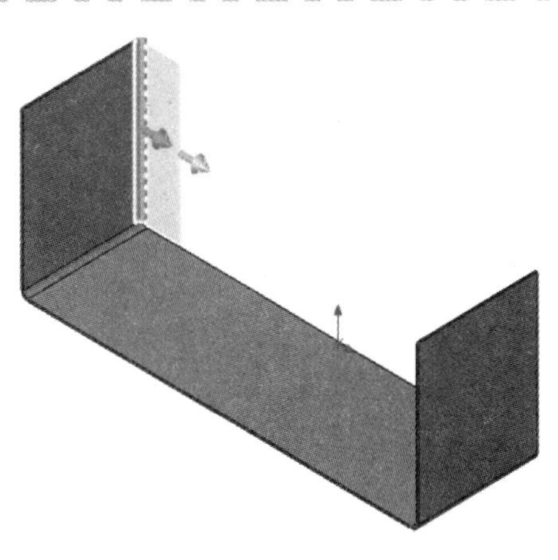

图 1-76　生成边线法兰

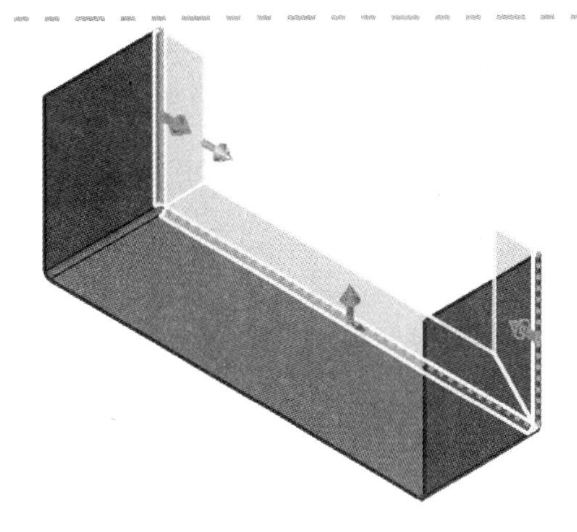

图 1-77　其他边线

步骤 8　设置边线法兰　设置边线法兰（图 1-78）如下：

- 缝隙距离：0.25mm。
- 角度：90°。
- 法兰长度：给定深度，22mm。
- 测量起始处：外部虚拟交点。
- 法兰位置：材料在内。
- 裁剪侧边折弯：勾选。

单击【确定】。

步骤 9　绘制新草图　在右视基准面上创建草图，如图 1-79 所示。

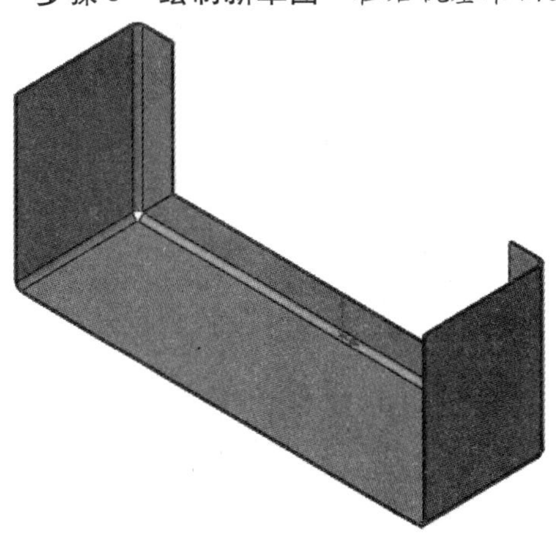

图 1-78　设置边线法兰

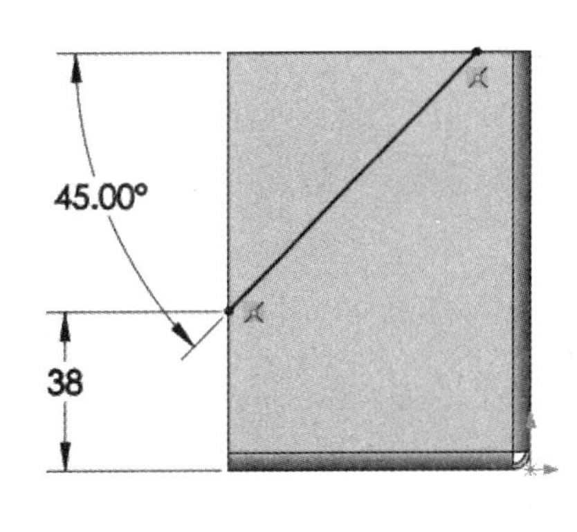

图 1-79　绘制新草图

步骤 10　插入拉伸切除　单击【拉伸切除】，使用【完全贯穿】切除基体法兰的边角。单击【确定】。

步骤 11　创建新边线法兰　从斜角的边线创建新的【边线法兰】特征，如图 1-80 所示。

使用如下设置：

- 角度：90°。

- 法兰长度：给定深度，22mm。
- 测量起始处：外部虚拟交点。
- 法兰位置：材料在内。
- 裁剪侧边折弯：不勾选。

单击【确定】✔。

步骤 12　生成释放槽　在边线法兰中，释放槽切除自动生成，如图 1-81 所示。默认的钣金参数设定为【圆矩形】。在此特征中，将使用【撕裂形】的释放槽类型覆盖默认的钣金参数。

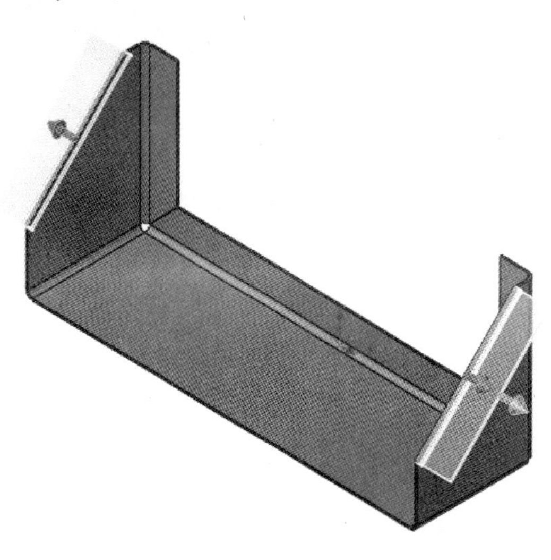

图 1-80　创建新边线法兰

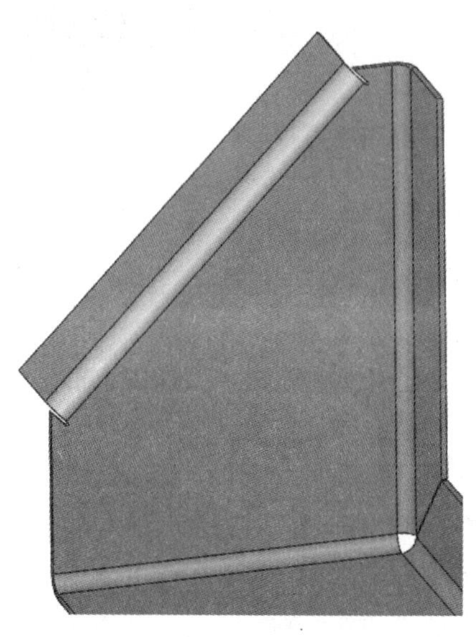

图 1-81　生成释放槽

步骤 13　编辑边线法兰 2　单击最后一个边线法兰特征，选择【编辑特征】，单击【自定义释放槽类型】，选择【撕裂形】，并选择【延伸】类别，如图 1-82 所示。单击【确定】✔，结果如图 1-83 所示。

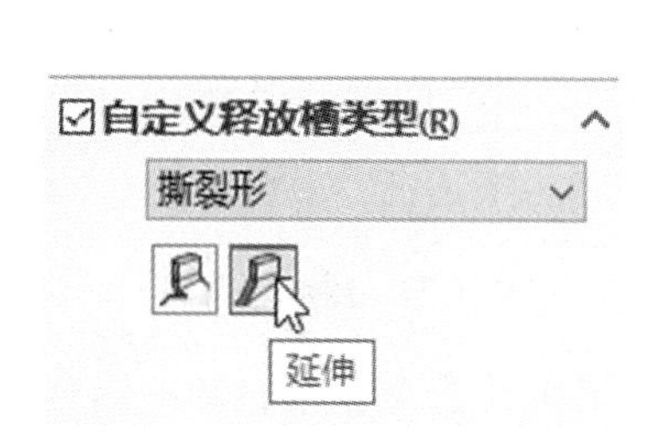

图 1-82　更改释放槽类型设置

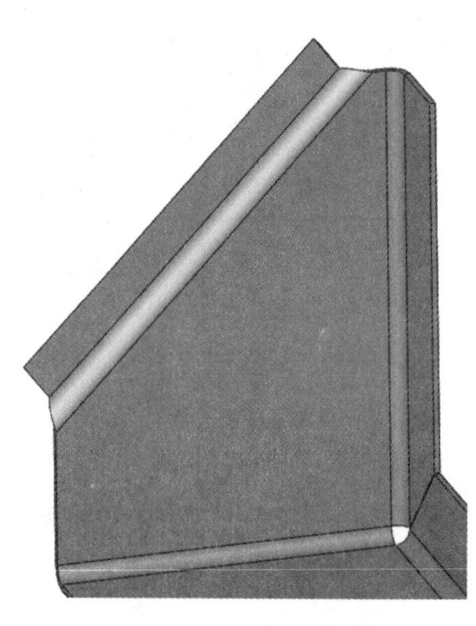

图 1-83　更改释放槽类型

步骤14 添加薄片 在底面的内侧绘制一个矩形轮廓草图，如图1-84所示。单击【基体法兰/薄片】，确保勾选【合并结果】复选框，单击【确定】✔。厚度和方向将根据已存在的几何体自动确定。

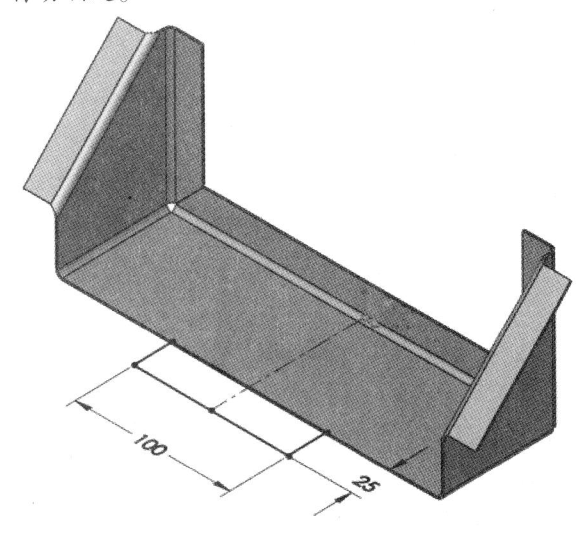

图1-84 绘制轮廓草图

步骤15 查看平板型式 【切换平坦显示】或【展平】零件，评估平板型式，如图1-85所示。

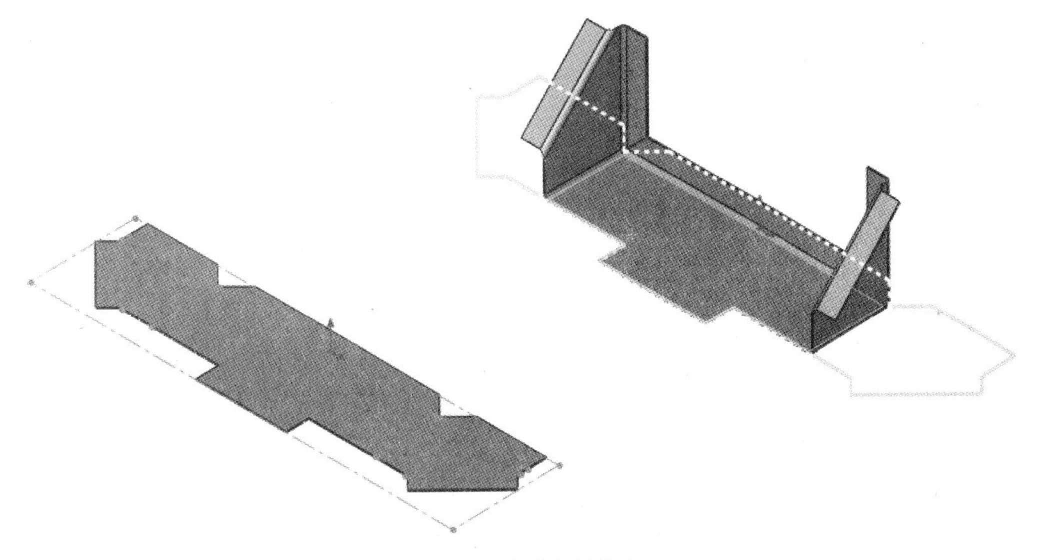

图1-85 查看平板型式

步骤16 保存并关闭此零件

练习1-3 编辑法兰轮廓

使用法兰特征创建如图1-86所示的零件。

本练习将应用以下技术：

- 基体法兰/薄片。
- 薄片特征。
- 边线法兰。
- 编辑法兰轮廓。
- 平板型式特征。

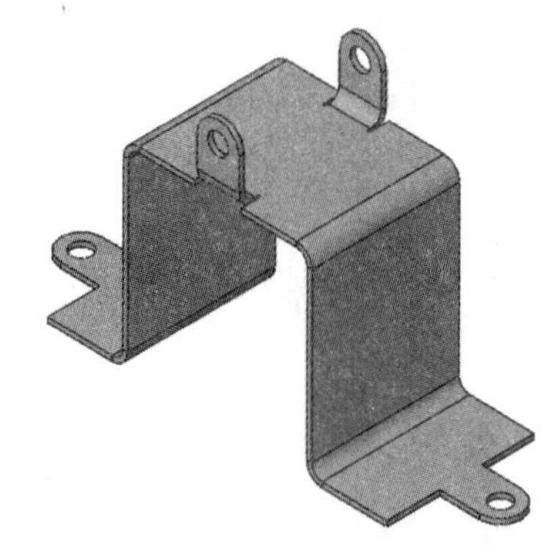

图1-86　生成零件

操作步骤

扫码看视频

步骤1　新建零件　使用“Part_MM”模板创建新文档。

步骤2　绘制草图　在前视基准面上绘制轮廓草图，如图1-87所示。

步骤3　创建基体法兰　单击【基体法兰/薄片】，方向1设置为两侧对称、35mm。勾选【使用规格表】复选框，选择“SAMPLE TABLE-STEEL”。

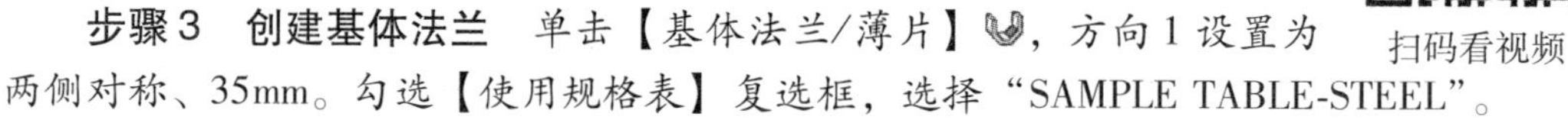

步骤4　设定钣金参数　使用如下设置设定钣金参数：

- 厚度：Gauge 18。
- 折弯半径：2.54mm。
- 折弯系数：k因子（从表格中读取）。
- 自动释放槽：矩圆形，使用释放槽比例=0.5。

单击【反向】将材料应用到草图线的外侧。单击【确定】，生成基体法兰如图1-88所示。

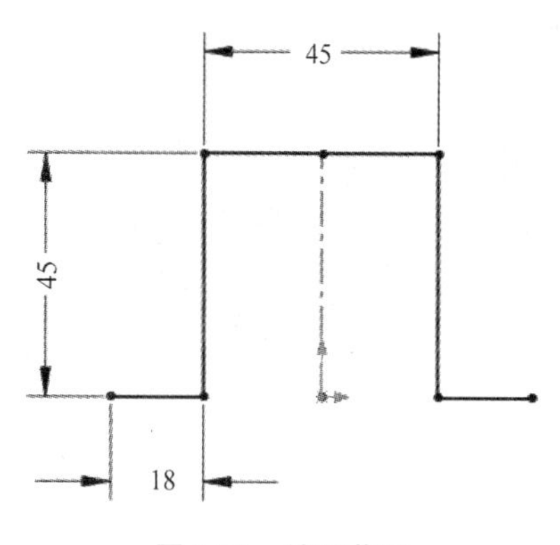

图1-87　绘制草图

图1-88　生成基体法兰

步骤5　添加薄片　按图1-89所示绘制轮廓草图，然后使用它生成【薄片】特征。

步骤6　镜像薄片　以右视基准面【镜像】薄片1，如图1-90所示。

步骤7　选择边线　单击【边线法兰】，选择图1-91所示边线。再次单击，定义法兰方向。

步骤8　修改法兰轮廓　在PropertyManager中，单击【编辑法兰轮廓】，拖动法兰轮廓的终点断开端点连接，修改并标注轮廓，如图1-92所示。

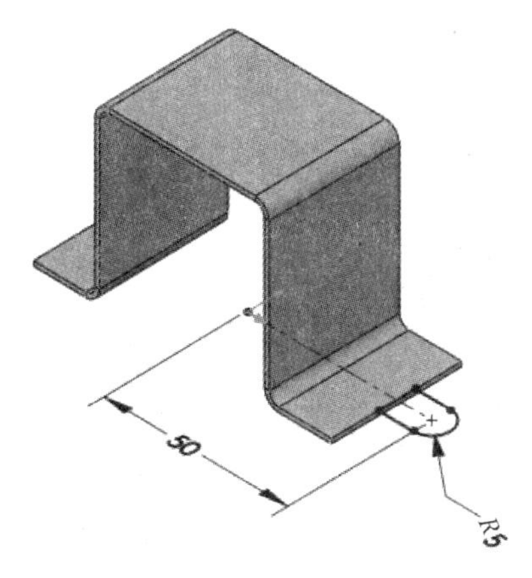

图 1-89　绘制轮廓草图

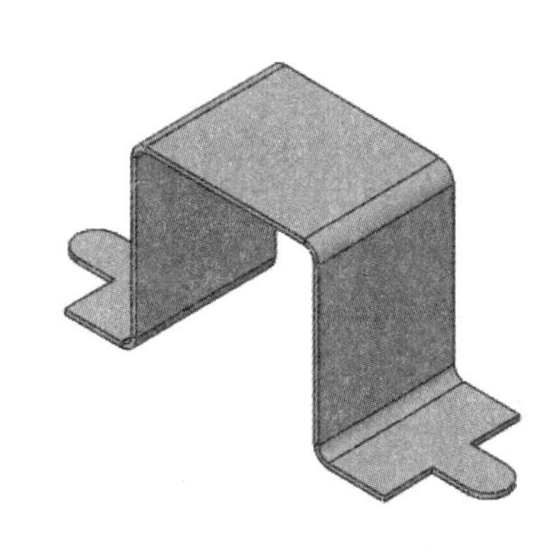

图 1-90　镜像薄片

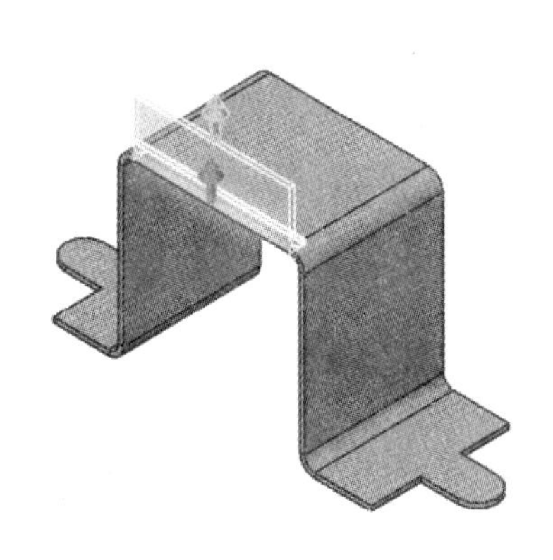

图 1-91　选择边线

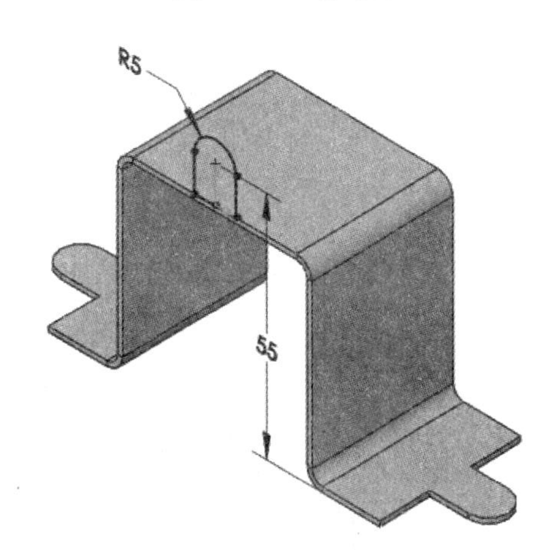

图 1-92　修改法兰轮廓

步骤 9　编辑法兰设定　在轮廓草图对话框中，单击【上一步】返回到 PropertyManager 中。设定【角度】为 90°，设定【法兰位置】为【材料在内】，单击【确定】✔。

步骤 10　镜像边线法兰　以前视基准面【镜像】边线法兰 1，如图 1-93 所示。

步骤 11　添加孔　从【特征】工具栏中单击【异形孔向导】。使用如下设置：

- 孔类型：【孔】。
- 标准：ANSI Metric。
- 类型：钻孔大小。
- 大小：ϕ5.0mm。
- 终止条件：成形到下一面。

步骤 12　添加孔位置　单击【位置】选项卡，单击【3D 草图】（见图 1-94），使用【重合】，添加草图点到每一个薄片和边线法兰的圆弧中心，如图 1-95 所示。

单击【确定】✔，结果如图 1-96 所示。

图 1-93　镜像边线法兰

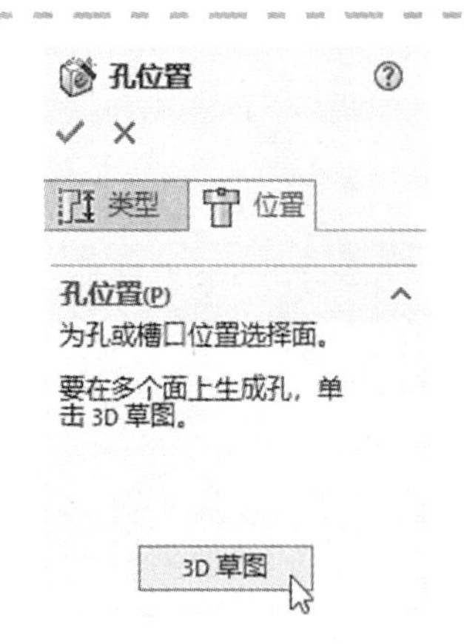

图 1-94　使用 3D 草图

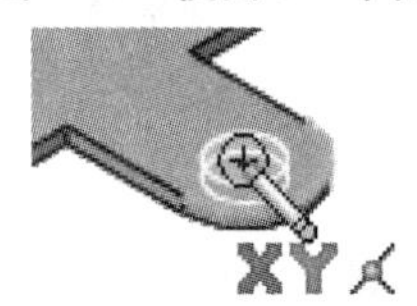

图 1-95　捕捉重合

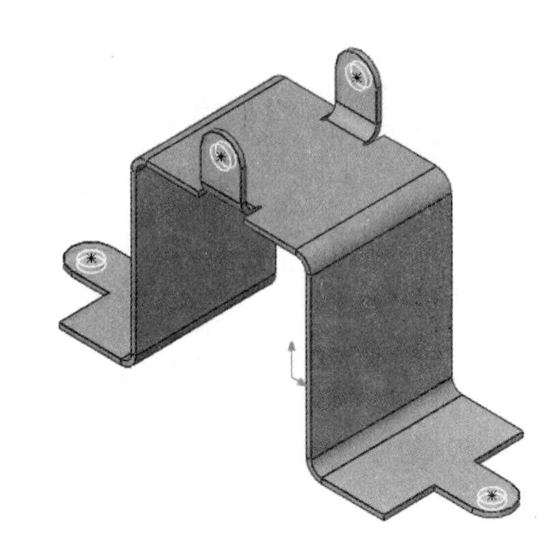

图 1-96　添加孔位置

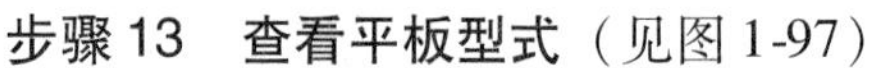

步骤 13　查看平板型式（见图 1-97）

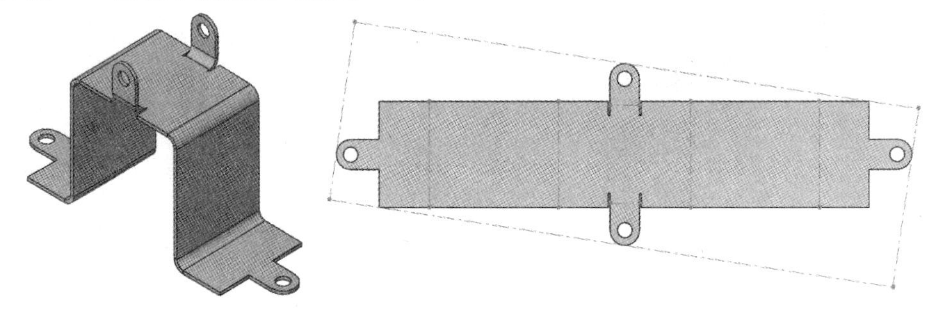

图 1-97　查看平板型式

步骤 14　保存并关闭此零件

练习 1-4　钣金盒子

使用法兰特征创建如图 1-98 所示的零件。本练习将应用以下技术：

- 基体法兰/薄片。
- 斜接法兰。
- 编辑钣金参数。
- 平板型式特征。

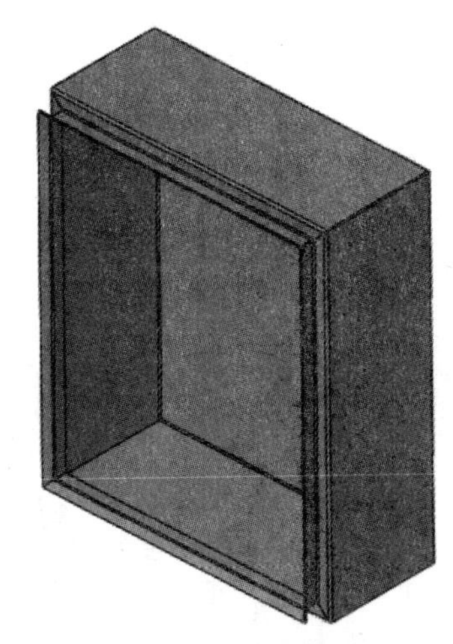

图1-98　钣金盒子

操作步骤

扫码看视频

步骤 1　新建零件　使用“Part_MM”模板创建新文档。

步骤 2　绘制草图　在前视基准面上绘制轮廓草图，如图 1-99 所示。

步骤 3　创建钣金平板　单击【基体法兰/薄片】，单击【使用规格表】，选择“SAMPLE TABLE-STEEL”。

步骤 4　设置钣金参数　使用如下设置设定钣金参数：

- 厚度：Gauge 14。
- 折弯半径：2.54mm。
- 折弯系数：k 因子（从表格中读取）。
- 自动释放槽：矩圆形，使用释放槽比例 =0.5。

单击【反向】，拉伸平板朝向前视基准面的前面，单击【确定】✔。

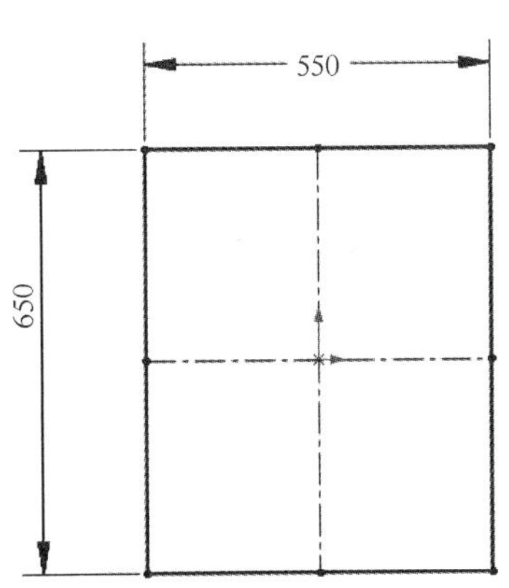

图 1-99　绘制草图

步骤 5　更改零件外观（可选操作）　根据需要，更改零件外观的颜色，如图 1-100 所示。

图 1-100　更改外观

步骤 6　创建新参考基准面　盒子的侧边可以使用斜接法兰特征创建。斜接法兰的轮廓必须创建在已有边线的终点上。使用如图 1-101 所示的边线和端点创建【基准面】。

> **技巧**　可以在【特征】工具栏的【参考几何体】弹出菜单中找到【基准面】。

步骤 7　在基准面 1 上绘制草图　在基准面 1 上创建如图 1-102 所示的轮廓。

图 1-101　创建新参考基准面

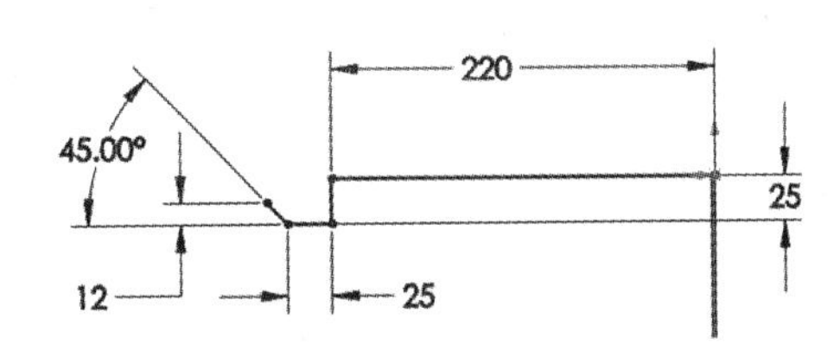

图 1-102　绘制草图轮廓

步骤 8　插入斜接法兰　单击【斜接法兰】，选择如图 1-103 所示的边线，并进行如下设定：

● 法兰位置：材料在内。

● 缝隙距离：1mm。

单击【确定】✔。

技巧 选择的初始边线（板的内侧或外侧边线）由轮廓草图中的关系确定。为特征选择的附加边线必须连接到初始边线上。

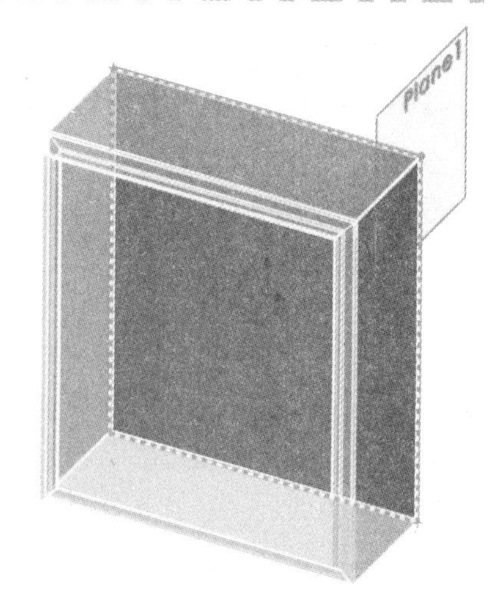

图 1-103　插入斜接法兰

步骤9　更改钣金参数　单击【钣金】文件夹，选择【编辑特征】。更改【厚度】为12 Gauge，【折弯半径】为5.080mm，如图1-104所示。

单击【确定】✔。

步骤10　查看平板型式（见图1-105）

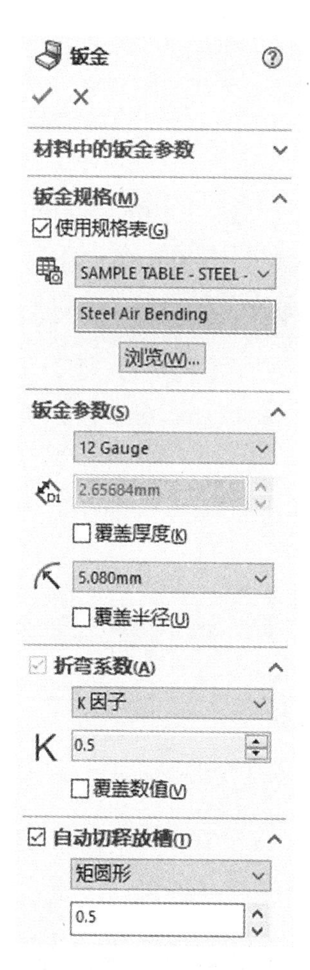

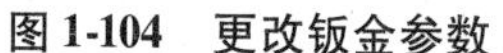

图 1-104　更改钣金参数

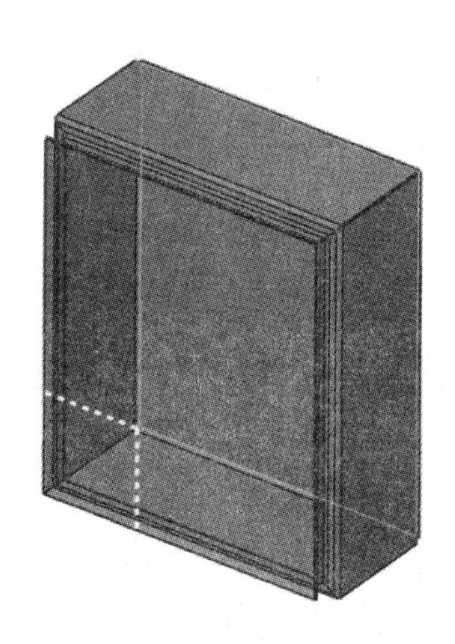

图 1-105　查看平板型式

步骤11　保存并关闭此零件

练习 1-5　各种框架挂件

图 1-106　各种框架挂件

根据图片和设计意图创建零件，如图 1-106 所示。

本练习将应用以下技术：

- 基体法兰/薄片。
- 边线法兰。
- 在钣金中切除。

1. 设计意图

1）材料使用 18 Gauge 钢。

2）所有折弯半径为 1.905mm。

3）所有孔直径为 5mm。

4）孔位置可以粗略估计。

5）零件是对称的。

2. 柱帽（见图 1-107）

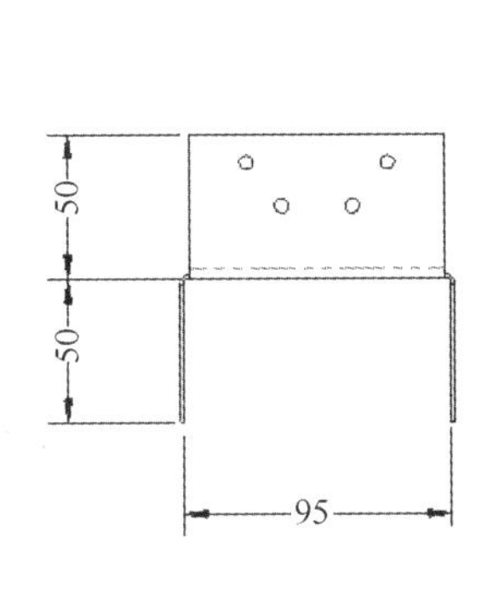

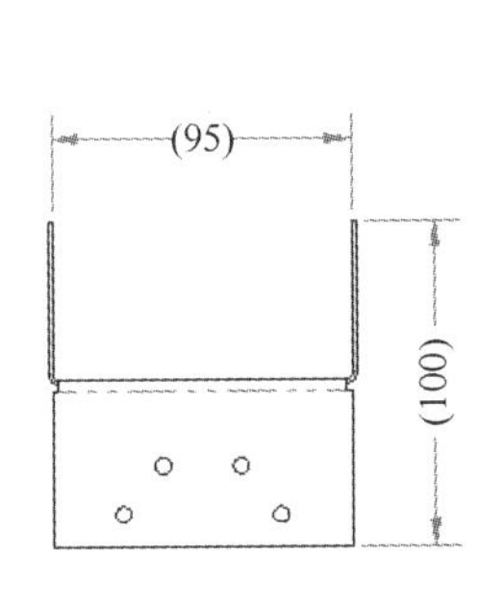

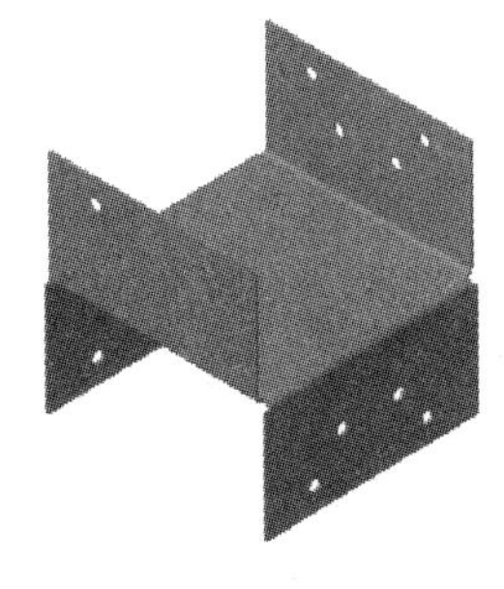

图 1-107　柱帽零件

扫码看视频

3. 承重挂件 1（见图 1-108）

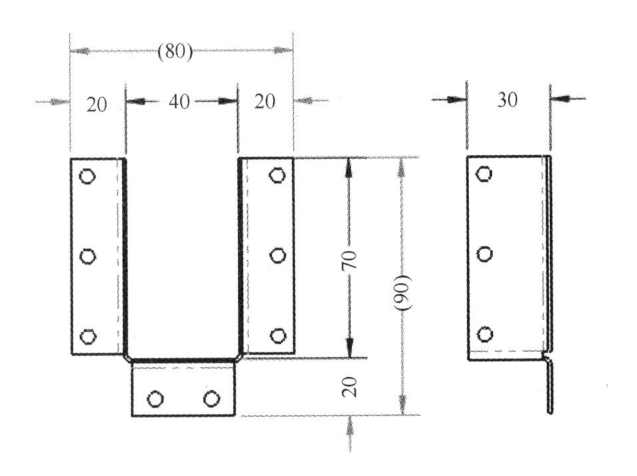

扫码看视频

图 1-108　承重挂件 1

4. 承重挂件2（见图1-109）

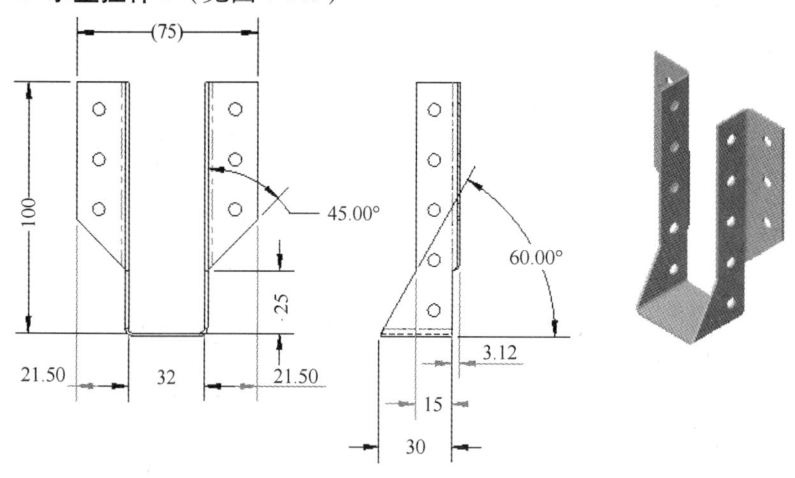

图1-109 承重挂件2

扫码看视频

操作步骤略。

第 2 章　在平板型式下工作

学习目标

- 理解和修改平板型式设置
- 为加工制造添加边角剪裁
- 使用闭合角、边角释放槽和断开边角/边角剪裁等特征修改成形钣金件的边角
- 访问和修改切割清单项目属性

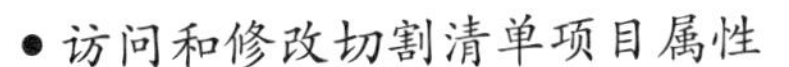

- 创建钣金零件的工程图
- 输出钣金件的平板型式为 DXF 或 DWG 格式

2.1　概述

钣金设计通常注重模型的成形状态，平板型式是用于表达零件是怎样生产的。

本章将介绍平板型式工作方面的一些知识：

- 平板型式设置。
- 加工的特征。
- 生成平板型式。

2.2　平板型式设置

平板型式特征可以像其他任意特征一样进行编辑。其中包含一些平板型式的显示和处理选项，如图 2-1 所示。

1. 固定面　此选择面决定当零件展开时哪个面保持静止。

2. 合并面　当勾选【合并面】复选框时，钣金零件是一个合并的平面，折弯区域不会出现边线，如图 2-2 所示。

如果没有勾选【合并面】复选框，就会显示展开折弯的相切边线，如图 2-3 所示。

3. 简化折弯　当勾选【简化折弯】复选框时，在平板型式下折弯区域的曲线会变成直线，从而简化模型几何体。如果没有勾选【简化折弯】复选框，在平板型式下仍然会显示复合曲线。

4. 显示裂缝（见图 2-4）　当边角释放槽比折弯区域小时，裂缝将用作额外的折弯释放。此选项用于决定这些裂缝是否包含在平板型式之中。

5. 边角处理　当勾选此复选框时，边角处理将自动应用到零件的开放角落，如图 2-5 所示。此选项允许添加自定义【边角剪裁】特征或允许材料在加工过程中变形。

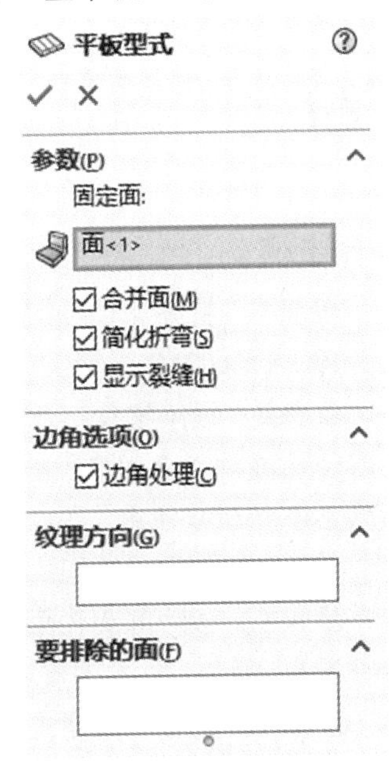

图 2-1　平板型式属性

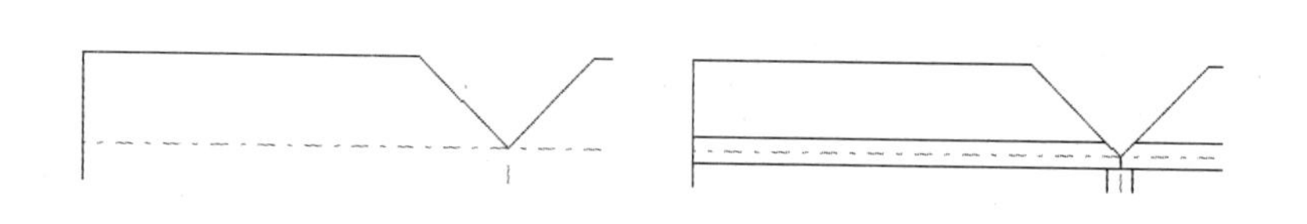

图 2-2　勾选【合并面】结果　　图 2-3　未勾选【合并面】结果

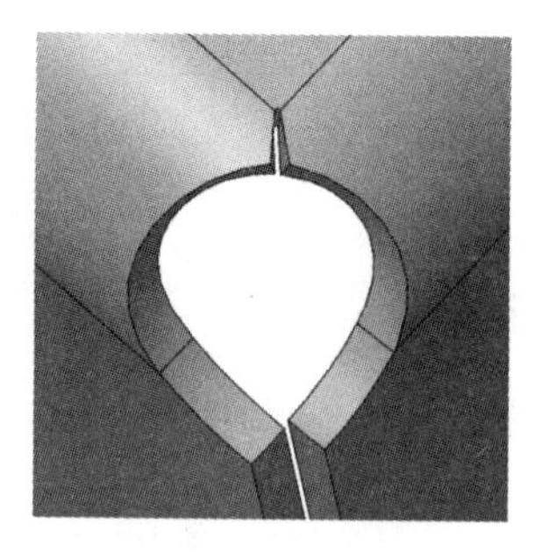

图 2-4　显示裂缝

若不勾选此复选框，将以无边角处理方式显示平板型式。这意味着在成形状态时看到的开放角落将在平板型式中显示，如图 2-6 所示。

6. 纹理方向　选择一条边线或直线设置为纹理的方向。纹理方向用于确定矩形边界框边线的方向，如图 2-7 所示。

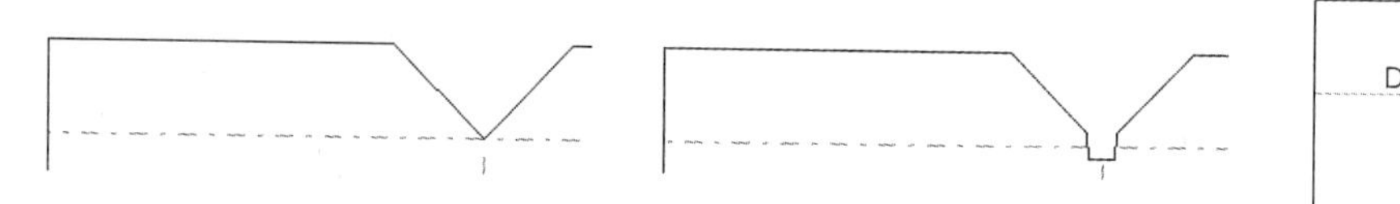

图 2-5　勾选【边角处理】状态　　图 2-6　未勾选【边角处理】状态

DOWN 90.00° R 3.810

图 2-7　纹理方向

7. 要排除的面　在零件展开的平板中不需要包含的面可以通过平板型式排除和忽略。此选项经常应用于 PEM 螺母、沉孔和角撑板等。用户可以选择阻止零件展开特征的面进行排除，以避免展开时出现错误。

知识卡片	平板型式	• 快捷菜单：在 FeatureManager 设计树中右键单击平板型式特征，选择【编辑特征】。 • 菜单：选择一个平板型式特征，单击【编辑】/【定义】。

技巧　有一些平板型式设置可以通过文档属性进行控制。要建立默认设置，可以修改文档属性并将其保存到文件模板中。

操作步骤

扫码看视频

步骤 1　打开“Cover”零件　继续在第 1 章中创建的模型上操作，或打开 Lesson02\Case Study 文件夹中的 Cover_L2 模型。

步骤 2　展平零件　激活平板型式，在平板型式中做一些更改，以便于零件能够被正确创建。首先移除沉头孔面，在毛坯切好之后，再将这些信息添加到零件内。

步骤 3　编辑平板型式特征

步骤 4　移除沉头孔面　单击【要排除的面】选择框，选择此零件中的每一个沉头孔面（见图 2-8），单击【确定】✔。

步骤 5　查看平板型式　查看斜接角区域，注意到已经在成形状态下的开放角区域添加了材料。

图 2-9 所示是角落被添加材料后处理的结果。

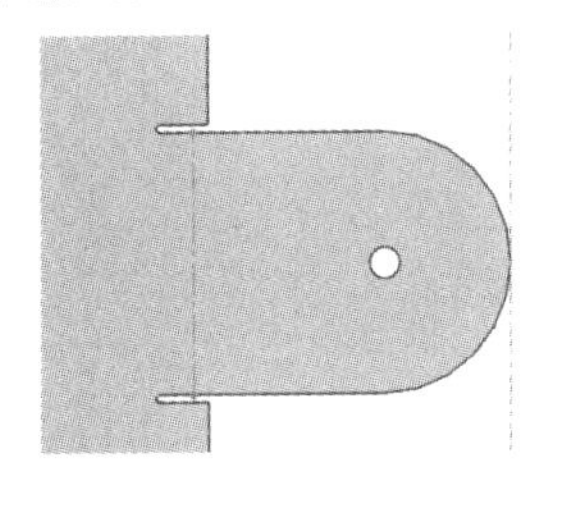

图2-8　移除沉头孔面

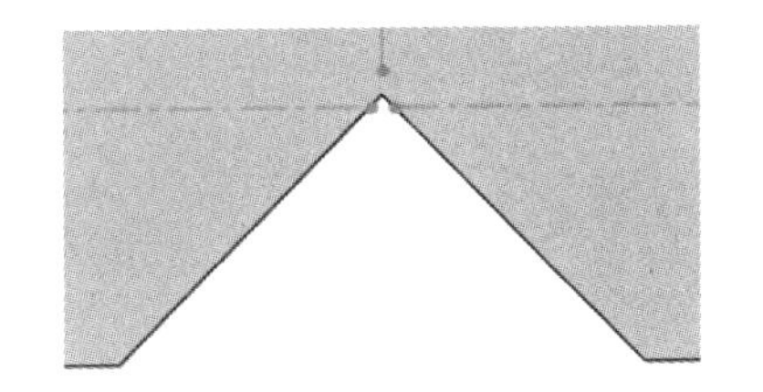

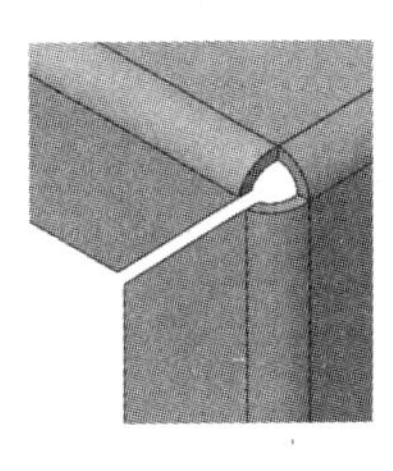

图2-9　查看平板型式（边角处理）

步骤6　编辑平板型式特征

步骤7　移除边角处理　不勾选【边角处理】复选框，单击【确定】✔。图2-10所示是移除边角处理后的结果。

在成形状态时的开放边角在平板型式中也有所体现。

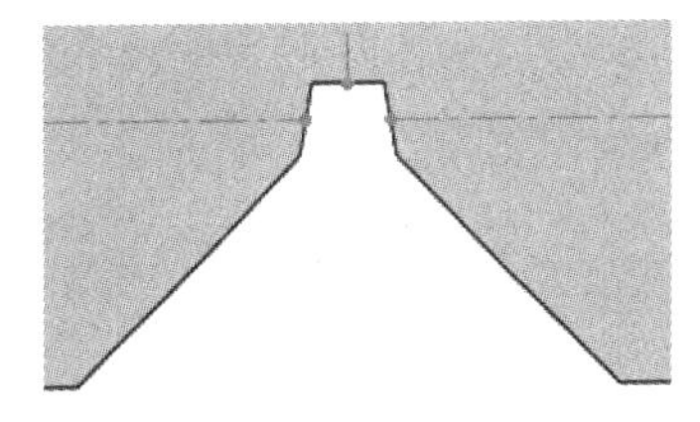

图2-10　查看平板型式（边角未处理）

2.3　加工的特征

开口折弯区域通常是添加法兰特征到模型时产生的。SOLIDWORKS 提供了一些选项来处理这些折弯区域，例如，为了提高零件可加工性，在模型中添加的断开尖角特征。

1. 闭合角　将成形钣金零件的角和折弯区域闭合。

2. 边角释放槽　在成形钣金零件中的折弯区域添加边角释放槽。

3. 断开边角　在成形的钣金零件尖角处添加倒角或圆角。此特征对于激光切割或水刀切割的零件非常重要，因为在路径的尖角处需要一个有效的停顿，如此会增加切割时间。

4. 边角剪裁　在钣金零件的平板型式中添加自定义的边角释放槽和断开边角。

2.4　边角剪裁特征

【边角剪裁】（见图2-11）是为了方便加工而将特征添到平板型式中，如自定义的边角释放槽和断开边角。由于【边角剪裁】特征可以应用到平板型式中，所以会在平板型式中生成一个子特征。因此，【边角剪裁】特征会随着平板型式一起压缩，并不会在模型的成形状态下显示。

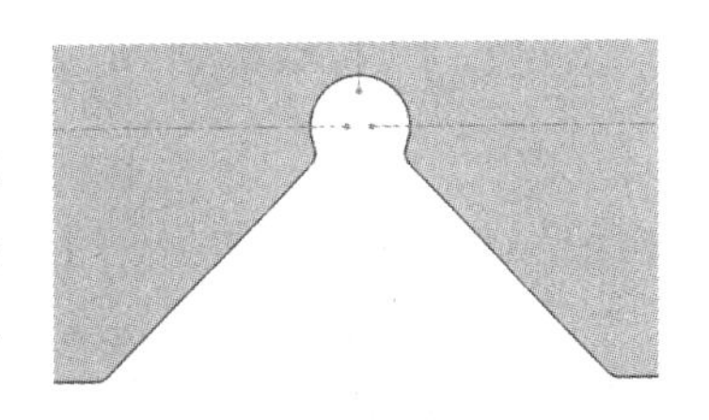

图2-11　边角剪裁

注意

【边角剪裁】仅用于零件加工时需要的边角条件。它们与平板型式相关联，其中包含零件的制造信息，并不会在模型成形状态时显示。使用【边角释放槽】和【断开边角】，可以在模型的成形状态中添加相似的特征。

知识卡片

边角剪裁	• CommandManager：【钣金】/【边角】/【边角剪裁】。 • 菜单：【插入】/【钣金】/【边角剪裁】。

提示

零件必须处于平板型式状态，才可以使用【边角剪裁】命令。

步骤8　添加边角处理　编辑平板型式特征，勾选【边角处理】复选框，单击【确定】✔。

步骤9　边角剪裁　单击【边角剪裁】。

【边角剪裁】命令包括【释放槽选项】和【折断边角选项】。

1. 释放槽选项　为添加自定义边角释放槽，可以选择个别边线，或使用【聚集所有边角】自动选择需应用边角处理的所有区域。

在【释放槽类型】中有3个选项，见表2-1。

表2-1　释放槽类型

图示	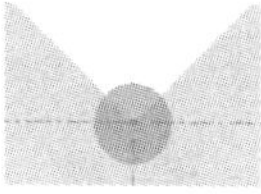	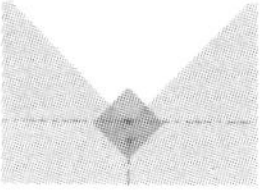	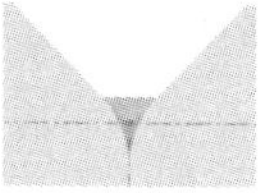
类型	圆形	方形	折弯腰

圆形和方形释放槽类型可以被应用到角落边线的中心或角落折弯线的中心。方形释放槽在折弯线上的应用见表2-2。

表2-2　方形释放槽在折弯线上的应用

图示	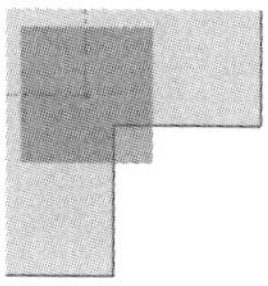	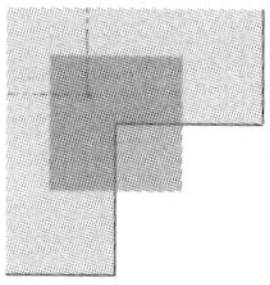
类型	勾选【在折弯线上置中】复选框	不勾选【在折弯线上置中】复选框

尺寸区域内定义了释放槽的半径或边线长度数值的大小。另外，释放槽尺寸的大小也可以通过【与厚度的比率】来控制。勾选【在折弯线上置中】复选框时，【与折弯相切】复选框提供了另一种定义释放槽尺寸大小的方法。

添加圆角可以为释放切除产生的任何尖角增加半径，如图2-12所示。

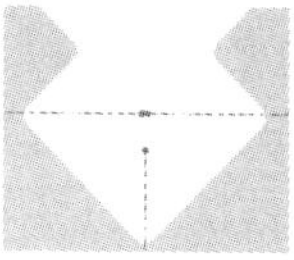

图2-12　边角剪裁

2. 折断边角选项　折断边角选项允许使用特定的倒角或圆角替代尖角。角落边线可以被单独选择、自动收集，或通过选定一个钣金面，将与此面所有垂直的外边线都折断。【仅内部边角】复选框也可以被勾选。有两种【折断类型】：倒角和圆角。

在尺寸区域内定义大小或半径值。

步骤10　边角剪裁中的释放槽　如图2-13所示，在【释放槽选项】中，单击【聚集所有边角】，使用如下设定来定义释放槽：

- 释放槽类型：圆形。
- 在折弯线上置中：勾选。
- 半径：3mm。

- 添加圆角边角：勾选。
- 圆角半径：1mm。

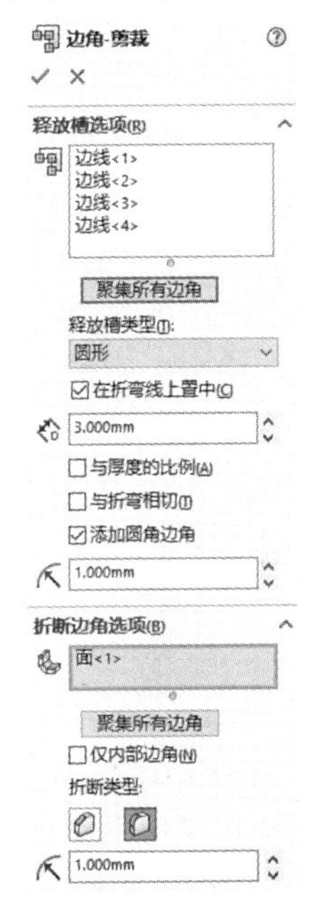

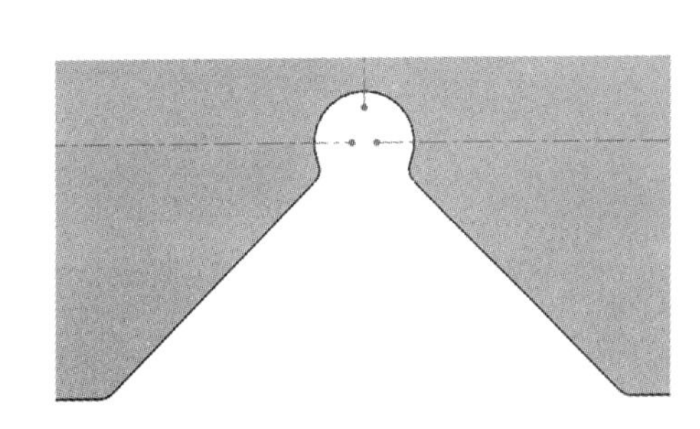

图 2-13　边角剪裁设置与结果

步骤 11　折断边角　单击【折断边角选项】选择框，选择展开型式的面。设置【折断类型】为圆角，【半径】为 1mm。

单击【确定】✔。

步骤 12　退出平展　返回到模型的成形状态。释放槽和折断边角并不出现在 FeatureManager 设计树中，边角剪裁特征被压缩。

步骤 13　保存并关闭此零件

2.5　成形状态中的边角

当在模型的成形状态中进行设计时，通过一些处理边角的选项可以实现某些功能。【边角】弹出菜单中的下列命令可用：

- 闭合角。
- 焊接的边角。
- 断开边角/边角剪裁。
- 边角释放槽。

上述角特征将用于修复图 2-14 中零件的边角条件。

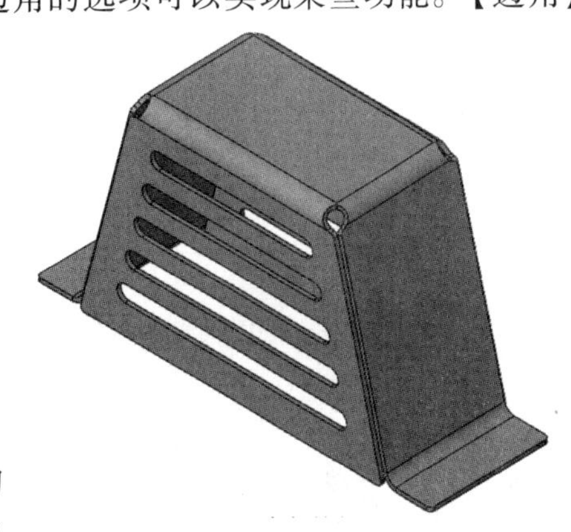

图 2-14　边角特征应用

2.6　闭合角

此特征用于修改法兰间的缝隙。通过选择法兰面的边线，延长或剪裁来生成需要的边角条件。折弯边线也可以按照设定的方式进行延伸。

知识卡片	闭合角	• CommandManager：【钣金】/【边角】/【闭合角】。 • 菜单：【插入】/【钣金】/【闭合角】。

操作步骤

扫码看视频

步骤1 打开已存在的“Corners”零件 在Lesson02\Case Study文件夹中找到Corners.sldprt文件并打开，如图2-15所示。

步骤2 Part Reviewer零件查看器（可选操作） 此模型保存时带有描述其怎样建造的评论。将光标悬停在设计树中的特征上，或使用【评估】工具栏中的【Part Reviewer】来查看零件的特征和评论。

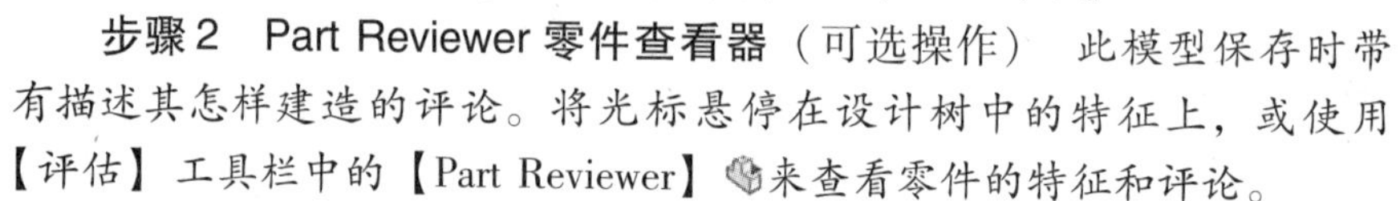

步骤3 添加闭合角 单击【闭合角】，选择Edge-Flange1特征面的两个边，如图2-16所示。

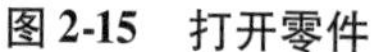

图2-15 打开零件

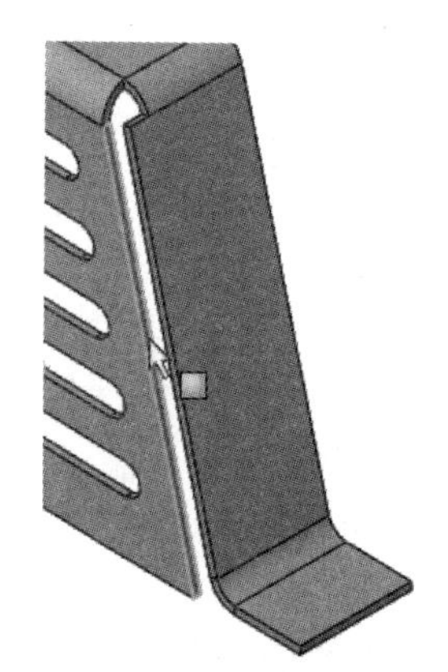

图2-16 闭合角

从模型中选择的面，将添加到【要延伸的面】选择框中。只要勾选【自动延伸】复选框，系统将自动选择法兰边角要配合的面。其选择框提供如下选项：

1. 开放折弯区域 勾选此复选框，以防止折弯区域被延伸。

2. 共平面 将应用闭合角的所有面对齐到选择面。当切除产生分离的法兰面时会非常实用。

3. 狭窄边角 允许具有大半径的折弯区域进一步延伸来缩小缝隙。用户可以创建3种边角类型（见表2-3）。

表2-3 边角类型

类型	图示	说明	类型	图示	说明
对接		面满足边到边	欠重叠		面被延伸，未与配合面重叠
重叠		面被延伸，与配合面重叠			

【缝隙距离】控制着两个边角面间的留存缝隙。【重叠/欠重叠比率】控制着在匹配材料厚度上延伸面的距离，如图2-17所示。比率1代表全部重叠，比率0.5代表一半重叠。

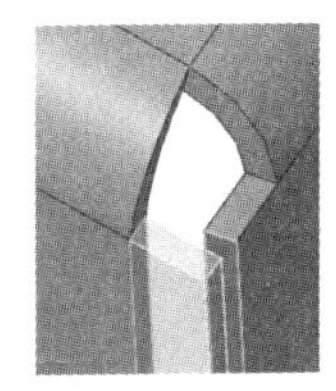

图2-17　重叠比率

步骤4　闭合角设置　如图2-18所示，设定闭合角的条件如下：

- 边角类型：对接。
- 缝隙距离：0.100mm。
- 开放折弯区域：不勾选。

单击【确定】✔。

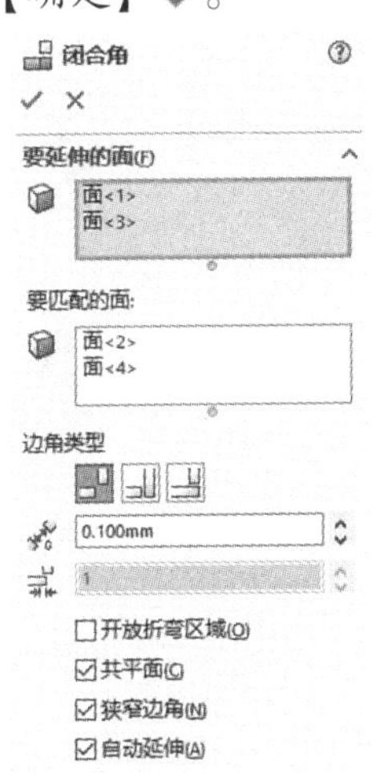

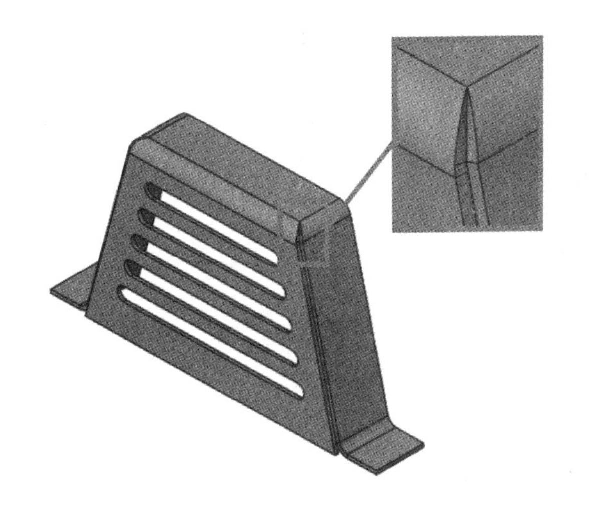

图2-18　闭合角特征

步骤5　查看结果　面和折弯区域被延伸，闭合了边角。

步骤6　镜像实体　当前几何体仅为需要完成零件的一半，为了生成另一半，将对实体进行镜像。为了镜像合并的钣金实体，必须选择钣金零件的一个面作为【镜像面/基准面】。

单击【镜像】。如图2-19所示，在零件的背面选择一个面作为【镜像面/基准面】。单击【要镜像的实体】，选择钣金实体，单击【确定】✔。

图2-19　选择镜像面

步骤7　查看平板型式　展开零件，查看平板型式，如图2-20所示。

步骤8　编辑平板型式特征　展开【平板型式】文件夹，选择【编辑特征】。

步骤9　修改固定面　单击零件的顶面，选择它作为平板型式的【固定面】，如图2-21所示。

步骤10　定义纹理方向　单击【纹理方向】选择框。选择图2-21所示的水平线来定义纹理方向。单击【确定】✔。

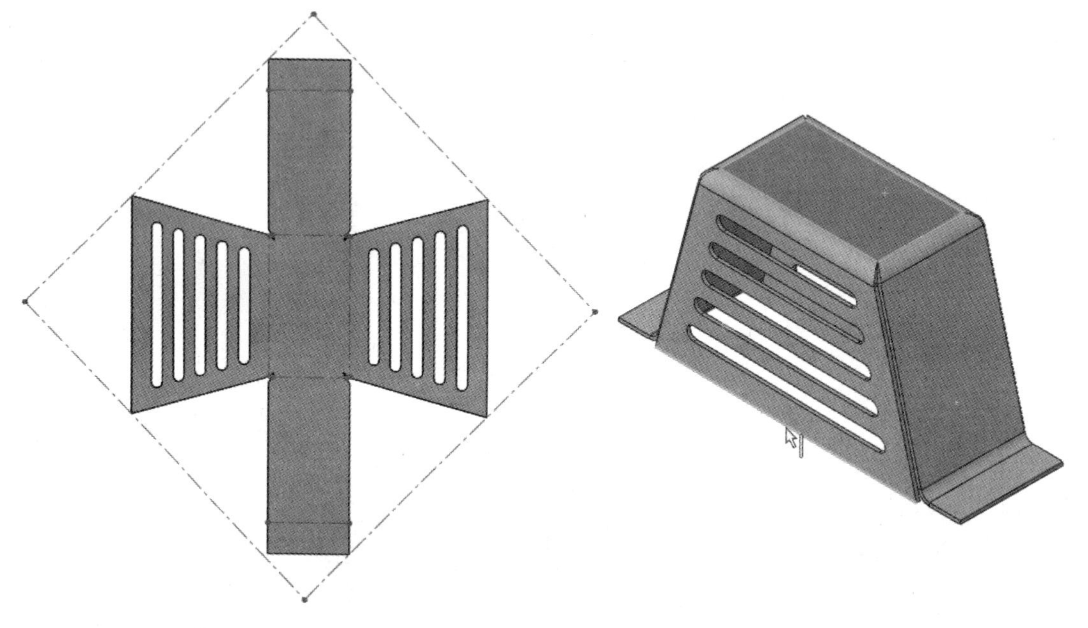

图2-20　查看平板型式　　图2-21　选择固定面和纹理方向

步骤11　查看结果　当零件展开时，顶面依旧保持静止，边界框以选择的边线进行定位，如图2-22所示。

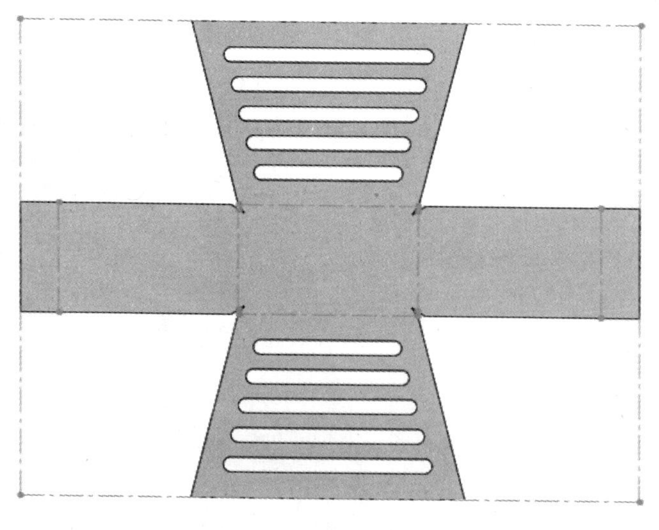

图2-22　查看结果

步骤12　退出平展

2.7　边角释放槽

【边角释放槽】特征是在钣金模型中的折弯区域添加释放切除。这些特征的设置与【边角剪裁】中的设置非常相似，但【边角释放槽】可以添加到成形的钣金零件中，而【边角剪裁】特征只能应用于平板型式之中。

【边角释放槽】选项将根据用户“释放”的边角具有2个折弯或3个折弯而有所不同。例如，完整圆和手提箱的释放槽类型仅适用于3个折弯的边角。

【边角释放槽】的释放槽类型见表2-4。

表2-4　释放槽类型

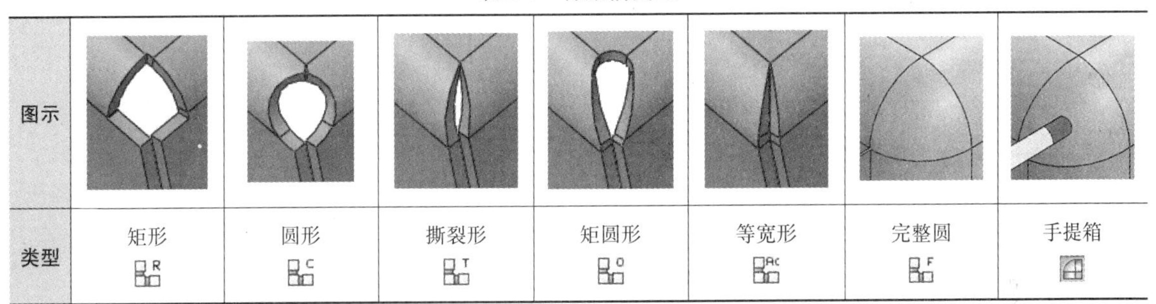

图示							
类型	矩形	圆形	撕裂形	矩圆形	等宽形	完整圆	手提箱

提示：【边角释放槽】特征能够应用在复杂的几何体上，可以显著地缩短重建时间。

知识卡片	边角释放槽	• CommandManager：【钣金】/【边角】/【边角释放槽】。 • 菜单：【插入】/【钣金】/【边角释放槽】。

步骤13　添加边角释放槽　单击【边角释放槽】，单击【收集所有角】，使用如下【释放选项】设定：

- 释放槽类型：圆形。
- 在折弯线上置中：勾选。
- 槽宽度：5mm。

单击【确定】，结果如图2-23所示。

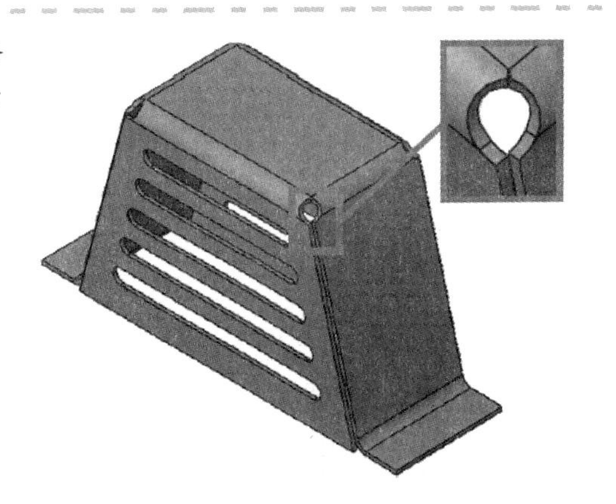

图2-23　添加边角释放槽

2.8　断裂边角/边角剪裁

【断裂边角】/【边角剪裁】特征是在钣金零件的尖锐边角添加倒角或圆角。除了【断裂边角】需要在成形状态的钣金模型中添加外，其他与【边角剪裁】特征具有相似的功能。

【断裂边角】命令比【圆角】和【倒角】命令更加适合于钣金零件。使用【断裂边角】，选择钣金零件的表面，此面上所有的外部边线将被打断。内部边角将被忽略，但也可以单独进行选择。如果使用【圆角】或【倒角】特征，面选项将会打断选择面的所有边线。

知识卡片	断开边角	• CommandManager：【钣金】/【边角】/【断裂边角】。 • 菜单：【插入】/【钣金】/【断裂边角】。

步骤14　断裂边角　单击【断裂边角】，选择如图2-24所示的6个法兰面，使用【圆角】折断类型，距离为2mm。单击【确定】。

步骤15　查看平板型式　边角释放槽和断裂边角特征在零件的成形或展平状态都会存在。

当【边角释放槽】不能满足切除整个折弯区域，将会在边角处产生裂缝（见图2-25）。这些在平板型式中可以通过设定进行隐藏。

图2-24　断裂边角

步骤16　编辑平板型式　编辑平板型式，不勾选【显示裂缝】复选框，单击【确定】，如图2-26所示。

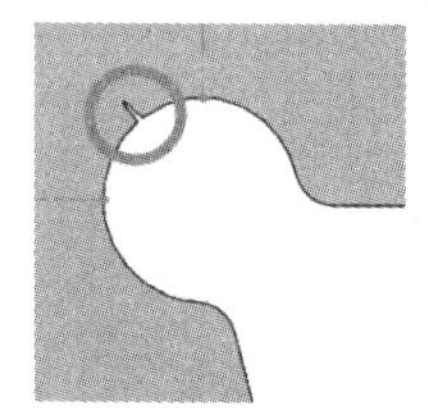

图2-25　平板型式中的裂缝

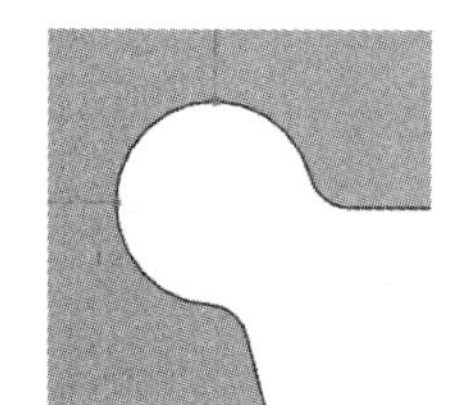

图2-26　编辑平板型式

2.9　生成平板型式

一般而言，生产钣金零件的信息通过切割清单属性、工程视图信息和输出的文件（如DXF或DWG格式）进行传递。下面是一些简要的总结：

（1）切割清单属性　每个钣金实体的相关属性都会在切割清单中自动创建。这些属性包括毛坯尺寸和钣金参数信息。

（2）工程视图　平板型式工程视图自动包含每条折弯线的折弯注释。

（3）DXF/DWG格式　此种文件类型包含激光或水刀切割时需要的平板型式信息。

2.10　钣金切割清单属性

切割清单类似于多实体零件的物料清单。然而，即使只包含单一实体的零件，也可以利用自动切割清单属性。钣金实体的切割清单属性见表2-5。

表2-5　切割清单属性

属性名称	说　明
边界框长度	在边界框草图中矩形的长度（两个尺寸中较大的）
边界框宽度	在边界框草图中矩形的宽度（两个尺寸中较小的）
钣金厚度	在钣金参数中指定的材料厚度
边界框区域	边界框草图中矩形的面积

（续）

属性名称	说 明
边界框区域-空白	平板的空白区域
切割长度-外部	平板型式外边界的轮廓周长
切割长度-内部	所有内部边界的周长
切除	内部切除的数量
折弯	折弯的数量
折弯系数	默认的折弯系数值
材料	实体所定义的材料
质量	实体的质量
说明	“Sheet”是钣金实体的默认说明，但可以进行修改
折弯半径	默认折弯半径
表面处理	如果定义，链接到结束时的自定义属性
Cost-总成本	使用成本分析工具评估的价格
数量	零件中实体的数目

切割清单中的实体被组织到切割清单项目子文件夹中。在零件内几何体相同的实体被分组到相同的切割清单项目文件夹（见图 2-27）中。每个切割清单项目文件夹表示切割列表中的行项目。

切割清单项目属性与切割清单项目文件夹相关联。通过右键单击切割清单项目文件夹，从快捷菜单中选择【属性】进行访问。

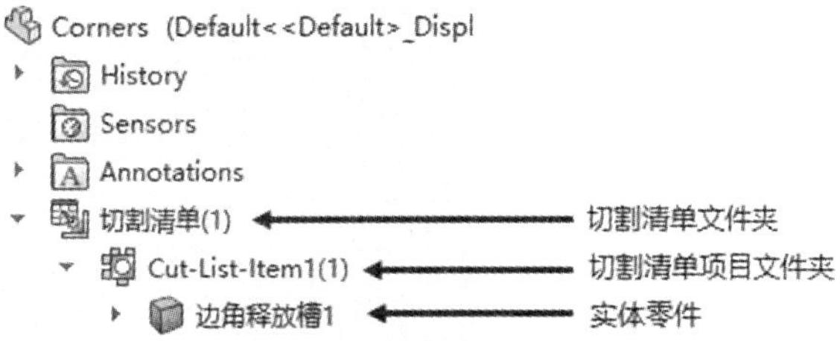

图 2-27 切割清单文件夹

在【切割清单项目属性】中的注释是特定于零件内的实体，而【文件属性】是与整个零件文件相关联的。当模型用于装配体时，文件属性通常包含工程图标题块或材料明细表中显示的信息。【切割清单项目属性】通过工程图中的切割清单表来表达。

步骤 17 访问切割清单项目属性 在 FeatureManager 设计树中展开切割清单文件夹。右键单击切割清单项目文件夹，选择【属性】，如图 2-28 所示。

步骤 18 修改说明 切割清单属性可以像文件属性一样进行添加和修改。在【Description】属性行上，修改【数值/文字表达】单元格内容为“14 Gauge Sheet”。单击【确定】。

步骤 19 编辑材料 在 FeatureManager 设计树中，右键单击【材质 <未指定>】，从收藏菜单中选择“1060 Alloy”。

步骤 20 重新查看切割清单项目 再次访问【切割清单属性】对话框，确认材料和质量的属性已经被更新，如图 2-29 所示。单击【确定】。

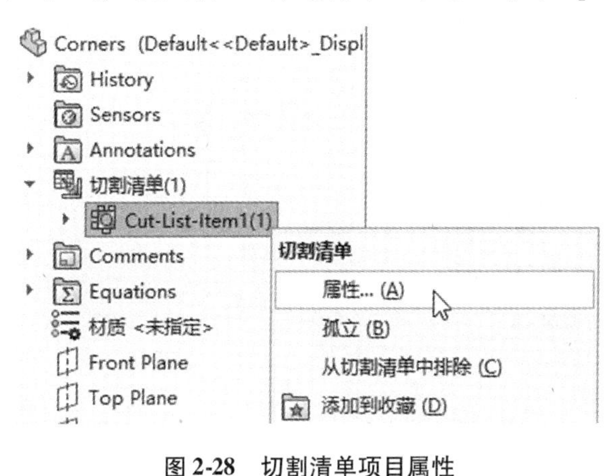

图 2-28 切割清单项目属性

	属性名称	类型	数值 / 文字表达	评估的值
1	Description	文字	14 Gauge Sheet	14 Gauge Sheet
2	边界框长度	文字	"SW-边界框长度@@@Cut-List-Item1@Corners.SLD	348.05
3	边界框宽度	文字	"SW-边界框宽度@@@Cut-List-Item1@Corners.SLD	258.85
4	钣金厚度	文字	"SW-钣金厚度@@@Cut-List-Item1@Corners.SLDPRT	2
5	边界框区域	文字	"SW-边界框区域@@@Cut-List-Item1@Corners.SLD	90092.49
6	边界框区域-空白	文字	"SW-边界框区域-空白@@@Cut-List-Item1@Corner	0
7	切割长度-外部	文字	"SW-切割长度-外部@@@Cut-List-Item1@Corners.S	1381.248
8	切割长度-内部	文字	"SW-切割长度-内部@@@Cut-List-Item1@Corners.S	0
9	切除	文字	"SW-切除@@@Cut-List-Item1@Corners.SLDPRT"	10
10	折弯	文字	"SW-折弯@@@Cut-List-Item1@Corners.SLDPRT"	6
11	折弯系数	文字	"SW-折弯系数@@@Cut-List-Item1@Corners.SLDPRT	0.5
12	材料	文字	"SW-材质@@@Cut-List-Item1@Corners.SLDPRT"	1060 Alloy
13	质量	文字	"SW-质量@@@Cut-List-Item1@Corners.SLDPRT"	205.513
14	说明	文字	14 Gauge Sheet	14 Gauge Sheet
15	折弯半径	文字	"SW-折弯半径@@@Cut-List-Item1@Corners.SLDPRT	5
16	表面处理	文字	"SW-表面处理@@@Cut-List-Item1@Corners.SLDPRT	完成<未指定>
17	Cost-总成本	文字	"SW-Cost-总成本@@@Cut-List-Item1@@Corners.SL	0.00
18	QUANTITY	文字	"QUANTITY@@@Cut-List-Item1@Corners.SLDPRT"	1
19	<键入新属性>			

图 2-29　切割清单项目属性自动更新

步骤 21　退出平板型式

步骤 22　保存零件

2.11　平板型式工程视图

扫码看视频

当在工程图中使用钣金零件时，系统会自动创建一个平板型式的派生配置。此配置用于管理平板型式特征的压缩状态。平板型式工程视图将自动出现在视图调色板中，也会显示在【模型视图】的 PropertyManager 中。当把平板型式工程视图添加到图纸中时，折弯线草图将和折弯注释自动出现，如图 2-30 和图 2-31 所示。

图 2-30　更多视图

图 2-31　平板型式视图

提示 默认情况下，边界框草图并不会显示，但可以通过 FeatureManager 设计树对显示进行更改。

步骤 23　配置管理器　当前 Corners 模型仅有一个单独的 Default 配置，如图 2-32 所示。

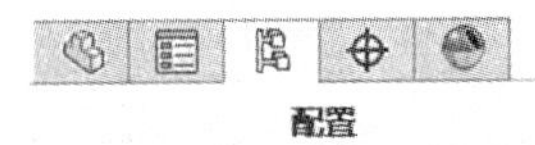
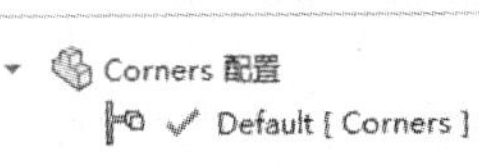

图 2-32　查看配置

步骤 24　从零件制作工程图　在【文件】菜单中或【新建】弹出菜单中，单击【从零件/装配体制作工程图】，选择“B_Size_ANSI_MM”文件模板。平板型式视图（见图 2-33）和其他标准视图一同出现在视图调色板中。

派生的“SM-FLAT-PATTERN”配置出现（见图 2-34），允许模型在成形和展平两个状态显示。

图 2-33　平板型式视图

图 2-34　派生的配置

注意 一旦创建了派生的配置，当对模型进行修改时，了解哪个配置处于激活状态是非常重要的。钣金模型的平板型式特征在“SM-FLAT-PATTERN”配置解压时显示，一旦完成更改后将压缩在默认配置中。

步骤 25　拖放平板型式视图　如有必要，在【视图调色板】的选项中取消勾选所有的复选框。拖放平板型式视图到图纸上，如图 2-35 所示。

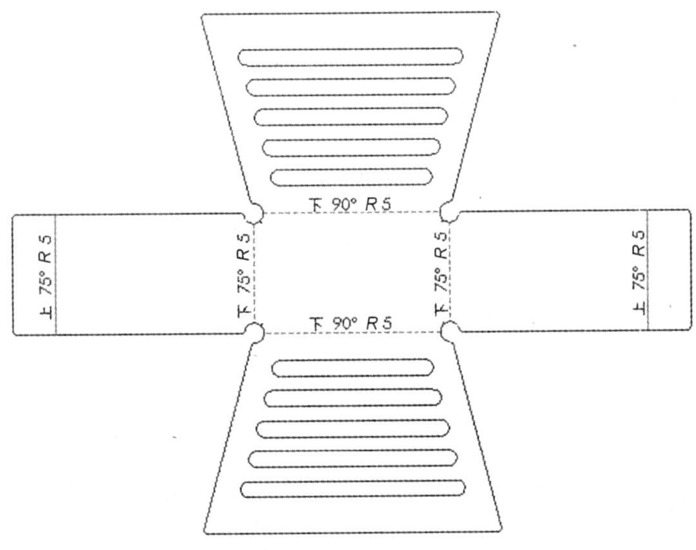

图 2-35　拖放平板型式视图

步骤 26　工程视图属性　工程视图 PropertyManager 中列出了默认的“SM-FLAT-PATTERN”作为【参考配置】，平板型式视图的额外特定属性也变得可用。

2.12 平板型式视图属性

平板型式视图包含一些独特的属性来控制注释的显示和内容以及平板型式视图在图纸中的放置方位。当选择平板型式视图时，这些属性会自动显示在工程视图的 PropertyManager 中。

1. 折弯注释（见图 2-36）

通过复选框来控制折弯注释的显示与否，下部的按钮用于添加额外的注释信息。注释的初始格式是受一个外部文档控制的。bendnoteformat. txt 可以在 Program Files\SOLIDWORKS Corp\SOLIDWORKS\lang\ <lang> 文件夹内找到。

2. 平板型式显示（见图 2-36）

使用此选项旋转或反转平板型式视图。

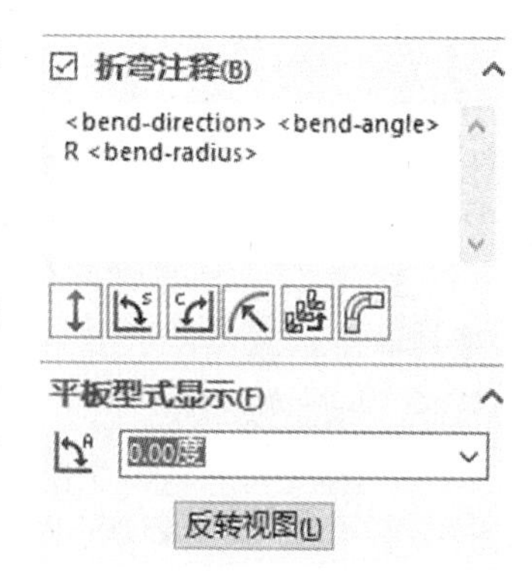

图 2-36 折弯注释和反转选项

2.13 工程图文档属性

工程图文档也包含一些钣金零件和平板型式显示的特定属性。这些可以通过单击【选项】/【文档属性】并在左侧的【钣金】类别中找到，如图 2-37 所示。

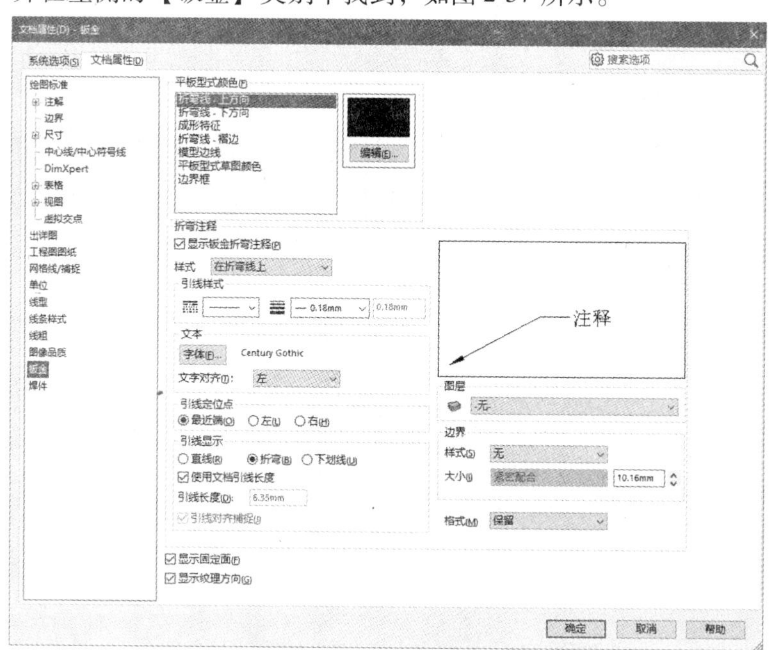

图 2-37 工程图文档属性

此处的选项控制平板型式中信息的颜色和折弯注释的显示方式。当使用折弯表时，【显示固定面】和【显示纹理方向】复选框可以使用。

提示 文档属性只与当前文档相关联。为了规范文档属性，修改这些选项并将其保存为工程图模板。

步骤 27 修改工程图文档属性 单击【选项】/【文档属性】，并在左侧选择【钣金】类别。

可通过双击列表中的某个项目或选择某个项目后单击【编辑】按钮来修改【平板型式颜色】，更改设置如下：

折弯线-上方向：绿色，折弯线-下方向：红色，模型边线：蓝色。单击【确定】，如图2-38所示。

步骤28　添加其他视图　添加模型的前视图和顶部投影视图（见图2-39），这些视图将自动参考模型的默认配置。

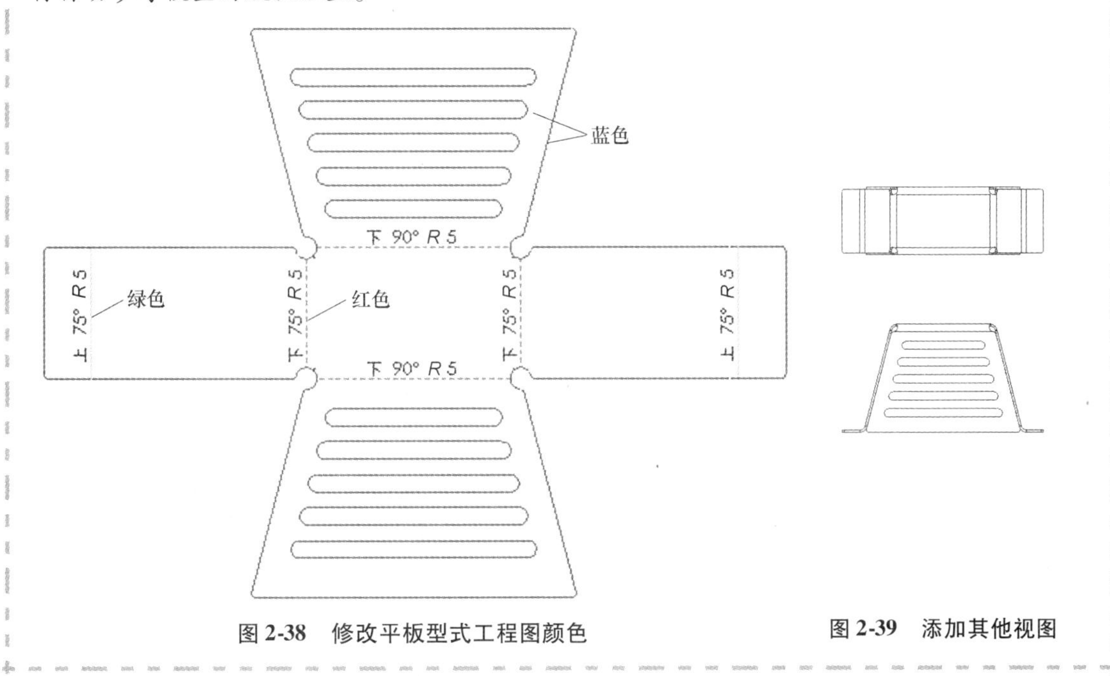

图2-38　修改平板型式工程图颜色

图2-39　添加其他视图

2.14　钣金表格

在工程图中有一些与钣金零件相关的表格可以使用，包括：

（1）焊件切割清单　此表格用于显示切割清单项目属性。

（2）折弯系数表　此表可以以表格的形式列出模型的折弯信息，平板型式折弯信息可以使用表格中的行项目标签替代。

（3）冲孔表　与孔表相类似，此表以表格的形式列出了成形工具特征的位置。

知识卡片	钣金表格	• CommandManager：【注解】/【表格】。 • 菜单：【插入】/【表格】。

步骤29　添加切割清单表　选择图纸中的某个视图，单击【焊件切割清单】。使用默认的切割清单模板和设置，单击【确定】✔。

将切割清单表放置到图纸的标题栏上，如图2-40所示。

项目号	数量	说明	长度
1	1	14 Gauge Sheet	

图2-40　添加切割清单表

技巧 如有必要，使用浏览模板按钮，选择默认的“cut list. sldwldtbt”表格模板。其位于<安装目录>\SOLIDWORKS Corp\SOLIDWORKS\lang\<lang>文件夹内。

步骤30 修改切割清单表 拖动【说明】列表头C到A列，如图2-41所示。

1）单击B列表头。使用PropertyManager修改此列以显示切割清单项目属性材料。

2）单击C列表头。更改此列以显示切割清单项目属性钣金厚度。

3）单击D列表头。选择切割清单项目属性折弯系数，更改列标题为【折弯系数】。

说明	材料	钣金厚度	折弯系数
14 Gauge Sheet	1060 合金	2	0.5

图2-41 修改切割清单表

步骤31 保存表格模板 在切割清单表中单击右键，选择【另存为】。保存表格模板到桌面，并命名为“SM Cut List”。

2.15 以切割清单属性作注释

作为使用切割清单表的一种替代方法，工程图中的注释也可以轻松地显示钣金的属性。切割清单属性注释（见图2-42）将自动列出与所选平板型式视图相关的所有属性。这些注释也可以按照需要进行编辑更改。

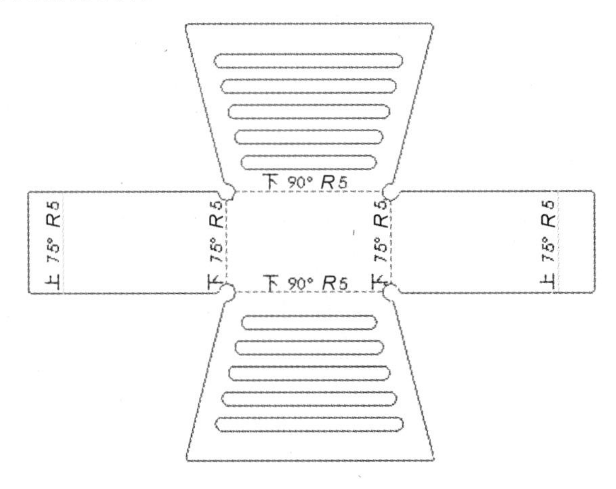

图2-42 切割清单属性注释

知识卡片 切割清单属性	• 快捷菜单：右键单击平板型式视图，选择【注解】/【切割清单属性】。

步骤32 添加折弯系数表 单击【折弯系数表】，选择平板型式视图。使用默认的bendtable-standard模板和设置，单击【确定】✓。将折弯系数表放置到图纸的左下角，如图2-43所示。

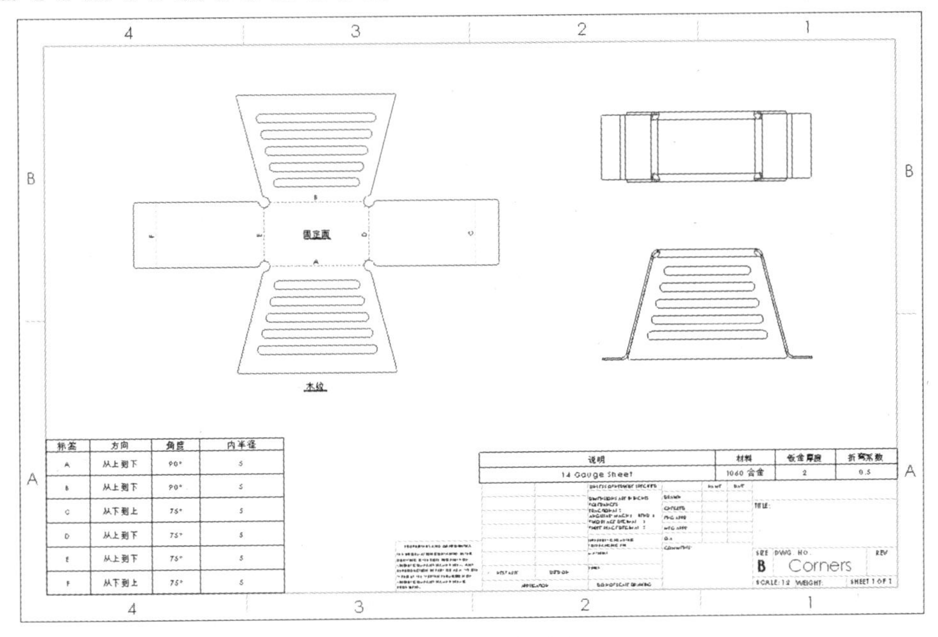

图 2-43 添加折弯系数表

提示 【固定面】和【纹理方向】的显示是通过工程图文档属性控制的，这些注释可以像其他注释一样根据需要进行重新定位和旋转修改。

步骤 33 添加尺寸标注（可选操作） 添加折弯线尺寸标注和零件的展平、成形状态的全局尺寸标注，如图 2-44 所示。

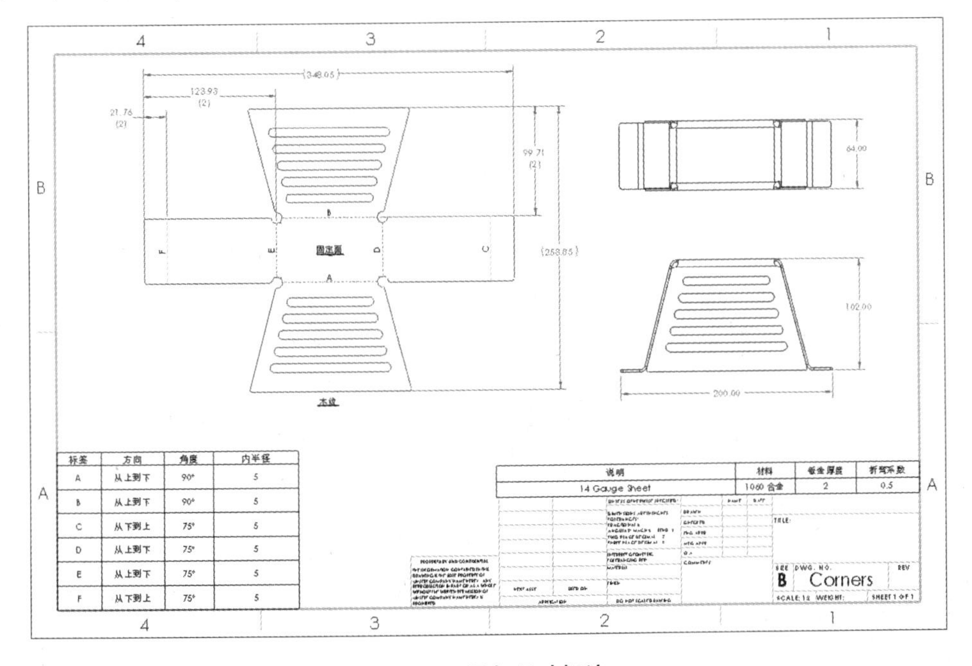

图 2-44 添加尺寸标注

步骤 34 保存并关闭工程图

2.16 输出平板型式

知识卡片

平板型式	平板型式的信息通常通过DXF和DWG格式文件进行生产交流，以DXF或DWG格式提供的2D信息可以直接被嵌套式程序和激光切割、水刀切割等设备读取。SOLIDWORKS提供直接从3D模型到此类格式文件的平板型式信息输出选项。
操作方法	• 快捷菜单：右键单击钣金实体，选择【输出到DXF/DWG】。

步骤35 输出为DXF 右键单击Corners零件的一个表面，选择【输出到DXF/DWG】，接受DXF文件格式和Corner. DXF文件名称，将文件保存到桌面。

步骤36 输出选项设置 在PropertyManager中进行如下设置：

- 输出：钣金。
- 要输出的对象：几何体。

单击【确定】✔。

步骤37 DXF/DWG清理 DXF文件预览图出现在【DXF/DWG清理】窗口，如图2-45所示。顶部的选项为视图导航。根据需要选择几何体，并使用【删除对象】按钮将几何体从视图中删除。

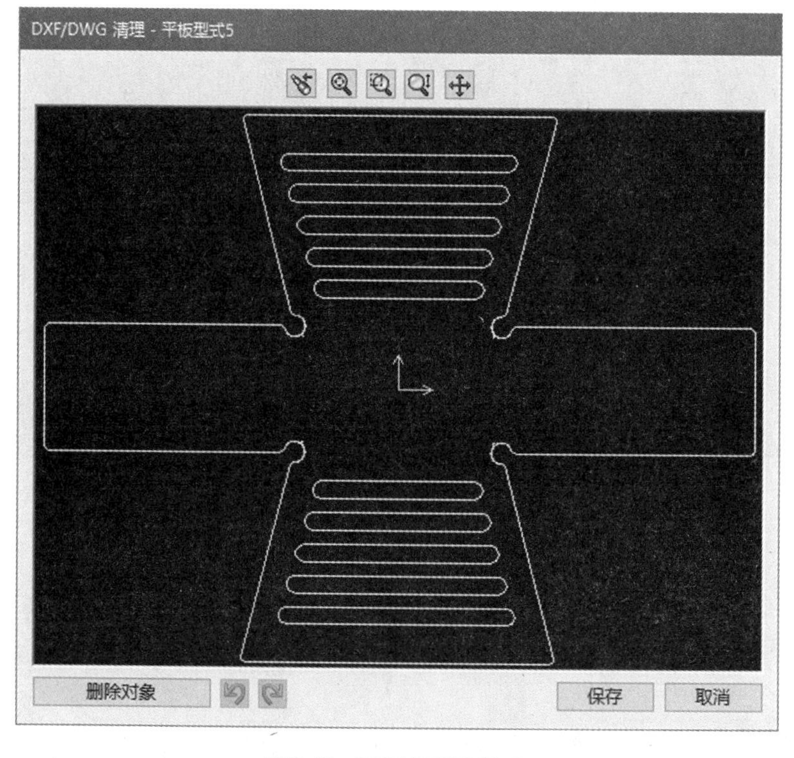

图2-45 DXF/DWG清理

单击【保存】生成DXF文件。

步骤38 保存并关闭所有文件

练习2-1　平板型式设置

添加新的边线法兰到已完成的零件。通过调整钣金参数和平板型式设置，为零件的加工准备平板型式。最后，输出平板型式到 DXF 格式，如图 2-46 所示。

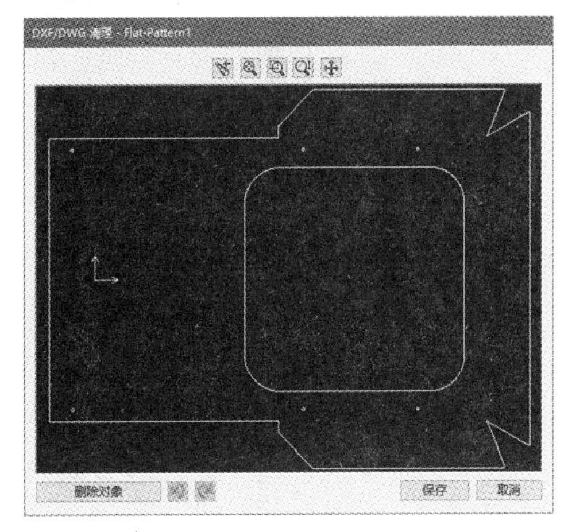

图 2-46　输出平板型式

本练习将应用以下技术：

- 边线法兰。
- 闭合角。
- 平板型式设置。
- 边角剪裁特征。
- 输出平板型式。

扫码看视频

操作步骤

步骤 1　打开 Flat Pattern Settings 零件　在 Lesson02\Exercises 文件夹内找到 Flat Pattern Settings. sldprt 文件并打开，如图 2-47 所示。

步骤 2　零件预览（可选操作）　此模型保存时带有描述其怎样创建的评论。将光标悬停在设计树中的特征上，或使用【评估】工具栏中的【Part Reviewer】来查看零件的特征和评论。

步骤 3　生成边线法兰　单击【边线法兰】，选择底部右边线，并单击右侧定义方向。折弯角度和法兰长度通过选择零件的部件来定义。

在【角度】选项中的选择框内确定一个面。单击在零件左侧横向法兰的面。选择【与面平行】。

图 2-47　打开文件

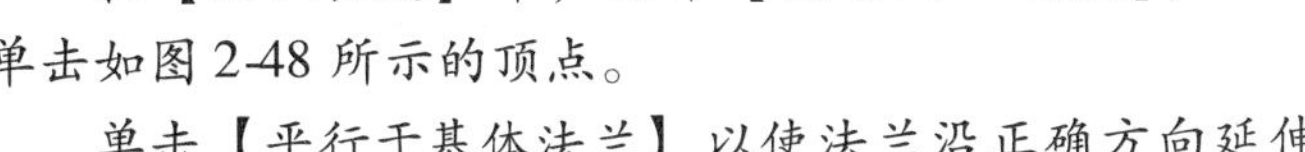

在【法兰长度】中，选择【成形到一顶点】，单击如图 2-48 所示的顶点。

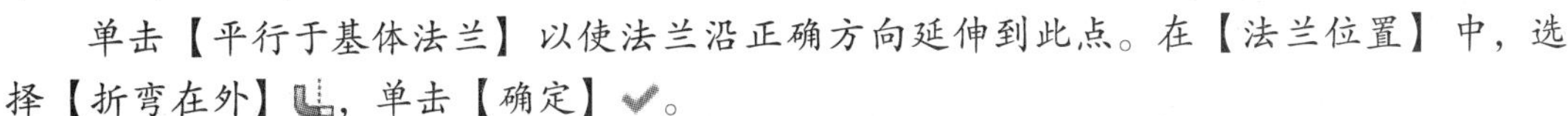

单击【平行于基体法兰】以使法兰沿正确方向延伸到此点。在【法兰位置】中，选择【折弯在外】，单击【确定】。

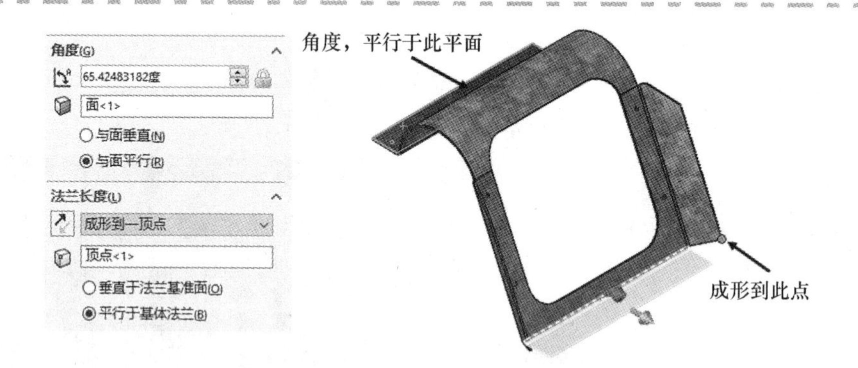

图 2-48 生成边线法兰

步骤 4 设置闭合角 单击【闭合角】，选择新建边线法兰的 2 个侧面。

- 边角类型：重叠。
- 缝隙距离：0.100mm。
- 重叠比率：0.5。
- 开放折弯区域：不勾选。

单击【确定】✔，如图 2-49 所示。

图 2-49 设置闭合角

步骤 5 修改钣金参数 单击“Sheet-Metal”文件夹，选择【编辑特征】。更改【钣金参数】厚度为 7 Gauge，【折弯半径】为 5.080mm。在【折弯系数】内，勾选【覆盖数值】复选框，更改零件默认的 K 因子值为 0.42。单击【确定】✔，如图 2-50 所示。

步骤 6 自定义折弯系数 在“Base-Flange1”中创建一个大的折弯半径，这需要自定义折弯系数。因为不是特征中所有的折弯都需要更改，所以只修改单独的折弯。

在 FeatureManager 设计树中，展开“Base-Flange1”，选择“BaseBend2”，并单击【编辑特征】，单击【自定义折弯系数】，更改此折弯的【K 因子】为 0.5。单击【确定】✔。

步骤 7 查看平板型式 单击【展平】，需改进平板型式的方向。另外，还需要移除沉头孔面和添加边角处理。

步骤 8 编辑平板型式设置 展开“Flat-Pattern”文件夹，选择“Flat-Pattern”特征，单击【编辑特征】。选择左侧的水平法兰面作为【固定面】。激活【要排除的面】选择框，从零件中选择 6 个沉头孔面。单击【确定】✔，如图 2-51 所示。

步骤 9 边角剪裁 单击【边角剪裁】。

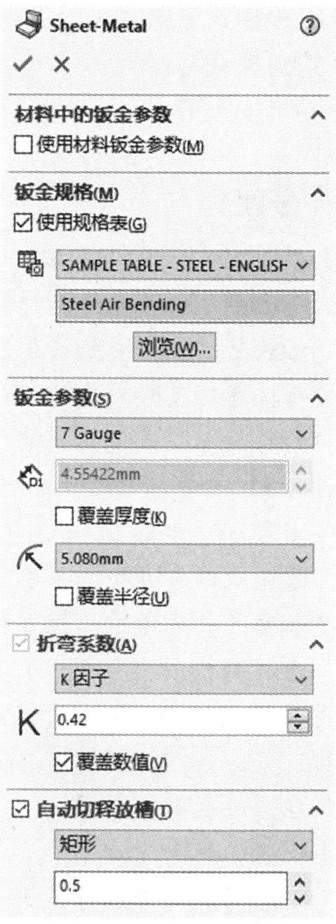

Sheet-Metal
材料中的钣金参数
使用材料钣金参数(M)
钣金规格(M)
使用规格表(G)
SAMPLE TABLE - STEEL - ENGLISH
Steel Air Bending
浏览(W)...
钣金参数(S)
7 Gauge
4.55422mm
覆盖厚度(K)
5.080mm
覆盖半径(U)
折弯系数(A)
K因子
K 0.42
覆盖数值(V)
自动切释放槽(T)
矩形
0.5

图 2-50 修改钣金参数

步骤 10　设置释放槽选项　在【释放槽选项】中，选择新边线法兰和边线法兰汇合处的边角，【释放槽类型】选择【折弯腰】，勾选【与厚度的比例】复选框定义折弯腰的尺寸，将比例设定为 3，如图 2-52 所示。

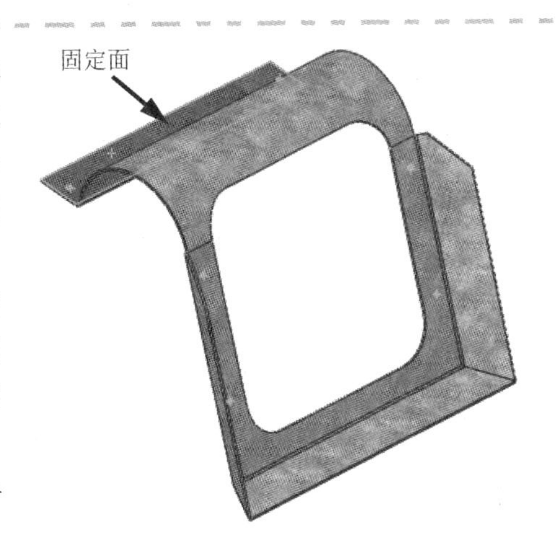

图 2-51　编辑平板型式设置

步骤 11　设置折断边角选项　激活【折断边角选项】选择框，并选择平展面。使用【圆角】折断类型，大小设定为 2mm，单击【确定】✔。

步骤 12　输出到 DXF 格式　右键单击零件的一个表面，选择【输出到 DXF/DWG】。

接受 DXF 作为文件格式，用 Flat Pattern Settings. DXF 作为文件名称，保存到桌面。

步骤 13　设置输出选项　在 PropertyManager 中定义如下设置：

- 输出：钣金。
- 要输出的对象：几何体。

单击【确定】✔。

步骤 14　DXF/DWG 清理　DXF 文件预览图出现在【DXF/DWG 清理】窗口。根据需要选择几何体，并使用【删除对象】按钮将几何体从视图中删除，如图 2-53 所示。

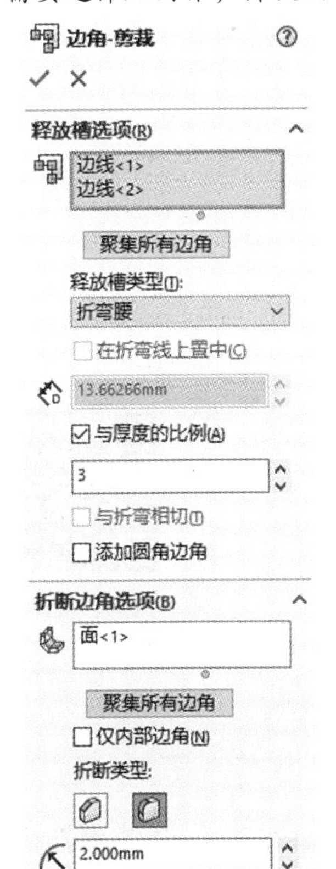

图 2-52　边角剪裁

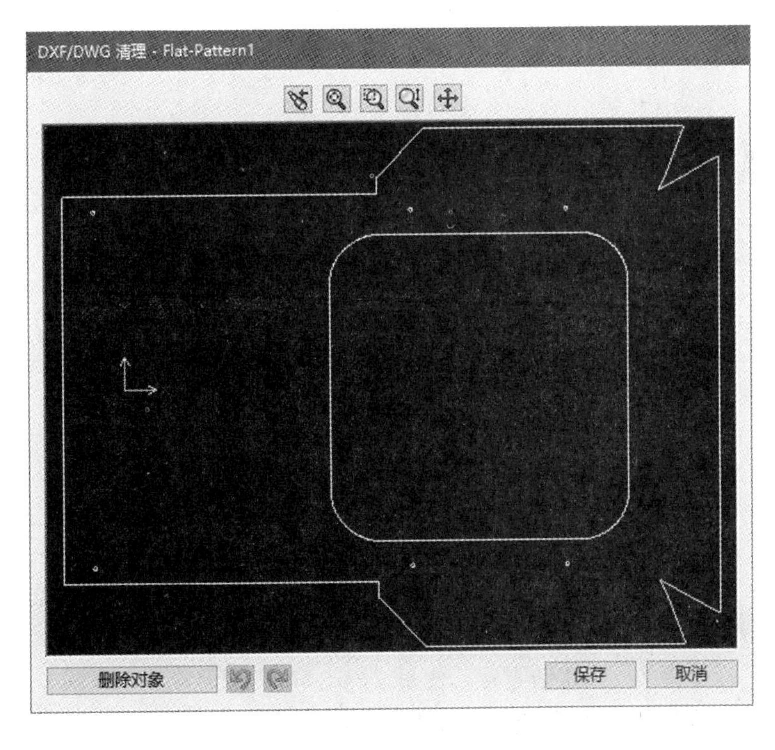

图 2-53　DXF/DWG 清理

单击【保存】，创建 DXF 格式文件。

技巧 为了查看 DXF 格式文件，可使用 eDrawings 或 DraftSight 打开。

步骤 15　退出平展

步骤 16　保存并关闭此零件

练习 2-2　带边角工作

使用钣金特征完成如图 2-54 所示的零件和工程图。

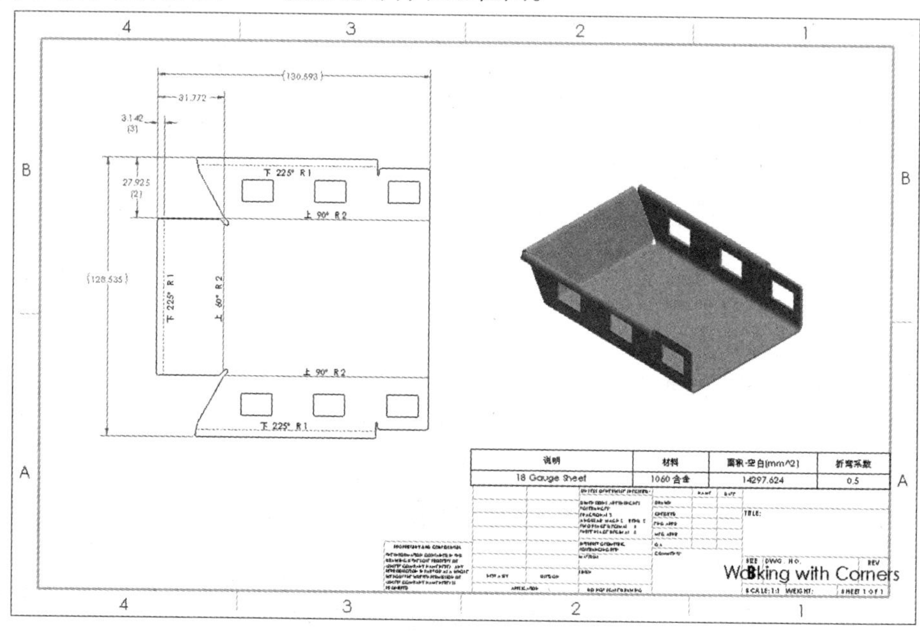

图 2-54　完成的零件和工程图

本练习将应用以下技术：

- 基体法兰/薄片。
- 边线法兰。
- 闭合角。
- 褶边特征。
- 断开边角/边角剪裁。
- 边角剪裁特征。
- 钣金切割清单属性。
- 平板型式工程视图。

扫码看视频

操作步骤

步骤 1　创建新零件　使用“Part_MM”模板创建新零件。

步骤 2　生成基体法兰　按图 2-55 所示绘制草图，生成基体法兰。【深度】为 100mm，材料为 18 gauge aluminum，厚度应用到草图轮廓的内侧，折弯半径为 2.00mm，使用【矩圆形】自动释放槽，释放比例为 0.5。

步骤 3 生成边线法兰 单击【边线法兰】，选择底部左侧的边线，并进行如下设置，结果如图 2-56 所示：

- 角度：60°。
- 法兰长度：成形到一顶点（如图 2-56 所示），平行于基体法兰。
- 法兰位置：材料在内。
- 剪裁侧边折弯：不勾选。

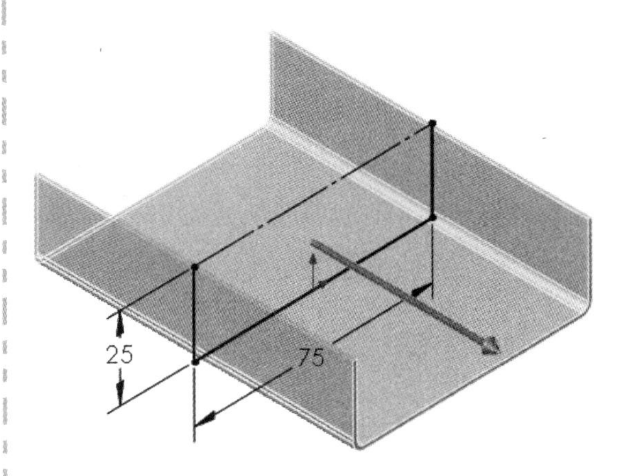

图 2-55 生成基体法兰

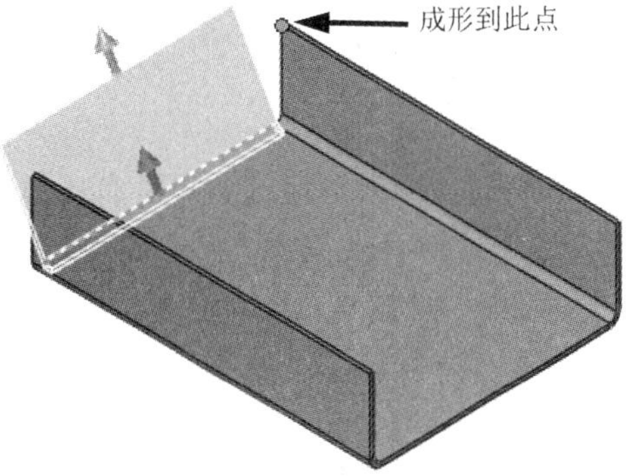

成形到此点

图 2-56 生成边线法兰

步骤 4 添加闭合角 单击【闭合角】，选择边线法兰 1 的两个侧面，设定参数如下：

- 边角类型：对接。
- 缝隙距离：0.100mm。
- 开放折弯区域：不勾选。

单击【确定】✔，如图 2-57 所示。

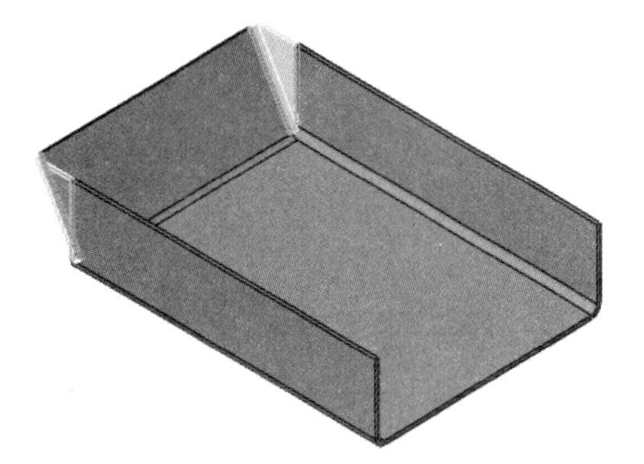

图 2-57 添加闭合角

步骤 5 添加边角释放槽 单击【边角释放槽】，单击【收集所有角】，使用如下参数设置【释放选项】：

- 释放类型：矩圆形。
- 在折弯线上置中：不勾选。
- 槽长度：8mm。
- 槽宽度：2mm。

单击【确定】✔，如图 2-58 所示。

步骤 6 添加褶边 单击【褶边】，选择如图 2-59 所示法兰的 3 条外边线，使用如下参数定义褶边：

- 位置：材料在内。
- 类型：滚轧。
- 角度：225°。
- 半径：1mm。

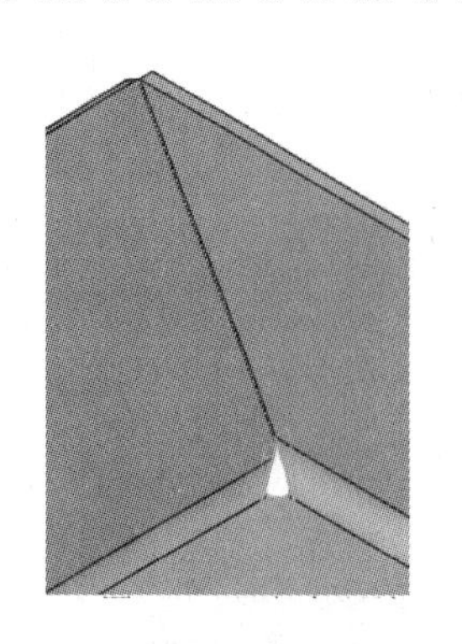

图 2-58　添加边角释放槽

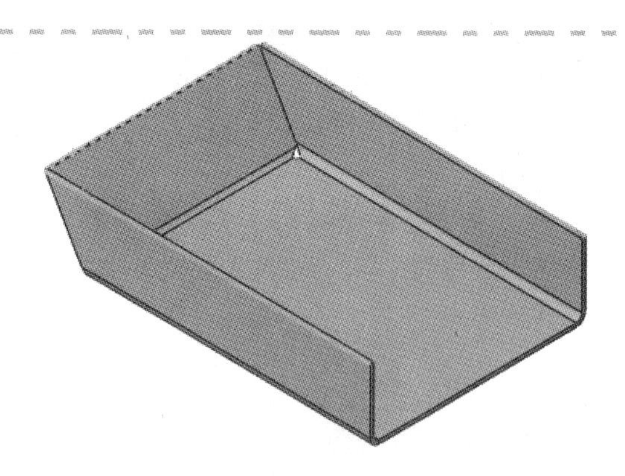

图 2-59　添加褶边

步骤 7　编辑褶边宽度　前面和后面的褶边需从模型的右边偏移。褶边的宽度可以类似于边线法兰轮廓一样被修改。在 PropertyManager 的边线选择框中，选择零件前面的边线，它将高亮显示。

> 提示　边线的顺序为视图区域初始选择时的顺序。

单击【编辑褶边宽度】，褶边草图由转换的边线生成。如在前文中提到的，转换的边线端点被完全定义，但可以通过拖动来断开与边线端点的关联。

拖动转换的边线端点，添加 25mm 标注尺寸，如图 2-60 所示。

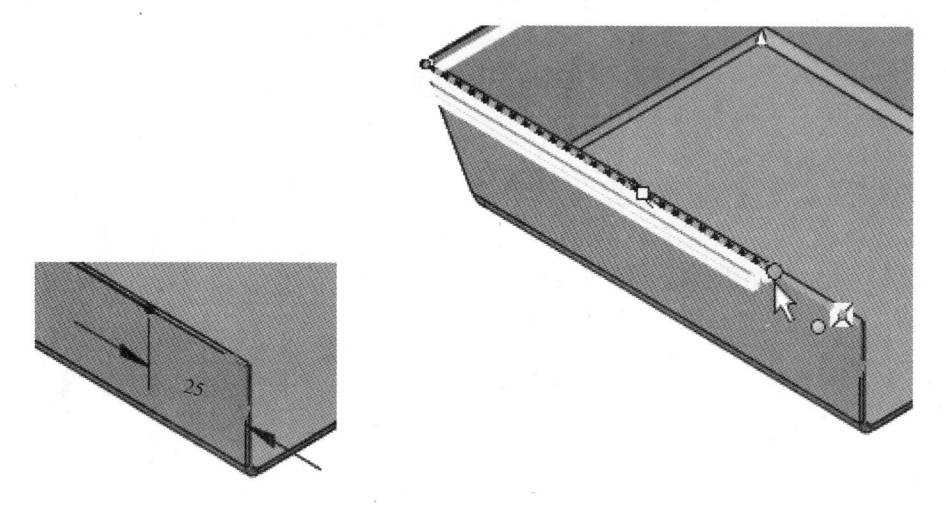

图 2-60　修改褶边边线

在轮廓草图对话框中，单击【上一步】，回到【褶边】PropertyManager 中。

步骤 8　完成褶边修改　重复步骤 7 来编辑后面边线的褶边宽度，单击【确定】✓，如图 2-61 所示。

步骤 9　创建拉伸切除　创建如图 2-62 所示草图，生成【完全贯穿】切除。

步骤 10　创建线性阵列　创建拉伸切除特征的【线性阵列】（见图 2-63），设置参数如下：

- 实例数：3。

- 间距：35mm。
- 几何体阵列：勾选。

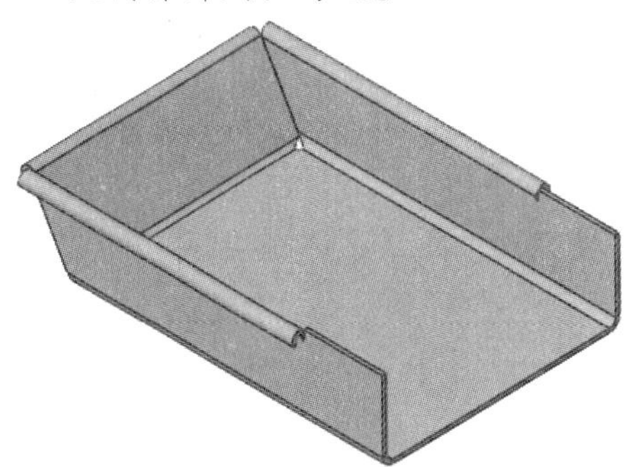

图2-61　完成褶边修改

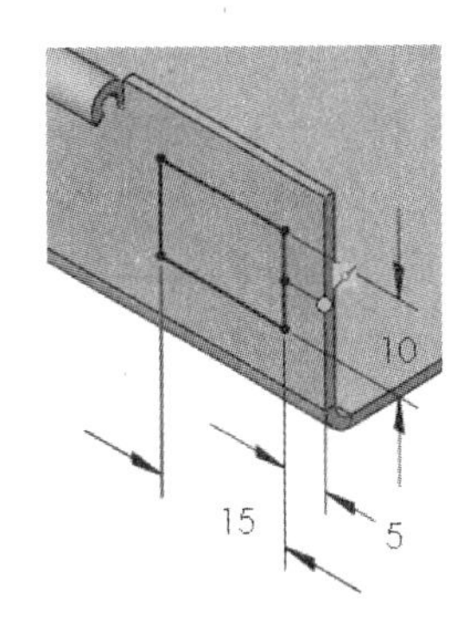

图2-62　绘制草图

步骤11　断开边角　单击【断开边角】，选择如图2-64所示的两个法兰面。使用【圆角】折断类型，半径为1.5mm。单击【确定】✔。

> **提示**　所选面的外部角落被断开，内部角落被忽略。

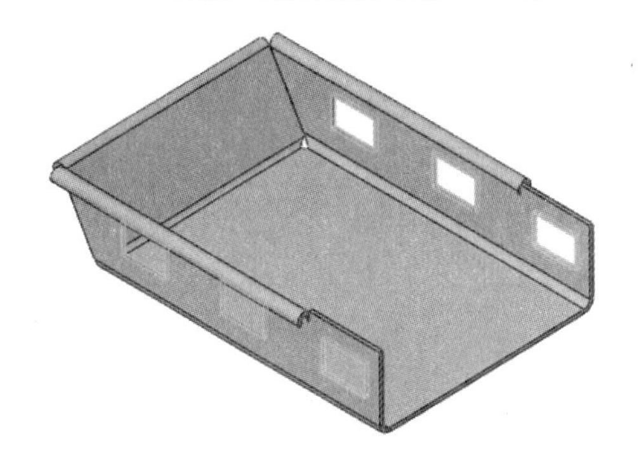

图2-63　创建线性阵列

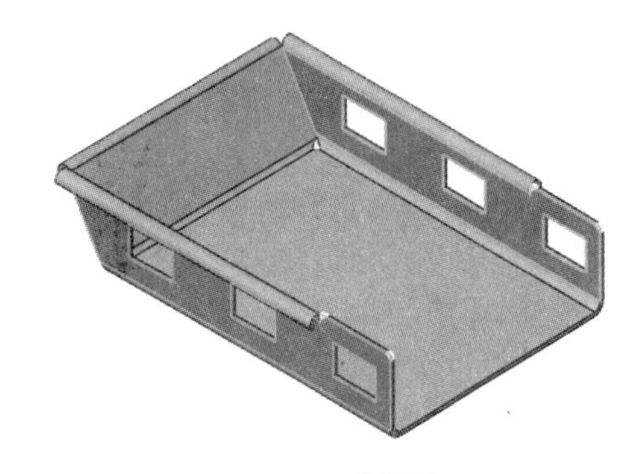

图2-64　选择面

步骤12　查看平板型式　【展平】零件，为了加工方便，需对零件内存在的边角做倒角处理，将【边角剪裁】特征添加到平板型式中。

步骤13　边角剪裁　单击【边角剪裁】，激活【折断边角选项】选择框，单击【聚集所有边角】。这将聚集阵列切除中的内部边角。选择平板型式的表面，这将聚集垂直于面的所有外部边角。使用【圆角】折断类型，半径为0.6mm。

单击【确定】✔，如图2-65所示。

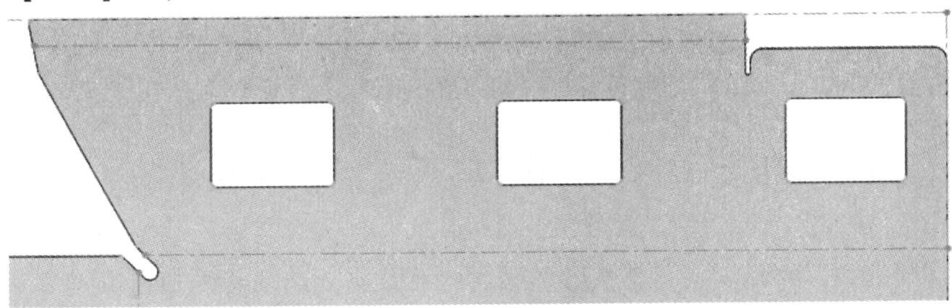

图2-65　剪裁边角

步骤14 退出平展

步骤15 编辑材料 设定零件的材料为“1060合金”。

步骤16 修改切割清单属性 在FeatureManager设计树中，展开切割清单文件夹。

右键单击切割清单项目文件夹，选择【属性】。在【说明】属性行中，修改【数值/文字表达】单元格为18 Gauge Sheet。单击【确定】。

步骤17 从零件制作工程图 在【文件】菜单中或【新建】弹出菜单中，单击【从零件/装配体制作工程图】。选择B_Size_ANSI_MM作为文件模板。

步骤18 创建平板型式视图 如有必要，在视图调色板的选项中取消勾选所有的复选框。

拖放平板型式视图到图纸上。

步骤19 平板型式视图设定 在PropertyManager中更改【平板型式显示】选项，单击【反转视图】并旋转270°，如图2-66所示。

步骤20 移动折弯注释（可选操作） 折弯注释可以像其他注释一样被编辑。当选择时，它们可以被拖动，其属性在PropertyManager中也可用。

拖动折弯注释远离平板型式的边线，以便更好地查看，如图2-67所示。

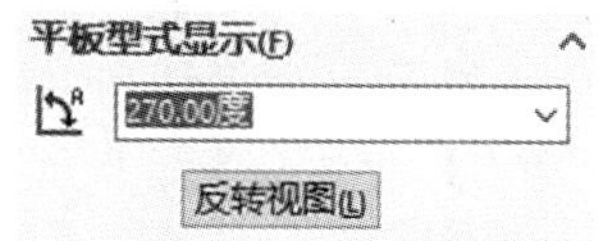

图2-66 反转视图

步骤21 添加等轴测视图 添加【等轴测】视图到图纸，更改视图属性来改变显示样式为【上色】。

步骤22 添加切割清单表 从【注释】工具栏中，单击【表格】/【焊件切割清单】。单击图纸中的一个视图，使用默认的切割清单模板和设置，单击【确定】。

> **提示** 若有需要，使用浏览模板按钮选择默认的“cut list. sldwldtbt”表格模板，其位于“<安装目录>\SOLIDWORKS Corp\SOLIDWORKS\lang\<lang>”文件夹内。

将切割清单表放置到图纸的标题栏上。

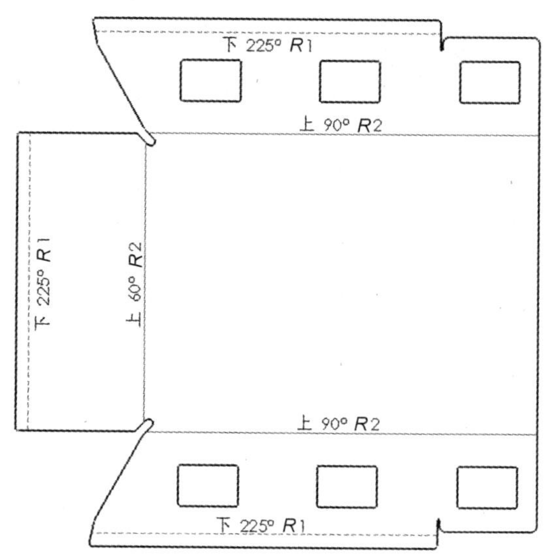

图2-67 移动注释

步骤23 修改切割清单表 拖动【说明】列表头C到A列。单击B列表头，使用PropertyManager修改此列以显示切割清单项目属性材料。

单击C列表头，更改此列以显示切割清单项目属性边界框面积-空白，更改列标题为【面积-空白（mm^2）】。

单击D列表头，选择切割清单项目属性折弯系数，更改列标题为【折弯参数】，如图2-68所示。

说明	材料	面积-空白/mm^2	折弯系数
18 Gauge Sheet	1060 合金	14297.62	0.5

图 2-68　修改切割清单表

步骤 24　保存表格模板　在切割清单表中单击右键，选择【另存为】。保存表格模板到桌面，并命名为“SM CL with Blank Size”。

步骤 25　添加尺寸标注（可选操作）　添加智能尺寸，并使用尺寸属性完成工程图，如图 2-69 所示。

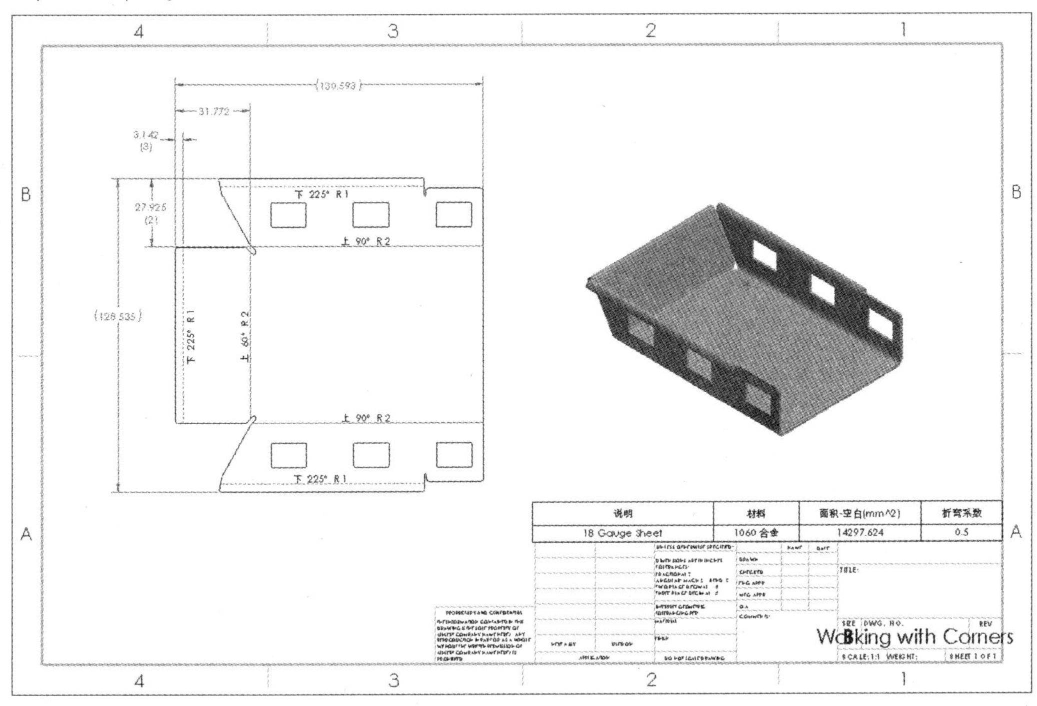

图 2-69　完成工程图

步骤 26　保存并关闭所有文件

第 3 章　其他钣金技术

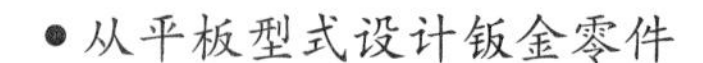

学习目标

- 从平板型式设计钣金零件
- 在展平状态添加特征
- 使用扫描法兰命令
- 使用放样折弯创建钣金过渡

3.1　其他钣金方法

类似于在前面章节中介绍的法兰方法，钣金零件的其他设计技术也从一开始就采用法兰特征。在本章中，将介绍下述钣金方法：

- 从展平状态设计。
- 扫描法兰。
- 放样折弯。

3.2　从展平状态设计

某些情况下，在展平状态下进行钣金设计也是非常必要的。例如，图 3-1 中的锥形折弯支架，如果在折弯状态下进行设计，零件的展平型式就会像图 3-2 所示的一样。

如图 3-3 所示，在展平状态下建模可以简化展平型式，从而减少加工成本。在展平钣金件的表面添加折弯有两个主要的特征：【绘制的折弯】和【转折】。

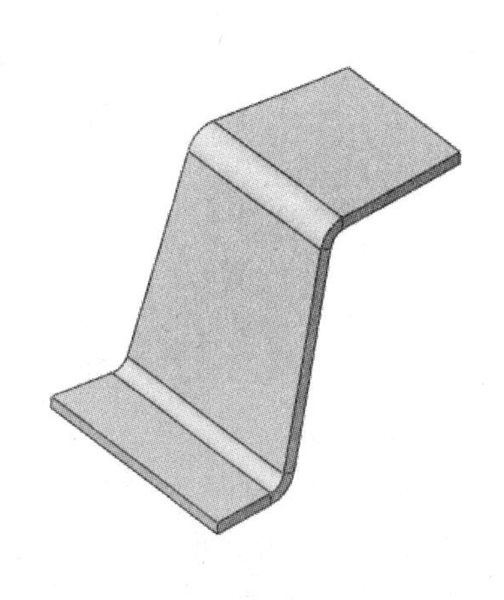

图 3-1　锥形折弯支架

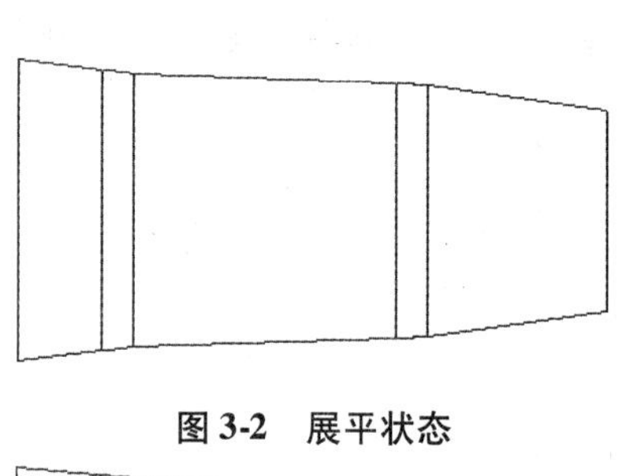

图 3-2　展平状态

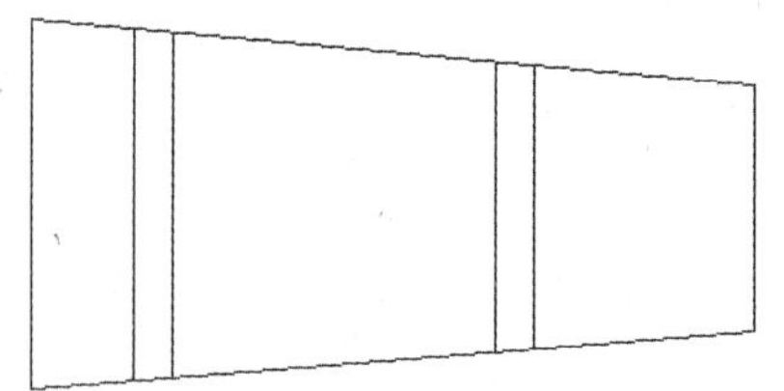

图 3-3　在展平状态下设计

3.3　绘制的折弯特征

【绘制的折弯】特征是使用草图直线来定位钣金面的折弯线。折弯位置与草图中的直线相关，并使用下述选项来定位：

- 折弯中心线。
- 材料在内。
- 材料在外。
- 折弯在外。

必须选择将要折弯的面的某一区域作为固定面。在应用折弯之后，被选择的面区域会保持静止，如图3-4所示。

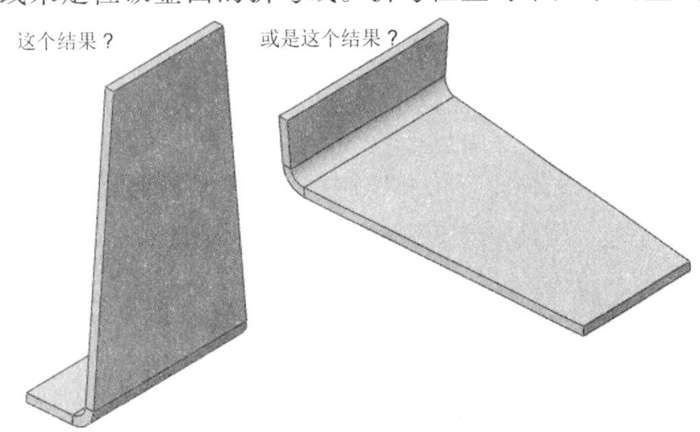

图3-4　固定面对结果的影响

知识卡片	绘制的折弯	• CommandManager：【钣金】/【绘制的折弯】。 • 菜单：【插入】/【钣金】/【绘制的折弯】。

扫码看视频

操作步骤

步骤1　打开Sketched_Bend零件　在Lesson03\Case Study文件夹中找到Sketched_Bend并将其打开（见图3-5），其中包含了一个闭合轮廓的草图。

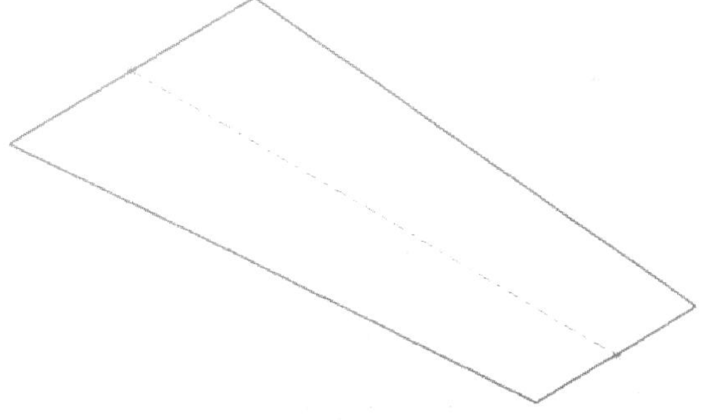

图3-5　打开零件

步骤2　创建基体法兰　选择草图，然后单击【基体法兰/薄片】，从“SAMPLE TABLE-STEEL-ENGLISH UNITS”规格表中选择“9 Gauge”，勾选【反向】复选框使拉伸从草图平面向上，设定默认的折弯半径为5.080mm，如图3-6所示。

单击【确定】✔生成基体法兰。

步骤3　绘制第一条折弯线　在平板模型的顶面绘制第一条折弯线，并按图3-7所示标注尺寸来定位折弯线。

> **提示**　此特征使用的草图线不需要完全定义，折弯将被自动延伸到面的边缘处。如果同一张草图中有多条折弯线，所有的折弯将沿同一个方向。

步骤4　定义绘制的折弯　单击【绘制的折弯】，使用以下折弯参数：

- 折弯位置：折弯中心线。
- 折弯角度：75°。
- 使用默认半径：勾选【使用默认半径】复选框。

图 3-6　钣金参数

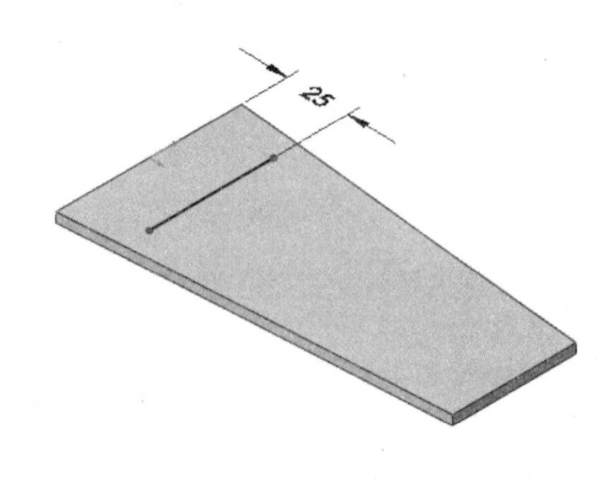

图 3-7　绘制折弯线

步骤 5　选择固定面　选择较小的面作为固定面，如图 3-8 中图标●，表示选择的面。如有必要，可使用预览中的箭头或【反向】按钮来更改折弯方向。单击【确定】✔。

步骤 6　查看折弯结果　平面中的选择部分保持静止，另一部分向上折弯 75°，结果如图 3-9 所示。

图 3-8　选择固定面

图 3-9　查看折弯结果

步骤 7　绘制第二个折弯　绘制第二条折弯线，如图 3-10 所示。选择中间的部分作为固定面，使用与第一条折弯相同的折弯角度、半径和位置，但是折弯方向相反。

步骤 8　查看结果　两个折弯角度相同，使得零件中间部分倾斜，两端则保持水平，如图 3-11 所示。

步骤 9　设定折弯角度相等（可选操作）　添加一个名称为“折弯角度”的全局变量来使折弯角度相等。

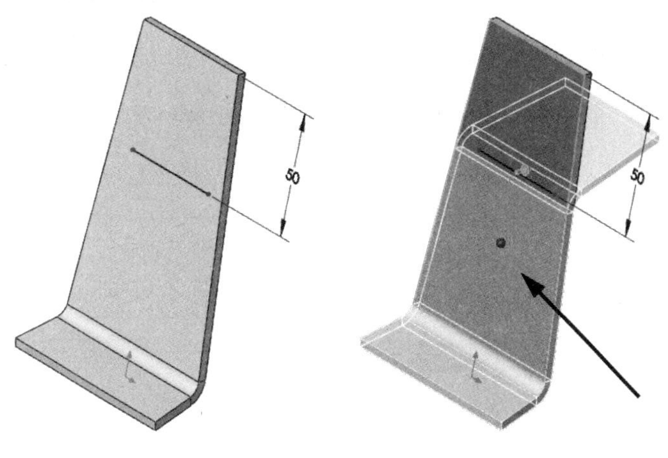

图 3-10　绘制第二个折弯

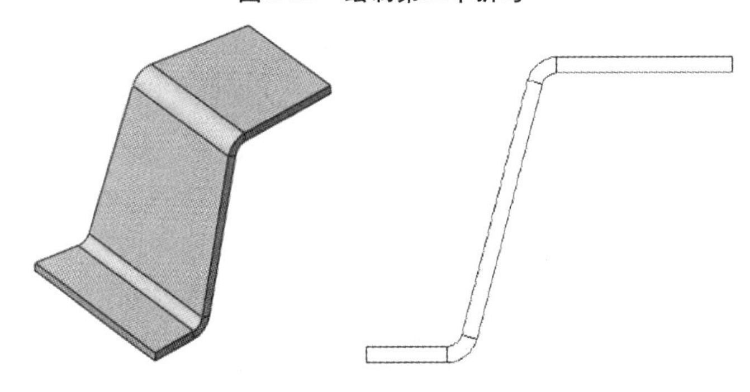

图 3-11　查看折弯结果

步骤 10　查看平板型式　平板型式和初始的 Base-Flange 草图相匹配，如图 3-12 所示。

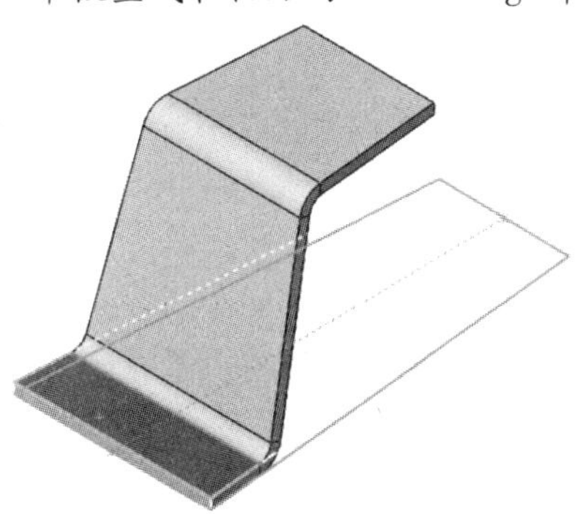

图 3-12　查看平板型式

步骤 11　保存并关闭此零件

3.4　转折特征

【转折】特征可以在现有的法兰上添加一个转折或者偏移，该特征也可以称为错接或者等距。【转折】特征包括一对折弯，其具有在指定的角度和偏移距离之间的平坦面。类似于【绘制的折弯】命令，【转折】特征使用草图线来定义第一个折弯的位置。【转折】特征的常规形式如图 3-13 所示。

图 3-13 【转折】特征的常规形式

知识卡片	【转折】特征	• CommandManager：【钣金】/【转折】。 • 菜单：【插入】/【钣金】/【转折】。

扫码看视频

操作步骤

步骤 1　打开 Jog Feature 的零件　在 Lesson03\Case Study 文件夹内找到 Jog Feature 零件并将其打开。此零件未包含需要的转折（此零件包含设计所需要的空白），如图 3-14 所示。

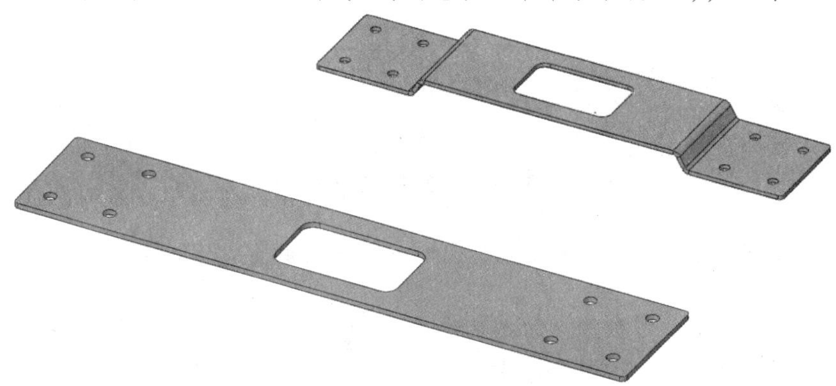

图 3-14　打开零件

步骤 2　绘制草图　在模型的顶面绘制草图线，如图 3-15 所示。

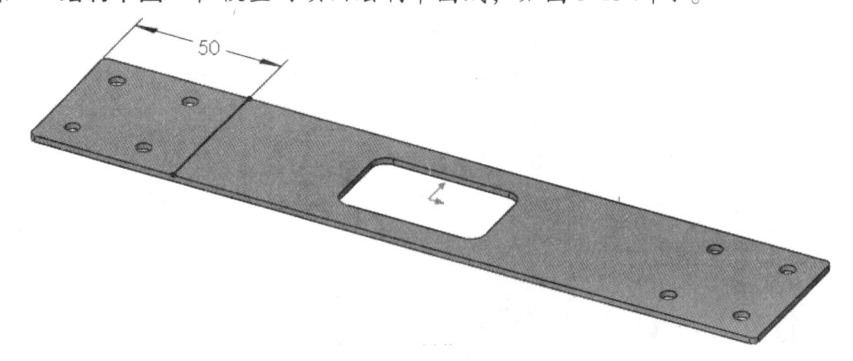

图 3-15　绘制草图

> **提示**　一次只能创建一个【转折】特征，【转折】特征使用的线段无须完全定义。

步骤 3　定义【转折】特征　单击【转折】，选择带孔的面作为固定面。

转折参数按如下设定：

- 终止条件：给定深度。
- 等距距离：8mm。
- 尺寸位置：外部等距。
- 固定投影长度：不勾选。
- 转折位置：折弯中心线。
- 转折角度：60°。

单击【确定】✓，效果如图 3-16 所示。

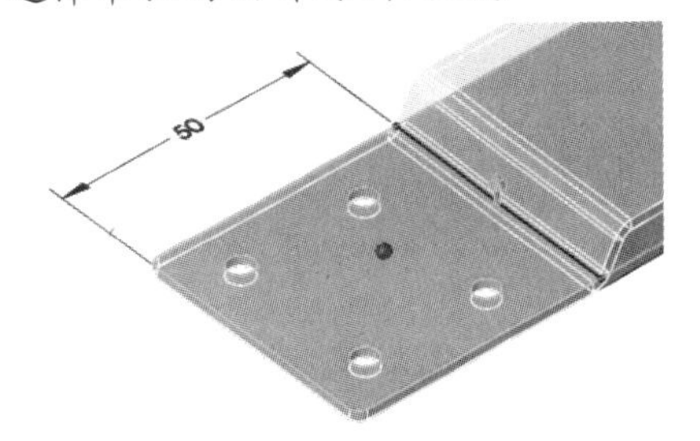

图 3-16　定义【转折】特征

在钣金零件的折叠 3D 状态下设计时，【固定投影长度】复选框非常有用。它允许面在转折前后保持同样的外形尺寸，如图 3-17 所示。

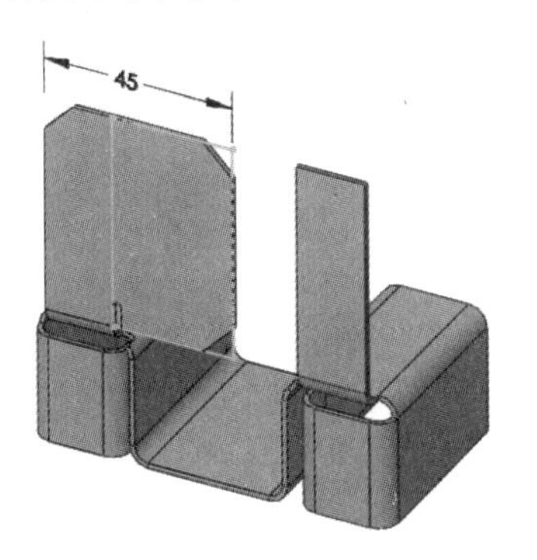

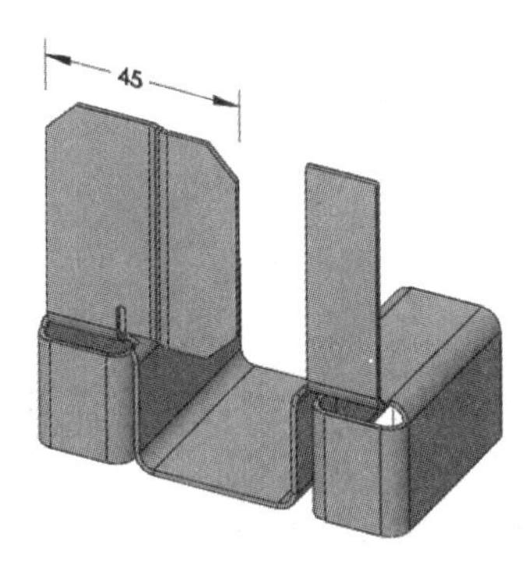

图 3-17　固定投影长度的作用

然而，在使用平板型式时，此复选框应不勾选，以便吸收因偏移所使用的平板材料长度。当取消勾选【固定投影长度】复选框时，平板型式的总长度保持不变。如图 3-18 所示，预览图显示了是否勾选【固定投影长度】复选框的结果。

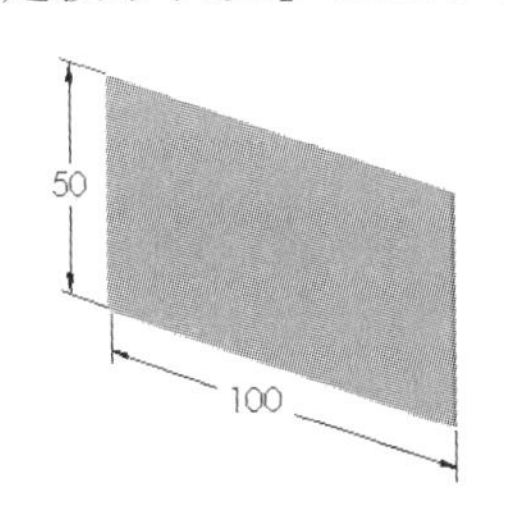

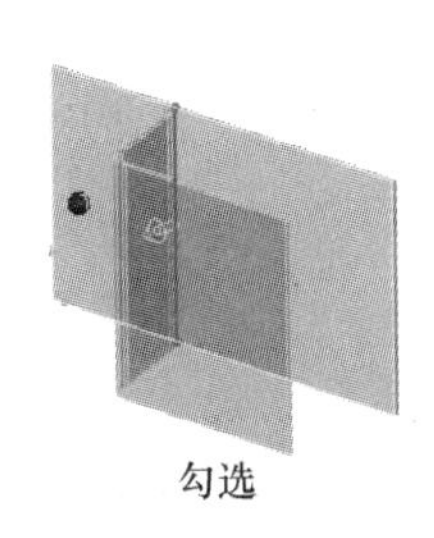

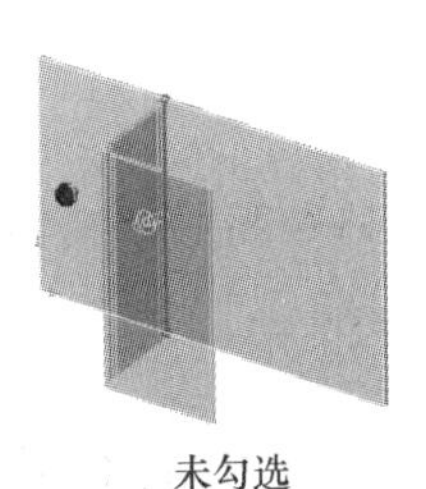

图 3-18　结果对比

步骤 4　绘制草图　按图 3-19 所示，在顶面再添加一个新草图。

步骤 5　添加另一端的转折特征　使用相同的设定，添加另一个【转折】特征，选择带孔的面作为固定面。

单击【确定】✓，效果如图 3-20 所示。创建完成的模型如图 3-21 所示。

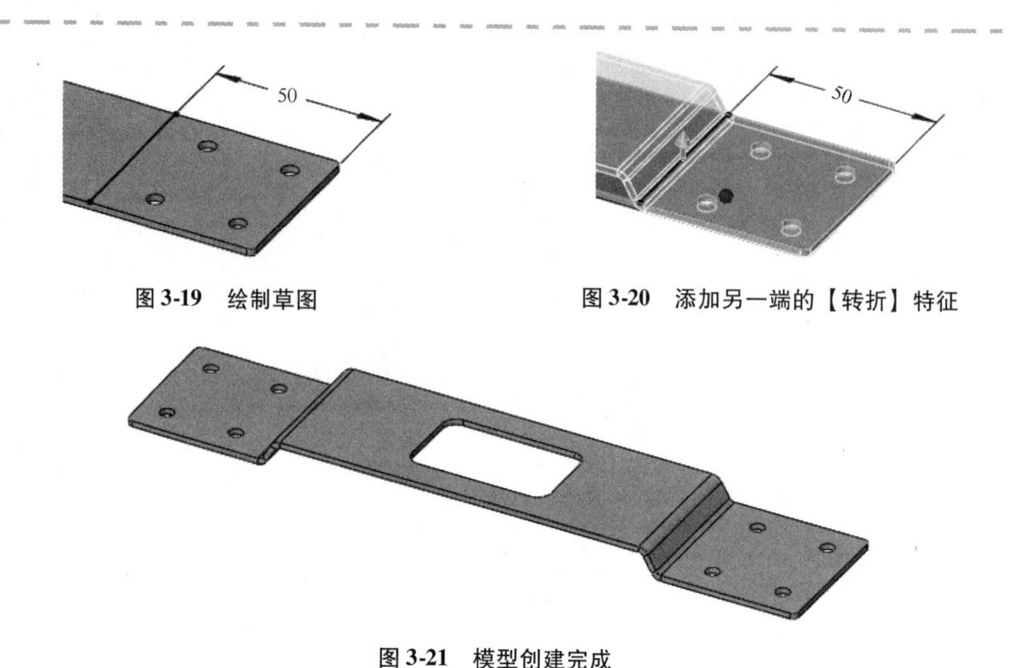

图 3-19　绘制草图

图 3-20　添加另一端的【转折】特征

图 3-21　模型创建完成

步骤 6　创建平板型式视图（可选操作）

单击【从零件/装配体制作工程图】，选择“A_Size_ANSI_MM”文件模板。

使用视图调色板，添加平板型式视图。修改视图属性，勾选【旋转】复选框旋转视图，角度设为 90°。

按图 3-22 所示在视图中添加外形尺寸。250mm 的长度和用作创建 Base-Flange1 的毛坯尺寸保持一致。

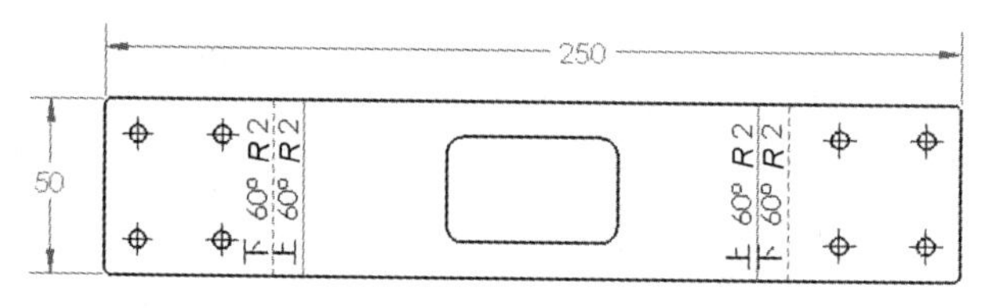

图 3-22　标注尺寸

步骤 7　保存并关闭所有文件

3.5　在折叠状态中添加特征

在某些情况下，从平板型式开始设计零件是一项有价值的技术。然而，大部分钣金设计关注于模型的成形状态，因为其代表了完成的零件和尺寸。在设计成形钣金零件时，用户可能发现某些特征在展平状态下添加更为合适，如在折弯处进行圆形切除（见图 3-23）。为了添加类似的特征，【展开】和【折叠】命令可以用于临时展平选定的折弯，应用特征后再重新折叠。

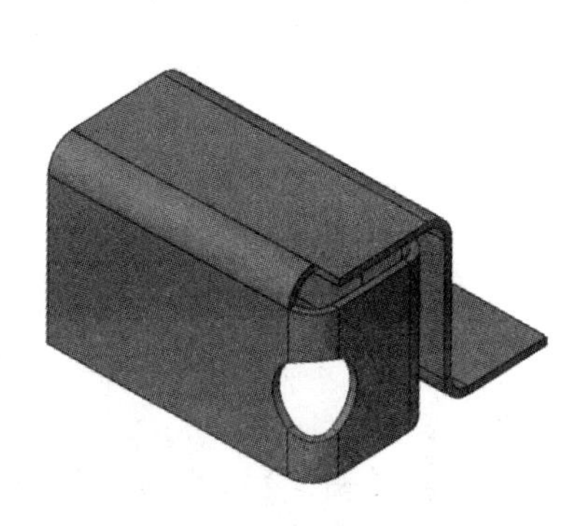

图 3-23　折弯后的切除

3.6　展开和折叠

图 3-24　FeatureManager 设计树

已经存在的折弯可以通过【展开】命令展开，【切除】特征可以应用到展开的平面上，然后使用【折叠】命令重新折叠折弯。在 FeatureManager 设计树（见图 3-24）中，【展开】和【折叠】特征之间通常夹着一个或多个切除特征。

知识卡片	展开和折叠	• CommandManager：【钣金】/【展开】或【折叠】。 • 菜单：【插入】/【钣金】/【展开】或【折叠】。

扫码看视频

操作步骤

步骤 1　打开 Unfold and Fold 零件　在 Lesson03\Case Study 文件夹中找到 Unfold and Fold 文件并打开，如图 3-25 所示。

步骤 2　展开　单击【展开】并选择图 3-26 所示的平面作为固定面。

选择图 3-26 所示的折弯面作为要展开的折弯，单击【确定】✔。

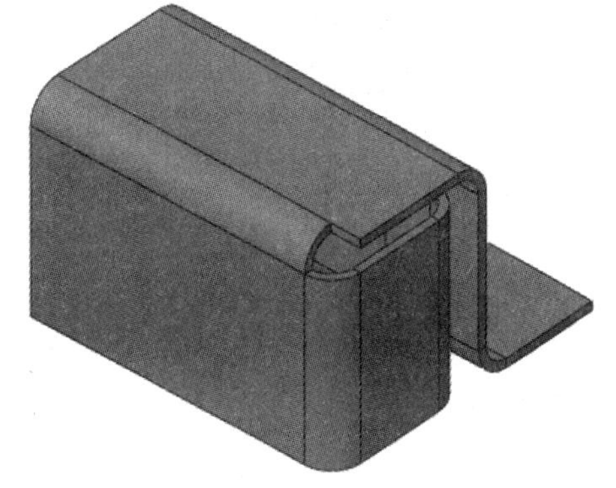

图 3-25　打开零件

> 提示　【收集所有折弯】按钮用于完全展开零件。

步骤 3　绘制草图　按图 3-27 所示绘制草图，使用【与厚度相等】创建拉伸切除。

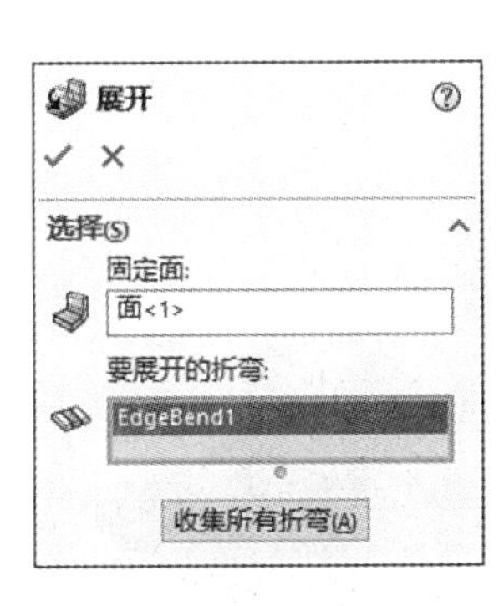

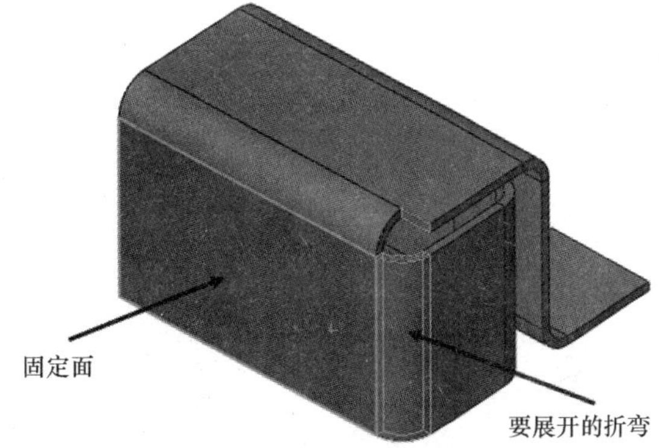

图 3-26　展开折弯

步骤 4　折叠　单击【折叠】，选择相同的平面作为固定面，单击【收集所有折弯】按钮将自动选择所有展开的折弯，如图 3-28 所示。

单击【确定】✔。

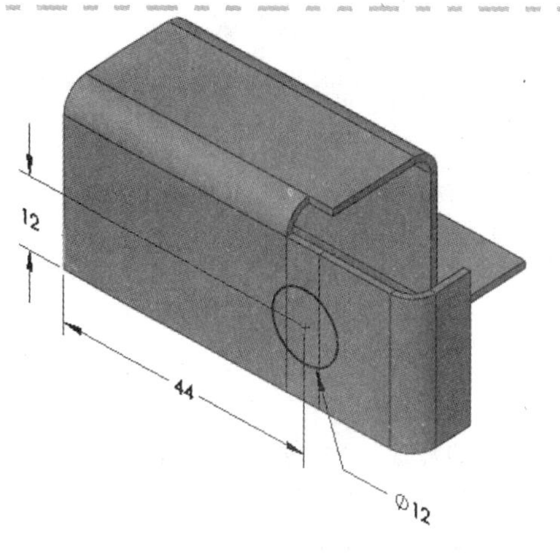

图 3-27　绘制草图

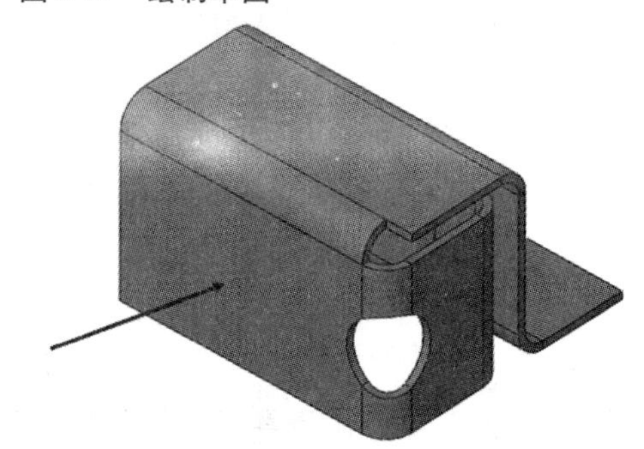

图 3-28　选择固定面

步骤 5　查看平板型式和退出平展

步骤 6　保存并关闭文件

用户可以直接添加【切除】特征到平板型式中，但这些特征不会在模型的成形状态中显示。通过选择【展平】命令并在平展面上绘制草图，将创建一个依赖于平板型式的特征，如图 3-29 所示。因此，在激活平板型式时添加的任何特征，都会随着平板型式同时被压缩。

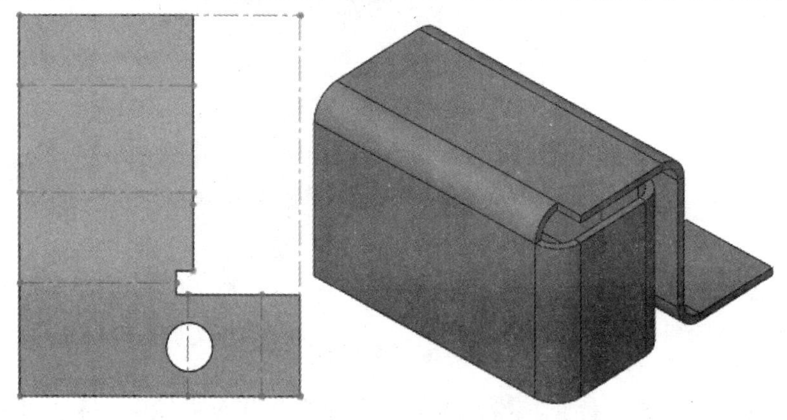

图 3-29　在平板型式中生成的切除

提示　此平板型式的示例在 Lesson03\Case Study\L3 Reference 文件夹内提供。

只有用于制造目的的特征（如【边角剪裁】特征），才应添加到平板型式之中。为了在模型的成形状态下显示某特征，在FeatureManager设计树中该特征需要出现在平板型式特征之前。

3.7　扫描法兰

【扫描法兰】特征提供了一种可以作为钣金件基体的特征。【扫描法兰】是用类似于创建扫描的方法生成的一个法兰，其需要轮廓和路径草图。但扫描法兰的轮廓必须是开放的轮廓。在路径草图中的尖角将会自动地转换成折弯。在轮廓草图中也可以使用圆弧来表示折弯。

知识卡片

扫描法兰	除了【扫描法兰】特征不依靠已存在钣金件边线作为路径之外，【扫描法兰】特征和【斜接法兰】特征相类似。【扫描法兰】特征也可以使用草图路径。【扫描法兰】特征可以沿着曲线路径边线生成几何体，而【斜接法兰】特征不可以。
操作方法	• 菜单：【插入】/【钣金】/【扫描法兰】。

提示　【扫描法兰】工具按钮并不是默认地存在于【钣金】CommandManager中。

操作步骤

步骤1　打开Swept Flange零件　在Lesson03\Case Study文件夹中找到Swept Flange文件并将其打开，该零件只包含一个轮廓草图，如图3-30所示。

扫码看视频

步骤2　添加路径　在“Top”基准面上创建草图，绘制路径，如图3-31所示。退出草图。

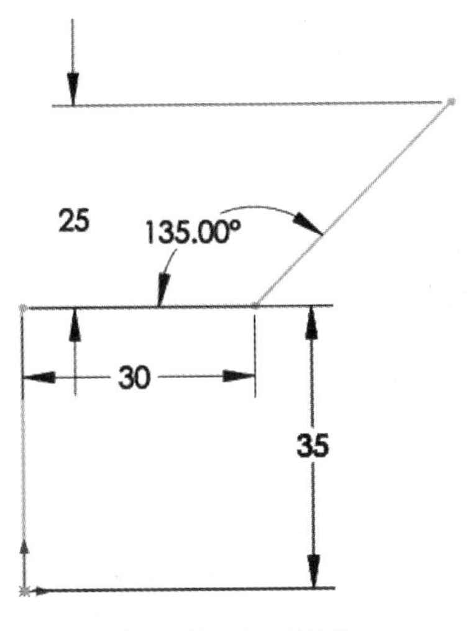

图3-30　打开零件

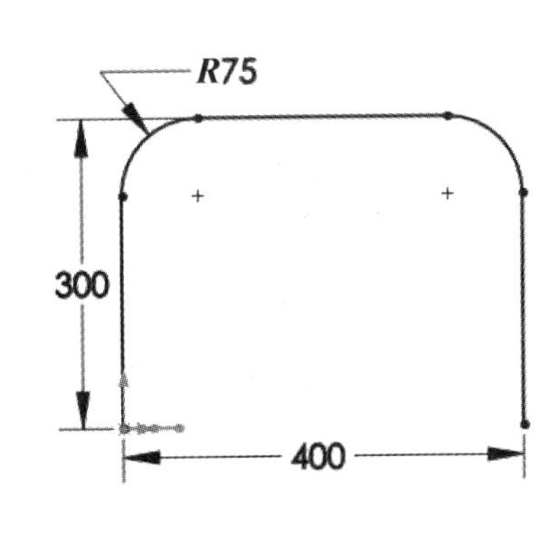

图3-31　绘制路径

步骤3　扫描法兰　单击【扫描法兰】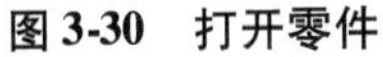，选择轮廓和路径草图。

如图3-32所示，在【钣金规格】下方，勾选【使用规格表】复选框，选择“SAMPLE TABLE-ALUMINUM-METRIC UNITS”。选择Gauge 12，设置【折弯半径】为4mm，如图3-32所示，单击【确定】，效果如图3-33所示。

步骤 4　查看平板型式（见图 3-34）

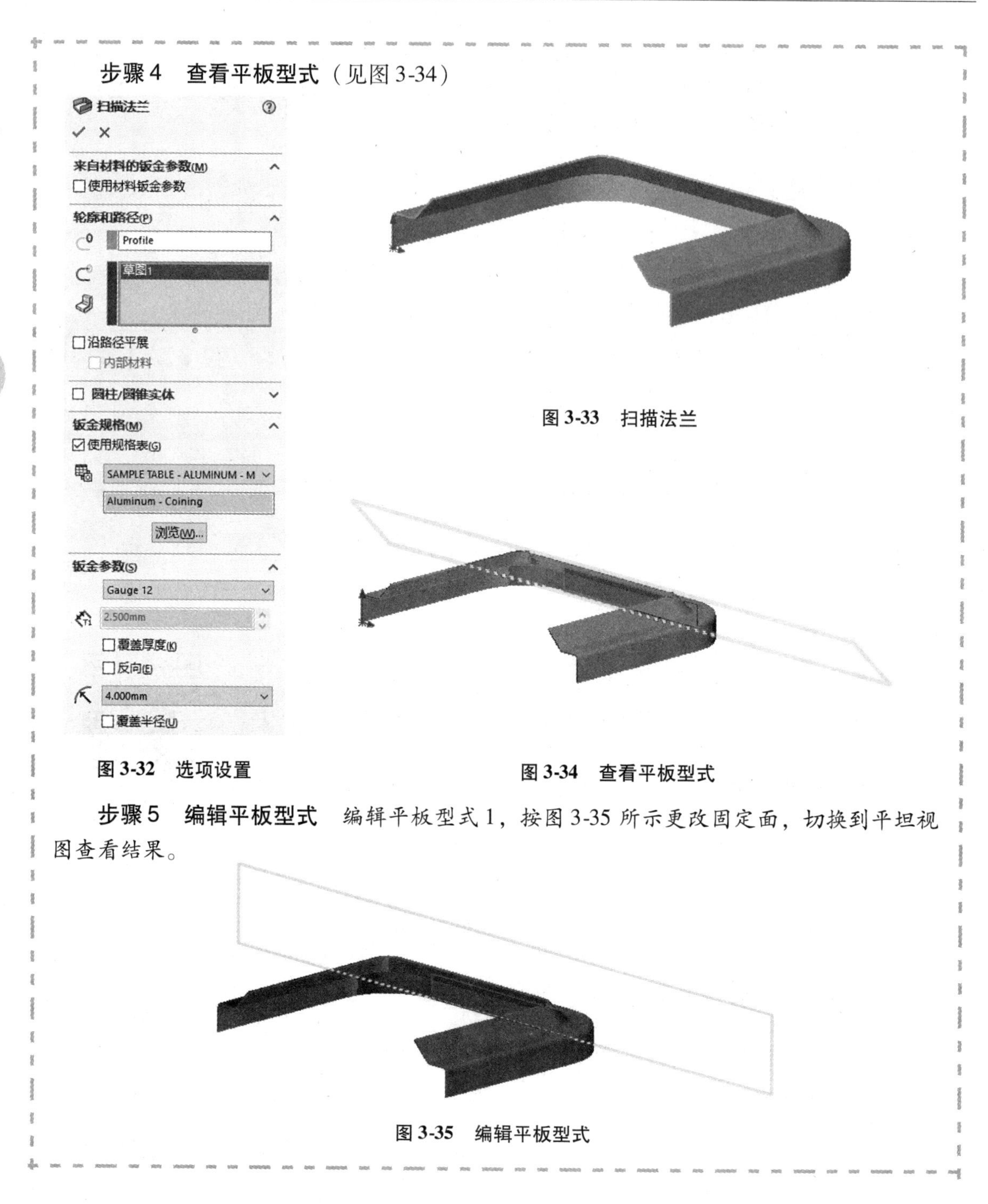

图 3-33　扫描法兰

图 3-32　选项设置

图 3-34　查看平板型式

步骤 5　编辑平板型式　编辑平板型式 1，按图 3-35 所示更改固定面，切换到平坦视图查看结果。

图 3-35　编辑平板型式

3.8　扫描法兰平板型式选项

【扫描法兰】特征有一些独特的选项来控制以怎样的方式创建平板型式。

1. 沿路径平展　当勾选【沿路径平展】复选框时，只展开来源于轮廓的折弯。路径的形状保持不变，材料沿着路径草图的内外侧展开，如图 3-36 和图 3-37 所示。

图 3-36　沿路径平展的设定

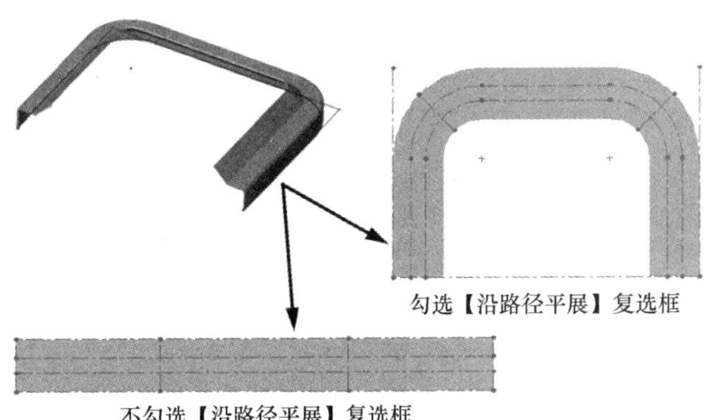

图 3-37 结果对比

2. 圆柱/圆锥实体 选择此选项来修改圆柱和圆锥面以怎样的方式展开，选择轮廓草图的一条线作为零件展开时的固定边线，如图 3-38 和图 3-39 所示。

图 3-38 圆柱/圆锥实体

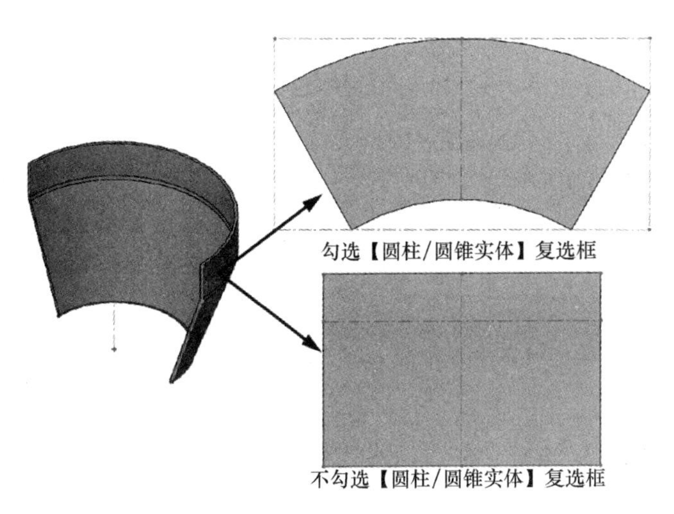

图 3-39 结果对比

提示 用户可以在 L3 Reference 文件夹中找到对比模型。

提示 扫描法兰的折弯线不会在平板型式视图的折弯注释中自动显示。

步骤 6 编辑扫描法兰 编辑扫描法兰1，勾选【沿路径平展】复选框。

步骤 7 查看平板型式（见图 3-40）

步骤 8 退出平板型式

步骤 9 保存并关闭该零件

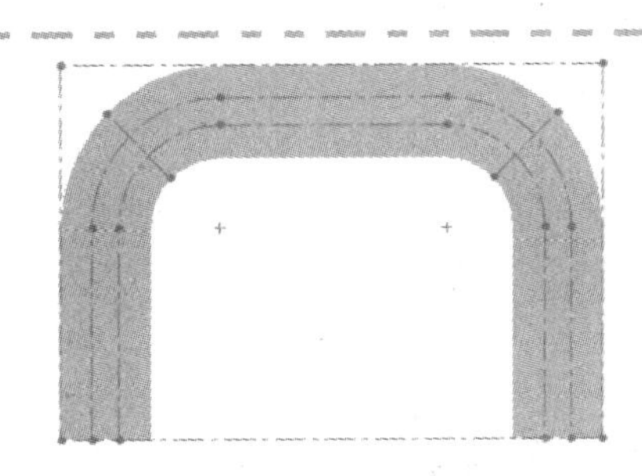

图 3-40 查看平板型式

3.9　放样折弯

利用【放样折弯】工具可以通过放样的方法创建钣金零件，如图 3-41 所示。该工具类似于标准的【放样】特征，但有一些特殊的要求：

1）草图中只能包含开环轮廓。

2）轮廓中的缝隙应该和平板型式中的精度保持一致。

3）只允许在两个轮廓间进行放样。

4）不支持引导线。

5）不支持中心线。

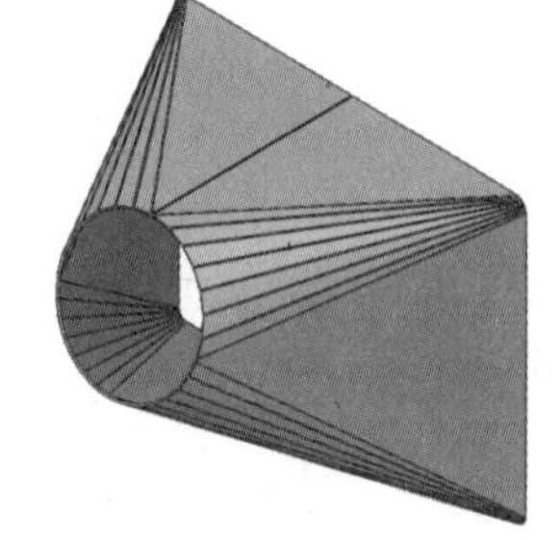

图 3-41　折弯的放样折弯

【放样折弯】特征包含为折弯区域选择【制造方法】的选项。根据选择【折弯】或【成形】制造方法的不同，需要一些附加的轮廓要求，并且放样折弯的设定选项也会有所变化。

知识卡片	放样折弯	• CommandManager：【钣金】/【放样折弯】。 • 菜单：【插入】/【钣金】/【放样折弯】。

3.9.1　折弯的放样折弯

在【放样折弯】特征的【制造方法】中选择【折弯】时，在零件平坦面间的折弯区域，将具有多个折弯和平面。使用【平面铣削选项】和【刻面值】设置来控制如何划分折弯区域的构成面。

操作步骤

扫码看视频

步骤 1　打开零件　打开名为“Lofted Bends_Bent”的零件，如图 3-42 所示。该零件包含两个轮廓草图和相关联的特征。Circ Profile 相对于 Rect Profile 有轻微的偏转角度。每个轮廓草图内都包含一个 2mm 缝隙。

步骤 2　放样折弯　单击【放样折弯】，在两个草图的相近点上选择草图轮廓，建立放样特征。设置【制造方法】为【折弯】，如图 3-43 所示。

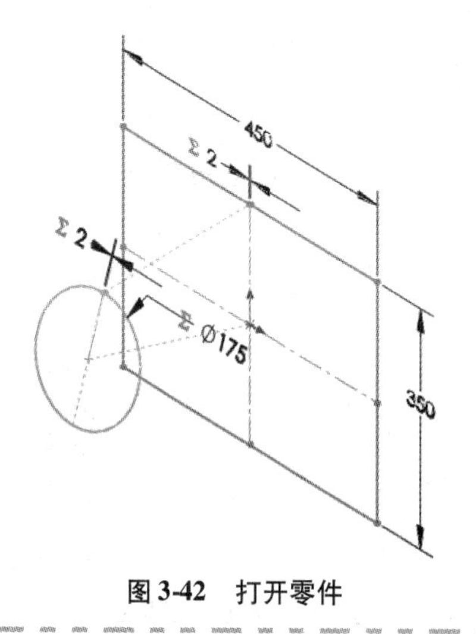

图 3-42　打开零件

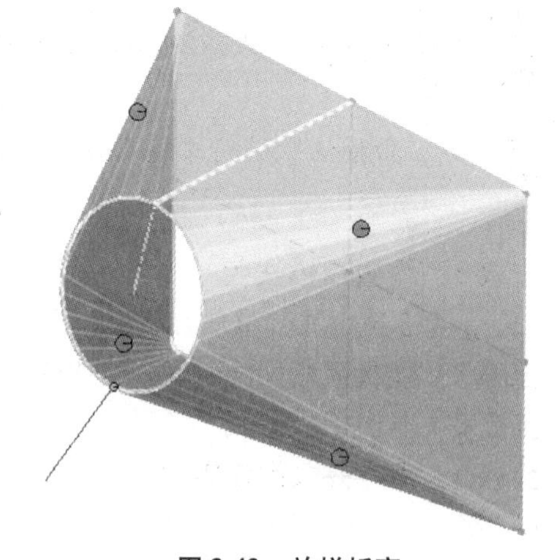

图 3-43　放样折弯

3.9.2　折弯型的折弯区域选项

【折弯的放样折弯】的折弯区域通过首先选择希望的【平面铣削选项】来定义，然后在【刻面值】中为选择的项目输入数值，如图 3-44 所示。刻面的数量将基于指定的数值来调整。

1. 平面铣削选项　【平面铣削选项】类型见表 3-1。

平面铣削选项
弦公差
折弯数
线段长度
弧角
刻面值
5
参考终点

图 3-44　平面铣削选项

表 3-1　平面铣削选项类型

类　型	说　明
弦公差	定义在平坦面和放样半径之间的最大允许公差值
折弯数	定义在每个折弯区域的折弯的数量
线段长度	定义平面断片的最大长度
弧角	定义平面断片间的最大角度

2. 个别折弯区域　通过在预览图中选择粉色球，来对个别折弯区域进行自定义平面铣削选项设置。当选择后，出现图 3-45 所示的对话框用于修改选定的区域的设置。

图 3-45　单独设定平面铣削

3. 参考终点　勾选【参考终点】复选框可以保持轮廓边角尽可能尖锐，如图 3-46 所示。这可能导致为了适应各选择面而把边角处的材料移除。不勾选【参考终点】复选框时，折弯区域面将把轮廓尖角进行圆滑处理。

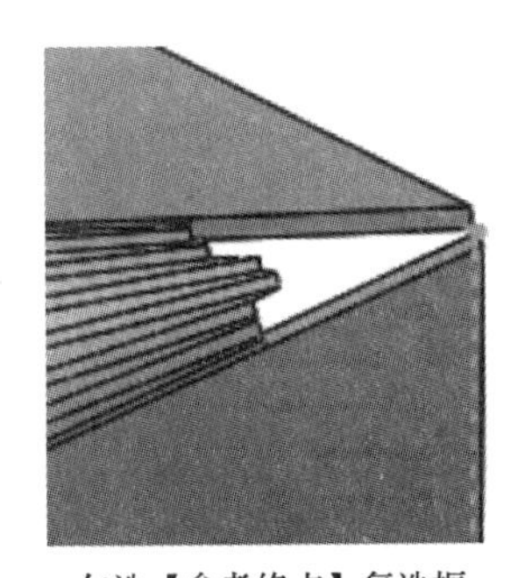

勾选【参考终点】复选框

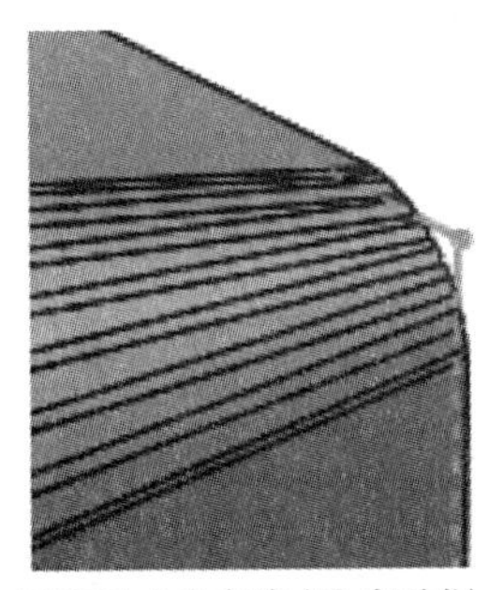

不勾选【参考终点】复选框

图 3-46　参考终点的设置

步骤 3　面设定　将【平面铣削选项】设定为【折弯数】，并将【刻面值】设定为 8。不勾选【参考终点】复选框。

步骤 4　设定钣金参数　单击【使用规格表】，选择“SAMPLE TABLE-STEEL”表。选择 12 Gauge 厚度和 5.080mm 折弯半径。材料应用到轮廓的外侧，单击【确定】✔，效果如图 3-47 所示。

步骤5　查看平板型式　单击【展平】，如图3-48所示。每一个折弯区域包含8条折弯线，退出平展。

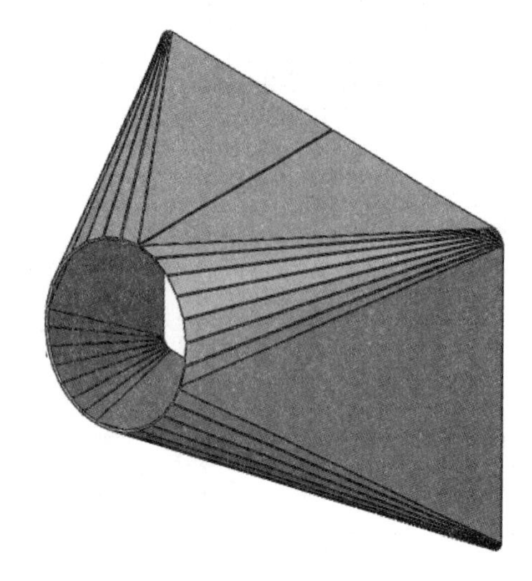

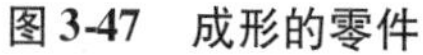
图3-47　成形的零件

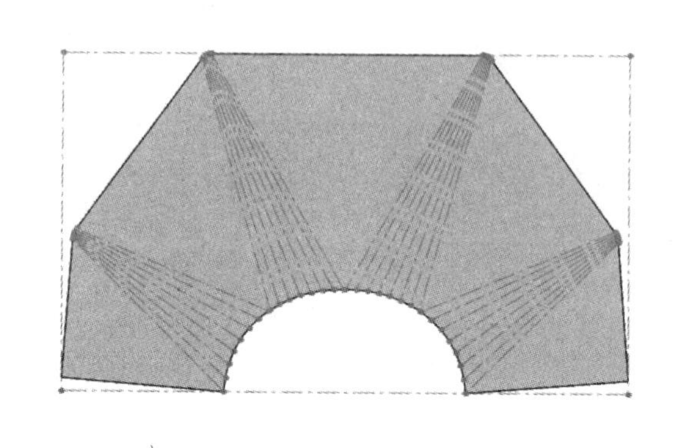
图3-48　零件的平板型式

步骤6　创建工程图　单击【从零件/装配体制作工程图】，选择“C_Size_ANSI_MM”模板。

步骤7　修改工程图文档属性　单击【选项】/【文档属性】，在左侧选择【钣金】。修改【折弯注释】样式为【带引线】（见图3-49），单击【确定】✔。

步骤8　添加平板型式视图　在图纸中添加平板型式视图，修改比例为1∶3。

步骤9　修改折弯注释角度（可选操作）　默认情况下，折弯注释与相关联的折弯线对齐，它们的角度可以像其他注释一样被修改。框选视图中的所有注释，在PropertyManager中更改注释的角度为0°（见图3-50），单击【确定】✔。

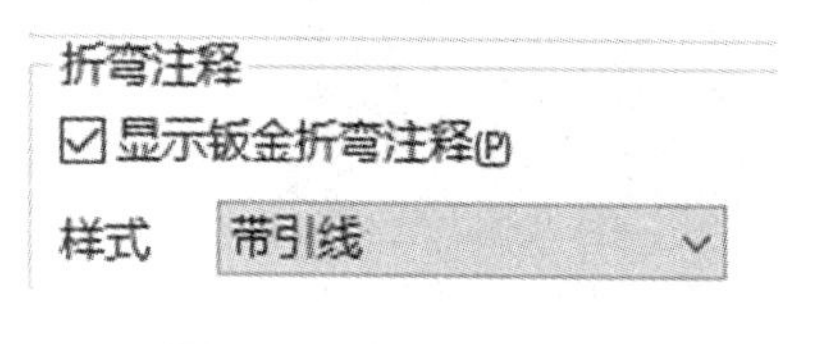

图3-49　修改注释样式

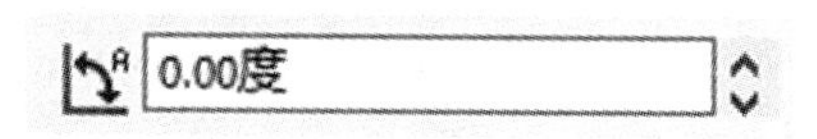

图3-50　修改注释角度

步骤10　添加折弯表　从【注解】工具栏中单击【表格】/【折弯系数表】。使用默认的选项，单击【确定】✔。将表格放置到图纸内，如图3-51所示。

步骤11　保存并关闭所有文件

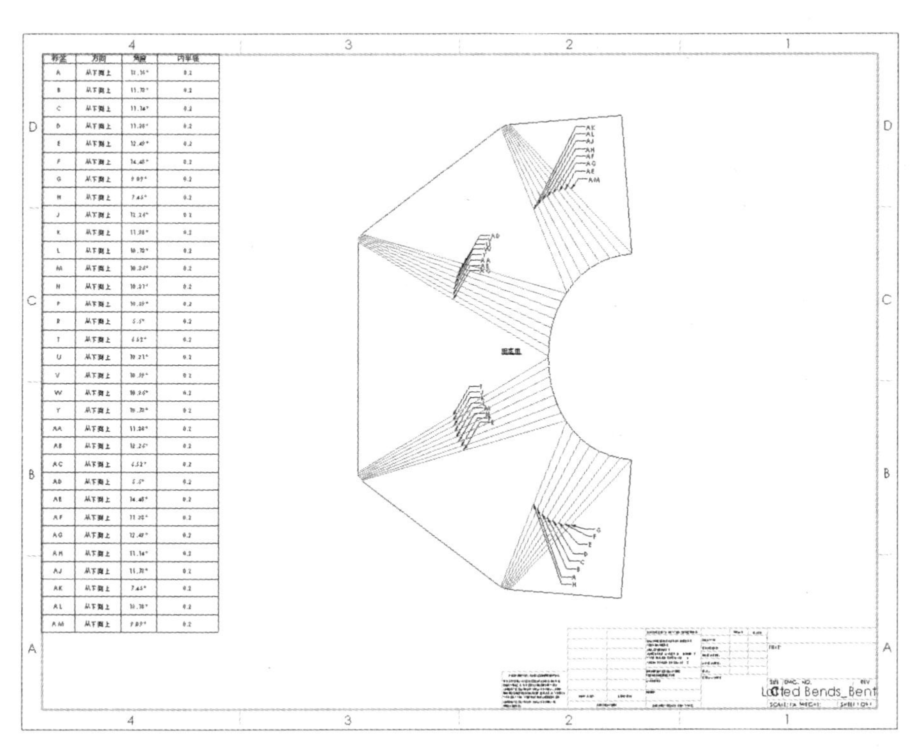

图 3-51　完成的工程图

3.10　成形的放样折弯

成形的放样折弯的折弯区域具有轧制或拉伸的外观，而不是由折弯和平面分开。创建成形的放样折弯时，轮廓草图需要满足要求：轮廓草图中不能包含尖锐边角。

成形的放样折弯的折弯区域也可以使用分离的折弯区域和多个折弯线生成，如图 3-52 所示。然而，为了实现此方法，需要满足以下附加要求：

- 轮廓之间彼此平行。
- 轮廓草图中必须有相同数量的对应直线和曲线。

此种方法的折弯线通过【折弯线数量】或【最大误差】进行控制。

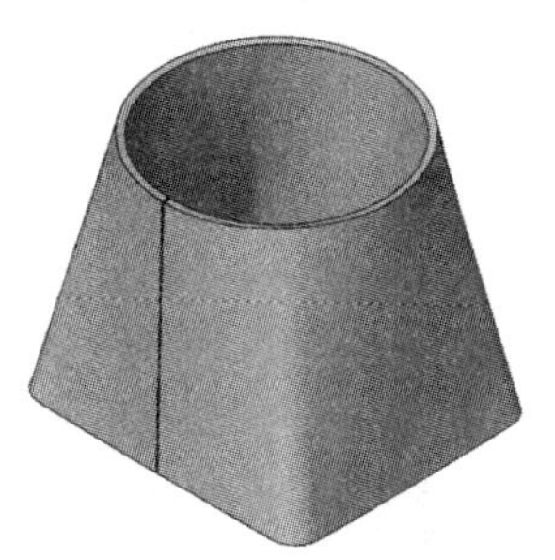

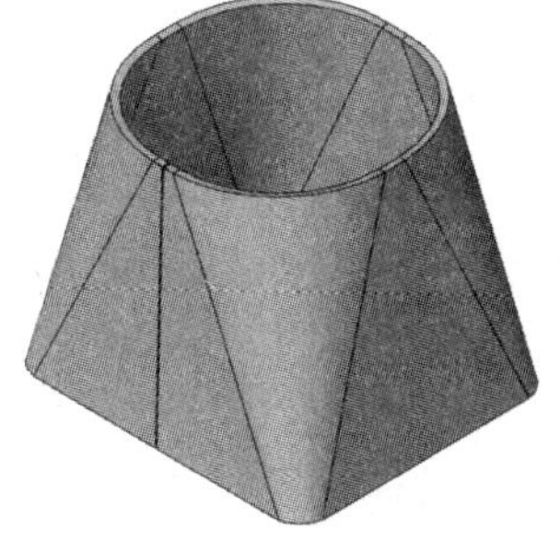

扫码看视频

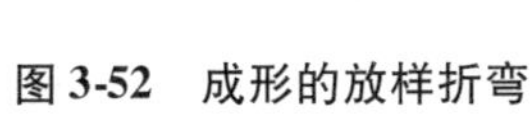

图 3-52　成形的放样折弯

操作步骤

步骤 1　打开零件　打开 Lofted Bends_Formed 零件，如图 3-53 所示。此零件包含两个没有尖角的草图。

步骤 2　放样折弯　单击【放样折弯】，按图 3-54 所示在两个草图的相近点上选择草图轮廓，建立放样特征。设置【制造方法】为【成形】。

步骤 3　设定厚度　将【厚度】设定为 4.5mm，并将其放置在轮廓草图的外侧。

单击【确定】，如图 3-55 所示。

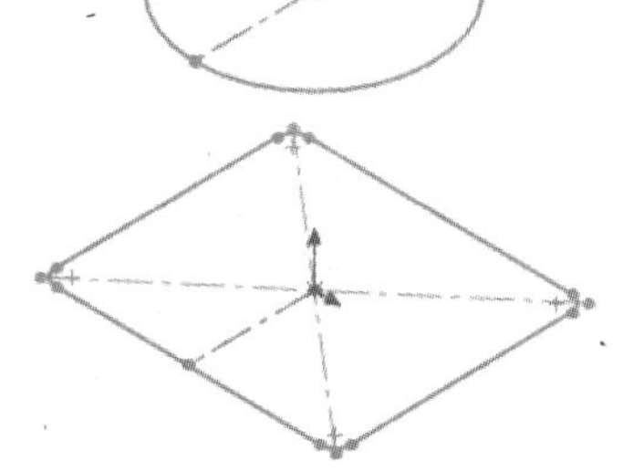

图 3-53　打开零件

> 提示　为了调整零件的钣金参数，在特征创建后可以编辑钣金文件夹。

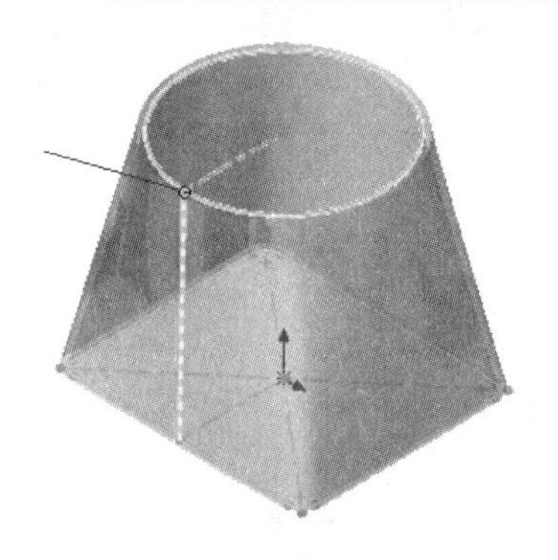

图 3-54　放样折弯

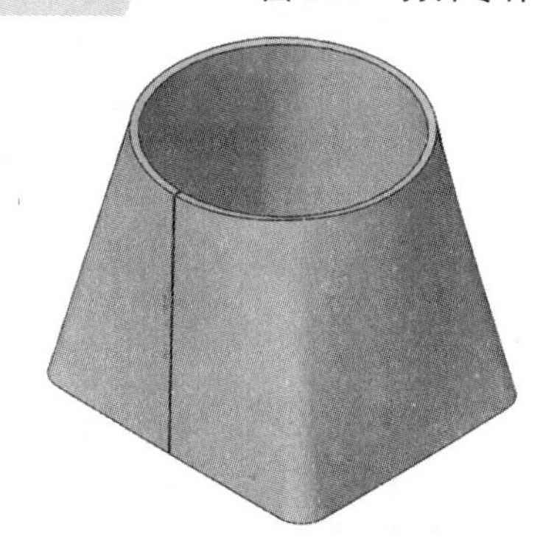

图 3-55　完成放样折弯

步骤 4　编辑钣金参数　选择【钣金】文件夹，单击【编辑特征】。勾选【使用规格表】复选框，选择“SAMPLE TABLE-STEEL”表格，【厚度】选择 7 Gauge，默认【折弯半径】设置为 5.080mm。单击【确定】。

步骤 5　查看平板型式　单击【展平】，如图 3-56 所示。

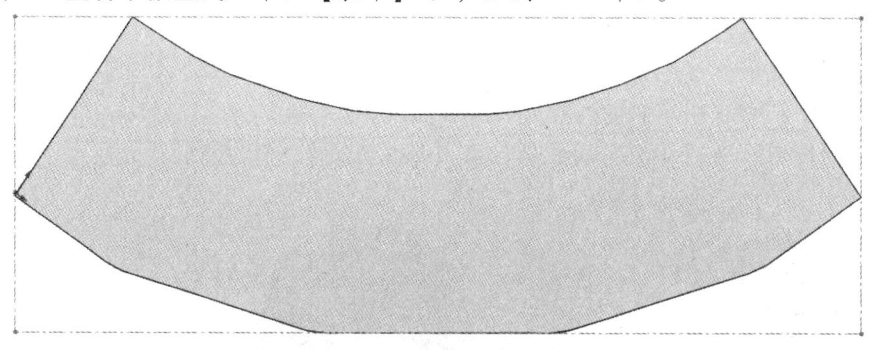

图 3-56　查看平板型式

> 提示　使用此种方法不会产生任何折弯线和注释。

退出平展。

步骤 6　保存并关闭所有文件

3.11　成形的折弯区域选项

扫码看视频

为了在成形的放样折弯中添加折弯线和注释，可以创建单独的折弯区域。但需要轮廓草图拥有相同数量的线段和曲线。当创建分离的成形折弯区域时，可以使用表3-2所列两种方式中的一种进行【折弯线控制】的定义。

表3-2　折弯线控制方式

折弯线数量	定义在每个折弯区域内包含的折弯数量
最大误差	定义在展开和成形状态下折弯区域允许的最大误差值

操作步骤

步骤1　打开零件　打开Lofted Bends_Formed w BLs零件，如图3-57所示。此零件包含两个具有相同数量直线和曲线且相互平行的草图。

步骤2　放样折弯　单击【放样折弯】，在两个草图的相近点上选择草图轮廓（见图3-58），建立放样特征。设置【制造方法】为【成形】。

步骤3　放样折弯设定　将【厚度】设置为4.5mm，并将其放置在轮廓草图的外侧。将【折弯线控制】中的【折弯线数量】设定为8。单击【确定】✔，如图3-59所示。

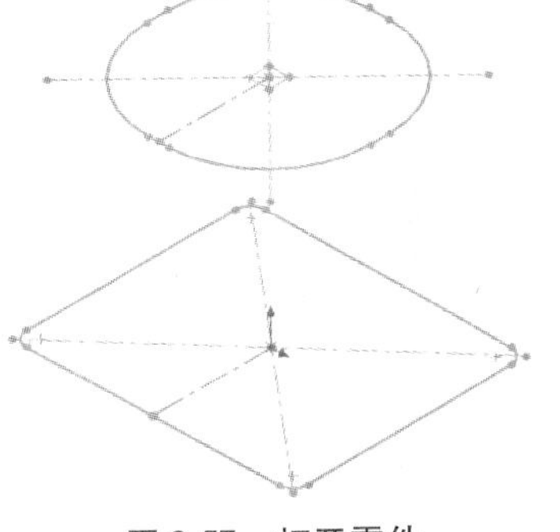
图3-57　打开零件

步骤4　编辑钣金参数（可选操作）　选择【钣金】文件夹，单击【编辑特征】。勾选【使用规格表】复选框，选择“SAMPLE TABLE-STEEL”表格，【厚度】选择7 Gauge，默认【折弯半径】设置为5.080mm，单击【确定】✔。

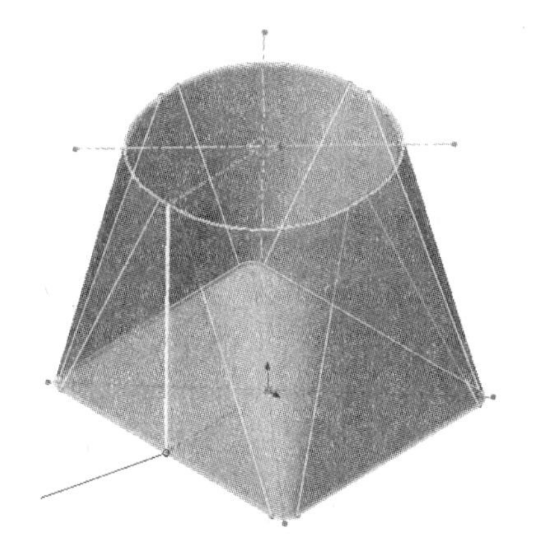
图3-58　选择轮廓

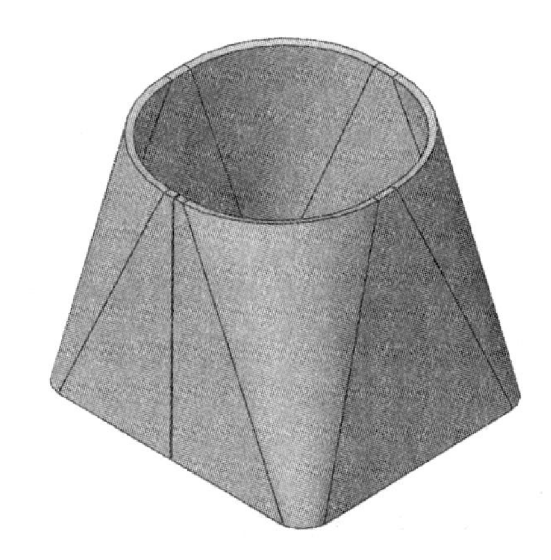
图3-59　放样折弯设定

步骤5　查看平板型式　单击【展平】，如图3-60所示。每一个折弯区域包含8条折弯线。

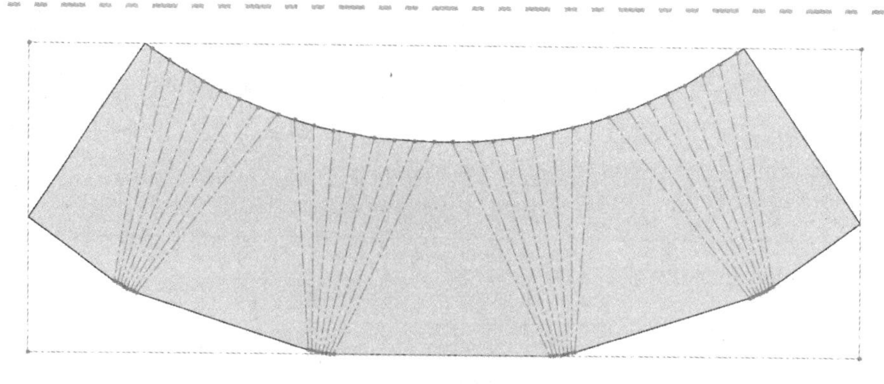

图 3-60　查看平板型式

步骤 6　创建平板型式视图（可选操作）　使用此方法时，折弯注释将会和使用折弯生成的放样折弯特征一样出现。在创建平板型式视图时，将会出现警告注释为近似值的对话框，如图 3-61 所示。平板型式视图如图 3-62 所示。

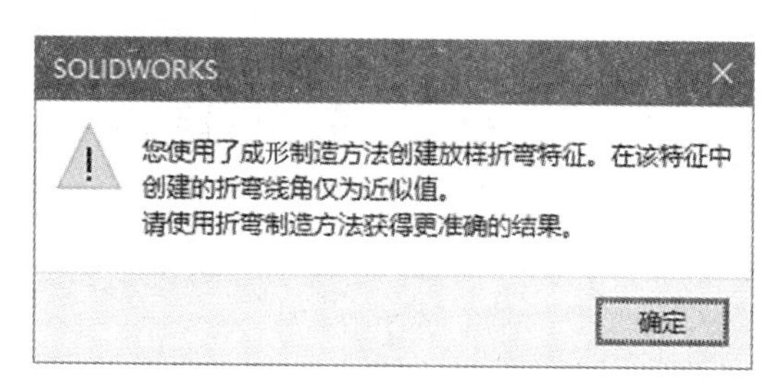

图 3-61　折弯注释为近似值的警告

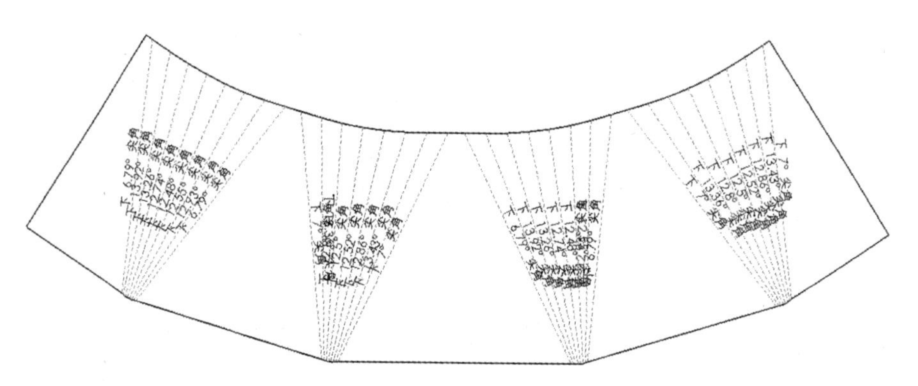

图 3-62　平板型式视图

提示　折弯半径并未在成形的折弯注释（见图 3-63）中指定，它们显示为“尖角”，用户可以使用平板型式视图属性进行修改。

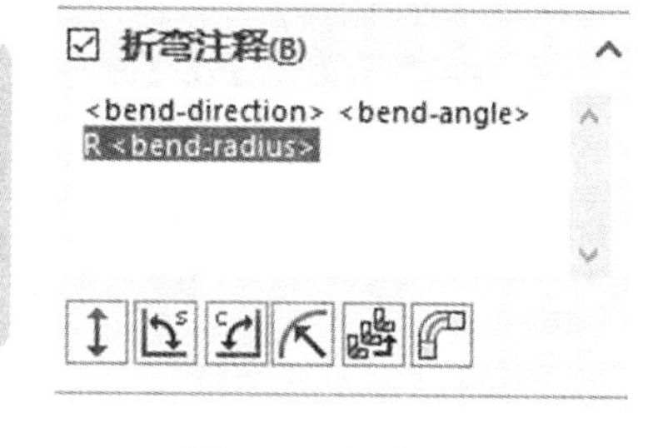

图 3-63　折弯注释

步骤 7　保存并关闭所有文件

3.12　设计库中的放样折弯

设计库中包含一些使用放样折弯成形的预定义钣金零件，如图 3-64 所示。这些零件位于

parts/sheetmetal/lofted bends 文件夹中。这些模型是使用设计表进行创建的，可以通过简单的修改生成所需的钣金过渡件。

练习 3-1 从展平设计钣金

使用提供的尺寸创建零件，此钣金零件是在展平状态下设计的，如图 3-65 所示。

本练习将应用以下技术：

- 从展平状态设计。
- 绘制的折弯特征。

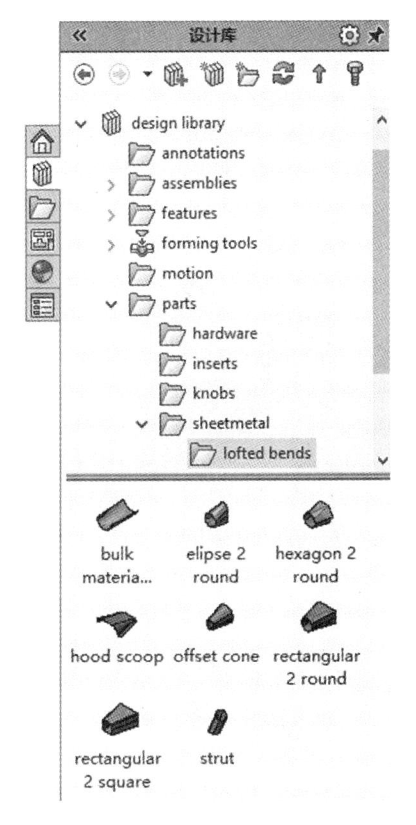

图 3-64 设计库中的放样折弯零件

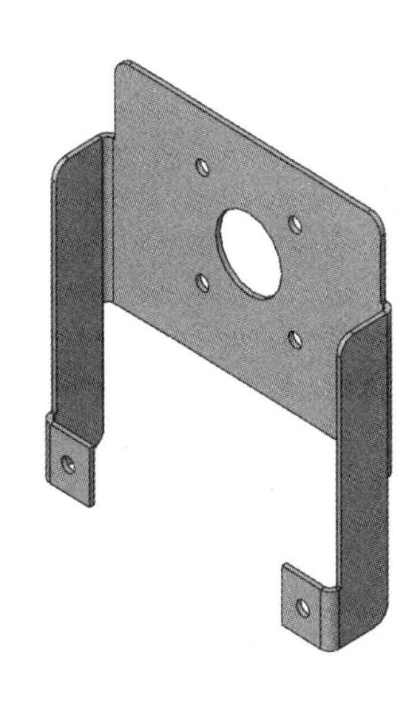

图 3-65 从展平状态设计的零件

操作步骤

扫码看视频

步骤 1 新建零件 使用 Part_MM 模板生成新零件。

步骤 2 绘制轮廓草图 在前视基准面绘制平板型式的全轮廓草图，使用中心线和镜像创建几何体，如图 3-66 所示。

步骤 3 生成钣金平板 使用 15 Gauge 钢，生成【基体法兰】（见图 3-67），设定【折弯半径】为 1.905mm。

步骤 4 添加拉伸切除 添加拉伸切除，尺寸如图 3-68 所示。

步骤 5 添加孔特征 按图 3-69 所示，添加 ϕ5mm 的孔。孔是关于垂直中心线对称的。

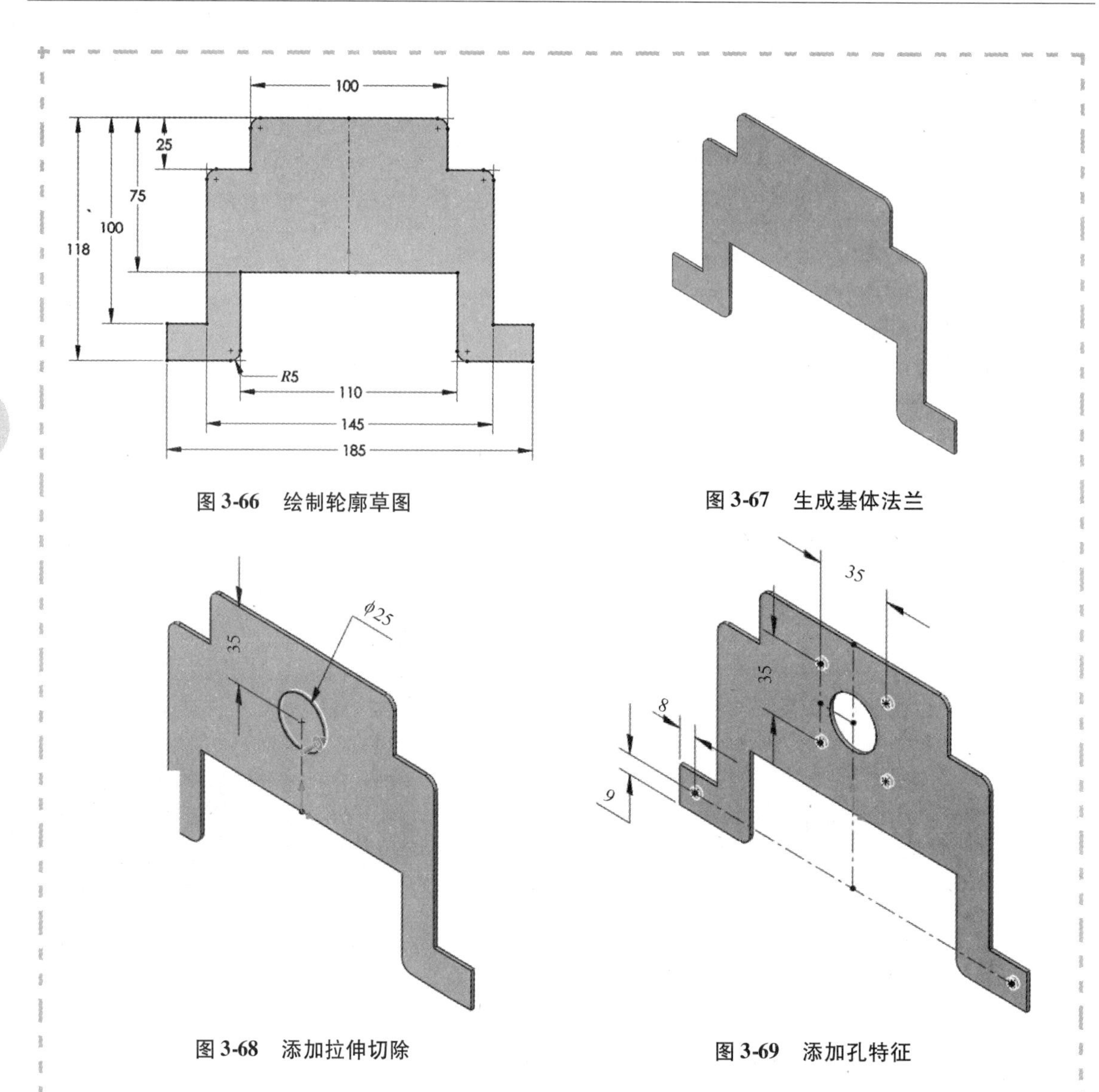

图 3-66　绘制轮廓草图

图 3-67　生成基体法兰

图 3-68　添加拉伸切除

图 3-69　添加孔特征

步骤 6　绘制折弯线　选择模型的前表面，绘制折弯线，如图 3-70 所示。

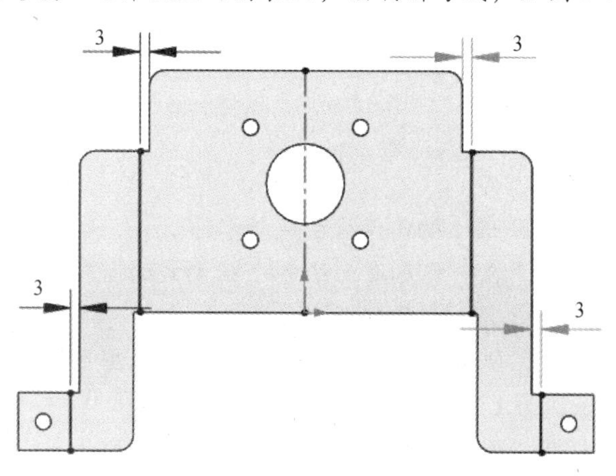

图 3-70　绘制折弯线

步骤7　创建绘制的折弯　单击【绘制的折弯】，选择面的中心部位作为【固定面】。以【折弯中心线】带90°折弯角度的方式，添加所有折弯，如图3-71所示。

步骤8　保存并关闭所有文件（见图3-72）

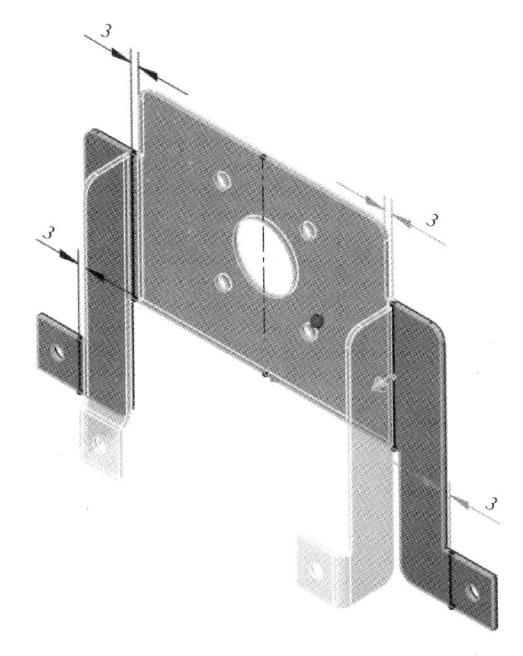

图3-71　创建绘制的折弯

图3-72　成形零件

练习3-2　转折和褶边

使用钣金特征完成如图3-73所示零件。

本练习将应用以下技术：

- 基体法兰/薄片。
- 在钣金中切除。
- 边线法兰。
- 转折特征。
- 褶边特征。
- 边角释放槽。
- 平板型式设置。

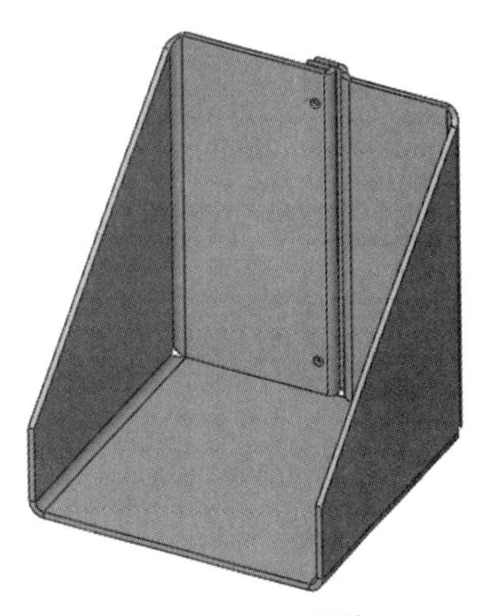

图3-73　成形零件

操作步骤

扫码看视频

步骤1　新建零件　使用Part_MM模板，新建零件。

步骤2　创建基体法兰　绘制草图并创建基体法兰特征，如图3-74所示。

【深度】为90mm，材料为14 Gauge钢，厚度应用到草图轮廓的外侧。折弯半径为2.54mm，使用【矩形】自动切释放槽，释放槽比例为0.5。

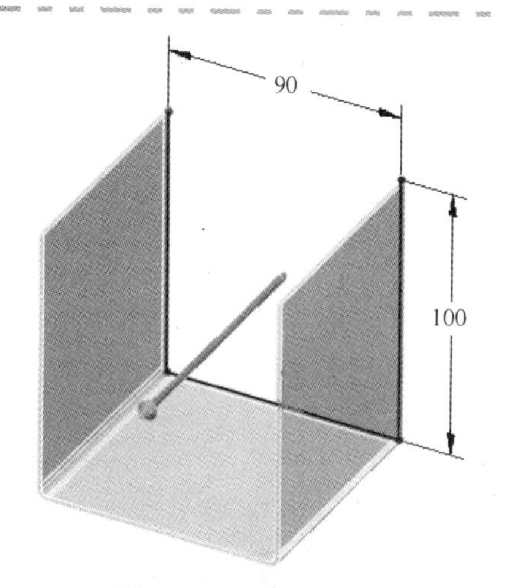

图3-74 创建基体法兰

步骤3 修改外观显示（可选操作） 按照需要的颜色，编辑零件外观，如图3-75所示。

图3-75 编辑外观

步骤4 创建拉伸切除 创建如图3-76所示的拉伸切除。

步骤5 添加右侧边线法兰 如图3-77所示，使用如下设置添加边线法兰：

- 使用默认半径。
- 角度：90°。
- 选择【外部虚拟交点】，法兰长度为50mm。
- 法兰位置：材料在外。
- 剪裁侧边折弯：不勾选【剪裁侧边折弯】复选框。

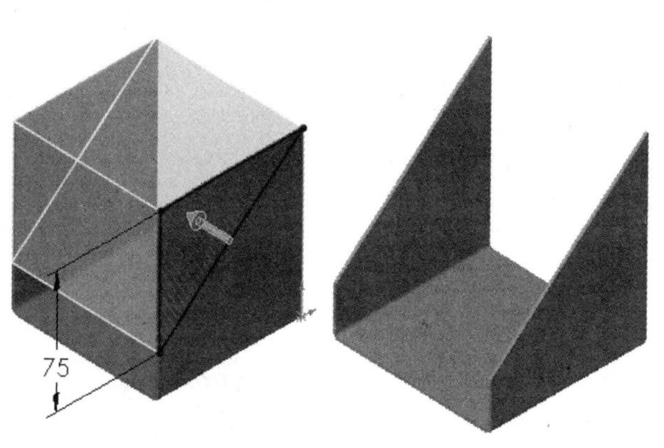

图3-76 创建拉伸切除

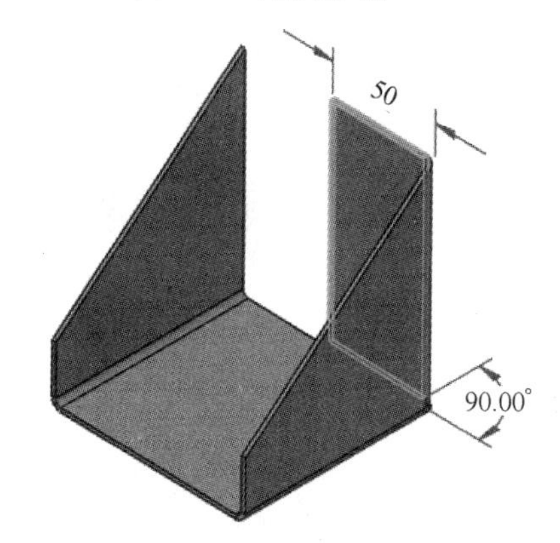

图3-77 添加右侧边线法兰

步骤6 创建转折特征 在法兰的背面绘制一条转折线，如图3-78所示。使用如下设置创建【转折】特征：

- 使用默认半径。
- 转折等距：4.75mm。
- 尺寸位置：外部等距。
- 固定投影长度：勾选【固定投影长度】复选框。
- 折弯位置：折弯中心线。
- 转折角度：70°。

单击【确定】。

步骤7 添加左侧边线法兰 除了【法兰长度】为52mm外，其他按照步骤5中的设定，添加如图3-79所示的边线法兰，单击【确定】。

步骤8　创建褶边　选择法兰的外部边线建立褶边（见图3-80），设置如下：

- 材料在内。
- 类型：打开。
- 长度：9.5mm。
- 间隙距离：0.75mm。

单击【确定】✔。

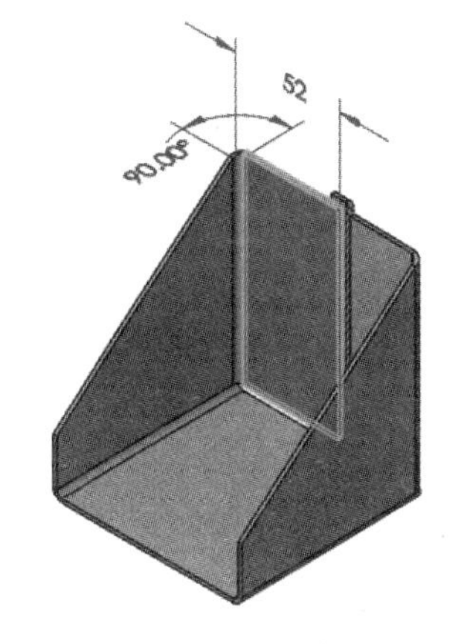

图3-79　添加左侧边线法兰

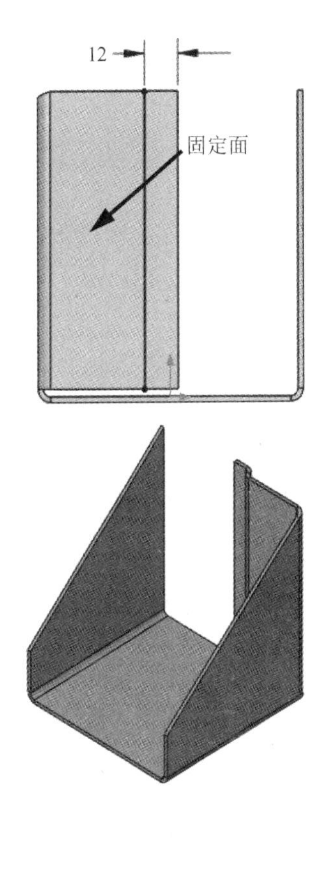

图3-78　创建转折特征

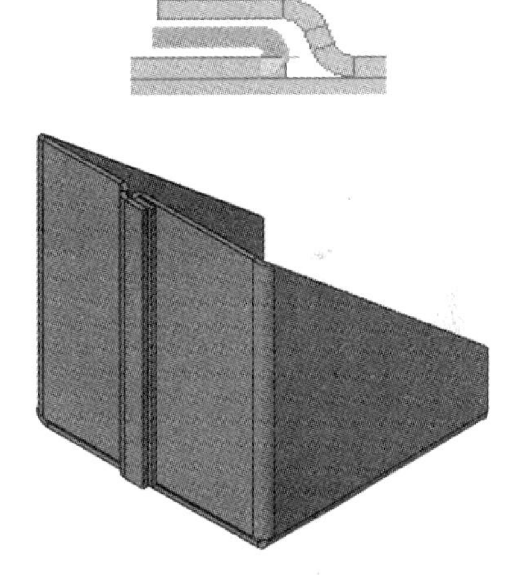

图3-80　创建褶边

步骤9　创建边角释放槽　单击【边角释放槽】，单击【收集所有角】，【释放选项】选择【等宽】。此释放类型是将缝隙宽度延伸到用于释放的折弯区域。单击【确定】✔，如图3-81所示。

步骤10　创建圆孔　使用【异型孔向导】命令创建孔，按图3-82所示标注尺寸。

步骤11　查看平板型式　平板型式的固定面位置是可以修改的。孔也可以在零件成形之后添加，所以在平板型式上移除它们，如图3-83所示。

步骤12　编辑平板型式特征　展开【平板型式】文件夹，单击平板型式1特征，选择【编辑特征】。使用零件内侧的底面作为【固定面】。单击【要排除的面】，选择6个孔的表面。

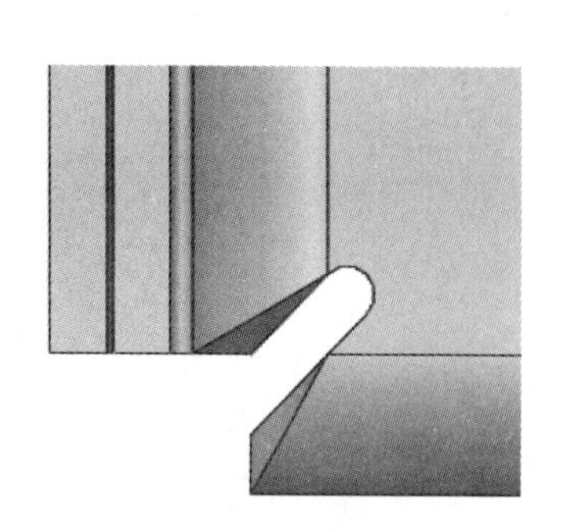

图 3-81　创建边角释放槽

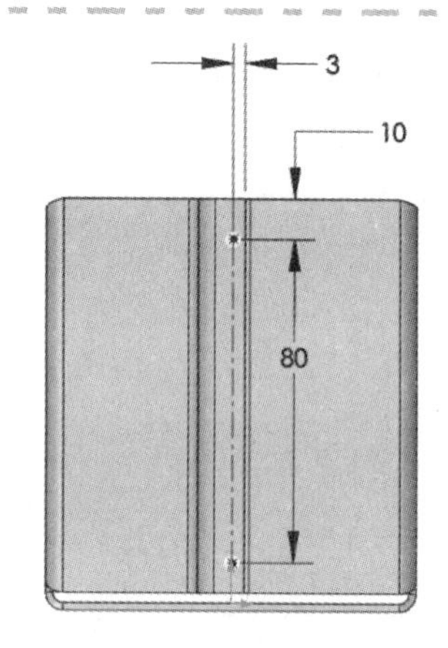

图 3-82　创建圆孔

单击【确定】✓，如图 3-84 所示。

步骤 13　查看结果　平板型式特征现在从底面展开，并且孔已经被移除，如图 3-85 所示。

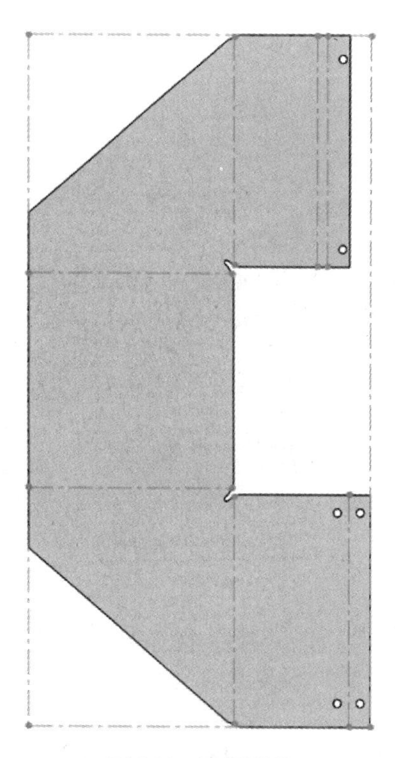

图 3-83　平板型式

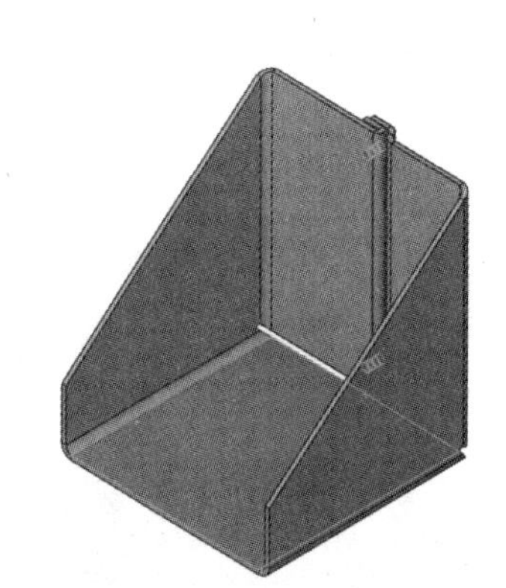

图 3-84　编辑平板型式特征

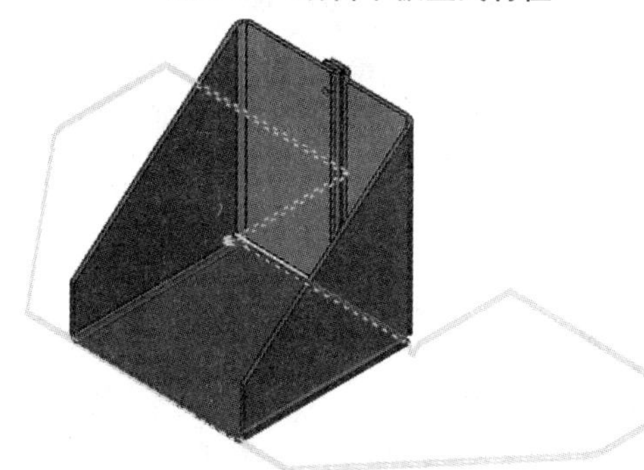

图 3-85　查看平板型式

步骤 14　退出平展

步骤 15　编辑材料　将零件的材料应用为“AISI 316 不锈钢板”。

使用材料对话框中的【外观】选项卡，清除【应用此项的外观】复选框，如图 3-86 所示。

步骤 16　修改切割清单项目属性　展开【切割清单】文件夹，右键单击【切割清单项目】文件夹，选择【属性】。修改【说明】属性为 14 Gauge Sheet。

属性　外观　剖面线　自定义　应用程序数据　收藏　钣金

☐应用此项的外观(P): AISI 316 不锈钢板 (SS)

图 3-86　编辑材料

步骤 17　从零件创建工程图　单击【从零件/装配体制作工程图】，选择 A_Size_ANSI_MM 作为文件模板。创建工程视图和焊件切割清单表，如图 3-87 所示。

> **技巧**　使用【模型项目】来添加孔标注和尺寸。使用“SM CL with Blank Size”切割清单表作为模板。

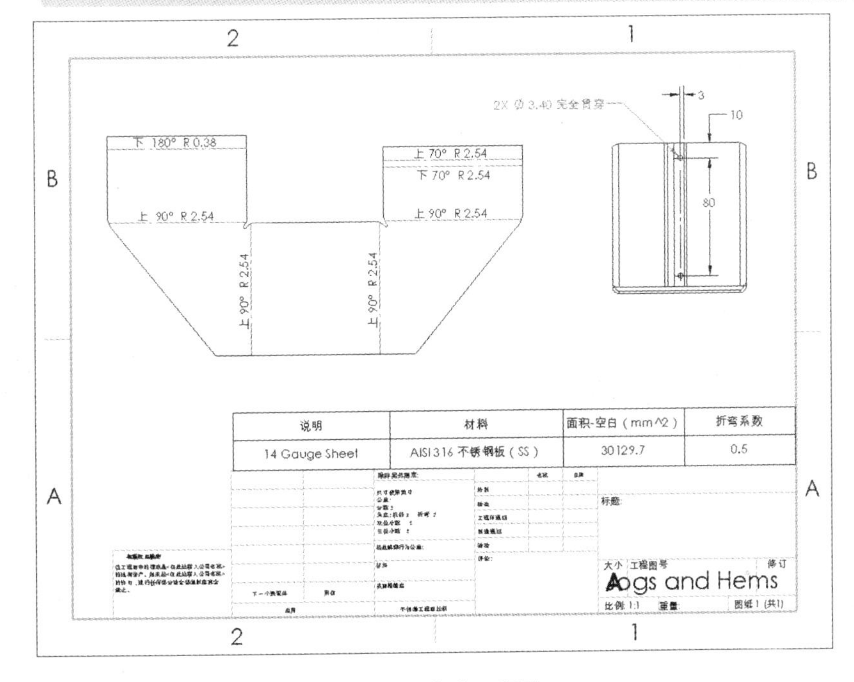

图 3-87　生成工程图

步骤 18　保存并关闭所有文件

练习 3-3　折叠和展开

使用工具来展开选择的折弯，添加在模型成形和展开状态均可见的特征。最终生成的零件如图 3-88 所示。

本练习将应用以下技术：

- 展开和折叠。

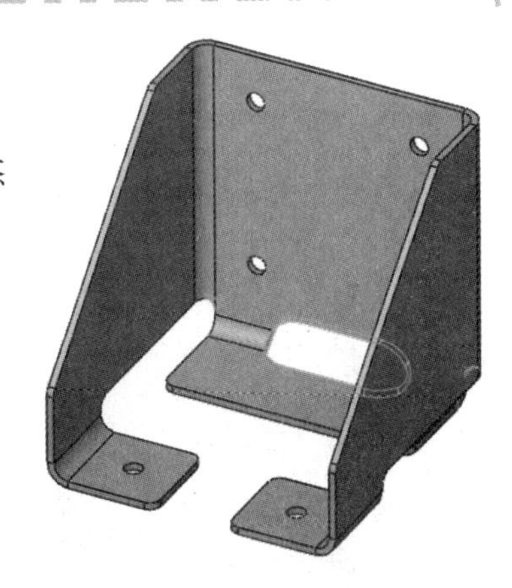

图 3-88　生成的零件

操作步骤

扫码看视频

步骤 1　打开零件　在 Lesson03\Exercises 文件夹内找到 Fold and Unfold 零件并打开，如图 3-89 所示。

步骤 2　零件预览（可选操作）　此零件保存时带有描述其怎样创建的评论。将光针悬停在设计树的特征上，或使用【评估】工具栏中的【Part Reviewer】来查看特征和评论。

步骤 3　展开　折弯区域的边线上需要使用圆弧断开。下面将展开零件的折弯来添加该特征。另外，长槽口尺寸应该在平展时进行定义。单击【展开】，选择背部的平面作为【固定面】，选择沿着固定面的 3 条折弯线作为【要展开的折弯】，如图 3-90 所示。

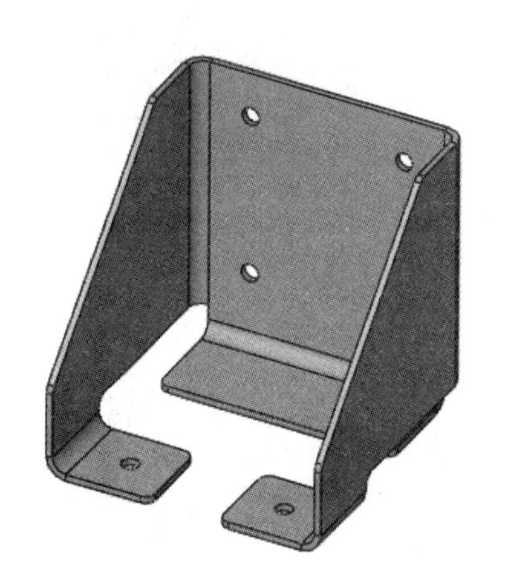

图 3-89　打开零件

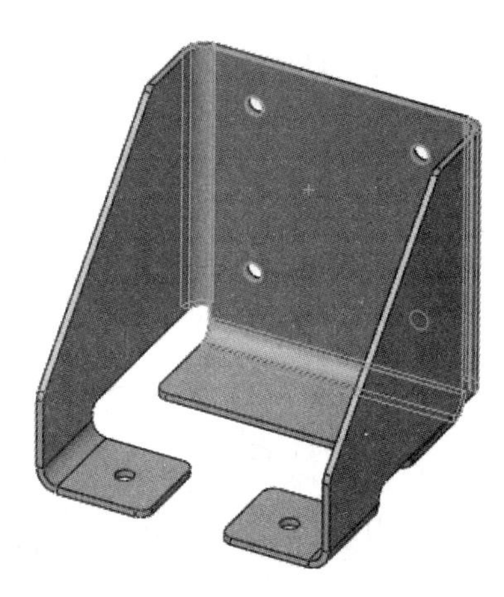

图 3-90　选择固定面和折弯

单击【确定】✔，如图 3-91 所示。

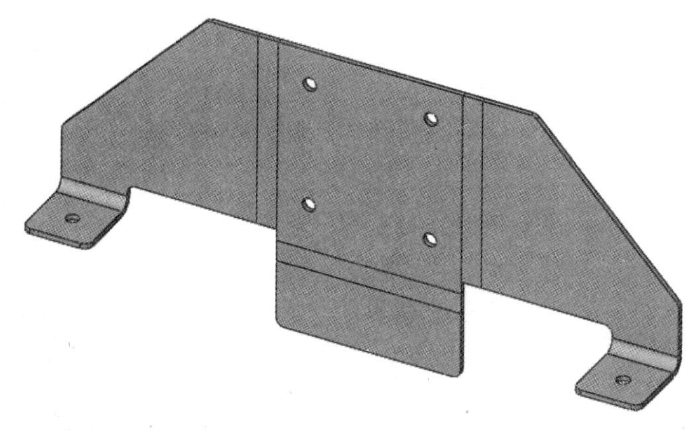

图 3-91　展开零件

步骤 4　创建长槽切除　绘制如图 3-92 所示的轮廓草图，创建【拉伸切除】特征。

技巧

长槽口顶部边线的【中点】位于原点处。

步骤 5　添加圆角　在折弯区域的边线上添加【圆角】特征。在尺寸区域中输入“=”符号，从菜单中选择【全局变量】/【Corner_R】，将半径值设定为已经存在的全局变量，如图 3-93 所示。

步骤 6　折叠　单击【折叠】，单击【收集所有折弯】，单击【确定】，如图 3-94 所示。

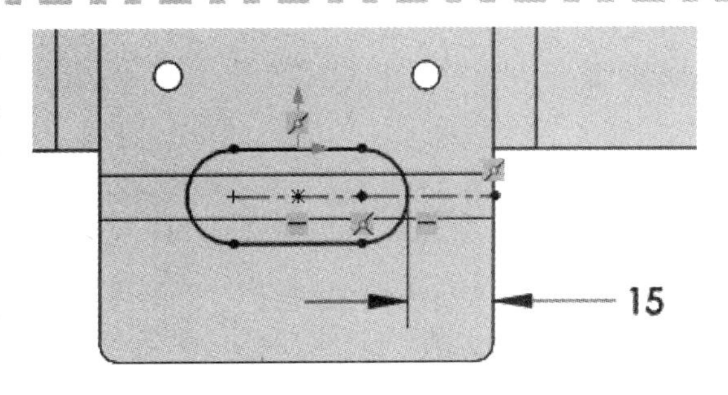

图 3-92　绘制草图

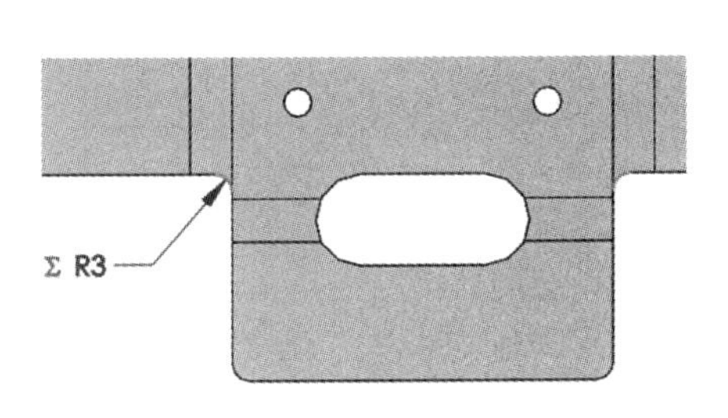

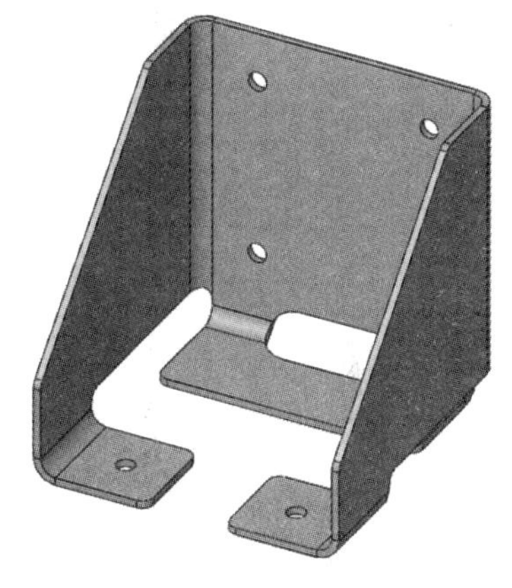

图 3-93　添加圆角　　　图 3-94　折叠

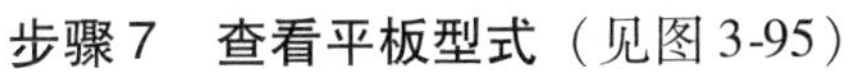

步骤 7　查看平板型式（见图 3-95）

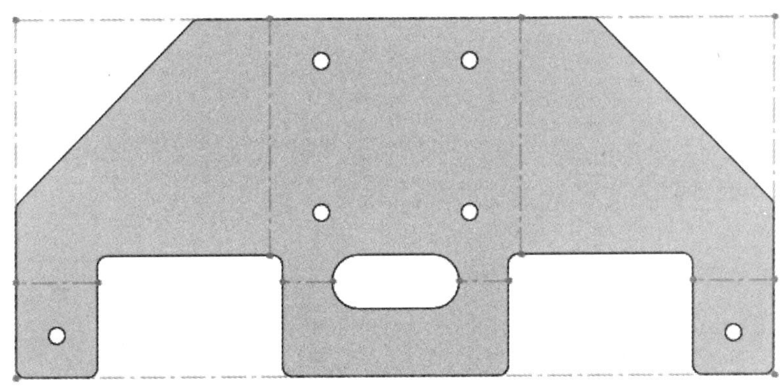

图 3-95　查看平板型式

步骤 8　保存并关闭所有零件

练习 3-4　锥形扫描法兰

使用扫描法兰命令创建如图 3-96 所示的锥形钣金零件。

本练习将应用以下技术：

- 扫描法兰。
- 扫描法兰平板型式选项。

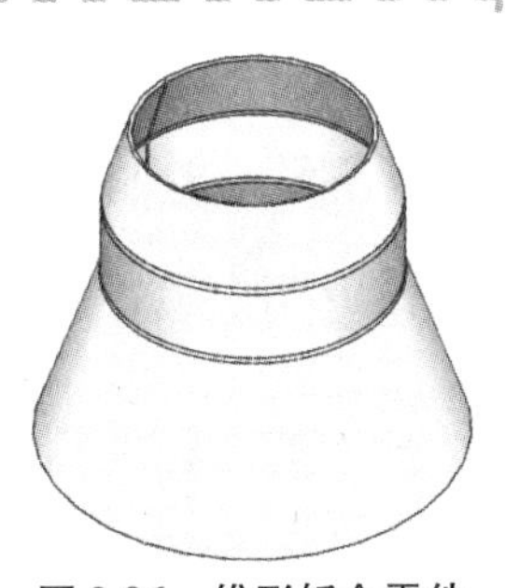

图 3-96　锥形钣金零件

操作步骤

扫码看视频

步骤1 打开零件 在Lesson03\Exercises文件夹内找到“Conical. sldprt”零件并打开，如图3-97所示，其中包含两个用于创建锥形扫描法兰特征的草图。

步骤2 插入扫描法兰特征 单击【插入】/【钣金】/【扫描法兰】，选择轮廓和路径草图。勾选【圆柱/圆锥实体】复选框，选择Conical轮廓草图中的一个元素作为【圆柱/圆锥边线】，如图3-98所示。

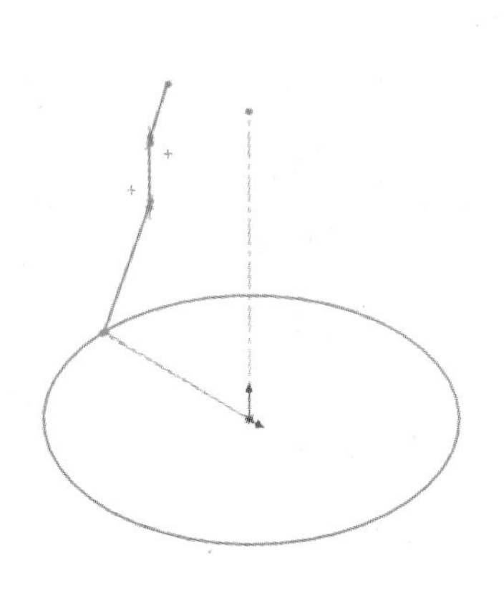

图3-97 打开零件

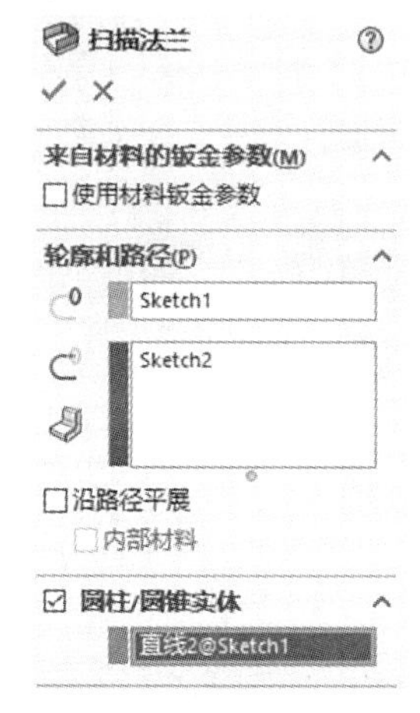

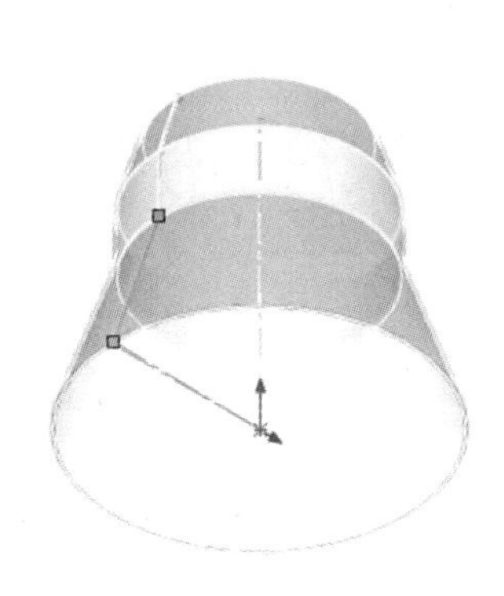

图3-98 插入扫描法兰特征

平板视图的方向会因选择边线（边线在不同的角度上）的不同而变化。

步骤3 钣金参数 勾选【使用规格表】复选框，选择“SAMPLE TABLE-ALUMINUM”。选择Gauge 20，设置折弯半径为1.00mm，单击【确定】。

步骤4 展平零件 【展平】零件（见图3-99），看到展平形状是基于圆柱/圆锥选项的。为了对比，可以编辑特征并取消此选项。试着选择不同的边线进行验证。

步骤5 保存并关闭所有文件

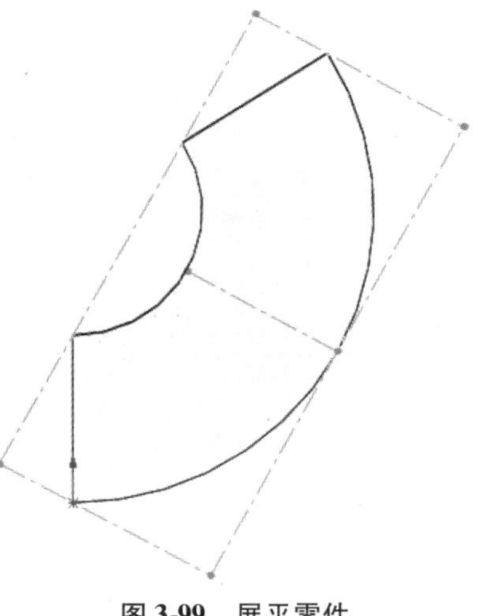

图3-99 展平零件

练习3-5 放样折弯

使用不同的放样折弯（见图3-100）选项来生成钣金过渡。

本练习将应用以下技术：

- 放样折弯。
- 折弯的放样折弯。
- 成形的放样折弯。

扫码看视频

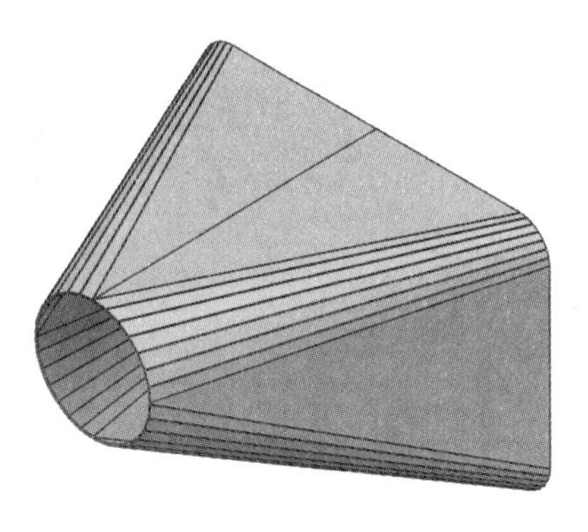
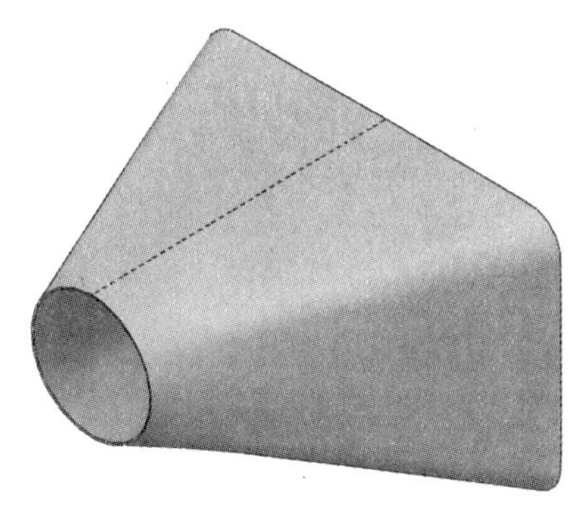

图 3-100　放样折弯

操作步骤

步骤1　打开零件　在 Lesson03\Exercises 文件夹中找到 Lofted_Bends 零件并打开，此零件包含用于创建钣金过渡用的轮廓草图。

步骤2　定义折弯放样折弯　单击【放样折弯】，在两个草图的相近点上选择草图轮廓，建立放样特征。设置【制造方法】为【折弯】，如图 3-101 所示。

步骤3　定义平面铣削选项　为了控制折弯区域的面，选择【弧角】，设定【刻面值】为 15°。

步骤4　设置钣金参数　勾选【使用规格表】复选框，选择“SAMPLE TABLE-STEEL”表。

选择 12 Gauge 厚度和 5.080mm 折弯半径，将材料应用到草图轮廓的外侧。单击【确定】✔。

步骤5　查看平板型式　单击【展平】，每个折弯区域包含多条折弯线，如图 3-102 所示。

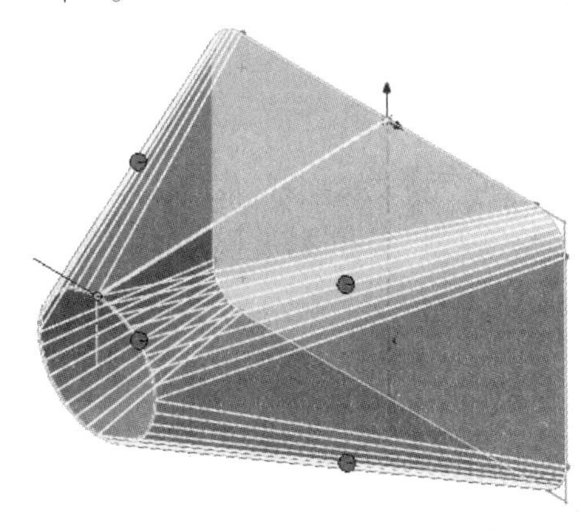

图 3-101　定义放样折弯

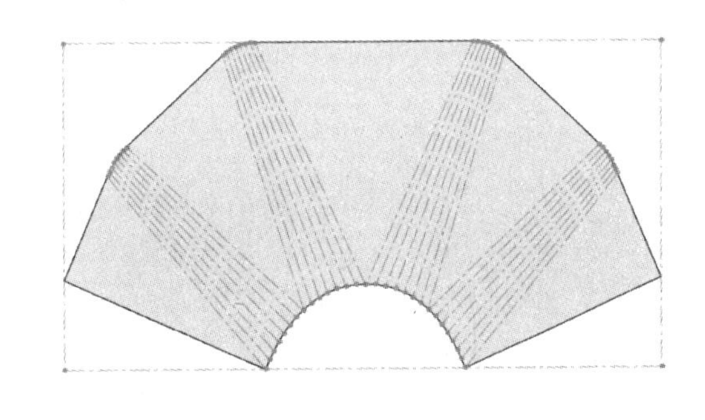

图 3-102　查看平板型式

步骤6　保存零件

步骤7　另存为“Lofted_Bends_Formed”　创建一个成形放样折弯的过渡版本，首先要以新名称保存零件。

单击【文件】/【另存为】，创建新文件，命名为“Lofted_Bends_Formed”。

步骤8　删除放样折弯1特征　放样折弯特征一旦创建，将不允许从折弯类型转换到成形类型。放样折弯特征需要删除，并重新创建。选择放样折弯1特征，按下〈Delete〉键。单击【是】来删除所有的子特征。

步骤9　定义成形放样折弯　单击【放样折弯】，在两个草图的相近点上选择草图轮廓，建立放样特征。设置【制造方法】为【成形】，将材料应用到草图轮廓的外侧。

单击【确定】✔，如图3-103所示。

步骤10　查看平板型式　单击【展平】，轮廓文件并不满足生成折弯区域和折弯线的条件，如图3-104所示。

退出平展。

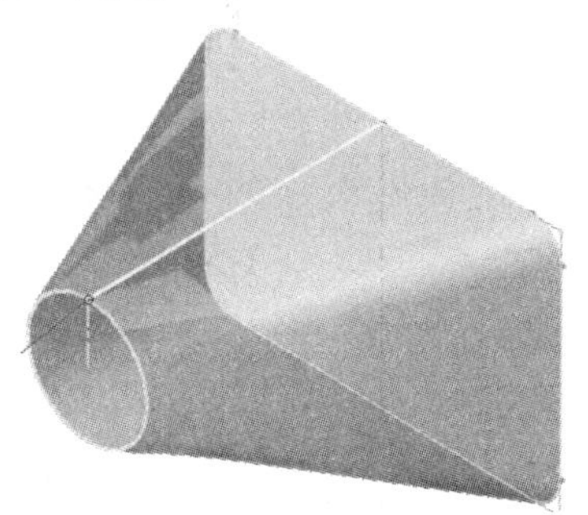

图3-103　建立放样折弯

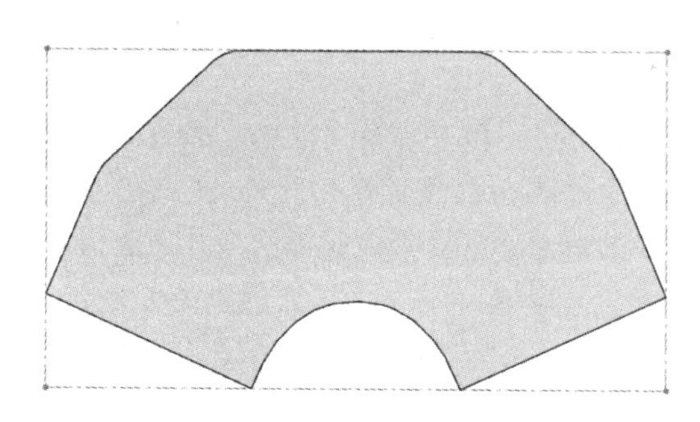

图3-104　查看平板型式

步骤11　保存并关闭所有文件

练习3-6　使用对称

使用【镜像】特征，创建图3-105所示具有对称性的模型，并在零件中添加自定义释放槽。

本练习将应用以下技术：

- 在钣金中切除。
- 薄片特征。
- 断开边角/边角剪裁。
- 转折特征。

扫码看视频

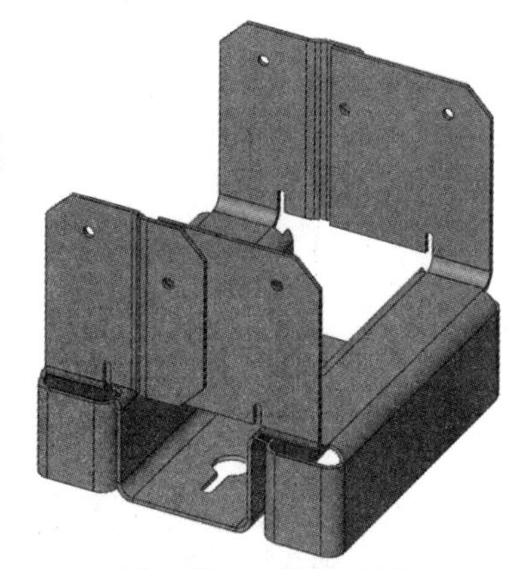

图3-105　对称的零件

操作步骤

步骤1　打开零件　在Lesson03\Exercises文件夹中打开Using Symmetry零件，它包括基体法兰和边线法兰特征，如图3-106所示。

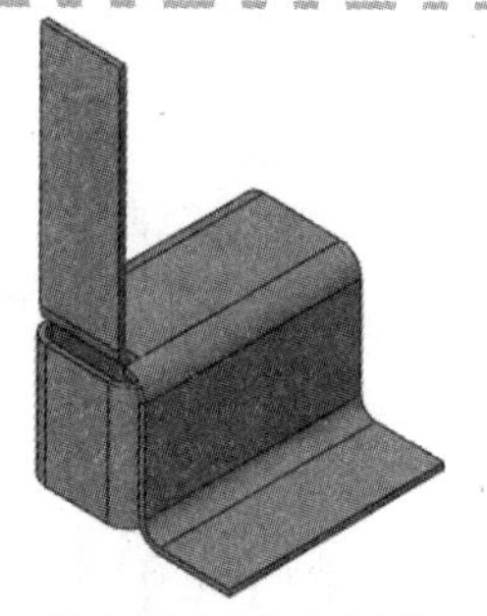

图3-106　打开零件

1. 手工释放槽切除　顶部边线法兰的边线折弯处需要一个释放槽切除。不使用【剪裁侧边折弯】复选框，是因为它将生成一个较大的开口。下面将创建一个使用【拉伸切除】命令生成的自定义释放槽（见图3-107），如此将折弯区域的一部分进行切除。

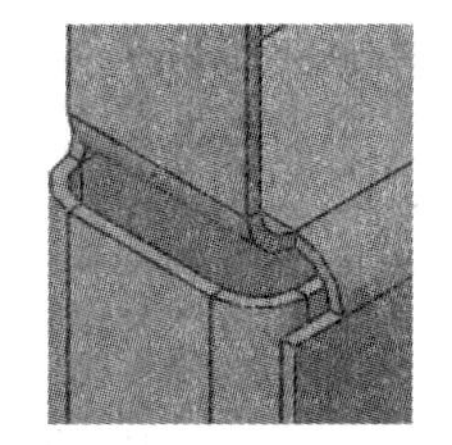

图3-107　创建释放槽

步骤2　绘制草图　绘制矩形，并且使用顶点和边线建立几何关系，完全定义草图，如图3-108所示。

步骤3　创建正交拉伸切除　勾选【正交切除】和【与厚度相等】复选框，创建切除特征，如图3-109所示。切除被投影到指定的深度，然后再正交切除到材料厚度。

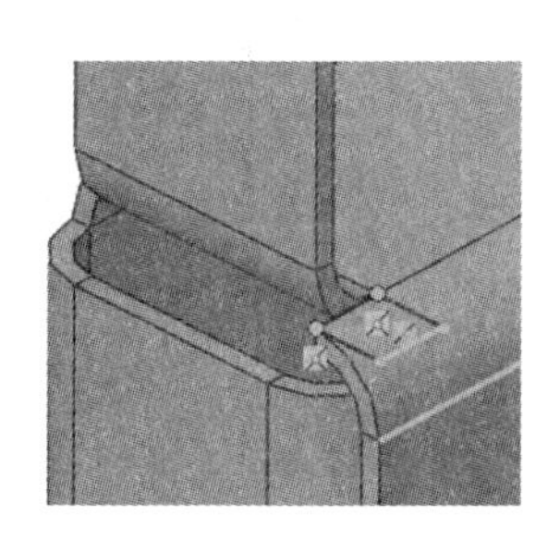

图3-108　绘制草图

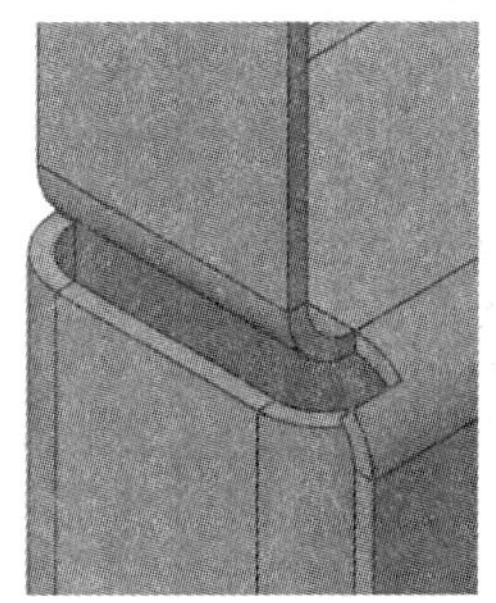

图3-109　正交拉伸切除

步骤4　镜像零件　此时，从左侧对称到右侧的所有特征已经创建完成。单击【镜像】，使用图3-110所示的面作为镜像面。单击【要镜像的实体】，选择钣金实体，单击【确定】。

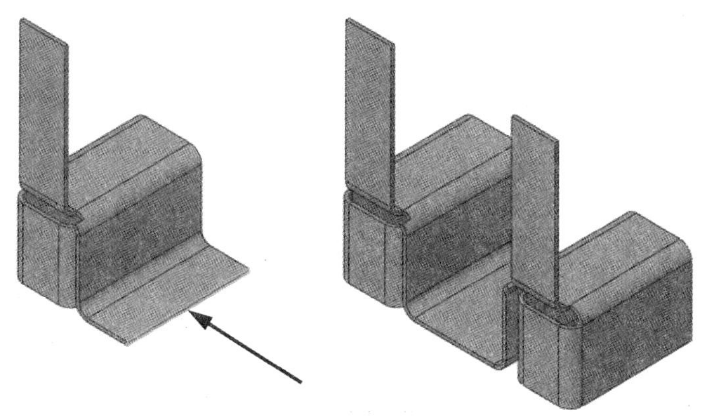

图3-110　镜像零件

步骤5　添加薄片　在左侧垂直法兰面上绘制草图，添加一个【薄片】特征，如图3-111所示。

步骤6　断开边角　单击【断开边角】。选择【倒角】选项，设置【距离】为7mm，选择如图3-112所示的面，单击【确定】。

步骤7　释放槽切除　使用如图3-113所示的轮廓草图和【拉伸切除】命令，创建另一个手工释放槽切除。设置终止条件为【给定深度】，并勾选【与厚度相等】复选框。

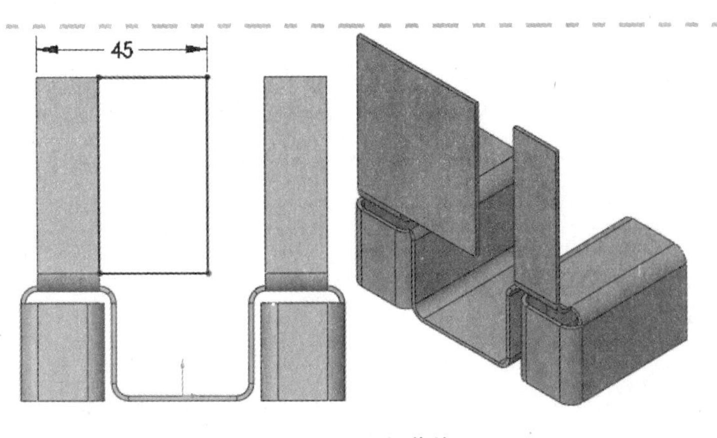

图 3-111　添加薄片

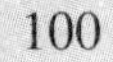

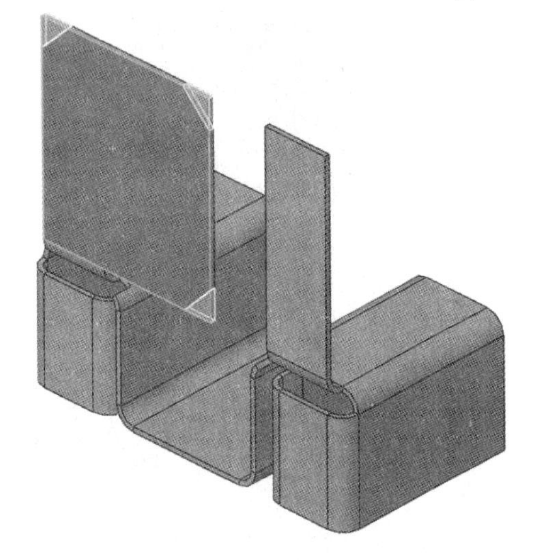

图 3-112　断开边角

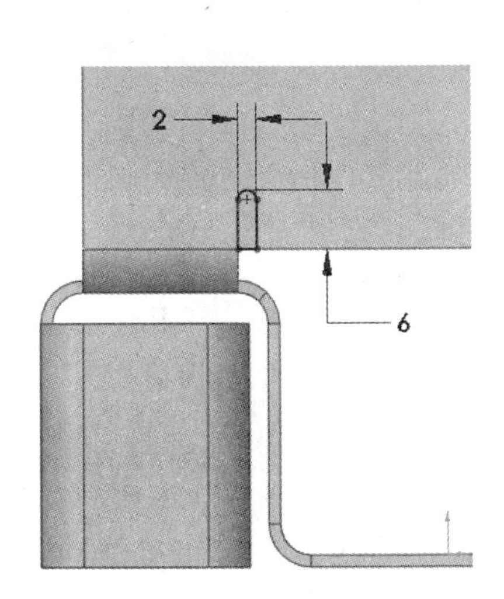

图 3-113　释放槽切除

步骤 8　创建转折草图　在薄片特征的平面上创建草图。绘制一条竖直直线，并添加如图 3-114 所示的尺寸。

步骤 9　选择面　单击【转折】，并选择草图边线左侧的面，箭头指向如图 3-115 所示。

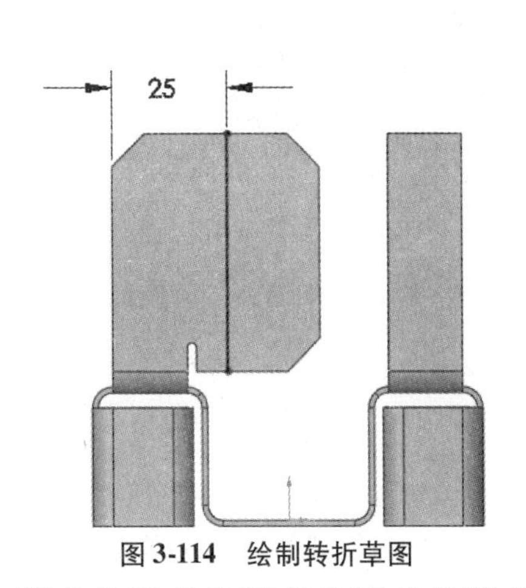

图 3-114　绘制转折草图

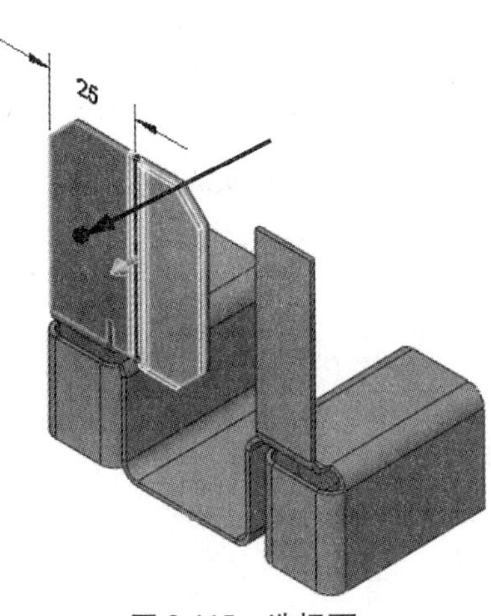

图 3-115　选择面

步骤10　转折设置　在PropertyManager中设置如下参数（见图3-116）：

- 使用默认半径：勾选。
- 终止条件：给定深度。
- 等距距离：0.5mm。
- 尺寸位置：内部等距。
- 固定投影长度：勾选。
- 转折位置：折弯中心线。
- 转折角度：30°。

单击【确定】。

图3-116　转折设置

步骤11　生成转折特征　【转折】特征在所选的法兰上创建了一对折弯和一个平板，如图3-117所示。

步骤12　创建另一个薄片　在右侧竖直法兰面绘制草图，创建另一个【薄片】，标注重叠尺寸，如图3-118所示。

步骤13　断裂边角　使用【断开边角】工具，在薄片面上添加7mm的倒角。

图3-117　生成转折特征

步骤14　镜像特征　相对于右视基准面【镜像】已完成的释放槽切除，如图3-119所示。

步骤15　添加孔　使用【异形孔向导】创建直径3mm的孔。使用【完全贯穿】终止条件，尺寸标注如图3-120所示。

步骤16　镜像特征　使用钣金零件的背面再次【镜像】实体，如图3-121所示。

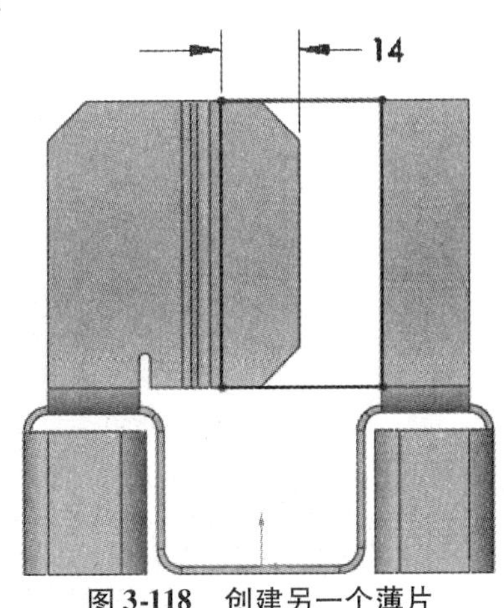

图3-118　创建另一个薄片

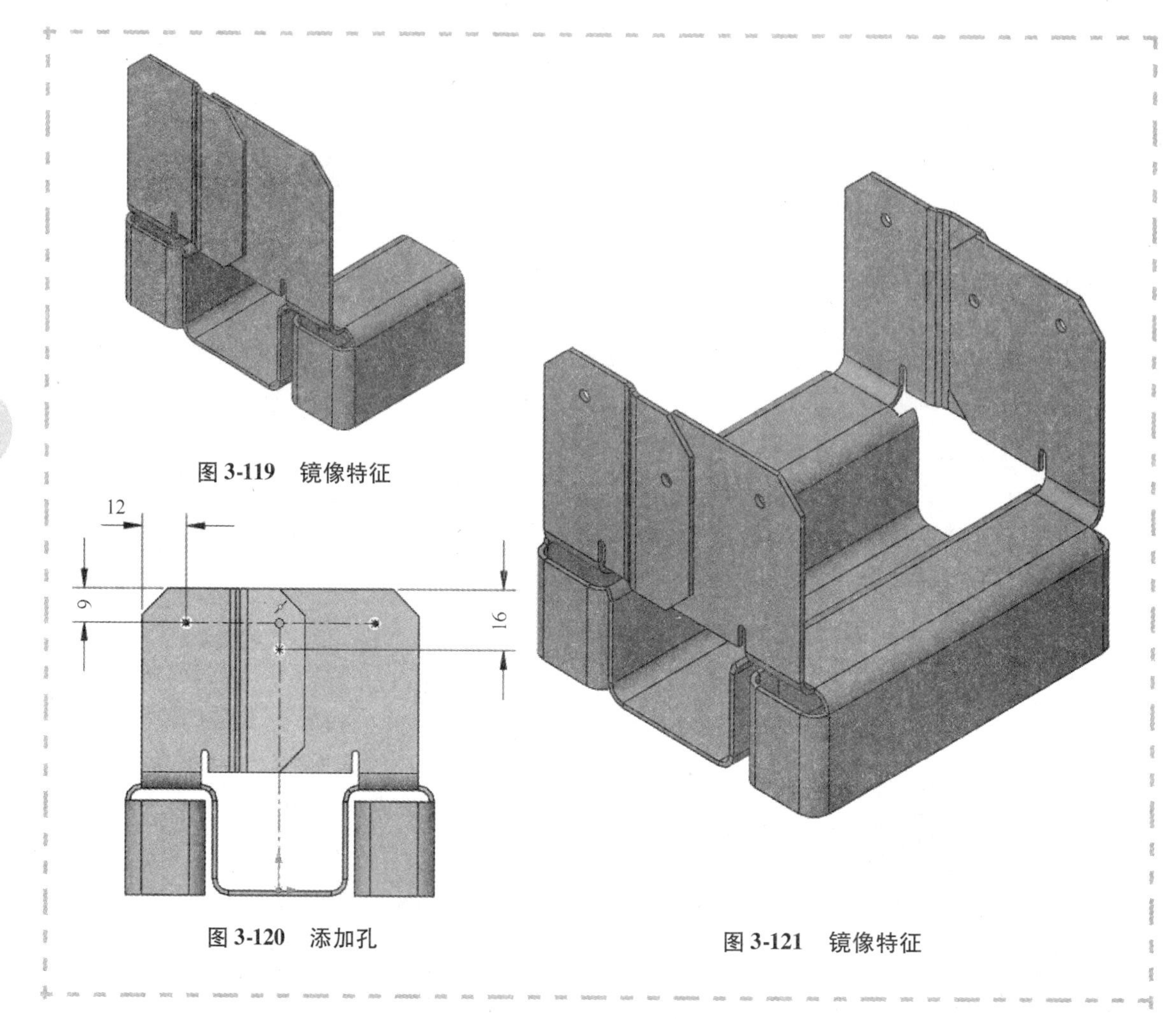

图 3-119　镜像特征

图 3-120　添加孔

图 3-121　镜像特征

2. 钣金库特征　在 SOLIDWORKS 设计库中包含一些常用的钣金切除库特征。通过从任务窗格中拖放，可将其添加到模型上。这些钣金库特征位于设计库的 features/Sheetmetal 文件夹内，如图 3-122 所示。

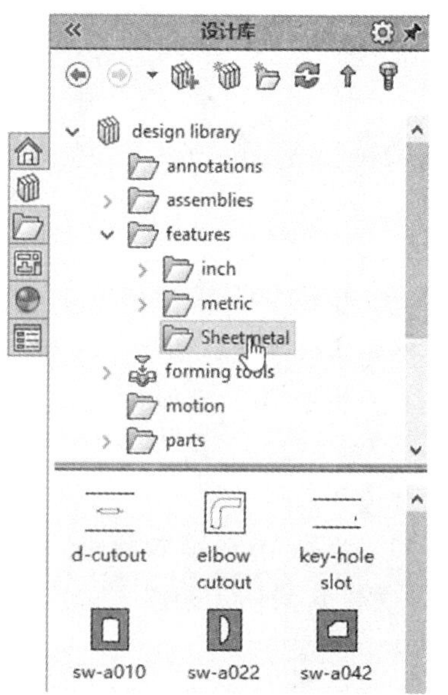

图 3-122　库特征

步骤 17　找到钣金库特征　在任务窗格中单击【设计库】。展开 lesign library/features 文件夹，选择 Sheetmetal 文件夹。

步骤 18　拖放　从 Sheetmetal 文件夹中拖放“key-hole slot”库特征至图 3-123 所示的表面上。

步骤 19　编辑草图　单击【编辑草图】来定位特征。在右视基准面和中心线之间添加【共线】几何关系。按图 3-124 所示，添加 15mm 标注尺寸，单击【完成】。

> **技巧**　在 FeatureManager 设计树中，库特征是用库符号显示的。如果需要，可以通过快捷菜单解散库特征，使之在设计树中显示为一个普通特征，如图 3-125 所示。

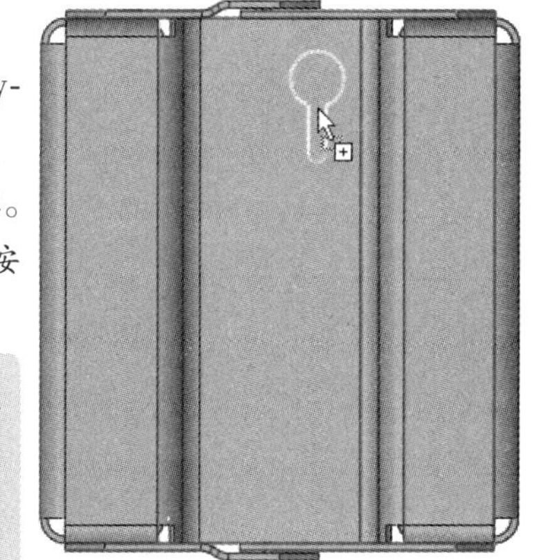

图 3-123　拖放库特征

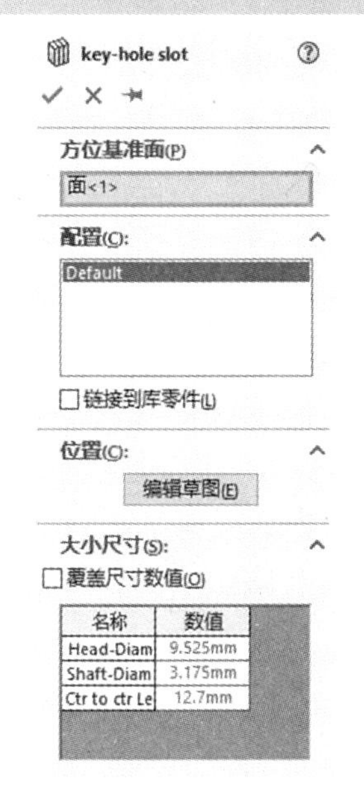

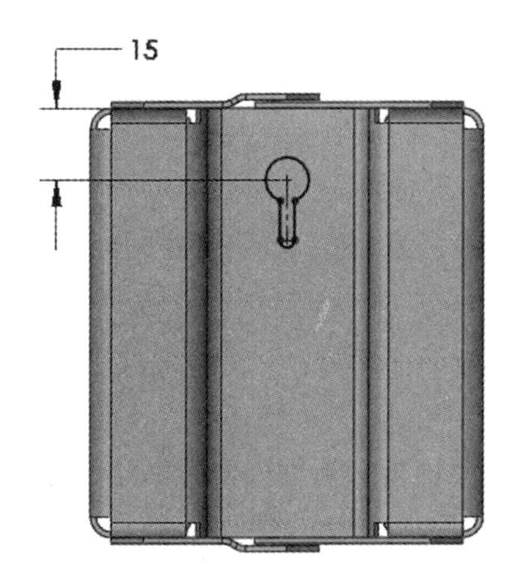

图 3-124　编辑草图

步骤 20　添加第二个库特征　添加第二个“key-hole slot”库特征。从设计库中再次拖放，或使用线性阵列的方法，如图 3-126 所示。

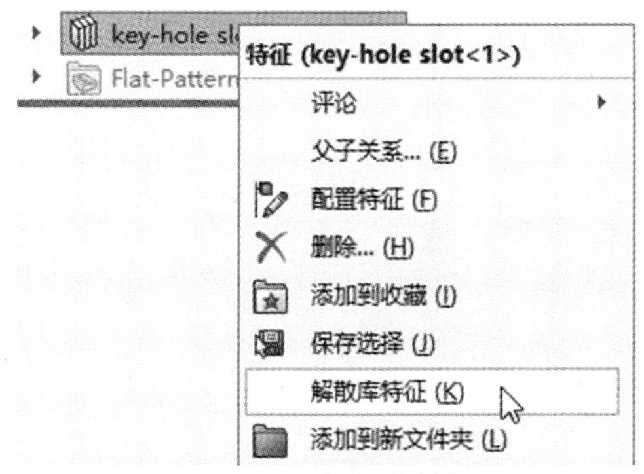

图 3-125　解散库特征

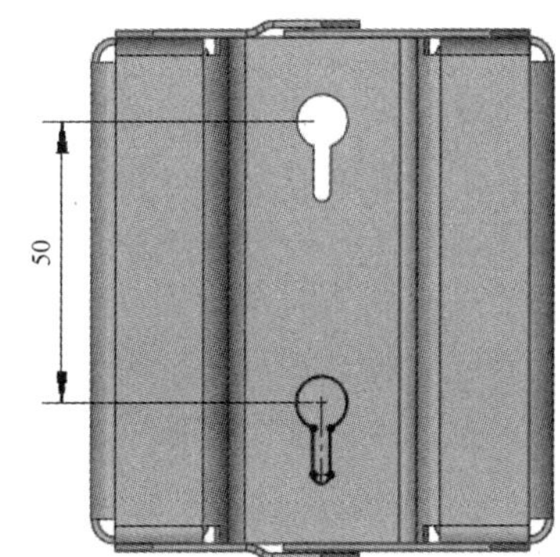

图 3-126　拖放第二个库特征

步骤 21　展平平板型式　单击【展平】，查看最终的平板型式，如图 3-127 所示。

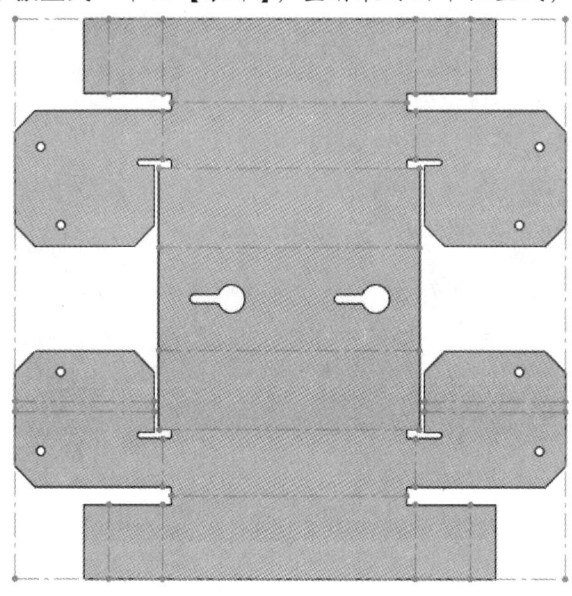

图 3-127　展开平板型式

步骤 22　退出平展

步骤 23　保存并关闭所有文件

第 4 章　钣金转换方法

学习目标

- 使用【插入折弯】方法在薄壁零件上添加折弯区域
- 在薄壁零件的边角处添加切口，使其能被展开
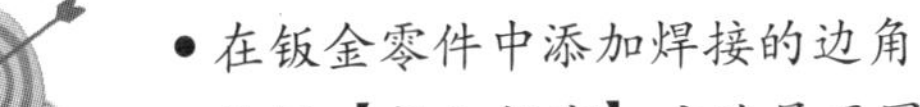
- 在钣金零件中添加焊接的边角
- 使用【插入折弯】方法展开圆锥或圆柱零件
- 使用【转换到钣金】命令

4.1　概述

创建钣金零件的另外一种方法是将标准实体零件转换成钣金件。有两个可用的转换技术：

1. **插入折弯**（见图 4-1）　适用于输入的钣金几何体或 SOLIDWORKS 抽壳零件。
2. **转换到钣金**（见图 4-2）　适用于标准的、没有薄壁特征的零件。

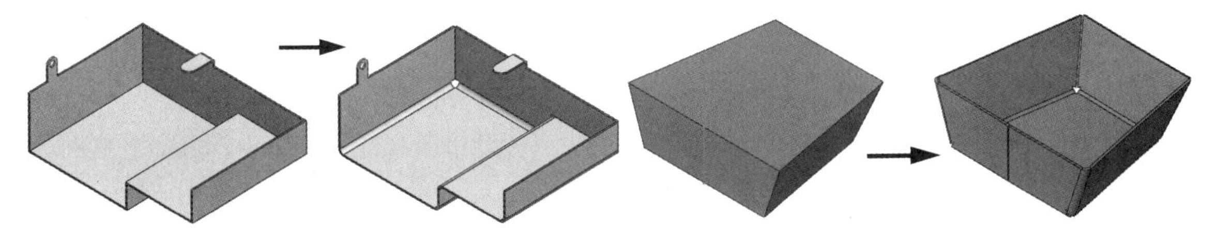

图 4-1　插入折弯方法　　　　图 4-2　转换到钣金方法

提示：早期版本的 SOLIDWORKS 钣金零件（SOLIDWORKS® 2001 之前的版本）通过向其中添加钣金特征（如边线法兰、斜接法兰等），就能自动转换成当前版本的格式文件。

4.2　插入折弯方法

【插入折弯】方法是利用薄壁几何体零件生成钣金模型。圆弧面被识别为折弯，尖锐边线被默认半径的折弯替代。如有需要，切口边角会被识别，以允许零件的展开。

4.3　输入几何体到钣金

在下面的例子中，将输入一个中性格式（IGES 格式）的文件并对它进行修改，以便可以将其作为钣金零件进行处理。零件打开时作为一个输入实体，该单独的特征代表了整个几何体。

操作步骤

扫码看视频

步骤1　访问输入选项　单击【文件】/【打开】，或单击【打开】。从文件类型列表中选择IGES文件（*.igs；*.iges）。单击对话框中的【选项】按钮，找到IGES输入选项。

步骤2　选项设置　进行如下设置：

- 勾选【自动运行输入诊断（愈合）】复选框。
- 勾选【进行完全实体检查并修正错误】复选框。
- 勾选【实体和曲面】复选框。
- 选择【尝试形成实体】。

单击【确定】。

步骤3　打开IGESimport. IGS零件　浏览到Lesson04\Case Study文件夹，打开IGESimport. IGS文件。若系统给出提示，则选择"Part_MM"文件模板。

步骤4　输入诊断　当出现"你想在此零件上运行输入诊断吗?"消息框时，单击【是】，出现一个缺陷面。在【输入诊断】PropertyManager中单击【尝试愈合所有】，单击【确定】✔，错误被修复。

提示　如果出现以下消息："您想进行特征识别吗?"单击【否】。这是在"输入1"特征上应用【FeatureWorks】的选项。

4.3.1　记录文件和错误文件

只要把文件输入SOLIDWORKS，就会生成一个记录文件（filename. RPT）。

如果在输入过程中有错误发生的话，同时也会生成一个错误文件（filename. ERR）。这两种文件都是文本文件，可以在任何文本编辑器中编辑。

下面是一个在SOLIDWORKS中打开IGES文件，但是未能成功创建为实体的例子。

4.3.2　错误文件的内容

错误文件将列出打开过程中所发生的所有错误，同时还将列出建议及设置。

关于错误的典型写法如下：

警告：无法从剪裁的曲面创建实体。

4.3.3　记录文件的内容

记录文件的内容包括：

- IGES文件的一般信息。
- 实体处理信息。
- IGES文件的分析。
- 实体的概要信息：各种类型实体的数量以及被转化的个数。
- 结果概要。

步骤5　输入实体　曲面被缝合成了单一的实体，在FeatureManager设计树中作为单一特征"输入1"列出，如图4-3和图4-4所示。

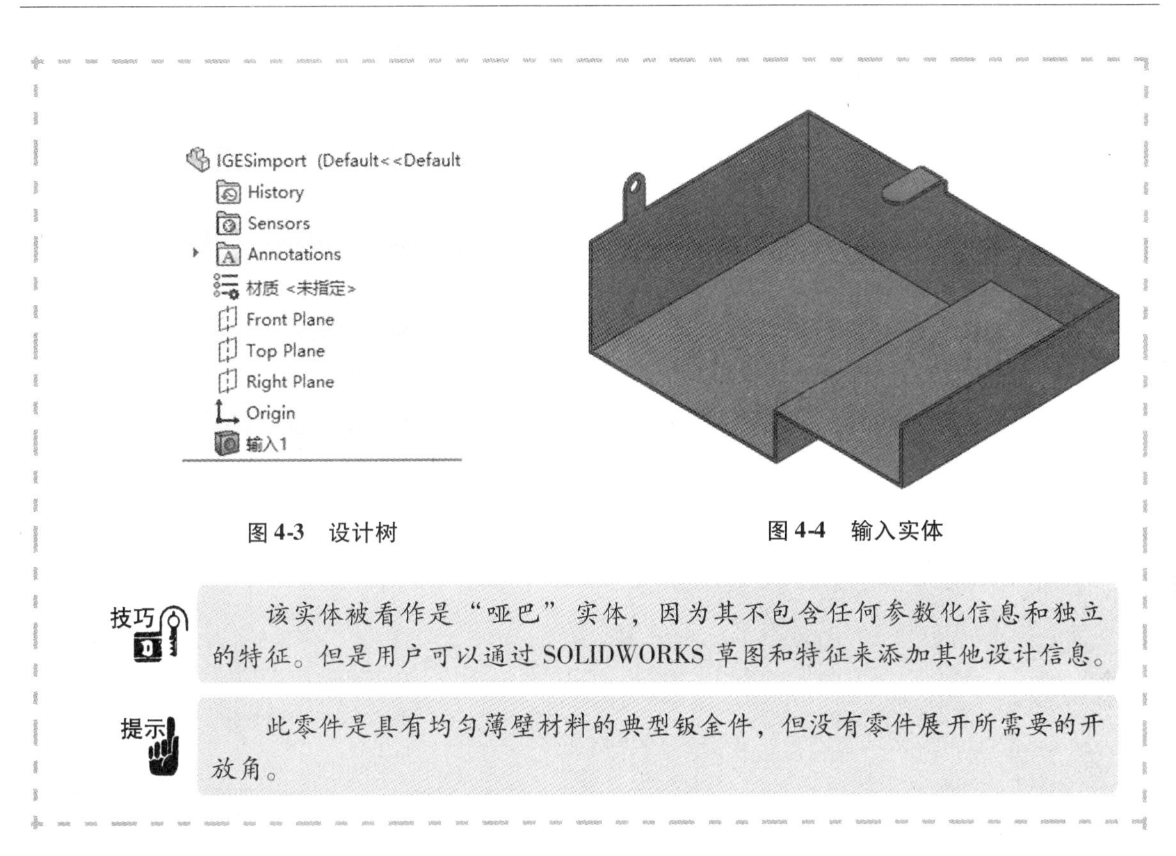

图 4-3　设计树

图 4-4　输入实体

技巧：该实体被看作是“哑巴”实体，因为其不包含任何参数化信息和独立的特征。但是用户可以通过 SOLIDWORKS 草图和特征来添加其他设计信息。

提示：此零件是具有均匀薄壁材料的典型钣金件，但没有零件展开所需要的开放角。

4.4　添加切口

【切口】特征是在角落边线上添加缝隙，以便零件能够被展平。【切口】特征可以创建三种类型的边角：在其应用边线上切除出一个或两个壁面。可通过一个或两个箭头以及【改变方向】按钮来标明要被剪裁的边线（一条或两条），如图 4-5 所示。

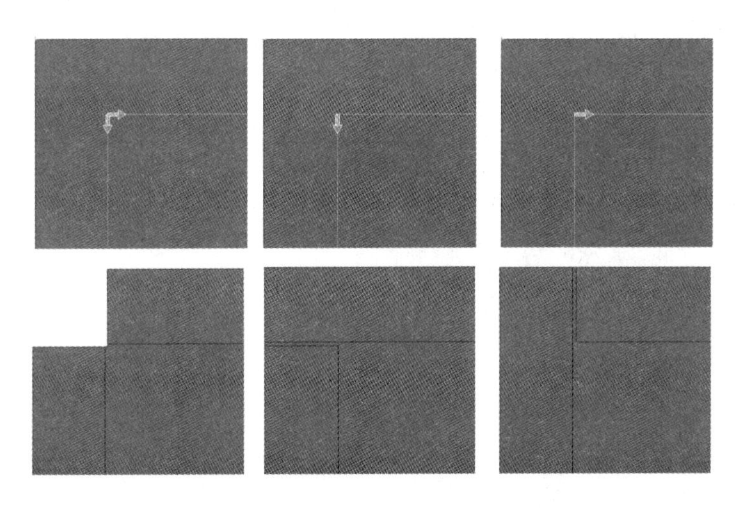

图 4-5　【切口】特征的边角类型

在插入折弯之前，【切口】特征应该应用在模型的切口边线上。另外，切口也能够通过【插入折弯】命令来创建。

知识卡片	切口	• CommandManager：【钣金】/【切口】。 • 菜单：【插入】/【钣金】/【切口】。

步骤 6　边线选择　单击【切口】命令并选择图 4-6 所示的边线。

设定【缝隙】为 0.10mm，单击【确定】，如图 4-7 所示。

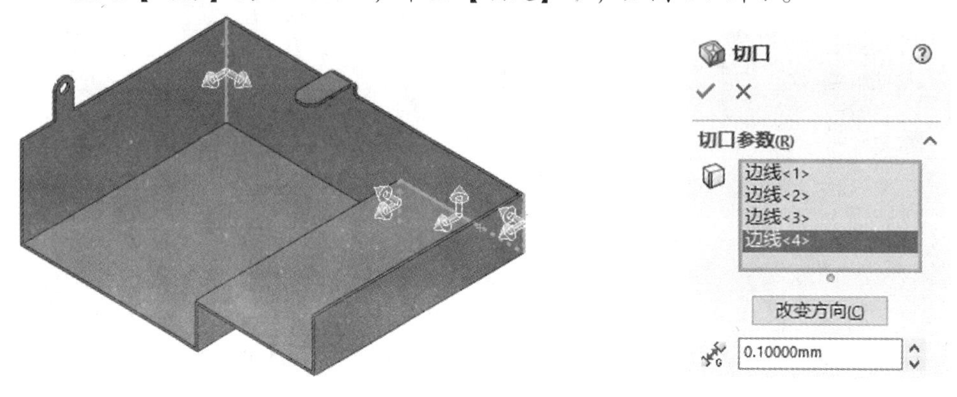

图 4-6　选择切口边线　　　图 4-7　设定缝隙值

> **技巧**　【改变方向】按钮用来在三种不同类型的切口方向之间切换。默认情况下，系统对所有边线使用"双向"（两个箭头）切口。

步骤 7　查看切口结果　选中的边线按双向缩减的方式切开，形成带缝隙的边角，如图 4-8 所示。

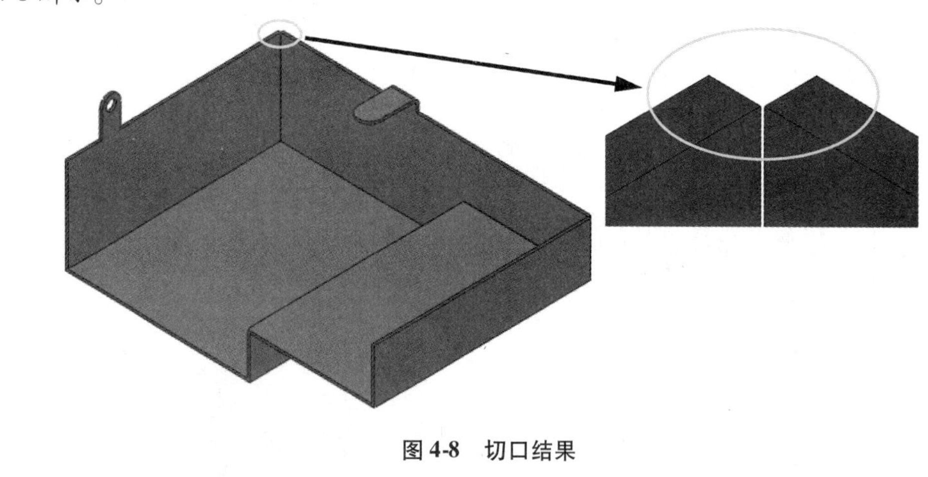

图 4-8　切口结果

4.5　插入折弯

下一步将在零件中添加折弯。在这个过程中，需要定义出折弯系数和默认的折弯半径值，而已经存在的几何体将决定钣金件的厚度。模型中所有的尖锐边角将被默认的折弯半径替代。

4.5.1　关于已有圆角的提示

如果模型中含有圆柱面，它们将被转换为钣金折弯，并会像其他折弯一样展开。圆弧的半径值将用作默认的折弯半径，如图 4-9 所示。

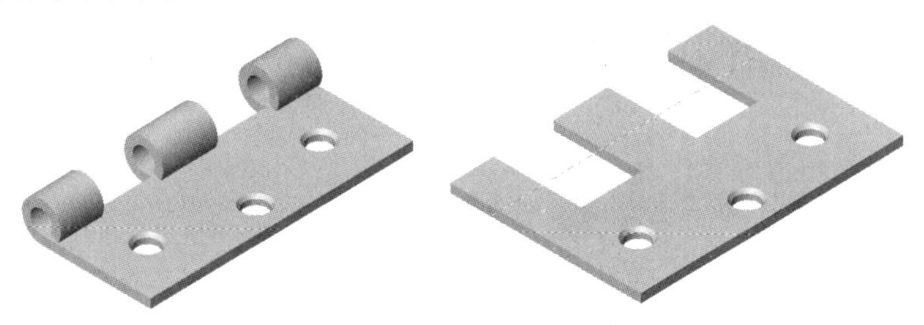

图 4-9　圆角折弯

知识卡片 插入折弯	• CommandManager：【钣金】/【插入折弯】。 • 菜单：【插入】/【钣金】/【折弯】。

步骤 8　【插入折弯】　单击【插入折弯】并选择图 4-10 所示的面作为固定面。如图 4-11 所示，设置【折弯半径】为 1.5mm，【自动切释放槽】类型为“矩形”，【释放槽比例】为“1”。

单击【确定】✔。

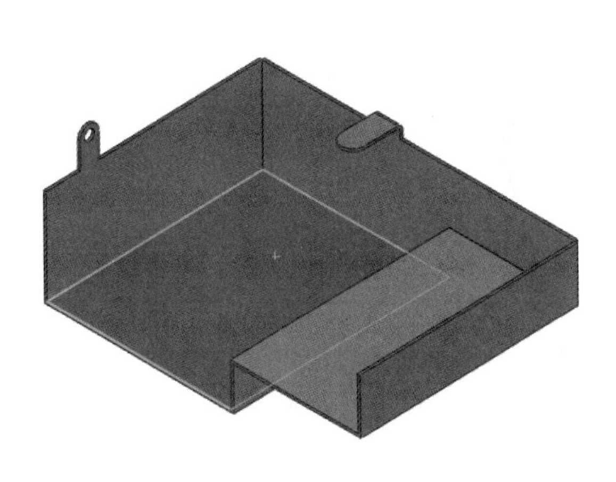

图 4-10　选择固定的面

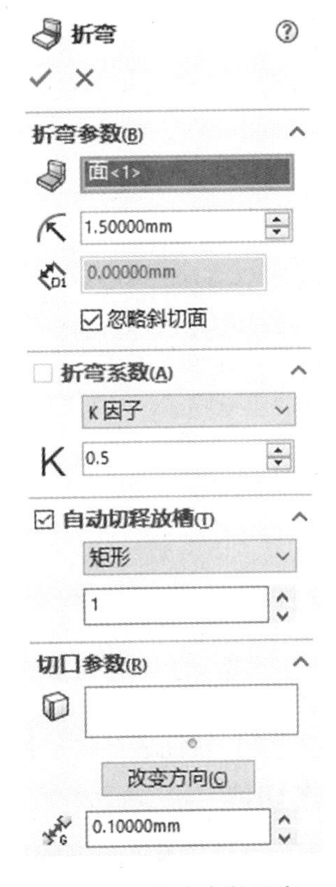

图 4-11　折弯参数设定

提示　【折弯】PropertyManager 包含切口参数部分，这可以取代【切口】命令。

步骤 9　切释放槽　出现提示信息：“为一个或多个折弯自动切释放槽。”为了能够展开零件，系统会在创建切口的边角根据需要自动添加释放槽。单击【确定】。

步骤 10　查看结果　零件添加了四个特征：“钣金”“展平-折弯 1”“加工-折弯 1”和“平板型式”。在后面的章节中将会详细讲解这四个特征，如图 4-12 所示。

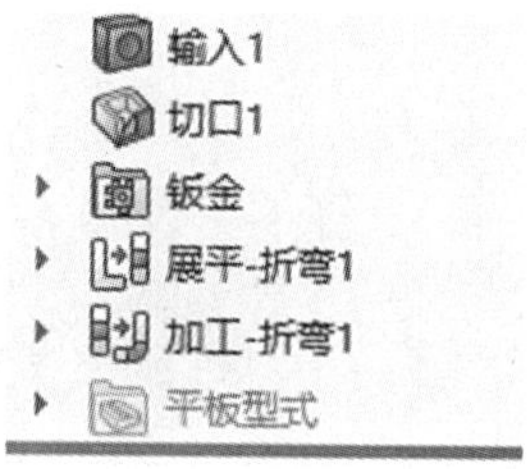

输入1
切口1
钣金
展平-折弯1
加工-折弯1
平板型式

图 4-12　查看结果

4.5.2　新特征

执行【插入折弯】操作以后，在 FeatureManager 设计树中会添加一些新的特征。这些特征代表了可以被认为是钣金零件的工艺步骤。系统对钣金零件执行了两个完全不同的操作。首先，计算折弯并创建展平状态；然后，重新折叠起来形成最终产品的形状，如图 4-13 所示。

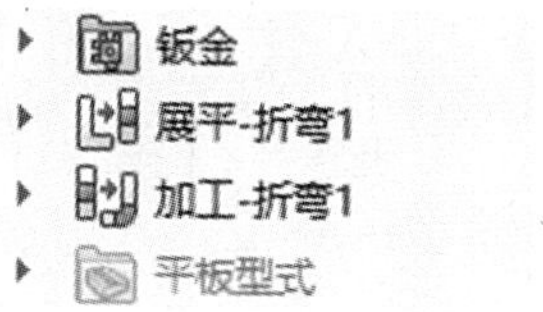

钣金
展平-折弯1
加工-折弯1
平板型式

图 4-13　特征树

【展平-折弯 1】特征表示展平的零件，其中保存了尖角和圆角转换而成的折弯的信息。展开该特征的列表，如图 4-14 所示，可以看到替代每个尖角和圆角的折弯。

零件中的尖角被转换成了【尖角折弯】子特征，使用默认的折弯半径。而现有的折弯被转换成了【圆角折弯】子特征，使用它们原来的半径值，如图 4-15 所示。

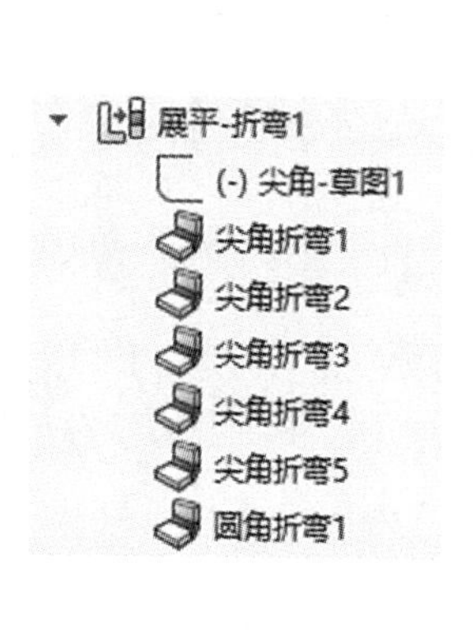

图 4-14　折弯信息

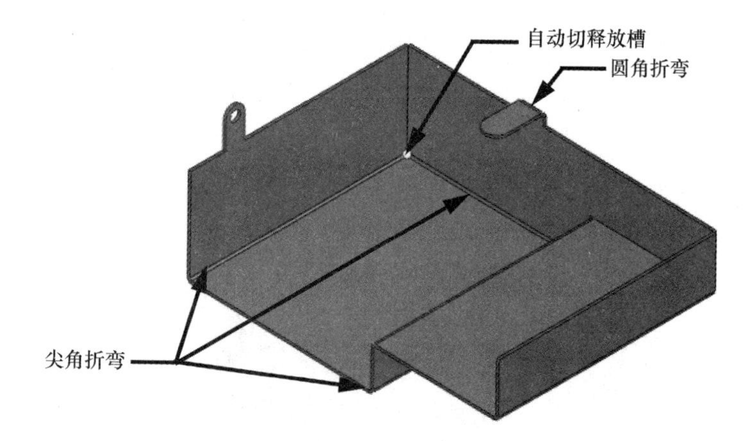

图 4-15　尖角及圆角折弯

技巧　当编辑单个折弯特征时，可以修改默认的钣金参数。

【加工-折弯 1】特征表示将平板型式转换为成品成形零件。

4.5.3　状态切换

有两种方法可以在钣金零件的尖角、展平和完整状态之间进行切换。

1. 使用退回　拖动退回控制棒到【展平-折弯 1】特征之前，表示零件在尖角状态。退回到【加工-折弯 1】特征之前表示零件的展平状态。

2. 使用钣金工具　【不折弯】工具把零件退回到尖角状态。【展平】工具 把零件退回到展平状态。使用这些按钮的好处是利用它们可以进行切换：单击一次，零件退回状态；再单击一次，则又重新回到退回之前的状态。

4.6 修改零件

一般而言，输入的或之前版本的钣金零件需要在导入SOLIDWORKS软件后进行一定的修改。在本例中，最好在过程早期将零件转换为钣金零件，以充分利用钣金特征的功能。

现在输出的模型是一个钣金零件，用户可以使用如【边线法兰】和【绘制的折弯】等钣金特征修改它，也可以添加【焊接的边角】特征到零件，来代表在边角处的焊缝，如图4-16所示。

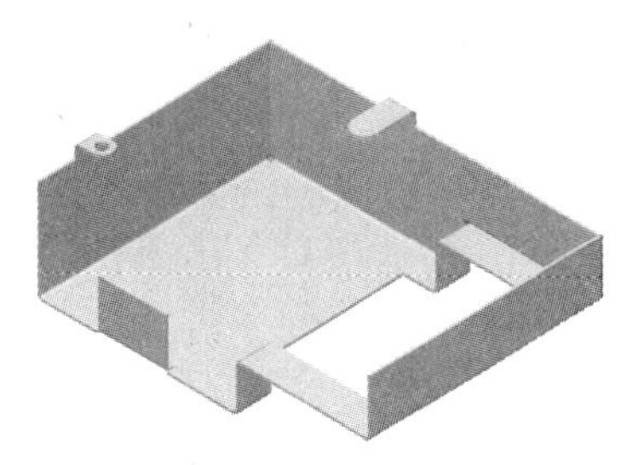

图4-16　修改零件

步骤11　插入边线法兰　插入【边线法兰】。

单击【编辑法兰轮廓】并通过拖放几何体和添加尺寸来编辑草图，如图4-17所示。单击【上一步】返回属性对话框。设置参数如下：

- 【角度】为90度。
- 【法兰位置】为【材料在内】。

单击【确定】✔。

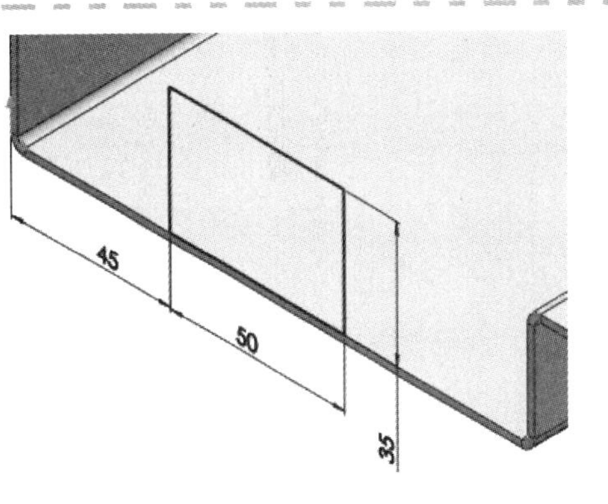

图4-17　插入边线法兰

步骤12　创建切除特征　在较高的"台阶"面上创建草图，并绘制矩形，尺寸如图4-18所示。使用【完全贯穿】的终止条件创建一个切除。

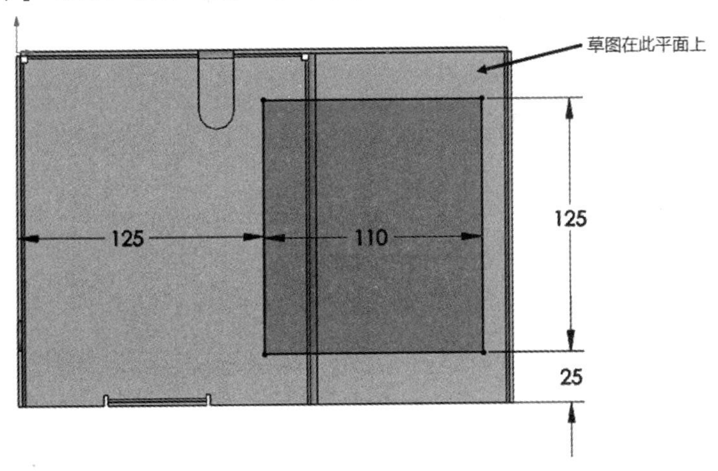

图4-18　创建切除特征

步骤13　切换平坦显示　右键单击一个面并从弹出的快捷菜单中选择【切换平坦显示】，查看该零件及其平板型式，如图4-19所示。

步骤14　测量尺寸　放大弯曲挡片的位置，测量它与零件上边线的距离，垂直距离为10mm，如图4-20所示。

在使用【绘制的折弯】时，此信息将用于形成折弯。

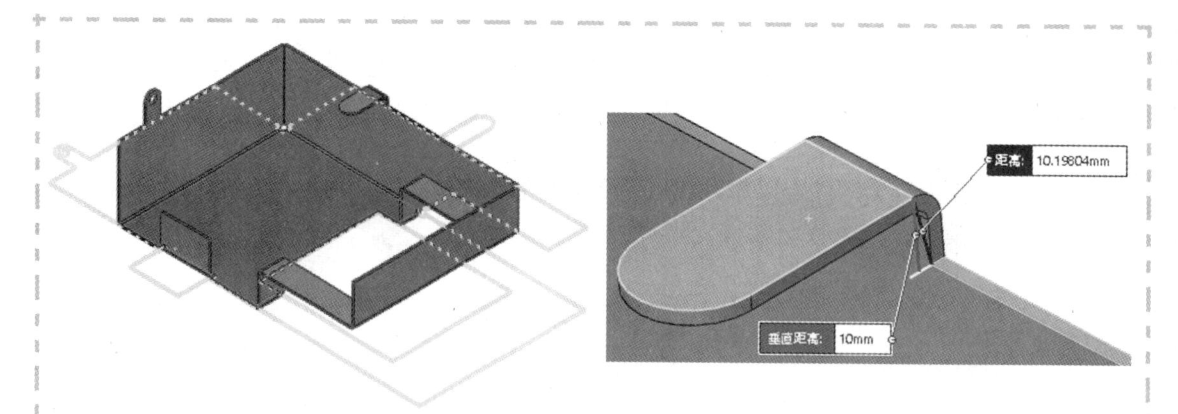

图 4-19　切换平坦显示

图 4-20　测量尺寸

步骤 15　绘制折弯线　放大另一个挡片的位置，该挡片含有一个孔。在零件的内表面创建草图，并绘制一条直线作为折弯线，如图 4-21 所示。不要关闭草图。

步骤 16　定义绘制的折弯　单击【绘制的折弯】，使用默认的半径，选择零件的内表面作为固定面，如图 4-22 所示。【折弯位置】选择【材料在内】，如图 4-23 所示。

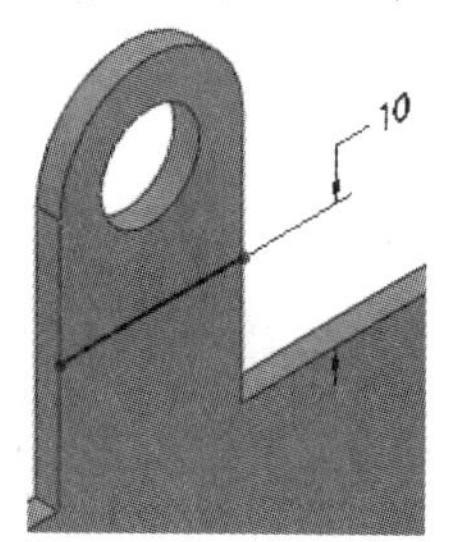

图 4-21　绘制折弯线

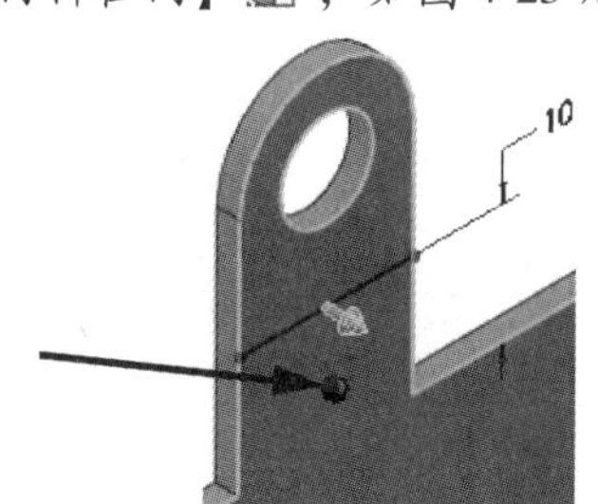

图 4-22　选择内表面

步骤 17　查看结果　使用【测量】检查创建的挡片，如图 4-24 所示，与零件上边线的距离也是 10mm。

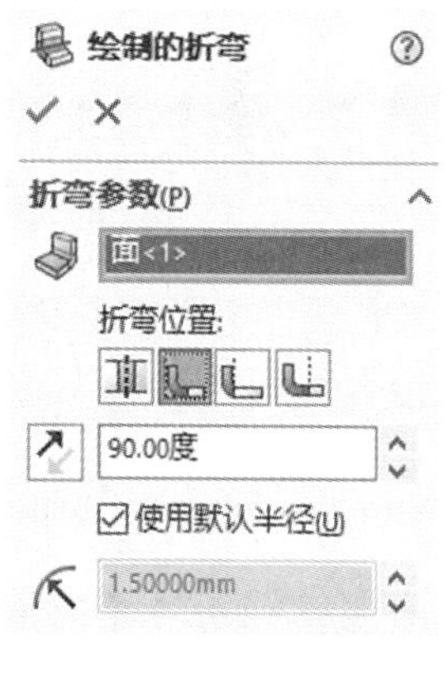

图 4-23　绘制的折弯

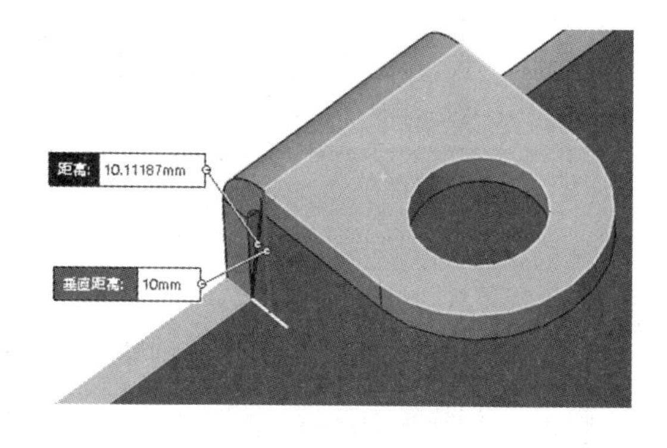

图 4-24　查看结果

4.7　焊接的边角

【焊接的边角】命令用于焊接折叠状态下钣金零件的切口和边角。当钣金零件展开时，焊缝会被压缩。

用于表示焊缝的其他选项也可用于钣金设计中，如【焊缝】和【圆角焊缝】。

知识卡片	焊接的边角	• CommandManager：【钣金】/【边角】/【焊接的边角】。 • 菜单：【插入】/【钣金】/【焊接的边角】。

步骤18　面选择　单击【焊接的边角】，设置选项并选择切口缝隙面，如图4-25和图4-26所示。单击【确定】✓。

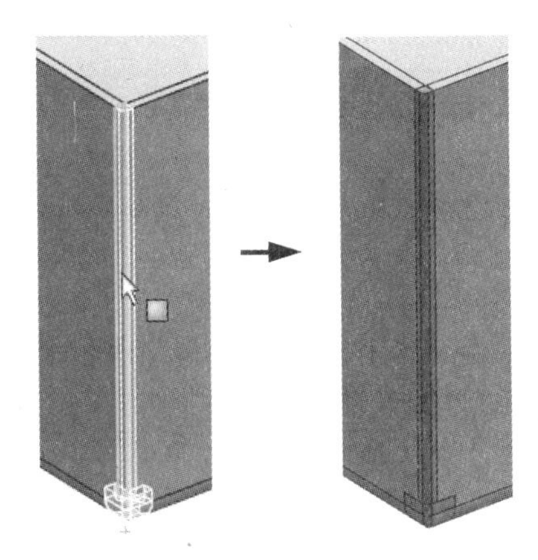

图4-25　选择面

图4-26　参数设定

提示　用户可以将【焊接的边角】PropertyManager钉住，以便添加更多的焊缝。

步骤19　添加第二个焊缝　使用相同的设置，对剩余的切口边线重复此操作，如图4-27所示。

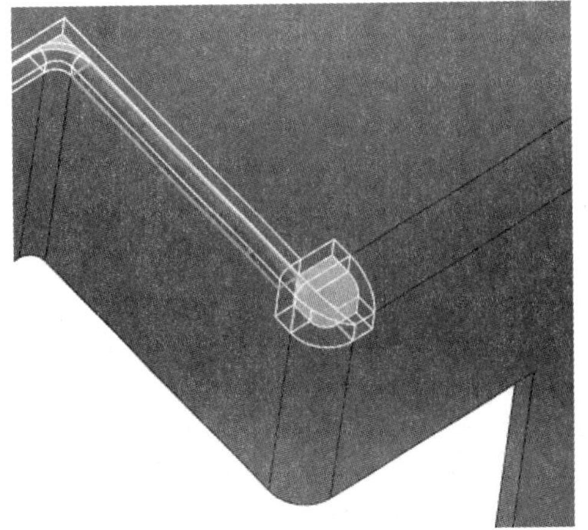

图4-27　添加第二个焊缝

步骤20　设置停止点　单击停止点的区域，按图4-28所示选择顶点。单击【确定】✓，然后单击【取消】✕，关闭【焊接的边角】PropertyManager，如图4-29所示。

步骤21　展开零件　当激活平展型式状态的，【焊接的边角】特征将自动被压缩。

步骤22　保存并关闭此零件

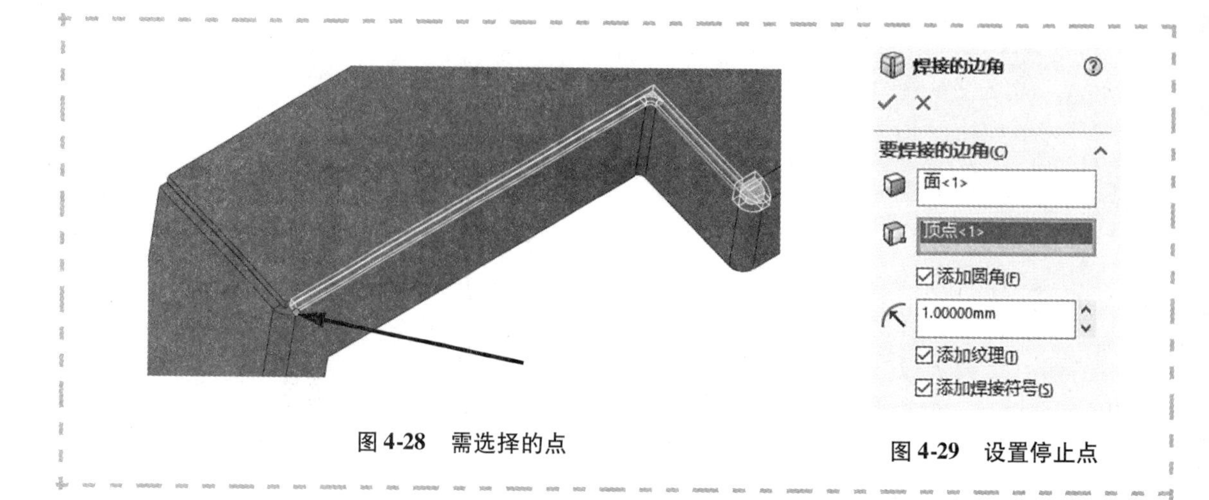

图 4-28　需选择的点

图 4-29　设置停止点

4.8　转换圆锥和圆柱

扫码看视频

【插入折弯】命令可以用于创建钣金圆锥和圆柱。使用法兰特征也可以创建圆锥和圆柱，但转换这些形状有时可以更加简单，并且也会生成轻松用于“展平”零件以在平板状态下添加切口的特征。

圆锥和圆柱没有平面用于固定面，但可以使用一个线性的边线。

操作步骤

步骤 1　打开 ConeUnroll 零件　从 Lesson04\Case Study 文件夹打开 ConeUnroll 零件。此零件是通过带有拔模的凸台特征创建的圆锥体。【抽壳】和【切除】命令产生了用于钣金零件的薄壁和缝隙特征。

步骤 2　插入折弯　单击【插入折弯】命令，选择图 4-30 所示的边作为固定的面或边线。【折弯半径】和【自动切释放槽】选项对本例没有影响。单击【确定】✔。

步骤 3　展平零件　展平模型，查看平板型式，如图 4-31 所示。选择的边线在零件“展平”时保持静止。

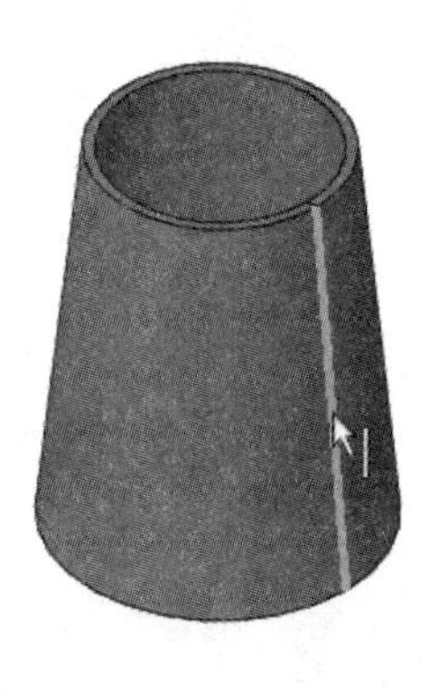

图 4-30　插入折弯

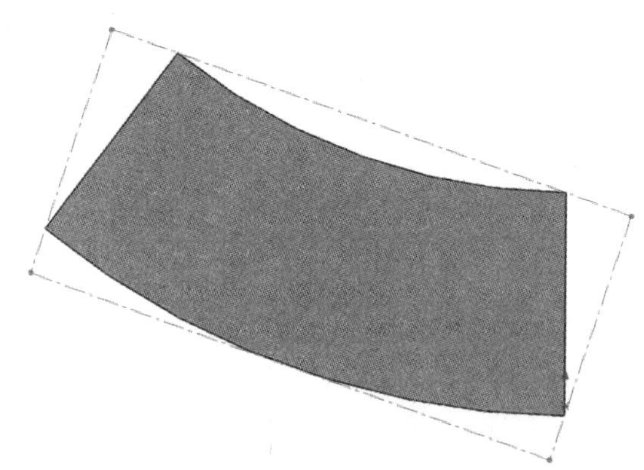

图 4-31　展开零件

步骤 4　退出平展

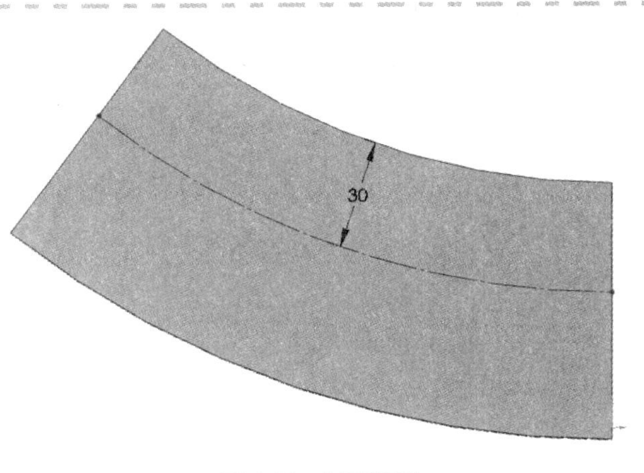

图 4-32　创建草图

步骤5　退回　【展平-折弯1】和【加工-折弯1】特征的功能很像【折叠】和【展开】特征。这些特征为在展平中切除提供了简单的选项。退回到【展开-折弯1】和【加工-折弯1】特征之间。

步骤6　创建草图　创建草图，如图 4-32 所示。退出草图。

步骤7　创建草图和切除　创建新草图，在创建的等距几何体上添加圆。使用此圆创建一个与厚度相等的拉伸切除，如图 4-33 所示。

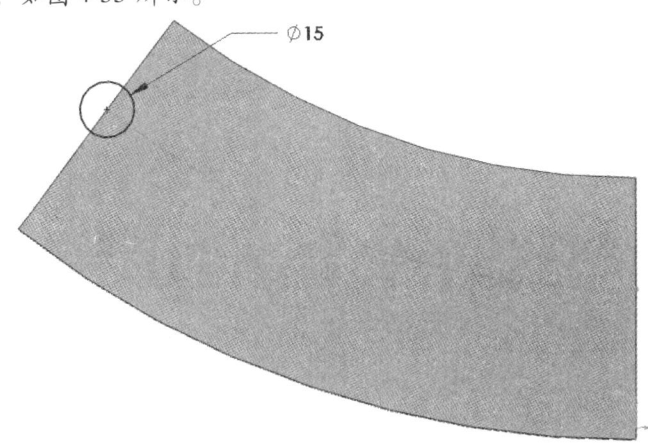

图 4-33　创建拉伸切除

步骤8　阵列　使用拉伸切除沿着圆弧创建一个曲线驱动的阵列，设置 8 个实例，等间距放置，如图 4-34 所示。

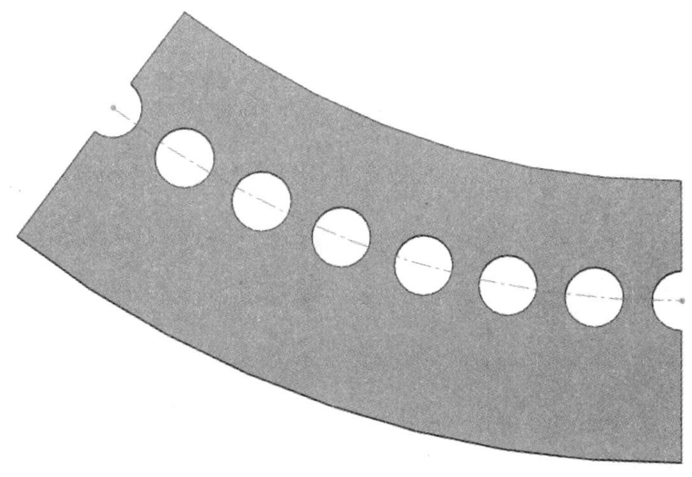

图 4-34　阵列

步骤 9　退回到尾　退回以查看完成的零件。单击【隐藏】，隐藏用于阵列的草图。

步骤 10　查看平板型式　单击【展平】查看平板型式。

模型产生错误，这是由于平板型式的固定边线被切除特征修改了，该边线不再被平板型式特征识别。

步骤 11　编辑平板型式特征　展开【平板型式】文件夹，选择平板型式特征并选择【编辑特征】，如图 4-35 所示。选择一个新的固定边线，单击【确定】。

步骤 12　退出平展　结果如图 4-36 所示。

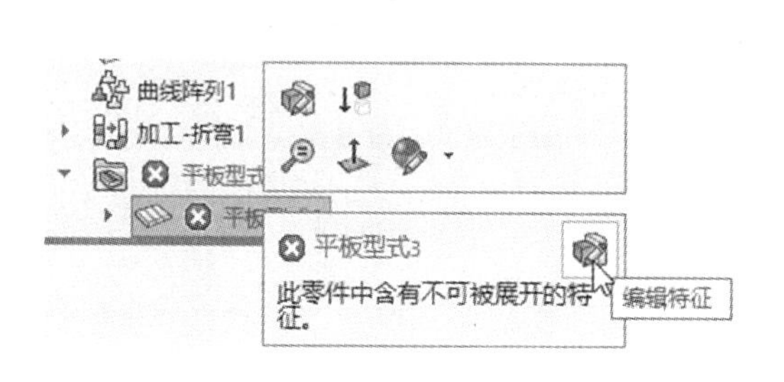

图 4-35　编辑平板型式特征

图 4-36　完成的零件

步骤 13　保存并关闭所有零件

4.9　转换到钣金方法

【转换到钣金】命令是使用从实体上选择的线和面作为折弯边线和面来生成钣金模型。这些选择的线和面也包含在钣金模型中。这一技术可以简化钣金的设计，通过使用标准实体创建的整体形状来生成包含复杂的折弯角度和几何体的钣金件。

表 4-1 列出了部分实体转换的例子。

表 4-1　实体转换实例

转换前	转换后	

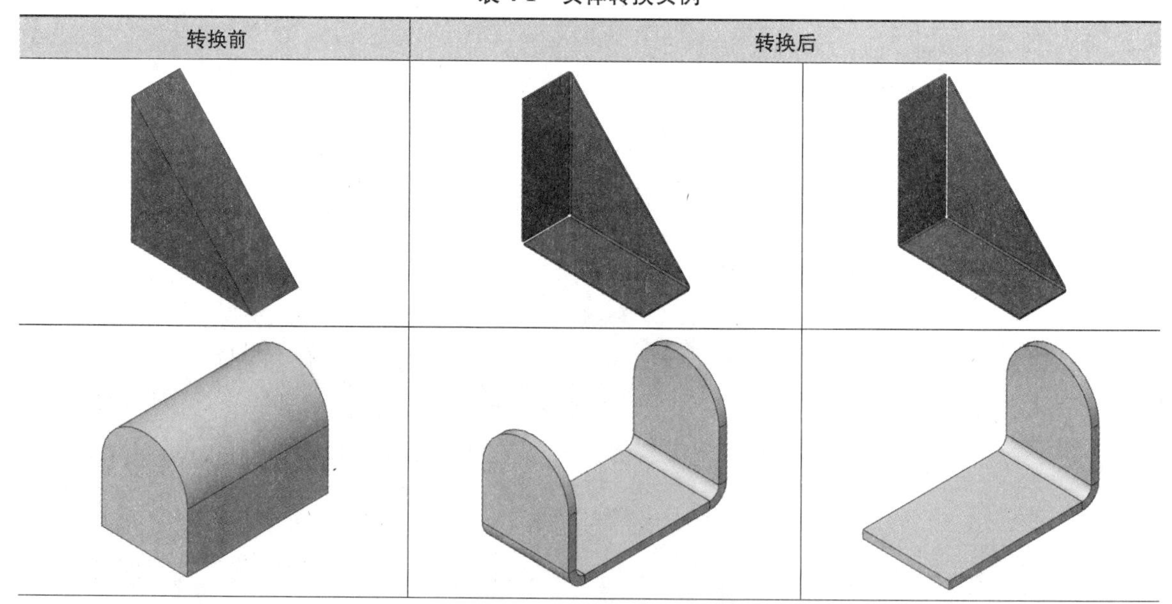

（续）

转换前	转换后	

提示　【转换到钣金】组合了几个独立的操作，包括【抽壳】、【切口】和【插入折弯】。若【转换到钣金】不能提供足够灵活的选项，则可使用这些单独的命令进行替代。

知识卡片	转换到钣金	• CommandManager：【钣金】/【转换到钣金】。 • 菜单：【插入】/【钣金】/【转换到钣金】。

扫码看视频

操作步骤

步骤1　打开Convert零件　从Lesson04\Case Study文件夹打开Convert零件，如图4-37所示，此零件包含一个放样特征。零件的面之间存在复杂的角度，使用法兰特征会比较困难。前视基准面上的草图将用于定位切口位置。

步骤2　转换到钣金　单击【转换到钣金】，在【钣金规格】中勾选【使用规格表】复选框，并选择“SAMPLE TABLE-STEEL-ENGLISH UNITS”。选择14 Gauge，指定【折弯半径】为2.54mm，如图4-38所示。

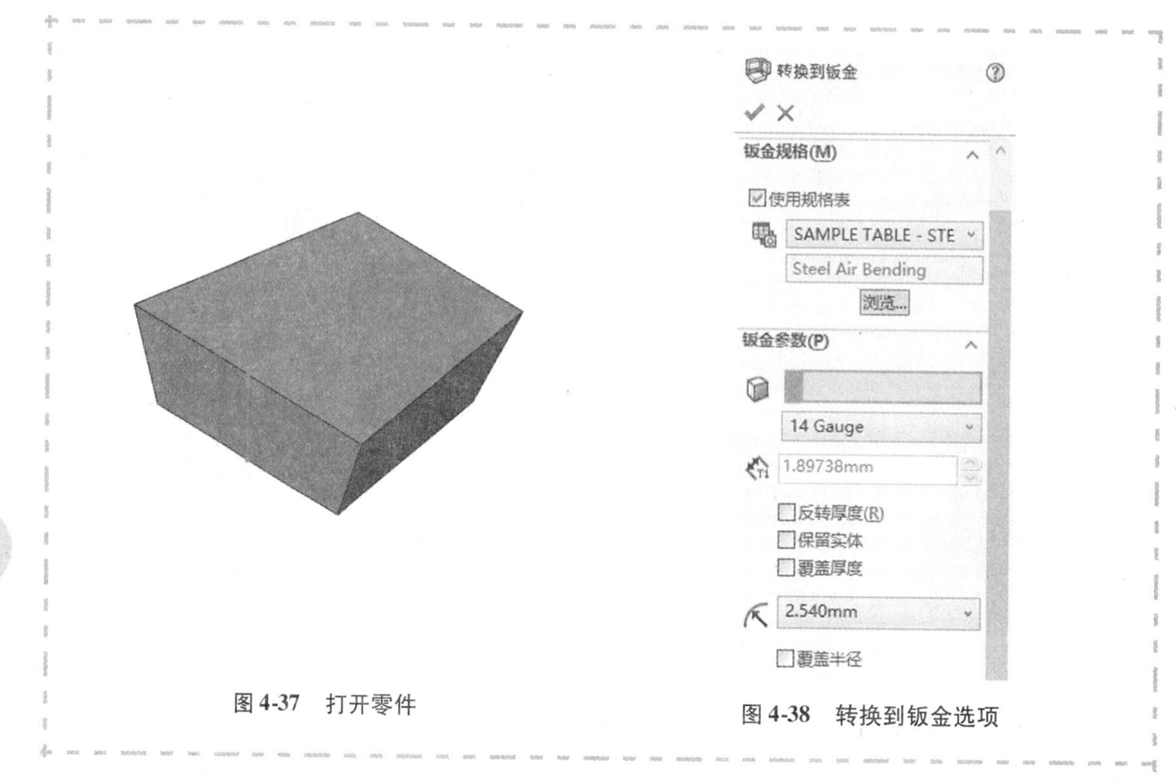

图 4-37　打开零件

图 4-38　转换到钣金选项

4.9.1　转换到钣金设置

使用【转换到钣金】特征，需要选定一些面和边线作为钣金参数的设定。一些关键的选择如图 4-39 所示。

1. 钣金规格　【钣金规格】部分包含和前面章节中类似的选项。

2. 钣金参数　关键的选择是【固定实体】，零件展开到平板型式时将保持不动的面。

它的重要性还在于面的选取将决定切口边线并限定折弯边线的选择，如图 4-40 所示。

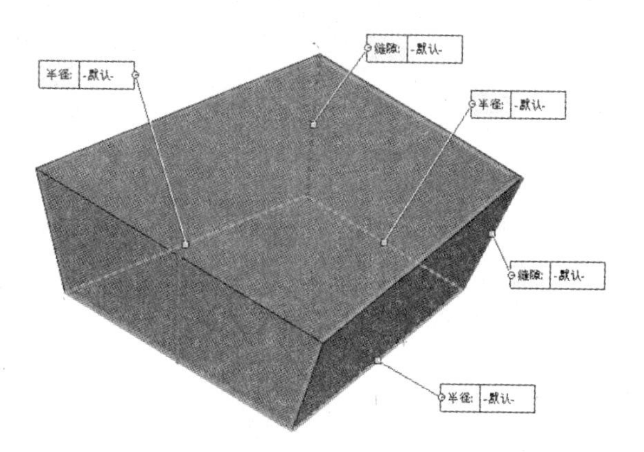

图 4-39　选择面和边线

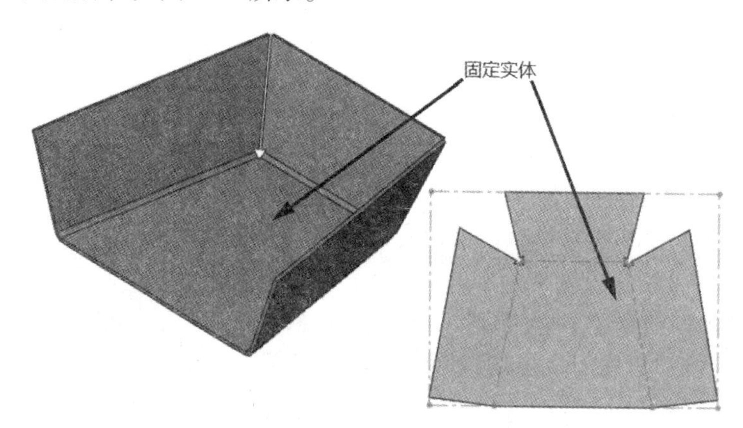

图 4-40　固定实体

固定实体和折弯边线的组合可以生成多个结果，如图 4-41 所示。

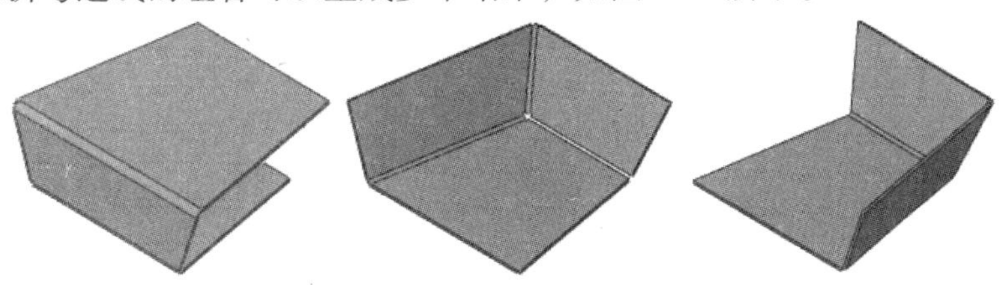

图 4-41　多种折弯效果

【反转厚度】选项将确定将厚度放置在原始面的哪一侧，如图 4-42 所示。

该厚度应用后，具有材料厚度的面是正常的边线面（见图 4-43 左图）。这和采用【抽壳】特征得到的结果有所不同（见图 4-43 右图）。

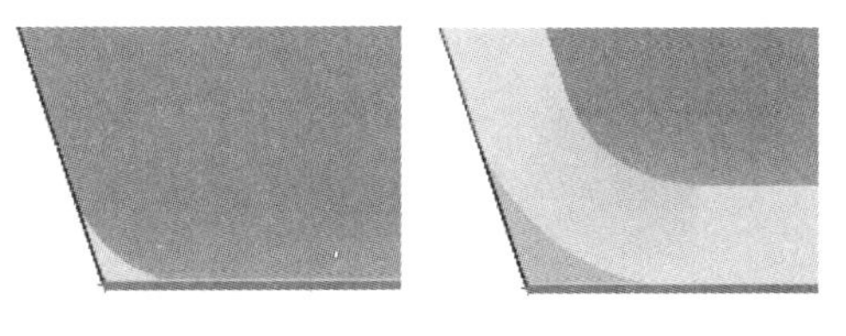

图 4-42　反转厚度选项效果图

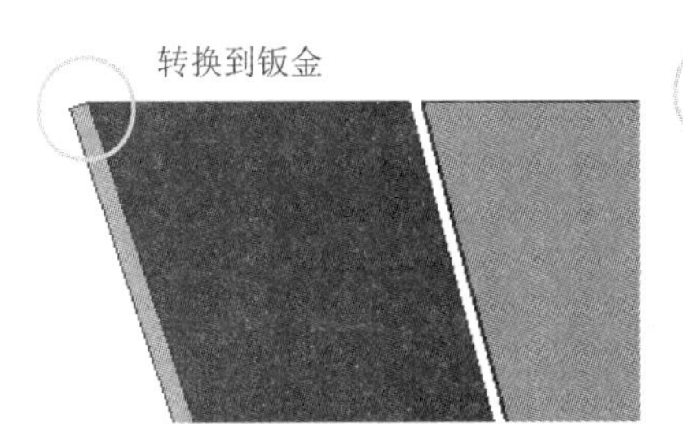

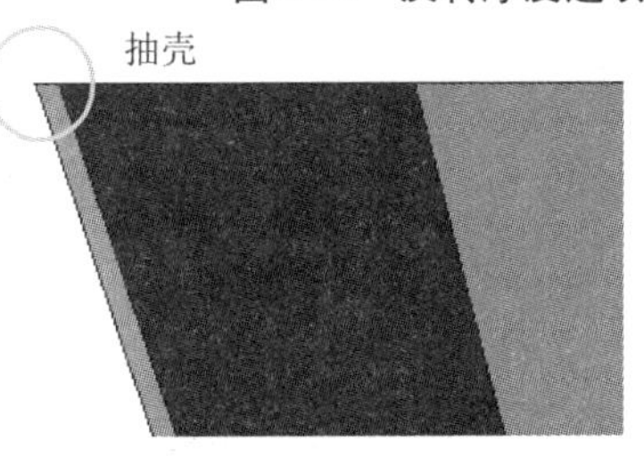

图 4-43　与【抽壳】特征对比

3. 折弯边线　【折弯边线】通过选取模型的边或面来定义钣金零件中的折弯。在本例中，固定实体表面的两条边线被选择构成折弯。这些选取将依次决定哪些面将用于构成几何体，如图 4-44 所示。

4. 切口边线　切口用于在钣金零件中生成切除。【切口边线】将会自动生成以满足展开条件，如图 4-45 所示。对于自定义切口，用户可以使用草绘的几何体作为切口草图。

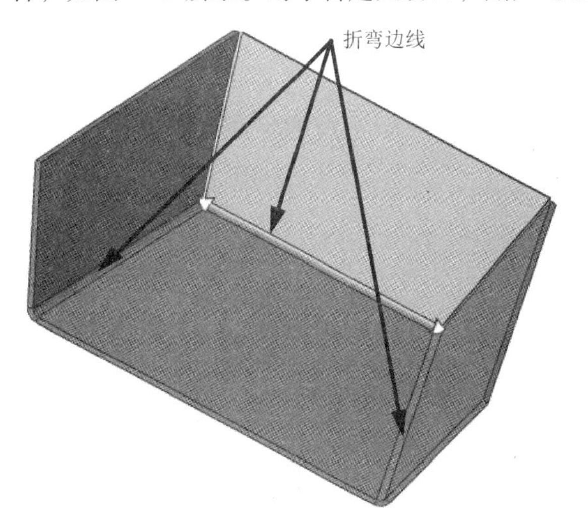

图 4-44　折弯边线的选取

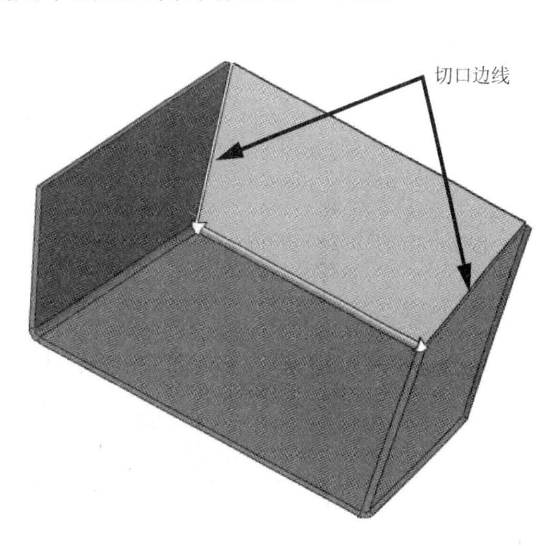

图 4-45　切口边线

由切口产生的缝隙和边角类型（【明对接】、【重叠】和【欠重叠】）可以对所有边角或个别边角进行设置，如图 4-46 所示。

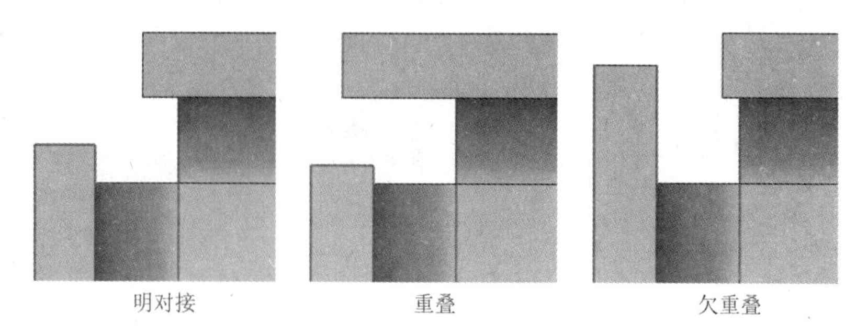

图 4-46 边角类型

【重叠比率】可以定义法兰之间重叠的百分比，范围为 0（0%）~1（100%），如图 4-47 所示。

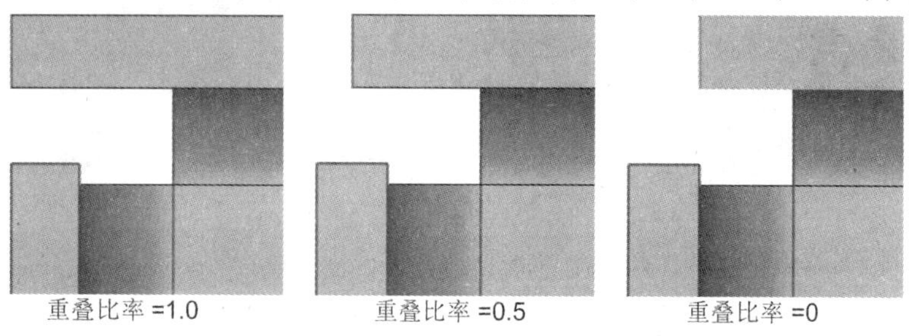

图 4-47 重叠比率

步骤 3 固定实体和折弯边线 选择底面作为固定实体。选择图 4-48 所示的三条显示“半径”标注的边线作为折弯边线。这些选择的边线还需要满足实体能够被切开以便于可以正确地展平。【找到切口边线（只读）】会由系统自动选取（图 4-48 中显示的标注为“缝隙”），并在列表中以“智能选择 <1>”和“智能选择 <2>”显示，如图 4-49 所示。

> **技巧** 在视图区域的标注可以用于修改折弯半径和缝隙大小的相关选项。用户可以通过取消勾选 PropertyManager 中的【显示标注】复选框来隐藏标注。

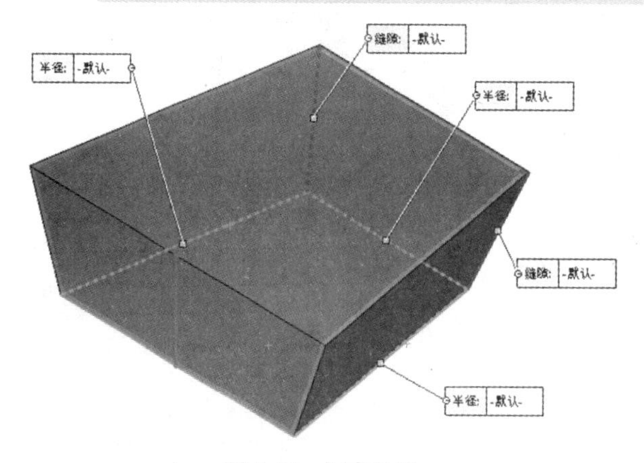

图 4-48 折弯边线

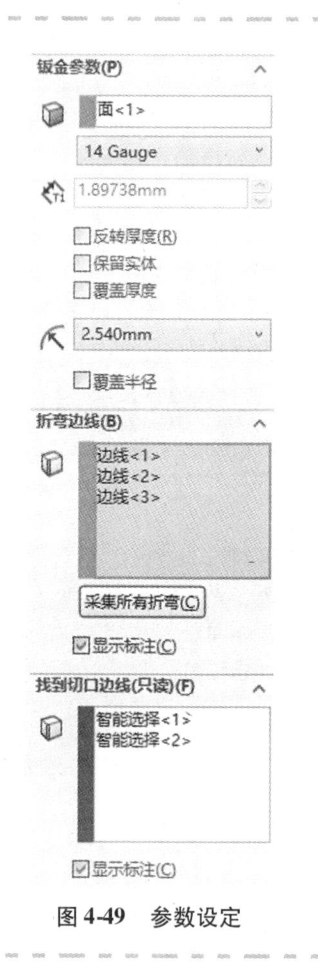

图 4-49 参数设定

步骤 4　设置边角默认值　在【边角默认值】下，选择类型为【明对接】，设置默认缝隙为 1mm，如图 4-50 所示。

单击【确定】✔。

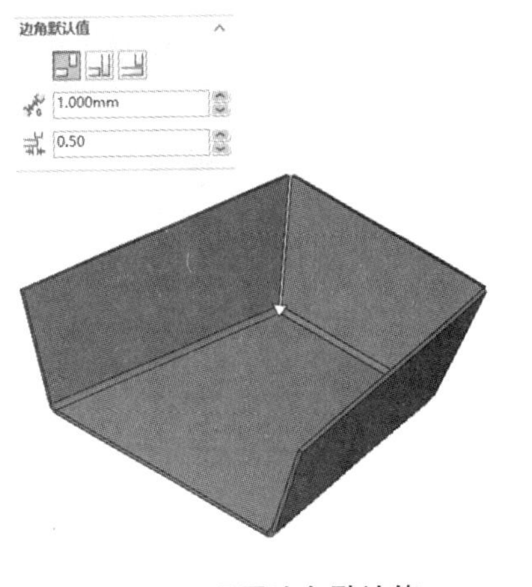

图 4-50　设置边角默认值

4.9.2　使用切口草图

【切口草图】可以基于草图的几何形状添加【切口】特征。用户可以使用多个或单一轮廓草图来创建多个切口，如图 4-51 所示。

> ⚠ 注意　当添加【切口】特征时，该草图必须只包含一个单一轮廓。如果需要多个轮廓来达到预期的几何体，则必须使用多个草图（每个草图内只包含一个单一轮廓），如图 4-52 所示。

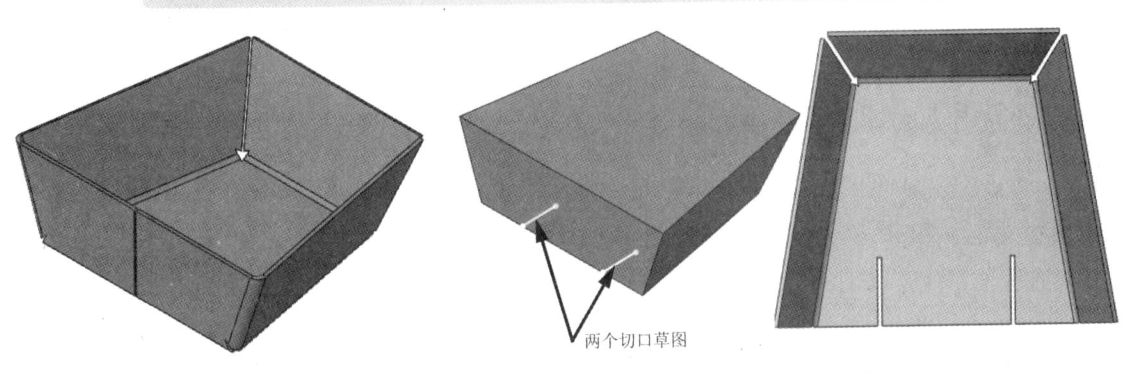

图 4-51　创建切口　　图 4-52　创建多个切口

步骤 5　编辑特征　编辑【转换实体】特征（见图 4-53）并单击切口草图部分。选择“Rip Sketch”草图。

步骤 6　选择折弯边线　激活【折弯边线】选择框，选择前面的两边边线，如图 4-54 所示。单击【确定】✔。

步骤 7　查看平板型式（见图 4-55）

步骤 8　保存并关闭此零件

图 4-53　编辑特征

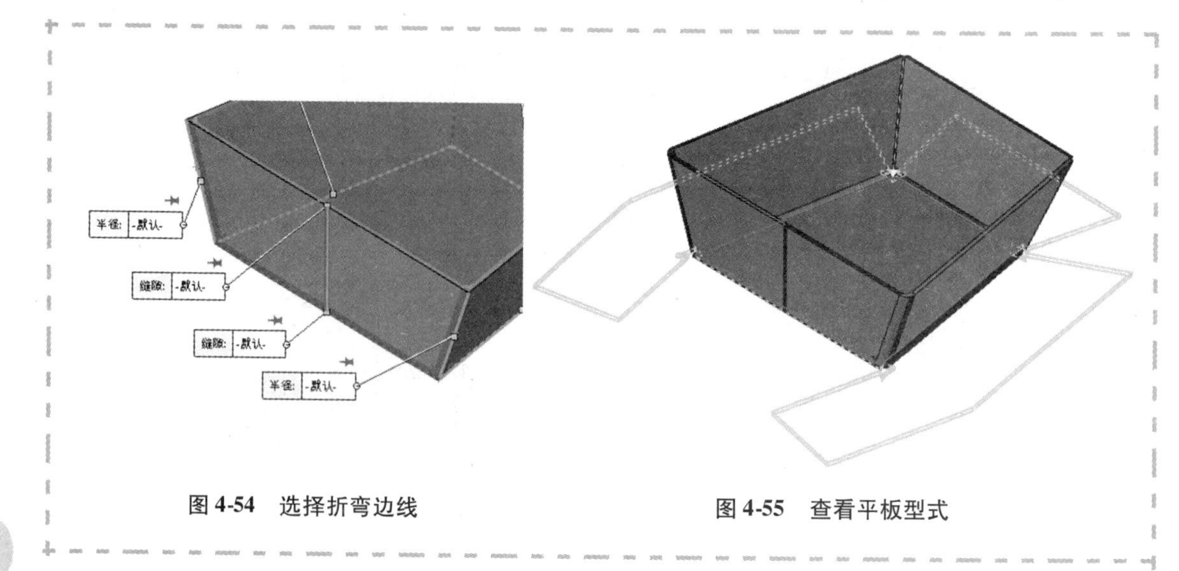

图 4-54　选择折弯边线

图 4-55　查看平板型式

练习 4-1　输入和转换

使用现有的 IGES 文件创建钣金零件，如图 4-56 所示。

本练习将应用以下技术：

- 输入几何体到钣金。
- 添加切口。
- 插入折弯。

扫码看视频

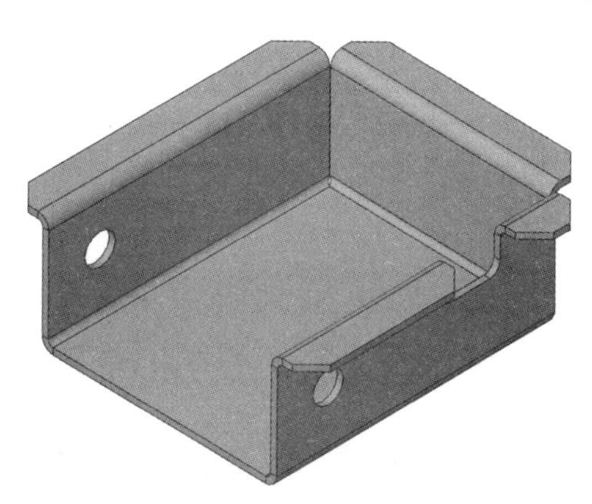

图 4-56　钣金零件

操作步骤

步骤 1　打开 IGES 文件　在 Lesson04\Exercises 文件夹中找到名为“Importing and Converting”的 IGES 类型文件并打开，如图 4-57 所示。使用默认的输入设置，如有必要可修复零件。系统创建了一个薄壁零件。

步骤 2　设置单位　设置模型的单位系统为 MMGS。

步骤 3　创建切口　在实体后部的两个边角插入【切口】，该切口应该切开两个法兰，设置【切口缝隙】为 0.1mm，如图 4-58 所示。

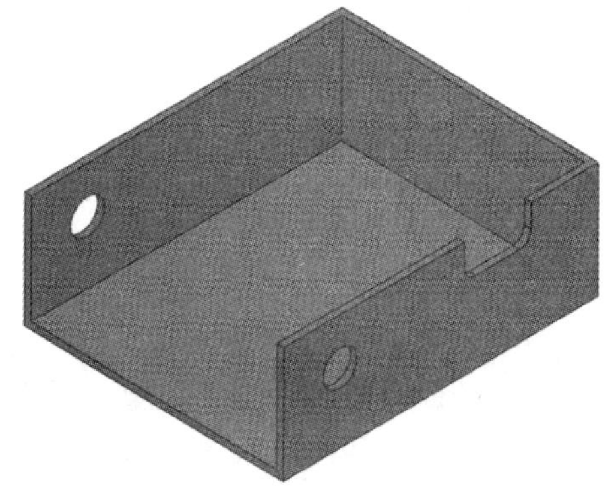

图 4-57　打开 IGES 文件

步骤 4　插入折弯　单击【插入折弯】，选择内部的底面作为【固定面】。设置【折弯半径】为 1.5mm，【自动切释放槽】为【撕裂形】，如图 4-59 所示。

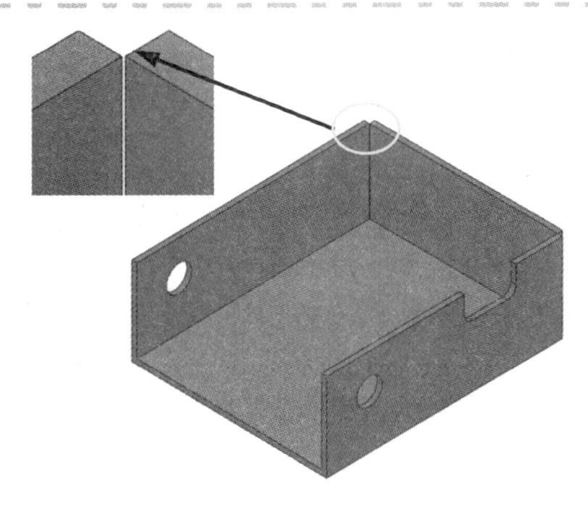

图 4-58　创建切口

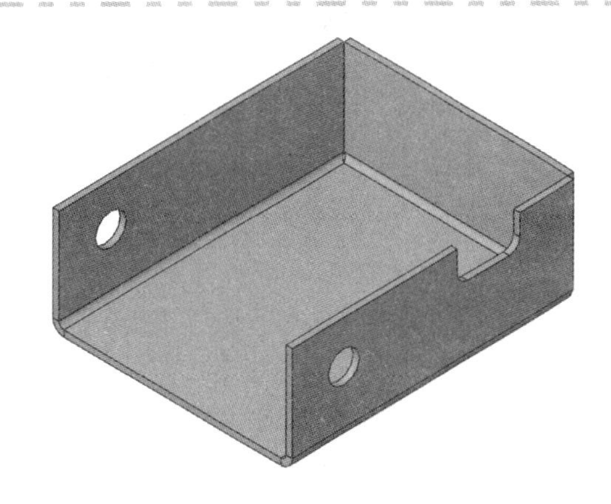

图 4-59　插入折弯

步骤 5　查看平板型式　单击【展平】，查看平板型式，如图 4-60 所示。编辑平板型式，去除【边角处理】。退出平展。

步骤 6　添加边线法兰　添加【边线法兰】，设置【法兰长度】为 12.5mm，【法兰位置】为【折弯在外】。

步骤 7　断开边角　使用 6mm 的倒角断开法兰面的边角，如图 4-61 所示。

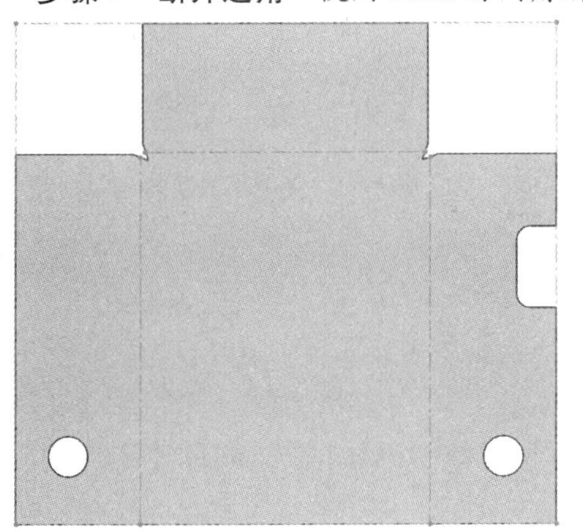

图 4-60　展平零件

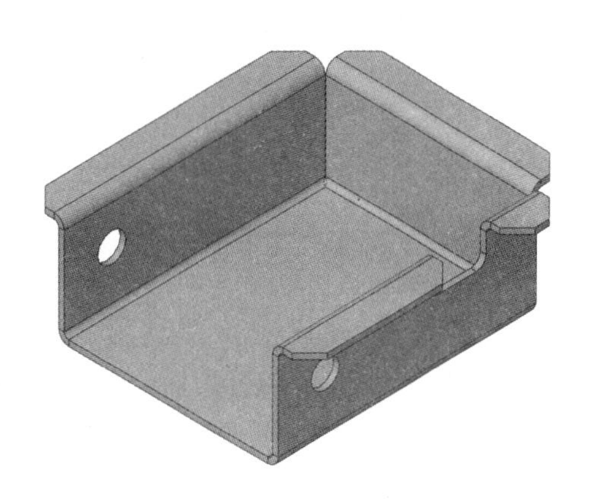

图 4-61　断开边角

步骤 8　保存并关闭文件

练习 4-2　展开圆柱

使用【插入折弯】命令将圆柱转换到钣金件。在展开的零件上，使用已生成的特征创建草图驱动的阵列，如图 4-62 所示。

本练习将应用以下技术：

- 插入折弯。
- 转换圆锥和圆柱。

图 4-62　成形零件

操作步骤

步骤 1　打开 Unroll 零件　在 Lesson04\Exercises 文件夹中找到 Unroll. sldprt 并打开，此零件包含一个使用圆弧拉伸出来的薄壁特征。圆弧上有 1°的缝隙，用于在圆柱壁上创建切口。

扫码看视频

步骤 2　插入折弯　单击【插入折弯】并选择如图 4-63 所示的模型边线。此线为【固定的面或边线】。【折弯半径】和【自动切释放槽】选项对本例没有影响。单击【确定】。

步骤 3　查看平板型式　单击【展平】显示此零件的展平状态，如图 4-64 所示。

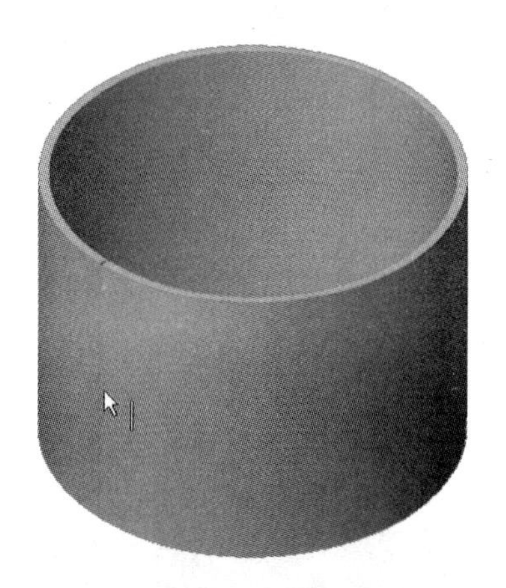

图 4-63　插入折弯

图 4-64　查看平板型式

退出平展，退回到零件的成形状态。

步骤 4　退回　拖动退回控制棒到“展平-折弯 1”和“加工-折弯 1”特征之间。

在此位置的特征树上添加孔阵列，以使其在成形和展平状态都可以呈现。

步骤 5　复制草图　打开“Pattern Sketch”零件，其中包含了将用于草图驱动阵列的草图，如图 4-65 所示。在 FeatureManager 设计树中选择“Sketch1”，使用【编辑】/【复制】或〈Ctrl + C〉，将其复制到剪切板上。

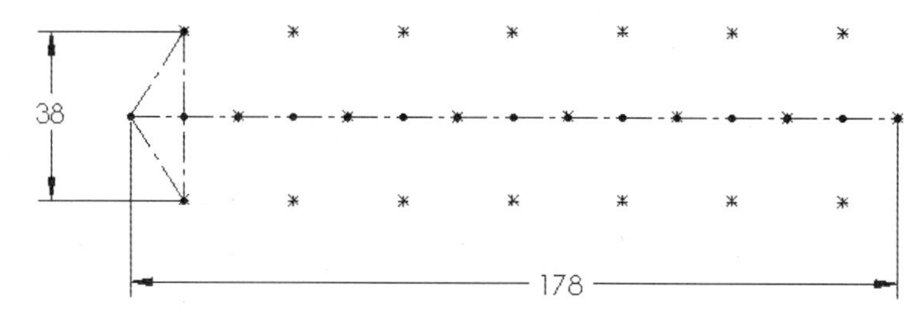

图 4-65　复制草图

步骤 6　粘贴草图　切换回“unrolled cylinder”零件窗口，转换到前视图，选择展平的表面，并粘贴草图（【编辑】/【粘贴】或〈Ctrl + V〉），如图 4-66 所示。

步骤 7　编辑草图　在零件最左边的竖直边和水平中心线的最左端点添加【中点】几何关系约束，如图 4-67 所示。

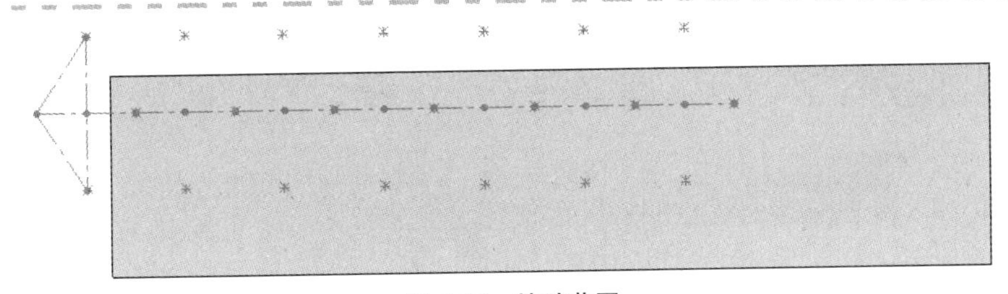

图 4-66　粘贴草图

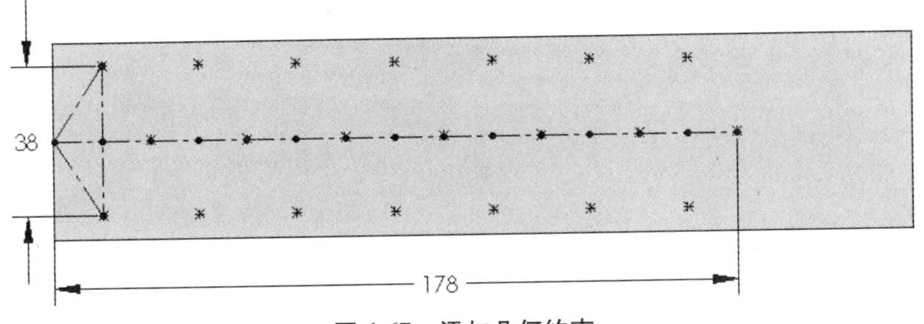

图 4-67　添加几何约束

步骤 8　删除尺寸　删除尺寸标注，拖动草图中的点，观察草图中的几何关系和草图如何变化，如图 4-68 所示。

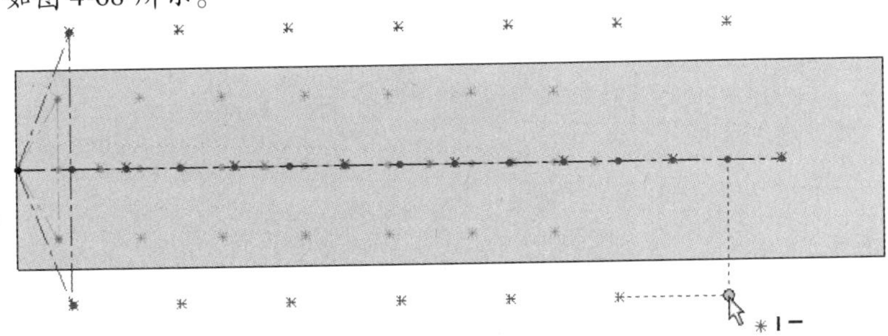

图 4-68　修改草图（删除尺寸）

步骤 9　添加尺寸和约束　在零件最右边的竖直边和水平中心线的最右端点添加【中点】几何关系约束，添加如图 4-69 所示的线性尺寸标注，草图变为完全定义。

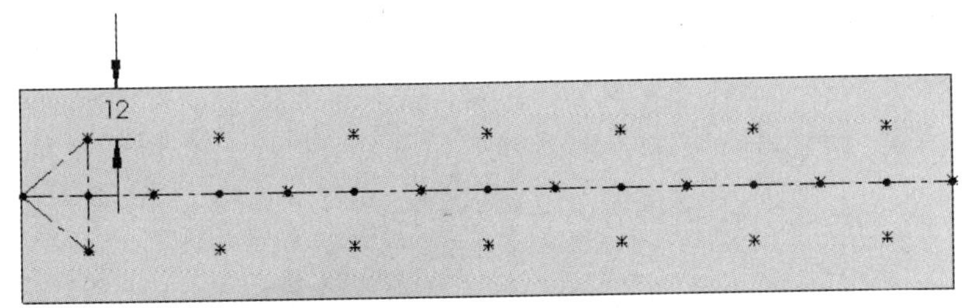

图 4-69　添加尺寸和约束

步骤 10　退出草图

步骤 11　创建新草图　在零件的展平面上添加新草图。绘制圆，并添加如图 4-70 所示的尺寸标注。

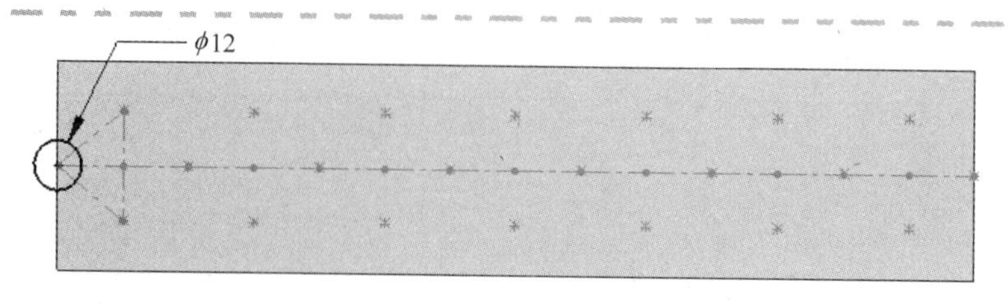

图 4-70 创建新草图

步骤 12 拉伸切除草图 拉伸切除圆，使用【与厚度相等】，如图 4-71 所示。

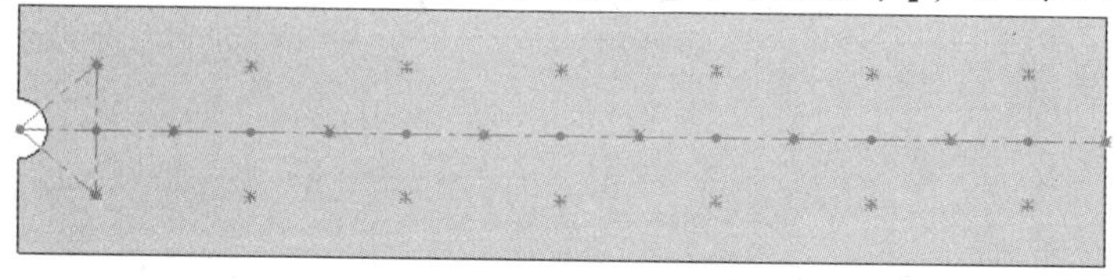

图 4-71 拉伸切除草图

步骤 13 阵列草图 单击【插入】/【阵列/镜像】/【草图驱动的阵列】，或者单击 CommandManager 中的【草图驱动的阵列】。在【要阵列的特征】中选择在前面步骤中创建的拉伸切除。在【选择】列表中选择阵列草图。单击【所选点】，选择如图 4-72 所示的点作为孔的中心点。

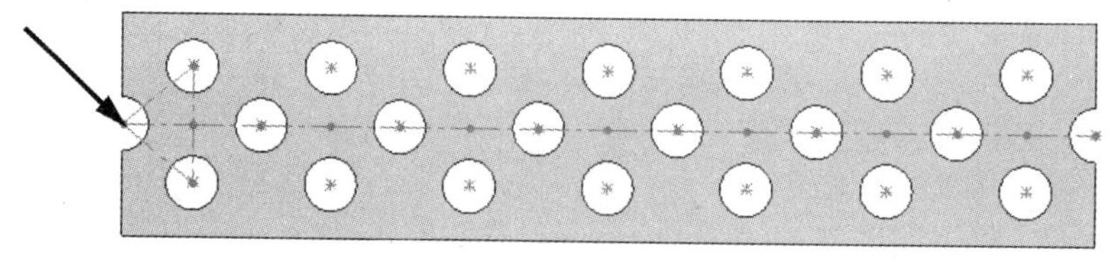

图 4-72 阵列草图

不勾选【几何体阵列】复选框，并单击【确定】。

步骤 14 查看结果 【隐藏】阵列草图，右键单击退回控制棒，选择【退回到尾】，如图 4-73 所示。

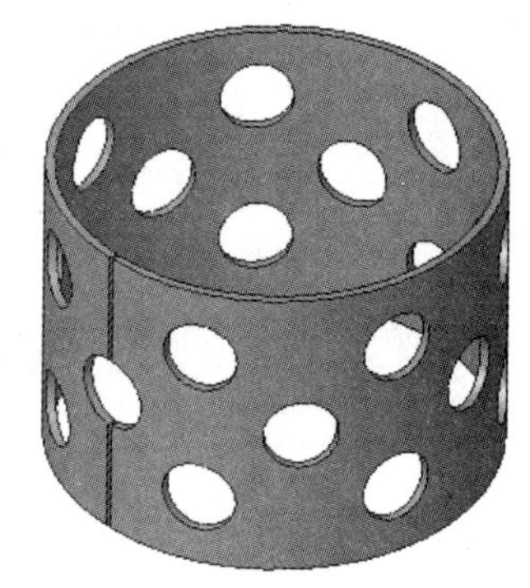

图 4-73 查看结果

步骤 15 展平 单击【展平】以查看平板型式。模型产生错误，这是由于平板型式的固定边线被【切除】特征修改了，该边线不再被平板型式特征识别。

步骤 16 编辑平板型式特征 展开【平板型式】文件夹，选择平板型式特征并选择【编辑特征】，选择一个新的固定边线，单击【确定】，如图 4-74 所示。

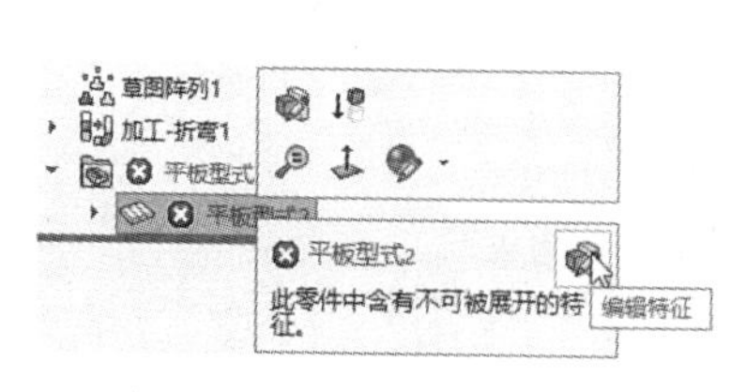

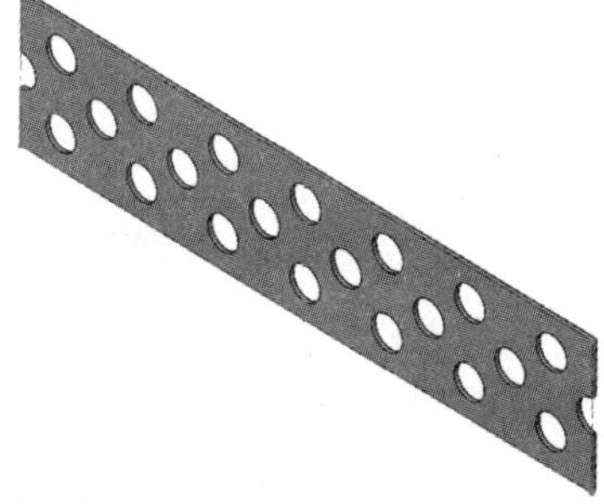

图 4-74 编辑平板型式特征

步骤 17　退出平展　退出平展，结果如图 4-75 所示。

步骤 18　保存并关闭文件

图 4-75　退出平展

练习 4-3　转换到钣金

使用提供的实体零件开始设计，创建钣金零件。选择合适的固定面，以符合表 4-2 中图片的平坦显示。

本练习将应用以下技术：

- 转换到钣金。
- 转换到钣金设置。

零件的设计意图如下：

1）已存在的实体零件使用 18 钢材料。

2）所有的折弯半径为 1.905mm。

3）所有的缝隙为 2.00mm。

在 Lesson04\Exercises 文件夹内打开相应的练习文件。

表 4-2　平坦显示

零件	折叠	切换到平坦显示
Convert _ EX _ 1	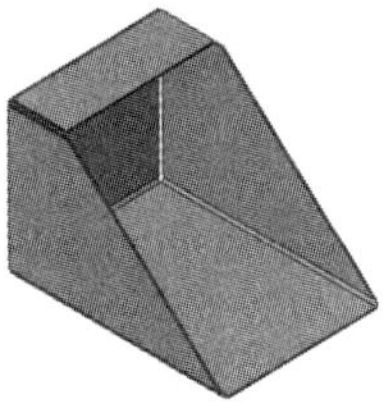	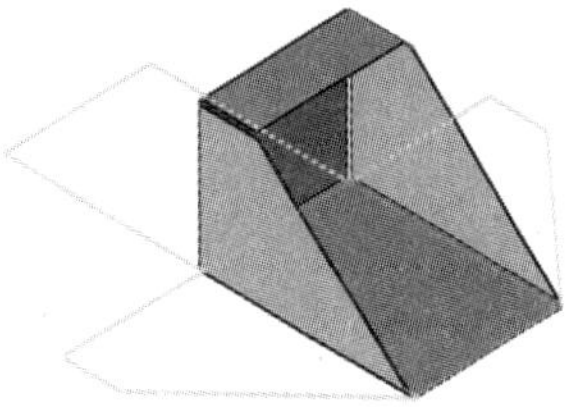
Convert _ EX _ 2	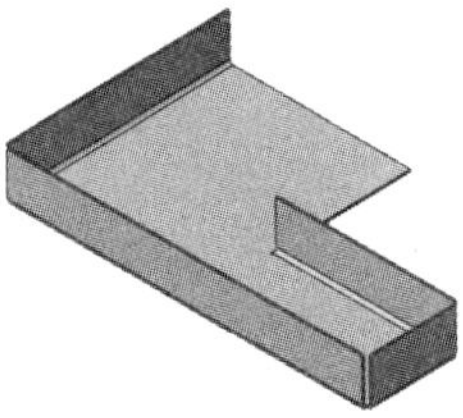	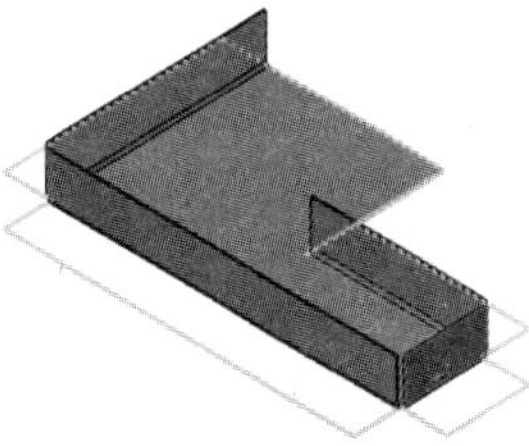
Convert _ EX _ 3	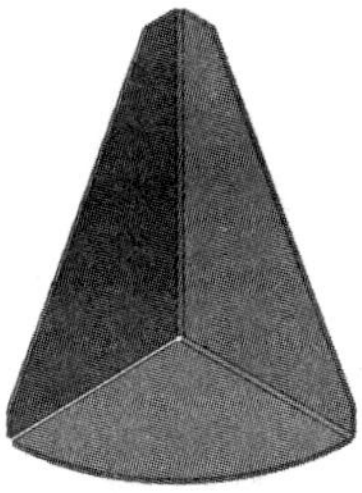	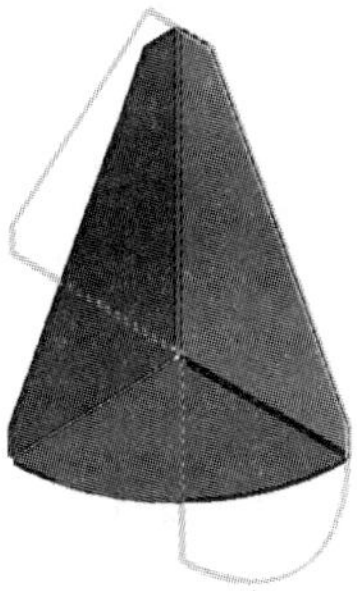

（续）

零件	折叠	切换到平坦显示
Convert _ EX _ 4		

练习4-4　带切口的转换

转换现有几何体到钣金几何体，如图4-76所示。

本练习将应用以下技术：

- 转换到钣金。
- 转换到钣金设置。
- 使用切口草图。

扫码看视频

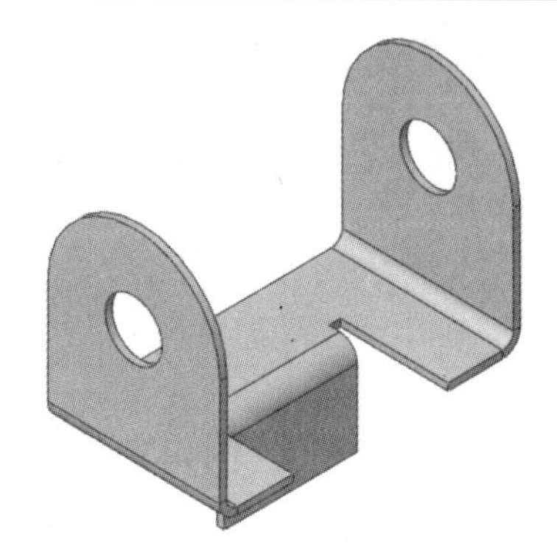

图4-76　成形的钣金零件

操作步骤

步骤1　打开Convert with Rips零件　在Lesson04\Exercises文件夹内找到Convert with Rips.sldprt零件并打开，如图4-77所示。

步骤2　转换　使用带有【切口草图】的【转换到钣金】创建如图4-78所示的钣金零件。应用材料到已有面的内部。在【钣金规格】中，勾选【使用规格表】复选框，选择“SAMPLE TABLE-STEEL”表中折弯半径为1.905mm的【18 Gauge】，设置【默认缝隙】为2mm。

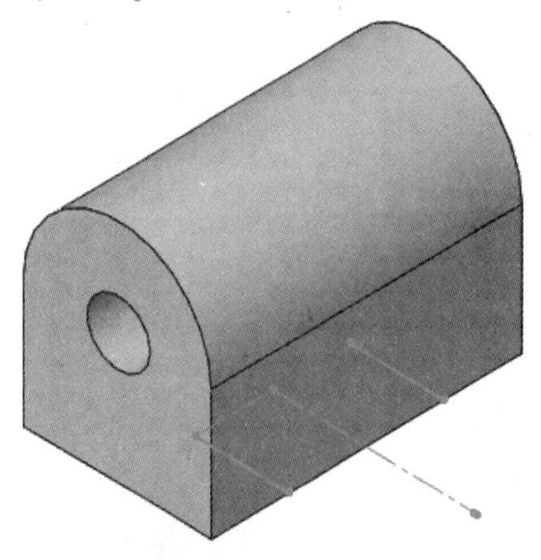

图4-77　打开零件

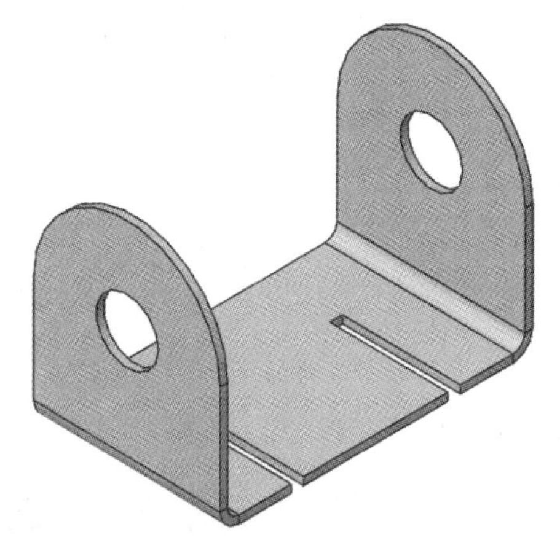

图4-78　转换到钣金

步骤3　绘制新草图　在如图4-79所示的面上创建新草图，绘制一条线段并标注尺寸。

步骤4　定义绘制的折弯　使用线段创建绘制的折弯特征。

步骤5 保存并关闭文件（见图4-80）

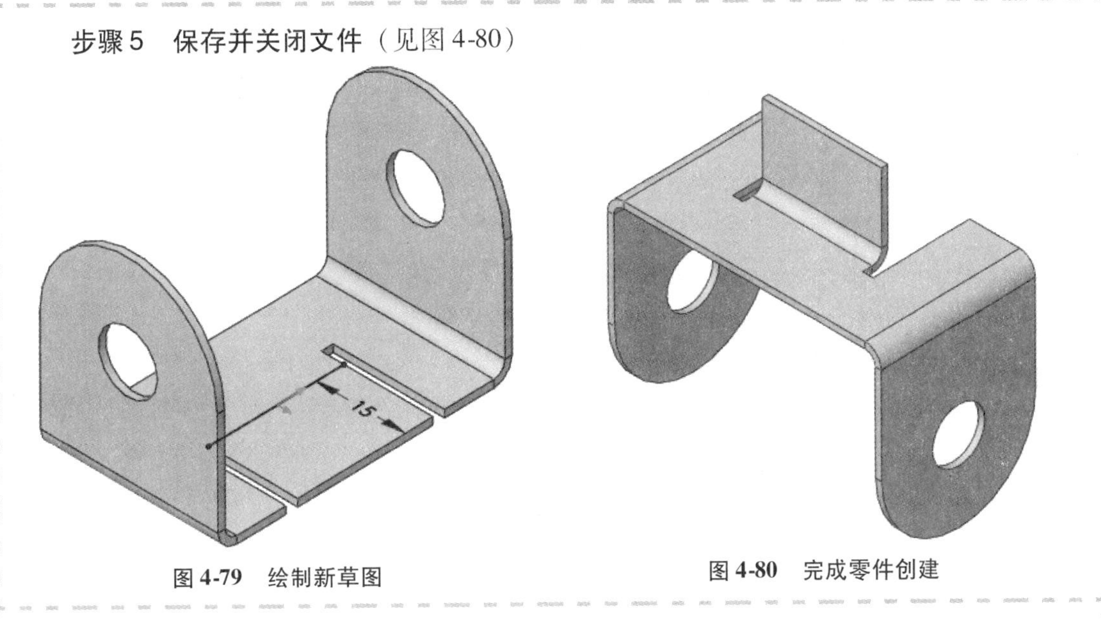

图4-79 绘制新草图 图4-80 完成零件创建

练习4-5 钣金料斗

使用【转换到钣金】创建如图4-81所示的料斗零件。

本练习将应用以下技术：

- 转换到钣金。
- 转换到钣金设置。
- 使用切口草图。

扫码看视频

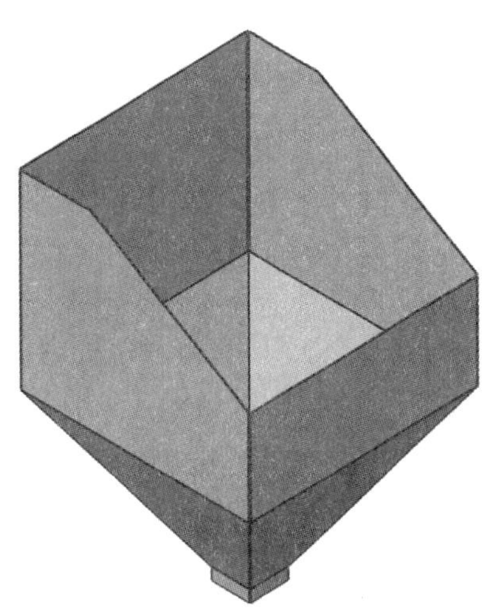

图4-81 料斗钣金零件

操作步骤

步骤1 打开SM_Hopper零件 在Lesson04\Exercises文件夹内找到SM_Hopper.sldprt零件并打开，如图4-82所示。此零件是使用放样和拉伸特征创建出形状和尺寸的料斗模型。

步骤2 转换到钣金 单击【转换到钣金】，在【钣金规格】中，勾选【使用规格表】复选框。选择“SAMPLE TABLE-STEEL-ENGLISH UNITS”表中【折弯半径】为5.080mm的【7 Gauge】。

选择如图4-83所示的面（a）作为【固定面】。选择边线（b）作为折弯边线。切口边线（c）将被自动发现和选择。使用1.00mm缝隙的【明对接】边角。设置【自动切释放槽】为【矩形】。将材料应用到已存在面的外侧。单击【确定】✔。

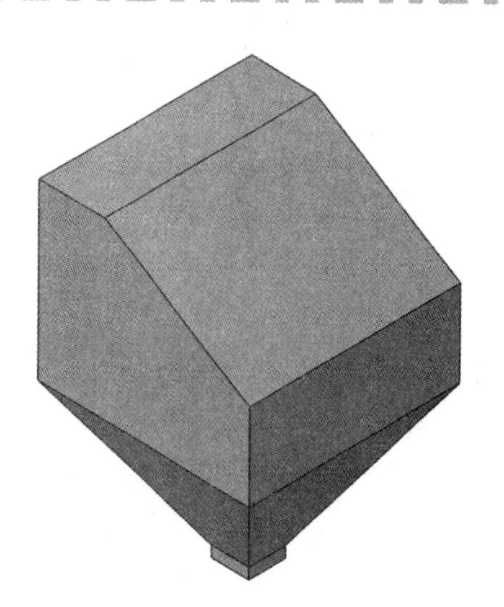

图 4-82　打开零件

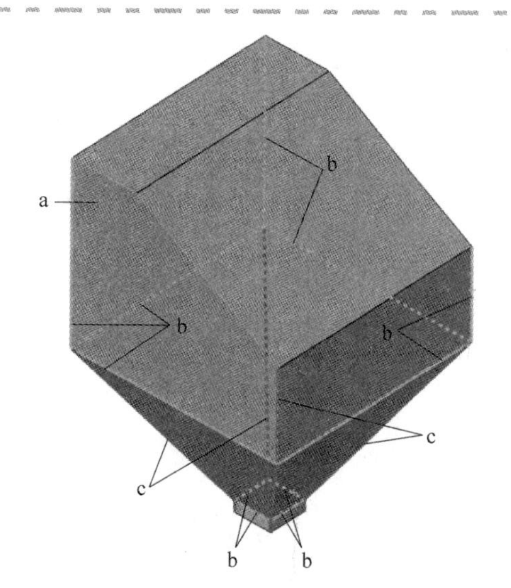

图 4-83　选择面和边线

步骤 3　查看平板型式　展平零件查看平板型式，如图 4-84 所示。

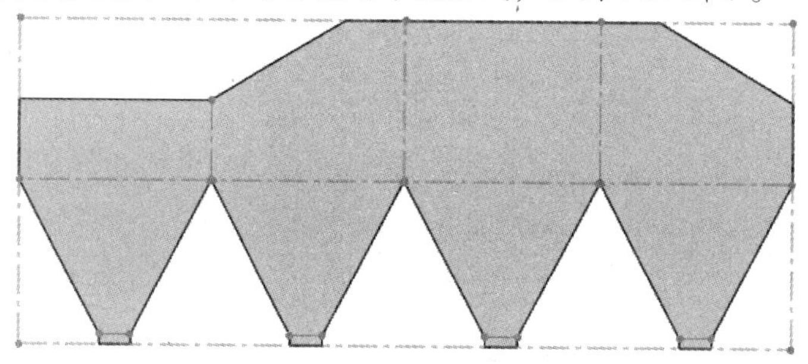

图 4-84　查看平板型式

步骤 4　退出平展

步骤 5　保存并关闭文件

第 5 章　多实体钣金零件

学习目标

- 理解生成和使用多实体钣金零件的不同方法
- 在同一零件中控制不同实体的钣金参数
- 生成多实体钣金零件和单个实体的工程图
- 使用分割将单个实体切分成多实体钣金零件
- 使用镜像生成分离的钣金实体
- 使用不同的技术检查钣金零件中的干涉

5.1　概述

和其他的标准零件一样，钣金模型也能够使用多实体设计技术。多实体零件是指在单个零件文件中包含多于一个实体的零件。所有的钣金技术均可以用于多实体设计中。

多实体模型设计的第一步通常起始于单实体零件，如图 5-1 所示。有时，将产品开发为同一零件中的多个实体可能是更合适的，如图 5-2 所示。

若钣金采用了多实体设计，在 FeatureManager 设计树中，允许对具体的钣金特征进行多套设定。切割清单也能够包含多个切割清单项目，如图 5-3 所示。

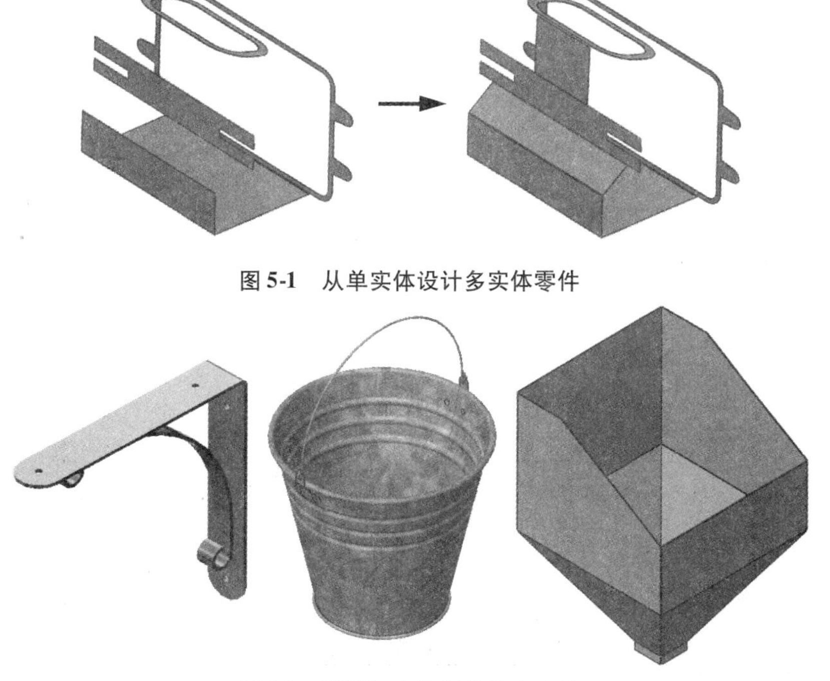

图 5-1　从单实体设计多实体零件

图 5-2　利用多实体零件生成产品

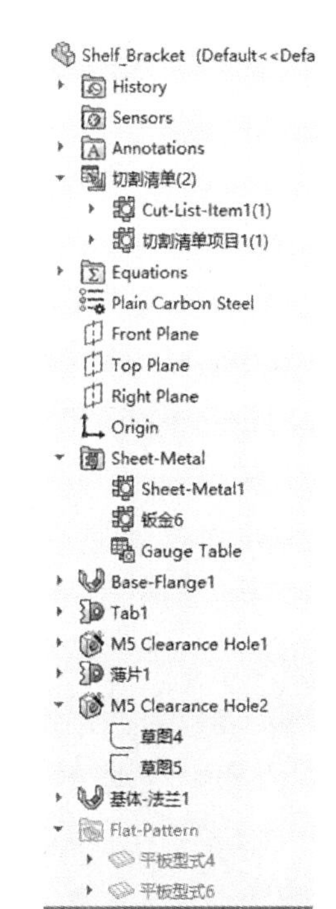

图 5-3　多实体钣金的设计树

多实体钣金设计的创建方式与标准多实体零件大体相似。本章将着重介绍生成多实体钣金零件所用到的独特工具和选项。

生成多实体钣金零件的方法见表 5-1。

表 5-1　生成多实体钣金零件的方法

方法类型	说　明
钣金工具	使用【基体法兰】、【转换到钣金】或【放样折弯】，在零件中生成一个新的分割实体
复制	使用【线性阵列】或【圆周阵列】、【镜像】零件或【移动/复制】实体，在一个零件中复制钣金实体
插入零件	使用【插入零件】，在已有钣金零件中添加实体
分割	使用【分割】特征，将单个钣金实体切分为多个实体

5.2　带有基体法兰的多实体

下面将使用【基体法兰/薄片】特征在零件中生成【薄片】特征和分离的实体，如图 5-4 所示，然后利用此模型创建多实体的平板型式工程图。

扫码看视频

图 5-4　多实体钣金零件

操作步骤

步骤 1　打开 Shelf _ Bracket 零件　在 Lesson05 \ Case Study 文件夹中找到 Shelf _ Bracket. sldprt 零件（见图 5-5）并打开。

步骤 2　创建轮廓草图　如图 5-6 所示，在顶面上创建一个圆形草图。

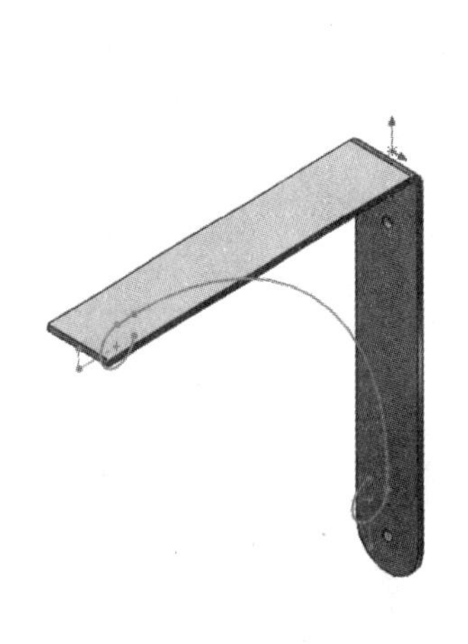

图 5-5　打开零件

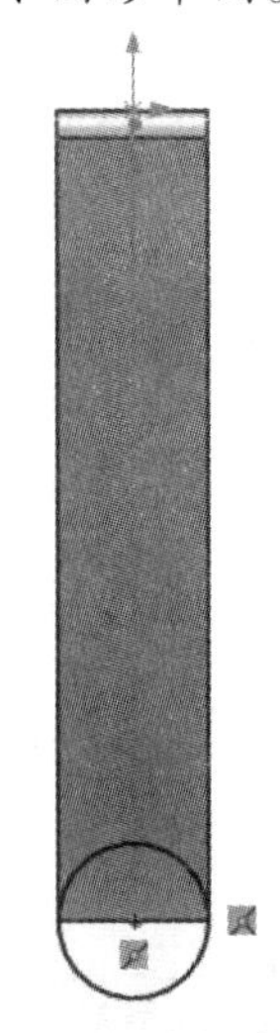

图 5-6　创建轮廓草图

步骤 3　创建薄片特征　单击【基体法兰/薄片】，当勾选【合并结果】复选框时，将创建一个薄片特征，确认勾选了此复选框，然后单击【确定】✔。

步骤4　复制孔特征　按住〈Ctrl〉键，并从设计树中拖动“M5 Clearance Hole1”特征到零件顶面。在对话框中选择【删除】来移除草图中已有的几何关系。

步骤5　编辑孔特征　如图5-7所示，编辑“M5 Clearance Hole2”特征。修改草图位置，添加与薄片重心重合的几何关系。单击【确定】✔。

> **技巧**　当进入【孔向导】PropertyManager的定位草图时，【点】命令将自动变为激活状态。取消此工具，以便可以选择草图元素和添加关系。

步骤6　添加新基体法兰　单击【基体法兰/薄片】。选择已存在的“Sketch for Body2”草图作为特征的轮廓。开环轮廓并不满足【薄片】特征的需要，【合并结果】选项将被省略。这将在零件中形成一个分离的【基体法兰】实体。在【方向1】中，选择【两侧对称】，输入15mm。根据需要反转材料的厚度方向来避免面发生干涉，使用默认的钣金参数设置。单击【确定】✔，如图5-8所示。

步骤7　查看结果　在零件的切割清单中包含两个实体。由于两个实体的几何特征不同，因此被归到两个分离的切割清单项目中。在【Sheet-Metal】和【Flat-Pattern】文件夹中包含与两个分离实体相关的钣金设定和平板型式特征，如图5-9所示。

选择某个实体的面，单击【展平】来独立地展开某个实体。

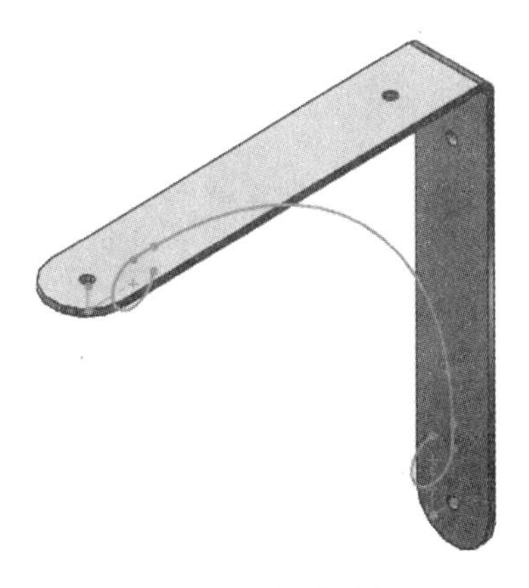

图5-7　编辑孔特征

图5-8　添加新基体法兰

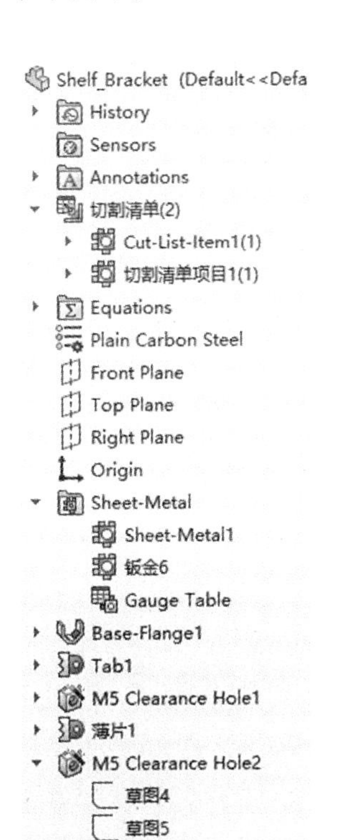

图5-9　查看结果

5.3 多实体的钣金参数

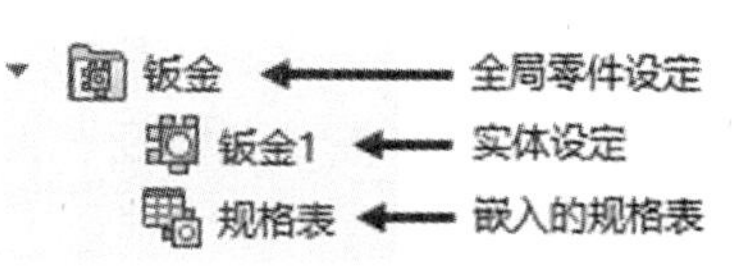

图 5-10 【钣金】文件夹

当在零件中生成了多实体钣金体时，默认的钣金参数将从全局零件的设定中继承。这些全局设定保存在本书第1章提到的 FeatureManager 设计树中的【钣金】文件夹内，如图 5-10 所示。

若有需要，用户可以使用特定的钣金参数来生成钣金零件的个别实体，这些参数可以通过编辑在文件夹中的钣金特征或在创建新钣金实体时单独创建。

在某些情况下，单个钣金特征可以控制零件中的多个实体。例如，被分割的单一实体或被阵列的多个实体。

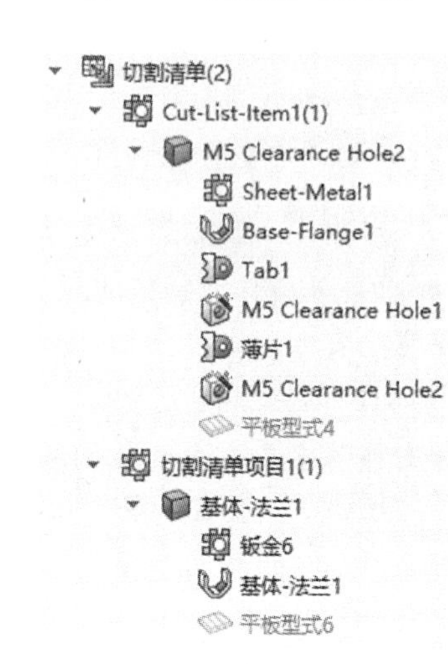

图 5-11 实体的特征历史

当一个零件中存在多个实体时，很难确定此特征与哪个实体相关联。一项简单的查找实体的钣金和平板型式特征的技术是使用切割清单中的特征历史。展开某个切割清单项目和此文件夹下的实体，可以看到某个特定实体的组成特征（见图 5-11）。

步骤 8 编辑实体的钣金参数 编辑“切割清单项目 2”中的钣金特征。勾选【覆盖默认参数】复选框，更改材料厚度为 16 Gauge，单击【确定】✔，如图 5-12 所示。

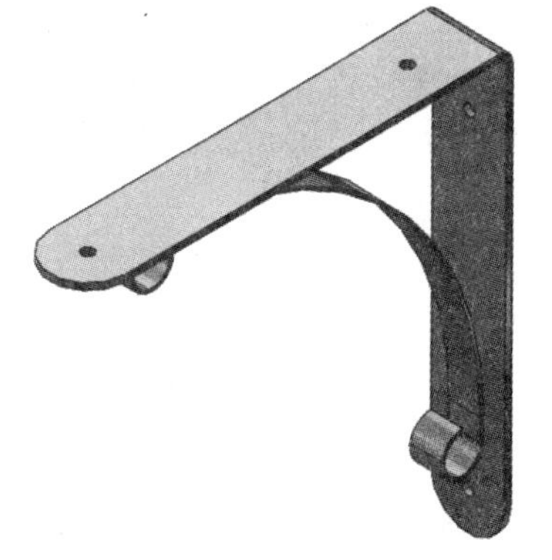
图 5-12 修改后的钣金零件

5.4 多实体的切割清单项目属性

钣金模型中的每个特定实体将被分组到零件的切割清单项目中，并由切割清单表格中的行项目来表示。多实体零件的切割清单项目属性可以按照单实体零件的方式进行访问和修改。当有多个切割清单项目时，将在【切割清单属性】对话框左侧窗格中列出所有的可选项目。

步骤 9 编辑切割清单属性 右键单击【切割清单项目】文件夹，并选择【属性】。

编辑“Cut-List-Item 1”（原有的）中的“说明”属性为 11 Gauge Sheet。编辑“切割清单项目 1”（新建的）中的“说明”属性为 16 Gauge Sheet。单击【确定】。

步骤 10 保存此零件

步骤 11　从零件制作工程图　从【文件】菜单或【新建】弹出菜单中单击【从零件/装配体制作工程图】，选择“B _ Size _ ANSI _ MM”作为文件模板。

5.5　多实体的平板型式视图

与单实体零件不同，多实体钣金零件最初不会生成 SM-FLAT-PATTERN 配置来表示平板型式工程图。注意，在视图调色板中并没有平板型式视图。

各个实体的平板型式视图必须使用【模型视图】命令和【选择实体】来创建。当创建单个实体的平板型式视图时，将自动生成一个新的派生配置。

步骤 12　添加右视图　使用视图调色板，添加“Shelf _ Bracket”的右视图。

步骤 13　修改图纸比例　右键单击图纸，并选择【属性】。将图纸的比例修改为 1:2，单击【确定】，如图 5-13 所示。

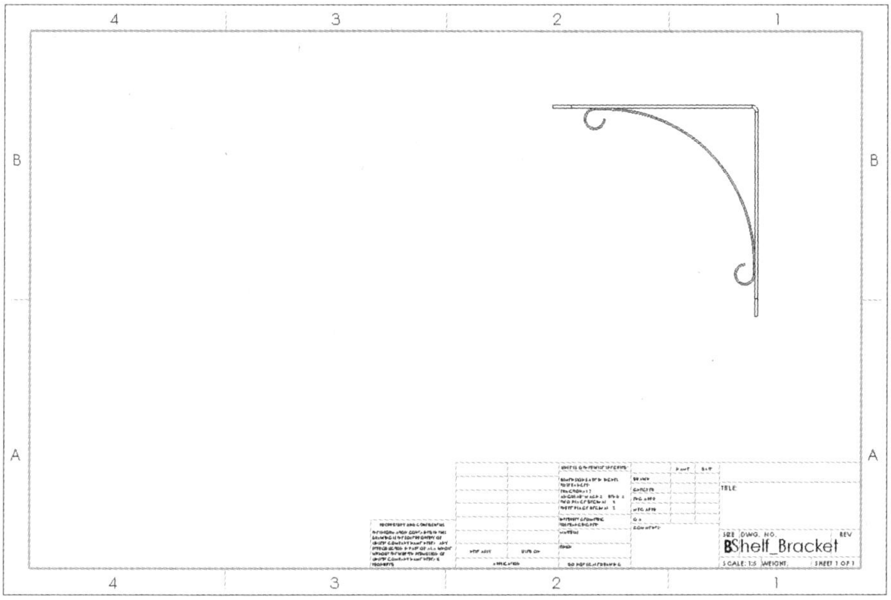

图 5-13　修改图纸比例

步骤 14　添加模型视图　从【视图布局】工具栏中，单击【模型视图】。双击已经打开的“Shelf _ Bracket”文档，或在 PropertyManager 中单击【下一步】。单击【选择实体】，选择如图 5-14 所示的实体，单击【确定】✔。

在【模型视图】PropertyManager 中的【方向】组合框内，出现了【平板型式】选项，选择【平板型式】视图。

> **技巧**　工程视图名称前面带有的（A）符号表示视图中含有与之相关联的注解。注意此时将添加一个新的配置，此配置将被工程视图引用。

图 5-14　选择实体

步骤15 定义平板型式选项 旋转平板视图90°。若有必要，不勾选【自动开始投影视图】复选框。单击【使用图纸比例】。在图纸上放置此视图，如图5-15所示。

步骤16 添加第二个平板型式视图 重复步骤14和步骤15，添加零件中第二个实体的平板型式视图，如图5-16所示。

第二个派生配置SM-FLAT-PATTERN1将被创建，并被此视图作为参考。

步骤17 添加切割清单 单击【焊件切割清单】，并选择图纸中的右视图。使用在第2章创建的SM Cut List模板，单击【确定】✔。将切割清单放置到图纸的标题栏上方。

步骤18 修改切割清单 修改切割清单以包含表5-2中的信息。

步骤19 保存为表格模板 保存修改后的表格到桌面，将其作为新模板，并命名为"SM Cut List-MB"。

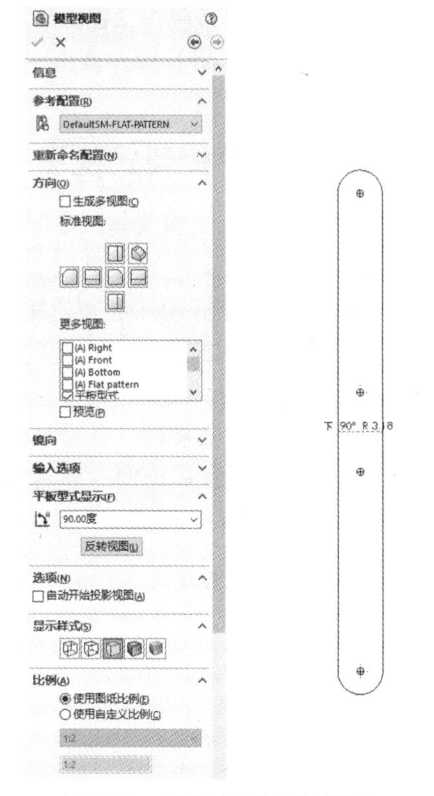

图5-15 平板型式选项和视图

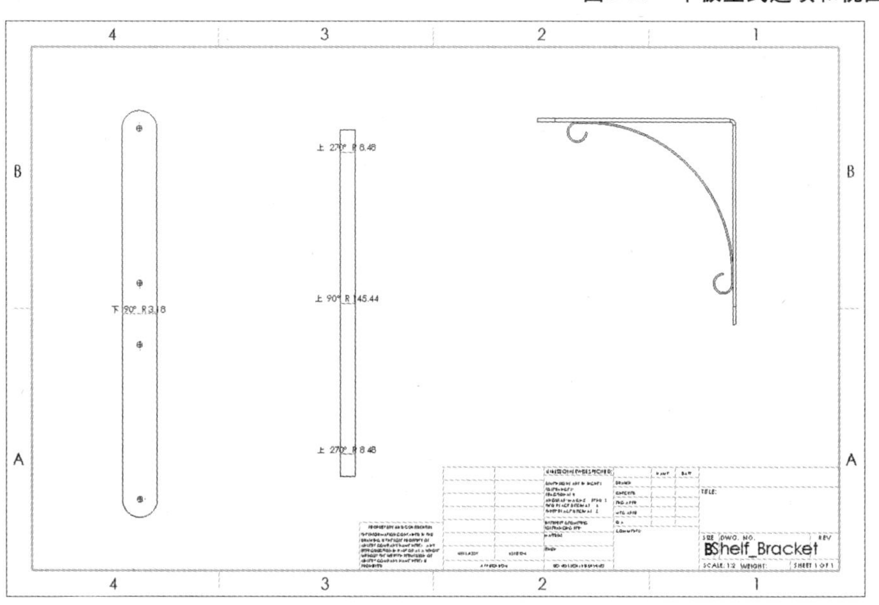

图5-16 多实体钣金的工程图

表5-2 多实体钣金的切割清单

项目号	数量	说明	钣金厚度	抗弯系数
1	1	11 Gauge sheet	3.038	0.5
2	1	16 Gauge sheet	1.519	0.5

5.6　切割清单零件序号注解

零件序号注解可以像材料明细表行项目一样被应用到切割清单项目上。在工程视图中使用零件序号时，并不能直接与切割清单表相关联。但可以使用工程视图的属性将零件序号链接到表格中。

步骤 20　添加零件序号　单击【注解】工具栏中的【零件序号】，在右视图的实体上添加零件序号，并将零件序号添加到每个平板型式视图上。

单击【确定】✔。

步骤 21　链接零件序号到表格　选择一个平板型式视图，在 PropertyManager 中的底部单击【更多属性】，或右键单击视图，从快捷菜单中选择【属性】，打开【工程视图属性】对话框。

勾选【将零件序号文本链接到指定的表格】复选框，如图 5-17 所示。

> **技巧**　在这个工程图中只有一张表格，若存在多张表格，则可以从下拉菜单中选择合适的表格。

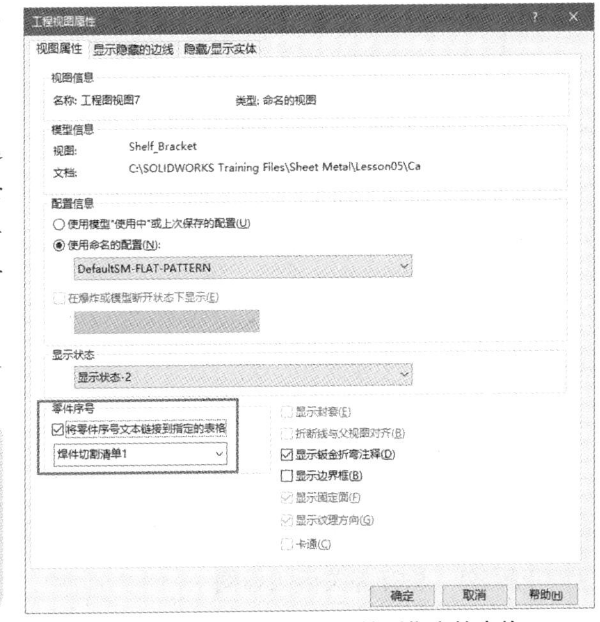

单击【确定】。

图 5-17　将零件序号文本链接到指定的表格

步骤 22　链接其他零件序号到表格　重复步骤 21 将另一个平板型式视图中的零件序号链接到切割清单表上，如图 5-18 所示。

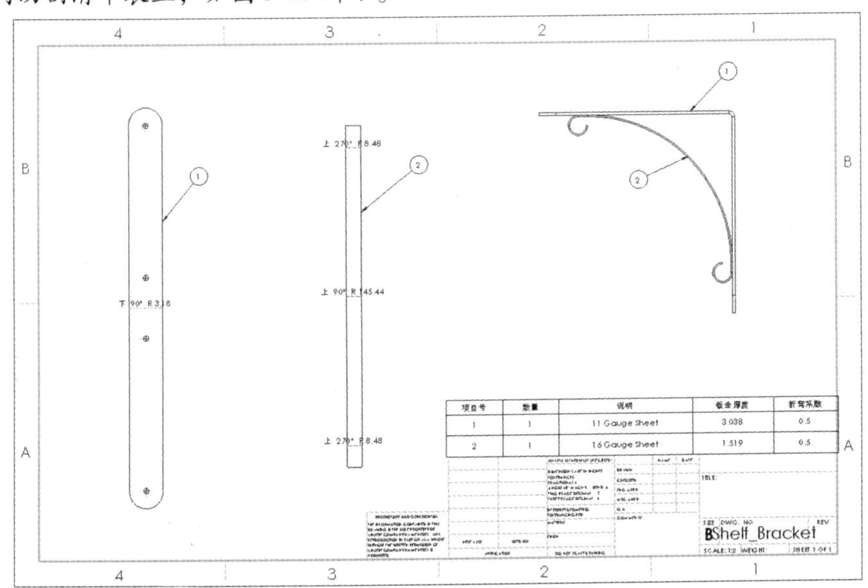

图 5-18　将其他零件序号文本链接到指定表格

步骤 23　修改文档属性和添加标注尺寸（可选操作）

修改工程图的【文档属性】，将平板型式视图的颜色修改为图5-19所示。使用【引线】的折弯注释，在平板型式视图和折弯线中添加尺寸。

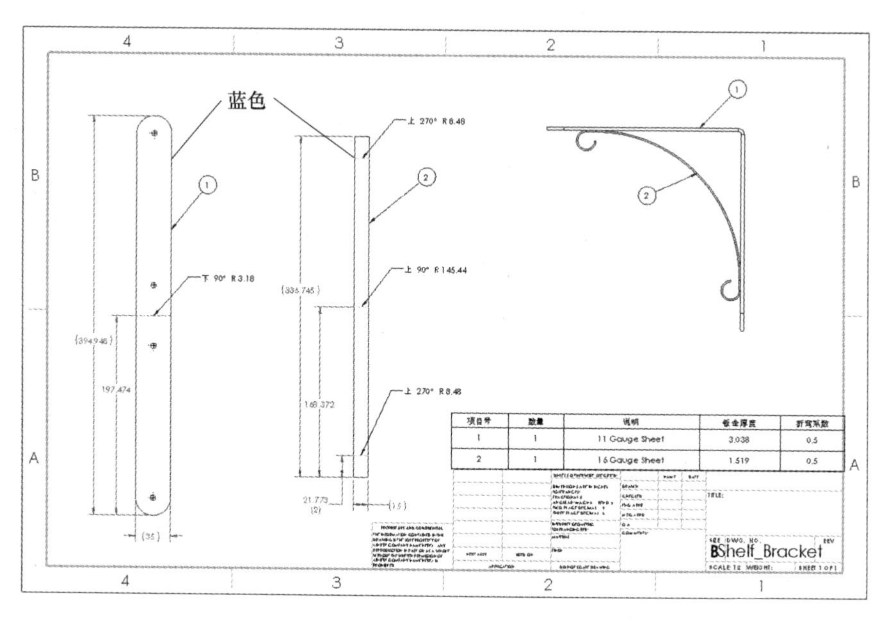

项目号	数量	说明	钣金厚度	折弯系数
1	1	11 Gauge Sheet	3.038	0.5
2	1	16 Gauge Sheet	1.519	0.5

图5-19　完成的工程图

步骤24　保存并关闭工程图

5.7　带多实体的DXF/DWG格式文件输出

【输出到DXF/DWG】选项可以为单实体或多实体输出，也可以进行特定选择以创建单一文件或单独文件。在【DXF/DWG清理】窗口中，可以通过单击【下一个布局】➡和【上一个布局】⬅按钮来访问正在创建的单独文件。

步骤25　输出到DXF/DWG　右键单击“Shelf_Bracket”的一个表面，选择【输出到DXF/DWG】，接受默认的名称，并将DXF文件保存到桌面。

步骤26　定义输出选项　如图5-20所示，在【DXF/DWG输出】PropertyManager中，选择【钣金】。在【要输出的实体】中，选择零件中两个实体的面。在【输出选项】中选择【单独文件】。单击【确定】✔。

步骤27　预览输出文件　通过单击【下一个布局】➡和【上一个布局】⬅按钮，在【DXF/DWG清理】窗口中预览输出的文件，如图5-21所示。

单击【保存】。DXF文件名包含了平板型式特征名称和文件名称：FlatPattern4-Shelf_Bracket. DXF。

步骤28　保存并关闭所有文件

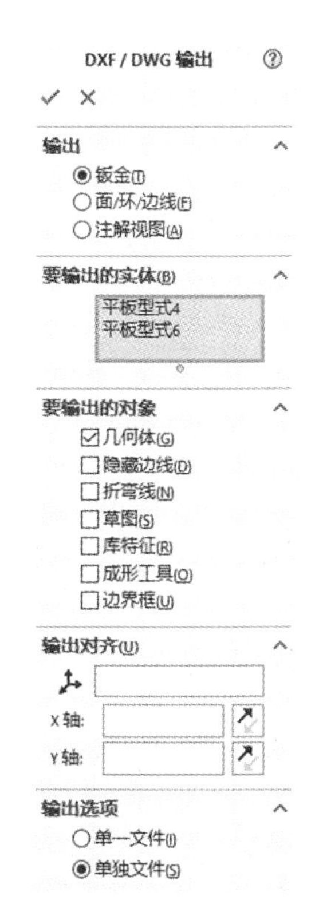

图 5-20　DXF/DWG 输出选项设定

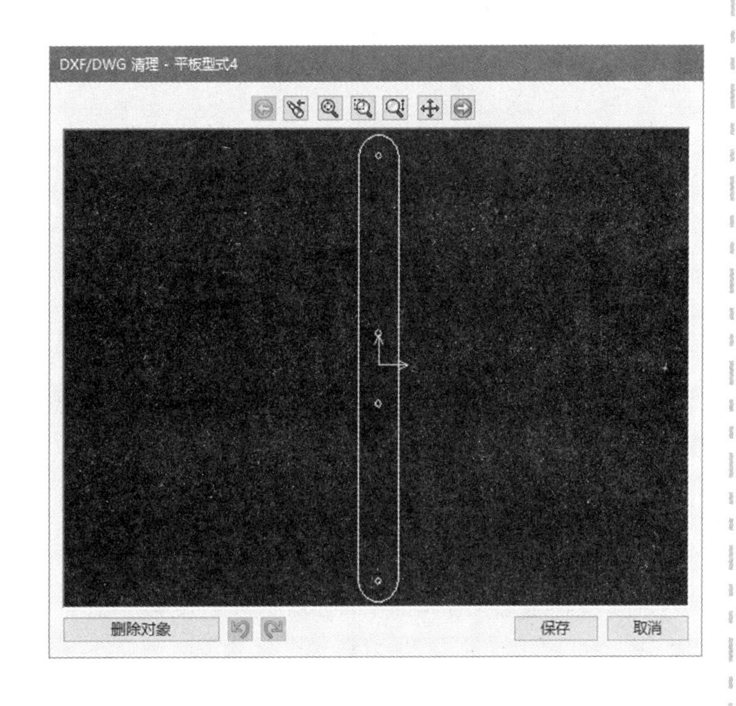

图 5-21　输出预览

5.8　带多实体的转换

扫码看视频

与在法兰特征中一样，【转换到钣金】命令也可以应用到多实体设计中。若一个实体使用了多实体转换，【保留实体】选项能够防止在创建第一个【转换到钣金】操作后的实体移除。

操作步骤

步骤1　打开零件　在 Lesson05\Case Study 文件夹中找到 SM _ Hopper _ MB. sldprt 文件并打开，如图 5-22 所示。在练习 4-5 中创建了相同的模型文件。

步骤2　查看平板型式　【展平】此零件，选择边界框的顶部或底部边线，状态栏显示此零件需要材料的长度超过 3700mm。对于标准的钣金材料来说，此尺寸太大，所以需要生成一个多片钣金件，如图 5-23 所示。

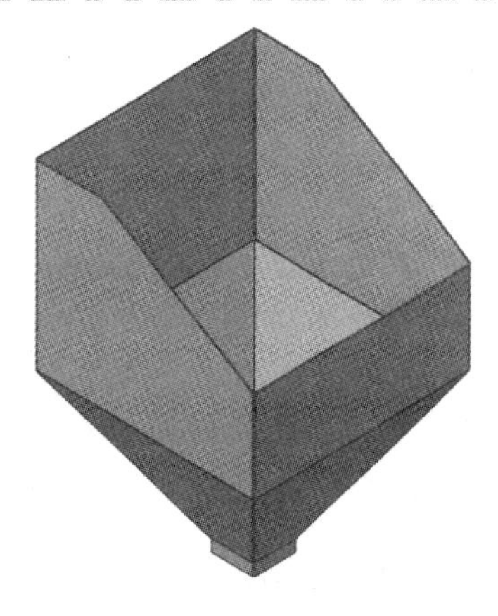

图 5-22　SM _ Hopper _ MB 零件

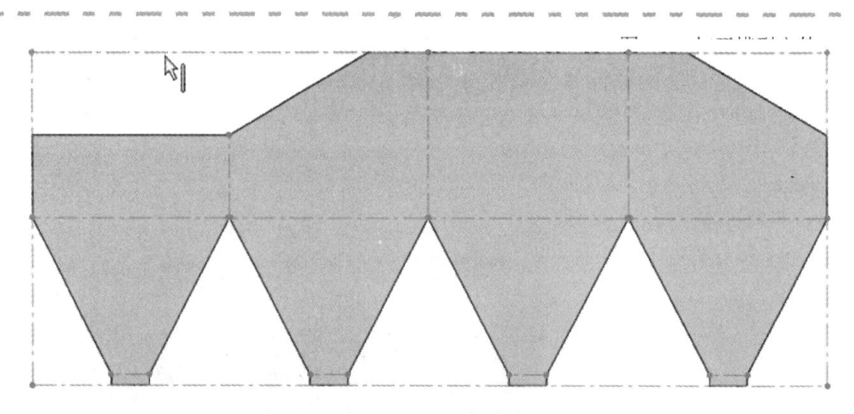

图 5-23　查看边界框长度

技巧

切割清单项目属性也可以用于快速确定边界框长度。

步骤 3　退出平板型式

步骤 4　编辑“Convert-Solid1”特征　编辑“Convert-Solid1”特征并勾选【保留实体】复选框。清除【折弯边线】选择框中的项目。选择如图 5-24 所示的边线（a）作为第一个钣金实体的折弯线。单击【确定】✔。

步骤 5　查看结果　在零件中生成了一个新的钣金实体，并且原有的实体特征仍旧存在和可用。

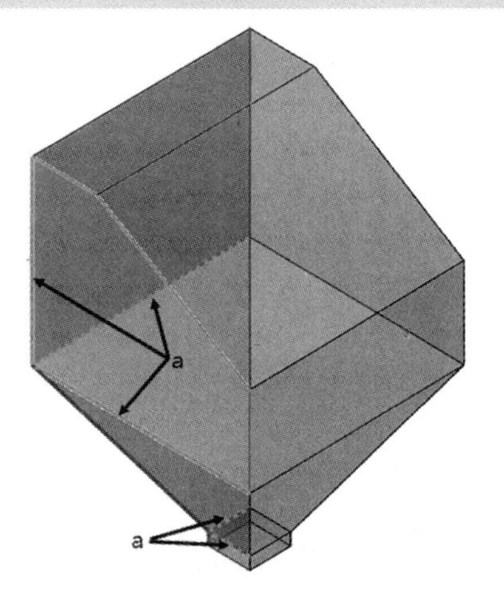

图 5-24　要选择的边线

5.9　隐藏和显示实体

有很多方法可以控制零件中各个实体的显示状态，如【隐藏】和【显示】、【隐藏/显示】/【实体】、【孤立】和【显示窗格】。

5.9.1　隐藏和显示

【隐藏】和【显示】可以用于修改实体的显示状态。当一个面或特征应用了【隐藏】或【显示】，整个相关联的实体将会被隐藏或显示。

• 快捷菜单：右键单击一个面、特征或实体，选择【隐藏】或【显示】。

5.9.2　隐藏/显示实体

【隐藏/显示】/【实体】使用 PropertyManager 来控制已存在实体的可视性。

知识卡片	隐藏/显示实体	• 菜单：【视图】/【隐藏/显示】/【实体】。

5.9.3　孤立

【孤立】用来隐藏除已选择实体之外的其他所有实体。当实体被孤立时，会出现一个对话框，其中包含可以对已移除实体可视性调整（隐藏或透明）、可以保存孤立视图为显示状态的选项，如图 5-25 所示。【退出孤立】将使实体的显示退回到之前的状态。

图 5-25　孤立对话框

提示　【孤立】也可以用于装配体中零部件的显示。

知识卡片	孤立	• 快捷菜单：在视图区域右键单击一个实体，选择【孤立】。 • 快捷菜单：在 FeatureManager 设计树中，右键单击切割清单中的实体，选择【孤立】。

5.9.4　显示窗格

展开【显示窗格】（见图 5-26），通过 FeatureManager 设计树来控制实体的显示状态、显示模式、外观和透明度。

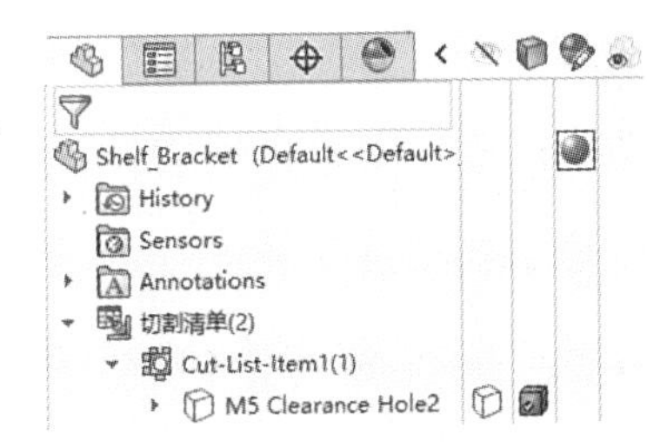

图 5-26　显示窗格

步骤 6　孤立钣金实体　为了只查看钣金实体，右键单击实体的一个面，然后选择【孤立】，结果如图 5-27 所示。单击【退出孤立】。

步骤 7　转换第二个实体　单击【转换到钣金】。已经存在的钣金面将以红色显示。不勾选【覆盖默认参数】和【保留实体】复选框，选择后竖直面作为【固定面】，选择如图 5-28 所示的边线（a）作为【折弯边线】。更改【缝隙】尺寸为 1mm。

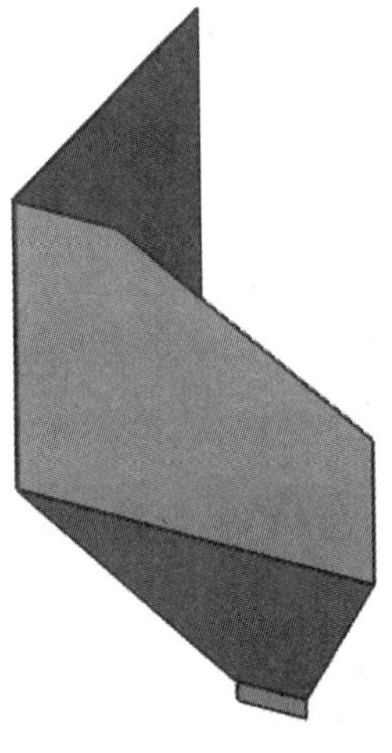

图 5-27　孤立状态

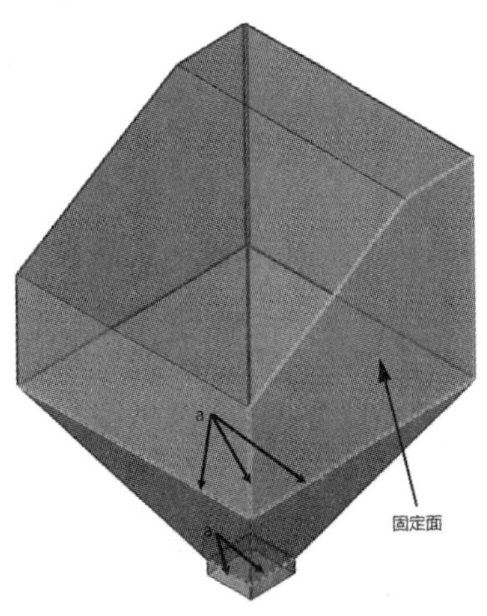

图 5-28　要选择的边线

单击【确定】✔。

步骤8　查看结果　在零件中生成两个钣金实体。在设计树中，每一个实体都有与之对应的【钣金】和【平板型式】文件夹。

步骤9　展平　使用【展平】来查看每个实体的平板型式，如图5-29所示。

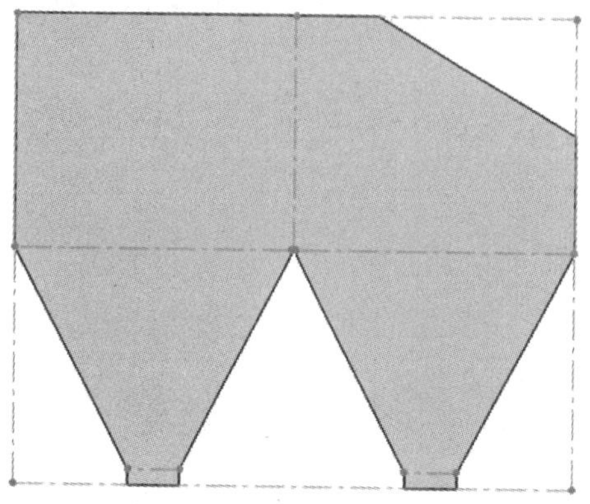
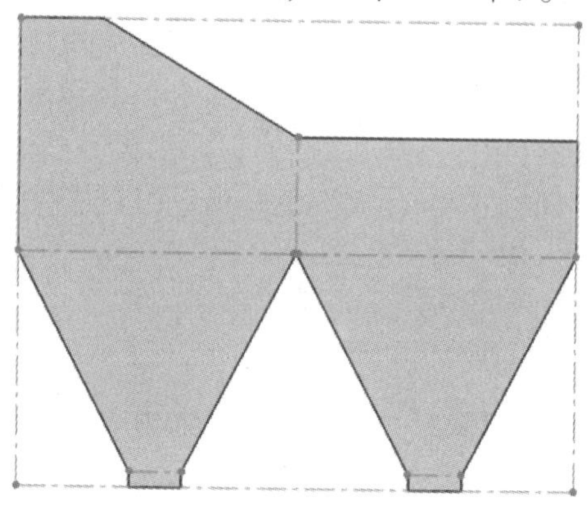

图5-29　各实体的展平状态

步骤10　退出平展状态

步骤11　保存并关闭所有文件

5.10　在钣金零件中使用分割

解决从一个零件生成多个部件问题的另一种技术是将已存在的模型分割成多实体。【分割】特征可以使用平面、草图、面或曲面实体将零件分割成多个实体，如图5-30所示。

当将单一的钣金实体模型分割成多片钣金时，将会创建出新的平板型式特征。但钣金参数仍旧受控于绑定到初始几何体的单个钣金特征。

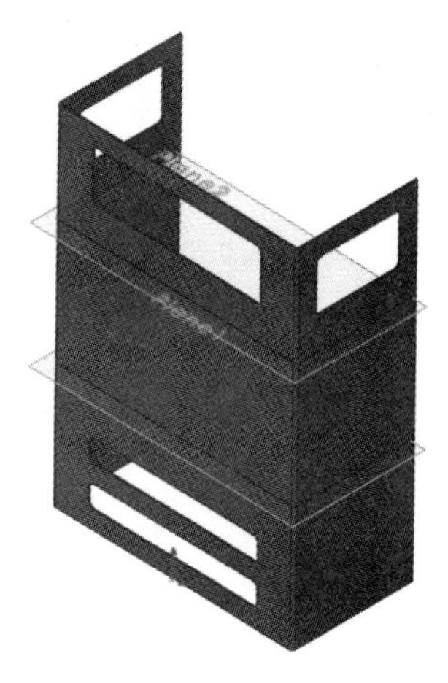

图5-30　分割钣金件

知识卡片	分割	•菜单：【插入】/【特征】/【分割】。

操作步骤

步骤1　打开零件　在Lesson05\Case Study文件夹中找到Using_Split.sldprt并打开。

步骤2　创建两个基准面　使用上视基准面作为参考面，创建两个间距为250mm的参考平面，如图5-31所示。

扫码看视频

步骤 3　分割　单击【插入】/【特征】/【分割】，在【剪裁工具】下，选择“基准面 1”和“基准面 2”。单击【切除零件】，选择所有生成的实体，如图 5-32 所示，单击【确定】✓。

步骤 4　隐藏基准面　【隐藏】参考基准面，如图 5-33 所示。

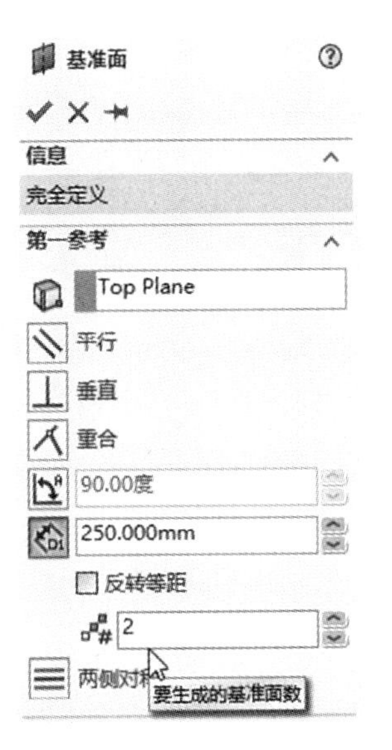

基准面
信息
完全定义
第一参考
Top Plane
平行
垂直
重合
90.00度
250.000mm
反转等距
2
两侧对称
要生成的基准面数

图 5-31　创建两个基准面

分割
信息
双击一实体文件名称或在图形区域中选取一实体标注以将实体指派到新文件。
剪裁工具(S)
基准面1
基准面2
切除零件(C)
所产生实体(R)
文件
1 <无>
2 <无>
3 <无>

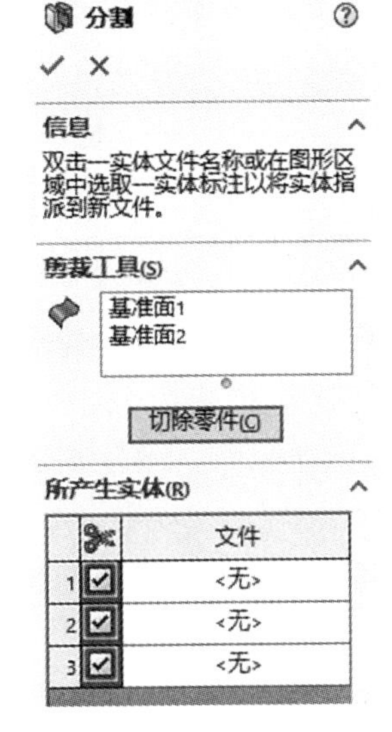

图 5-32　分割

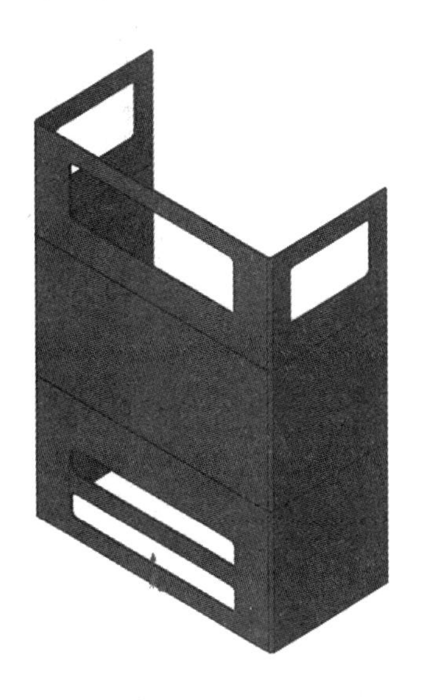

图 5-33　隐藏基准面

步骤 5　查看钣金特征结果　现在零件中有三个钣金实体，也有三个分开的平板型式特征与之对应。由于三个实体均来自于相同的初始基体法兰，所以只有一个钣金特征来控制所有实体的钣金参数。这也类似于实体阵列时看到的结果，如图 5-34 所示。

步骤 6　保存并关闭零件

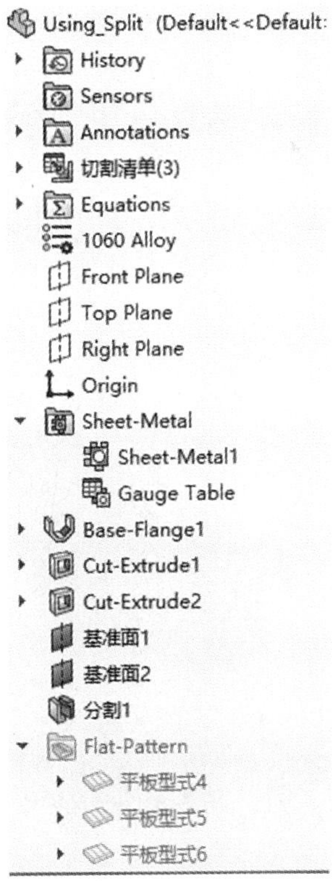

Using_Split (Default<<Default:
History
Sensors
Annotations
切割清单(3)
Equations
1060 Alloy
Front Plane
Top Plane
Right Plane
Origin
Sheet-Metal
Sheet-Metal1
Gauge Table
Base-Flange1
Cut-Extrude1
Cut-Extrude2
基准面1
基准面2
分割1
Flat-Pattern
平板型式4
平板型式5
平板型式6

图 5-34　分割后的钣金特征

5.11 多实体阵列

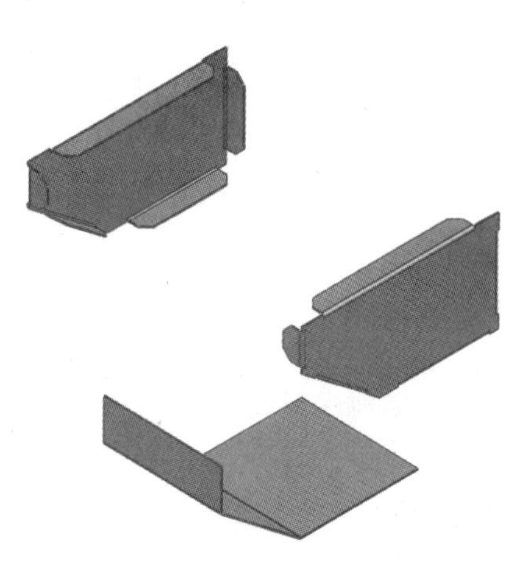
图 5-35 钣金镜像和合并

如前所述，钣金零件可以通过创建零件的一半再镜像实体的方式进行对称设计。使用这项技术，必须使用钣金面作为镜像面，结果将合并为一个单独的实体。在使用镜像和阵列功能时，通过不勾选【合并实体】复选框，也可以在一个零件中生成分离的实体。此项技术可以利用任何一个面或平面。

当通过阵列创建了新的实体时，它们的钣金参数通过一个与源实体相关的单一钣金特征来控制。

在下面的示例中，将使用【镜像】特征生成已存在实体的左右对称部件。通过创建零件中的第三个实体，来演示在【边线法兰】特征中如何合并分离的实体。

技巧 图 5-35 中的实体显示的是爆炸视图状态。在多实体零件中可以像在装配体中的方式一样创建爆炸视图。用户可以在【插入】菜单中找到【爆炸视图】命令。

操作步骤

扫码看视频

步骤 1 打开 Mirroring _ MB 零件 在 Lesson05 \ Case Study 文件夹中找到 Mirroring _ MB. sldprt 零件并打开，如图 5-36 所示。

步骤 2 镜像实体 单击【镜像】，激活【要镜像的实体】选择框，选择 “Left Hand”。不勾选【合并实体】复选框。使用右视基准面作为镜像面。单击【确定】。

步骤 3 查看结果 在图 5-37 所示的零件中，创建的新实体拥有自己的平板型式特征，但钣金参数链接到源实体的钣金特征。

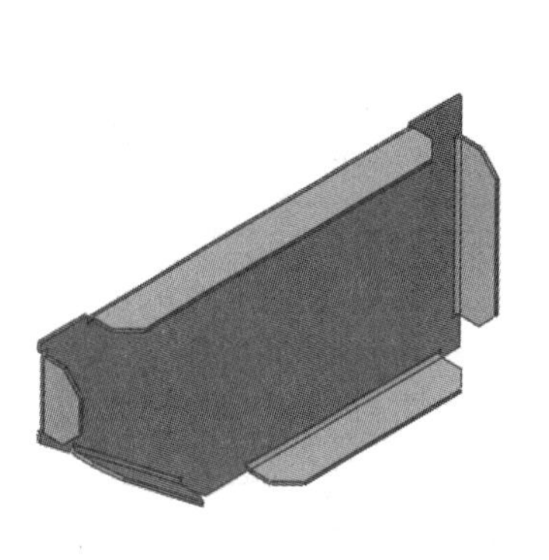
图 5-36 打开零件

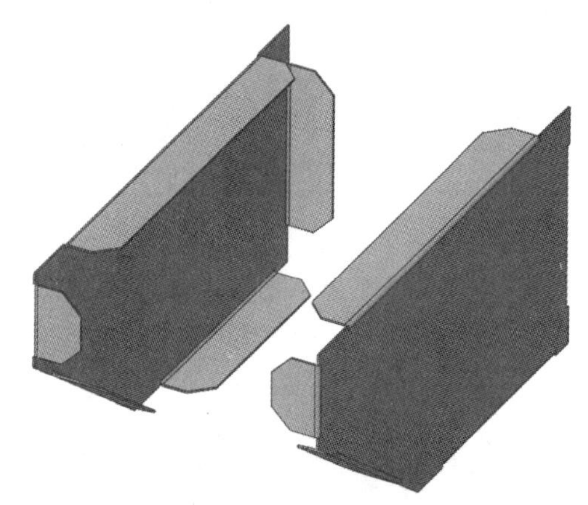
图 5-37 镜像实体

技巧 用户可以使用【插入】/【镜像零件】命令创建一个左右相反版本的模型作为分离零件文件。

步骤4　新建草图　在前面的法兰面上创建新草图。绘制一个矩形，并在边角处添加如图5-38所示的几何关系。

步骤5　创建基体法兰　单击【基体法兰/薄片】命令，不勾选【合并结果】复选框，设定方向后单击【确定】✓。

步骤6　创建第二个基体法兰　重复以上步骤，使用相同的设置创建第二个法兰，结果如图5-39所示。

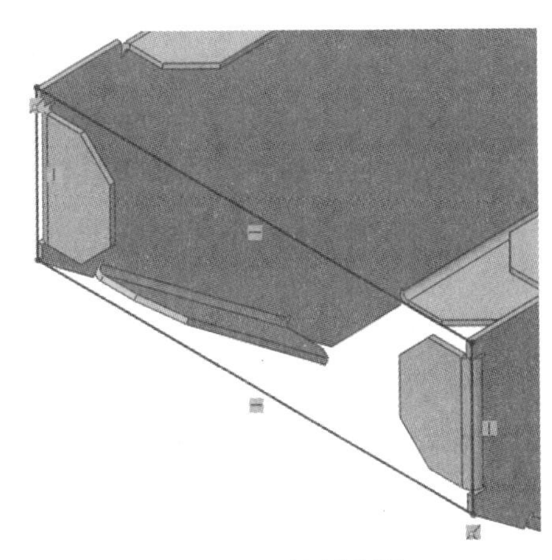

图5-38　绘制草图

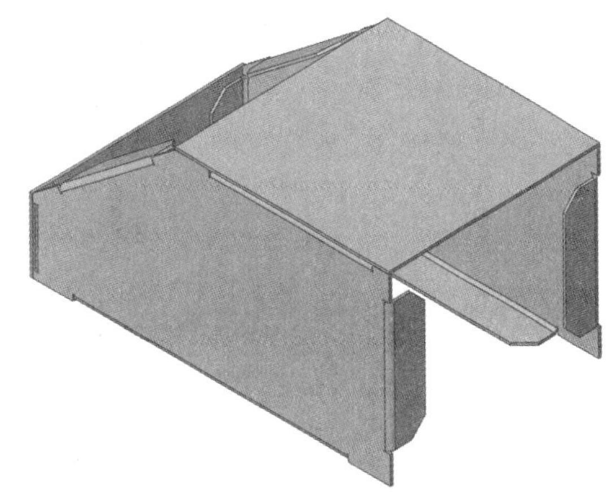

图5-39　创建完成的零件

5.12　使用边线法兰合并实体

【边线法兰】特征中的【成形到边并合并】选项可以对分离的钣金实体进行合并，如图5-40所示。

当实体从分开的法兰特征合并后，第一个选择的实体钣金参数将变为控制新生成部件的钣金特征。第二个选择的实体钣金特征仍旧存在，但它在FeatureManager设计树中作为一个子特征出现，如图5-41所示。

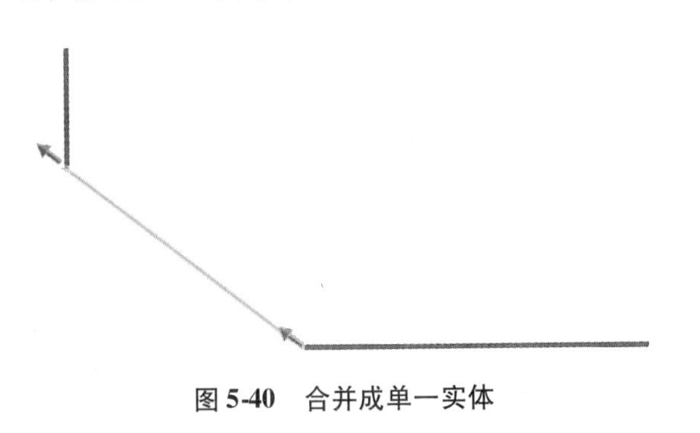

图5-40　合并成单一实体

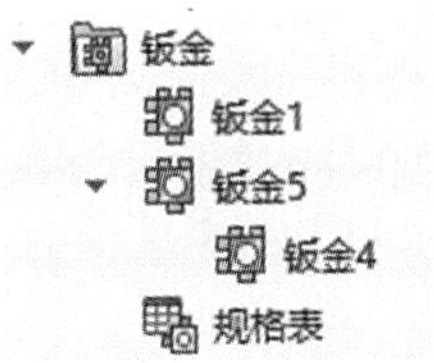

钣金
钣金1
钣金5
钣金4
规格表

图5-41　合并成单一实体

步骤7　创建边线法兰　单击【边线法兰】，如图5-42所示，选择已有实体中的边线〈1〉和对面实体中的边线〈2〉。

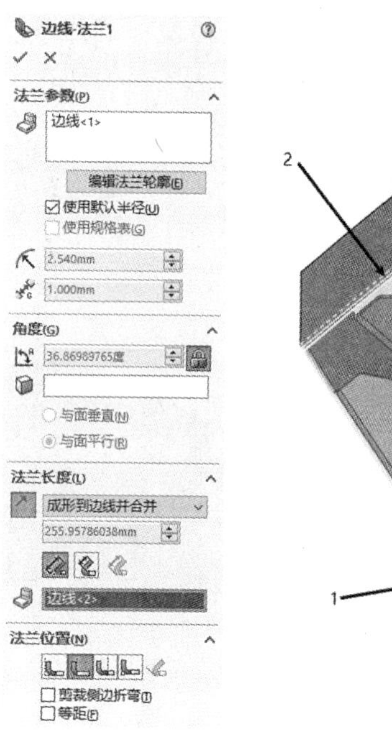

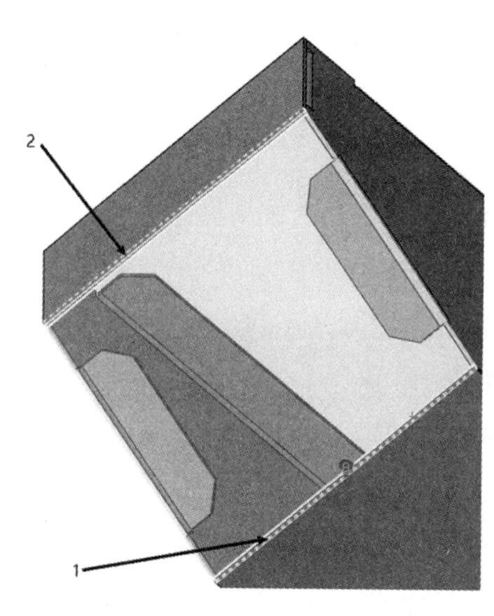

图 5-42　选择边线

在【法兰长度】中，【成形到边线并合并】将会被自动选中。选择【材料在外】，然后单击【确定】✔。四个实体被合并为三个。

步骤 8　展平显示　使用【切换平坦显示】，来查看每个实体的展平型式，如图 5-43 所示。

步骤 9　保存此零件

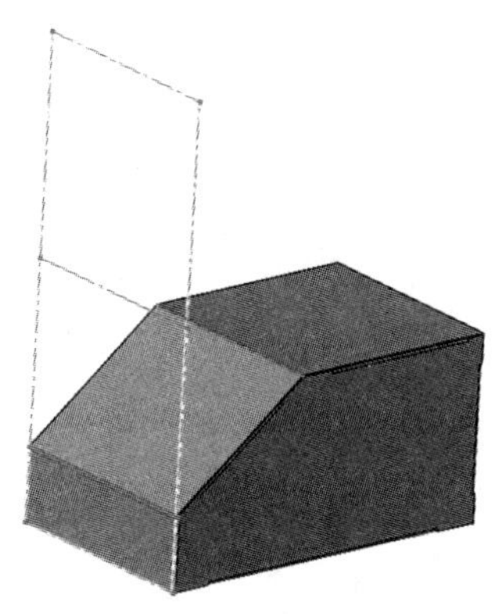

图 5-43　展平显示

5.13　实体干涉

钣金实体有可能与另一个实体发生干涉或产生冲突，就像装配体的零部件一样。这里有两个解决方案可以用来找出钣金实体之间的干涉。

5.13.1　组合

通过零件中的【组合】工具，使用【共同】选项并选择一对实体进行检查，如图 5-44 所示，重叠的体积会显示为实体。取消该操作，修改干涉部分后重复这一步骤，直到不会出现共同体积。

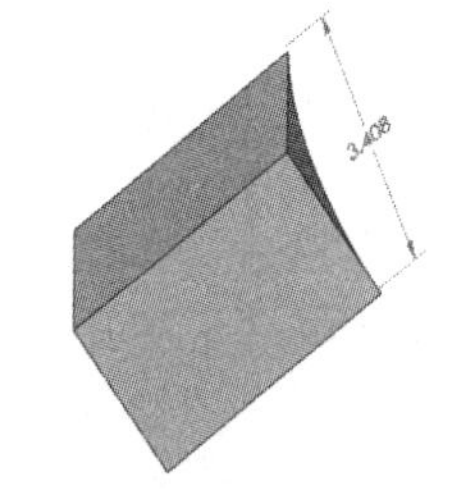

图 5-44　查看共同体积

5.13.2　干涉检查

将零件添加到一个新的装配体进行干涉检查。使用【干涉检查】工具并勾选【包含多体零件干涉】复选框。修改干涉部分后重复这一操作，直到不会出现干涉结果。

提示　【干涉检查】工具只能在装配体中使用。

下面将使用【干涉检查】技术来检查 Mirroring_MB 零件是否存在实体之间的干涉。

步骤 10　新建装配体　单击【从零件/装配体制作装配体】，选择“Assembly _ MM”作为文件模板。单击【确定】✓，将“Mirroring _ MB”作为一个零部件添加到装配体中。

步骤 11　干涉检查　单击【评估】/【干涉检查】，如图 5-45 所示。勾选【包括多体零件干涉】和【使干涉零件透明】复选框。单击【计算】。结果将显示有四个干涉，每个都位于侧面实体与外围实体相交的尖角区域，如图 5-46 所示。单击【确定】✓。

步骤 12　断开边角　返回到零件环境，选择两个侧面实体并单击【孤立】。单击【断开边角】，如图 5-47 所示，设置【折断类型】为【圆角】，半径为 10mm，并按图 5-48 所示选择一个实体的边线，单击【确定】✓。

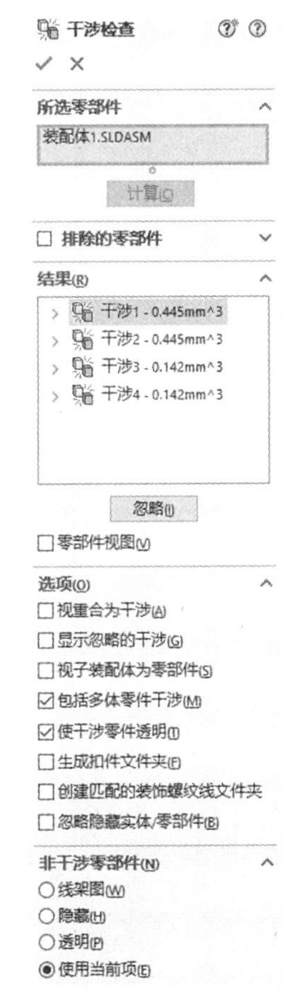

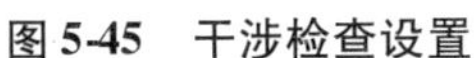
图 5-45　干涉检查设置

图 5-46　干涉位置

图 5-47　断开边角选项

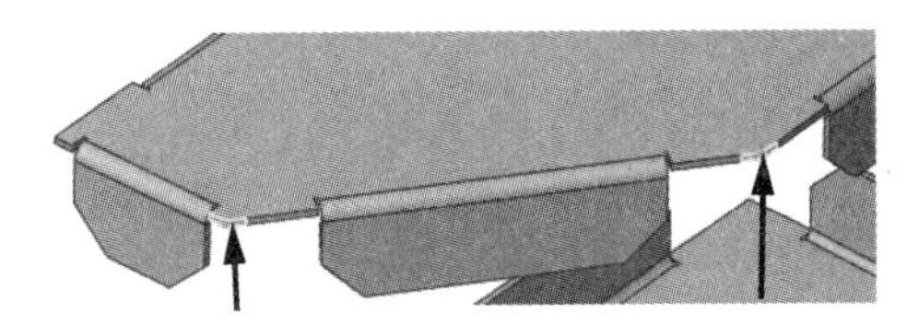
图 5-48　断开边角

步骤 13　重复操作　在相对的实体上重复执行上述操作。

技巧　此处一定有两个分开的“断开-边角”特征，即每个实体都对应一个。如果用户尝试应用特征到多实体中，此时有可能弹出信息提示：所选实体不属于钣金实体。

单击【退出孤立】。

步骤14　干涉检查　返回到装配体环境并使用相同的设置再次检查干涉，结果应该是无干涉。不保存装配体直接退出。

步骤15　保存并关闭此零件

5.14　和其他实体合并钣金零件

多实体设计技术允许用户合并同一零件中的不同类型实体。例如，钣金实体、焊接结构件和标准特征实体都可以成为某个合并设计的一部分。无论模型包含钣金实体或被定义为焊接件，在FeatureManager设计树中均会出现切割清单文件夹。

扫码看视频

切割清单项目文件夹图标是根据实体类型创建的，见表5-3。

表5-3　切割清单项目文件夹

图　标	实体类型	图　标	实体类型
	钣金实体		标准特征实体
	结构件实体		

提示　不包含钣金和焊接结构件的标准模型，可以利用【实体】文件夹组织零件中的实体。【实体】文件夹不能生成切割清单，也没有链接到实体的相关属性。

操作步骤

步骤1　打开“Bucket”零件　在Lesson05\Case Study文件夹中找到Bucket.sldprt文件并打开，如图5-49所示。

此零件由钣金法兰特征、插入的零件、标准特征和焊接结构件组成。在这个模型中，有9个分离的实体。

图5-49　打开零件

步骤2　展平实体　选择一个钣金实体的表面，单击【展平】，其他实体均自动变为隐藏。

步骤3　退出平展

步骤4　展开切割清单　展开切割清单，如图5-50所示。不同类型的实体使用不同的切割清单项目文件夹图标表示。

切割清单(9)
Sheet<1>(1)
Sheet<2>(1)
Standard Handle Bracket, 18 gauge<1>(2)
Cut-List-Item4(4)
3mm Round Wire<1>(1)

图5-50　切割清单

步骤5　修改切割清单属性　访问【切割清单属性】对话框。不同的实体类型关联着不同的切割清单项目属性。

在左侧窗格中单击“Cut-List-Item4”，添加“Rivet”作为【说明】的属性。单击【确定】。

> **技巧** 注意【说明】属性被用于切割清单项目文件夹的名称。在【选项】/【文档属性】/【焊件】中，调整命名切割清单项目文件夹和生成切割清单项目的设定。钣金切割清单项目的应用是从焊件模型的使用功能中引用的。

5.14.1　向实体指定材料

如有必要，零件中分离的实体可以使用不同的材料定义。未指定材料的实体使用零件的默认材料。一次可以选择多个实体来定义相同的材料。

知识卡片	编辑材料	• 快捷菜单：右键单击切割清单文件夹并选择【材料】/【编辑材料】。

> **技巧** 实体用实体名称前的实体图标来表示。

步骤 6　查看实体　展开 Rivet 切割清单项目文件夹，查看各实体。

步骤 7　编辑实体材料　使用〈Ctrl〉或〈Shift〉键选择 4 个铆钉实体，单击右键后选择【材料】/【编辑材料】，选择【普通碳钢】材料，如图 5-51 所示。单击【应用】并【关闭】。

步骤 8　查看切割清单属性(可选操作)　查看切割清单项目属性，确认铆钉的材料属性已经被更新。

步骤 9　保存并关闭所有文件

切割清单(9)
- Sheet<1>(1)
- Sheet<2>(1)
- Standard Handle Bracket, 18 gauge<1>(2)
- Rivet<1>(4)
  - Boss-Extrude3
  - Mirror1
  - Mirror2[2]
  - Mirror2[3]
  - 普通碳钢
- 3mm Round Wire<1>(1)

图 5-51　编辑实体材料

5.14.2　关于装配体的说明

所有钣金建模技术都可以与上下相关联的装配体建模结合，以实现在本章中介绍的一些相同功能。设计师或公司的工程标准通常决定是将设计创建为多实体零件还是在装配体环境中创建。

练习 5-1　工具盒

创建如图 5-52 所示的多实体工具盒，并使用装配体进行干涉检查。为工具盒每个实体创建平板型式工程视图，并输出平板型式到 DXF 格式。

本练习将应用以下技术：

- 带多实体的转换。
- 实体干涉。
- 多实体的平板型式视图。
- 切割清单零件序号注解。
- 带多实体的 DXF/DWG 格式文件输出。

扫码看视频

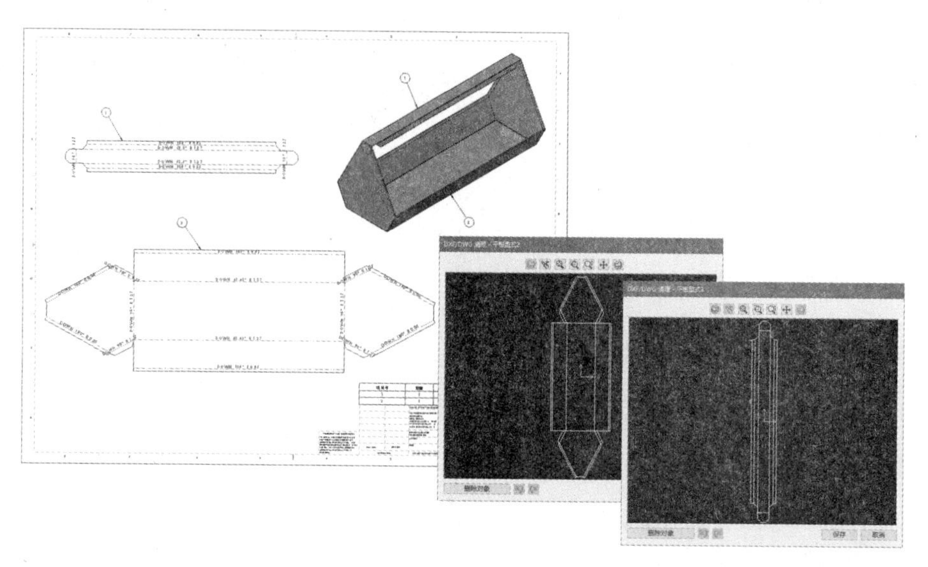

图5-52　多实体工具盒

操作步骤

步骤1　打开“Toolbox”零件　在Lesson05\Exercises文件夹中找到Toolbox.sldprt文件并打开，如图5-53所示。

此零件包含可以转化为钣金的拉伸基体特征。

步骤2　转换到钣金　单击【转换到钣金】，勾选【使用规格表】复选框，选择“SAMPLE TABLE-STEEL”，设置为18 Gauge，【折弯半径】为1.270mm。选择底面作为【固定面】。选择图5-54所示的浅色边线(a)作为【折弯边线】。【边角默认值】选择【明对接】，设置【所有切口的默认缝隙】为1mm。将材料应用到实体内部。勾选【保存实体】复选框。拉伸实体将应用于零件的第二个钣金实体的创建。单击【确定】✔。

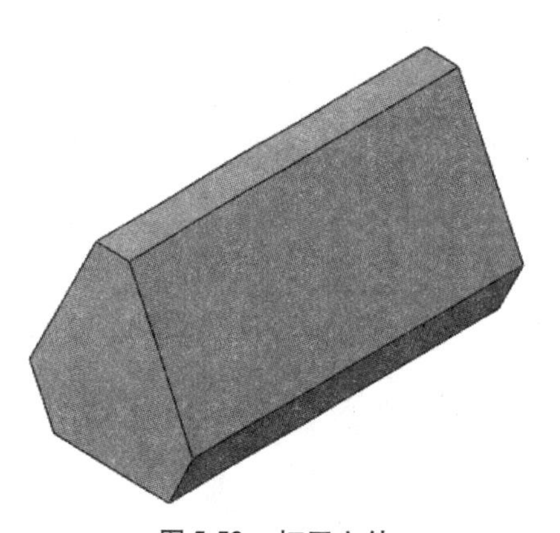

图5-53　打开文件

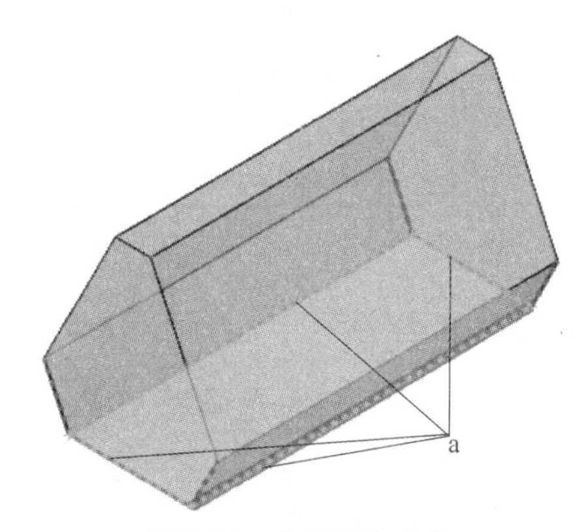

图5-54　选择面和边线

步骤3　生成工具盒把手　单击【转换到钣金】，不勾选【覆盖默认参数】复选框，此实体将使用第一个实体的钣金参数。

不勾选【保留实体】复选框。经过此步的操作，将不再需要拉伸的实体。

选择顶面作为【固定面】，应用【反转厚度】来保证材料的厚度向外。单击【确定】✔，如图 5-55 所示。

步骤 4　生成边线法兰　在把手实体的短边添加 90°的边线法兰。【法兰长度】设置为 35mm，【法兰位置】设置为【材料在外】，单击【确定】✔，如图 5-56 所示。

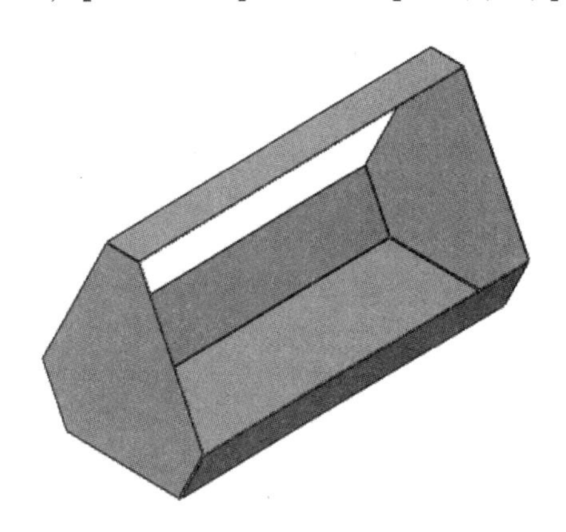

图 5-55　生成工具盒把手

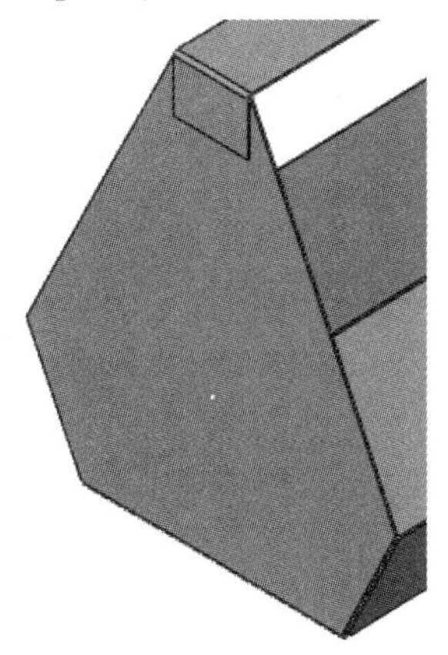

图 5-56　生成边线法兰

步骤 5　添加斜边法兰　在把手实体的长边上添加第二个边线法兰特征。

在【角度】中，激活面选择框，选择图 5-57 所示的斜面，法兰将平行于此面。编辑法兰轮廓，拖动轮廓边线，修改法兰的宽度。添加法兰轮廓到两个末端的偏移尺寸均为 20mm，设定【法兰长度】为 15mm。单击【上一步】，返回到【边线法兰】PropertyManager 中，更改【法兰位置】为【折弯在外】。单击【确定】✔。

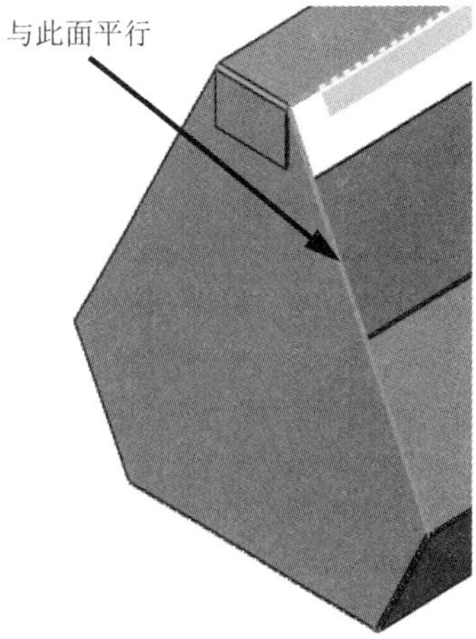

图 5-57　选择要平行的面

步骤 6　镜像边线法兰　以右视基准面为镜像面，镜像边线法兰 2。

步骤 7　断开边角　在四个边线法兰面的边角上添加 12mm 倒角形式的断开边角。

步骤 8　添加褶边　在倾斜法兰的内侧添加【材料在内】的褶边，如图 5-58 所示。使用【闭合】类型，设置长度为 10mm。

步骤 9　偏移边线法兰　另一个实体的边线法兰需要进行少量的偏移来防止干涉。单击【边线法兰】并选择图 5-59 所示的边线和方向。

图 5-58　添加褶边

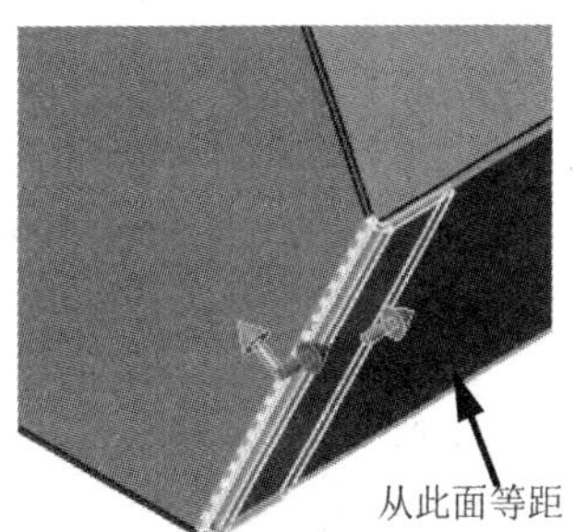

图 5-59　边线法兰

从【内部虚拟交点】测量，设置【法兰长度】为 15mm，【法兰位置】为【材料在外】。勾选【等距】复选框，选择【到离指定面指定的距离】。选择如图 5-59 所示的面，并设置距离为 0.25mm。在预览图中查看等距的方向，如有必要使用【反向】进行更改。在实体上单击其他 3 条相应的边线，单击【确定】。

步骤 10　断开边角　使用 12mm 的倒角，断开 4 个边线法兰面的边角。

步骤 11　添加褶边　在工具盒的 6 个露出边线上添加褶边。定位褶边位置为【折弯在外】。使用【闭合】类型，设定长度为 10mm，如图 5-60 所示。

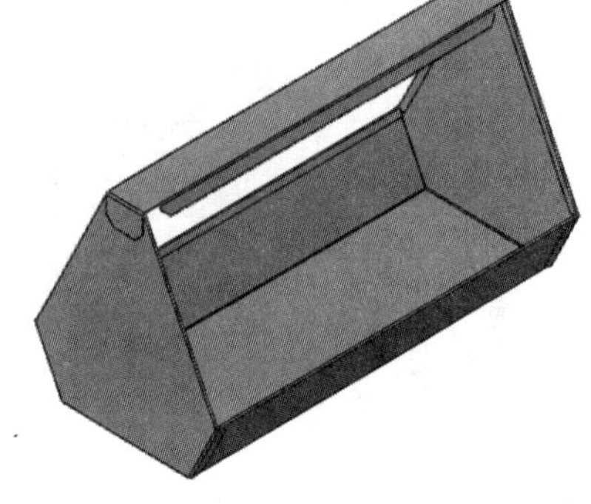

图 5-60　完成的零件

步骤 12　保存零件

步骤 13　干涉检查　单击【从零件/装配体制作装配体】，选择模板“Assembly _ MM”。将工具盒作为一个零部件添加到装配体中，单击【确定】。

从【评估】工具栏中单击【干涉检查】，勾选【包括多体零件干涉】和【使干涉零件透明】复选框，再单击【计算】。

结果显示有两个干涉面，位于把手和主体的重合处。单击【确定】。

步骤 14　移动实体　返回零件窗口。单击【插入】/【特征】/【移动/复制】。选择工具盒的把手作为【要移动/复制的实体】。选择【ΔY 】方向，移动实体 2mm。

单击【确定】，如图 5-61 所示。

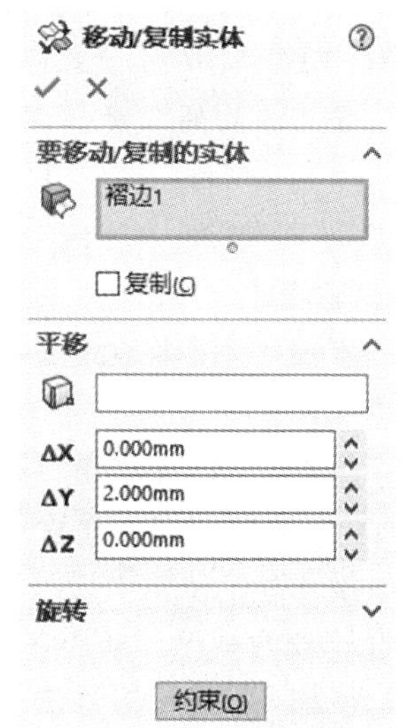

图 5-61　移动实体

> **技巧**　【移动/复制实体】PropertyManager 下部的按钮用于在添加【约束】以定义运动和指定【平移/旋转】设定之间切换。

步骤 15　干涉检查　重新回到装配体窗口。单击【干涉检查】，计算并确认在此零件中不再有干涉。不保存文件，关闭装配体。

步骤 16　更改切割清单属性　展开切割清单文件夹找到切割清单属性，将【说明】的属性更改为“Toolbox Body”和“Toolbox Handle”。

步骤 17　从零件制作工程图　在【文件】菜单或【新建】弹出菜单中单击【从零件/装配体制作工程图】，选择“C _ Size _ ANSI _ MM”模板。

步骤 18　添加等轴测工程视图　在视图调色板中选择等轴测视图，并将其放置到图纸的右上方。更改视图的【显示样式】为【带边线上色】。

步骤 19　添加平板型式视图　从【视图布局】工具栏中单击【模型视图】。双击打开的文档 Toolbox，或单击 PropertyManager 中的【下一步】。单击【选择实体】，选择工具盒把手，单击【确定】。在【模型视图】PropertyManager 中，一个平板型式视图出现在【方向】组框中。

勾选【平板型式】复选框。

注意此时添加了一个新的配置，并与工程视图相关联。将视图放置在图纸的左上方。

步骤20　重复操作　重复步骤19，添加另一个实体的平板型式视图。将其放置在图纸的左下方。

步骤21　更改图纸比例　右键单击图纸并选择【属性】，更改图纸比例为1:3，如图5-62所示。

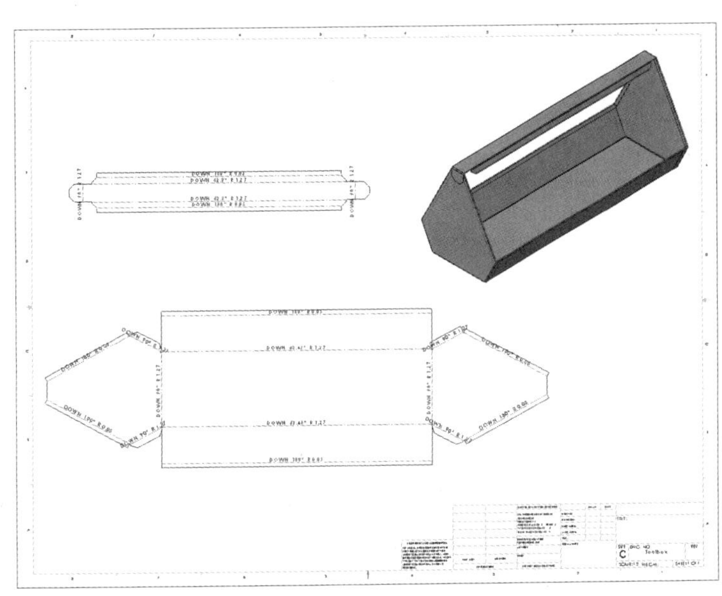

图5-62　创建工程视图

步骤22　添加切割清单表　添加【焊件切割清单】表，并修改表格使其包含表5-4中的信息。

表5-4　切割清单表

项目号	数量	说明	钣金厚度	折弯系数
1	1	Toolbox Handle	1.214	0.5
2	1	Toolbox Body	1.214	0.5

将表格作为模板保存，将其命名为“SM Cut List-MB”并保存到桌面。

步骤23　添加零件序号　在【注解】工具栏中单击【零件序号】。在等轴测视图中为实体添加零件序号，为每个平板型式视图中的实体添加零件序号。

步骤24　链接零件序号到表格　选择一个平板型式视图。通过选择PropertyManager下部的【更多属性】按钮，或右键单击工程视图，从快捷菜单中选择【属性】，打开【工程视图属性】对话框，如图5-63所示。勾选【将零件序号文本链接到指定的表格】复选框。单击【确定】。

步骤25　重复操作　重复步骤24的操作，将另一个平板型式视图的零件序号链接到切割清单表中，如图5-64所示。

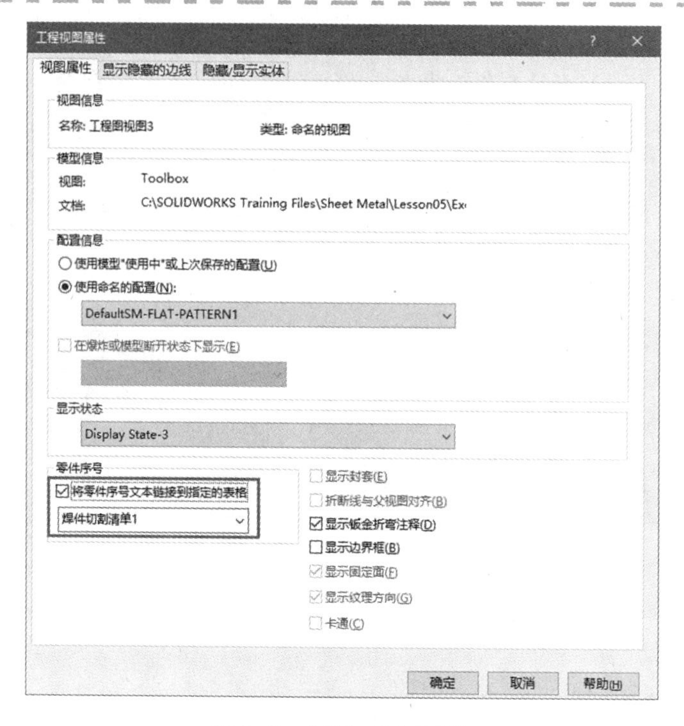

图 5-63　设置工程图属性

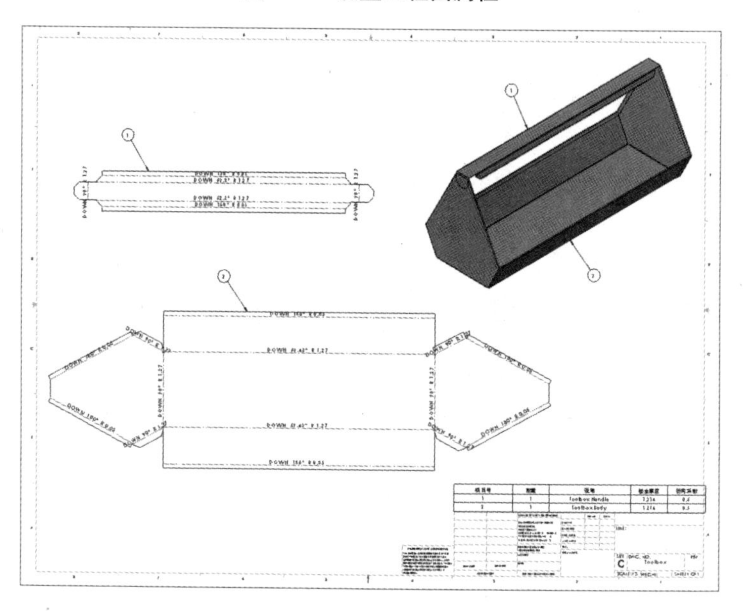

图 5-64　添加零件序号

步骤 26　保存工程图

步骤 27　更改零件　选择等轴测视图，单击【打开零件】。

提示　从此视图中打开零件，确保在零件窗口中激活的是默认配置。

两个实体的尺寸都与零件中初始的拉伸切除绑定。更改工具盒的长度为 650mm，把手的宽度为 40mm，并单击【重建】，如图 5-65 所示。

步骤28　重新查看工程视图　所有的工程视图进行了更新以反映新尺寸。若有必要，可通过拖动工程视图框来移动视图。

步骤29　保存并关闭工程图

步骤30　输出DXF格式　在零件窗口中右键单击零件的某个面，选择【输出到DXF/DWG】，接受默认的名称，并将DXF文件保存到桌面。

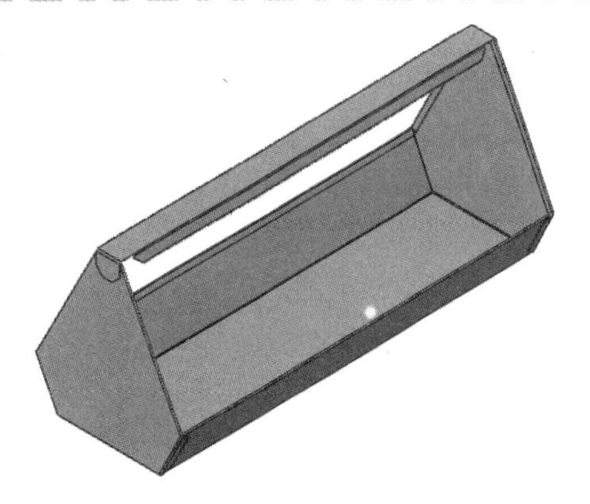

图5-65　更改零件

步骤31　设置输出选项　在【DXF/DWG输出】PropertyManager中选择【钣金】。在【要输出的实体】中，选择零件中的两个实体。勾选【几何体】和【折弯线】复选框作为【要输出的对象】。在【输出选项】中选择【单独文件】。单击【确定】✔。

步骤32　输出预览　在【DXF/DWG】清理窗口中，使用【下一布局】➡和【上一布局】⬅按钮查看预览图，如图5-66所示。单击【保存】。

步骤33　保存并关闭所有文件

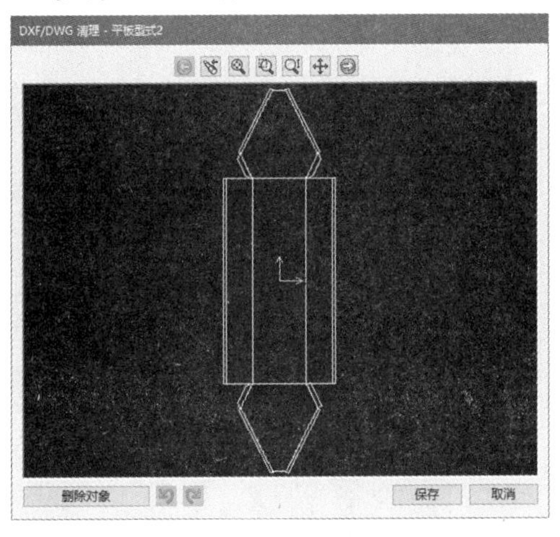

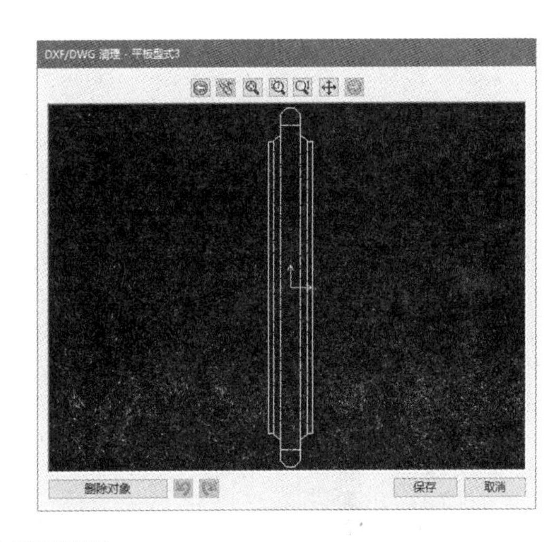

图5-66　查看预览图

练习5-2　镜像与合并实体

使用【镜像】在零件中生成一个左右对称的零件。通过分离的【基体法兰】特征创建外侧实体，然后使用【边线法兰】将它们合并，如图5-67所示。

本练习将应用以下技术：

- 多实体阵列。
- 使用边线法兰合并实体。
- 实体干涉。
- 隐藏/显示实体。

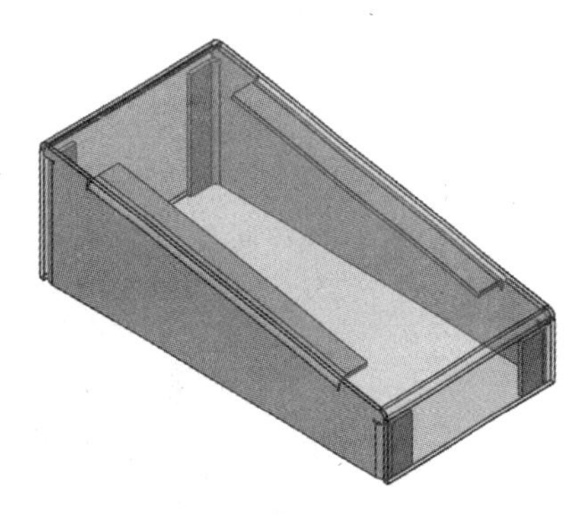

图5-67　成形零件

操作步骤

扫码看视频

步骤1　打开“Mirroring and Merging”零件　在Lesson05\Exercises文件夹内找到Mirroring and Merging文件并打开，如图5-68所示。

步骤2　镜像实体　单击【镜像】，激活选择框，选择已存在的实体，如图5-69所示。

不勾选【合并实体】复选框。使用“Plane1”作为【镜像面/基准面】。单击【确定】✔。

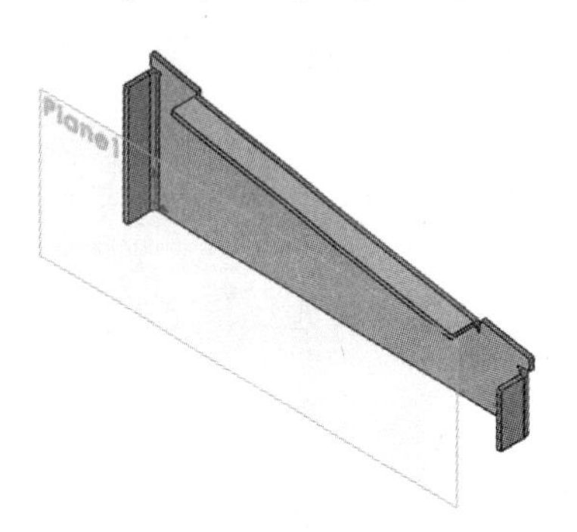

图5-68　打开零件

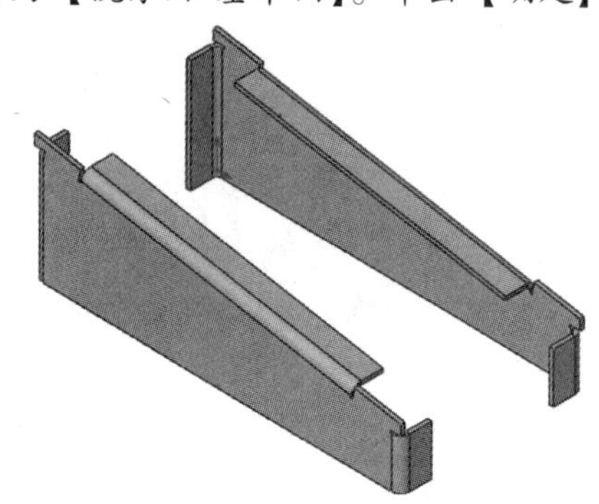
图5-69　镜像实体

【隐藏】“Plane1”。

步骤3　创建前、后法兰　在前、后法兰面上创建如图5-70所示的草图。使用这些草图创建两个默认设置的钣金实体。现在共有四个实体。

步骤4　生成边线法兰　添加一个边线法兰，将步骤3中生成的实体进行连接和合并。使用【材料在外】作为【法兰位置】。

现在有三个实体，如图5-71所示。

步骤5　检查干涉　单击【插入】/【特征】/【组合】。单击【共同】，选择如图5-72所示的两个实体，单击【显示预览】。

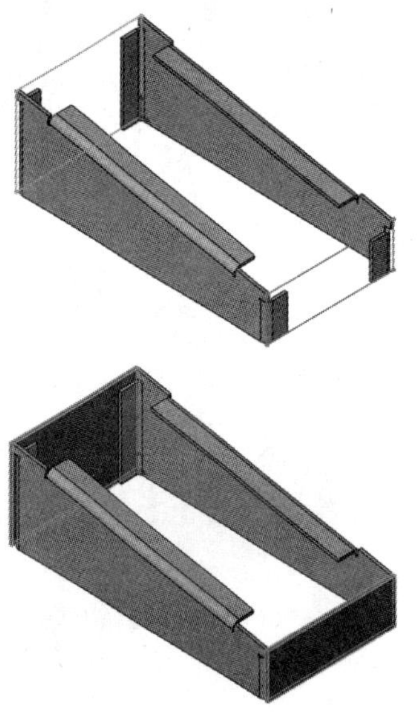
图5-70　创建前、后法兰

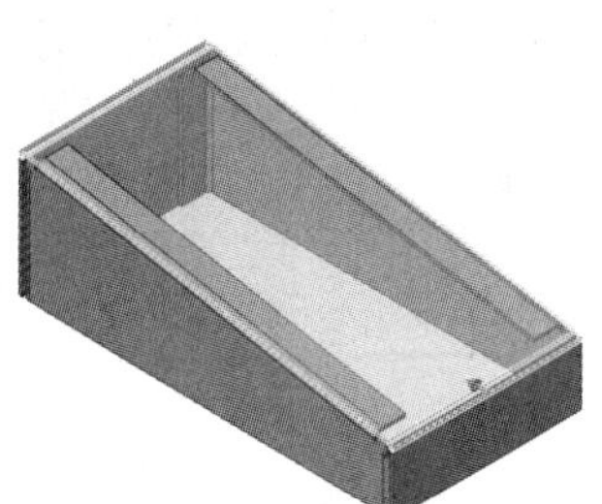
图5-71　生成边线法兰

图5-72　选择实体

预览显示两个实体的共同体积，这代表它们有干涉，如图 5-73 所示。

步骤 6　取消合并　在【组合】PropertyManager 中单击【取消】✕。

步骤 7　隐藏实体　选择合并钣金实体的某个面，单击【隐藏】。

步骤 8　断开边角　使用半径为 5mm 的【圆角】或【断开边角】特征，断开发生干涉实体的两边。此操作需要两个分离的特征。

步骤 9　隐藏/显示实体　单击【视图】/【隐藏/显示】/【实体】。从【隐藏的实体】选择框中清除实体，单击【确定】✔，如图 5-74 所示。

图 5-73　干涉的区域

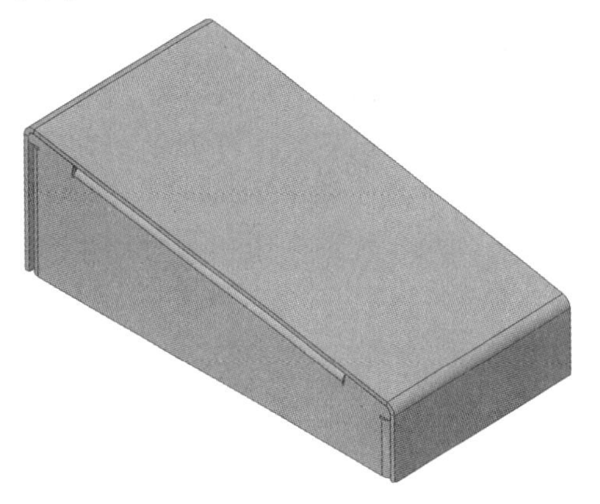

图 5-74　显示实体

步骤 10　保存并关闭所有文件

练习 5-3　钣金拖车

使用基体法兰、边线法兰、断开边角和其他特征来生成多实体钣金（钣金拖车，见图 5-75）。

本练习将应用以下技术：

- 多实体钣金零件。
- 隐藏/显示实体。
- 多实体阵列。
- 实体干涉。

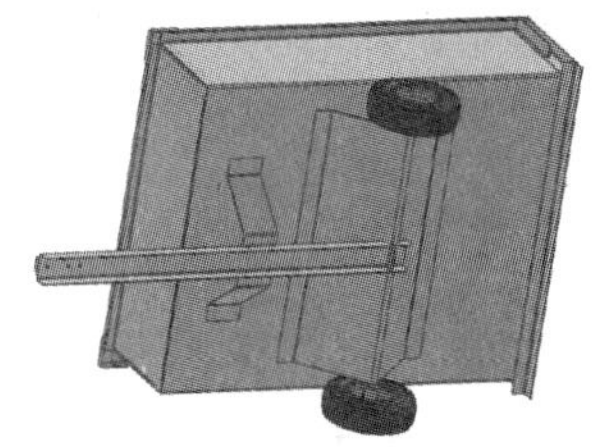

图 5-75　钣金拖车

钣金拖车模型由多个钣金实体和已提供的零件组成，使用如图 5-76 所示的信息创建实体。

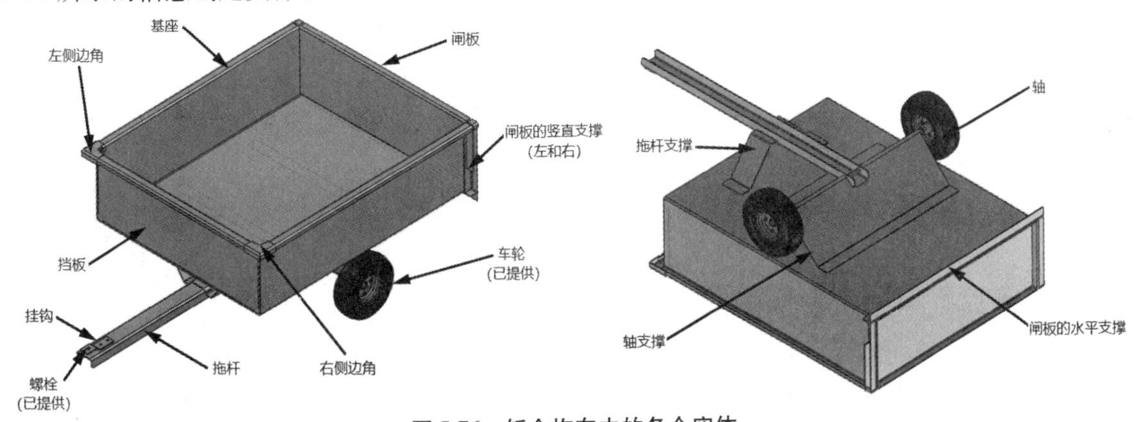

图 5-76　钣金拖车中的各个实体

此模型的设计意图如下：

1）除非有额外说明，所有材料均使用10钢。

2）除非有额外说明，所有折弯半径为3.81mm。

3）所有倒角为10mm。

扫码看视频

操作步骤

步骤1　新建零件　使用“Part _ MM”文件模板创建新零件。

步骤2　创建钣金实体　使用下述步骤创建拖车中的钣金实体。

●基座　使用如图5-77所示的尺寸在前视基准面上创建草图。为顶部法兰的宽度和高度创建全局变量。这些相同的尺寸将用于零件内的其他实体。

●基体法兰　创建一个拉伸长度为1100mm的基体法兰，如图5-78所示。

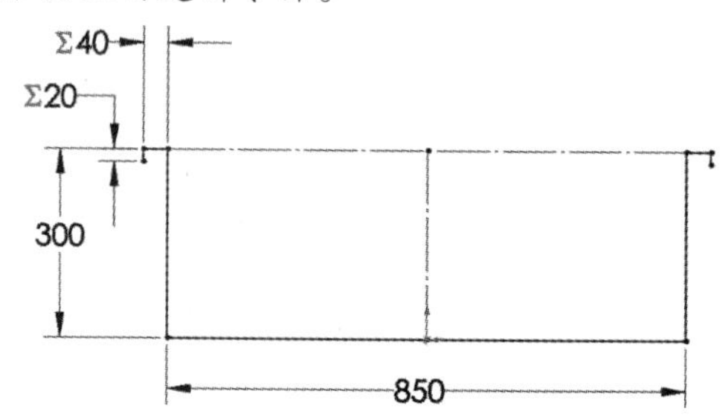

图5-77　基座的草图

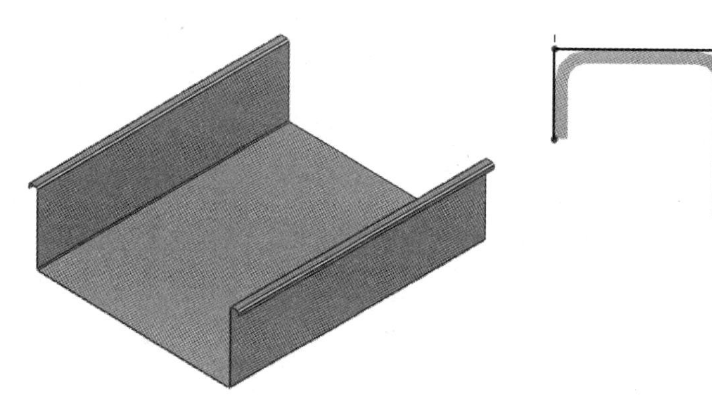

图5-78　创建基体法兰

●挡板　按图5-79所示的已有几何体来绘制挡板实体。

顶部法兰的尺寸和基座实体相同。创建边线法兰时从【外部虚拟交点】处测量，设置【法兰长度】为25mm，并指定【材料在内】的条件，结果如图5-80所示。使用【编辑法兰轮廓】来生成长度小于边线全长的法兰，如图5-81所示。断开边角设定倒角尺寸为10mm。

●轴支撑　在基座实体的中间生成一个轴支撑实体，如图5-82所示。

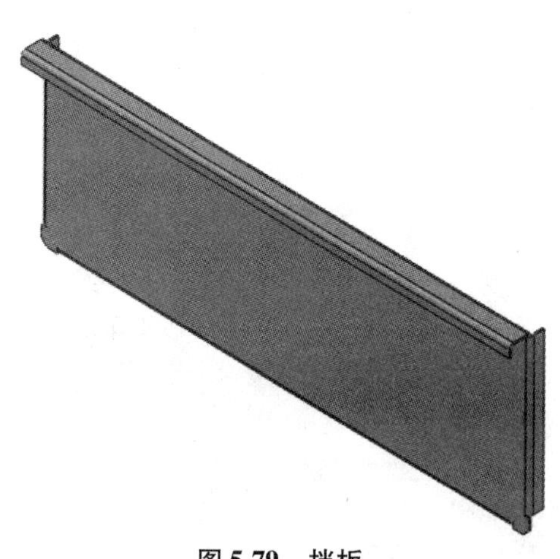

图5-79　挡板

图 5-80　生成基体法兰

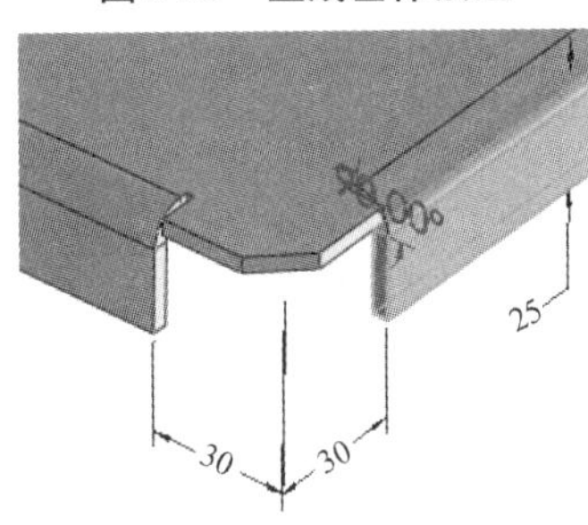

图 5-81　编辑法兰轮廓

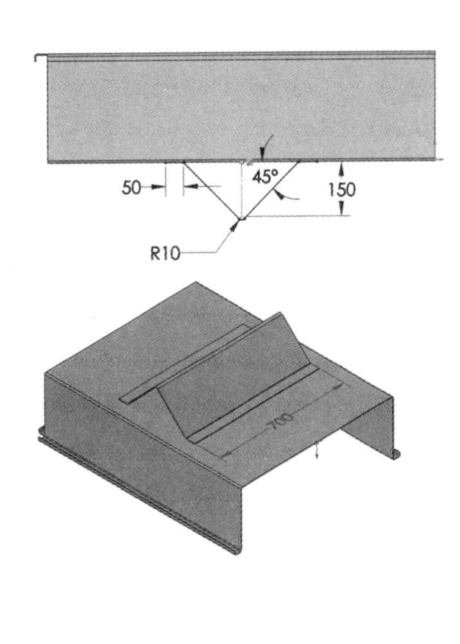

图 5-82　创建轴支撑实体

- 拖杆　在穿过轴支撑实体的位置生成拖杆实体，如图 5-83 所示。

在轴支撑实体上进行切除，使用如图 5-84 所示的尺寸，1mm 等距。使用 10mm 的倒角断开拖杆的边角。

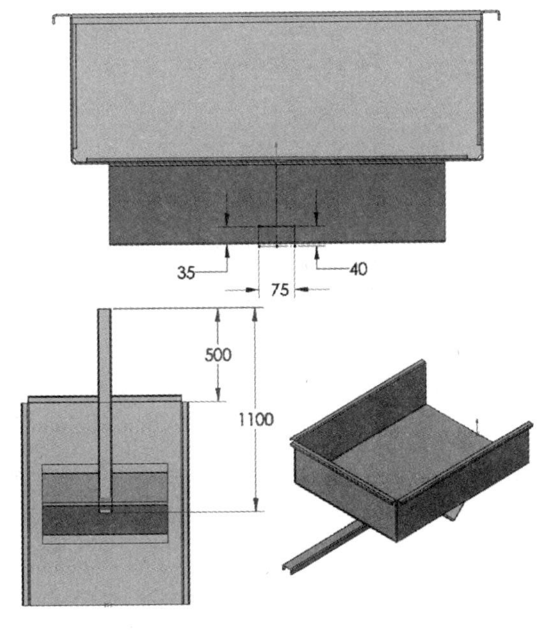

图 5-83　创建拖杆实体

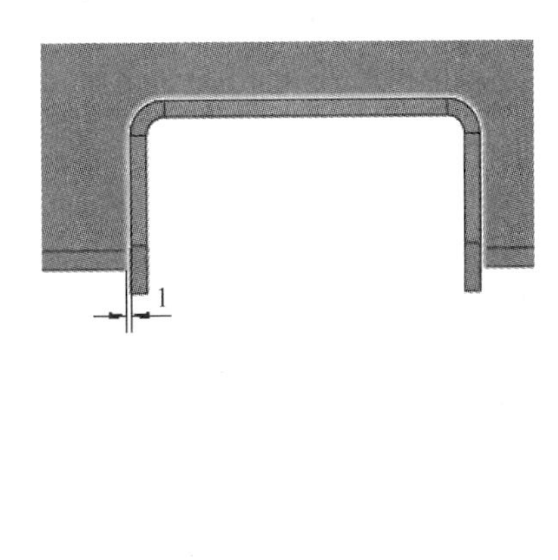

图 5-84　切除操作

- 拖杆支撑　在拖杆和基座之间生成拖杆支撑实体，如图 5-85 所示。

首先通过定义与拖杆和基座接触的法兰，然后再将它们与边缘法兰特征合并来创建拖杆支撑实体。从基座的前平面创建一个 -100mm 的平面，使用该平面创建基于拖杆几何形状的基体法兰，如图 5-86 所示。拉伸距离为 100mm。

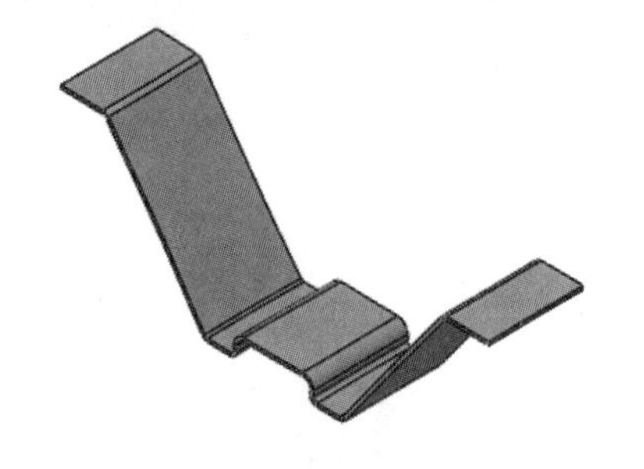

图 5-85　拖杆支撑实体

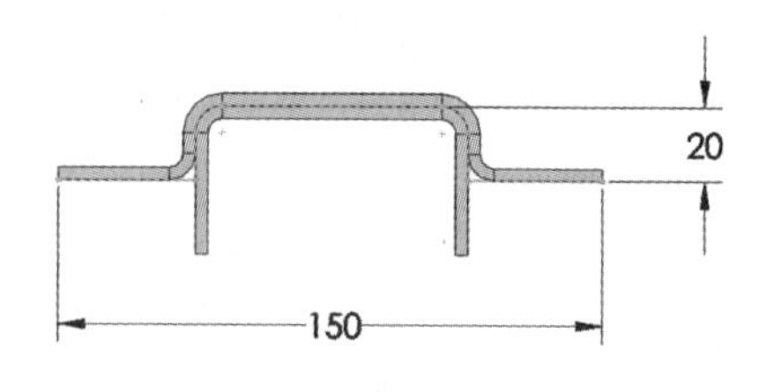

图 5-86　创建基体法兰

然后创建一个与基座接触的其他基体法兰特征，如图 5-87 所示。确保不勾选【合并结果】复选框，以将创建的特征作为零件中的单独实体。

使用右视基准面【镜像】基体法兰实体。

使用【材料在内】的条件生成边线法兰，如图 5-88 所示。

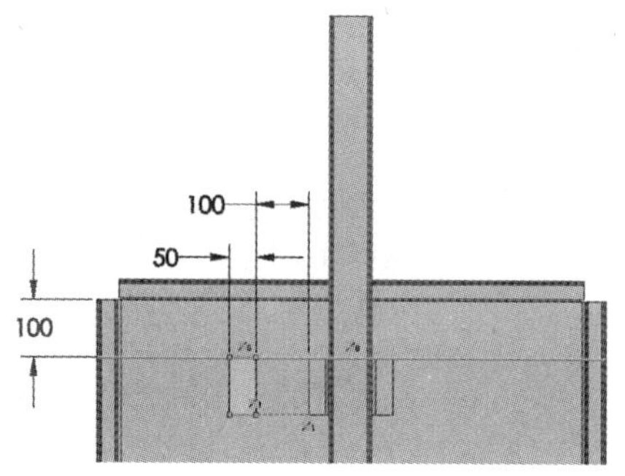

图 5-87　创建其他基体法兰

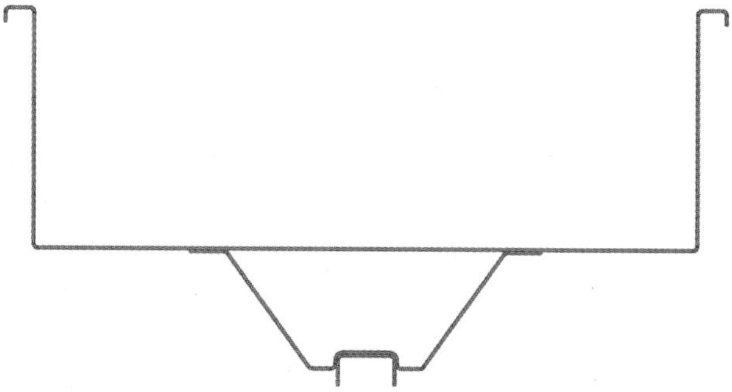

图 5-88　生成边线法兰

- 闸板竖直支撑　参照基座的背部创建闸板竖直支撑实体，法兰被拉伸到指定的顶点，如图 5-89 所示。

镜像闸板竖直支撑实体，生成基座另一侧的对称体，如图 5-90 所示。

- 闸板水平支撑　参考基座创建闸板水平支撑实体，如图 5-91 所示。该轮廓与相邻的闸板竖直支撑的轮廓相同。拉伸的距离应与竖直支撑中的顶点相关联。

- 创建右侧和左侧边角　使用【基体法兰】和【边线法兰】，创建右侧边角实体。从【外部虚拟交点】处测量边线法兰的长度为 25mm。如图 5-92 所示，镜像右侧边角实体，生成左侧边角实体。

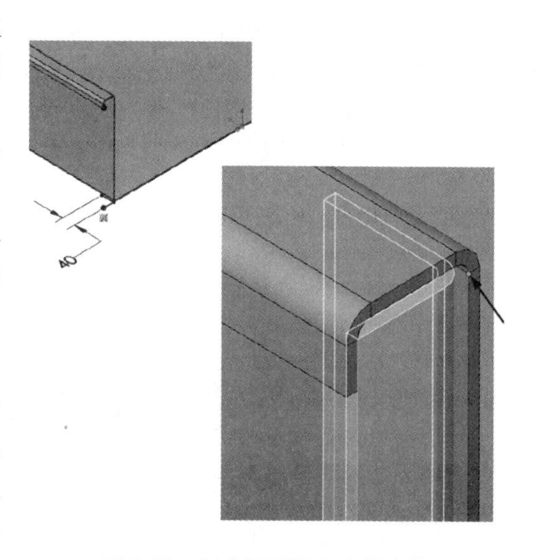

图 5-89　创建闸板竖直支撑实体

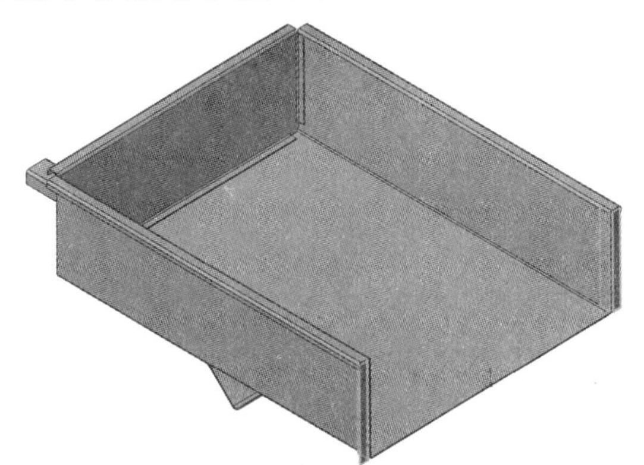

图 5-90 镜像闸板竖直支撑实体

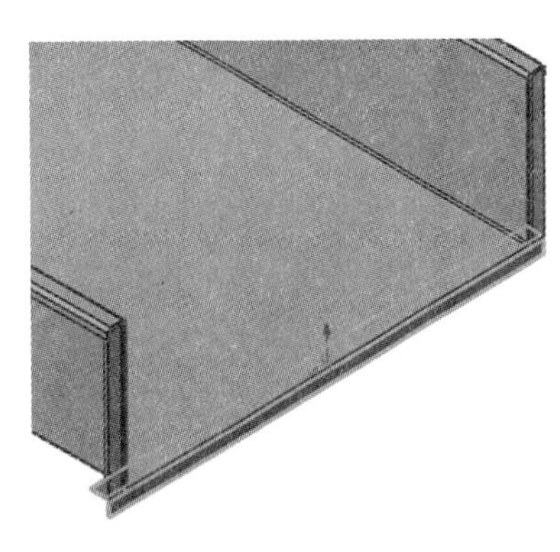

图 5-91 创建闸板水平支撑实体

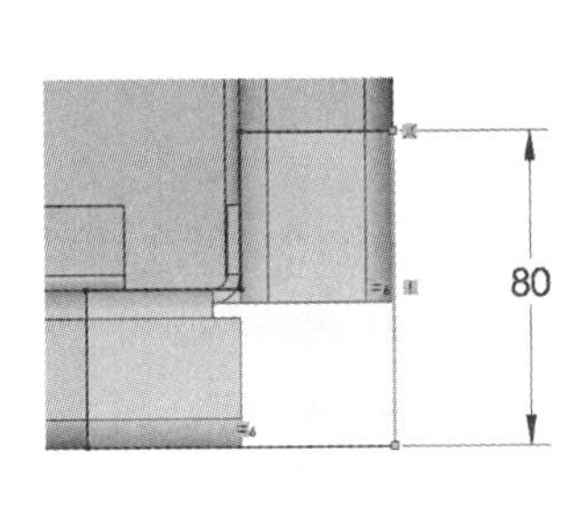

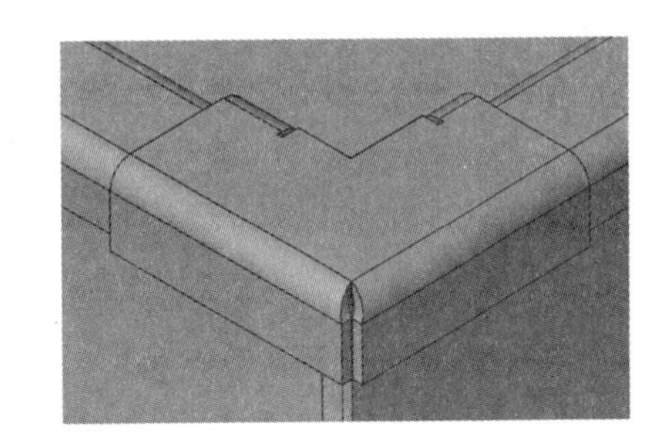

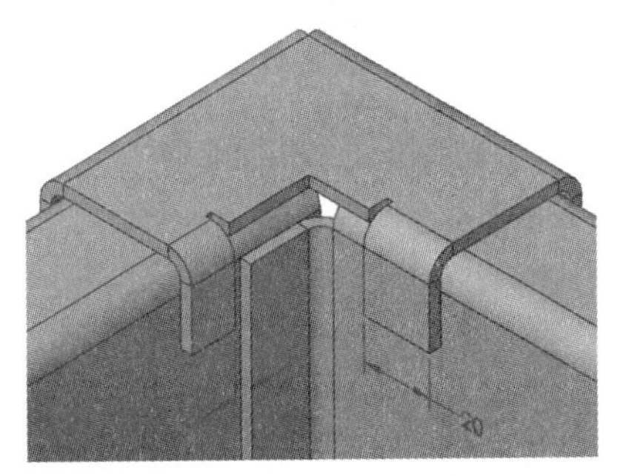

图 5-92 创建右侧边角实体

● 挂钩 参考拖杆生成挂钩实体，如图 5-93 所示。实体材料使用 8 钢，折弯半径为 5.08mm。

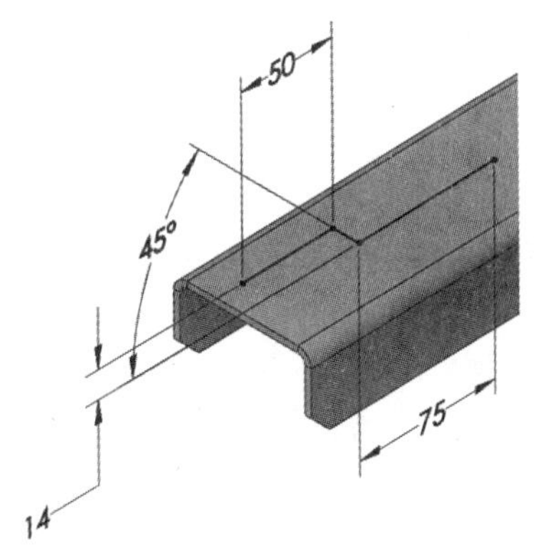

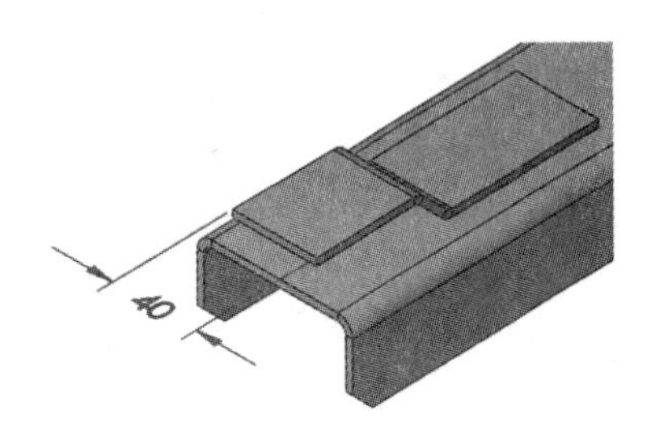

图 5-93 创建挂钩实体

对挂钩和拖杆添加直径为 10mm 的孔，如图 5-94 所示。

• 闸板　在基座和闸板竖直支撑实体上创建切除，生成闸板实体，边角处用 10mm 倒角断开，如图 5-95 所示。

• 轴　创建轴实体，并切除拖杆，如图 5-96 所示。

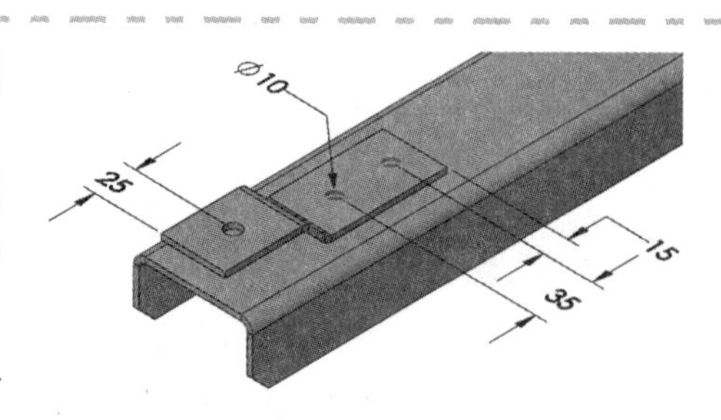

图 5-94　创建孔特征

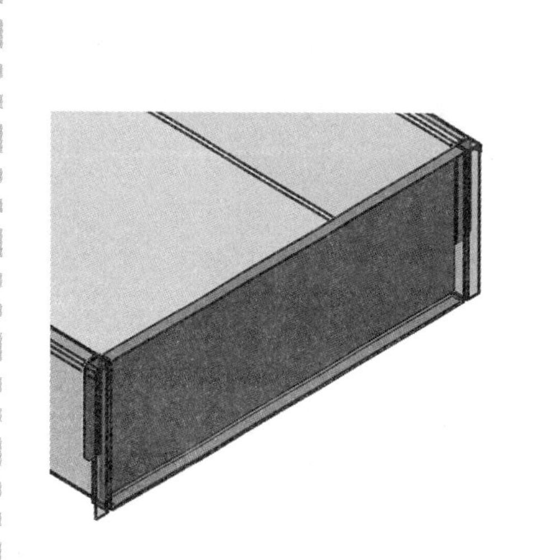

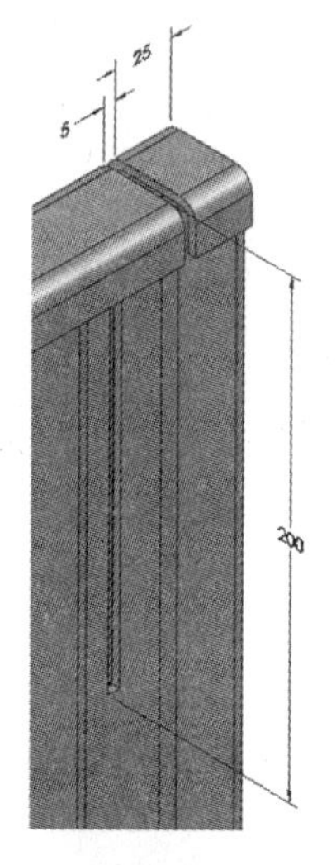

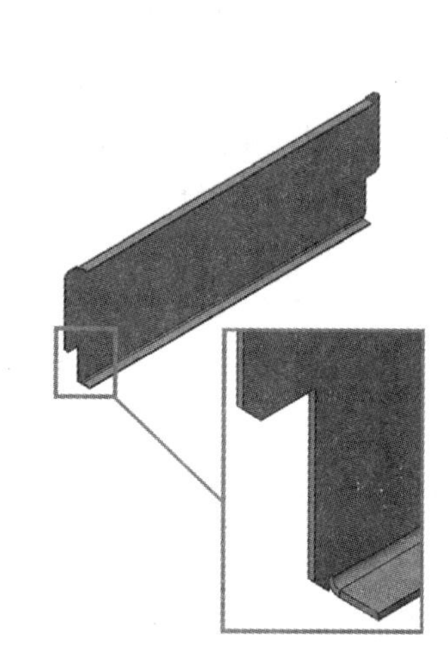

图 5-95　生成闸板实体

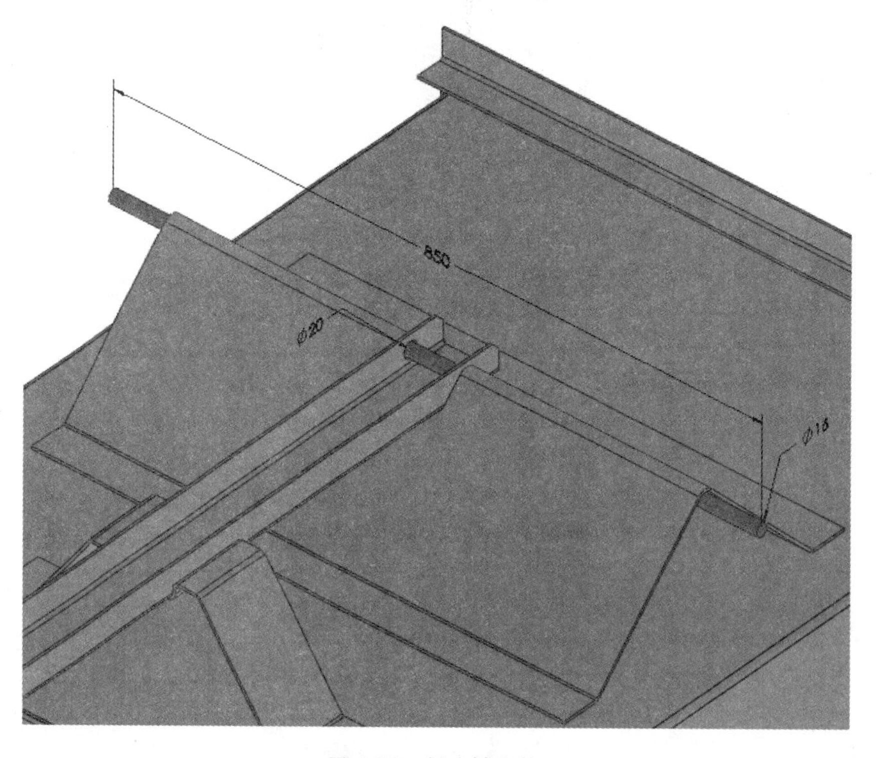

图 5-96　创建轴实体

步骤 3　添加已提供的项目　使用【插入】/【零件】命令，添加两个车轮和螺栓零件，如图 5-97 所示。

步骤 4　干涉检查　检查实体之间的干涉情况，在【干涉检查】对话框中勾选【包括多体零件干涉】复选框。修改模型以清除发现的所有干涉。

步骤 5　创建爆炸视图（可选操作）按照图 5-98 所示，创建爆炸视图，添加一些爆炸步骤。

用户可以在【插入】菜单中访问【爆炸视图】命令。

步骤 6　保存并关闭所有文件

图 5-97　添加车轮和螺栓

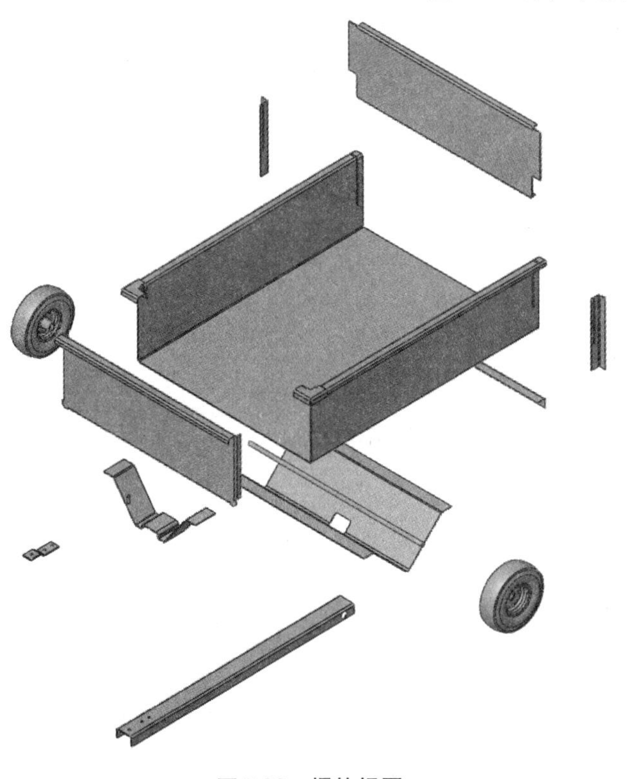

图 5-98　爆炸视图

第 6 章　钣金成形工具和角撑板

学习目标

- 通过成形工具和设计库来生成诸如筋、百叶窗、切口等成形特征
- 修改已有的成形工具或创建自定义成形工具
- 创建冲孔表
- 创建钣金角撑板
- 理解在平板型式下显示成形工具和角撑板的相关选项

6.1　钣金成形工具

成形工具可以用来创建使用冲制或压印制作的钣金特征，如图 6-1 所示。SOLIDWORKS 软件在设计库中提供了许多成形工具的实例。这些实例文件可以根据需要进行修改或创建为新的成形工具文件。

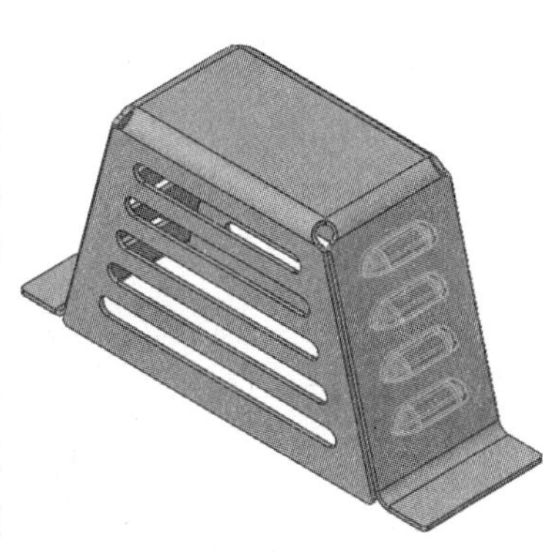

图 6-1　钣金模型

6.1.1　成形工具的工作原理

成形工具的几何体代表由冲制或压印形成的凹陷空间。成形工具的停止面是指工具要被应用到的钣金面。成形工具的面也可以被定义为要移除的面。若使用此工具，这些面将被移除，形成通孔的状态。成形工具的工作原理如图 6-2 所示。

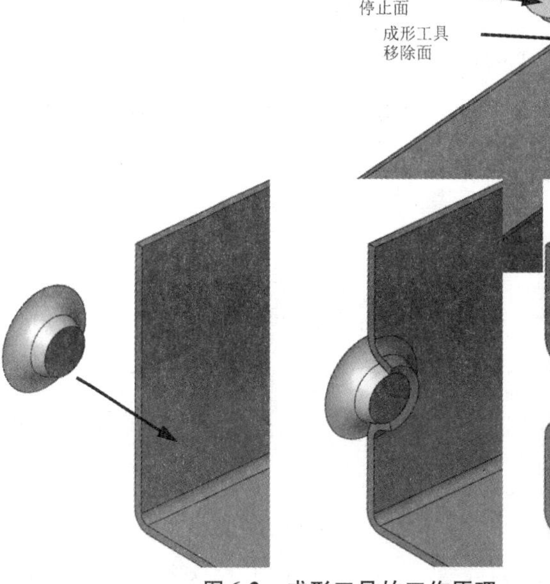

图 6-2　成形工具的工作原理

6.1.2　成形工具的类型

SOLIDWORKS 设计库中提供的文件代表成形工具的零件文件(*.sldprt)。零件文件必须放置在一个被标记为成形工具(forming tools)的文件夹(见图 6-3)中，以用作成形工具。

另一种类型的成形工具被识别为成形工具文件。该文件类型专门用于要用作成形工具的模型，是通过添加【成形工具】特征并以成形工具类型文件(*.sldftp)保存的方式来创建的。这种类型的成形工具文件不需要存放在标记的目录内。它可以在任何文件夹位置用作钣金设计中的成形工具特征。本章将讨论这两种类型的成形工具。

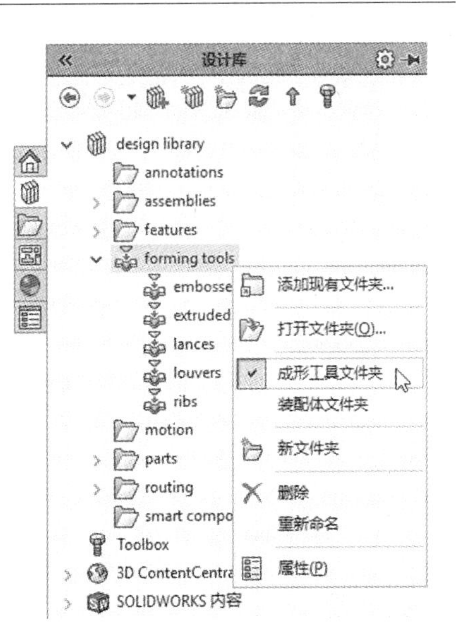

图 6-3　成形工具文件夹图示

6.2　标准成形工具

标准成形工具是软件自带的一套成形工具，每个成形工具都是一个零件文件(*.sldprt)，专门用来在钣金零件中创建成形特征。它们的使用方法和其他库特征的使用方法相似：拖动成形工具到钣金零件的表面上，创建成形特征。注意，这些成形工具只能用于钣金零件。

添加到设计库成形工具文件夹中的标准成形工具，使用了特定的特征和外观来区分停止面和移除面。这种类型的成形工具，会使用切除工具将所有多余的几何体去除，并且在终止面上创建一个定位草图。移除面必须设置为红色的外观(RGB 255，0，0)，如图 6-4 所示。

改进的成形工具功能不再依靠手动来创建这些特征和外观。

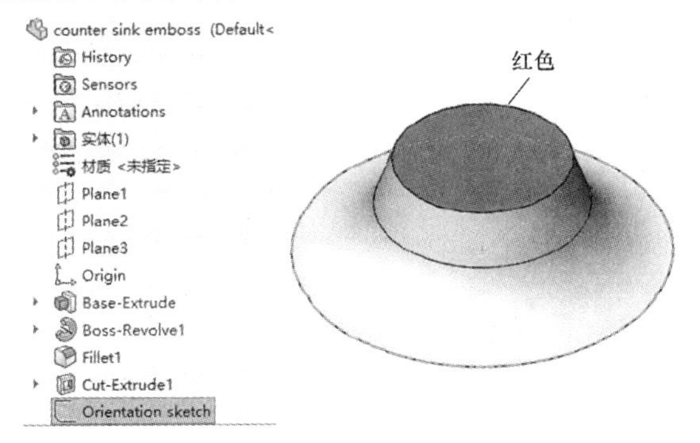

图 6-4　标准成形工具

6.2.1　成形工具文件夹

设计库中的成形工具文件夹(见表 6-1)包含 5 个带有样本成形工具的子文件夹：embosses、extruded flanges、lances、louvers 和 ribs。

表 6-1　成形工具文件夹

embosses	extruded flanges	lances	louvers	ribs
circular emboss	round flange	90 degree lance	louver	single rib
counter sink emboss	rectangular flange	angled lance		

（续）

embosses	extruded flanges	lances	louvers	ribs
counter sink emboss2		arc lance		
dimple		bridge lance		
drafted rectangular emboss		lance & form shovel		
extruded hole		lance & form with bend		
		lance and form		

6.2.2 使用标准成形工具

为了演示如何使用设计库中的标准成形工具，下面将为现有零件模型添加百叶窗，如图6-5所示。

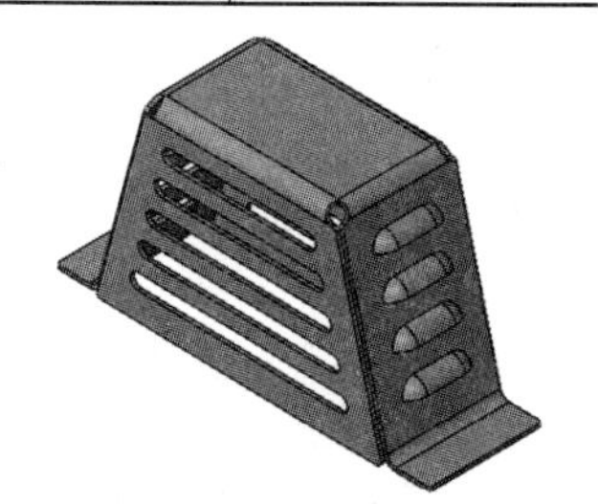

图6-5 使用标准成形工具

操作步骤

扫码看视频

步骤1 打开文件 从Lesson06\Case Study文件夹中打开Standard Form Tools零件，如图6-6所示。

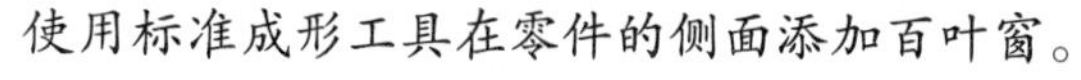

使用标准成形工具在零件的侧面添加百叶窗。

步骤2 找到标准成形工具 在任务窗格中单击【设计库】选项卡，展开设计库(design Library)文件夹。

步骤3 标记为【成形工具文件夹】 右键单击成形工具(forming tools)文件夹，如果其尚未标记为【成形工具文件夹】，则从菜单中选择该项，如图6-7所示。

步骤 4　访问百叶窗成形工具　展开成形工具(forming tools)文件夹，选择“louvers”库。

步骤 5　拖放　从任务窗格的下部选择“louver”，并将其拖放到模型的侧面上，如图 6-8 所示。

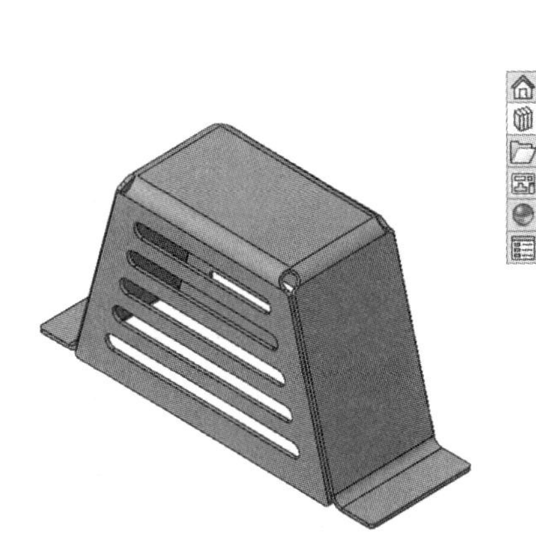

图 6-6　打开零件

图 6-7　标记为【成形工具文件夹】

图 6-8　拖放切口

6.2.3　成形工具特征设置

成形工具选项类似于孔向导的设定。如图 6-9 所示，在 Property Manager 上有两个选项卡，分别是【类型】和【位置】。

【类型】选项卡上包含如下选项：

1. 旋转角度　通过旋转和反转设置成形工具的角度。

2. 成形工具配置　选择成形工具中已有的配置。

3. 此零件配置　选择成形工具应用到的目标零件配置。

4. 链接到成形工具　允许特征与原始的成形工具零件形成链接，如果成形工具发生了变化，则此零件的特征也随之更新。

5. 替换工具　使用其他的成形工具替换现有的成形工具。

6. 冲孔 ID　当成形工具拥有冲孔 ID 时，此选项可用。冲孔 ID 可以被应用于与之关联的冲孔表中。

7. 平板型式显示状态　允许为此成形工具特征覆盖文档属性。

【位置】选项卡将激活草图，并使用草图点来定义特征的位置。

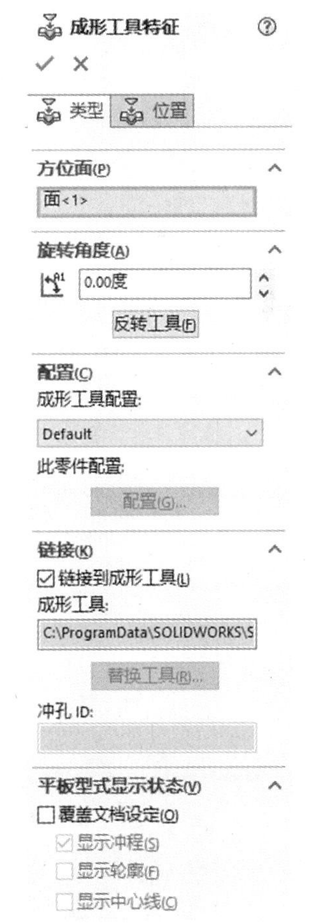

图 6-9　成形工具特征

步骤6　成形工具类型设定　在成形工具特征 Property Manager 中定义类型，单击【反转工具】，如图6-10所示。【旋转角度】设为270°。

步骤7　成形工具位置设定　选择【位置】选项卡，注意此时绘制草图【点】的命令被激活。

使用构造几何体和草图点来创建如图6-11所示草图，也可以使用【线性草图阵列】工具来创建。

单击【确定】✓。

步骤8　查看结果　使用成形工具添加百叶窗(louver)成形特征，有两个草图关联于此特征：视向草图和位置草图。结果如图6-12所示。

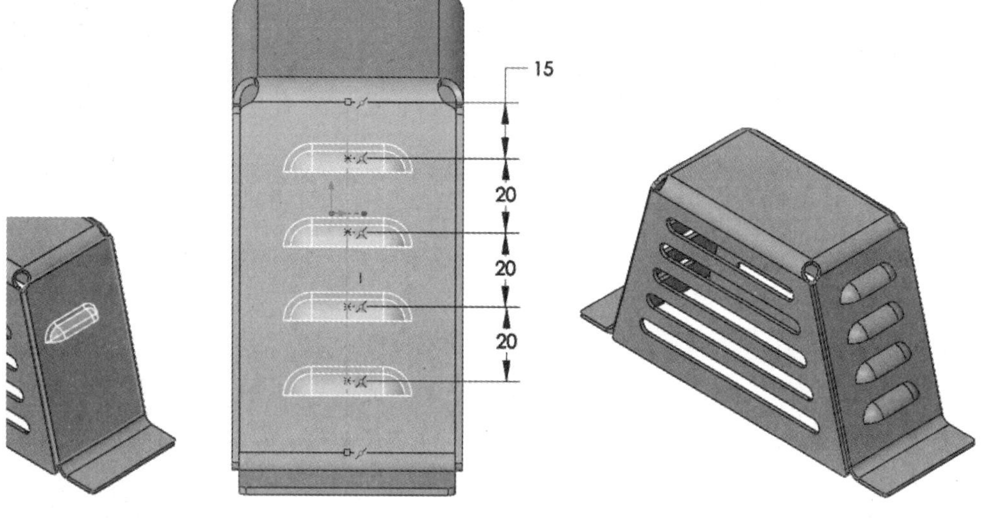

图6-10　反转工具　　图6-11　定位草图　　图6-12　查看结果

步骤9　镜像特征　以右视基准面为基准，用【镜像】成形工具形成百叶窗(louver)成形特征，勾选【几何体阵列】复选框。

步骤10　展平　单击【展平】，如图6-13所示。

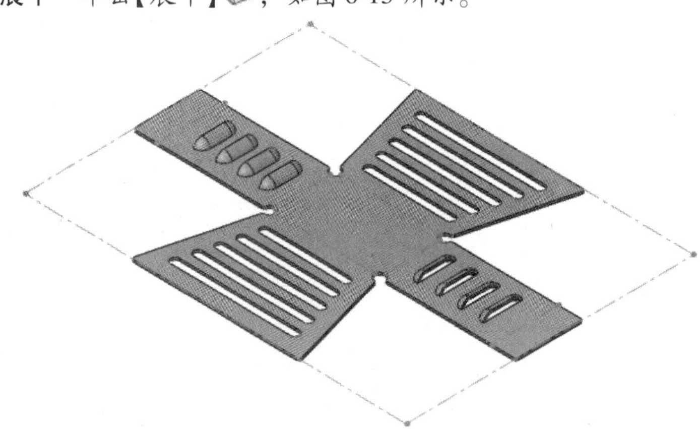

图6-13　展平状态

6.3　平板型式中的成形特征

成形工具特征并不会像折弯特征一样，它不能被展开，但其在平板型式中的显示状态是可以通过零件的文档属性(见图6-14)进行设置的。

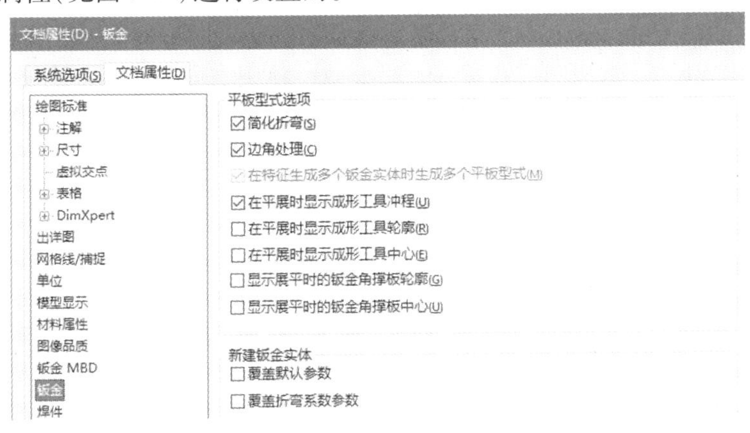

图6-14　文档属性

6.4　零件文档属性

零件文档属性包含了决定平板型式默认设置的选项，这些选项可用来控制成形工具特征和钣金角撑板特征在钣金件被平展时的显示状态，可在【选项】⚙/【文档属性】左侧的【钣金】类别中进行设置。为了规范文档属性，修改这些选项，并将其保存到零件模板中。

步骤11　退出平展

步骤12　修改文档属性　单击【选项】⚙/【文档属性】，并从左侧选择【钣金】类别。勾选【在平展时显示成形工具轮廓】和【在平展时显示成形工具中心】复选框，单击【确定】。

步骤13　展平　展平零件，在平板型式工程视图中，显示的草图可以用来描述成形工具的特征，如尺寸、轮廓等。

提示　注意到草图仅仅出现在初始的切口特征上，这是由于阵列成形特征并没有与之关联，因此在平板型式内也不会有草图显示。

步骤14　退出平展

步骤15　输出到DXF格式　通过设置输出选项，可以对成形工具进行DXF格式输出。右键单击零件的一个表面，选择【输出到DXF/DWG】。使用默认的名称和保存位置，单击【保存】。

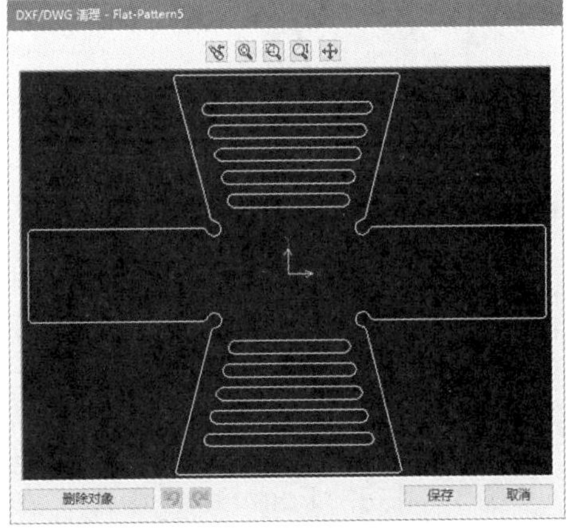

图6-15　输出到DXF格式

在PropertyManager中选择【钣金】输出，选择【几何体】作为要输出的对象。不勾选【成形工具】复选框。

单击【确定】✔。在输出的DXF文件内没有显示百叶窗，如图6-15所示。

步骤 16　保存并关闭　单击【保存】，创建 DXF 格式文件。保存并关闭零件。

6.5　自定义成形工具

对于标准成形工具零件、修改的成形工具零件和成形工具文件类型，所有类型的成形工具都具有上述相同的功能。由成形工具特征生成的大小和几何形状与使用的成形工具文件相匹配。如果标准成形工具不包含所需的尺寸和形状，则可以通过修改现有的或创建新工具来形成自定义成形工具。

有 3 类成形工具：

1）不带成形工具特征的零件文件（ *. sldprt）。

2）带有成形工具特征的零件文件（ *. sldprt）。

3）成形工具文件（ *. sldftp）。

当创建自定义成形工具时，可以使用【成形工具】特征来定义停止面、移除面和插入点等一些成形工具所需要的特性，如图 6-16 所示。

以成形工具文件（ *. sldftp）保存自定义工具时，文件的存储位置不受限制。使用此类型文件，免去了必须存放在设计库成形工具文件夹内的需要。

> **注意**　为了方便单独管理，自定义文件应该存放在 SOLIDWORKS 软件默认的路径之外。

在下面的示例中，将创建新的成形工具文件，并在钣金文件中添加锁孔的钣金设计，如图 6-17 所示。本部分也将介绍【分割线】工具，它在创建成形工具文件时非常有用。

修改标准成形工具的示例请参考练习 6-1。

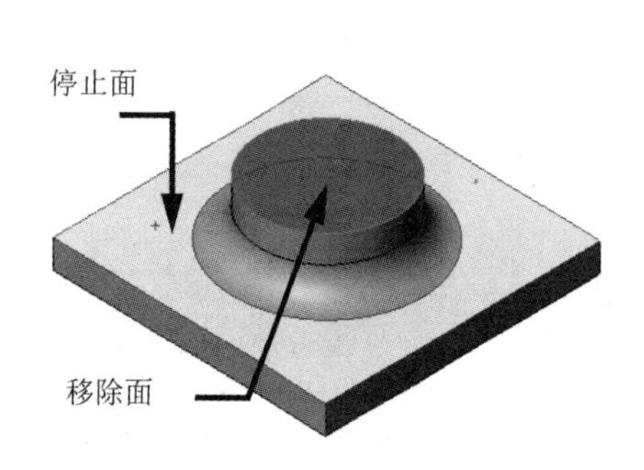

图 6-16　成形工具文件

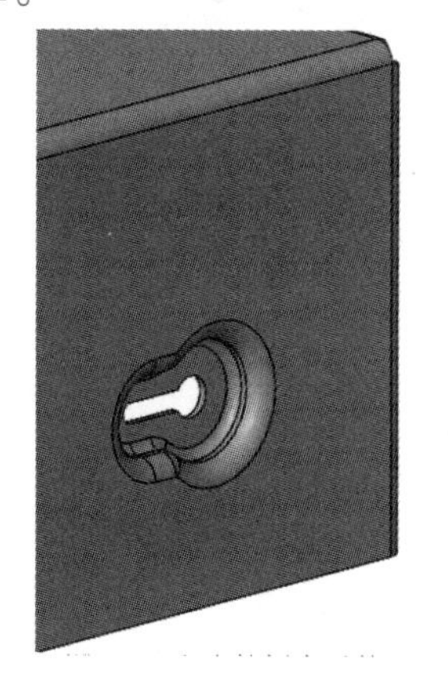

图 6-17　完成的钣金零件

扫码看视频

操作步骤

步骤 1　打开"FormFeat"零件　在 Lesson06\Case Study 文件夹内打开"FormFeat. sldprt"零件，如图 6-18 所示。

该零件包含基体、圆角特征和一个草图。草图内的区域在成形时将被移除。为了定义此区域为移除面，需要使用草图将面进行分割。

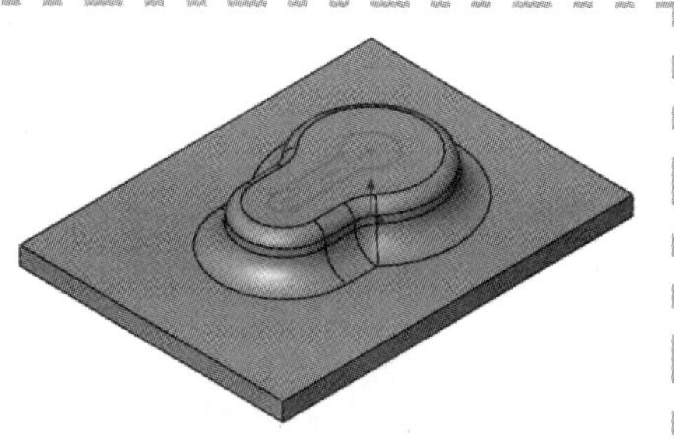

图 6-18　打开零件

6.6　分割线

【分割线】是指采用一条或多条曲线将模型面分割为两部分。分割线可以通过面上的轮廓或将草图(或曲线)投影到表面，或者用平面(或曲面)和模型表面的交线来创建。

知识卡片	分割线	• CommandManager：【特征】/【曲线】/【分割线】。 • 菜单：【插入】/【曲线】/【分割线】。

步骤2　定义分割线　单击【分割线】，使用【投影】选项，勾选【单向】复选框，使用该草图分割顶面。

单击【确定】，创建新的可被独立选择的面，如图6-19所示。

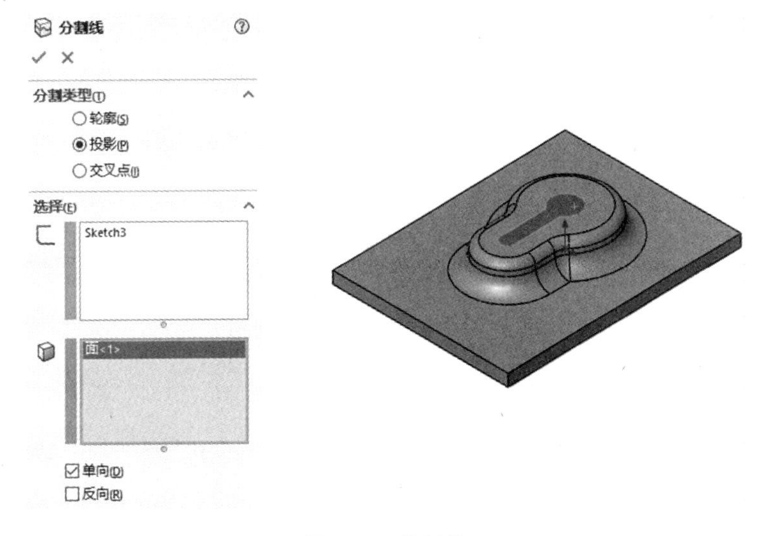

图6-19　分割线

6.7　成形工具

【成形工具】命令用来在零件中创建成形工具特征，以将此零件定义为成形工具文件。成形工具特征用于定义工具的停止面、应用工具时要移除的面以及工具的插入点。

知识卡片	成形工具	• CommandManager：【钣金】/【成形工具】。 • 菜单：【插入】/【钣金】/【成形工具】。

步骤3　编辑成形工具特征　单击【成形工具】。选择高亮显示的大面作为【停止面】。选择"锁眼"形的面作为【要移除的面】，如图6-20所示。单击【确定】。

步骤4　插入点　切换至【插入点】选项卡。目前插入点位于停止面的几何中心，如图6-21所示。在锁孔直径的中心和插入点添加【重合】关系。单击【确定】。

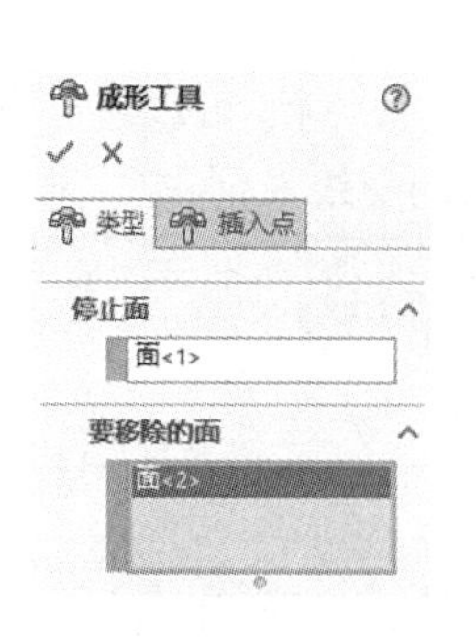

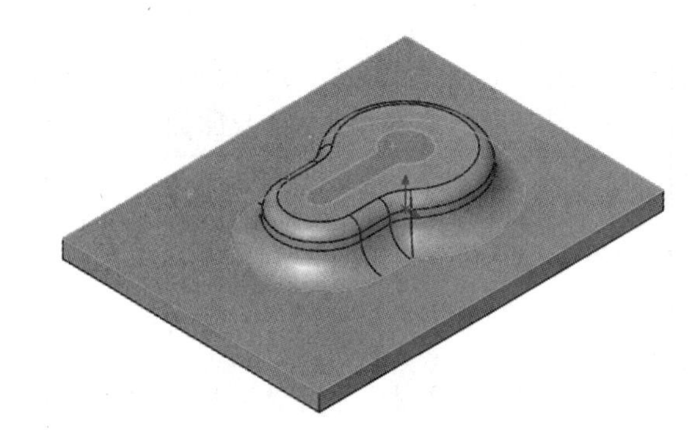

图 6-20　选择要移除的面

步骤 5　查看结果　添加了成形工具特征后，其中包含标准成形工具所需的方向草图，该草图是可见的，在成形工具特征中也存在。

不同颜色被应用到模型，以便对几何体进行分类（见图 6-22）：

- 青色：不包含在工具中的几何体。
- 红色：要移除的面。

若没有成形工具特征，则必须移除青色的几何体，并且必须手动将红色外观应用到所需面上。

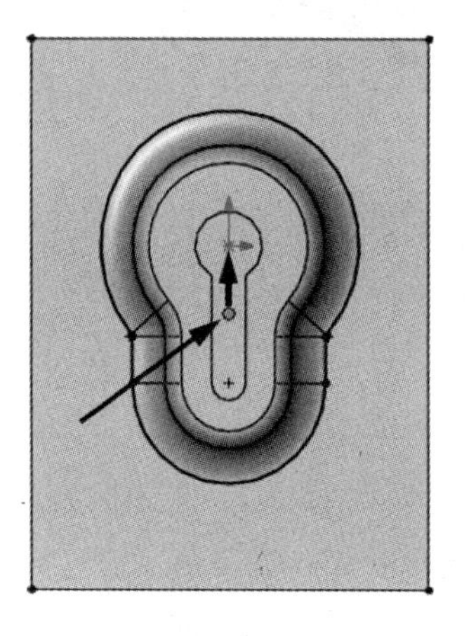

图 6-21　插入点

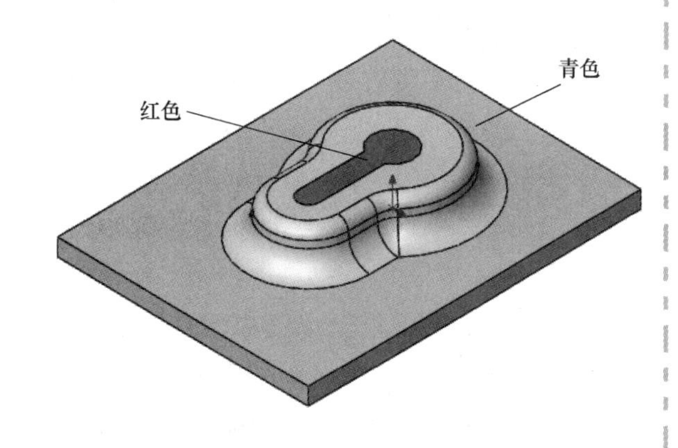

图 6-22　红色移除面

提示　【成形工具】特征设置要移除面的颜色为红色（RGB 255，0，0）。为了将该面切除，必须要有这个设置，不要手动更改它。

步骤 6　另存为成形工具文件　单击【文件】/【另存为】，从列表中选择“Form Tool（*.sldftp）”，命名为“Keyhole”，并保存在桌面上。关闭文件，不要保存。所需的信息已经被保存到 Keyhole 成形工具文件中。

提示　用户也可以将该工具保存为 SOLIDWORKS 零件文件。但为了将其当作成形工具使用，此文件必须被保存、复制或移动到标记为成形工具的文件夹中。

步骤7　打开"Cover_L6"零件　在Lesson06\Case Study文件夹中，打开Cover_L6.sldprt，如图6-23所示。

步骤8　从文件探索器中添加成形工具　Keyhole零件已经被保存为成形工具文件，用户可以从设计库内或外的任何文件夹下将其调用，并添加到模型中。单击任务窗格中的【文件探索器】选项卡。找到桌面中的文件，拖放Keyhole.sldftp文件到Cover模型的右侧面，如图6-24所示。

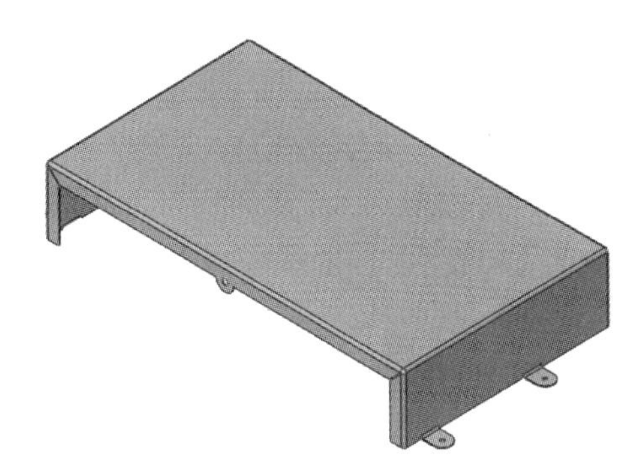

图6-23　打开零件

图6-24　从【文件探索器】中添加成形工具

提示　如有必要，可将文件的自定义路径设置在设计库中，以方便访问。单击设计库窗格上方的【添加文件位置】，浏览需要的文件夹进行添加。

步骤9　成形工具特征的设定　旋转90°，勾选【链接到成形工具】复选框。按图6-25所示定位插入点，单击【确定】✔，如图6-26所示。

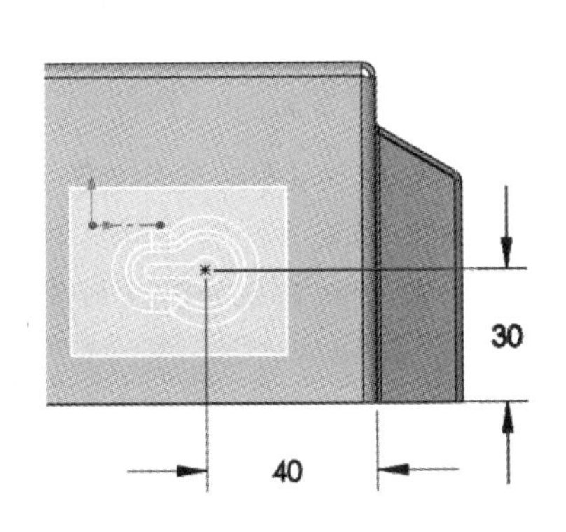

图6-25　定位成形特征

图6-26　成形特征

步骤10　添加第二个成形工具特征　在Cover的左侧面添加第二个Keyhole成形工具特征，【旋转】270°，勾选【链接到成形工具】复选框，按图6-27所示定位。

提示　添加第二个特征而不是使用阵列，这将确保零件的两面都放置了几何体草图。

步骤11　展平零件　展平零件查看平板型式，如图6-28所示。

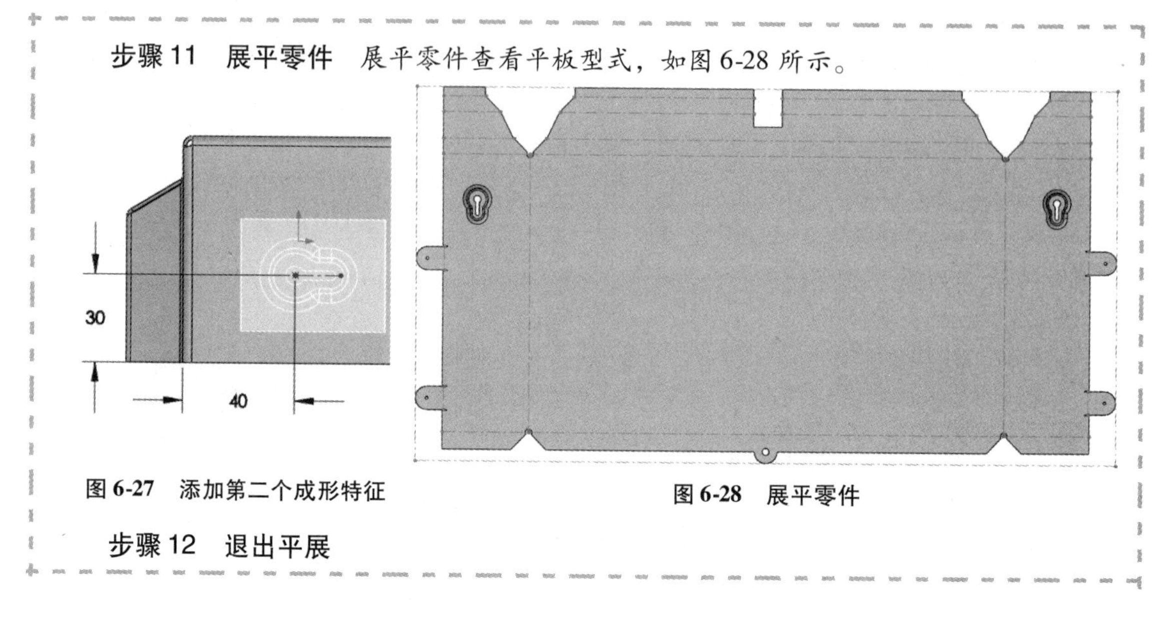

图6-27　添加第二个成形特征　　　图6-28　展平零件

步骤12　退出平展

6.8　工程图中的成形特征

为了在平板型式视图中显示成形特征，中心草图和轮廓草图需要处于显示状态，这样可以进行标注或创建冲孔表。

冲孔表是为成形特征服务的，类似于孔表。从某个指定的基准位置开始，来标注成形特征的X、Y坐标。在工程视图的创建过程中，成形特征的注解项目将被自动识别和标注以标识表格的行项目。

在表格中，用冲孔ID识别成形工具。在创建成形工具文件时，冲孔ID是以特定的文件配置属性被创建的。

步骤13　打开"Keyhole. slidftp"文件　使用【打开】对话框，打开桌面上的Keyhole成形工具文件。

步骤14　修改文件属性　单击【文件属性】。在对话框中单击【配置特定】选项卡。在【属性名称】单元格内的下拉菜单中选择【Punch ID】。依据配置名称和文件名称，【数值/文字表达】单元格会被自动填写，也可以按照需要进行手动修改，如图6-29所示。

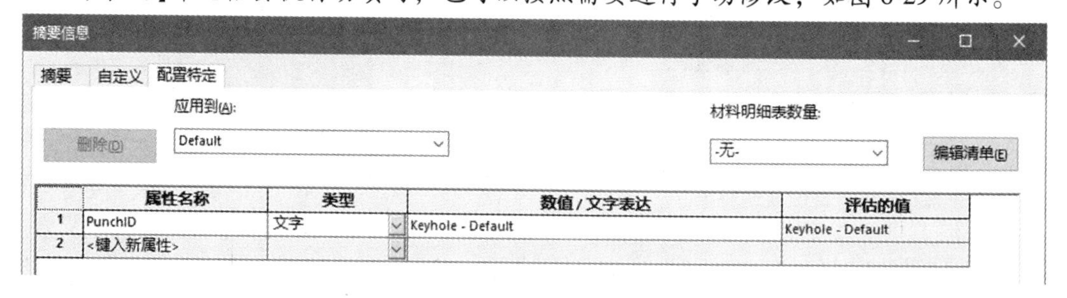

图6-29　添加冲孔ID属性

单击【确定】，接受默认的冲孔ID。

步骤15　保存并关闭文件　保存并关闭Keyhole成形工具文件。由于成形特征与零件链接，冲孔ID属性将会被自动识别出来。

步骤16 编辑成形特征 在Cover零件中，编辑其中一个Keyhole成形特征，以使用新的属性信息更新它。单击【确定】✔。

步骤17 从零件制作工程图 单击【从零件/装配体制作工程图】，选择“B_Size_ANSI_MM”模板。

步骤18 添加平板型式视图 从视图调色板中选择【平板型式】视图，将其拖放到图纸中。确认图纸【比例】为1:2。

步骤19 添加冲孔表格 从【注解】工具栏中单击【表格】/【冲孔表】。在【原点】中，选择视图顶部中心孔边线。在【边线/面/特征】中，选择整个的平展面。

在左上部放置表格，单击【确定】✔。

移动在视图中创建的Keyhole特征注解，以便更好地查看。

> **提示** 图6-30中标注的字体已经被修改以便清晰显示。

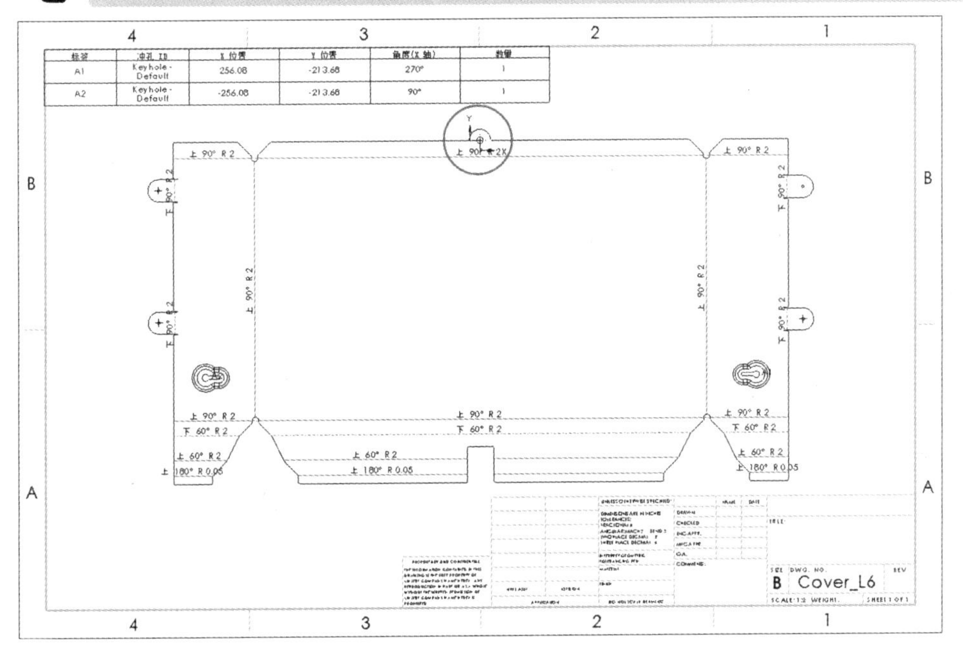

图6-30 创建工程视图

步骤20 保存并关闭所有文件

6.9 钣金角撑板

扫码看视频

钣金角撑板是用来加强各类折弯的压制特征。钣金角撑板是通过选择折弯的两个钣金面来形成的。通过沿着选定的边线来定义钣金角撑板的位置。

类似于成形工具，角撑板也不能被展平，但可以在平板型式下通过选项控制进行显示。

知识卡片	钣金角撑板	• CommandManager：【钣金】/【钣金角撑板】。 • 菜单：【特征】/【钣金】/【钣金角撑板】。

操作步骤

步骤1　打开零件　在Lesson06\Case Study文件夹中找到Gusset.sldprt文件并打开。

步骤2　添加角撑板　单击【钣金角撑板】。

步骤3　定位　选择如图6-31所示的绿色面。在两个面之间，自动选择了一条线性边线和一个点。

如有必要，激活【参考线】选择框（紫色），并选择如图6-31所示的边线。

激活【参考点】选择框（粉色），右键单击边线，选择【选择中点】。不勾选【等距】复选框。

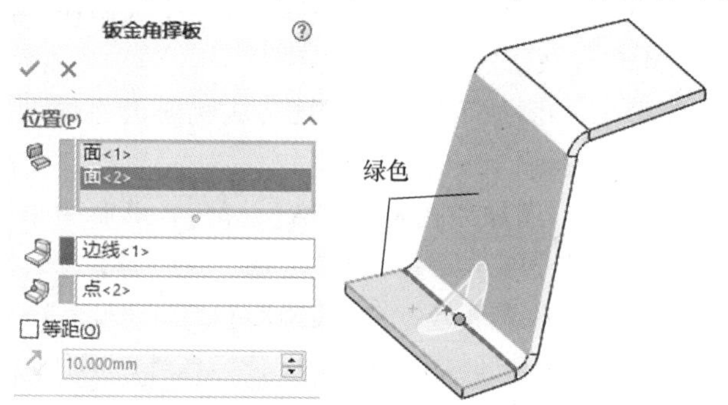

图6-31　添加钣金角撑板

步骤4　设置轮廓和尺寸　【轮廓】组合框允许修改角撑板的深度和外形。定义【轮廓】的缩进深度为10mm，选择【圆形角撑板】，如图6-32所示。【尺寸】按如下设定：

- 缩进宽度：10mm。
- 缩进厚度：2.5mm。
- 侧面草图：2.00°。
- 内、外角圆角：1mm。

如图6-33所示，单击【确定】。

步骤5　重复操作　在另一个折弯处添加相似的角撑板，如图6-34所示。

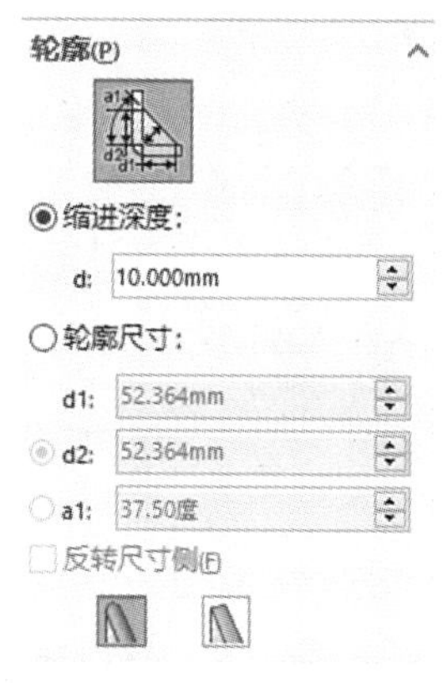

图6-32　定义轮廓

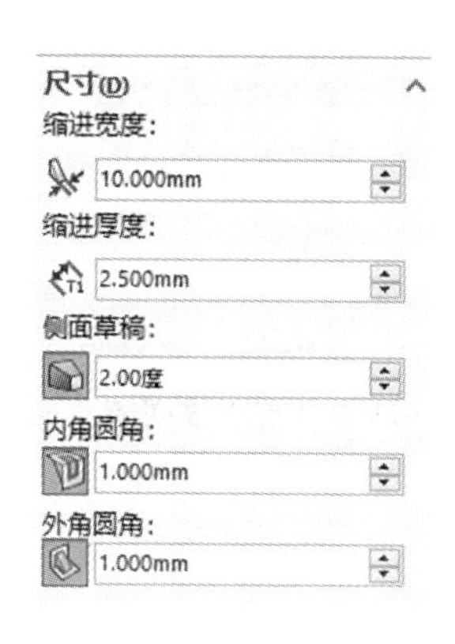

图6-33　定义尺寸

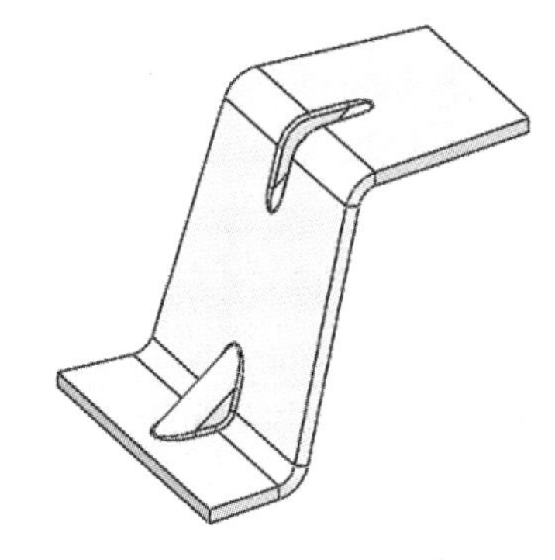

图6-34　添加第二个角撑板

步骤6　展平　单击【展平】，如图6-35所示。

目前【文档属性】并没有设置在平板型式下显示角撑板信息。

步骤7　退出平展

步骤8　编辑文档属性　单击【选项】/【文档属性】/【钣金】，勾选【显示展平时的钣金角撑板轮廓】和【显示展平时的钣金角撑板中心】两个复选框，然后单击【确定】。

步骤9　展平　单击【展平】，如图6-36所示。

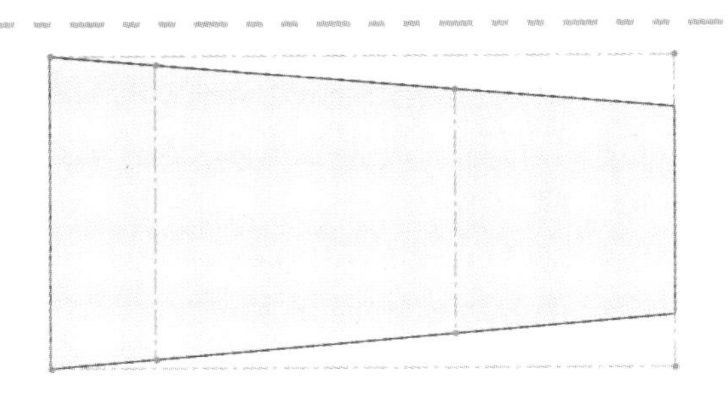

图 6-35　展平钣金零件

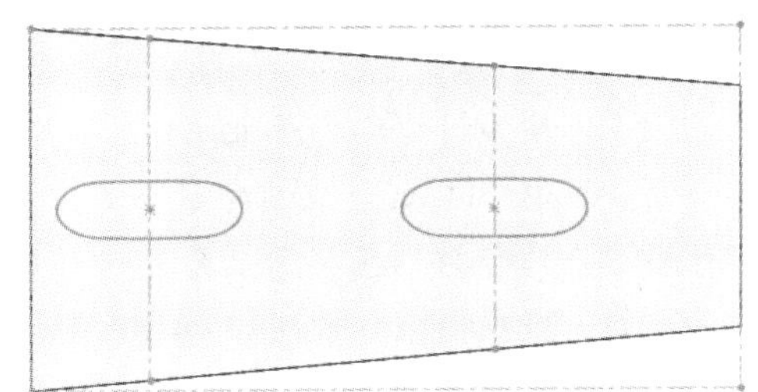

图 6-36　展平钣金零件(带有角撑板信息)

钣金角撑板的轮廓和中心可以在平板型式视图中用来定义钣金角撑板的信息。

步骤 10　退出平展

步骤 11　保存并关闭所有零件

练习6-1　成形工具

通过修改一个标准成形工具，创建一个自定义尺寸的 louver 成形工具文件。使用此文件在盖子顶部生成成形特征，并创建工程图和冲孔表，如图 6-37 所示。

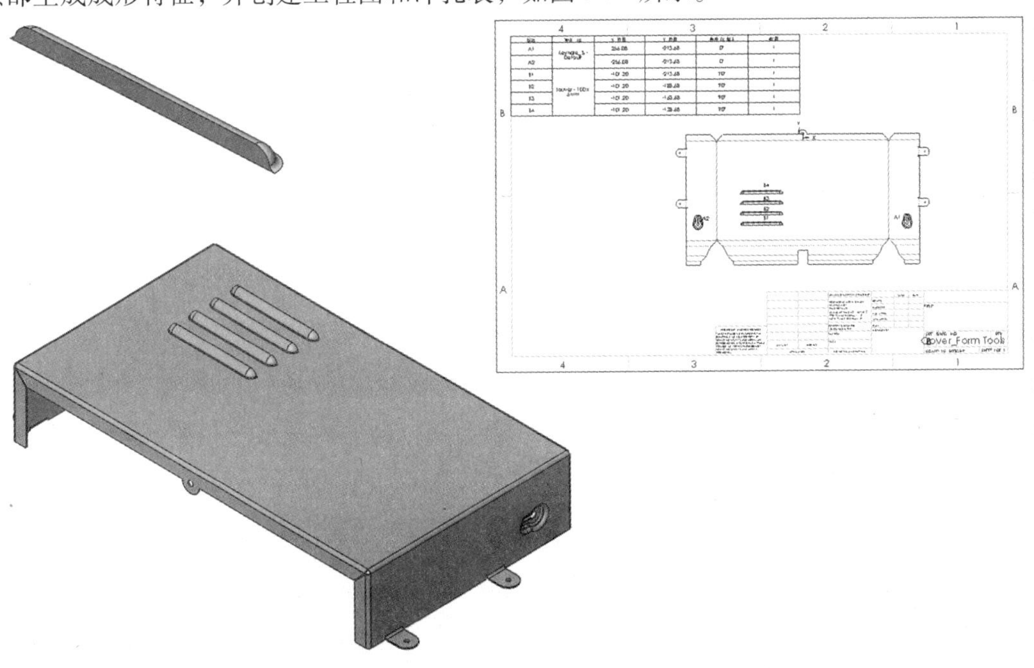

图 6-37　成形工具文件

本练习将应用以下技术：

- 自定义成形工具。
- 成形工具。
- 冲孔表和冲孔 ID。

扫码看视频

操作步骤

步骤 1　从设计库中打开 louver　在任务窗格中单击【设计库】选项卡。展开成形工具文件夹，选择 louvers。在窗格的下部双击 louver，打开零件。

步骤 2　另存为　在桌面上另存一份 louver 文件，以防止修改了标准的 louver 文件。

步骤 3　查看特征　使用【Part Reviewer】或退回控制棒查看零件的创建步骤。

布局草图用于控制 louver 的长和宽，如图 6-38 所示。Boss-Extrude1 用于控制 louver 的深度。在添加圆角后，切除了基体特征。

方向草图(见图 6-39)是通过转换停止面的边线来创建的。

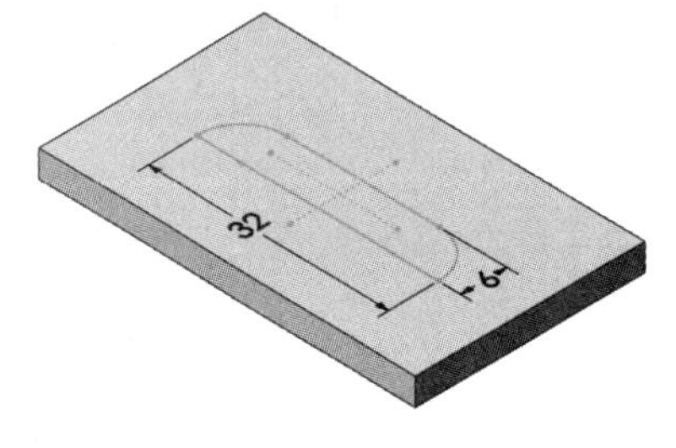

图 6-38　布局草图

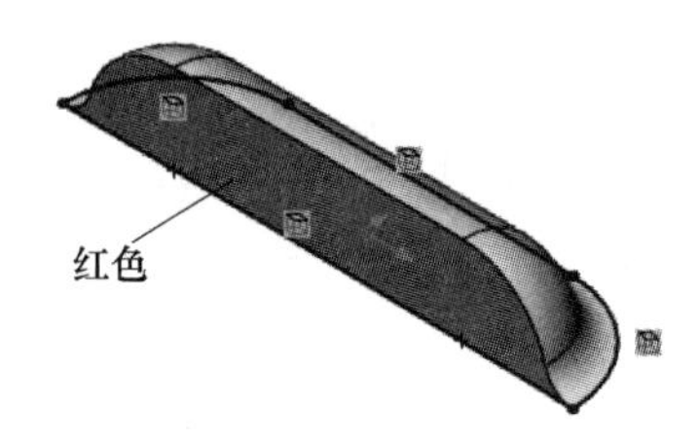

图 6-39　方向草图

红色显示的面用来定义要移除的面。

步骤 4　需要的修改　新建的 louver 长度应为 100mm，宽度和深度与之前保持一致，并将使用成形工具中的改进功能。【成形工具】特征将自动应用方向草图和要移除的面，也支持将文件保存为成形工具文件类型。

步骤 5　回退　拖动退回控制棒到“Layout Sketch”和“Boss-Extrude1”之间，如图 6-40 所示。

步骤 6　编辑特征　修改拉伸的长度为 120mm，修改草图中的长度为 100mm，如图 6-41 所示。如有必要，【重建】模型。

图 6-40　回退

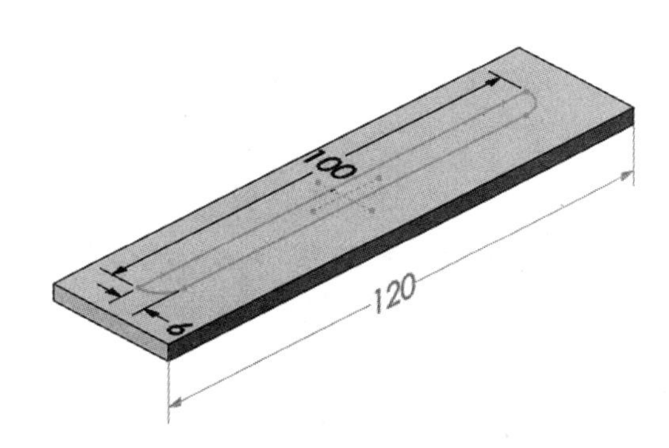

图 6-41　编辑特征

步骤7　回退到尾　移动退回控制棒到设计树中特征的尾部。

步骤8　删除草图　选择方向草图，单击【删除】，单击【确定】后删除草图。

步骤9　添加成形工具　单击【成形工具】。选择合适的面作为【停止面】和【要移除的面】。

单击【插入点】选项卡，插入点被默认定位在停止面的中心。对于此零件，接受此设定，如图6-42所示。单击【确定】✔。

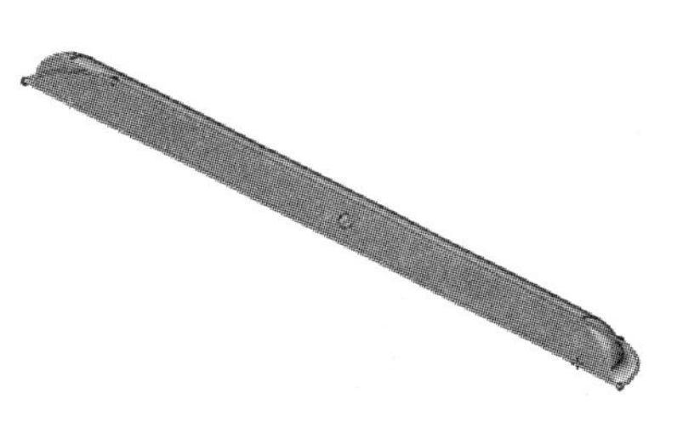

图6-42　添加成形工具

步骤10　重命名配置　后续可能需要配置此零件的大小，所以重命名配置名称以便提高描述的准确性。在设计树中选择ConfigurationManager选项卡。将默认配置的名称更改为100×6mm。

步骤11　定义冲孔ID属性　后续可能在冲孔表中添加此工具，所以需要定义它的冲孔ID属性。单击【文件属性】，在对话框中单击【配置特定】选项卡，如图6-43所示。

在【属性名称】单元格内的下拉菜单中选择【PunchID】。根据配置名称和文件名称，【数值/文字表达】单元格会被自动填写，用户也可以根据需要进行修改，单击【确定】。

步骤12　另存为成形工具文件类型　单击【文件】/【另存为】，并从列表中选择成形工具文件类型（*.sldftp）。将文件名改为“Custom Louver”，保存到桌面上。

摘要信息

摘要　自定义　配置特定

应用到(A):　100 x 6mm　　材料明细表数量:　-无-　　删除(D)　　编辑清单(E)

	属性名称	类型	数值 / 文字表达	评估的值
1	PunchID	文字	louver - 100 x 6mm	louver - 100 x 6mm
2	<键入新属性>			

图6-43　定义冲孔ID属性

步骤13　关闭louver零件　关闭louver零件。无须保存该文件，因为所有需要的信息已经被保存到Custom Louver成形工具文件中。

步骤14　打开“Cover_Form Tools”文件　从Lesson06\Exercises文件夹中打开Cover_Form Tools文件。

将在此文件内添加Custom Louver成形特征，如图6-44所示。

步骤15　添加到设计库内　将桌面路径添加到设计库中，从设计库中访问成形工具文件。在任务窗格中单击【设计库】。在设计库窗格的顶部，单击【添加文件位置】，如图6-45所示。

选择“Desktop”，单击【确定】。现在桌面作为库文件夹显示在列表中。

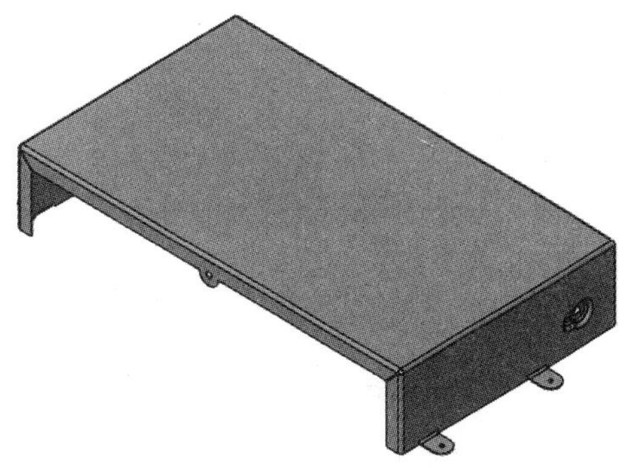

图6-44　打开文件

步骤16　添加Custom Louver成形工具特征　拖动Custom Louver到Cover model文件盖子的顶部。选择【翻转工具】，设置【旋转角度】为270°，勾选【连接到成形工具】复选框。

步骤17　定位　切换到【定位】选项卡，按图6-46所示添加其他三个成形特征和一些定位尺寸。

图6-45　添加到设计库

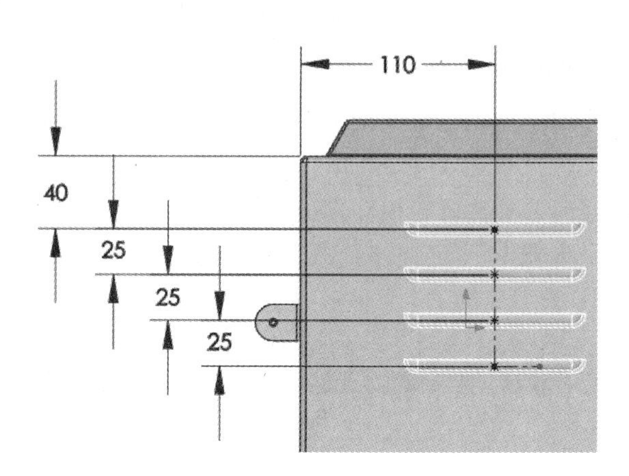

图6-46　标注和定位特征

步骤18　完成文件创建　单击【确定】，完成特征添加，如图6-47所示。【保存】文件。

步骤19　从零件制作工程图　单击【从零件/装配体制作工程图】。选择“B _ Size _ ANSI _ MM”格式模板。

步骤20　添加平板型式视图　从视图调色板中选择【平板型式】视图。不勾选【折弯注释】复选框，使用此视图来定位冲孔表。更改【比例】为1:3。

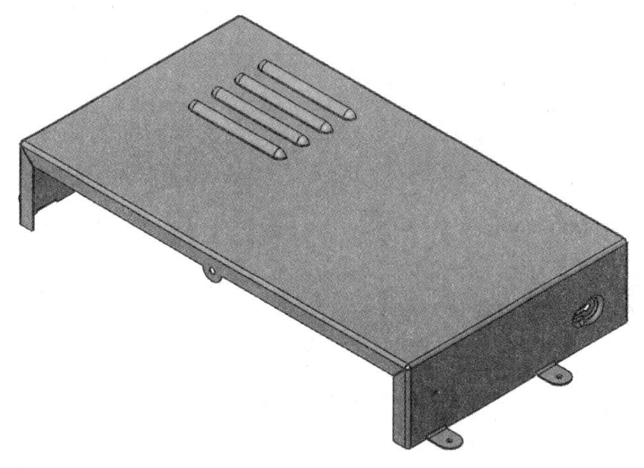

图6-47　完成文件创建

步骤21　添加冲孔表　从【注解】工具栏中单击【表格】/【冲孔表】。在【原点】中，选择顶部中心孔的边线。在【边线/面/特征】中，选择整个的平展面。在左上部放置表格，单击【确定】。移动在视图中创建的Keyhole特征注解，以便更好地查看视图，如图6-48所示。

步骤22　合并冲孔表　选择表格左上角的图标，访问冲孔表的属性。选择【组合同类型】。

步骤23　保存并关闭所有文件

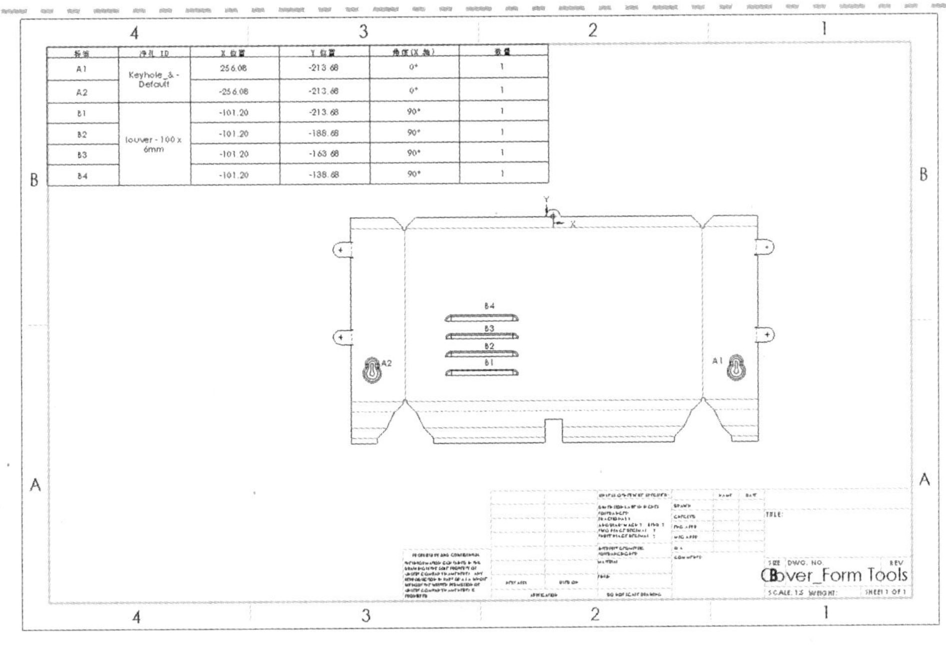

标签	冲孔 ID	X 位置	Y 位置	角度(X 轴)	数量
A1	Keyhole_&-Default	256.08	-213.68	0°	1
A2		-256.08	-213.68	0°	1
B1	louver - 100 x 6mm	-101.20	-213.68	90°	1
B2		-101.20	-188.68	90°	1
B3		-101.20	-163.68	90°	1
B4		-101.20	-138.68	90°	1

图6-48　创建工程图

练习 6-2　钣金角撑板

添加【钣金角撑板】特征到文件，完成状态如图 6-49 所示。本练习将应用以下技术：

- 钣金角撑板。

扫码看视频

图 6-49　钣金角撑板

操作步骤

步骤 1　打开 SM _ Gusset 零件　从 Lesson06 \ Exercises 文件夹中找到 SM _ Gusset. sldprt 文件并打开。

步骤 2　添加角撑板　单击【钣金角撑板】。

步骤 3　定位　选择托架下面的两个面，如图 6-50 所示。第一个选择面的折弯线将被用作【参考线】，此线的终点将被自动选择为【参考点】。激活【参考点】选择框(粉色)，右键单击边线，选择【选择中点】。不勾选【等距】复选框。

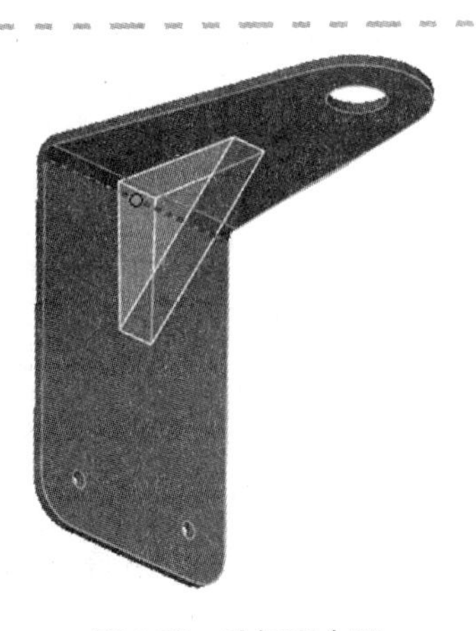

图 6-50　选择两个面

步骤 4　定义轮廓　【轮廓】组合框允许修改角撑板的深度和外形。按下述定义【轮廓】(见图 6-51)：

- 缩进深度：20mm。
- 扁平角撑板。
- 边缘圆角：2mm。

步骤5　定义尺寸　【尺寸】按如下设定（见图6-52）：

- 缩进宽度：20mm。
- 缩进厚度：2mm。
- 侧面草图：10°。
- 内角圆角：2mm。
- 外角圆角：4mm。

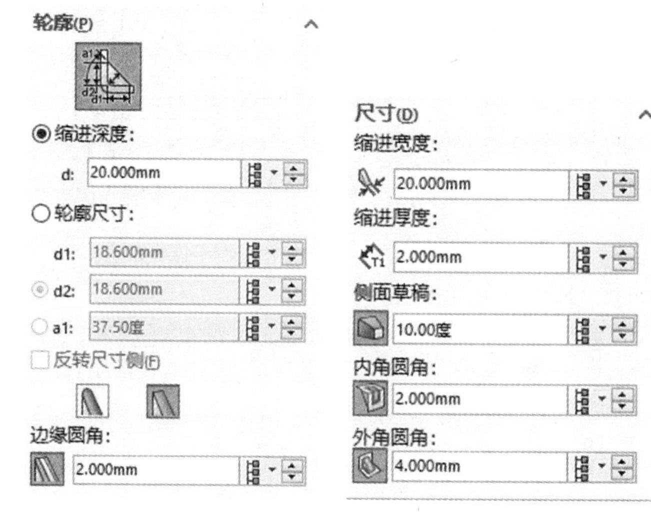

图6-51　定义轮廓　　　　图6-52　定义尺寸

步骤6　其他设定　单击【完整预览】。为了在平板型式中显示，勾选【覆盖文档设定】、【显示轮廓】和【显示中心】复选框，如图6-53所示。

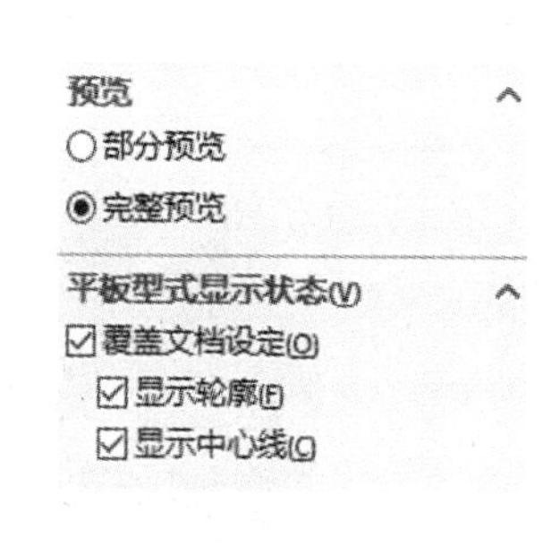

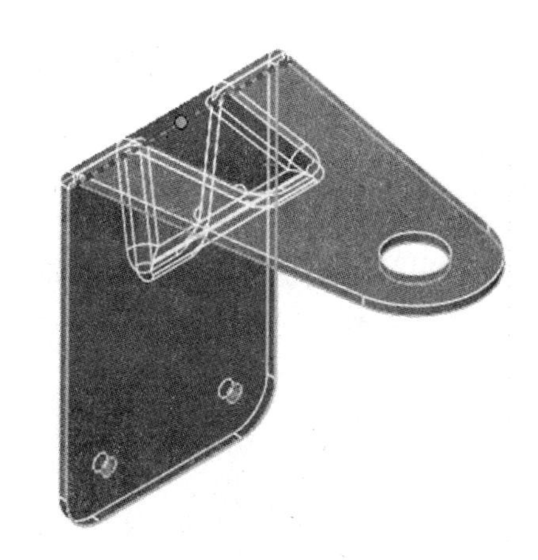

图6-53　完全预览角撑板

单击【确定】。

步骤7　查看平板型式　展平零件查看平板型式，如图6-54所示。

图6-54　查看平板型式

步骤8　退出平展

步骤9　保存并关闭所有文件

第 7 章　其他钣金功能

学习目标

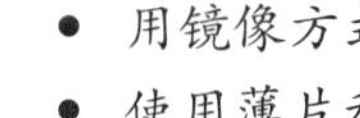

- 使用交叉折断特征
- 用镜像方式创建可以展平的钣金零件

- 使用薄片和槽口特征互锁钣金零件

- 使用配置来显示钣金零件的成形过程

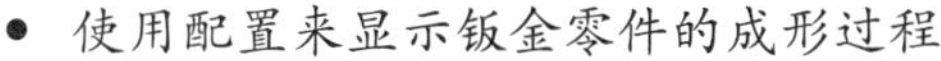

- 使用 Costing 工具(成本计算)评估钣金设计

7.1　概述

本章将介绍一些其他的钣金特有特征和功能，包括：

- 交叉折断。
- 镜像零件。
- 薄片和槽口。
- 加工规划。
- 钣金 Costing。

7.2　交叉折断

【交叉折断】可以在钣金零件的平面、矩形面上添加交叉折断的图形。该功能通过吸收草图来创建交叉折断特征，如图 7-1 所示。

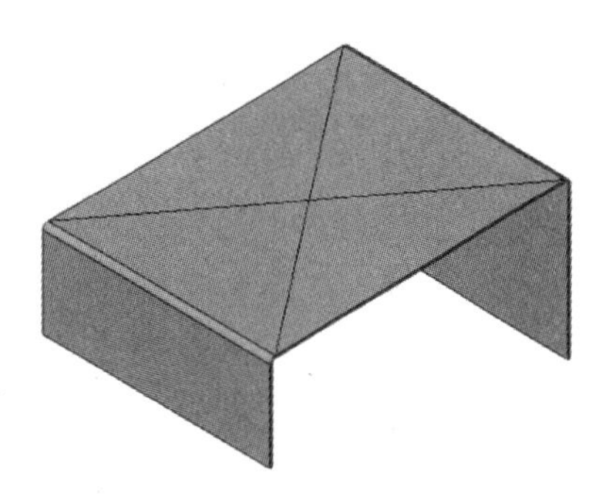

图 7-1　交叉折断特征

交叉折断特征将出现在所有的工程视图中。

知识卡片	交叉折断	• CommandManager：【钣金】/【交叉折断】。 • 菜单：【插入】/【钣金】/【交叉折断】。

操作步骤

步骤 1　打开“Cross-Break”零件　从 Lesson07 \ Case Study 文件夹中打开 Cross-Break 零件，如图 7-2 所示。

步骤 2　选择面　单击【交叉折断】，选择如图 7-3 所示的表面。

扫码看视频

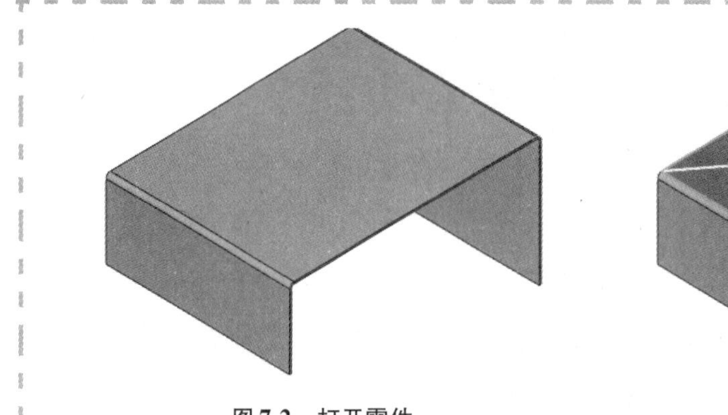

图7-2　打开零件

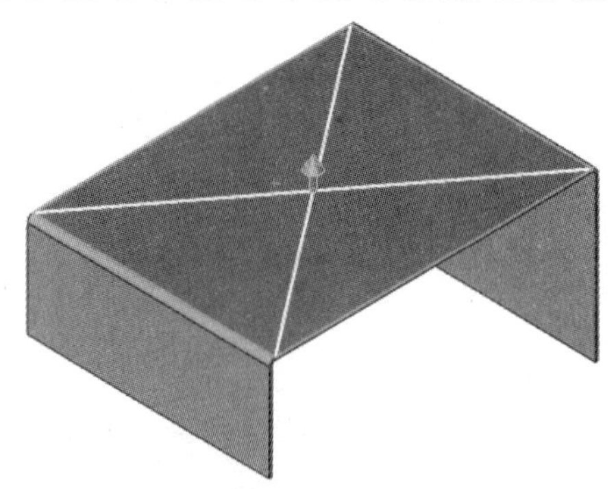

图7-3　添加交叉折断特征

【交叉折断】仅在零件中以图形方式表示，并不更改零件的几何体，主要是通过方向、半径和角度的设置来添加折弯注释（见图7-4），这些信息可以显示在平板型式视图中。

一般情况下，被选面的对角线将作为默认交叉轮廓。

【编辑交叉轮廓】按钮用于修改相关草图来更改折断位置。

图7-4　交叉折断设置

步骤3　交叉折断设置　更改交叉折断的方向。将【半径】设置为1mm，将【角度】设置为2.00°。单击【确定】✔。

步骤4　查看平板型式的交叉折断　展平零件，查看平板型式的交叉折断，如图7-5所示。

图7-5　平板型式的交叉折断

步骤5　退出平展

步骤6　从零件制作工程图　单击【从零件/装配体制作工程图】，选择“B _ Size _ ANSI _ MM”工程图模板。

步骤7　生成平板型式视图　从视图调色板中拖拽出平板型式视图，交叉折断在工程图中显示，如图7-6所示。

图 7-6　交叉折断在工程图中的显示

步骤 8　修改折弯注释　通常情况下，以简化标注的方式表示在工程图中的交叉折断。双击与交叉折断不相关的折弯，删除链接折弯注释，输入 CROSSBREAK，在文本框的外面单击，完成修改编辑，如图 7-7 所示。

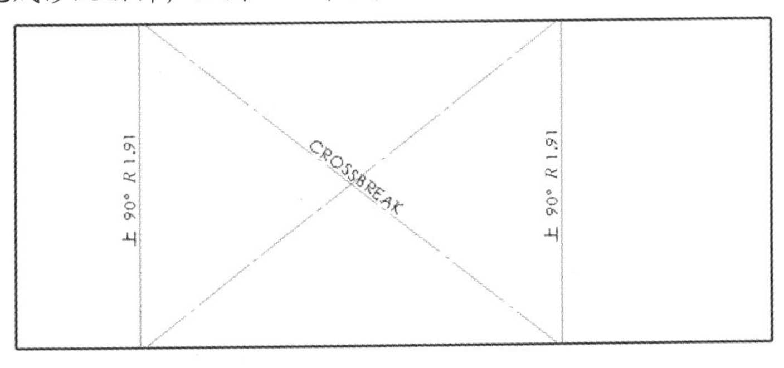

图 7-7　修改交叉折弯的注释

步骤 9　保存并关闭工程图

7.3　通风口特征

【通风口】命令用来创建钣金零件和塑料件上的通风口特征(见图 7-8)。该特征需要草图来定义通风口的边界、筋和翼梁。用户也可以在选择的轮廓内填充材料。

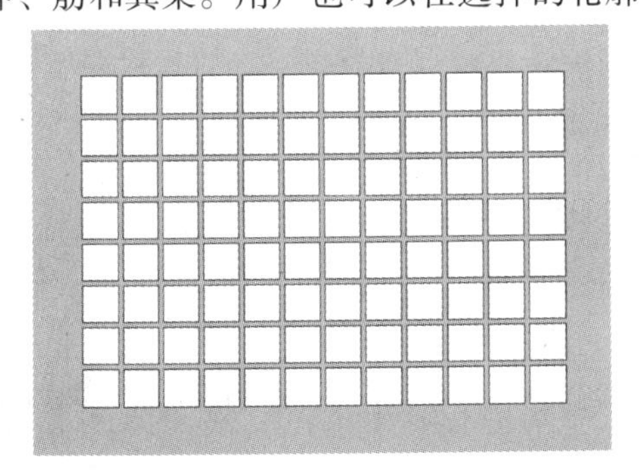

图 7-8　通风口特征

知识卡片

通风口	• CommandManager:【钣金】/【通风口】。 • 菜单:【插入】/【扣合特征】/【通风口】。

步骤10 修改视图方向 在“Cross Break”零件中，更改视图方向为后视图。在后视面上创建通风口草图，如图7-9所示。

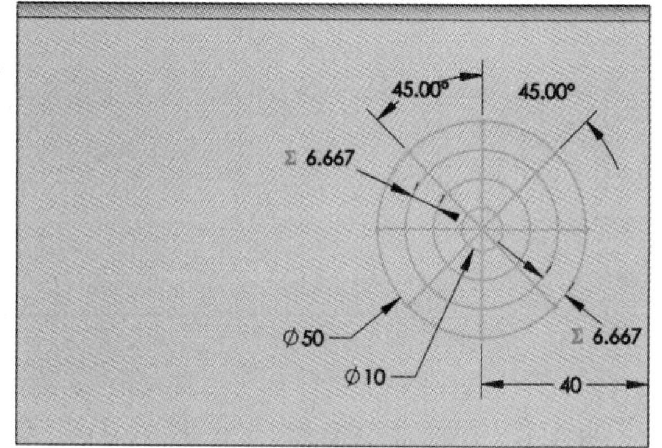

图7-9 通风口草图

步骤11 显示草图 在设计树中选择“Vent Sketch”草图，单击【显示】。

步骤12 添加通风口 单击【通风口】，在【边界】中，选择“vent sketch”草图的外轮廓，草图面将被自动选择作为通风口放置的面。

步骤13 通风口设置 激活【筋】选择框，选择草图的竖直线和水平线，修改筋的宽度为2.5mm，如图7-10所示。

激活【翼梁】选择框，选择如图7-11所示的对角线和两个外圆，修改翼梁的宽度为1.5mm。

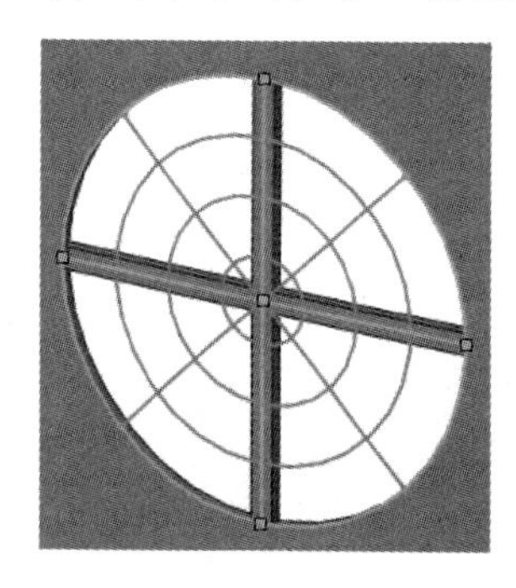
图7-10 设置筋选项

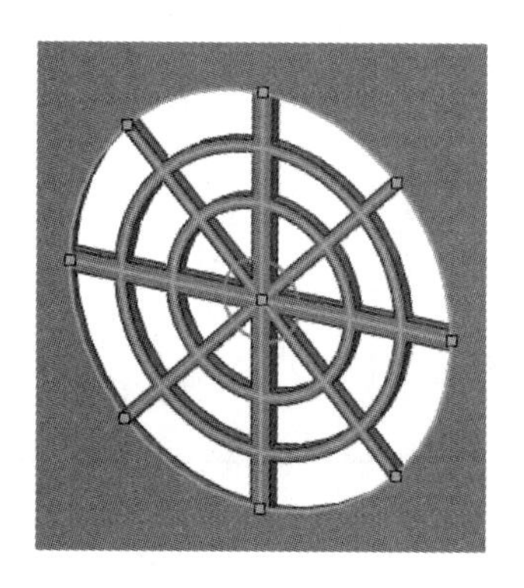
图7-11 设置翼梁选项

激活【填充边界】选择框，选择内部的圆，如图7-12所示。在【几何体属性】中的【圆角半径】内输入1mm。

> 提示 应用于钣金零件的通风口特征有一些限制通风口的设置，如拔模、调整筋、翼梁以及填充区域的深度和偏移等。当添加通风口设置到标准零件时，上述设置均是可用的。

单击【确定】，如图7-13所示。【隐藏】“Vent Sketch”草图。

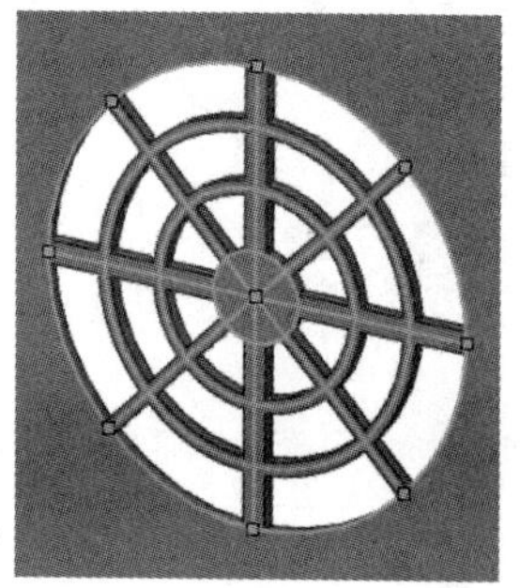
图7-12 设置填充边界

图7-13 完成的通风口特征

步骤14 保存此零件

7.4　镜像零件

在前面的示例中，讲解了怎样在多实体零件中镜像左右相反方位的模型。此外，【镜像零件】能够创建一个新的以源文件为基础的镜像零件文档。

【镜像零件】命令不受钣金设计的限制，但镜像钣金零件时，会有一些特定的选项设置来允许其被展平。使用【镜像零件】前，必须先选择一个面作为镜像面。

知识卡片	镜像零件	• 菜单：先选择一个镜像面，然后单击【插入】/【镜像零件】。

步骤 15　镜像零件设定　选择前视基准面，单击【插入】/【镜像零件】。如图 7-14 所示，在【转移】中，勾选【实体】和【钣金信息】，在镜像零件中转移钣金信息，包含展平模型时所需要的钣金和平板型式特征。

【未锁定属性】是指允许独立于源文件更改钣金参数，保持此复选框不被勾选。单击【确定】✔。

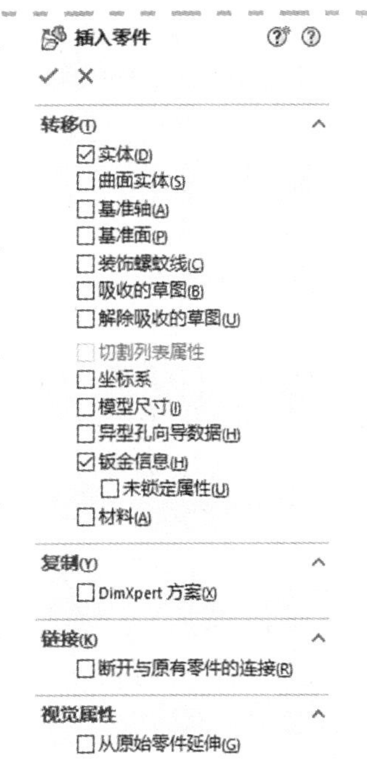

图 7-14　镜像零件设定

步骤 16　查看结果　最终生成了一个新的钣金零件，该零件与源零件左右对称，且能够被展平。

如图 7-15 所示，此零件的特定钣金特征在设计树中被锁定，且不能更改。外部链接参考（->）保证了更改源文件的交叉折断特征时更新将体现在新文件中。

步骤 17　保存　以“Cross-Break _ Mirror”为名称保存文件。

步骤 18　添加交叉折断特征　像交叉折断这类的图形特征，不会同步迁移到镜像零件中。在镜像零件的顶面，添加【交叉折断】特征，如图 7-16 所示。

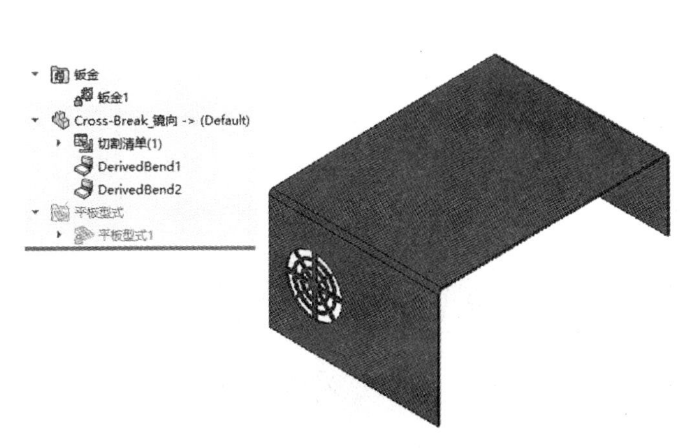

图 7-15　完成镜像零件

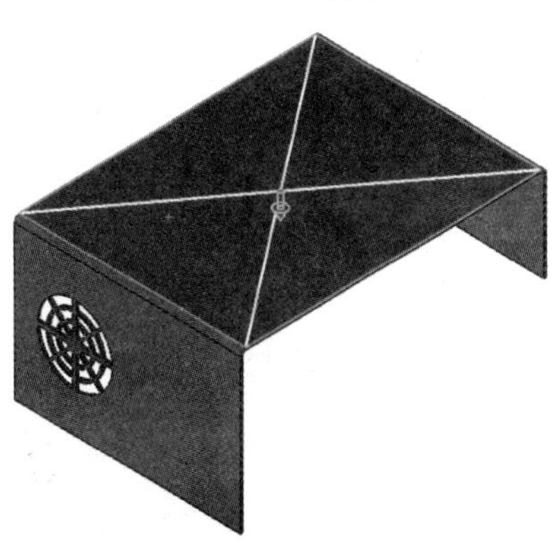

图 7-16　添加交叉折断特征

7.5 薄片和槽口

【薄片和槽口】特征可以在一个实体上创建薄片，在另一个实体上创建槽口(孔)，以使两个实体互锁，如图7-17所示。用户可以指定薄片和槽口的外观以及它们沿所选实体的分布方式。薄片和槽口可以更容易地将零件焊接在一起，并最大限度地减少构建复杂夹具的要求，因为用户可以互锁多个钣金零件。此特征适用于所有零件，不仅是钣金零件。用户可以在单实体、多实体以及上下相关联的装配体的多个零件中使用该工具。边线和面必须相互对应。当创建【薄片和槽口】特征时，还可以选择非线性边缘。

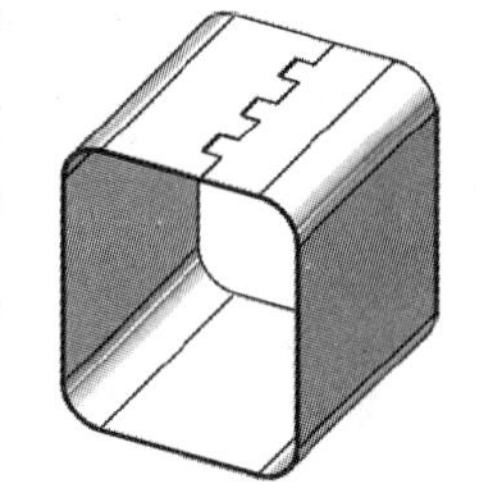

图7-17 薄片和槽口

注意 边线和面必须是平面或圆柱形面，且不应接触。

1. 槽口边角 用户可以为槽口设置边角类型。在【薄片和槽口】PropertyManager中的【槽口】选项内，可以设置的【边角类型】有：

- 槽口尖角。
- 槽口圆角边角。
- 槽口倒角边角。
- 槽口圆形边角。

2. 槽口长度和宽度 用户可以为槽口的长度和宽度指定偏移值。在【薄片和槽口】PropertyManager中的【槽口】选项内，可以设置：

- 槽口长度偏移。
- 槽口宽度偏移。
- 相等等距：为槽口长度偏移和槽口宽度偏移设置相等的值。

知识卡片	薄片和槽口	• 菜单：【插入】/【钣金】/【薄片和槽口】。

步骤19 绘制草图 在侧面【绘制草图】。

步骤20 生成基体法兰 使用步骤19中创建的草图生成基体法兰，如图7-18所示。

步骤21 定义薄片和槽口 使用【插入】菜单启动【薄片和槽口】命令。在【薄片和槽口】PropertyManager中，选择如图7-19所示的边线作为【薄片边线】。【起始参考点】和【结束参考点】区域将会自动填充。

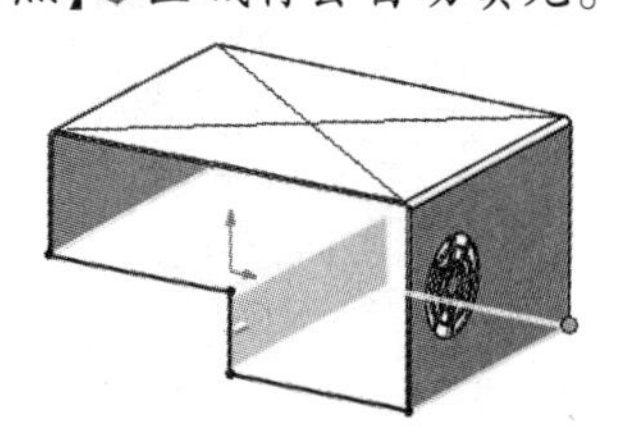

图7-18 生成基体法兰

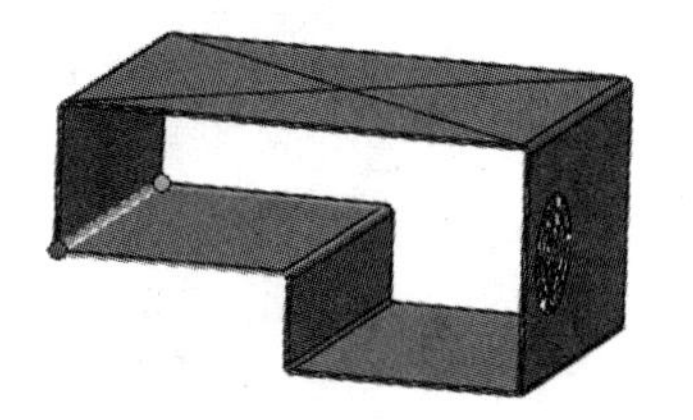

图7-19 选择【薄片边线】

步骤22 设置槽口面和间距 选择底面作为【槽口面】，确保【间距】类型设置为【等间距】，【实例数】设置为10。

步骤 23　设置槽口长度和高度　在【薄片】选项内，设置【长度】为 7mm，【高度】为【成形到一面】。

步骤 24　设置槽口长度和宽度偏移　在【槽口】选项内，设置【槽口长度偏移】为 0.100mm，勾选【相等等距】复选框。这将使【槽口宽度偏移】值与【槽口长度偏移】值相等，此时等于 0.100mm。

步骤 25　设置边角类型　确保【边角类型】设置为【槽口尖角】，如图 7-20 所示。

图 7-20　设置边角类型

步骤 26　创建新组　保持其余设置不变，然后单击【新组】。选择如图 7-21 所示的边线作为【薄片边线】。【起始参考点】和【结束参考点】区域将会自动填充。选择底面作为【槽口面】。

步骤 27　连接组　勾选【将各组相连接】复选框，这将连接【组 1】和【组 2】的属性。为了连接组，需要在【薄片和槽口】PropertyManager 的【选择】组框中，选择组列表中的实体，然后再勾选【将各组相连接】复选框。单击【确定】✔。

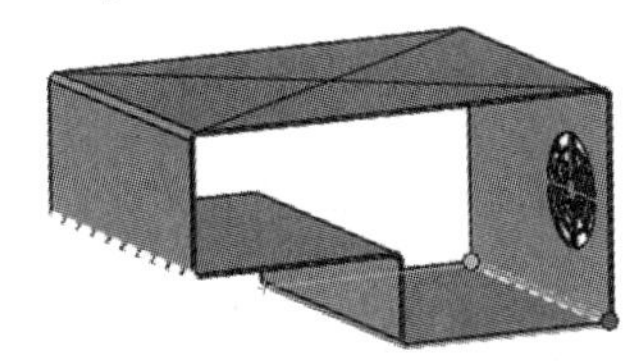

图 7-21　创建新组

提示　用户可以将薄片和槽口特征连接在一起，以便所有参数均应用于特征。如果编辑连接组中的参数，则组内的所有薄片和槽口特征都会相应更新。

步骤 28　保存并关闭所有文件

7.6　加工规划

平板型式特征包含了在零件中能够被展开的每个折弯的子特征。这些展开特征能够被单独地压缩，来显示模型不同阶段的成形过程。通过创建不同的配置特征，能够在工程图中展示不同的成形阶段。加工计划如图 7-22 所示。

扫码看视频

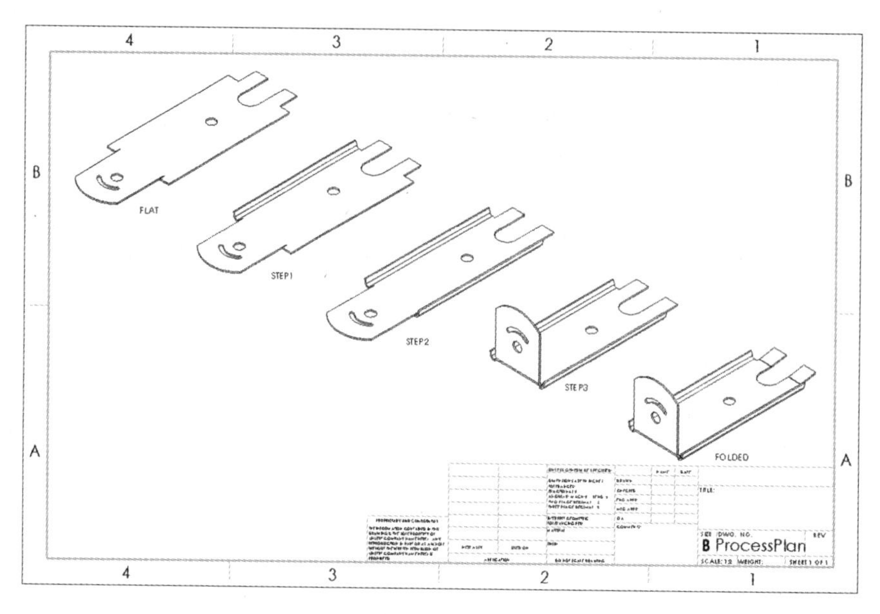

图7-22 加工计划

操作步骤

步骤1 打开“ProcessPlan”零件 在 Lesson07 \ Case Study 文件夹中找到“ProcessPlan. sldprt”文件并打开。

步骤2 找到折弯 展开钣金特征查看零件中的折弯。如图7-23所示，在“Base-Flange1”特征下有两个折弯：“BaseBend1”和“BaseBend2”。这两个折弯是基于轮廓草图中的尖角创建的。“Edge-Flange1”特征创建了“EdgeBend1”。“SketchBend1”是由【绘制的折弯】特征生成的。

这些折弯特征全部被链接到“Flat-Pattern1”的特征中：“Flatten-<BaseBend1>1”链接了“BaseBend1”。

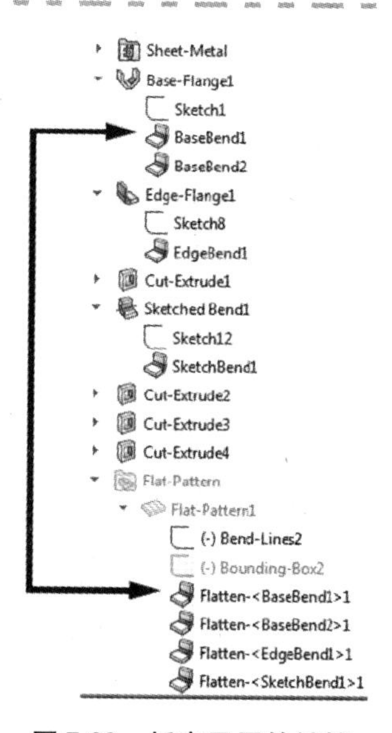

图7-23 折弯平展的链接

步骤3 创建新的配置 添加名称为FLAT的新配置，并激活它，如图7-24所示。

步骤4 展平零件 单击【展平】来展平零件，如图7-25所示。这将解压“Flat-Pattern1”特征。

图7-24 创建新的配置

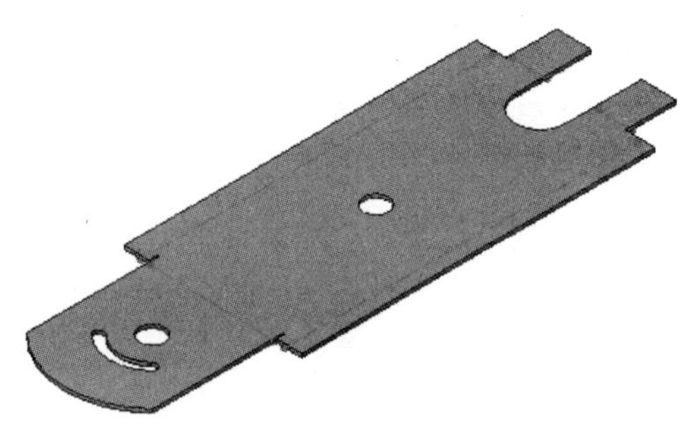

图7-25 展平零件

步骤 5　隐藏“Bounding-Box2”草图

步骤 6　查看结果　此状态将储存在 FLAT 配置中。现在有两个配置：FLAT 和 FOLDED，它们可用于在模型的两种状态之间切换。

步骤 7　复制 FLAT 配置　将 FLAT 配置复制三份，分别命名为：STEP1、STEP2 和 STEP3，如图 7-26 所示。

技巧　用户可以拖动配置以进行排序。

步骤 8　创建 STEP1　如图 7-27 所示，确保 STEP1 配置处于激活状态，零件仍旧处于展平状态。【压缩】“Flatten- < BaseBend1 > 1”特征。

图 7-26　复制 FLAT 配置

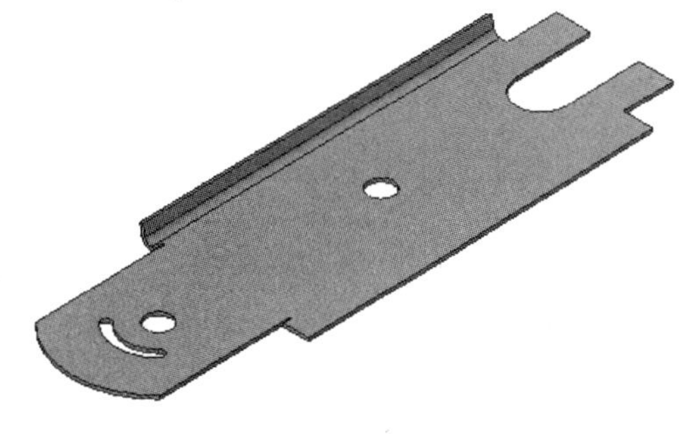

图 7-27　创建 STEP1

技巧　用户可以分割 FeatureManager 窗格，来同时显示 FeatureManager 和 ConfigurationManager。

步骤 9　创建 STEP2　如图 7-28 所示，激活 STEP2 配置。压缩“Flatten- < BaseBend1 > 1”和“Flatten- < BaseBend2 > 1”。

步骤 10　创建 STEP3　如图 7-29 所示，激活 STEP3 配置。压缩“Flatten- < BaseBend1 > 1”“Flatten < BaseBend2 > 1”和“Flatten < EdgeBend1 > 1”。

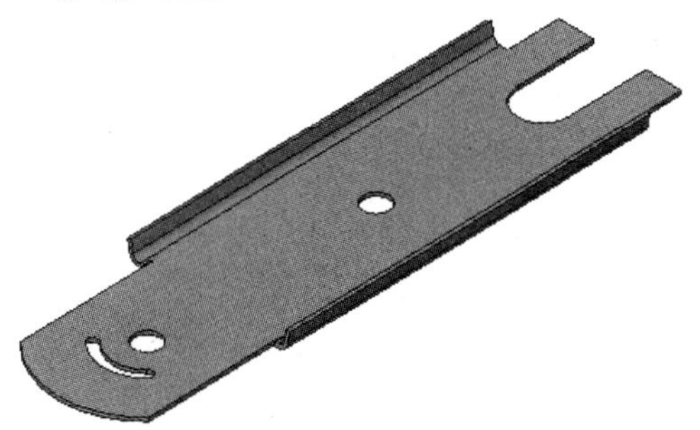

图 7-28　创建 STEP2

图 7-29　创建 STEP3

步骤 11　加工规划　按 FLAT 到 FOLDED 的顺序激活配置，查看加工规划。

步骤 12　创建加工计划工程视图(可选操作)　使用“B _ Size _ ANSI _ MM”文件模板，从零件创建工程图(见图 7-30)，添加【等轴测】视图到图纸。在图纸中，复制并粘贴四次视图，将每个视图的属性链接到不同的配置，来显示加工计划步骤。

每个视图下部包含的注释都被链接到对应的属性名称。

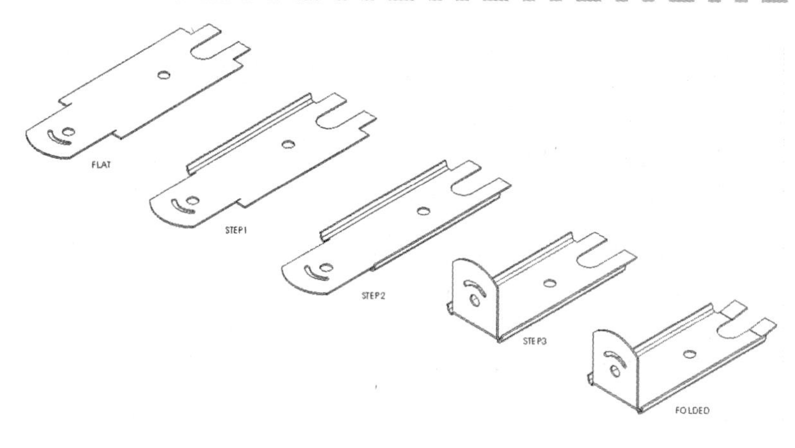

图 7-30 创建加工计划工程视图

步骤 13 保存并关闭工程图

7.7 钣金 Costing

【Costing】是一个综合性工具，用于确定钣金或机械加工零件的成本。该模板可用来评估材料和加工的费用，用户可以修改提供的模板来反映公司的标准和材料数据。使用任务窗格中可调整的选项来修改材料成本项目，从 FeatureManager 窗格中修改加工成本设定。

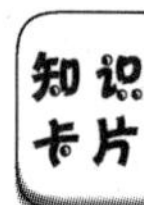

Costing	• CommandManager：【钣金】或【评估】/【Costing】。 • 菜单：【工具】/【Costing】。

Costing 工具仅在 SOLIDWORKS 专业版和白金版中提供。

步骤 14 评估成本 单击【Costing】。

步骤 15 材料设定 在【材料】中进行如下设置：

- 类：钢。
- 名称：AISI 304。

系统将自动选择与模板最接近的匹配材料厚度。警告图标表示模型的厚度并没有完全匹配。

步骤 16 开始成本评估 单击【开始成本评估】以查看零件的评估成本。

步骤 17 添加废料补贴 向下拉动滚动条，查看【空白大小】、【数量】和【标注/折扣】的更多设置信息。

在【包覆百分比】中输入 2%。

步骤 18 更改材料 修改材料为【普通碳钢】，【估计成本-零件】将随着设定的更改随时更新。底线价格可以使用【设置基准】来锁定，以方便进行比较，如图 7-31 所示。

步骤 19 加工成本设定 零件加工成本的设定（见图 7-32）显示在窗格右侧。右键单击窗格中的文件夹，以允许在适当的位置添加额外的作业。右键单击文件夹里的单个成本特征来应用包括成本覆盖的其他选项。右键单击【设置】文件夹，单击【选择设置成本】/【涂料】。

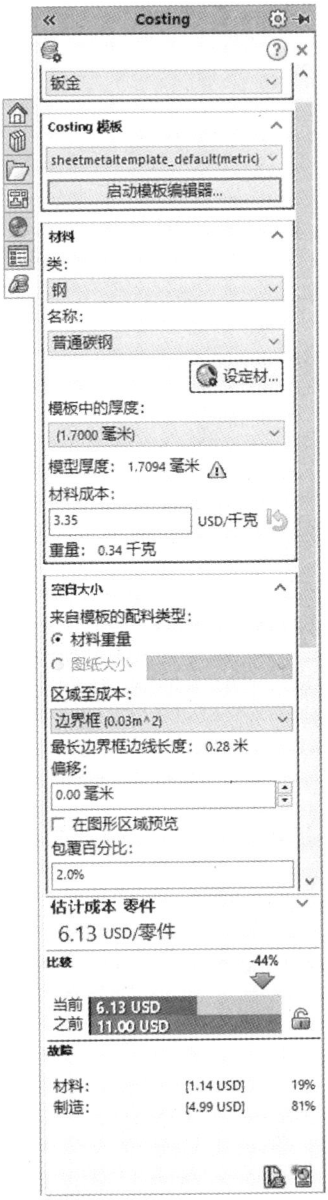

图7-31　成本评估

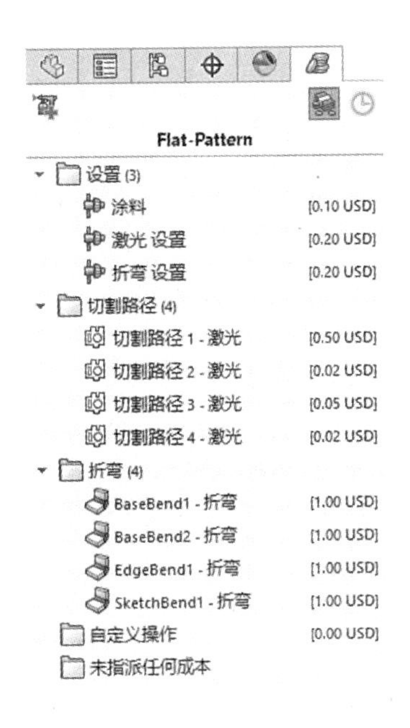

图7-32　加工成本设定

使用顶部的【添加自定义操作】按钮，可以自定义加工操作。可以按照需要进行任意修改。从任务窗格中关闭成本工具。

步骤20　查看切割清单项目属性　一旦使用了成本分析工具评估了钣金零件，成本结果将自动链接到切割清单的【Cost-总成本】属性中。展开切割清单文件夹，找到切割清单项目，单击右键，选择【属性】，打开切割清单项目属性。【Cost-总成本】显示了零件的评估成本。

步骤21　保存并关闭所有文件

第 8 章　焊　　件

学习目标

- 理解焊件特征如何影响零件模型
- 创建结构构件特征
- 下载标准结构构件轮廓
- 管理结构构件的边角处理与剪裁
- 创建角撑板和顶端盖

8.1　概述

一般而言，焊件是由多个焊接在一起的零件组成的。在 SOLIDWORKS 中，焊件是指含有多实体的特殊零件模型，可用切割清单描述。通常这些实体在产品中被焊接在一起。例如，焊接在一起的结构构件组成的框架，如图 8-1 所示。

尽管技术上焊件可以被描述为一个装配体，但使用多实体零件可以更方便地控制多个部件，并且最大程度简化复杂的文件关联。专用焊件命令也可以自动执行与结构构件和框架一起使用的常用功能。

SOLIDWORKS 的焊件主要用于结构钢材和结构铝材，也常用于木工工程和吹塑。

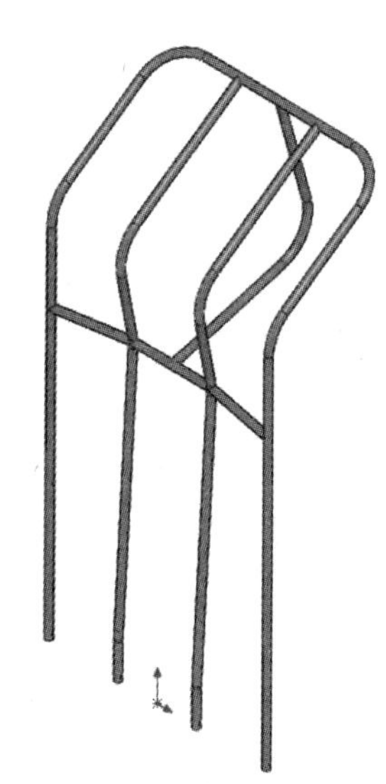

图 8-1　焊件实例

8.1.1　焊件命令

焊件的一系列专用命令位于 CommandManager 的【焊件】选项卡中。用户可以使用焊件命令进行以下操作：

- 插入结构构件。
- 使用特殊工具对结构构件进行剪裁和延伸。
- 添加角撑板、顶端盖及圆角焊缝。

技巧：【焊件】选项卡在 CommandManager 中默认不显示。要在 CommandManager 中显示额外的选项卡，可右键单击一个 CommandManager 选项卡，然后选取可用的选项卡即可。

8.1.2　焊件特征

焊件模型中的【焊件】特征是 FeatureManager 设计树中显示的第一个特征。该特征可以手动从【焊件】CommandManager 添加，或在【结构构件】特征生成时自动被添加。将焊件特征添加到零件将执行以下操作：

- 激活专用的焊件命令。
- 将【实体】文件夹替换为【切割清单】。该文件夹用于管理零件中的多实体，也用于添加可在切割清单表格中显示的属性。
- 配置允许用户将制造过程中的不同阶段呈现出来，使用选项可以创建和控制配置。
- 使用焊件选项后，所有后续特征的【合并结果】复选框会被自动清除。这允许新建的特征默认保持为分离的实体。
- 自定义属性：可以将指派给焊件特征的自定义属性扩展到所有的切割清单项目。

用户只能给每个零件插入一个焊件特征。不论用户什么时候插入焊件特征，都将被视为第一个特征。

焊件

- CommandManager：【焊件】/【焊件】。
- 菜单：【插入】/【焊件】/【焊件】。

扫码看视频

操作步骤

步骤1　打开零件　从 Lesson08 \ Case Study 文件夹中，打开现有零件 Conveyor Frame。该零件包含了一个“Default”（默认）配置和用来创建结构构件的布局草图，如图8-2所示。

步骤2　添加焊件特征　在【焊件】CommandManager 中单击【焊件】。

焊件特征会添加到 FeatureManager 设计树中。

如果用户没有插入焊件特征，那么在插入第一个结构构件时，系统会自动添加焊件特征。

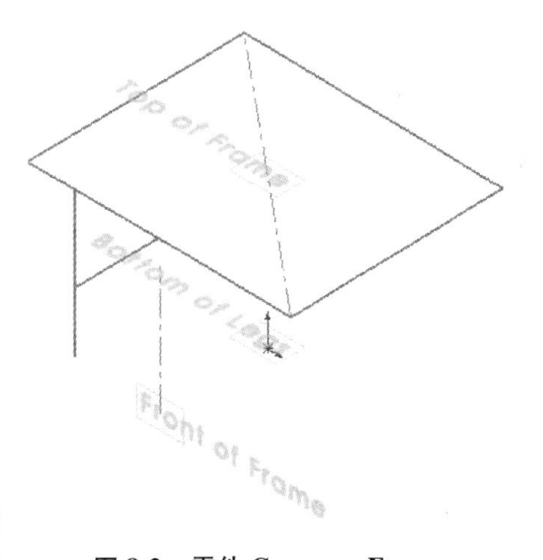

图8-2　零件 Conveyor Frame

8.1.3　焊件配置选项

为零件添加焊件特征后，软件将会创建如下的派生配置和配置描述：

- 当前的活动配置显示的是<按加工>。
- 同名的新创建的派生配置会被添加进来，并显示为<按焊接>，如图8-3所示。

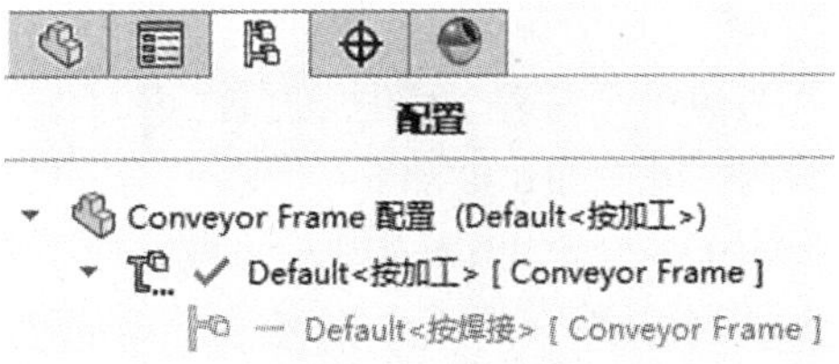

配置
Conveyor Frame 配置 (Default<按加工>)
Default<按加工> [Conveyor Frame]
Default<按焊接> [Conveyor Frame]

图8-3　零件配置

● 一旦零件被标记为焊件，新建的顶层配置都会有一个相应的 <按焊接> 派生配置。这些配置表示当焊件被焊接后会有后续的机械加工操作。

在【选项】⚙/【文档属性】/【焊件】中，可以调整选项来更改这些配置生成方式，如图 8-4 所示。

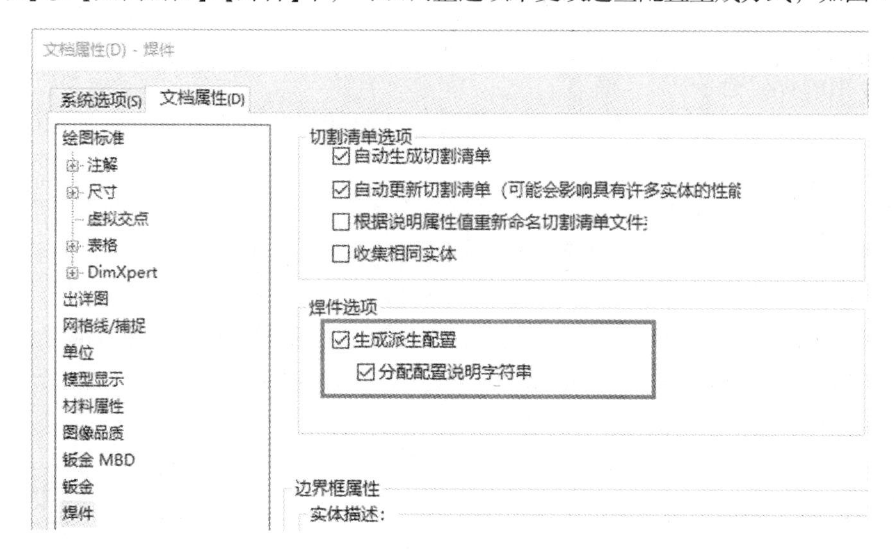

图 8-4 焊件配置选项

不勾选【分配配置说明字符串】复选框，会产生以下效果：

● 一个后缀名为“-焊接”的派生配置被添加，如图 8-5 所示。

● 一旦零件被标记为焊件，后续的顶层配置都会有一个相应的“-焊接”派生配置。

不勾选【生成派生配置】复选框会阻止附加的配置生成。

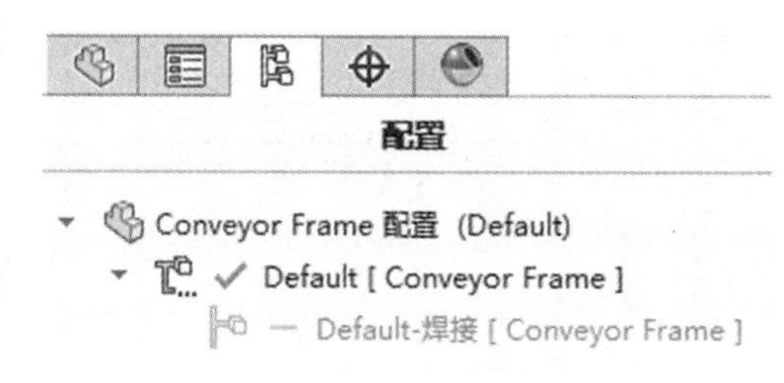

图 8-5 派生配置

技巧：要为焊件模型配置的生成方式设置标准，可修改文档属性并将其保存为新的零件模板。

8.2 结构构件

结构构件通常是指结构钢材或铝材的管筒、管道、梁及槽的长度。【结构构件】特征是 SOLIDWORKS 中焊件模型的主要特征。它们的创建方式是，首先在 2D 和 3D 草图中建立一些线段和几何面的布局，然后在【结构构件】PropertyManager 中，选中的结构构件轮廓将沿这些布局线段扫描。默认每条绘制线段对应一个实体，也可以通过选项修改。选项还可以调整结构构件实体之间的边角状态，也可以调整它们沿着布局的方向及位置。

结构构件轮廓或焊件轮廓代表着所要创建的结构构件的截面，如图 8-6 所示的箭头所指区域。

为了减少 SOLIDWORKS 的数据量，软件只包含少量的初始轮廓。完整的轮廓集合可在【SOLIDWORKS 内容】中下载。

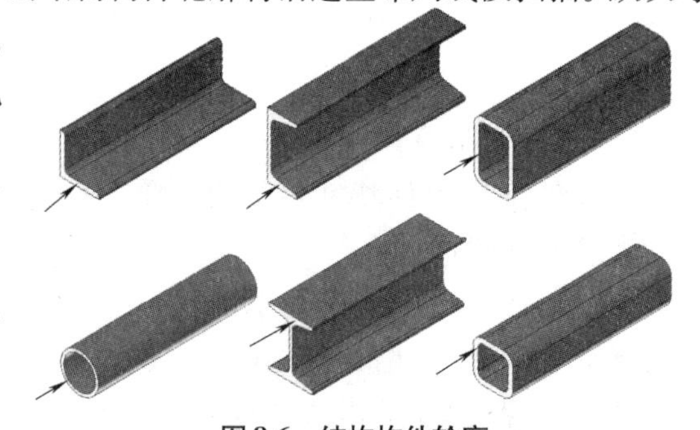

图 8-6 结构构件轮廓

8.2.1 默认轮廓

表 8-1 为软件自带的轮廓类型。

表 8-1 软件自带的轮廓类型

标准	类型	标准	类型
Ansi Inch	• 角铁 • C 槽 • 管道 • 矩形管筒 • S 截面 • 方形管筒	ISO	• 角铁 • C 槽 • 管道 • 矩形管筒 • SB 横梁 • 方形管筒

8.2.2 从 SOLIDWORKS 内容中下载焊件轮廓

要下载一套完整的结构构件轮廓，可在任务窗格中单击【设计库】选项卡，选择【SOLIDWORKS 内容】/【Weldments】，如图 8-7 所示。

按〈Ctrl〉键的同时单击需要下载的标准所对应的图标，就可以下载相应的内容，轮廓是"＊. zip"文件格式。表 8-2 总结了每个标准轮廓的类型。

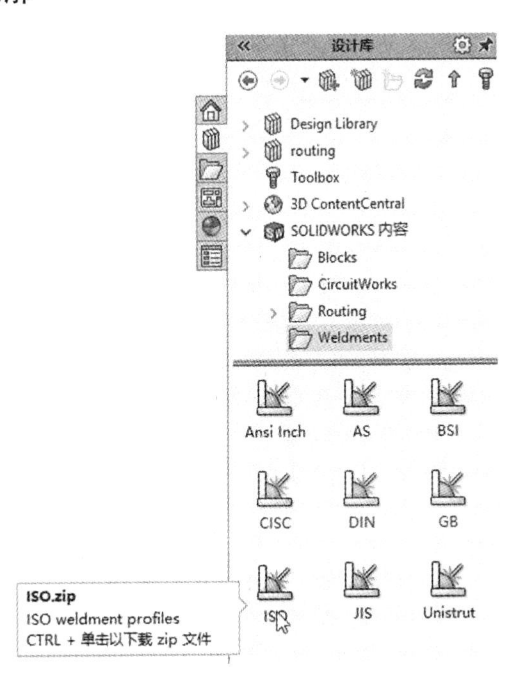

图 8-7 SOLIDWORKS 内容

表 8-2 标准轮廓类型

标准	类 型		
Ansi Inch	• AI 槽(标准) • AI CS 槽(方形端侧) • AI I 横梁 • AI I 横梁(标准) • AI L 角材(圆形端侧) • AI LS 角材(方形端侧) • AI 管道(结构) • AI 圆管 • AI T 截面	• AI 管筒(矩形) • AI 管筒(方形) • AI Z 截面 • C 槽 • HP 截面 • L 角材 • M 截面 • MC 槽 • MT 截面	• 管道(标准,S40) • 管道(X 强度,S80) • 管道(XX 强度) • S 截面 • ST 截面 • 管筒(矩形) • 管筒(方形) • W 截面 • WT 截面
AS	• 圆形空心截面(C250)AS • 圆形空心截面(C350)AS • 等角(新西兰)AS-NZS		

（续）

标准	类型		
AS	• 等角 AS-NZS • 平行法兰槽 AS-NZS • 矩形空心截面(C350)AS • 矩形空心截面(C450)AS • 方形空心截面(C350)AS • 方形空心截面(C450)AS	• 锥形法兰横梁 AS-NZS • 锥形法兰槽 AS-NZS • 管筒(重)AS • 管筒(轻)AS • 管筒(中)AS	• 不等角 AS-NZS • 通用梁 AS-NZS • 通用柱 AS-NZS • 焊接梁 AS-NZS • 焊接柱 AS-NZS
BSI	• CHS 管道 • RSA 角材 • RSC 槽 • RSJ 横梁	• 管筒(矩形) • 管筒(方形) • UB 横梁	• UBP 横梁 • UBT T 形 • UC 横梁 • UCT T 形
CISC	• C 槽 • HP 截面 • HS 管道 • L 角材 • M 截面	• MC 槽 • S 截面 • 管筒(矩形) • 管筒(方形)	• W 截面 • WT 截面 • WWF 截面 • WWT 截面
DIN	• C 槽 • DIL 横梁 • HD 横梁 • HE 横梁 • HL 横梁 • HP 横梁 • HX 横梁	• IPE 横梁 • IPE 横梁 • IPEA 横梁 • IPEO 横梁 • IPER 横梁 • IPEV 横梁 • IPN 横梁	• L 角材 • M 横梁 • S 横梁 • U 槽 • UPN 槽 • W 横梁
GB	• 槽钢 • 工字钢 • 六角钢	• 等边角钢 • 不等边角钢	• 圆钢 • 方钢
ISO	• C 槽 • 圆管 • L 角材(等边)	• L 角材(不等边) • SB 横梁 • SC 横梁	• T 截面 • 管筒(矩形) • 管筒(方形)
JIS	• 槽 • H 截面	• I 截面 • L 角材(等边)	• L 角材(不等边)
Unistrut	• 铝 • 玻璃纤维	• 114 钢	• 1316 钢 • 158 钢

8.2.3　结构构件轮廓的定义

结构构件轮廓是一个 2D 的闭合轮廓草图，如图 8-8 所示，并作为一个库特征零件（*.sldlfp）保存。轮廓的文件路径必须在 SOLIDWORKS 的系统选项中指定。创建自定义草图轮廓可以用于各种不同焊件的类型。

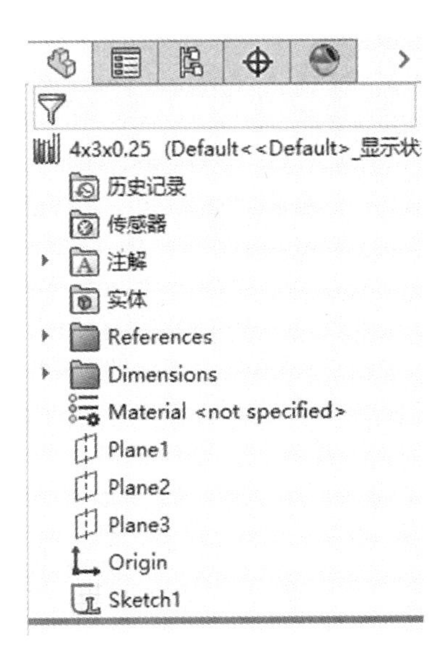

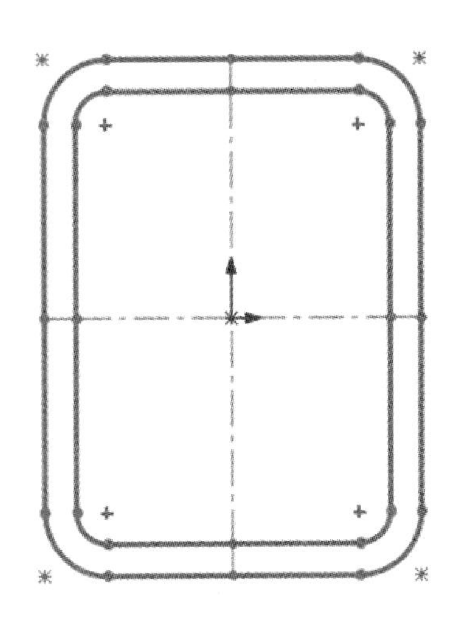

图 8-8 焊件轮廓草图

步骤 3 下载 ISO 标准的结构构件轮廓 在【设计库】中展开【SOLIDWORKS 内容】中的【Weldments】文件夹，如图 8-9 所示。

按住〈Ctrl〉键并单击“ISO”图标，下载 zip 文件。将 zip 文件保存到本地磁盘，比如桌面。

步骤 4 解压缩文件 下载完成后，将该 zip 文件解压到本课程练习文件中的 Weldment Profiles 文件夹里，如图 8-10 所示。

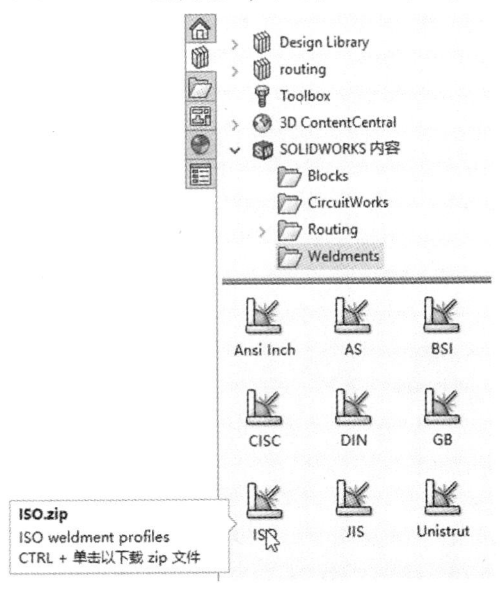

图 8-9 下载 zip 轮廓文件

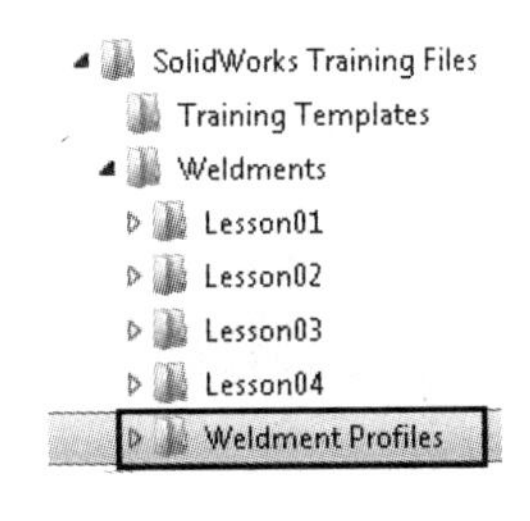

图 8-10 保存路径

注意

zip 文件解压缩后会增加 ISO 文件夹，重新命名文件夹为“ISO _ training ”。

> **提示** Weldment Profiles 文件夹包含了部分“ANSI Inch”标准的文件，以便用于后续课程。

步骤5　文件位置　为了让 SOLIDWORKS 识别已下载的焊件轮廓，文件的路径必须在【选项】对话框中被定义。

单击【选项】⚙/【系统选项】/【文件位置】。在【显示下项的文件夹】中选择【焊件轮廓】，然后单击【添加】。

浏览到 Weldment Profiles 文件夹并单击【添加】，如图 8-11 所示。

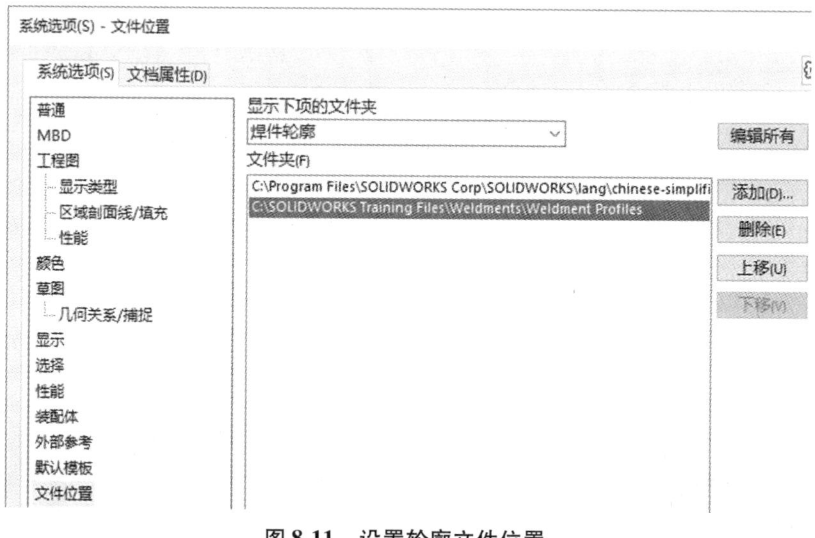

图 8-11　设置轮廓文件位置

除了焊件轮廓位置，SOLIDWORKS 焊件引用的其他外部文件如下：

- 【焊件切割清单模板】(安装目录\lang\ < language > \)：切割清单模板文件(*. sldwldtbt)定义了切割清单表中的列。
- 【焊件属性文件】(C:ProgramData\SOLIDWORKS\SOLIDWORKS 2019\lang\ < language > \weldments)："weldmentproperties. txt"文件控制着清单属性名称，这些名称可在切割清单属性对话框中添加。

插入结构构件应遵循以下步骤：

1)使用 2D 和 3D 组合的草图来对结构构件的路径段布局。
2)激活结构构件特征。
3)指定一个轮廓。
4)选取草图线段来创建组。
5)如果需要，指定结构构件之间的边角状态。
6)按需指定轮廓的方位。
7)如果合适，添加其他的组。

知识卡片	结构构件	• CommandManager：【焊件】/【结构构件】。 • 菜单：【插入】/【焊件】/【结构构件】。

步骤6　单击【结构构件】

步骤7　指定轮廓　按图8-12所示进行设置：

- 标准：ISO _ Training。
- Type：Tube（square）。
- 大小：80×80×6.3。

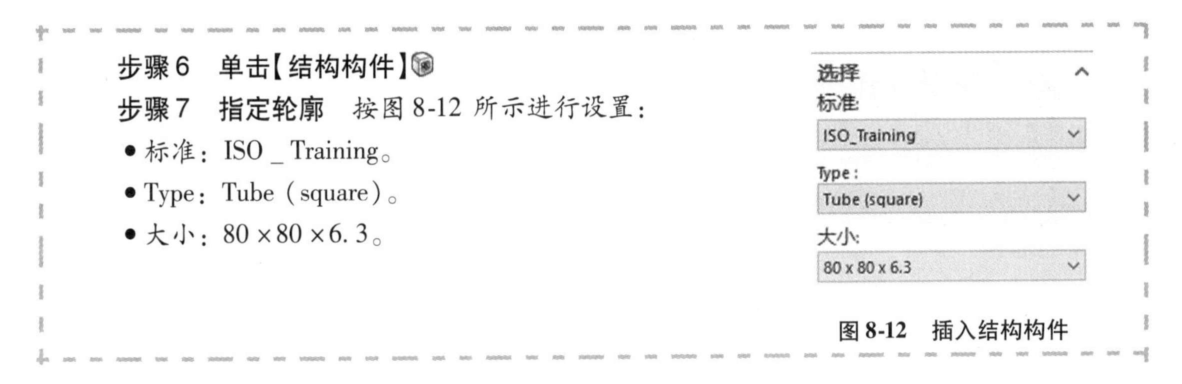

图8-12　插入结构构件

8.2.4　焊件轮廓文件夹结构

焊件轮廓文件夹的结构与【结构构件】PropertyManager中的选择区域相对应。图8-13所示为一个焊件轮廓的特定文件结构（此例为CH 250×34槽）。

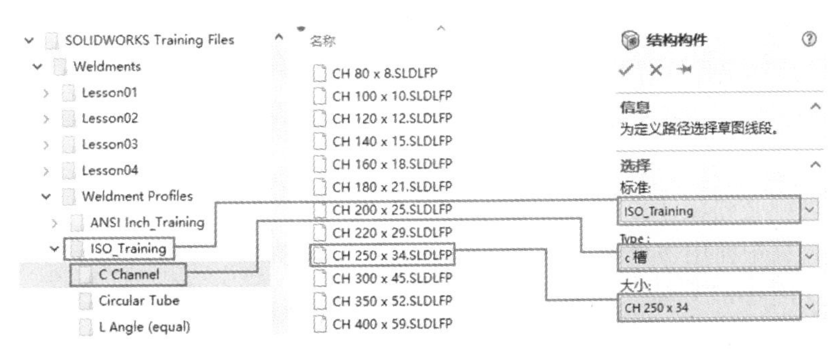

图8-13　焊件轮廓文件夹结构与选项对应

- 配置轮廓　默认下载的轮廓中，每个文件代表了单一指定类型的结构构件的尺寸。在SOLIDWORKS® 2014以及后续的版本中，配置轮廓可在同一个库特征零件文件中表示多个轮廓尺寸。

如果在自定义的轮廓中使用配置，文件夹结构的要求会略有不同。Type文件夹不再需要，库特征零件的文件名代表了结构构件的【Type】，并且【配置】对应【大小】一栏，如图8-14所示。

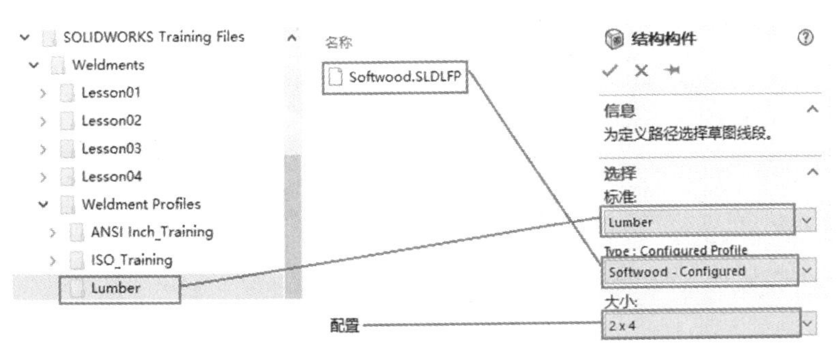

图8-14　配置轮廓文件夹结构与选项对应

步骤8　选择第一路径段　选择如图8-15所示的第一路径段。

系统会创建一个垂直于线段的基准面，并在该基准面上应用轮廓草图，同时出现该结构构件的预览。

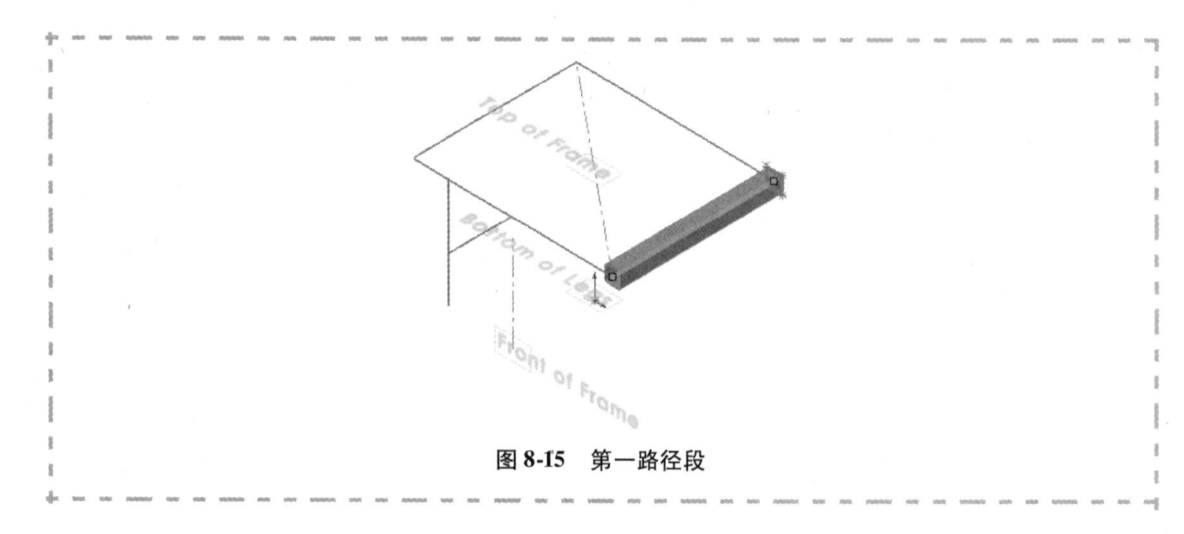

图 8-15　第一路径段

8.2.5　组

在【组】中选取用于结构构件特征的草图路径段。一个组里的构件共享相同的设置，比如边角处理以及轮廓的方向和位置。如图 8-16 所示，同一组的绘制路径段必须相连或者断开且相互平行。如果要使用边角处理则必须相连。

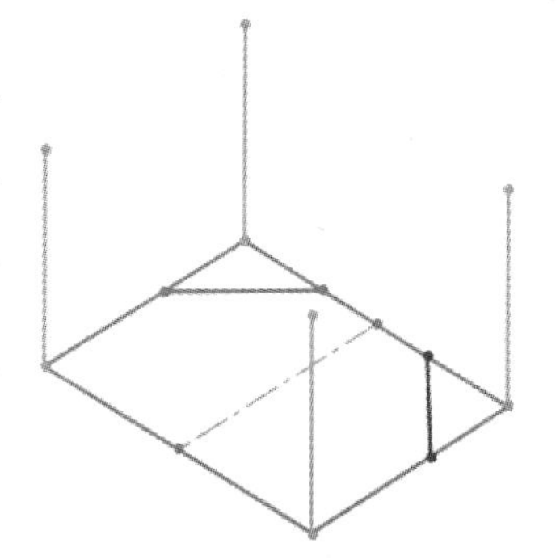
图 8-16　草图路径段

若在同一个特征中使用多个组，则系统在创建的多实体间自动进行修剪操作，如图 8-17 所示。

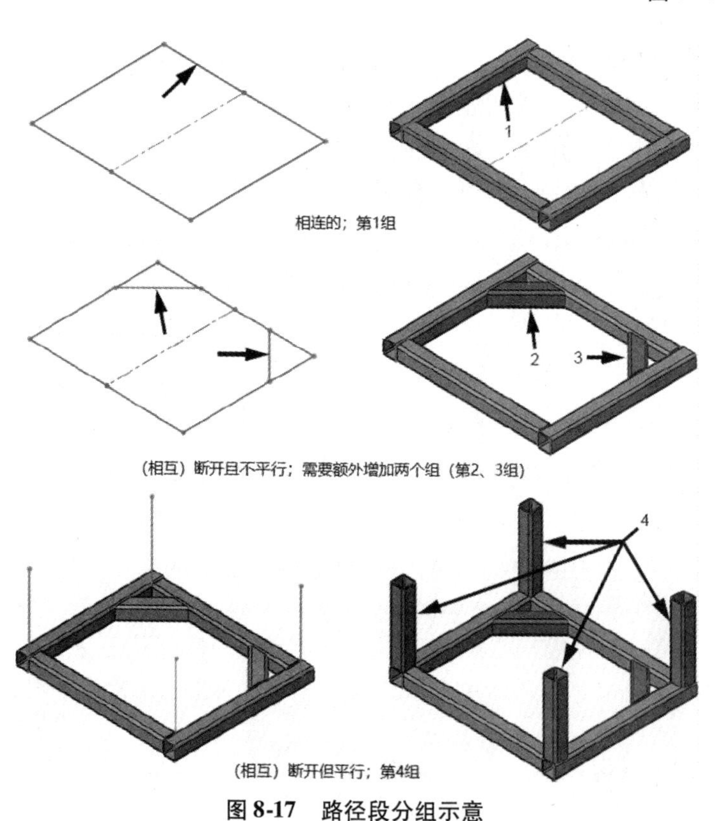

图 8-17　路径段分组示意

步骤 9 为组 1 选择线段 选择剩下的三条线段，它们定义了整个框架的顶部，如图 8-18 所示。这构成了组 1 。

步骤 10 边角处理 勾选【应用边角处理】复选框，单击【终端对接 2】和【连接线段之间的简单切除】，如图 8-19 所示。

图 8-18 为组 1 选择线段

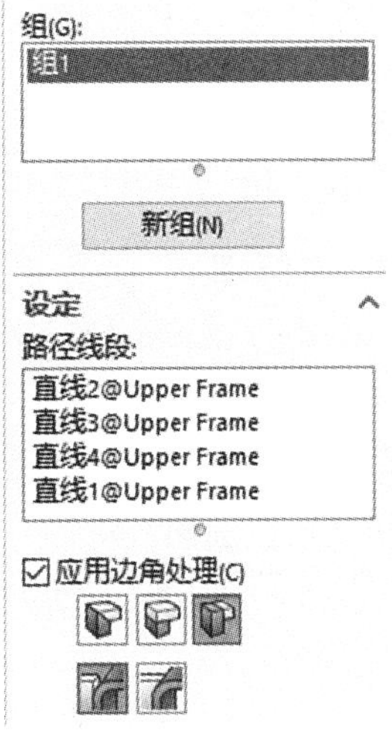

图 8-19 边角处理

8.2.6 边角处理选项

边角处理选项只在同一组的线段相交于一个端点时可用。根据所选边角处理的类型，可用选项也会略有不同。

1. 终端斜接 选中该选项后，出现【合并斜接剪裁实体】复选框，如图 8-20 所示。这会使草图线段生成一个实体。

2. 终端对接 1 和终端对接 2 选中后，可选取【连接线段之间的简单切除】或【连接线段之间的封顶切除】这两个选项，如图 8-21 所示。【允许突出】复选框可见，这允许剪裁过的构件延伸超过草图的长度。

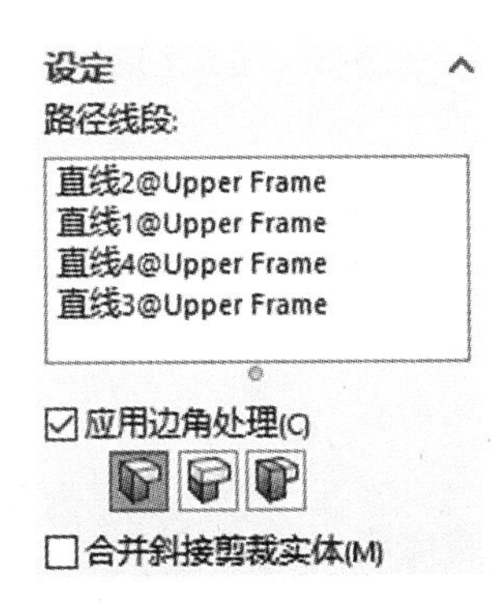

图 8-20 终端斜接

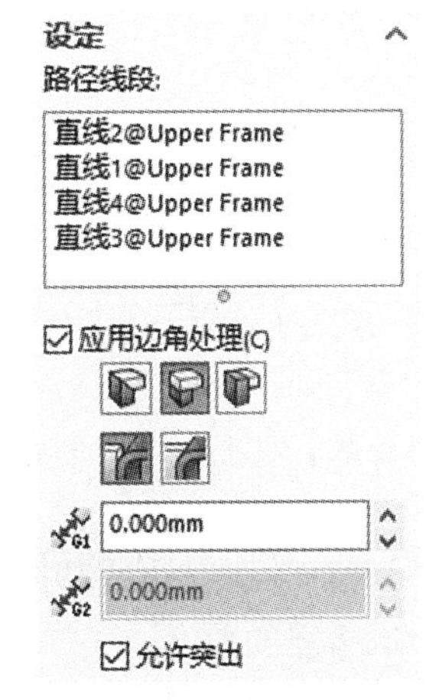

图 8-21 终端对接

3. 圆弧段 当圆弧段被选入一个组时，【合并圆弧段实体】复选框可见，如图 8-22 所示。这允许通过多条绘制的线段生成一个弯曲的管筒实体。

4. 焊接缝隙 在构件相交处，所有边角处理都包含了添加焊接缝隙的选项。第一栏是活动组内构件之间的缝隙，而第二栏是活动组与其他组之间的缝隙，如图 8-23 所示。

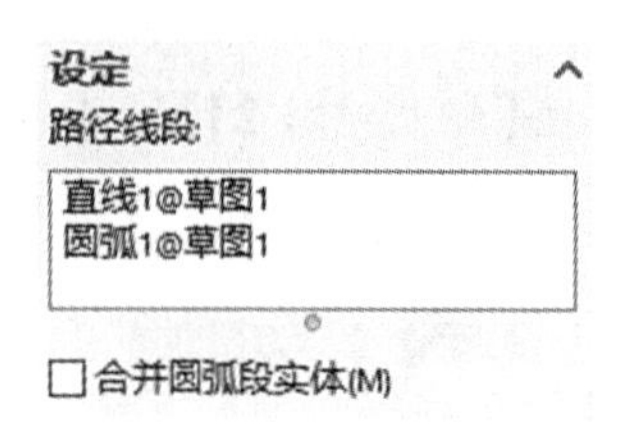

图 8-22 圆弧段

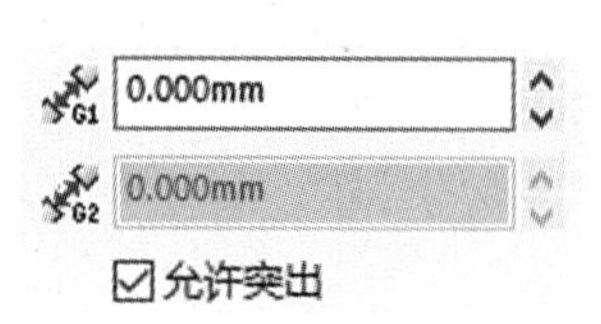

图 8-23 焊接缝隙

8.2.7 个别边角处理

在 PropertyManager 中选取的边角处理选项定义了默认状态，在视图区域也可单独指定某个边角进行修改。如图 8-24 所示，单击出现在每个边角处的小球，并使用对话框选取正确的边角处理及选项。

当多个组相交于一个所选边角时，此对话框还会包含控制剪裁阶序的选项。

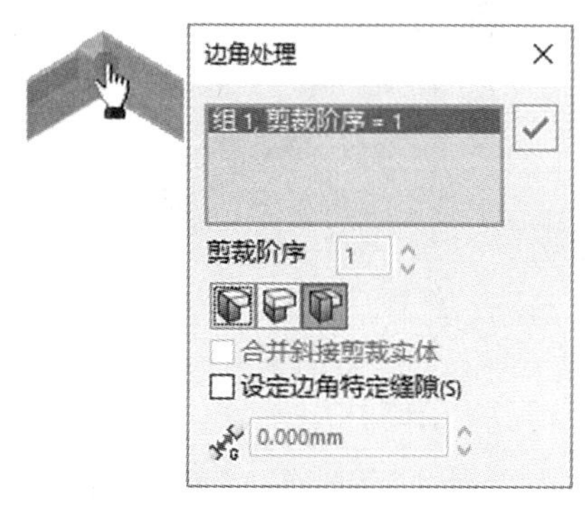

图 8-24 个别边角处理

步骤 11 更改边角处理 改变边角处理方式，使其如图 8-25 所示(平行于“Front of Frame”面的两段靠在其余两段的内侧)。

图 8-25 更改边角处理

8.2.8 轮廓位置设定

图 8-26 所示的对话框下部包含了一些额外的用于轮廓定位的选项：

1)【镜像轮廓】允许翻转一个轮廓，这对于非对称的轮廓非常有用。

2)【对齐】允许轮廓与边或草图的线段对齐，或者与某个实体或目前的位置形成指定的角度。

3)【找出轮廓】允许用户设定布局草图与轮廓的交点，类似于扫描中的“ 穿透点”。默认以轮廓的原点作为布局的穿透点。一旦单击【找出轮廓】按钮，草图上任意的点或顶点都可用于与路径段对齐。

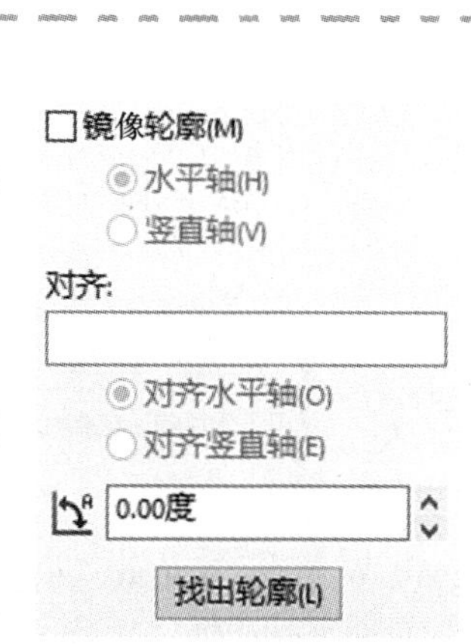

图 8-26 轮廓位置设定

步骤12　找出轮廓　单击【找出轮廓】后放大显示轮廓草图。单击右上角虚拟尖角处的点，草图轮廓重新定位，如图8-27所示。

步骤13　创建新组　单击【新组】，使用相同的轮廓增加第二组零部件。为组2选取竖直腿。

注意，图8-28所示的实体被组1剪裁。

步骤14　定位轮廓　如图8-29所示,定位轮廓。

步骤15　创建另一组　为斜撑腿创建另一组(组3)。像步骤14一样定位轮廓，如图8-30所示。

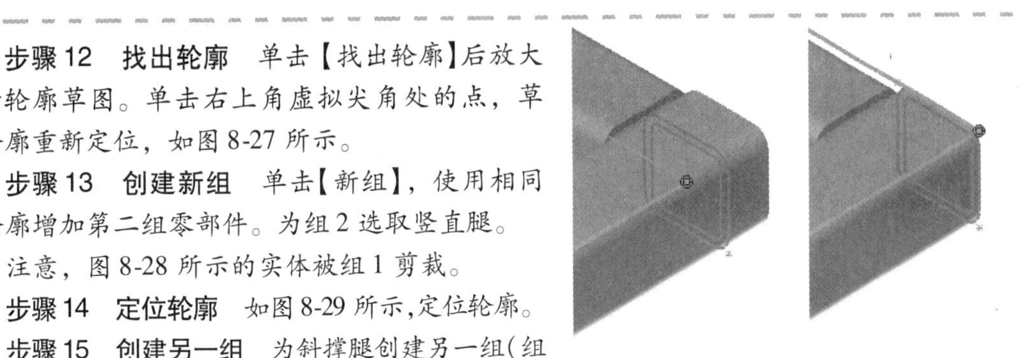

图8-27　找出轮廓

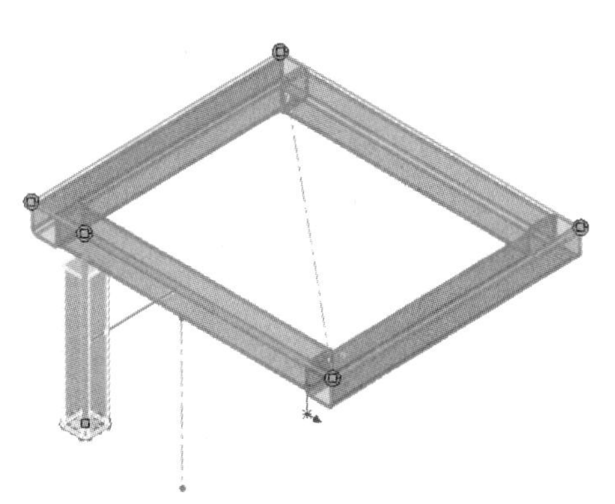

图8-28　创建新组

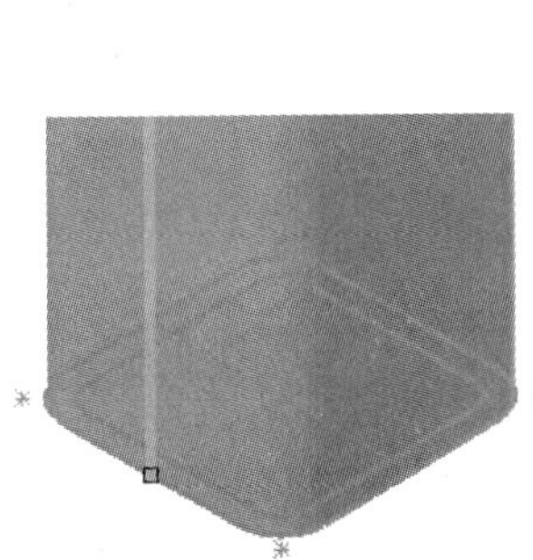

图8-29　定位轮廓

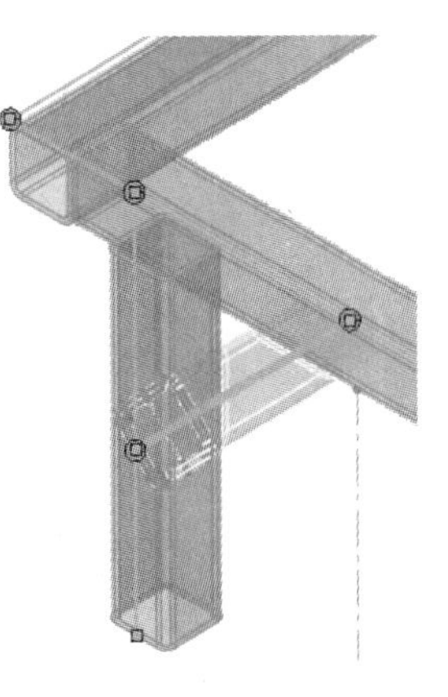

图8-30　创建组3

步骤16　查看结果　单击【确定】✔，完成结构构件。如图8-31所示，该特征包含了六个分离实体。

单击【保存】。

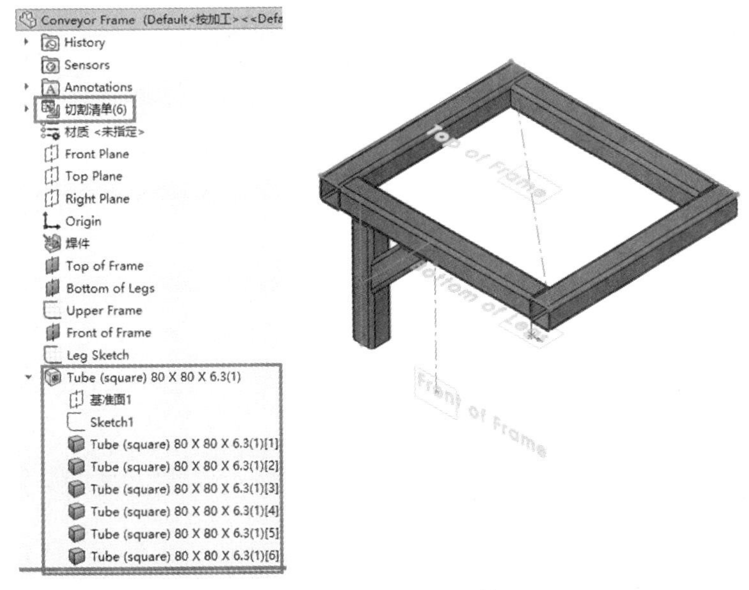

图8-31　特征中的实体

8.3　组与结构构件的比较

扫码看视频

当焊件结构中的基本件使用相同的轮廓时，尽管它们在不同的组，但可以在同一个结构构件特征中，这取决于如何布局。同一特征中的构件会被自动剪裁。最佳做法是用一个特征去包括尽可能多的组。

但如果是需要使用不同轮廓的情形呢？这就必须分开创建特征了，因为每个结构构件特征只能使用一个轮廓。在这种情况下，通常需要手动对构件进行剪裁。

知识卡片

剪裁/延伸	【剪裁/延伸】是一种手动剪裁结构构件和创建边角处理的专用工具，如图 8-32 所示。同插入结构构件的设定一样，边角处理命令可以创建不同类型和尺寸的组之间的终端斜接或终端对接。另外，【终端剪裁】选项将简单切除或延伸实体到选定的几何体。 图 8-32　剪裁/延伸
操作方法	• CommandManager：【焊件】/【剪裁/延伸】。 • 菜单：【插入】/【焊件】/【剪裁/延伸】。

操作步骤

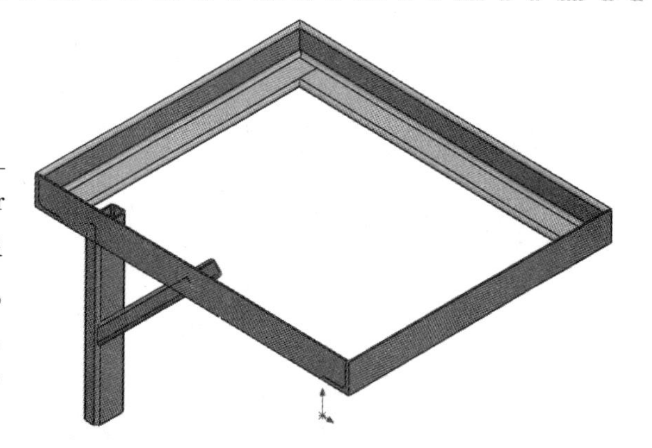

图 8-33　打开零件

步骤 1　打开零件　打开 Lesson08 \ Case Study 文件夹中的文件 manual _ trim. sldprt。该文件类似于"Conveyor Frame"零件，但在顶部框架、腿及支架处使用了不同的轮廓，如图 8-33 所示。由于这些实体包括不同的结构构件轮廓，因此它们不能在同一个结构构件特征中创建。

步骤 2　检查干涉　干涉检查工具可以在装配体零部件和实体间使用。单击【干涉检查】并查看结果，如图 8-34 所示。单击【确定】，剪裁将消除这些干涉。

步骤 3　剪裁　单击【剪裁/延伸】，使用以下设定（见图 8-35）：

- 【终端剪裁】。
- 为要剪裁的实体选择腿和斜支架部件。
- 为剪裁边界选择实体，然后选取水平的零部件。

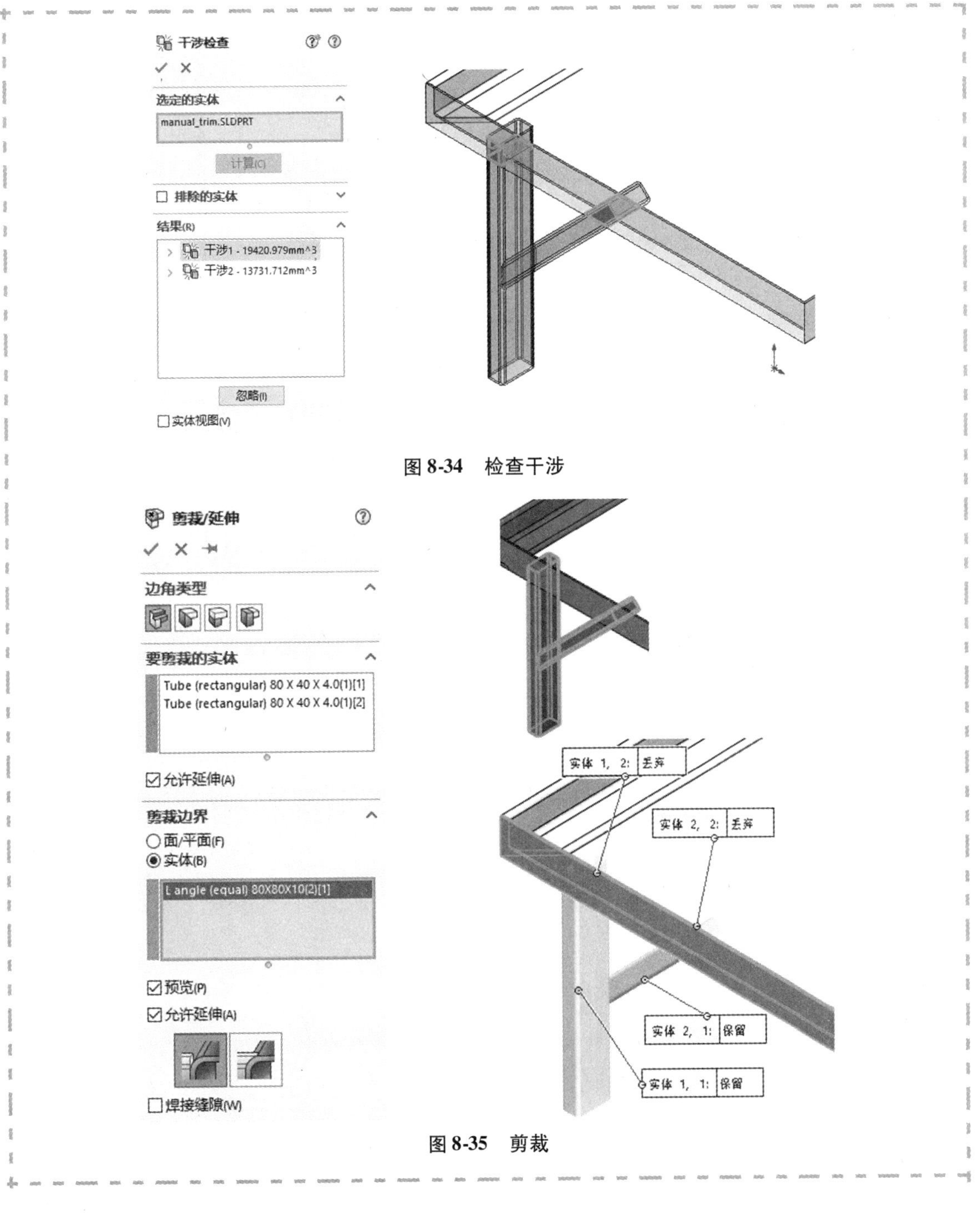

图 8-34　检查干涉

图 8-35　剪裁

8.3.1　剪裁/延伸选项

与结构构件特征选项类似，【剪裁/延伸】选项根据所选取的边角类型的不同也会有所变化。以下为该命令的特有选项：

1.【允许延伸】　对于被剪裁实体，该选项允许构件在剪裁的同时也延伸至剪裁边界，如图8-36所示。

对于【剪裁边界】，【允许延伸】实际上延伸了剪裁边界选择，使其完全切断构件（剪裁边界显示为粉色），如图8-37所示。

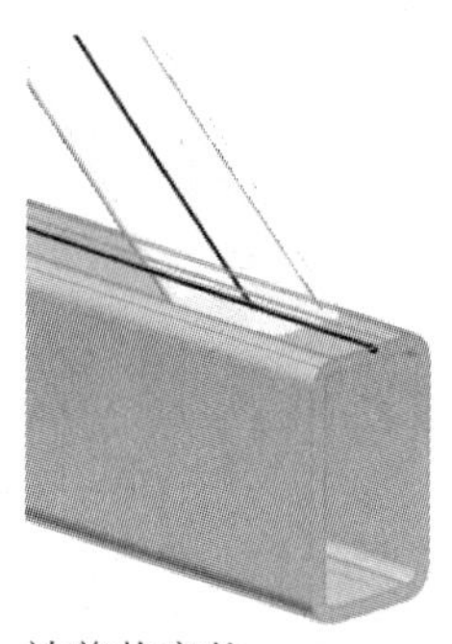

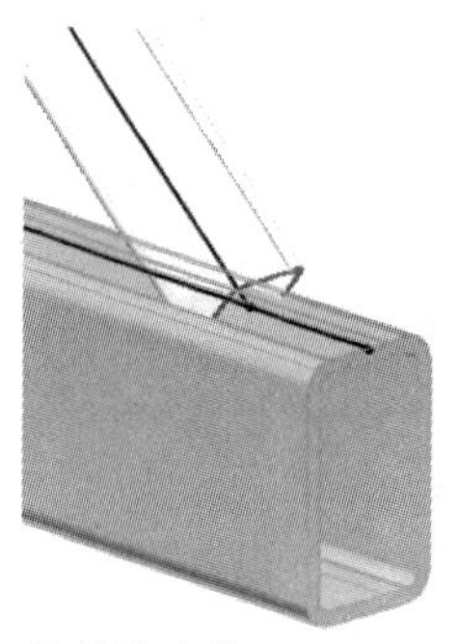

图 8-36　被剪裁实体中的允许延伸

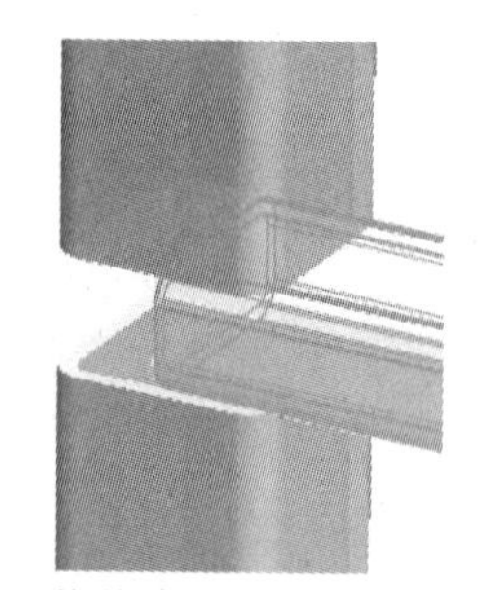

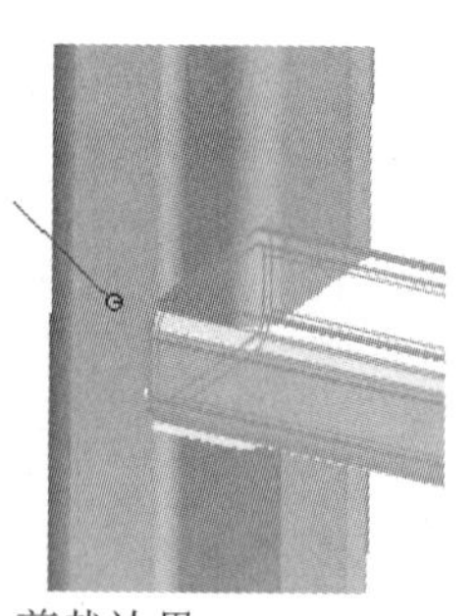

图 8-37　剪裁边界中的允许延伸

2.【面/平面】和【实体】　当使用【终端剪裁】边角类型时，可以选择单独的面和平面或是整个结构构件实体作为剪裁边界。如果要剪裁成的几何体不是由结构构件特征建立的，则必须选取面为剪裁边界。

技巧　为加快运行速度，可在复杂的焊件模型上选用【面/平面】选项。

3.【斜接裁剪基准面】　当使用【终端斜接】（见图 8-38）的边角类型时，可选取一个顶点来定义构件间的斜接起点。如图 8-39 所示，当不同尺寸的构件斜接于边角时，边角状态可能不是预期所要的。

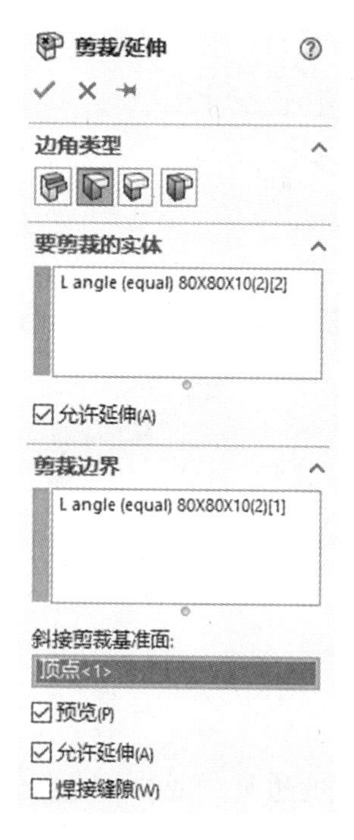

图 8-38　斜接裁剪基准面

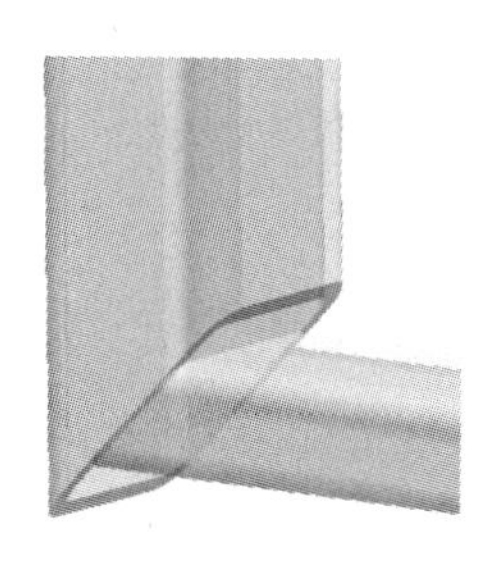

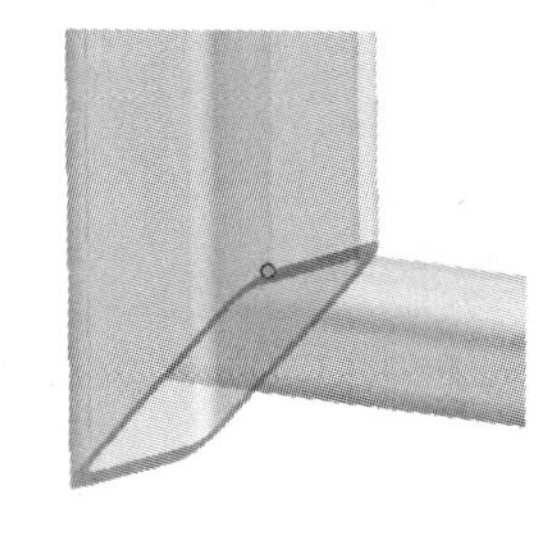

图 8-39　边角状态

4.【引线标注】　当剪裁边界将一个构件分割成多个部件时，引线标注会出现在视图区域中。单击引线标注可切换【保留】或【丢弃】新实体。

步骤4 修改引线标注 使用引线标注保留下部的两个部件，丢弃突出顶部框架的部件，如图8-40所示。

步骤5 完成命令 单击【确定】✔，结果如图8-41所示，关闭且不保存文件。

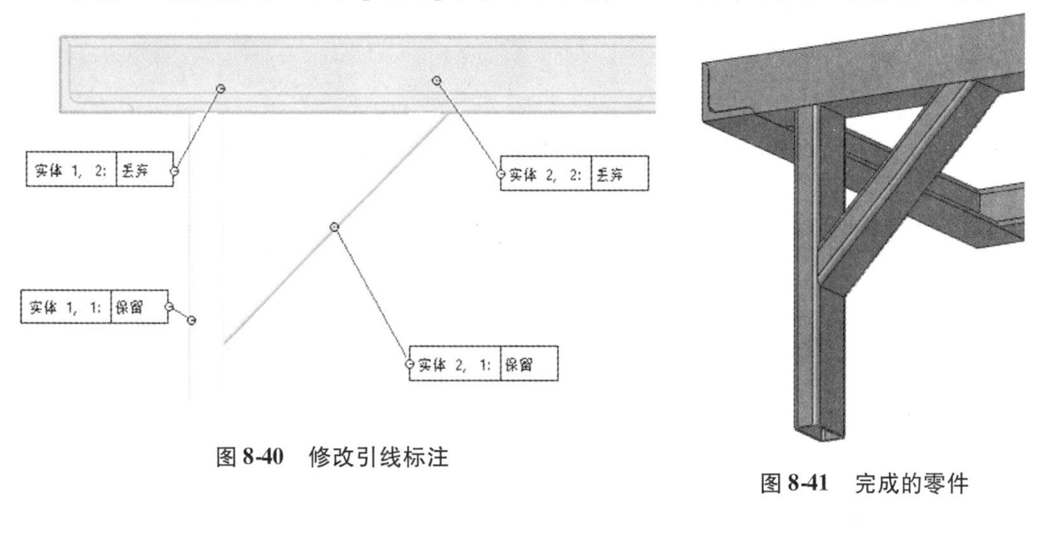

图8-40 修改引线标注

图8-41 完成的零件

8.3.2 构建草图时需考虑的因素

布局草图(见图8-42)是建立结构构件的基础。用户在构建焊件布局时，应考虑怎样创建结构构件的组。在建立布局草图时需注意以下事项：

1)利用阵列和镜像。阵列或镜像实体可以在零件中方便地创建相似件，同时简化草图。

对于“Conveyor Frame”，可以只构建一个角的腿和支架构件，然后镜像实体来完成框架。

2)路径段属于同一组只有下列两种情况：

- 相连的。
- 断开但互相平行的。

同一组的草图线段不一定要在同一幅草图中。

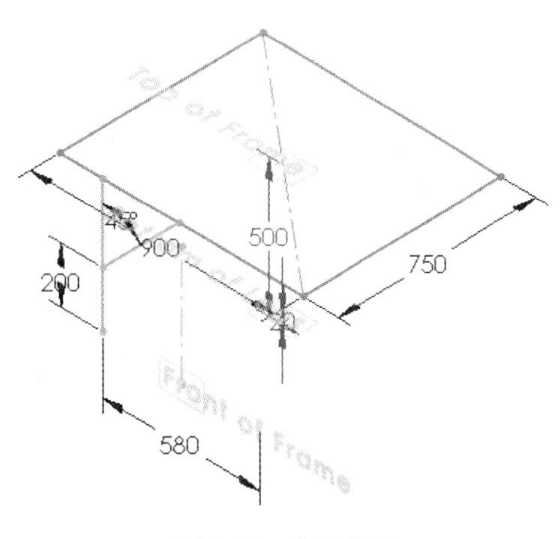

图8-42 布局草图

3)用户可以用2D或3D，或者两者结合的方式来绘制草图。用户应当在绘制草图的简单性和把所有路径放入一张草图所带来的好处之间进行权衡。例如，正在使用的“Conveyor Frame”包含两张2D草图：一张用于顶部框架，另一张用于支架。这可以只用一张3D草图来绘制。

4)布局草图中的线段可以重复使用，用以生成多个结构构件特征。轮廓位置选项可以用于修改多个构件沿一个草图线段的放置方式。

5)组的轮廓被放置在第一个选取的路径段的起始点。该起始点是绘制草图线段时第一个放置的点。虽然可以使用轮廓位置选项来修改轮廓的方向，但在涉及非对称轮廓时，这可能会影响结果。

6)用户不能一次选择两个以上共享同一顶点的路径段。要创建如图8-43所示的边角，必须使用两个组。

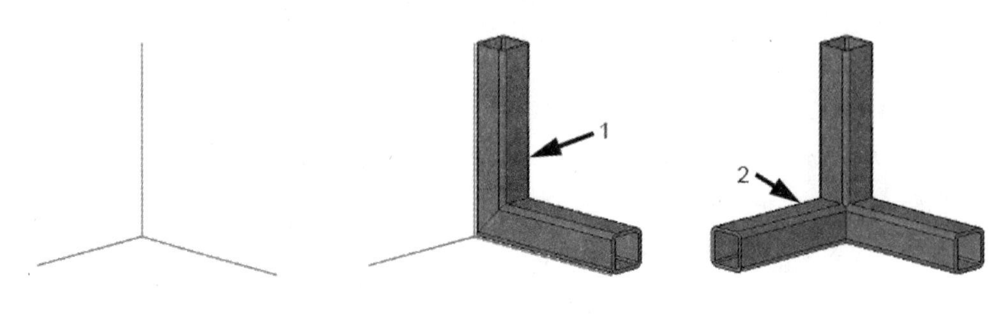

图 8-43 两个以上共享顶点的路径段

当多个组相交于一个边角时，【剪裁阶序】选项可用于修改组的剪裁方式。

8.3.3 剪裁阶序

添加组的顺序将决定在相互交叉的地方结构件将如何被修剪。默认是首先选择的组将保留其全长，随后选择的组会被剪裁到与之前的组相连的地方。

比如下面的例子，三条竖直蓝线和两条水平绿线相互交叉在结构中间，先选蓝线到组内，两条绿线将在与蓝线的交叉点处被断开，如图 8-44 所示。

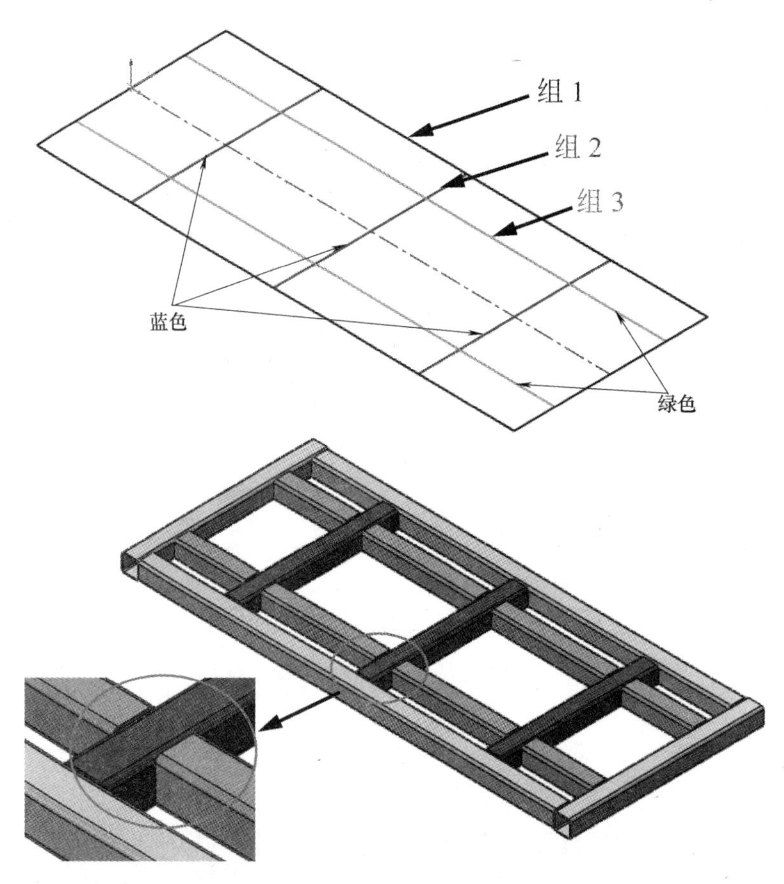

图 8-44 添加组顺序将影响剪裁结果

使用【剪裁阶序】可以在同一对话框中修改个别边角的边角处理。通过将第一组的剪裁阶序从第二变为第一，同时将第二组变为第一，蓝线将被绿线在指定的边角剪裁，如图 8-45 所示。

还可为多个组设定相同的剪裁阶序，这会使所有边角构件同时相互剪裁，如图 8-46 所示。

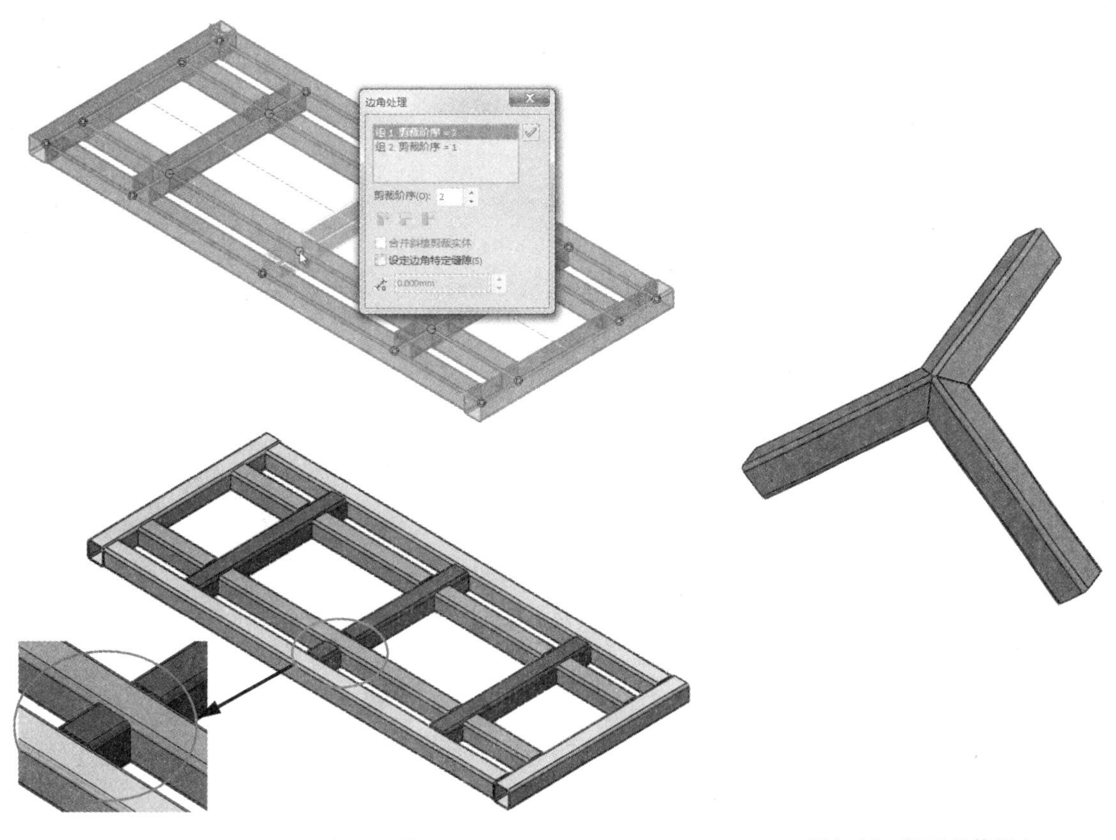

图8-45　修改剪裁阶序　　　　图8-46　相同剪裁阶序

8.4　添加板和孔

虽然结构构件通常是焊件模型的主要特征，但是常规的特征类型也可用于创建焊件模型的几何体。在下面的示例中，带孔的底板将会被焊接到"Conveyor Frame"每个腿的底部。下面将用【拉伸凸台/基体】和【异型孔】这两个特征来创建这个底板。

焊件中常用的特征可以在【焊件】CommandManager中找到并方便地使用，这些命令同样可在【特征】工具栏中启用。

操作步骤

扫码看视频

步骤1　打开文件"Conveyor Frame"　这是之前使用过的文件。

步骤2　绘制底面草图　选取直立支架的底面，打开【草图绘制】。绘制一个【边角矩形】，如图8-47所示。

步骤3　拉伸底板　单击【拉伸凸台/基体】。设置终止条件为【给定深度】，并把深度设为20mm，向直立支架的下部拉伸。结果如图8-48所示。

> **提示**　由于该模型被定义为焊件，因此【合并结果】复选框被自动设置为不勾选。这是为了在此零件中，将该拉伸特征作为分离的实体生成。

步骤4　添加孔　使用【异型孔向导】为M20螺栓添加两个通孔。如图8-49所示，标注孔的位置。

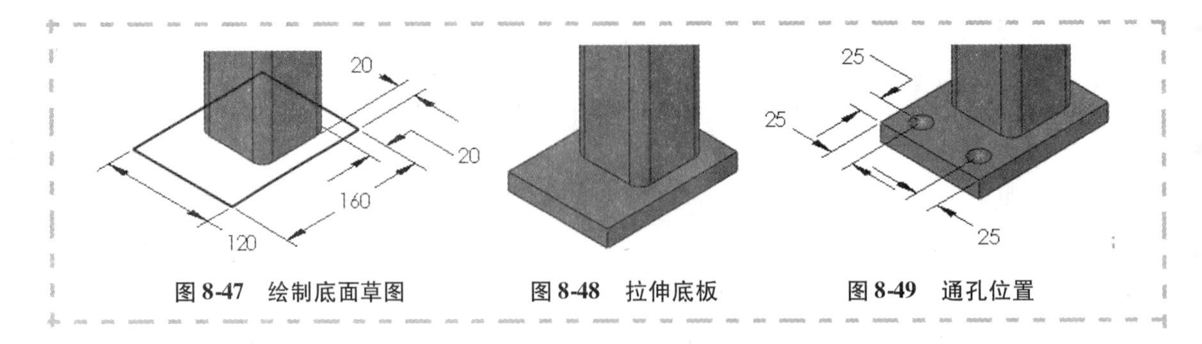

图 8-47 绘制底面草图　　图 8-48 拉伸底板　　图 8-49 通孔位置

8.5 角撑板和顶端盖

焊件中的角撑板和顶端盖是常用的特征，手动建立它们非常烦琐。然而，通过焊件环境的专有工具可以大大简化和加速创建这两个特征的过程。

角撑板是一种添加到焊件中已存在的两个构件之间的板。为了插入角撑板特征，必须选择夹角在0°~180°之间的两个平面。

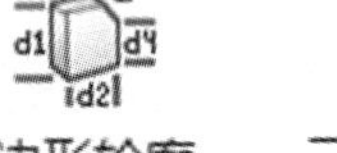

图 8-50 角撑板轮廓

8.5.1 角撑板轮廓和厚度

如图 8-50 所示，有两种轮廓类型可供选择：多边形轮廓和三角形轮廓。PropertyManager 中的尺寸与轮廓图标上显示的标注相对应。

另外，用户可以向根部拐角添加倒角，为焊缝留出间隙。

角撑板的厚度设定与筋特征方法一致。图 8-51 所示的图标，黑线表示角撑板的位置，蓝线表示厚度是如何相对黑线位置进行添加的。

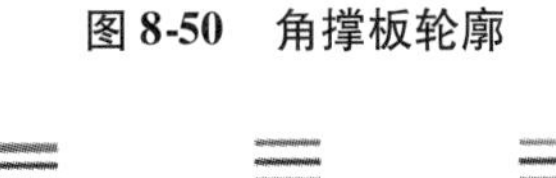

图 8-51 厚度图标

8.5.2 定位角撑板

当用户选择了两个平面后，系统会计算它们的虚拟交线，角撑板就是通过这个虚拟交线来定位的，如图 8-52 所示，有图 8-53 所示的三种位置可供选择。不管选择哪种位置，用户都可以指定一个等距距离。

当角撑板用于管道或管筒时，它会被自动放置于中间，如图 8-54 所示。

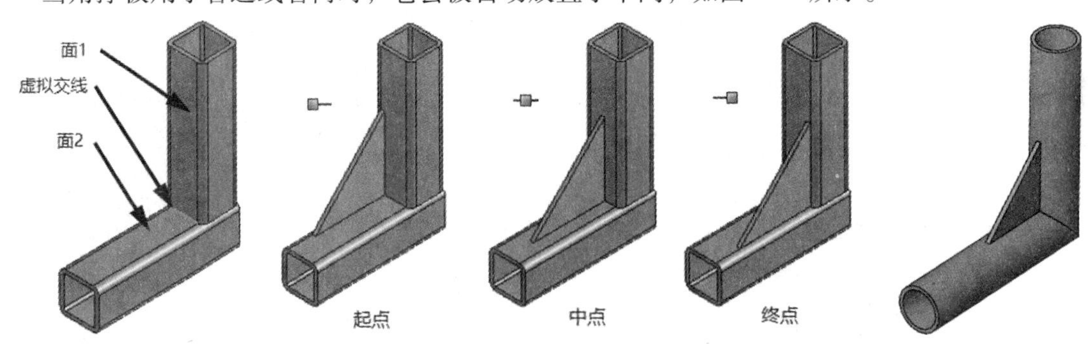

图 8-52 定位角撑板的虚拟交线　　图 8-53 角撑板的三种位置　　图 8-54 管道的角撑板

提示　角撑板并不只限于焊件零件中，用户可以在任何零件中使用它。不管它是不是多实体，角撑板都是作为一个单独的实体来创建的。

知识卡片	角撑板	• CommandManager:【焊件】/【角撑板】。 • 菜单:【插入】/【焊件】/【角撑板】。

步骤5　插入角撑板　单击【角撑板】,单击【多边形轮廓】,参数设置如下(见图8-55):

- d1 和 d2 设为 125mm, d3 设为 25mm。
- 【轮廓角度】(a1) 设为 45°,添加【倒角】,参数 d5 和 d6 设为 25mm。
- 【角撑板厚度】设为 10mm,单击【两边】。
- 【位置】设为【中点】,选取如图 8-56 所示的两个面。

提示　如果使用【选择其他】功能,注意不要误选管筒内的面。

步骤6　显示角撑板结果　单击【确定】,结果如图 8-57 所示。

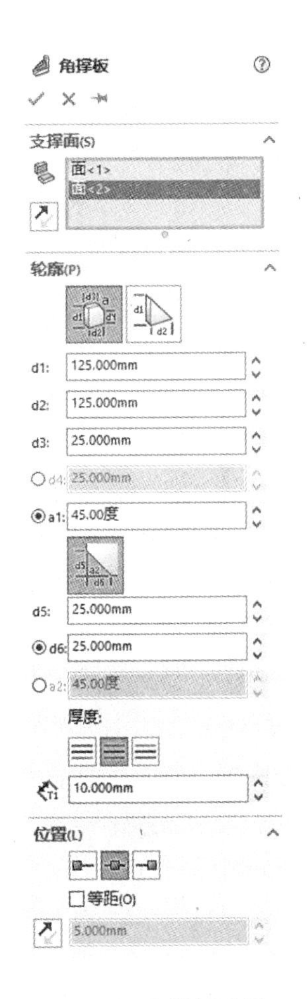

图 8-55　角撑板设置

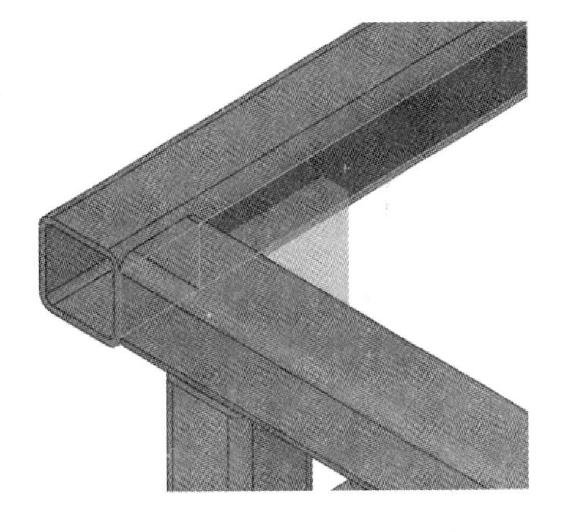
图 8-56　角撑板所在的两个面

图 8-57　角撑板结果

8.5.3 顶端盖参数

顶端盖的大小和形状主要取决于所应用的结构构件的面。【顶端盖】PropertyManager 中有如下几个选项用于控制顶端盖的创建方式：

1.【厚度方向】（见图 8-58）

- 【向外】 将顶端盖添加到已有结构构件末端，并向外延伸。
- 【向内】 向已有构件的内部延伸顶端盖厚度，此时构件会缩短相应的厚度。
- 【内部】 将顶端盖放于构件内部，额外一栏用于定义它到构件末端面的距离。

2.【等距】 顶端盖的轮廓取决于结构构件的等距面，如图 8-59 所示。等距可用【厚度比率】或【等距值】来定义。创建向内或向外顶端盖时，从管筒或管道的外侧面等距偏移；创建内部顶端盖时，从管的内侧面等距偏移。

默认的等距值为壁厚的一半。

3.【边角处理】 使用【边角处理】选项为顶端盖轮廓的边角指定倒角或圆角，如图 8-59 所示。若使用边角处理，一个简单的矩形顶端盖会被创建用于管筒件。

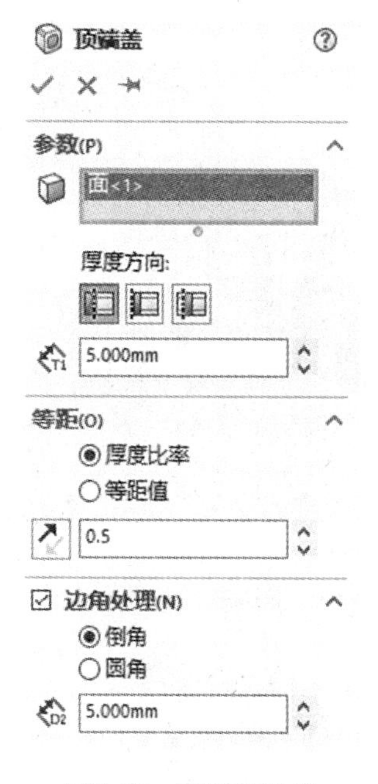

图 8-58 顶端盖设置

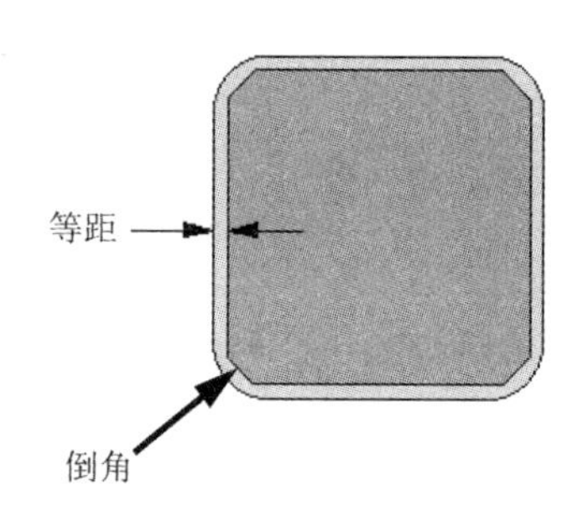

图 8-59 顶端盖的等距与倒角

知识卡片

顶端盖	顶端盖是焊接在管筒和管道开口的金属盖。它们通常用于防止管子中进入灰尘、碎屑及其他污物。通过选取所需要封闭的结构构件的终端面来创建顶端盖特征。
操作方法	• CommandManager：【焊件】/【顶端盖】。 • 菜单：【插入】/【焊件】/【顶端盖】。

提示 角撑板和顶端盖是其参考结构构件的子特征。如果删除结构构件，其相关联的角撑板和顶端盖也会被删除。

步骤7　插入顶端盖　单击【顶端盖】，进行以下设置（见图8-60）。

- 厚度方向：向外。

提示　如果这里使用【向内】的方向，会缩短管道来保持全框架的大小不变，缩短的长度等于顶端盖的厚度。

- 厚度：5mm。
- 等距：选择【厚度比率】，并把其值设为0.5。
- 边角处理：选取【倒角】，将【倒角距离】设为5mm。

选取如图8-61所示的管筒并单击【确定】，结果如图8-61所示。

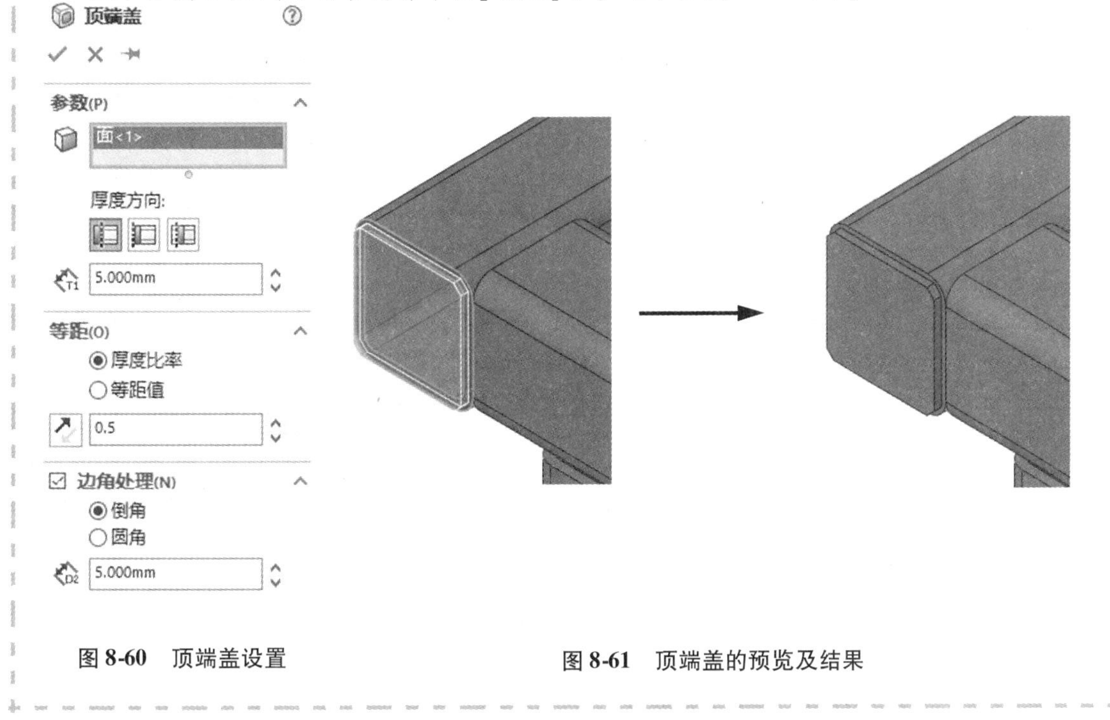

图8-60　顶端盖设置

图8-61　顶端盖的预览及结果

8.6　使用对称

与在其他常规零件中一样，镜像和阵列特征也可在焊件模型中使用。在焊件中使用这两个特征时，主要的区别是用户会经常阵列单个“实体”而不是“特征”。

步骤8　镜像实体　单击【镜像】，选择右视基准面作为【镜像面/基准面】。

选择直立腿、斜支架、底板、角撑板以及顶端盖作为【要镜像的实体】，如图8-62所示。单击【确定】。

提示　镜像特征而不是实体的操作在这里不起作用，因为只有一个结构构件特征，而该特征中含有多个实体。此时只希望阵列该特征中的某些实体。同样，如果确实是要复制整个实体，最好的做法也是使用【要镜像/阵列的实体】，这会获得更好的性能和结果。

步骤9　再次镜像　以前视基准面为参考镜像前面的实体，结果如图8-63所示。

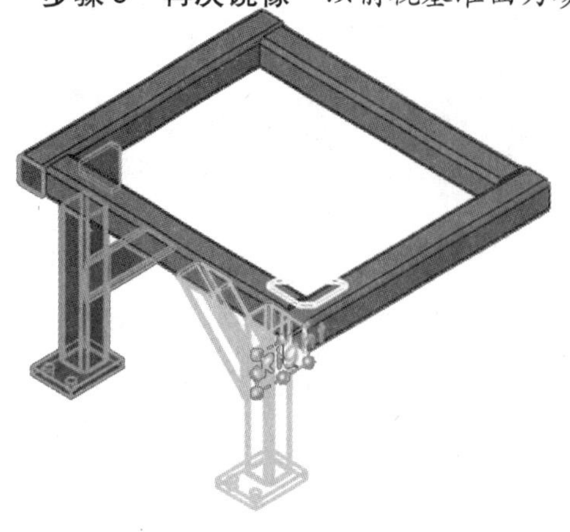

图8-62　镜像实体

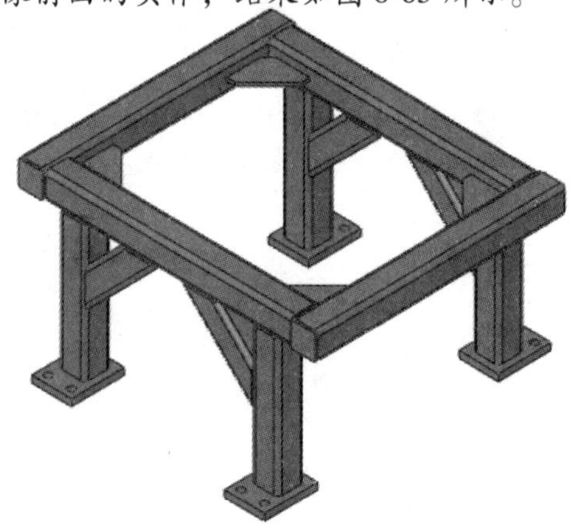

图8-63　镜像结果

步骤10　保存该零件

8.7　多实体零件的优点

焊件的结构构件和特征提供了创建多实体焊接结构的简单而快捷的方法。若考虑将“Conveyor Frame”作为装配体创建，则需要如下条件：

1）如果使用自底向上的设计方法，需要创建每个独立的部件，然后插入并配合到适当位置；如果需要在装配体完成后做出改变，则需要分别对每个文件进行修改，配合可能也需要更新。

2）如果使用自顶向下的设计方法，在装配体关联中生成的零件可能会自动更新，但复杂的文件关系可能难以管理而且会影响到性能。

当在焊件中使用多实体零件时，以上的限制就不复存在了。不需要生成多个文件和建立配合，对于多部件的及时更改也与修改草图布局或特征一样容易。

步骤11　修改“Conveyor Frame”　更改上框架草图和直立腿草图中的尺寸，如图8-64所示。

【重建】零件。构件的大小和位置被重建以匹配布局，所有的边角状态和轮廓位置维持不变。

步骤12　撤销更改　改回到原先的尺寸，如图8-65所示。

技巧　如果文件之前保存过，用户只需从【文件】菜单中【重装】最后被保存的版本。

技巧　由于修改方便，焊件模型很容易配置。例如，若想生产几个尺寸相似的“Conveyor Frame ”，只需修改模型的尺寸或者结构构件的轮廓来代表不同的框架。

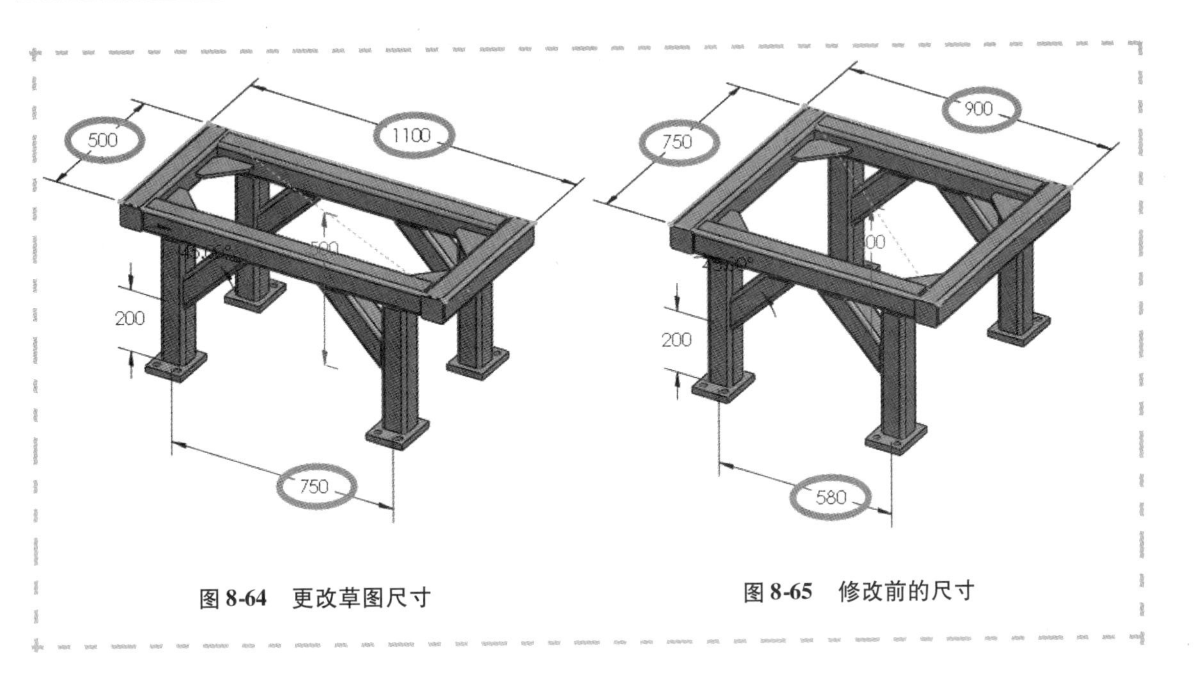

图 8-64 更改草图尺寸

图 8-65 修改前的尺寸

8.8 多实体零件的限制

虽然在多实体零件中创建多个部件有很多的好处，但同样也会存在一些使用上的限制，这些限制只能在装配体中得到解决。主要的限制如下：

1）不便于对部件重新定位，也不便于模拟零件的移动。在零件中的实体可以通过修改草图或者使用【移动/复制】命令进行移动，但不能在视图区域进行动态移动。

2）应对大型模型的性能比装配体慢。装配体有许多优化大型文件的选项，例如轻化装载、使用大型装配体、建立和使用简化的配置，这些都是提高装配体性能的有效方法。但是在零件模型中的选项就相对有限，例如，利用【冻结栏】和压缩一些特征来提升零件的性能，但却必须考虑特征的顺序以及父子关系。

3）焊件多实体的出详图与焊件零件文件绑定在一起。焊件中的实体虽然可以单独出详图，但需以焊件的零件为参考模型，且必须符合公司的标准。

练习 8-1 展示框架

使用 SOLIDWORKS 焊件特征创建如图 8-66 所示的展示框架。练习文件中已经提供了包含该布局草图的零件，或者用户也可以选择从绘制草图开始创建。

本练习将应用以下技术：

- 焊件配置选项。
- 结构构件。
- 组。
- 边角处理选项。
- 轮廓位置设定。
- 角撑板。
- 使用对称。

扫码看视频

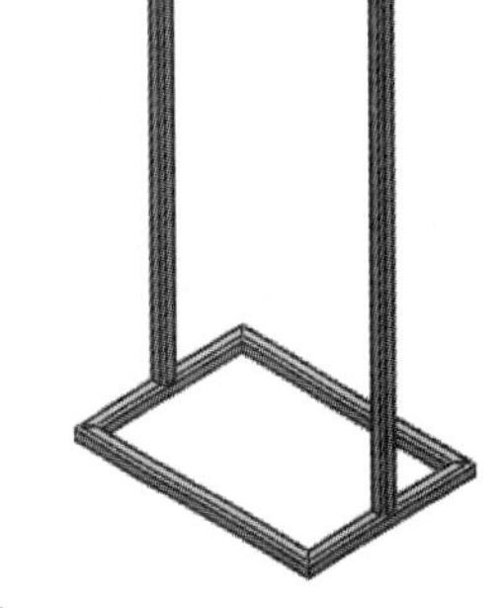

图 8-66 展示框架

操作步骤

步骤1 创建新零件 为了从草图开始创建模型，新建一个以mm为单位的零件。

步骤2 新建布局草图 使用默认的上视基准面(Top Plane)和前视基准面(Front Plane)来创建一个如图8-67所示的草图。

提示 若使用已有的布局草图，可从Lesson08 \ Exercises文件夹中打开Sign Holder文件。

步骤3 修改配置选项 该单件的框架在焊接后不需要任何加工，因此不需要自动创建派生配置。在【选项】/【文档属性】中选择【焊件】。不勾选【生成派生配置】复选框。

提示 由于该设置为【文档属性】，所以更改该设置只会影响这个文档。用户可以通过将文档属性设置保存在文档模板中来建立默认设置。

步骤4 下载轮廓 根据在第8.2.3节中的说明来下载ISO标准轮廓。确保按照说明来重命名文件夹和在【选项】中定义【文件位置】。

步骤5 添加结构构件 单击【结构构件】。结构构件的轮廓设置如下：

- 标准：ISO_Training。
- Type：Tube (square)。
- 大小：20×20×2.0。

步骤6 创建组1 选择上视基准面中的矩形线段为组1。

提示 这些相连的线段具有同样的设置，例如，段与段之间的边角处理和轮廓位置，所以这些线段要在同一组里创建。

步骤7 组1设置 在构件之间应用边角处理，并选择【终端斜接】类型。

在PropertyManager底部单击【找出轮廓】按钮，为该组的轮廓定位，使构件位于布局的内侧上方，如图8-68所示。

提示 轮廓在模型中的位置由第一个选中的草图线段决定。根据用户选择方式，轮廓的位置可能与图8-66所示的位置不同。

步骤8 创建组2 单击【新组】按钮。选中组成外框的三条线段作为组2。

步骤9 组2设置 选择【终端斜接】边角处理，并将轮廓定位在布局的内侧，如图8-69所示。

步骤10 创建组3 单击【新组】。如图8-70所示，选择水平线作为组3。将轮廓放置在布局的下面，单击【确定】✔。

步骤11 查看结果 【焊件】特征会自动添加到FeatureManager设计树中，8个独立实体在零件中被创建，如图8-71所示。

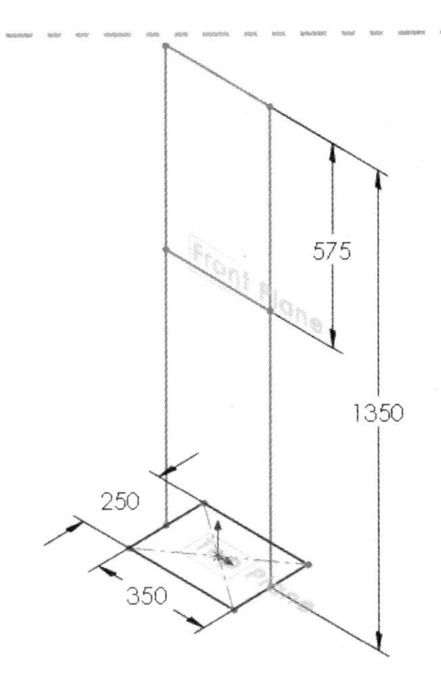

图 8-67　布局草图

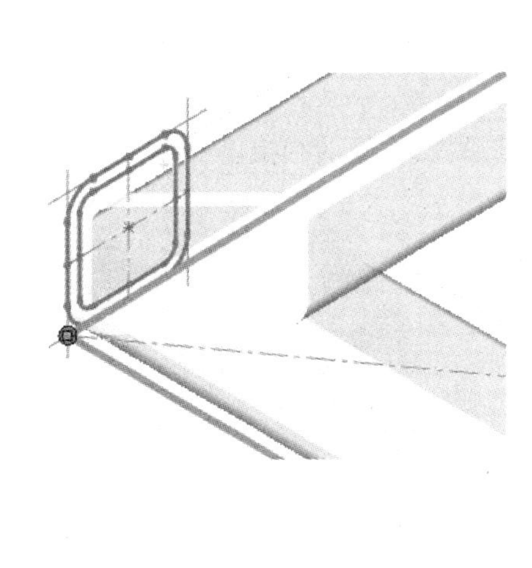

图 8-68　找出轮廓

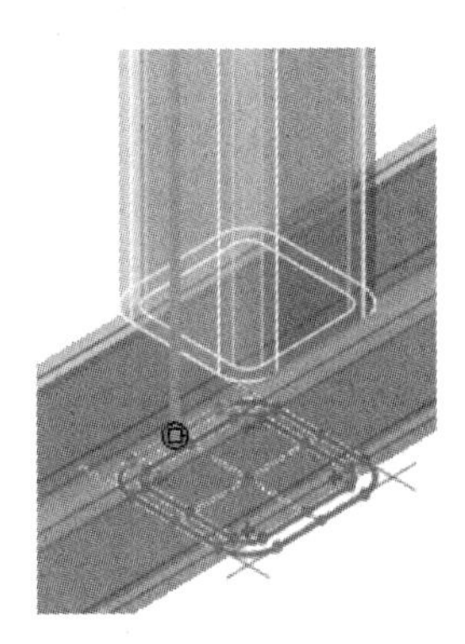

图 8-69　创建组 2

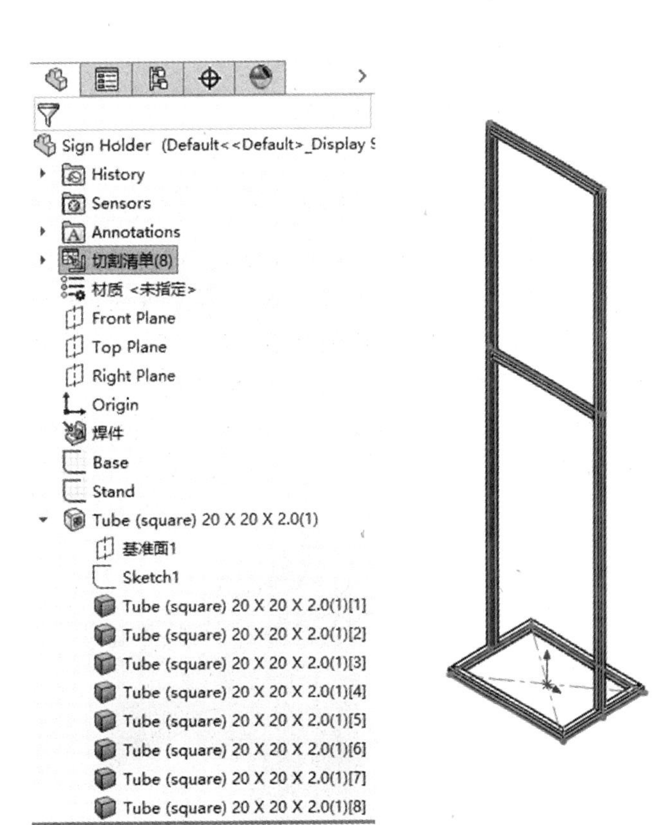

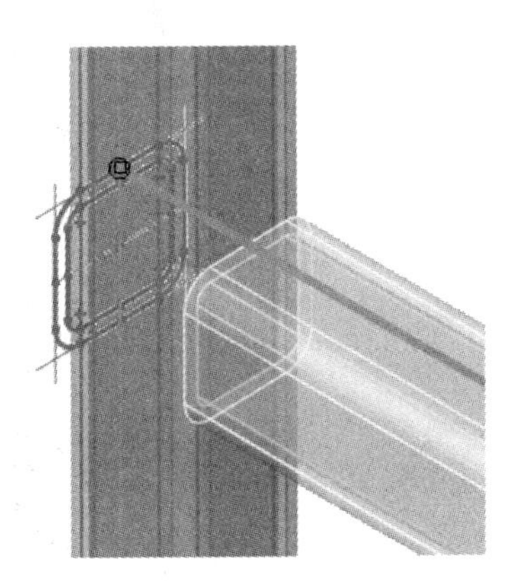

图 8-70　创建组 3

图 8-71　查看结果

步骤12　添加切除特征　【隐藏】布局草图。在零件顶部的面上，绘制一条【中点线】，其中心位于原点，尺寸为325mm。单击【拉伸切除】，勾选【薄壁特征】复选框，选择【两侧对称】，【厚度】为2.5mm。对于【方向1】，选择终止条件为【成形到一面】，并选择如图8-72所示的构件的顶面为终止面。

步骤13　添加角撑板　单击【角撑板】。首先选取如图8-73所示的竖直框架，然后选择中间水平构件的顶部。

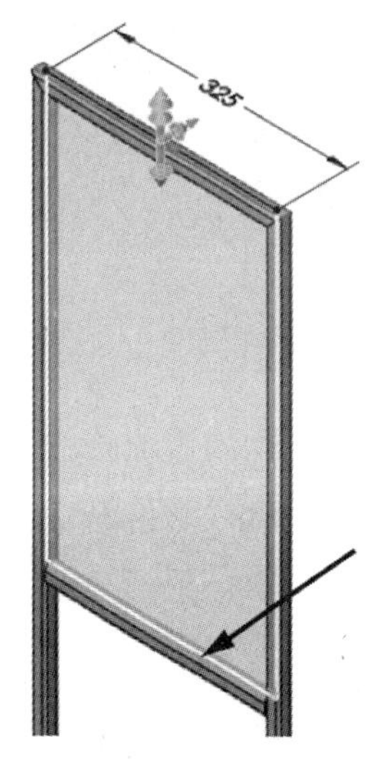

图8-72　添加切除特征

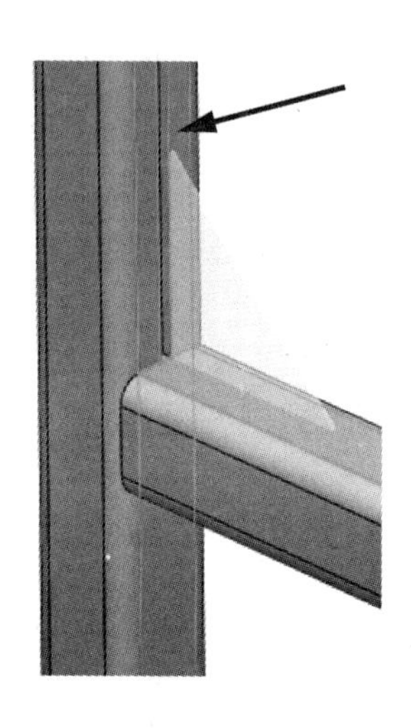

图8-73　添加角撑板

提示　先选择切除处的后侧面来定义角撑板的位置。

选择【三角形轮廓】，大小为35mm×35mm。厚度为1mm，应用【外边】，位置为【轮廓定位于端点】，单击【确定】。

步骤14　添加第二块角撑板　添加第二块角撑板，尺寸同前，位置相似，位于框架的右上角，如图8-74所示。

步骤15　镜像角撑板　关于右视基准面【镜像】角撑板，以在另一侧添加副本，如图8-75所示。

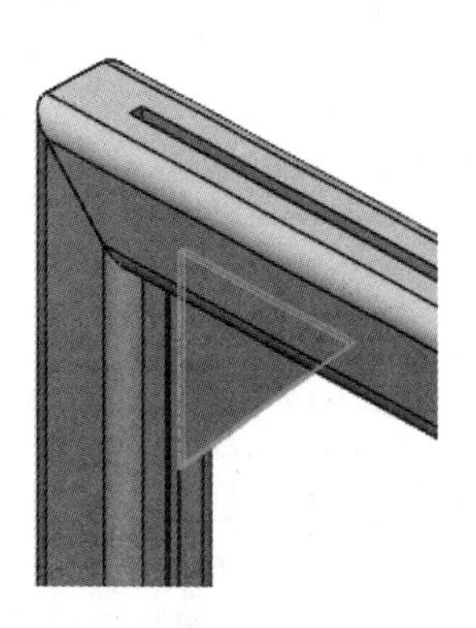

图8-74　添加第二块角撑板

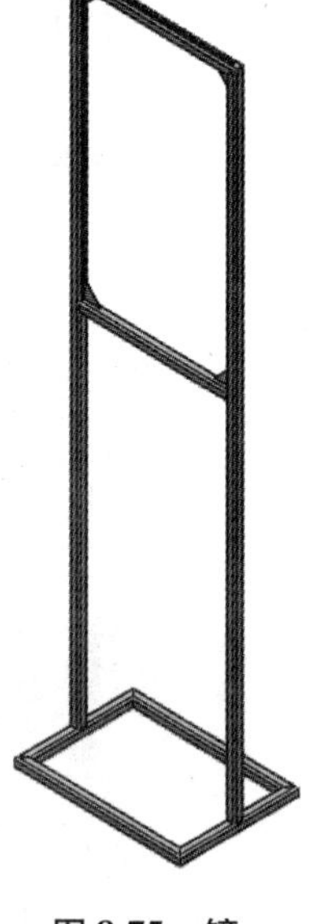

图8-75　镜像角撑板

步骤16　保存　并关闭零件

练习8-2　焊接桌

使用结构构件和平板来创建如图8-76所示的焊接桌，然后通过改变尺寸来修改桌子的大小。

本练习将应用以下技术：

- 结构构件。
- 组。
- 轮廓位置设定。
- 剪裁阶序。
- 添加板和孔。
- 使用对称。

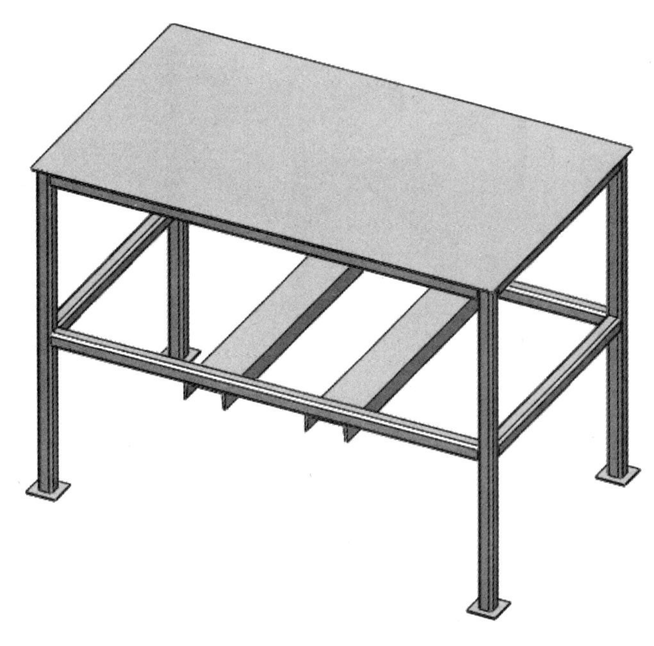

图8-76　焊接桌

操作步骤

扫码看视频

步骤1　打开现有零件　从Lesson08\Exercises文件夹打开零件Weld Table。该零件中含有一个3D草图，用来定义桌子的框架。

步骤2　添加结构构件　单击【结构构件】，结构构件的轮廓设置如下：

- 标准：ISO_Training。
- Type：Tube（square）。
- 大小：50×50×5.0。

步骤3　创建组1　框架的所有构件使用相同的轮廓，所以它们可以在同一个结构构件特征中创建。草图线段需要选取到组里，这些组将决定最合适的剪裁阶序和设置。该框架的直立腿从顶部一直到底部，其他构件在它们中间，如图8-77所示。因此，直立腿被选为第一组，用来剪裁其他的构件。

如图8-78所示，选中四个直立腿线段作为组1。这些线段平行但不连续，并且需要相同的设定，例如轮廓位置，所以它们可以在一个组中创建。

步骤4　创建组2　单击【新组】。如图8-79所示，选出四个水平的长线段作为组2。

提示　由于框架顶部的线段相互连接且轮廓位置相同，所以它们适合在同一组。但是，由于不需要边角处理，分开选择前面和侧面的构件可使它们被正确地剪裁到组1。

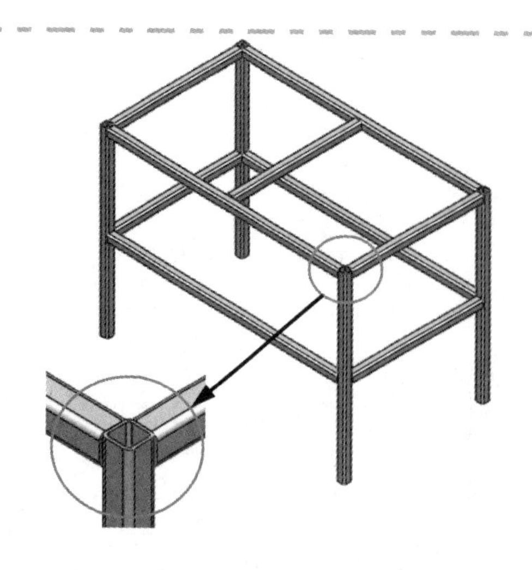

图 8-77　直立腿

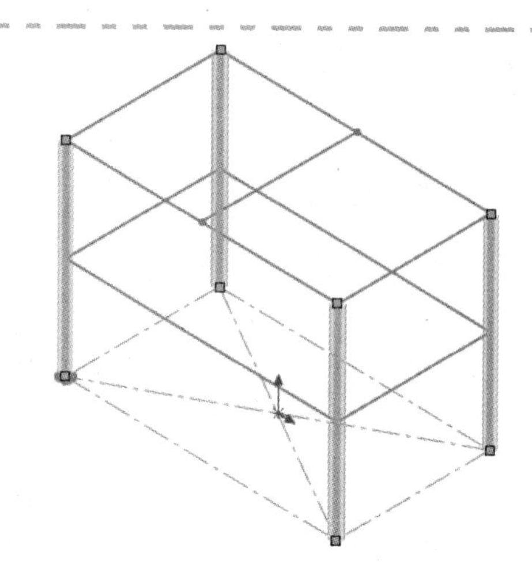

图 8-78　创建组 1

步骤 5　找出轮廓　定位轮廓，如图 8-80 所示，所有组内构件均使用该位置。

> **提示**　轮廓在模型中的位置由第一个选中的草图线段决定。

步骤 6　创建组 3　单击【新组】。如图 8-81 所示，选取剩余的平行草图线段构成一组。如图 8-82 所示，找出轮廓。

步骤 7　查看结果　单击【确定】✔完成创建。如图 8-83 所示，13 个实体在模型中创建。【隐藏】框架布局草图。

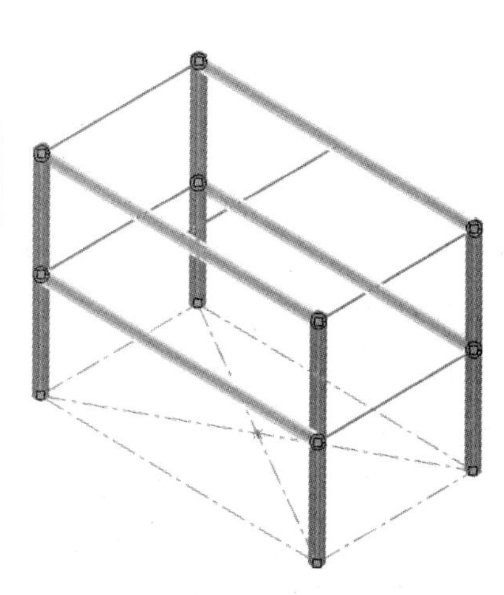

图 8-79　创建组 2

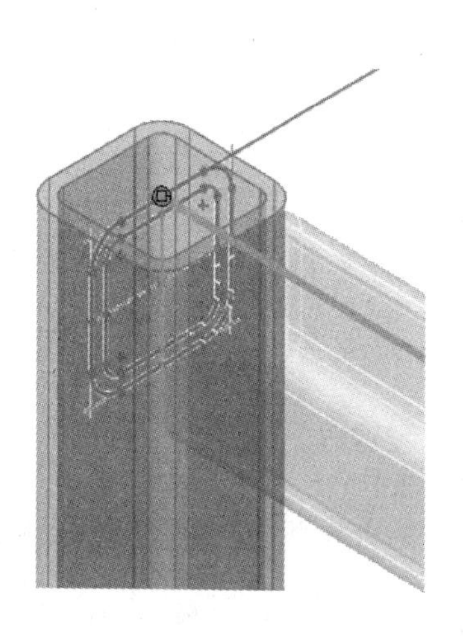

图 8-80　找出轮廓

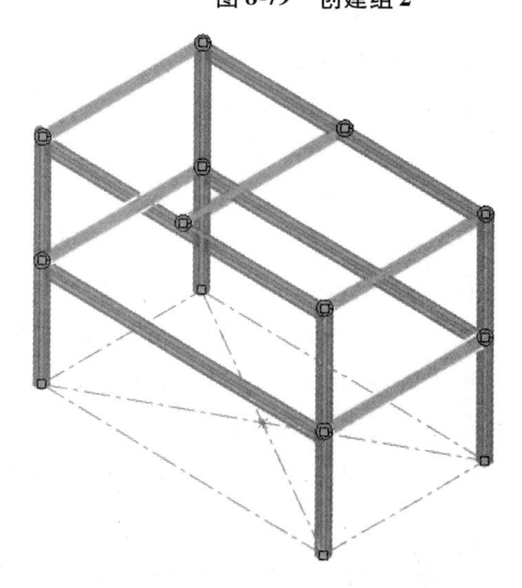

图 8-81　创建组 3

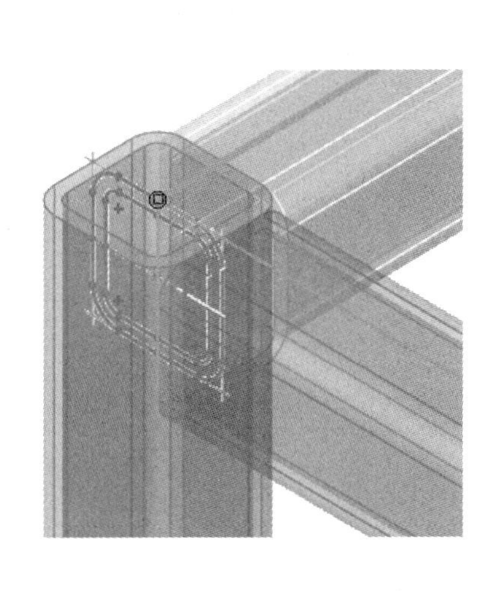

图 8-82　找出轮廓

图 8-83　查看结果

步骤 8　添加板　如图 8-84 所示，为桌子面板和脚垫板绘制草图并拉伸。使用模型中现有的面作为草图平面。

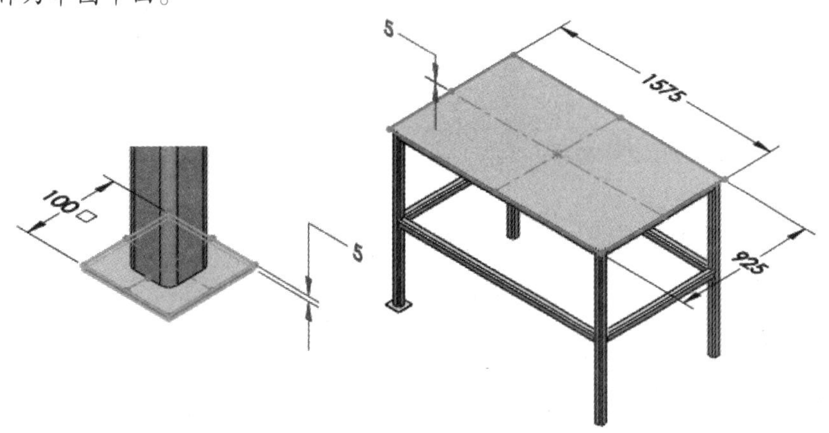

图 8-84　添加板的草图

步骤 9　镜像实体　关于前视基准面和右视基准面【镜像】脚垫板。

步骤 10　添加圆角　为顶部面板的边角添加半径为 10mm 的圆角。

步骤 11　创建槽钢的布局草图　在横跨支架的底面，创建一个新草图。绘制对称的两条相隔 410mm 的线段，如图 8-85 所示。

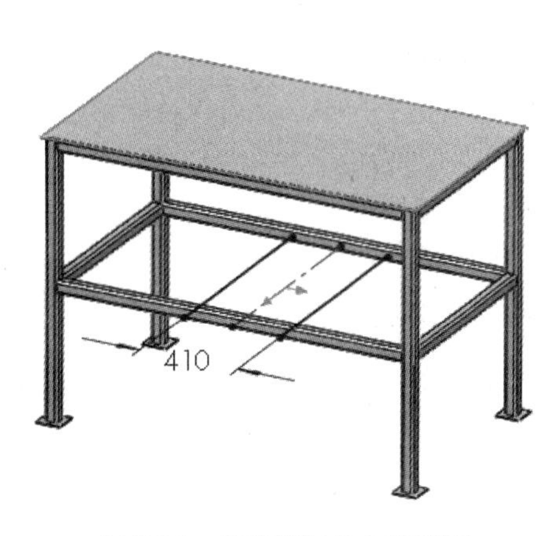

图 8-85　创建槽钢的布局草图

步骤 12　添加槽型结构构件　使用以下轮廓为布局添加结构构件：

- 标准：ISO_Training。

- Type：C 槽。
- 大小：CH 140 × 15。

使用如图 8-86 所示的设置来定位轮廓。

步骤 13　修改布局　焊接桌由 20 个独立的实体部件组成。如图 8-87 所示，修改框架布局的尺寸，然后【重建】模型。所有的框架结构构件都会更新。

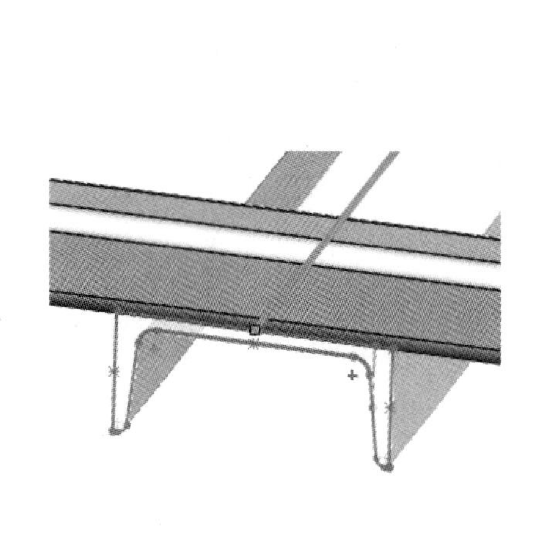

图 8-86　添加槽型结构构件

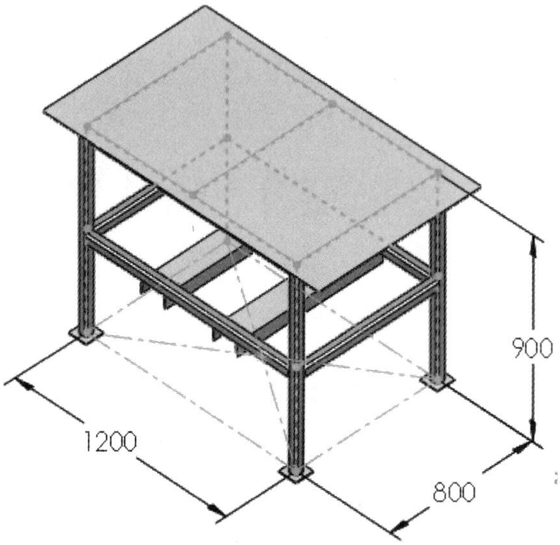

图 8-87　修改布局

步骤 14　保存并关闭零件

练习 8-3　悬架

使用 SOLIDWORKS 焊件特征创建如图 8-88 所示的悬架。有些结构构件需要手动剪裁。

本练习将应用以下技术：

- 结构构件。
- 组。
- 轮廓位置设定。
- 剪裁/延伸。
- 添加板和孔。
- 使用对称。

图 8-88　悬架

操作步骤

扫码看视频

步骤1 打开零件 从 Lesson08 \ Exercises 文件夹打开已有零件"Suspension Frame"。

步骤2 添加框架的结构构件 单击【结构构件】。结构构件的轮廓设置如下：

- 标准：ISO_Training。
- Type：Tube (square)。
- 大小：70×70×4.0。

步骤3 创建组 侧边框部件和斜支架共用该轮廓，所以它们在同一特征中创建。使用组创建如图 8-89 所示的构件。

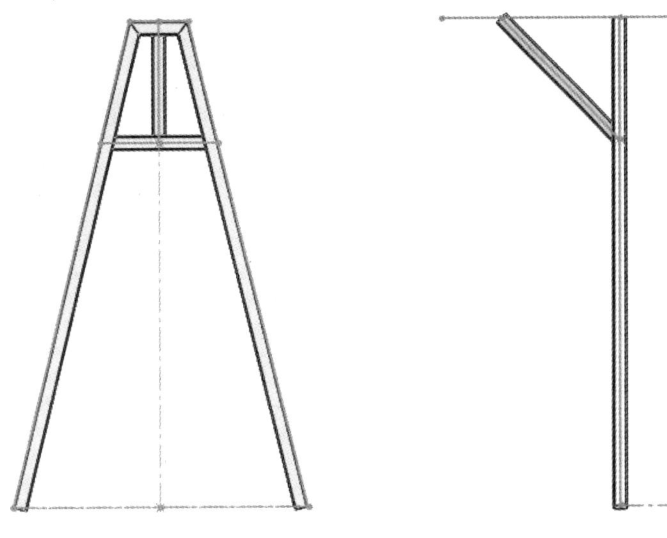

图 8-89 创建组

- 使用设置正确定位每组轮廓。
- 组的创建顺序将会决定剪裁阶序。
- 需要4组。
- 该特征应在零件中创建6个分离实体。

技巧 要对已有的组进行更改，只需要在【组】选择框中选取它，即可进行设置，如图 8-90 所示。

步骤4 镜像实体 使用【镜像】特征复制支架和侧框架实体，如图 8-91 所示。

步骤5 添加顶部杆 顶部杆使用如下的结构构件轮廓：

- 标准：ISO_Training。
- Type：SC Beam。
- 大小：SC 120。

将轮廓放置到如图 8-92 所示的位置。

步骤6 剪裁/延伸 使用【剪裁/延伸】工具剪裁并延伸斜支架到顶部杆，如图 8-93 所示。

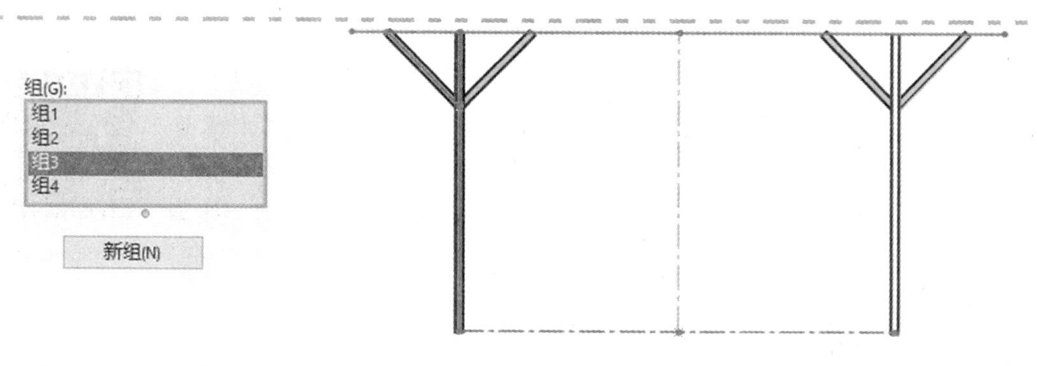

图 8-90　组的选择框

图 8-91　镜像实体

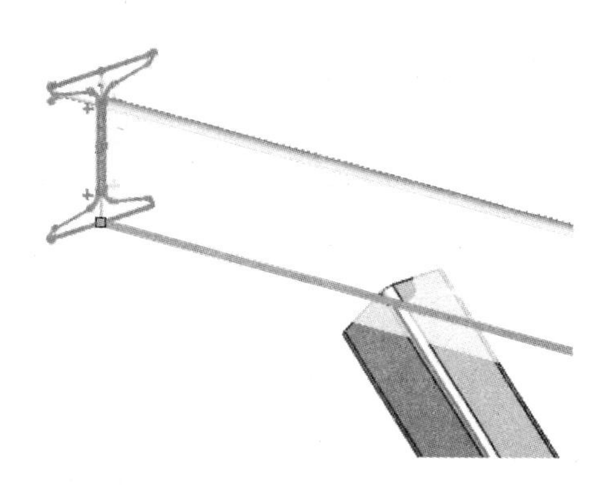

图 8-92　添加顶部杆

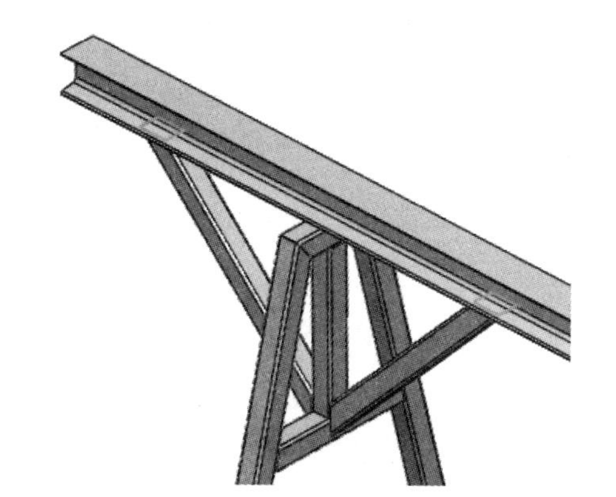

图 8-93　剪裁/延伸

步骤 7　绘制脚垫轮廓　如图 8-94 所示，在上视基准面绘制脚垫轮廓。将脚垫轮廓【拉伸】10mm，方向背离框架构件。

> **技巧**　英尺和英寸作为该零件的双制尺寸显示。如果用户想要输入不同于主单位的尺寸，可以直接输入需要修改单位的缩写，如图 8-95 所示。英尺缩写使用“ft”或一个撇号（′）；英寸则使用“in”或引号（″）。

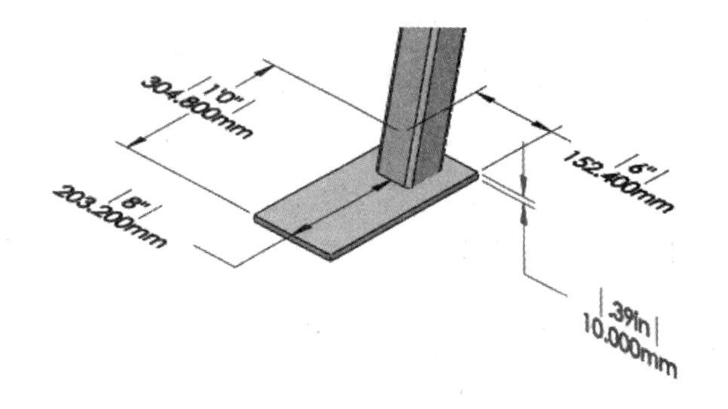

图 8-94　绘制脚垫轮廓

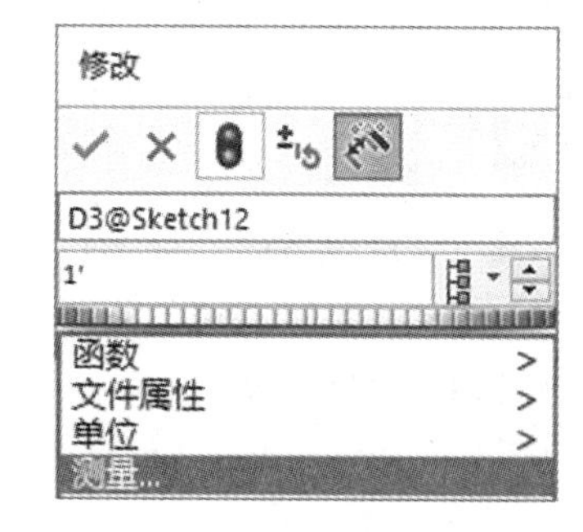

图 8-95　修改尺寸单位

步骤 8　镜像　使用【镜像】特征复制脚垫实体到框架的其他边角。

步骤 9　剪裁/延伸　剪裁框架构件到脚垫的顶面，结果如图 8-96 所示。

图 8-96　剪裁结果

提示：当剪裁到的几何体不是由结构构件特征创建时，应该选择面而不是实体。【面/平面】选择实际上会扩展，可切除所有要剪裁的选定实体。

步骤 10　保存并关闭该零件

练习 8-4　蒸发器支架

按下列操作步骤创建如图 8-97 所示的蒸发器支架焊件。

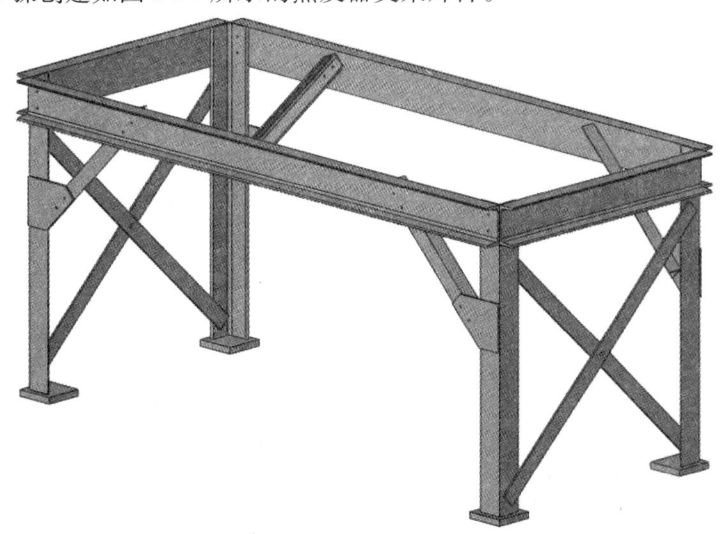

图 8-97　蒸发器支架

本练习将应用以下技术：

- 结构构件。
- 轮廓位置设定。

- 添加板和孔。
- 使用对称。

操作步骤

扫码看视频

步骤1　创建新零件　使用模板“Part_MM”创建一个新零件。

步骤2　创建新基准面　生成一个【基准面】，与上视基准面的向上偏移距离为1000mm，如图8-98所示。

步骤3　创建顶部框架的布局草图　在新建的基准面上，为顶部框架绘制一个如图8-99所示的矩形（2000mm×850mm），然后退出草图。

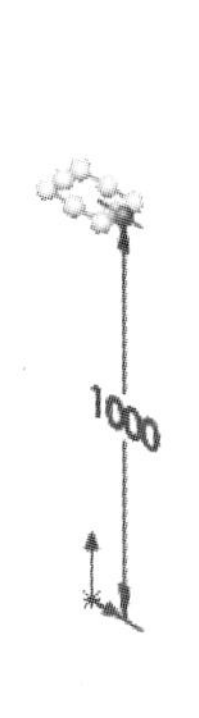

图 8-98　创建新基准面

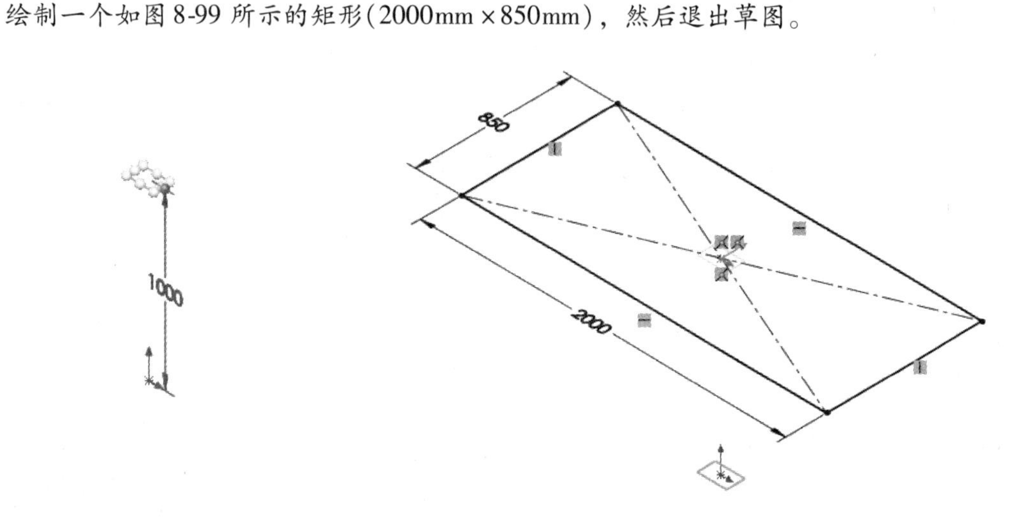

图 8-99　绘制顶部框架布局草图

步骤4　创建直立腿草图　生成另一个【基准面】，使其与前视基准面【平行】，并且与矩形的左前角【重合】，如图8-100所示。

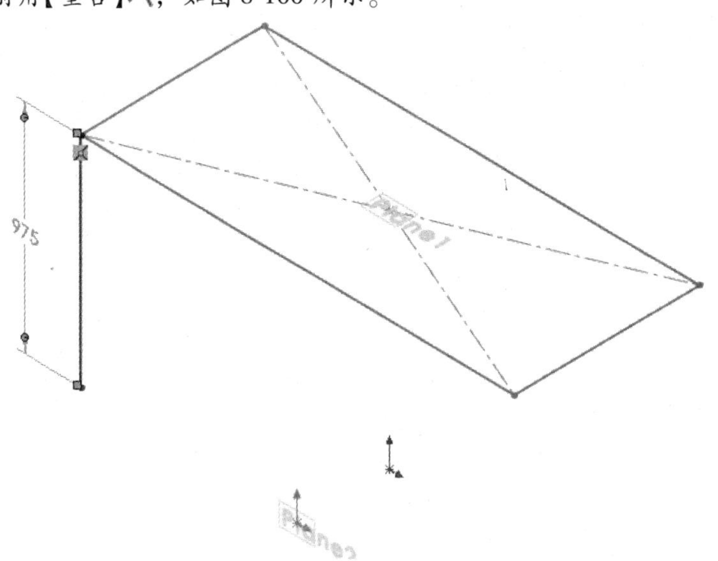

图 8-100　创建直立腿草图

为直立腿绘制一条长度为975mm的线段。

步骤5　插入结构构件(C槽)　使用ISO_Training、C channel、CH 120×12，在顶部框架中插入一个结构构件。定位轮廓，如图8-101所示。

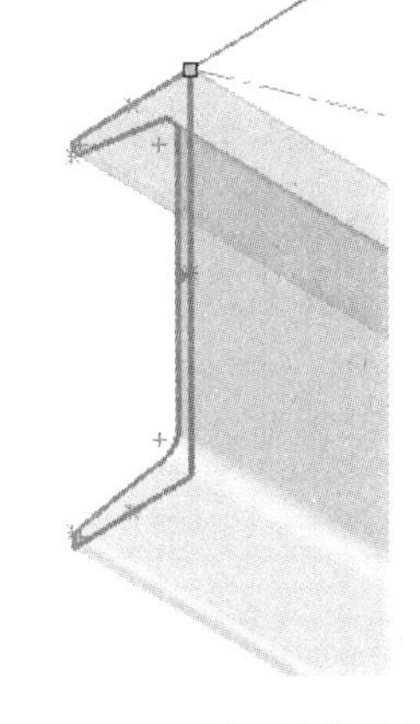

图8-101　插入结构构件

提示　根据布局草图创建方式的不同，轮廓的初始位置可能与图8-101所示的位置不同。

步骤6　完成顶部框架　选取剩余的草图线段，如图8-102所示。

不勾选【应用边角处理】复选框。单击【确定】✔。

提示　当不使用边角处理时，结构构件只是简单地沿着路径段的长度。

步骤7　为直立腿插入结构构件　使用L Angle (equal)、80×80×6轮廓。如图8-103所示，放置轮廓，单击【确定】✔。

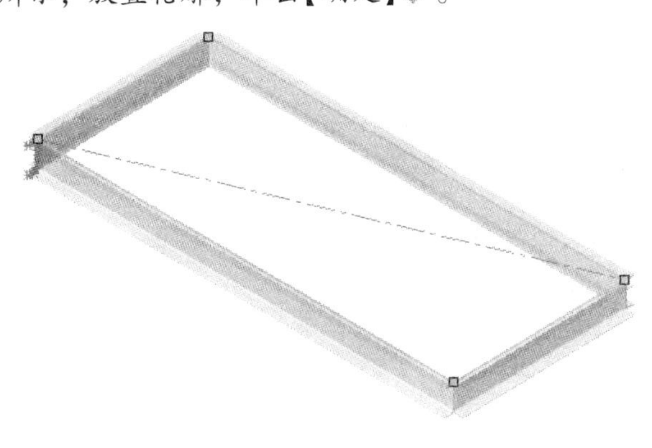

图8-102　顶部框架

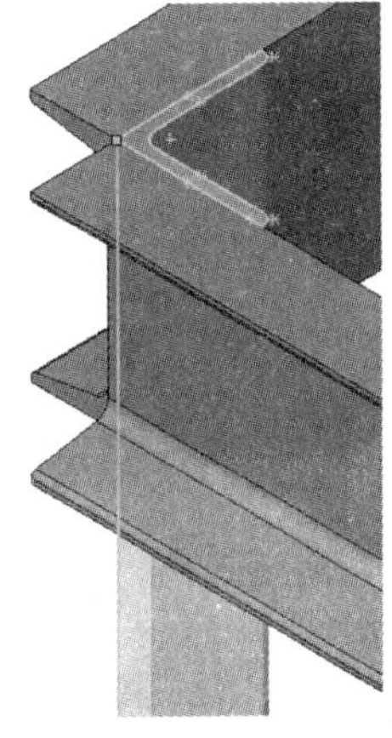

图8-103　插入结构构件

步骤8　制作加强板　角撑板特征不能在这里使用的两个原因是：

1)角撑板的创建需要两个面的虚拟交线，而这个板不放置在一个相交线上。

2)该轮廓的形状与角撑板中可用的形状不匹配。

创建如图8-104所示的草图。拉伸草图，深度为6mm。

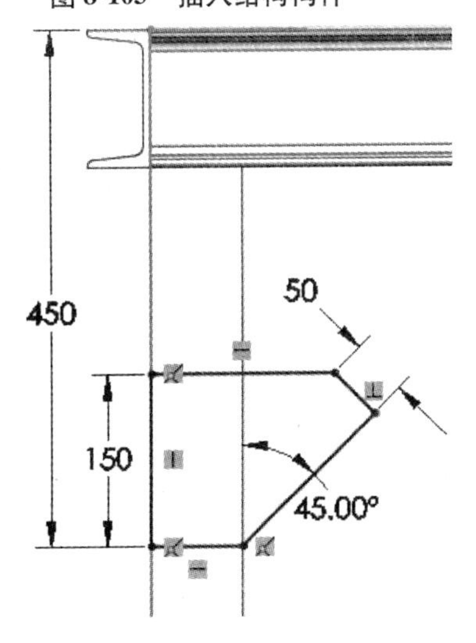

图8-104　制作加强板

步骤9　绘制斜支架草图　在加强板的后(内)侧面上创建草图，绘制一条如图8-105所示的线段。注意需要使用多种几何关系来完全定义草图。

步骤10　创建结构构件　使用L Angle (equal)、50×50×4轮廓。创建结构构件，如图8-106所示。注意轮廓的方向要与图8-107所示一致。

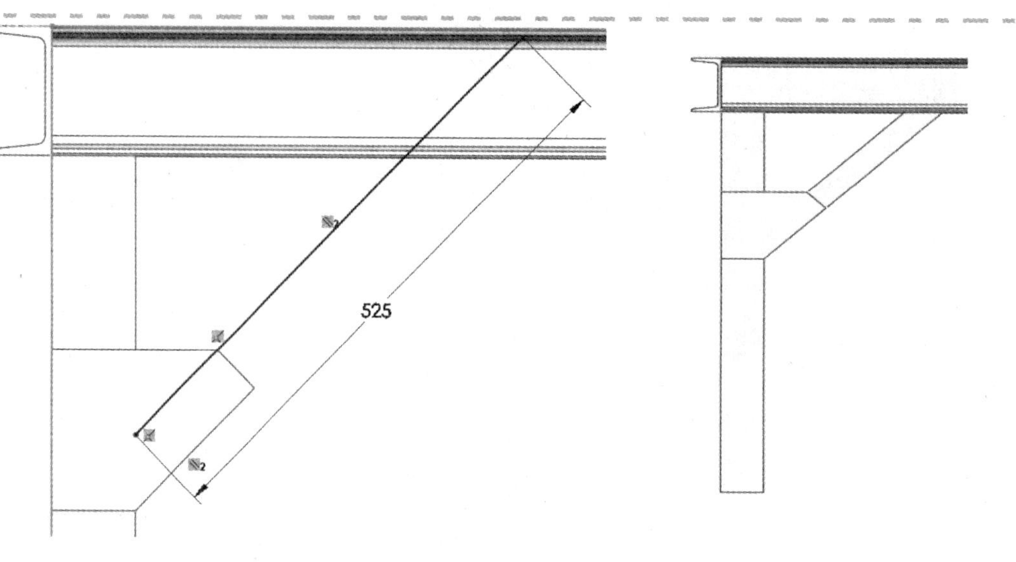

图 8-105　绘制斜支架草图

图 8-106　创建结构构件

步骤 11　创建脚垫　创建一个脚垫，使用如图 8-108 所示的尺寸。

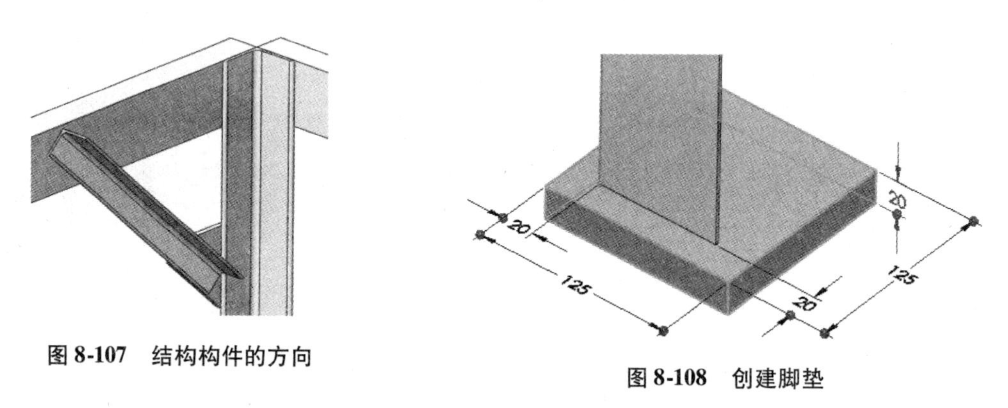

图 8-107　结构构件的方向

图 8-108　创建脚垫

步骤 12　镜像直立腿　关于前视基准面【镜像】直立腿实体。结果如图 8-109 所示。

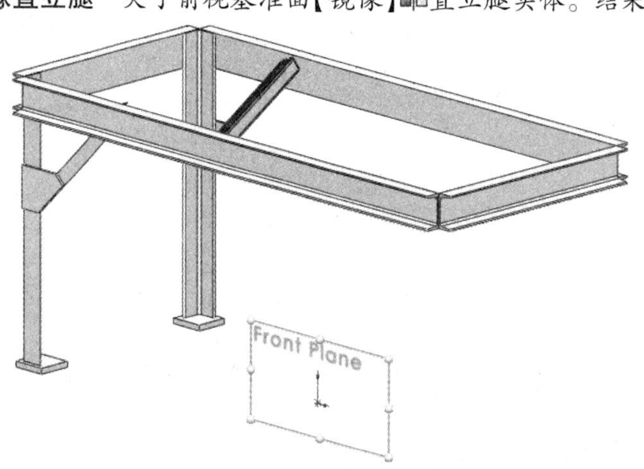

图 8-109　镜像直立腿

步骤13 绘制交叉支架 绘制一个【3点边角矩形】，如图8-110所示。拉伸草图，深度为6mm。

步骤14 添加新交叉支架 在直立腿的内侧面再添加一个交叉支架，如图8-111所示。

步骤15 创建通孔 使用【异型孔向导】为12mm螺栓创建一个通孔，该孔同时穿过两个交叉支架，如图8-112所示。

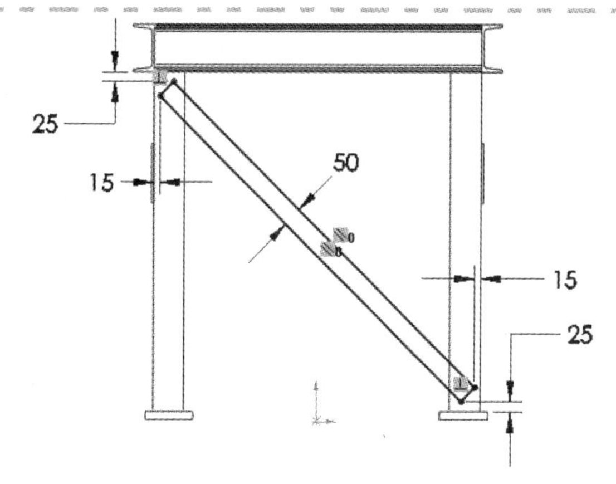

图8-110 绘制交叉支架

> **技巧** 可在异型孔的定位草图中，使用构造几何体来确定孔的中心。

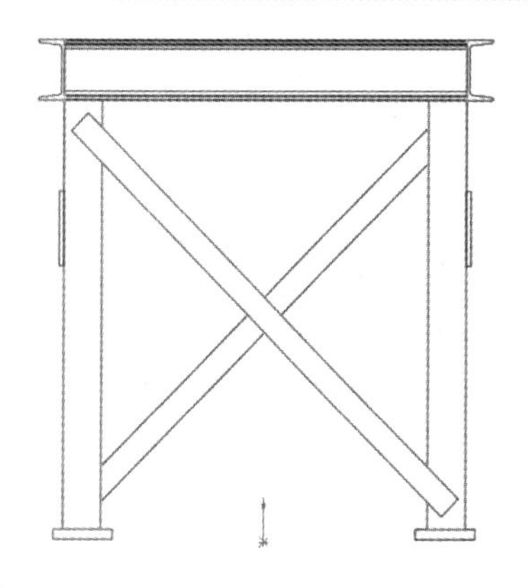

图8-111 添加新交叉支架

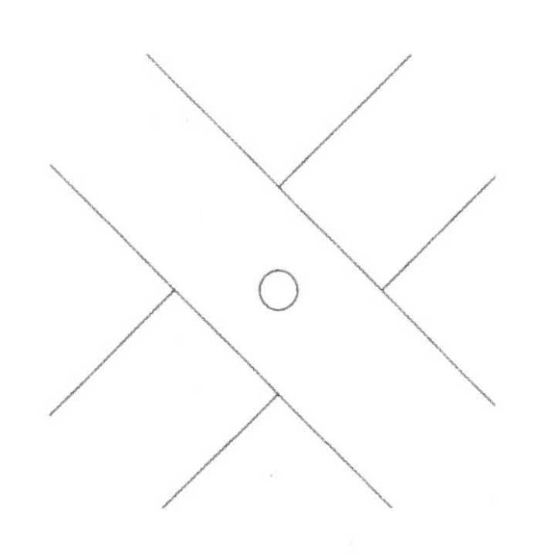

图8-112 创建通孔

步骤16 镜像直立腿零部件 关于右视基准面【镜像】两个直立腿零部件，结果如图8-113所示。

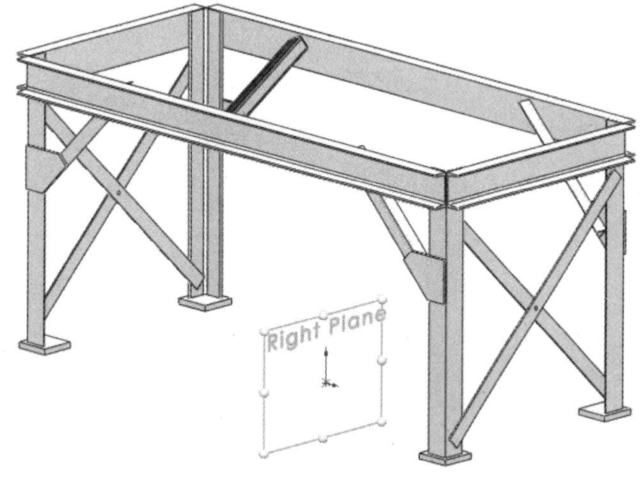

图8-113 镜像直立腿零部件

步骤17 保存并关闭所有文件

第9章 使用焊件

学习目标

- 管理焊件切割清单及其属性
- 使用切割清单属性对话框、焊件特征以及边界框来添加切割清单项目属性
- 手动管理切割清单项目
- 创建和管理子焊件
- 创建和修改结构构件轮廓
- 单独给实体添加材质
- 在焊件模型中插入已有零件

9.1 管理切割清单

切割清单类似多实体零件的材料明细表。FeatureManager 设计树中的【切割清单】文件夹用于管理切割清单表中的模型实体，如图 9-1 所示。这是通过将相似项目成组放入切割清单的子文件夹下实现的。一个项目清单文件夹代表了切割清单表格中的一行。自定义属性可应用于切割清单项目，以便在表格中交流信息。

切割清单项目名称后的括号中显示有数字，这些数字表明了组合进这个切割清单项目的实体数量。表 9-1 中的切割清单项目文件夹图标表明了实体是如何在项目中被创建的。

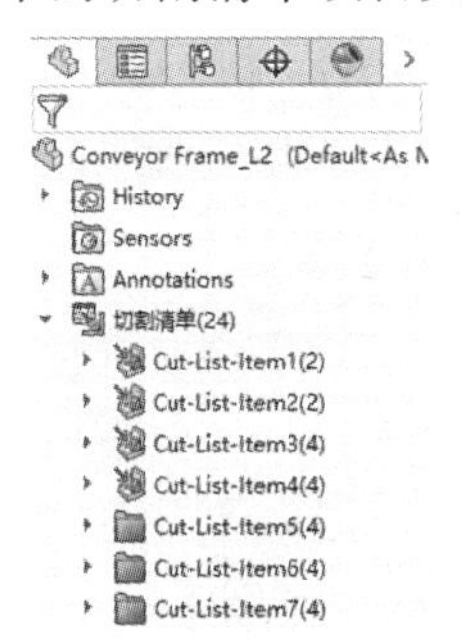

图 9-1 【切割清单】文件夹

表 9-1 切割清单项目图标

图　标	说　明
(结构构件图标)	结构构件实体
(钣金图标)	钣金实体
(文件夹图标)	标准特征实体

提示：在操作焊件或钣金模型时，切割清单自动使用。

操作步骤

步骤 1 打开零件 打开 Lesson09 \ Case Study 文件夹中的 “Conveyor Frame_ L2” 文件，如图 9-2 所示。

扫码看视频

步骤2 展开【切割清单】文件夹 Conveyor Frame 中的24个实体在切割清单中被分成了7组。

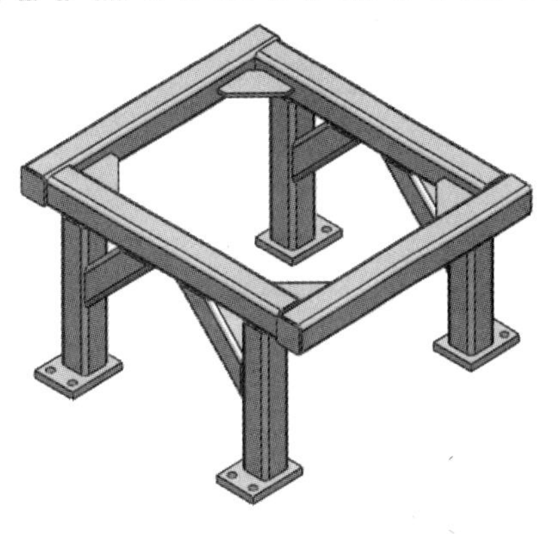

图9-2 Conveyor Frame_ L2零件

9.2 切割清单项目名称

切割清单项目默认按序列命名，对其重命名有助于对模型的规划。切割清单项目名称可在切割清单表格中显示。切割清单项目可以通过手动或自动方式重命名，或者在 FeatureManager 设计树中，将每个切割清单项目的说明属性作为文件夹名称显示。

【根据说明属性值重新命名切割清单文件夹】的选项在【文档属性】里，若勾选该复选框，则切割清单文件夹无法手动重命名，如图9-3所示。

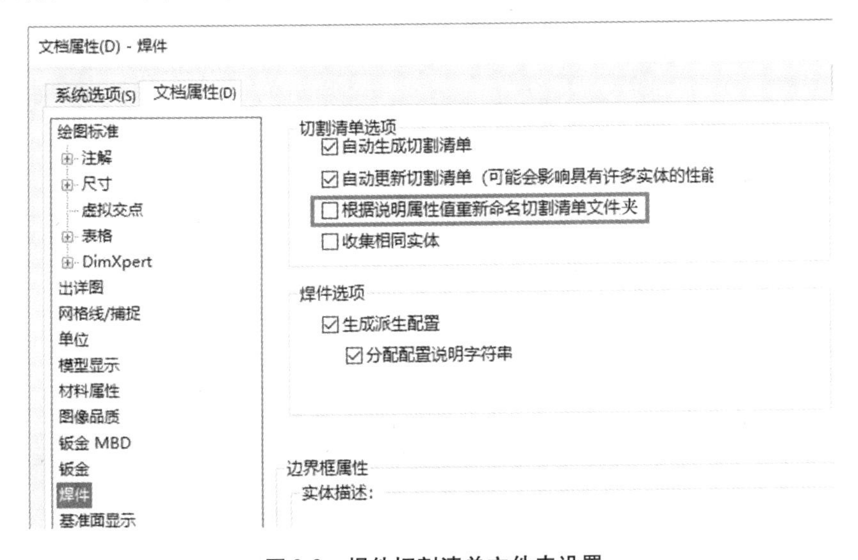

图9-3 焊件切割清单文件夹设置

提示 改变【文件属性】只对目前文件生效；文件属性设置可在文件模板中保存，用于建立默认设置。

步骤3 重命名切割清单项目 默认的切割清单项目名称的描述性不强，使用表9-2作为重命名切割清单项目的参考。重命名操作技巧：对文本缓慢双击或者高亮选中后按〈F2〉键。

技巧 在对话框或FeatureManager设计树中选中一个切割清单项目文件夹，模型中相应的实体会高亮显示。

表9-2 切割清单项目名称及实体

切割清单项目名称	所选实体	切割清单项目名称	所选实体
SIDE TUBES（侧边管筒）		FRONT-REAR TUBES（前、后管筒）	
LEGS（直立腿）		ANGLED BRACES（倾斜支架）	
BASE PLATES（脚垫）		GUSSETS（角撑板）	
END CAPS（顶端盖）			

9.3 访问属性

右键单击切割清单项目文件夹并选择【属性...】，进入切割清单项目属性。结构构件特征和钣金特征中的切割清单项目中，许多属性是自动创建的。

步骤4 访问切割清单项目属性 右键单击切割清单项目文件夹并选择【属性...】。

9.4 切割清单属性对话框

切割清单属性对话框包含以下三个选项卡，用来观察和修改切割清单项目属性。

1. 切割清单摘要 访问左侧窗格的切割清单项目，查看相应的属性。

2. 属性摘要 访问左侧窗格中每个现有的属性名称，观察它是如何在各自的切割清单项目中被定义的。

3. 切割清单表格 预览切割清单表格创建时的样式。【表格模板】区域可用于加载不用的切割清单模板进行预览。

技巧 切割清单项目按照实体创建的顺序排列，该顺序可以在对话框或FeatureManager设计树中通过拖动来调整。切割清单表格中的行项目遵循该顺序。

步骤5 检查切割清单摘要 所有项目都有“材料”(MATERIAL)和“数量”(QUANTITY)属性。包含结构构件特征实体的项目具有几个额外的属性。

9.5 结构构件属性

所有切割清单项目都与材料和数量属性关联。由结构构件特征所得的切割清单项目会自动捕获额外的信息，这些信息通常显示在切割清单表格和用于生产零件。表9-3列出了结构构件实体额外生成的属性。

表9-3 结构构件实体额外生成的属性

属性名称	说明	属性名称	说明
长度(LENGTH)	单个实体长度	总长度(TOTAL LENGTH)	使用该轮廓的实体总长
角度1(ANGLE1)	一个终端的斜接角		
角度2(ANGLE2)	与其他终端的斜接角	说明(Description)	从轮廓设计库的零件中继承

9.6 添加切割清单属性

有以下几种创建切割清单属性的方法：

1）使用切割清单对话框为每个项目添加属性。

2）通过向焊件特征添加属性，为所有的切割清单项目应用该属性。

3）通过创建一个边界框，自动为非结构构件实体创建与属性相关的尺寸。

提示 切割清单文件夹名称也可以链接到切割清单属性，这样它就可以包含在材料明细表、注释和图纸格式中了。

技巧 另一种方法是使用Property Tab Builder(属性标签编制程序)中的焊件模板，利用预定义的格式输入属性。

步骤6 选取顶端盖切割清单项目 使用切割清单对话框的左侧窗格，选取顶端盖的切割清单项目。

步骤7　添加零件号　单击【属性名称】下的单元格。如图9-4所示，使用下拉菜单并选择“零件号”作为属性名称。单击【数值/文字表达】单元格，输入“EC808005”，单击【确定】关闭对话框。

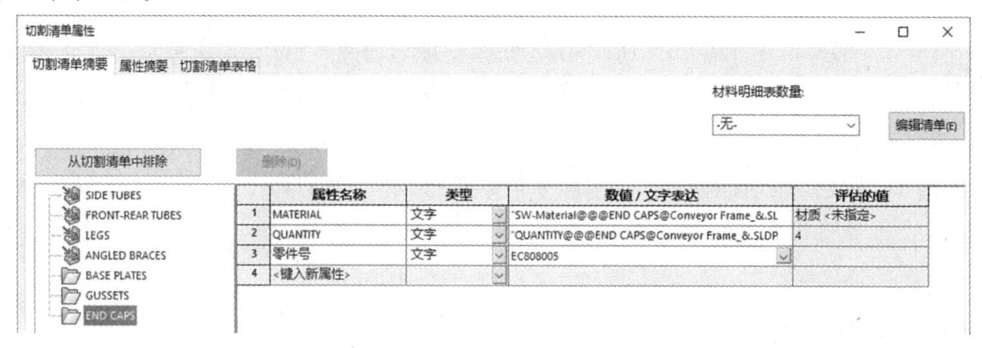

图9-4　【切割清单属性】对话框

技巧　与焊件相关联的属性清单在“weldmentproperties. txt”文件中，位于“C:\ ProgramData \ SOLIDWORKS \ SOLIDWORKS 2019 \ lang \ chinese-Simplified \ weldments”下。

步骤8　为所有切割清单项目添加“重量”属性　右键单击【焊件】特征并选择【属性...】。

如图9-5所示，在【属性名称】单元格下的下拉菜单中添加“重量”属性。使用【数值/文字表达】下的下拉菜单来链接重量。

单击【确定】关闭对话框，【重建】模型。

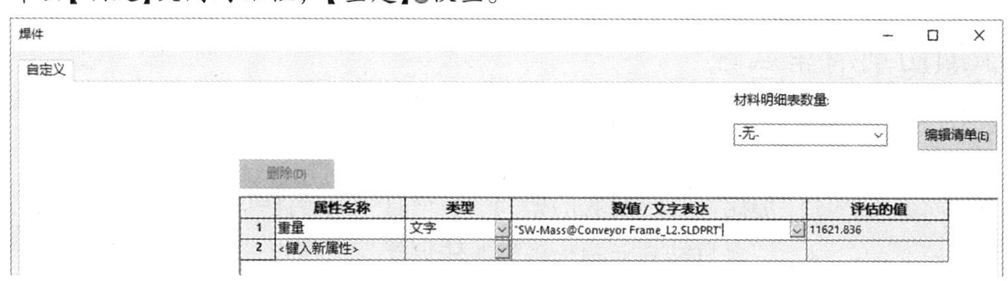

图9-5　添加“重量”属性

步骤9　查看切割清单属性　访问【切割清单属性】对话框并单击【属性摘要】选项卡。选取已有的“重量”属性，然后核实每个切割清单项目都有各自的重量值。单击【确定】关闭对话框。

9.7　焊件中的边界框

边界框在焊件中会自动生成一个3D草图来包围一个切割清单项目实体。该3D草图代表了实体可以匹配的最小框架。边界框的尺寸信息被自动地转入切割清单项目属性中。

边界框草图储存在切割清单项目文件夹中，它可以隐藏或显示。

任何切割清单项目都可以创建边界框，与切割清单项目中的实体类型无关。

知识卡片

创建边界框	• FeatureManager 设计树：右键单击切割清单项目文件夹，选择【创建边界框】。

知识卡片

编辑边界框	如果边界框存在于切割清单项目中，选项【编辑边界框】和【删除边界框】可用。通过编辑边界框来更改默认的参考平面，这将会调整被捕获属性的方向，例如厚度的方向。
操作方法	• FeatureManager 设计树：右键单击切割清单项目文件夹，选择【编辑边界框】。

步骤 10　创建脚垫边界框　右键单击脚垫的切割清单项目，选择【创建边界框】。展开切割清单项目文件夹，查看创建的 3D 草图，如图 9-6 所示。

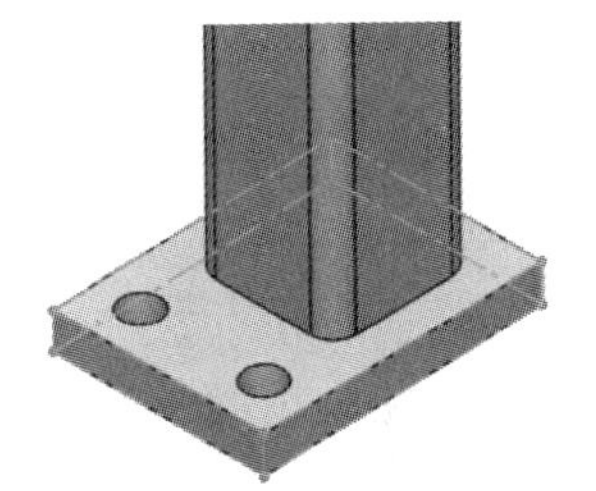

图 9-6　查看 3D 草图

步骤 11　检查切割清单属性　访问【切割清单属性】对话框。一些切割清单属性是根据边界框的尺寸生成的，包括长度、宽度、厚度和体积，如图 9-7 所示。“说明”属性也是依据这些生成的。

步骤 12　为角撑板和顶端盖添加边界框　创建边界框来添加额外的属性，如图 9-8 所示。

切割清单属性

切割清单摘要　属性摘要　切割清单表格

材料明细表数量: -无-　编辑清单(E)

从切割清单中排除　删除(D)

SIDE TUBES
FRONT-REAR TUBES
LEGS
ANGLED BRACES
BASE PLATES
GUSSETS
END CAPS

	属性名称	类型	数值 / 文字表达	评估的值
1	MATERIAL	文字	"SW-Material@@@BASE PLATES@Conveyor Frame_&.	材质 <未指定>
2	QUANTITY	文字	"QUANTITY@@@BASE PLATES@Conveyor Frame_&.SL	4
3	重量	文字	"SW-Mass@Conveyor Frame_L2.SLDPRT"	368.795
4	说明	文字	平板, SW - 厚度 x SW - 宽度 x SW - 长度	平板, SW - 厚度 x SW - 宽
5	3D-边界框厚度	文字	"SW-3D-边界框厚度@@@BASE PLATES@Conveyor F	20
6	3D-边界框宽度	文字	"SW-3D-边界框宽度@@@BASE PLATES@Conveyor F	120
7	3D-边界框长度	文字	"SW-3D-边界框长度@@@BASE PLATES@Conveyor F	160
8	3D-边界框体积	文字	"SW-3D-边界框体积@@@BASE PLATES@Conveyor F	384000
9	<键入新属性>			

图 9-7　脚垫的切割清单属性

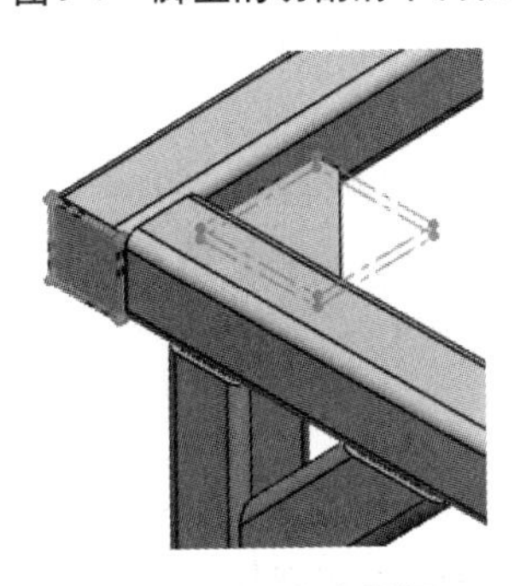

图 9-8　创建边界框

9.8　生成切割清单项目的选项

切割清单项目是根据文档属性中的设置生成的。默认情况下，自动创建和更新切割清单开启，这意味着 SOLIDWORKS 会将几何形状一样的实体分组放入切割清单项目文件夹中。如果影响了性能或者是为了手动创建不相同的实体，这些选项可以关闭。这些设置在【选项】对话框中可见，同样也可以通过右键单击切割清单的顶层文件夹进行访问，如图 9-9 所示。

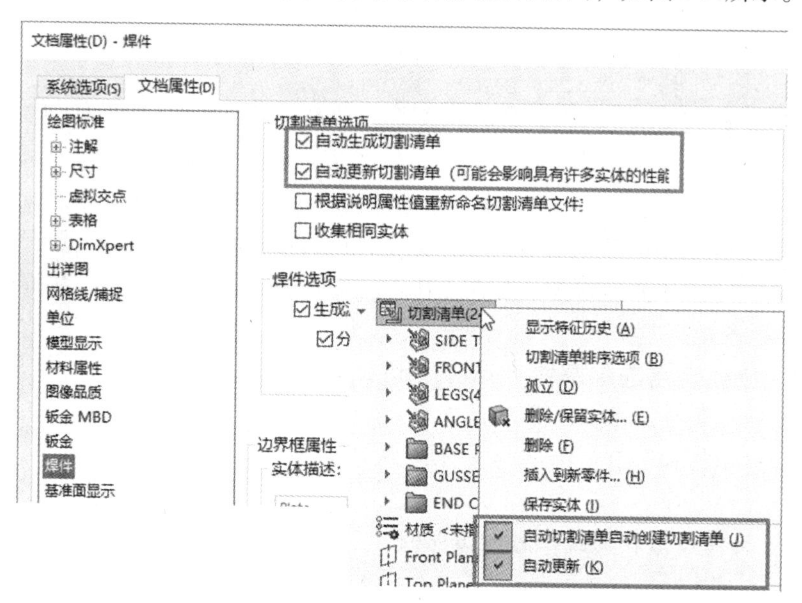

图 9-9　切割清单中有关自动更新的选项

为了允许系统将实体分组形成切割清单项目，【自动生成切割清单】复选框必须勾选。

选项【自动更新】允许系统在创建实体时对其进行分组。若关闭该选项，实体只有在被提示时才会被分组到切割清单项目中。当更新符号出现在切割清单文件夹顶层时，说明需要更新；也可通过右键单击切割清单文件夹，然后单击【更新】。

不属于切割清单项目的实体将不会出现在切割清单表格中。

9.8.1　手动管理切割清单项目

当关闭自动创建和更新选项后，可以手动创建和管理切割清单项目。手动创建切割清单的步骤如下：

1）选择【切割清单】文件夹中的实体，使用〈Shift〉或〈Ctrl〉键一次选择多个实体。

2）单击右键，然后在菜单中选择【生成切割清单项目】。实体也可被拖放到已有的切割清单项目文件夹中。通过删除切割清单文件夹，可以解散切割清单项目。

9.8.2　创建子焊件

有时需要将大型焊件分解成多个小的组合，这样操作通常是为了运输便利。这些较小的部件叫子焊件，如图 9-10 所示。

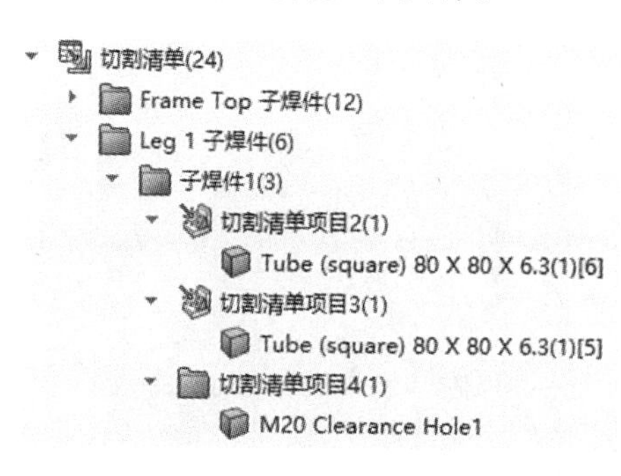

图 9-10　子焊件文件夹

子焊件是用户将相关联的实体放入的文件夹。子文件夹又被分组到切割清单项目文件夹中，并将会作为切割清单表格的一行出现。

子焊件中自带切割清单项目。若有需要，它们可以被分开保存为多实体零件。之后用户可以为子焊件制作工程图和切割清单表格。

创建子焊件的步骤如下：

1）选择要包括在子焊件中的实体，使用〈Shift〉或〈Ctrl〉键一次选择多个实体。

技巧　为方便在视图区域选取实体，可使用选择过滤器来【过滤实体】。

2）单击右键然后选择【生成子焊件】，一个包含了所选实体的子焊件文件夹出现在切割清单文件夹中。

3）如有需要则更新切割清单。如果关闭自动更新选项，为了将子焊件分组到切割清单项目中，切割清单可能需要手动更新。如果焊件实体需要在切割清单项目表格中出现，则必须添加到切割清单项目中。

技巧　子焊件可以通过删除子焊件文件夹来解散。

将子焊件保存为新的多实体零件，需以下步骤：

1）右键单击子焊件文件夹并选择【插入到新零件】。

2）使用 PropertyManager 中的选项调整设置并指派文件名称和路径，如图 9-11 所示。

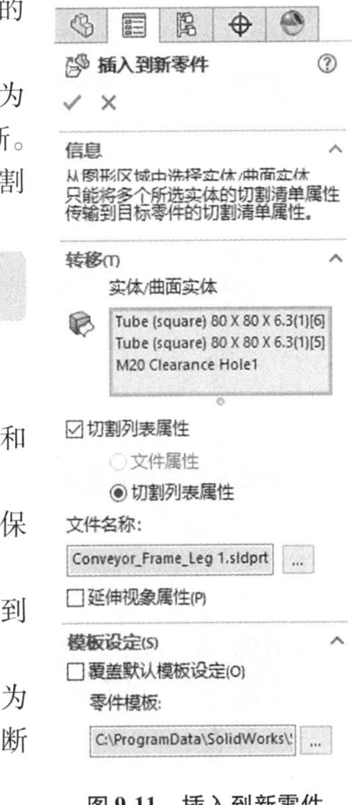

图 9-11　插入到新零件

通过【插入到新零件】或【保存实体】命令，任何实体都可以保存为新的零件文件。

• 链接切割清单属性　当用户创建子焊件或者保存焊件实体到新的零件时，切割清单属性会从父零件传递到子焊件或新零件。

在【切割清单属性】对话框中，【数值/文字表达式】属性显示为"链接到父零件 -. sldprt"。用户不能编辑切割清单属性，除非断开与父零件的参考。

9.8.3　使用选择过滤器

在焊件中执行某些操作时，如创建子焊件，从视图区域选择实体会很实用。默认可直接在零件中选取面、边和顶点。可以使用选择过滤器在视图区域控制选取的内容，一些选择过滤器的默认快捷键见表 9-4。

表 9-4　选择过滤器的快捷键

快捷键	说　明	快捷键	说　明
F5	切换过滤器工具栏隐藏或可见	E	切换过滤边线开关
F6	上一次使用的过滤器开关	V	切换过滤顶点开关
X	切换过滤面开关		

选择过滤器也可从【上下文工具栏】中访问，单击【选择过滤器】的弹出按钮。

当成功选取一个选择过滤器时，光标显示为。

实体过滤器激活后可以在模型中直接选取整个实体。或者，也可在 FeatureManager 设计树中的实体或切割清单文件夹中选取实体。

技巧 如果经常需要使用实体过滤器，可创建自定义的快捷键或将其添加到可见的工具栏中。这些操作可在【自定义】对话框中实现(【工具】/【自定义】)。

9.9 自定义结构构件轮廓

创建的自定义轮廓可以用于结构构件特征。这些轮廓可以通过修改现有的轮廓来创建，或通过绘制新的草图创建，也可直接从类似"3DContentCentral"的资源库中下载可用的轮廓。

因为结构构件轮廓是一个含2D闭合轮廓的草图，并作为库特征零件(*.sldlfp)保存。为了让库特征零件作为结构构件轮廓被使用，轮廓必须保存在焊件轮廓文件夹下，该文件夹的位置在选项中被定义。

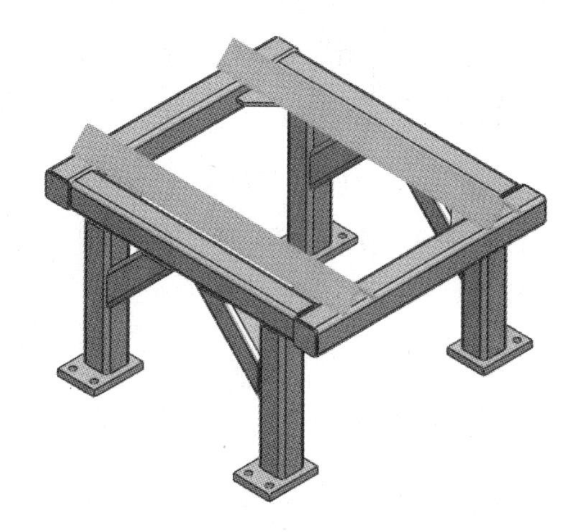

图9-12 Conveyor Frame的额外构件

9.9.1 修改轮廓

Conveyor Frame模型需要一些额外的结构构件(见图9-12)，并且需要修改这些结构构件的轮廓。

步骤13 绘制草图线段 选取一个参考平面并插入一个草图。如图9-13所示，在草图中绘制两条线段，使用镜像或草图关系使它们关于原点对称。

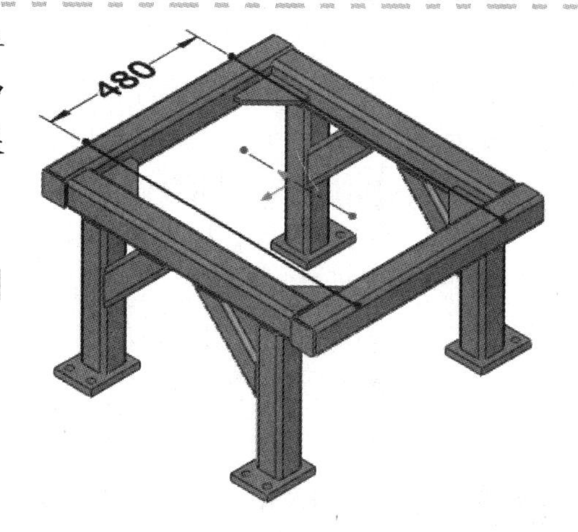

图9-13 绘制草图线段

步骤14 退出草图

步骤15 定义结构构件 单击【结构构件】，设置如下：

- 标准：ISO_Training。
- Type：L Angle (equal)。
- 大小：75×75×8。

为组1选取这两条线段。

步骤16 找出轮廓 单击【找出轮廓】。"L Angle"应坐落在顶部框架上，尖端向上，并且与布局草图中创建的线中心对齐，如图9-14所示。

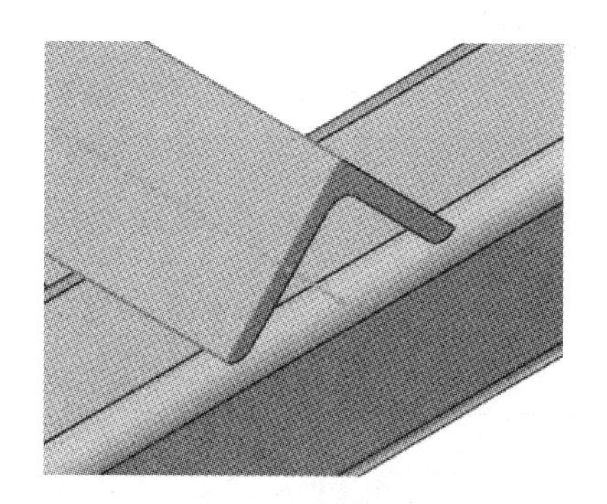

图9-14 找出轮廓

该轮廓不包含定位所需的点，所以需要对其更改。单击【取消】关闭PropertyManager。

步骤17 打开设计库零件 单击【打开】，设置文件类型为【所有文件】(*.*)，然后浏览到文件夹Weldment Profiles\ISO_Training\L Angle (equal)，选择设计库特征零件75×75×8.sldlfp，单击【打开】。

技巧

Windows 资源管理器也可用于打开设计库特征零件（*.sldlfp）。当要打开未与 SOLIDWORKS 关联的文件类型时，如 *.sldlfp，将它们从 Windows 资源管理器中直接拖入 SOLIDWORKS 应用窗口即可。

步骤 18　编辑草图　绘制一条中心线，使它与两个圆弧相切，如图 9-15 所示，在中心线的中点处插入一个点。退出草图。

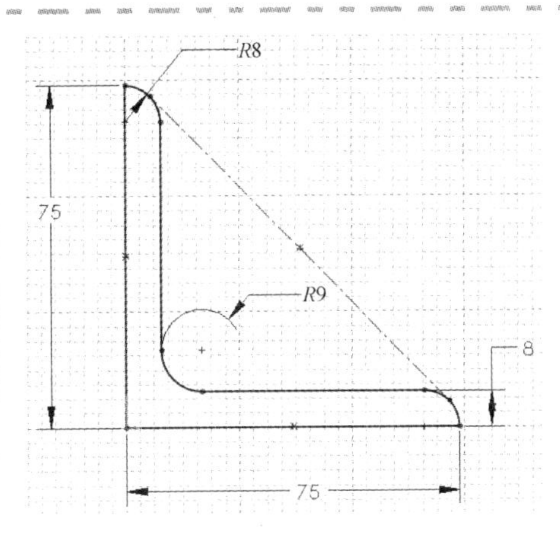

图 9-15　在轮廓草图中添加定位点

9.9.2　自定义轮廓

轮廓库零件应包含一些常用的自定义属性，这些属性对于轮廓来说都是独有的，并且应该把这些属性导入到切割清单中。例如，软件自带的轮廓都有一个“Description”的自定义属性。

步骤 19　查看自定义属性　单击【文件属性】，单击【自定义】选项卡。查看【属性名称】中的“Description”，如图 9-16 所示。

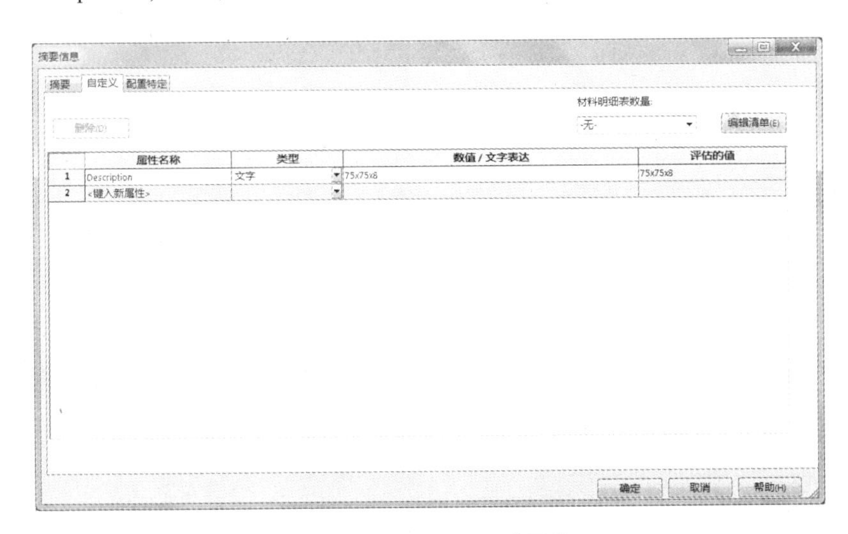

图 9-16　“Description”属性

让“Description”与轮廓相关联是很重要的，因为自定义属性将会在切割清单生成时被使用。如果草图中的任何尺寸发生了变化，用户应当更新“Description”。由于这里尺寸没有改变，所以这个“Description”仍然有效。单击【确定】关闭对话框。

步骤 20　另存为文件　保存修改过的库零件为“Modified_75×75×8.sldlfp”，关闭库零件。

步骤21　插入结构构件　单击【结构构件】，设置如下：

- 标准：ISO_Training。
- Type：L Angle（equal）。
- 大小：Modified_75×75×8。

选择如图9-17所示的路径段。

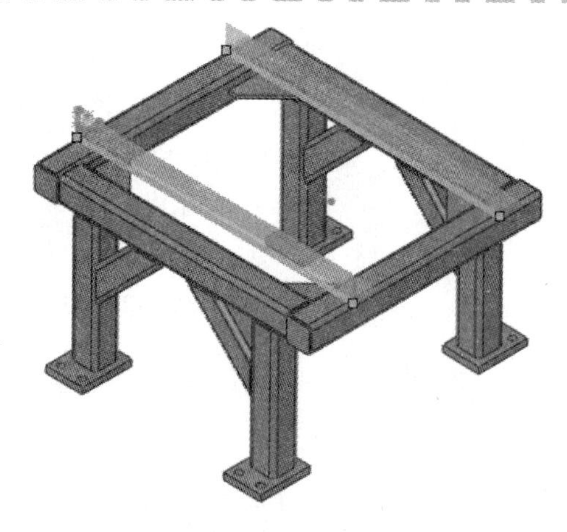

图9-17　插入结构构件

步骤22　旋转轮廓　在【设置】中，将【旋转角度】设为225°，如图9-18所示。

步骤23　找出轮廓　单击【找出轮廓】，系统会放大到轮廓草图，如图9-19所示，选择中心线的中点。单击【确定】。

步骤24　重命名切割清单项目　重命名切割清单项目为“RAILS”，结果如图9-20所示。

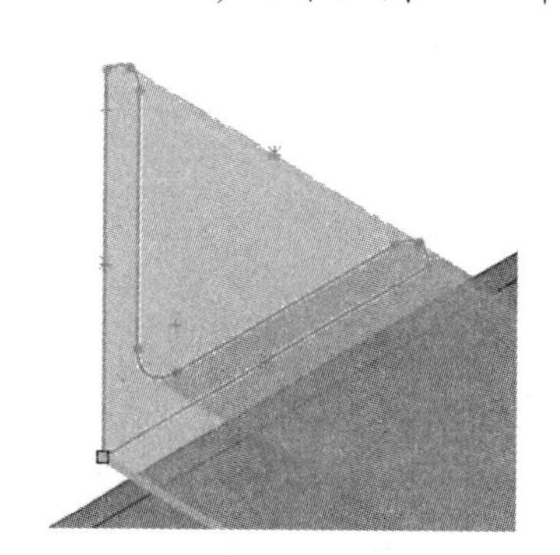

图9-18　旋转轮廓

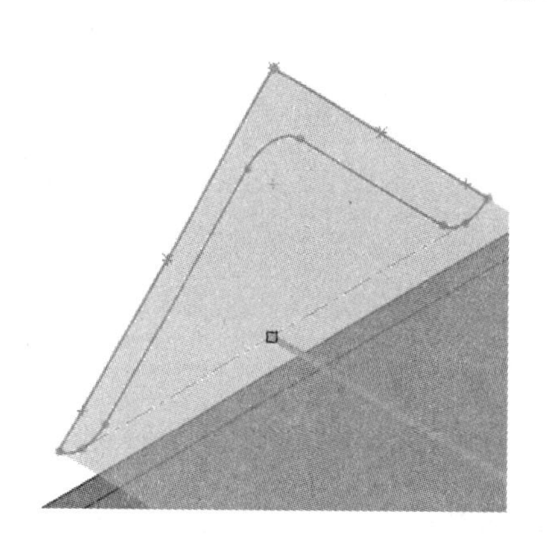

图9-19　选择定位点

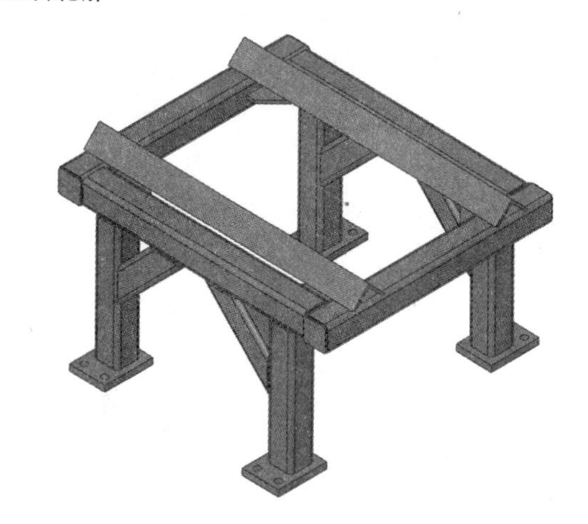

图9-20　完成结果

9.10　定义材料

并不是所有结构件都必须使用相同材料。首先为整个焊件定义总的材料，然后再基于切割清单逐一对实体修改。

步骤25　定义零件材料　右键单击FeatureManager设计树中的“材质<未指定>”图标，然后单击【普通碳钢】。这样就给整个结构件零件指定了材料。

步骤26　定义单个实体的材料　展开切割清单项目中的“RAILS”。按住〈Ctrl〉键的同时选取两个实体，单击右键并选择【材料】/【编辑材料】。在材料列表中选择【钢】/【AISI 304】。单击【应用】然后【关闭】。

RAILS(2)
L angle (equal) MODIF
L angle (equal) MODIF
AISI 304
普通碳钢

图9-21　单个实体的材料

现在RAILS的材料被指定为AISI 304，如图9-21所示。

步骤27　查看切割清单属性　利用【切割清单属性】对话框查看切割清单属性。每个项目的材料(MATERIAL)属性被链接到了实体的材料。

步骤28　保存并关闭零件

9.11　创建自定义轮廓

任何闭合的2D轮廓草图都可以作为库特征零件被保存，并且应用于结构构件特征中。这为焊件零件功能提供了很大的灵活性。轮廓可以代表棒料和圆料、木料尺寸、垫圈轮廓等。焊件功能实际上可用于任意类型的模型，只要SOLIDWORKS多实体零件的设计环境以及切割清单的说明使得模型的设计更加便捷即可。

在接下来的示例中，图9-22所示的栅栏板混合使用了圆筒和棒料，这些棒料的轮廓需要被创建，以用于生成结构构件。

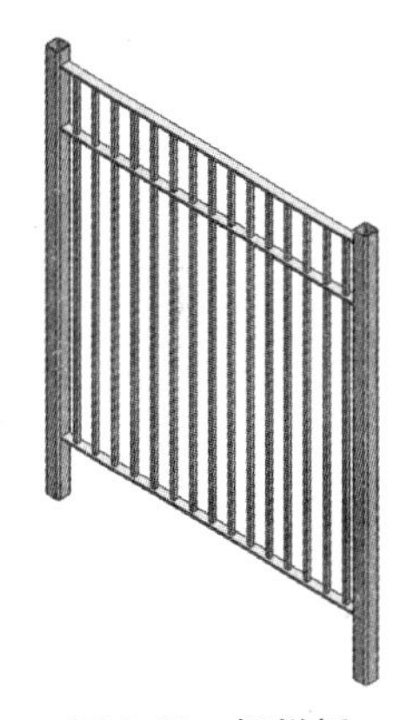

图9-22　栅栏板

扫码看视频

操作步骤

步骤1　打开零件　从Lesson09\Case Study文件夹打开零件“Fence Panel”。

步骤2　添加栅栏柱结构构件　单击【结构构件】。结构构件的轮廓设置如下：

- 标准：ISO_Training
- Type：Tube（square）。
- 大小：80×80×6.3。

如图9-23所示，选取布局中的两条竖线，单击【确定】✔。

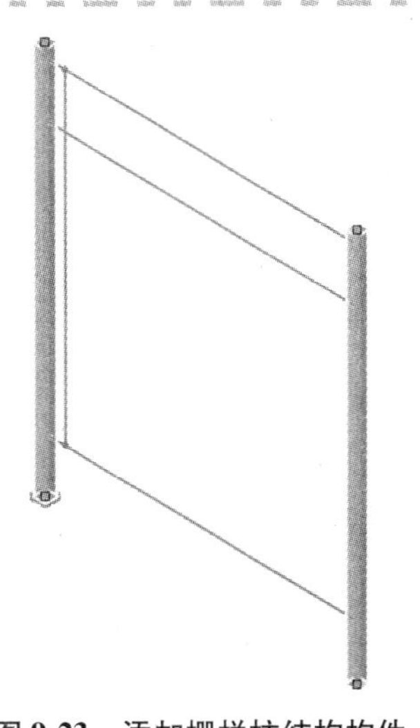

图9-23　添加栅栏柱结构构件

步骤3　新建零件　剩余的构件为棒料，基于Part_MM模板新建一个零件。

步骤4　绘制轮廓　在前视基准面上绘制如图9-24所示的轮廓。

提示　轮廓中的顶点和端点可作为穿透点，用于定位轮廓。草图中的点也可作为额外的穿透定位点。

技巧　使用【从中点】选项，如图9-25所示，绘制中心矩形，横竖构造线会自动生成。

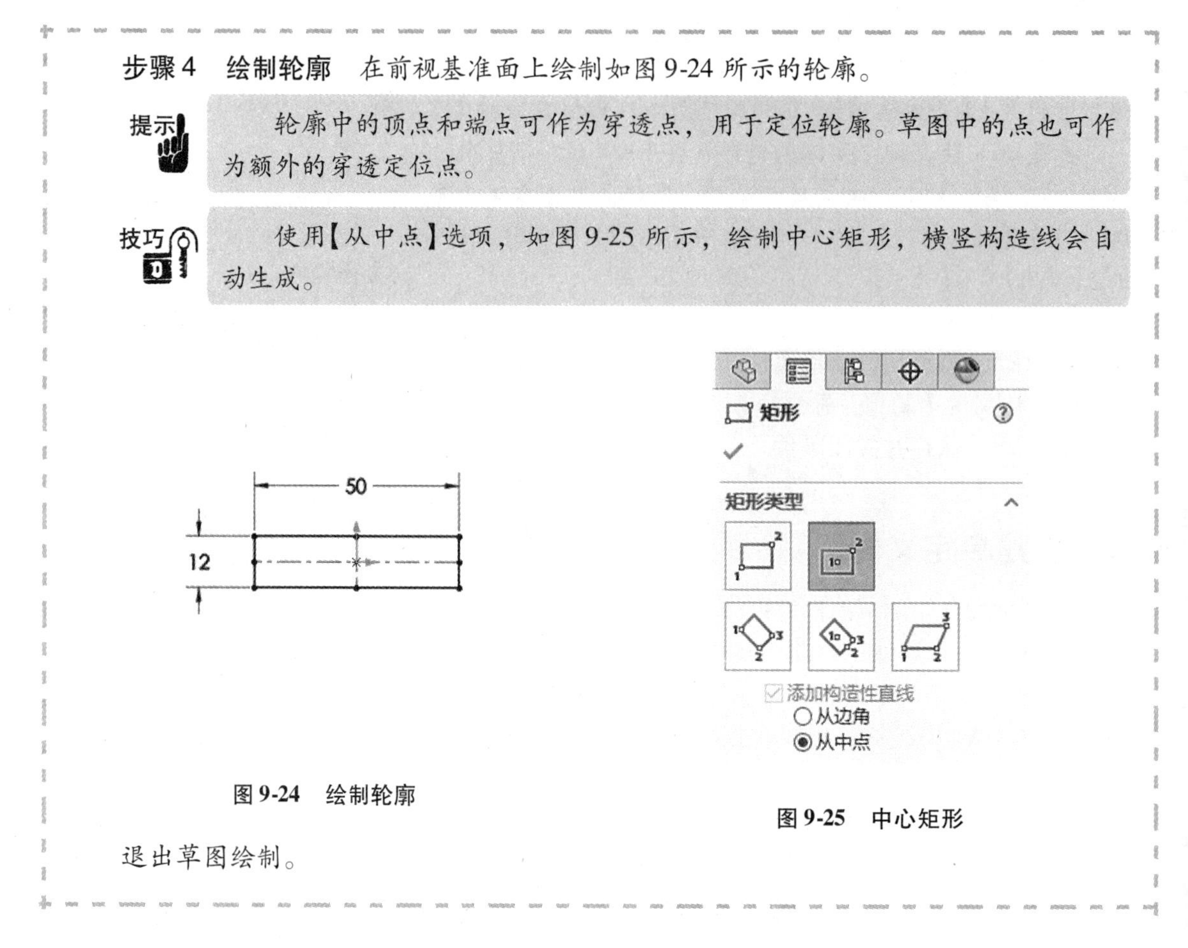

图9-24　绘制轮廓

图9-25　中心矩形

退出草图绘制。

9.12　标准轮廓或配置轮廓

在保存自定义轮廓之前，用户需要决定它是一个标准的独立轮廓，还是一个配置轮廓。前者代表单一尺寸，后者代表包含多个尺寸。

由于很多尺寸的棒料共享同一个简单轮廓，因此配置一个轮廓来代表多个尺寸是十分有意义的。配置可以根据需要很容易地添加，也会确保轮廓与其穿透点的位置保持一致。

当创建一个配置轮廓时，库特征零件的名称应当同时反映出结构构件的【Type】与【大小】。保存轮廓的文件夹会显示为【标准】，如图9-26所示。

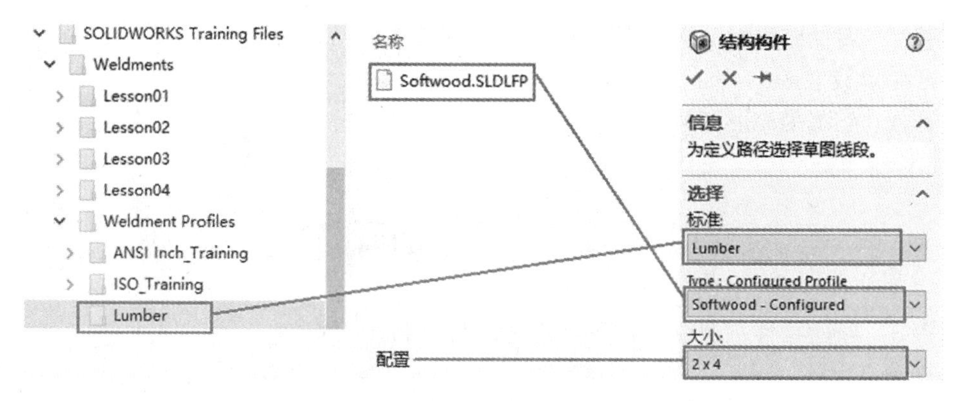

图9-26　配置轮廓文件夹结构与选项对应

步骤5 另存为库零件 在 FeatureManager 设计树中高亮选中草图 1。单击【文件】/【另存为...】，更改【保存类型】为“Lib Feat Part（*.sldlfp）”。

浏览到练习文件中的 Weldment Profiles 文件夹，在里面新建名为“Bar Stock”的文件夹。将该文件命名为“Sq and Rect Bar”，然后保存在此文件夹中。

> **技巧** 如果是用户自定义或者新建的焊件轮廓，最好不要存放在 SOLIDWORKS 安装目录下。因为卸载 SOLIDWORKS 软件会清空该目录下的所有文件。如果焊件轮廓放在安装目录以外，重新安装 SOLIDWORKS 软件后还能继续使用这些文件。

步骤6 查看结果 库零件图标看起来像图书，如图 9-27 所示，它位于 FeatureManager 设计树的顶部。

图 9-27 中标记了“L”的草图表明了该特征将会在库零件中被重复使用。

> **技巧** 如果草图的图标丢失了“L”，可以右键单击草图，然后单击【添加到库】。

步骤7 添加配置轮廓 右键单击草图 1，然后单击【配置特征】。

在弹出的对话框中，使用下拉菜单将草图的尺寸添加到表格的列中，如图 9-28 所示。

步骤8 重命名尺寸和配置名称 右键单击列标题然后单击【重命名】，将尺寸名称改为“LENGTH”和“WIDTH”。

右键单击配置的行标题，然后单击【重命名】，将其命名为“12 ×50”mm。

步骤9 生成新配置 单击最后一行的标题，并输入“20 ×20mm”作为新配置的名称。在“LENGTH”和“WIDTH”尺寸中输入“20mm”，如图 9-29 所示。

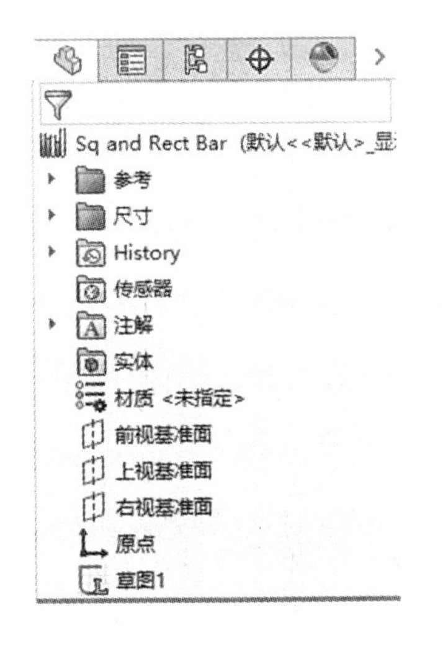

图 9-27 轮廓草图的库零件

配置名称	草图1	
	压缩	☑D1 ☑D2
默认	☐	
<生成新配置。>		

图 9-28 配置特征

配置名称	草图1		
	压缩	LENGTH	WIDTH
12 x 50mm	☐	50.000mm	12.000mm
20 x 20mm	☐	20.000mm	20.000mm
<生成新配置。>			

图 9-29 配置草图尺寸

步骤10 添加“说明”属性 结构构件的“说明”从轮廓设计库中的零件中继承而来。由于这是一个配置轮廓，“说明”将会是一个特定的属性。

在对话框中单击【隐藏/显示自定义属性】图标，“配置特定的属性”会显示在表格中。右键单击新属性列标题，然后重命名为“说明”。添加说明“12 ×50mm Bar”和“20 ×20mm Bar ”。单击【应用】。双击行标题来预览配置。

步骤 11　保存表格视图　将表格命名然后单击【保存表格视图】，表格将会保存在ConfigurationManager 中，结果如图 9-30 所示。单击【确定】。

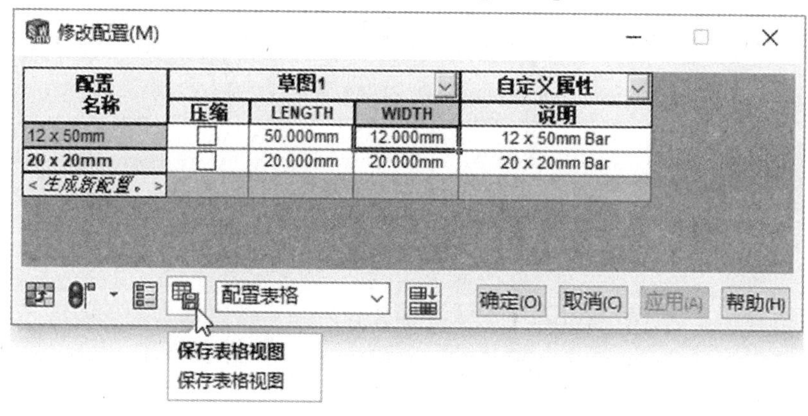

图 9-30　修改配置说明并保存表格视图

步骤 12　保存并关闭轮廓库零件

步骤 13　在新结构构件中使用该轮廓　单击【结构构件】，结构构件的轮廓设置如下：

- 标准：Bar Stock。
- Type：Sq and Rect Bar-Configured。
- 大小：12 ×50mm。

选取布局草图中的三条横线。旋转轮廓至图 9-31 所示位置。单击【确定】。

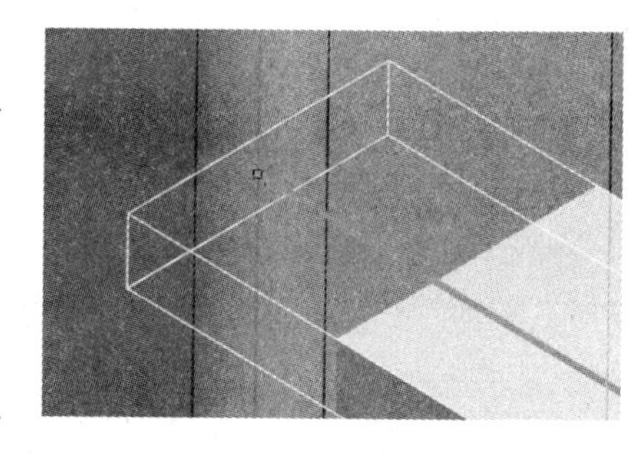

图 9-31　使用自定义轮廓

注意　默认的穿透点位置在轮廓草图的原点(矩形的中心)。

步骤 14　添加另一个结构构件　单击【结构构件】，结构构件的轮廓设置如下：

- 标准：Bar Stock。
- Type：Sq and Rect Bar-Configured。
- 大小：20 ×20mm。

在布局草图中选择剩下的竖线，单击【确定】。

步骤 15　剪裁横棒　使用【剪裁/延伸】，将横棒剪裁到竖直栅栏柱。

步骤 16　剪裁竖棒　使用【剪裁/延伸】，剪裁竖棒的顶部和底部，如图 9-32 所示。暂且忽略中间的横棒。

步骤 17　阵列竖棒　在 X 方向为竖棒实体创建【线性阵列】，单击【到参考】并选择右侧栅栏柱实体的内侧面。【间距】为 114. 3mm。

步骤 18　剪裁中心横棒　使用【剪裁/延伸】，将中间的横棒在竖棒周围剪裁，如图 9-33 所示。

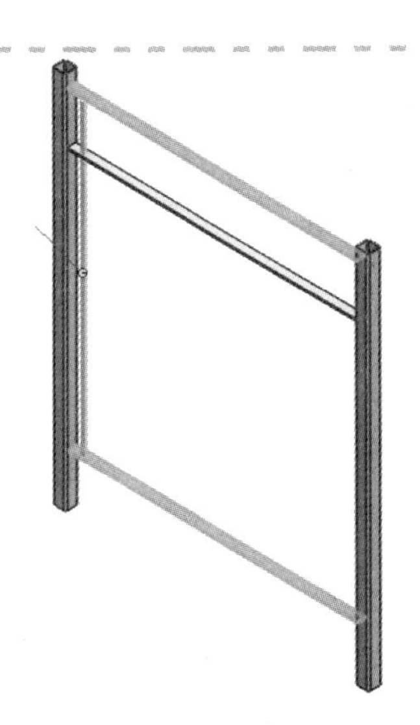

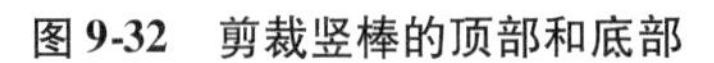

图9-32 剪裁竖棒的顶部和底部

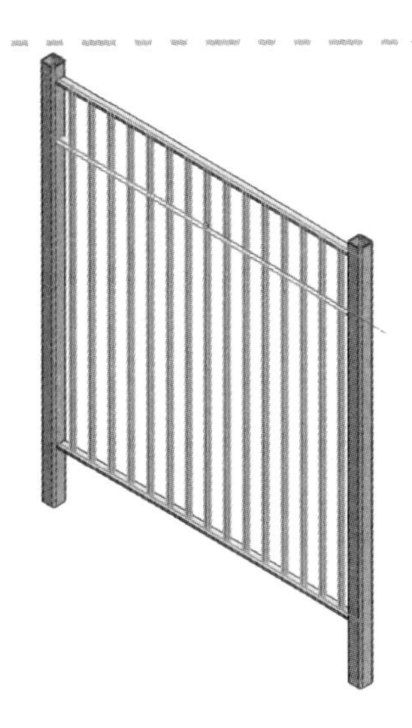

图9-33 剪裁中心横棒

添加间隙，将【焊接缝隙】设为1mm。

步骤19 查看切割清单 20个分开的实体被分组到四个切割清单项目中。在【切割清单属性】对话框中查看属性并预览切割清单表格。关闭对话框，并保存零件。

9.13 插入现有零件

现有零件可以插入焊件模型或任意零件中。相关设定可以决定是否保留已插入的零件的链接，如果链接被打断，所有特征会转移到正在操作的模型上。

插入的零件可用约束或者平移和旋转进行定位。可在零件插入时对其定位，或者之后使用【移动/复制实体】命令进行定位。

知识卡片	插入零件	• 菜单：【插入】/【零件...】。

步骤20 打开零件 从Lesson09\Case Study文件夹打开现有零件Fence Post Cap，如图9-34所示。该零件包含多个配置，当前100×100配置处于激活状态。

> 注意：当插入一个现有零件时，当前或者最后保存的配置将被使用。此时可以切换配置，但为了演示如何在插入零件后修改配置，将稍后再作切换。

步骤21 激活Fence Panel零件 切换至含Fence Panel的文件窗口，如图9-35所示。

步骤22 插入"Fence Post Cap" 单击【插入】/【零件...】，选择"Fence Post Cap"并打开。使用PropertyManager转移【实体】和【自定义属性】中的【切割列表属性】。确保勾选【以移动/复制特征找出零件】复选框，并且不勾选【断开与原有零件的连接】复选框，如图9-36所示。

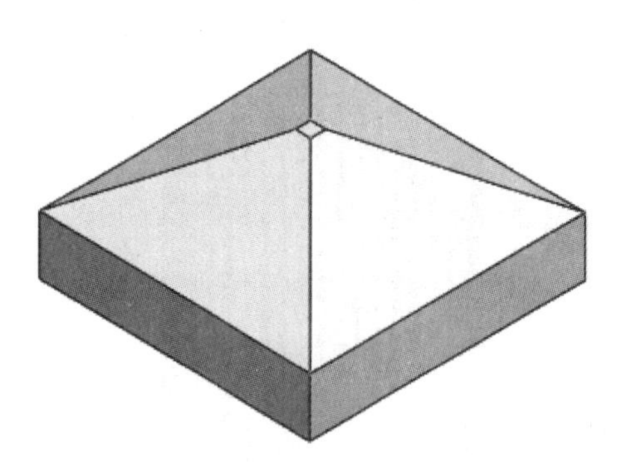

图 9-34　打开 Fence Post Cap 零件

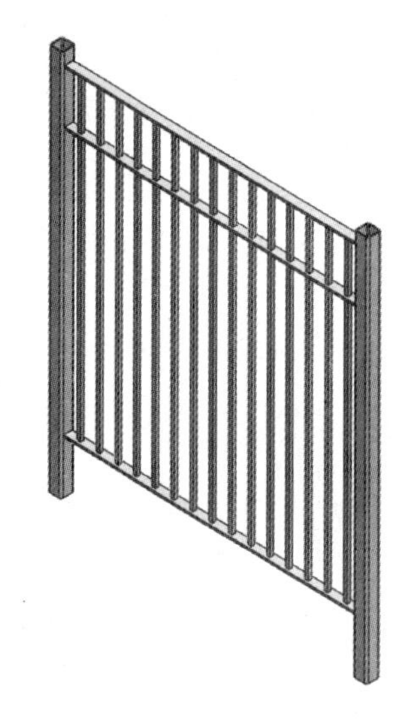

图 9-35　激活 Fence Panel 零件

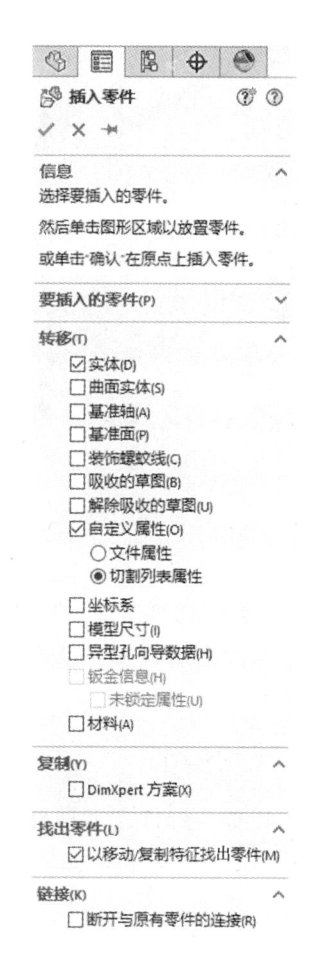

图 9-36　插入零件选项

在视图区域单击，将待插入的零件放置在立柱顶部周围。

注意　在 PropertyManager 中单击【确定】✔，放置插入零件于原点。

步骤 23　找出零件　使用【找出零件配合】来定位顶盖。为顶盖的内侧缘和如图 9-37 所示的面添加【重合】配合。

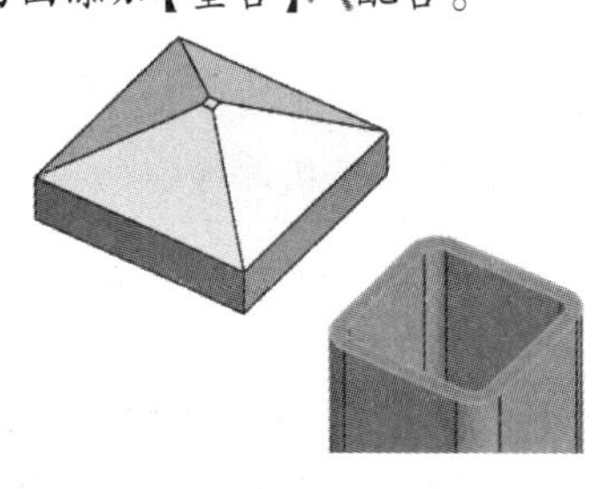

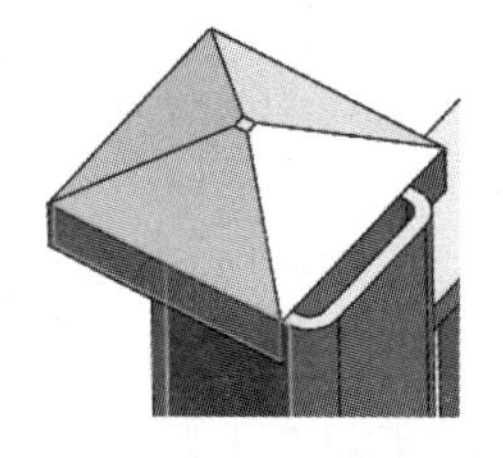

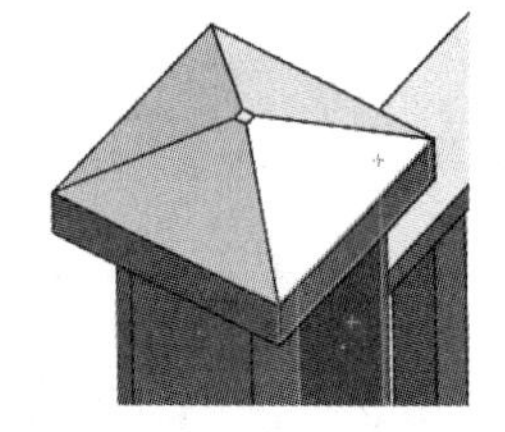

图 9-37　定位顶盖

单击【确定】✔。

【找出零件】对话框可单独进入，不一定要从【插入零件】特征进入。【移动/复制实体】命令同样使用 PropertyManager 来移动已有的实体到新的位置，或者在指定的位置创建一个新的实体实例。

知识卡片	移动/复制实体	• 菜单：【插入】/【特征】/【移动/复制实体】。

步骤 24 查看结果 新的实体和切割清单已被添加到模型中。来自插入零件的自定义属性已经被转移到相关的切割清单项目中。零件特征出现在 FeatureManager 设计树中。

"->"符号表明了链接指向外部文件。正在使用的配置会在括号中显示：(100×100)。

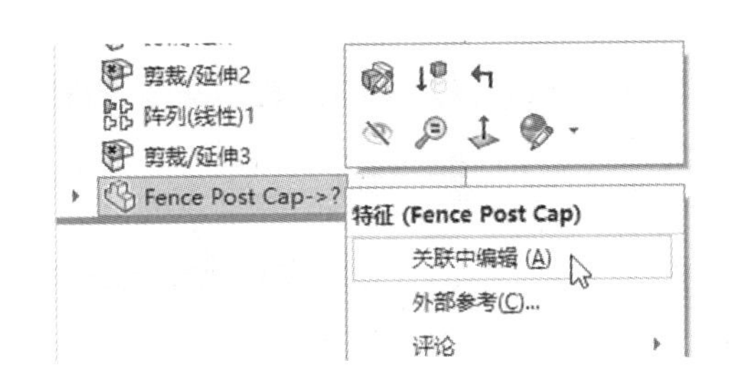

图 9-38 编辑中关联

技巧 如果出现符号"->?"，表明参考零件目前未关联。这意味着该参考零件没有打开，因此系统不能获取模型的配置信息或几何形状。当无关联时，特征显示参考模型的最后一次识别状态。右键单击无关联特征，弹出的菜单中提供了【关联中编辑】选项，该选项会打开零件，如图 9-38 所示。

步骤 25 切换配置 右键单击"Fence Post Cap"特征，单击【外部参考】。对话框的下拉菜单中，将激活的配置名称改为"80×80"。单击【关闭】。

步骤 26 查看结果 实体的配置和尺寸会被更新，切割清单项目属性也同样更新。

步骤 27 镜像 Fence Post Cap 实体 关于右视基准面【镜像】，添加另一个 Fence Post Cap 实体，如图 9-39 所示。

步骤 28 查看切割清单属性 在【切割清单属性】对话框中，查看属性并预览切割清单表格。

步骤 29 保存并关闭所有文件

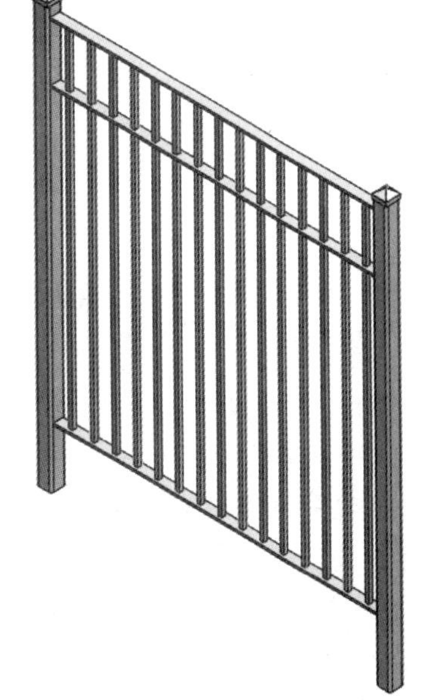

图 9-39 镜像 Fence Post Cap 实体

9.14 使用装配体的情况

虽然可以向焊件模型中添加已有的模型，但是该技巧只适用于能用切割清单描述的标准零部件或零件。什么时候将零部件添加到焊件模型中，什么时候将零件添加到装配体中，由以下指导原则决定：

1）这些零件是否应该分别在材料明细表中列出？在上层装配体中，焊件将会显示为单行项目。如果零部件需要在材料明细表中有一行对应项目，则它就需要作为一个装配体零部件被添加。

2）零件是否需要出详图？复杂模型，例如铸件，通常不能在切割清单中描述清晰。尽管可以在一个焊件中对每个实体单独出详图，但是这些工程图会与该焊件零件的文件相关联。

标准件或者采购件通常被描述为一个零件号，而且不需要出详图。

3）这些部件是否需要移动自由度？实体零件中的部件被锁定在某个位置。尽管一些附加的特征可以让实体在零件中移动，但是不能动态移动。

4）必须考虑企业标准。一些企业的标准出于文件管理和零件编号的目的，要求焊件中的每个部件作为分开的零件和分开的装配体文档。虽然 SOLIDWORKS 包括一些特征（如【保存实体】特征），允许零件和装配体文档由多实体零件生成，但是这些文档将会与焊件的“主模型”绑定。

练习 9-1 焊接桌切割清单

为焊接桌（见图 9-40）添加材料和创建切割清单属性。

本练习将应用以下技术：

- 切割清单项目名称。
- 定义材料。
- 访问属性。
- 添加切割清单属性。
- 焊件中的边界框。

扫码看视频

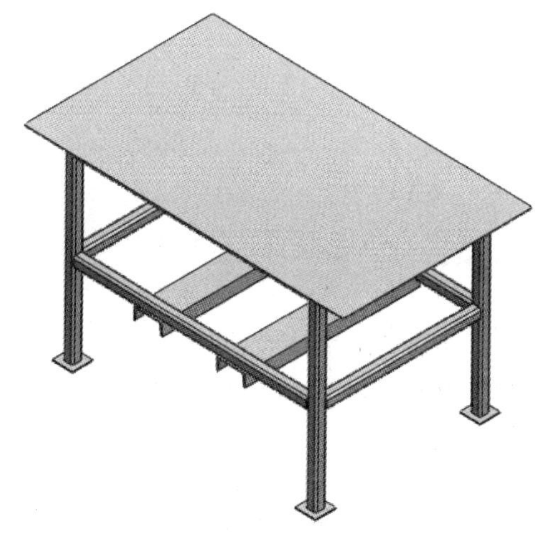

图 9-40 焊接桌

操作步骤

步骤 1 打开零件 打开 Lesson09 \ Exercises 文件夹中的 Weld Table_Cut List 零件，如图 9-40 所示。零件中的实体已经被自动分组到切割清单项目中。

步骤 2 使用切割清单项目名称作为说明属性 进入【选项】/【文档属性】/【焊件】，勾选【根据说明属性值重新命名切割清单文件夹】复选框。切割清单项目随结构构件一同被创建，它从使用的轮廓中继承了相应的说明。其他项目需要创建说明属性，用来作为切割清单文件夹的名称，如图 9-41 所示。

步骤 3 添加材料 焊接桌的大部分构件是【普通碳钢】，所以对整个零件应用该材料。槽构件为【ASTM A36 钢】，为槽构件添加该材料，如图 9-42 所示。

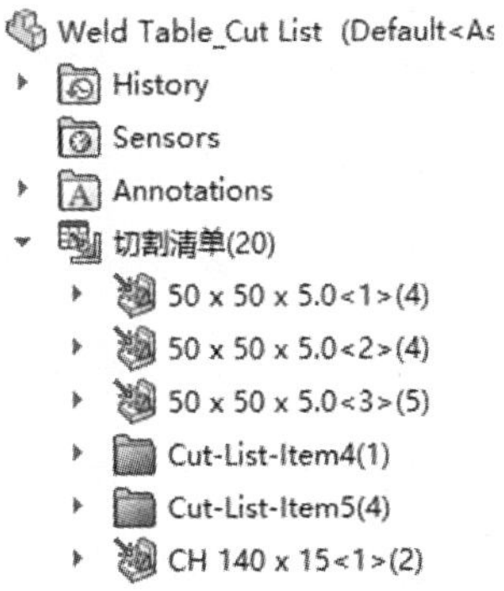

Weld Table_Cut List (Default<As
History
Sensors
Annotations
切割清单(20)
50 x 50 x 5.0<1>(4)
50 x 50 x 5.0<2>(4)
50 x 50 x 5.0<3>(5)
Cut-List-Item4(1)
Cut-List-Item5(4)
CH 140 x 15<1>(2)

图 9-41 切割清单文件夹

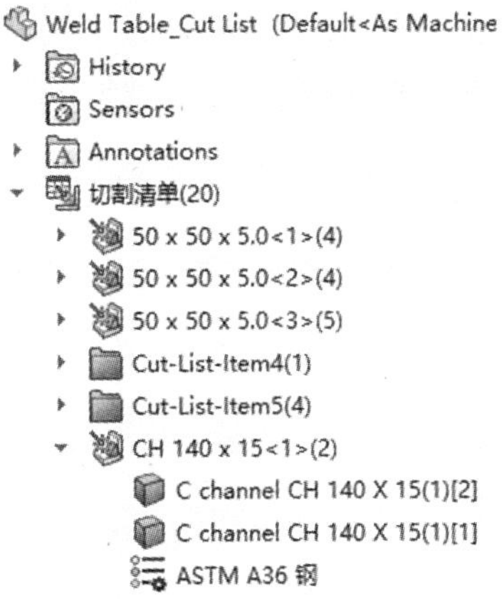

Weld Table_Cut List (Default<As Machine
History
Sensors
Annotations
切割清单(20)
50 x 50 x 5.0<1>(4)
50 x 50 x 5.0<2>(4)
50 x 50 x 5.0<3>(5)
Cut-List-Item4(1)
Cut-List-Item5(4)
CH 140 x 15<1>(2)
C channel CH 140 X 15(1)[2]
C channel CH 140 X 15(1)[1]
ASTM A36 钢

图 9-42 添加材料

> **技巧** 材料与实体相关联，并且不能用于切割清单项目文件夹。切割清单项目属性将会识别应用到该文件夹内的实体材料。

步骤 4 预览切割清单属性 右键单击一个切割清单文件夹，单击【属性】，使用对话框来预览该切割清单项目属性。对话框正确辨认出每个项目的材料属性，如图 9-43 所示。脚垫和桌顶面的切割清单项目目前只有默认的材料(MATERIAL)属性和数量(QUANITY)属性，如图 9-44 所示。单击【确定】关闭对话框。

切割清单属性
切割清单摘要 属性摘要 切割清单表格
ANGLE1
ANGLE2
DESCRIPTION
LENGTH
MATERIAL
QUANTITY
TOTAL LENGTH
属性名称 类型 数值/文字表达 评估的值
1 50 x 50 x 5.0<1> 文字 "SW-Material@@@50 x 50 x 5.0<1>@Weld Table_C 普通碳钢
2 50 x 50 x 5.0<2> 文字 "SW-Material@@@50 x 50 x 5.0<2>@Weld Table_C 普通碳钢
3 50 x 50 x 5.0<3> 文字 "SW-Material@@@50 x 50 x 5.0<3>@Weld Table_C 普通碳钢
4 Cut-List-Item4 文字 "SW-Material@@@Cut-List-Item4@Weld Table_Cut 普通碳钢
5 Cut-List-Item5 文字 "SW-Material@@@Cut-List-Item5@Weld Table_Cut 普通碳钢
6 CH 140 x 15<1> 文字 "SW-Material@@@CH 140 x 15<1>@Weld Table_Cu ASTM A36 钢

图 9-43 材料属性

切割清单属性
切割清单摘要 属性摘要 切割清单表格
材料明细表数量:
-无-
编辑清单(E)
从切割清单中排除
删除(D)
50 x 50 x 5.0<1>
50 x 50 x 5.0<2>
50 x 50 x 5.0<3>
Cut-List-Item4
Cut-List-Item5
属性名称 类型 数值/文字表达 评估的值
1 MATERIAL 文字 "SW-Material@@@Cut-List-Item4@Weld Table_Cut L 普通碳钢
2 QUANTITY 文字 "QUANTITY@@@Cut-List-Item4@Weld Table_Cut List. 1
3 <键入新属性> 文字
4 文字

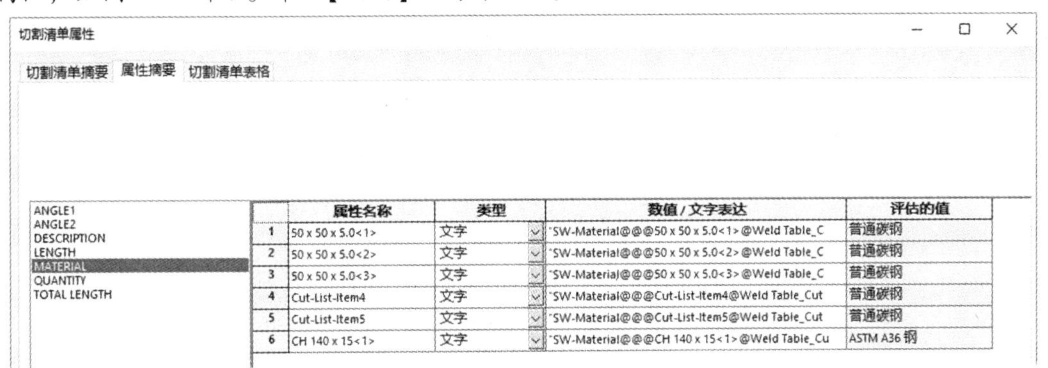

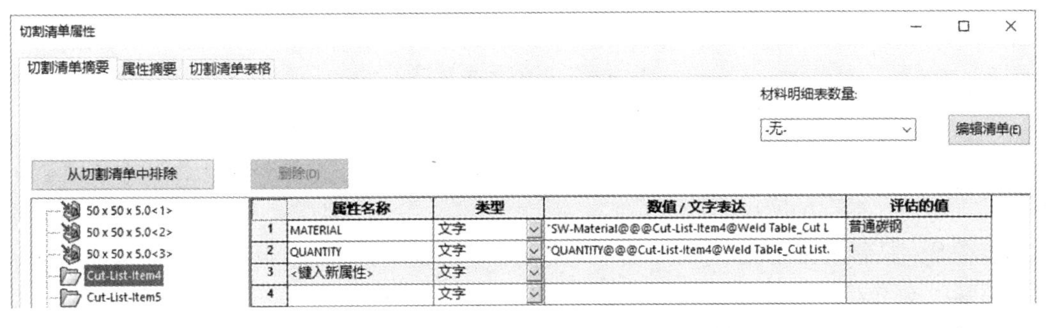

图 9-44 桌顶面的属性

步骤5　为所有项目添加重量属性　右键单击【焊件】特征并单击【属性】。使用下拉菜单添加【重量】属性，并链接到每个项目的【质量】，如图9-45所示。单击【确定】关闭对话框。

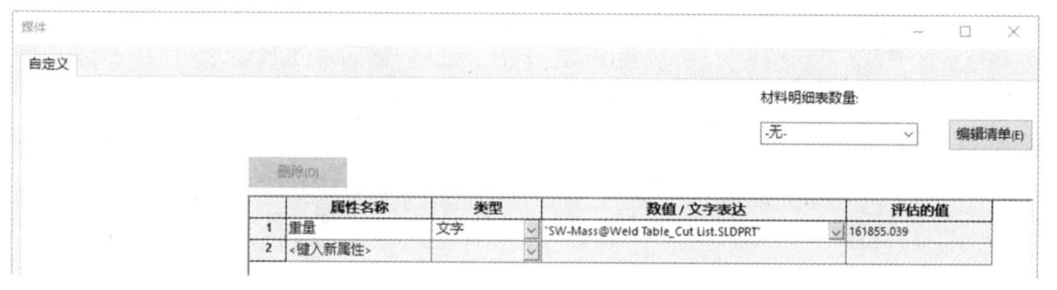

图9-45　添加重量属性

步骤6　使用边界框添加属性　右键单击桌顶面所在的切割清单项目文件夹，单击【创建边界框】。一个3D草图和切割清单属性被创建，创建的说明属性使用了切割清单项目名称，如图9-46所示。为其余包括脚垫的切割清单项目添加边界框。

图9-46　桌顶面边界框

步骤7　查看切割清单属性　使用【切割清单属性】对话框，来评估属性并预览切割清单表格，如图9-47所示。

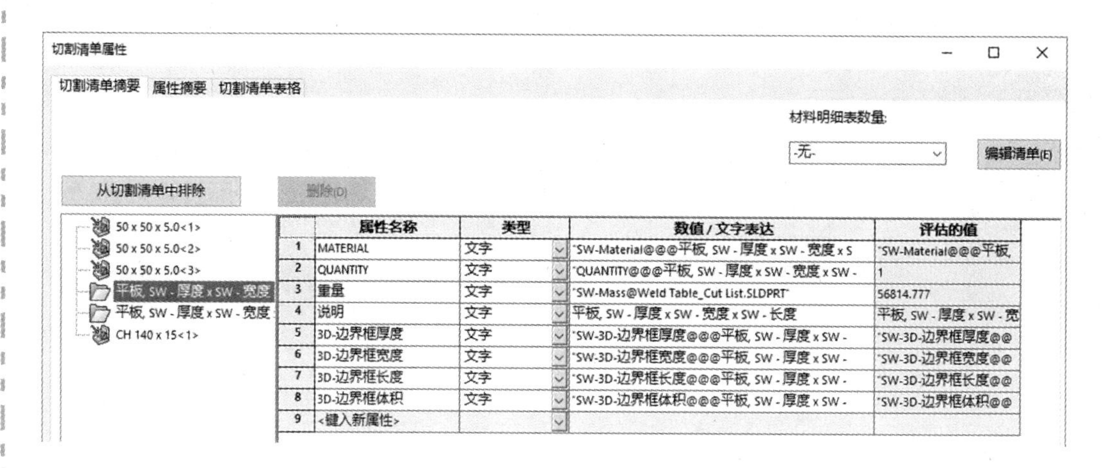

图9-47　切割清单属性

步骤8　修改尺寸　更改脚垫和框架布局的尺寸，如图9-48所示，然后【重建】模型。

步骤9　更新属性　使用【切割清单属性】对话框来检查属性。切割清单项目中与尺寸相关的属性会自动更新。

步骤10　保存并关闭所有文件

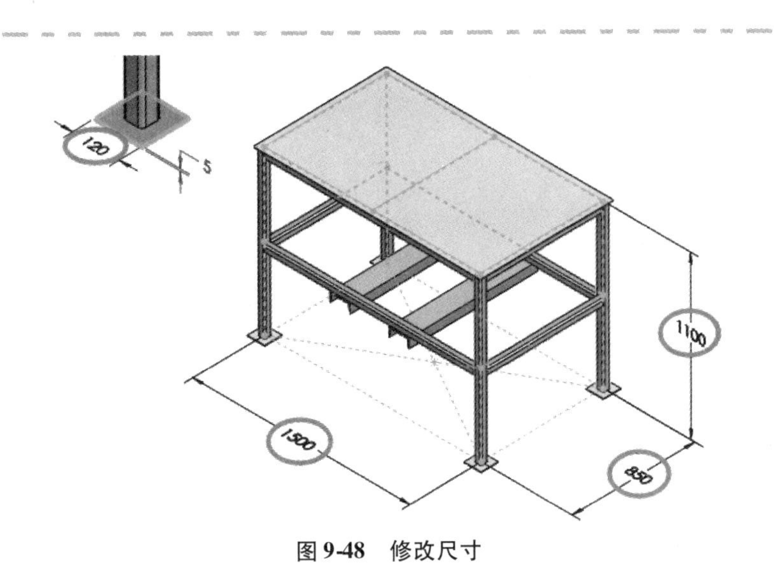

图 9-48 修改尺寸

练习 9-2 野餐桌

创建一个自定义的配置轮廓，并使用该轮廓创建野餐桌(作为焊件模型，见图 9-49)。

本练习将应用以下技术：

- 创建自定义轮廓。
- 配置轮廓。
- 另存为库零件。
- 添加切割清单属性。
- 焊件中的边界框。

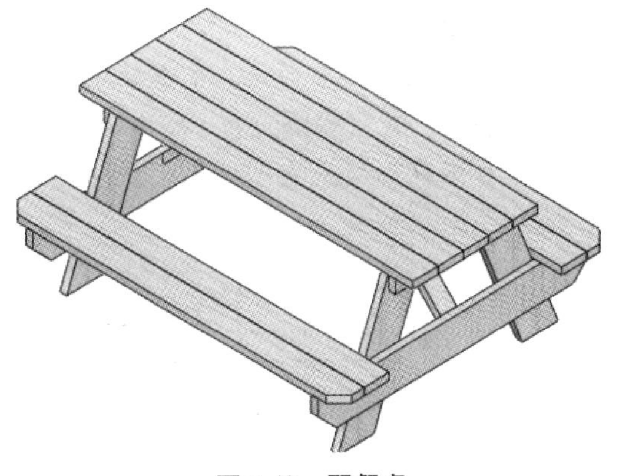

图 9-49 野餐桌

操作步骤

扫码看视频

步骤 1 打开已有零件 从 Lesson09 \ Exercises 文件夹中打开 Picnic Table 零件。

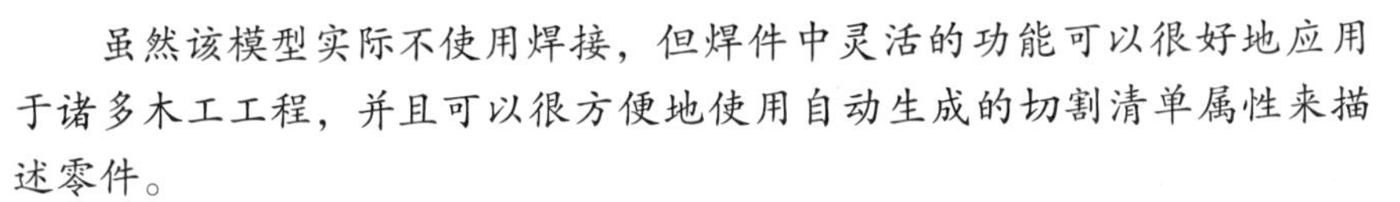

虽然该模型实际不使用焊接，但焊件中灵活的功能可以很好地应用于诸多木工工程，并且可以很方便地使用自动生成的切割清单属性来描述零件。

步骤 2 修改配置选项 野餐桌不需要自动派生配置。在【选项】/【文件属性】中选择【焊件】，不勾选【生成派生配置】复选框。

步骤 3 设置轮廓尺寸 野餐桌所需的木材尺寸如下(单位：in)：

- 2×4。
- 2×6。
- 2×8。

这些相似轮廓的尺寸，可以很容易地在一个具有配置的设计库零件中创建。

步骤4　创建新零件　使用Part_IN模板创建新零件。

步骤5　生成2×4轮廓　在前视基准面使用如图9-50所示的【中心矩形】，创建如图9-51所示的轮廓。

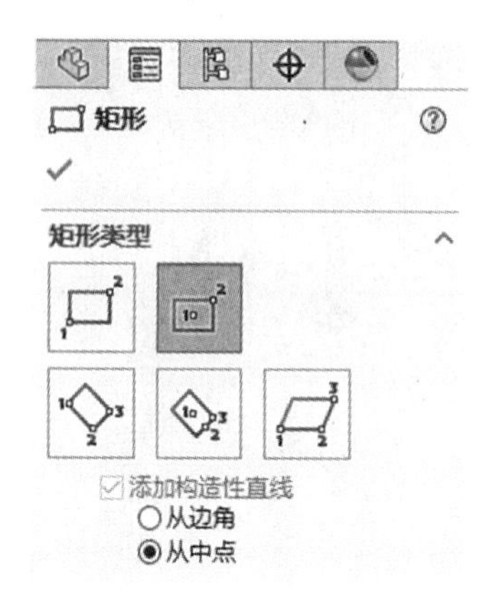

图9-50　中心矩形

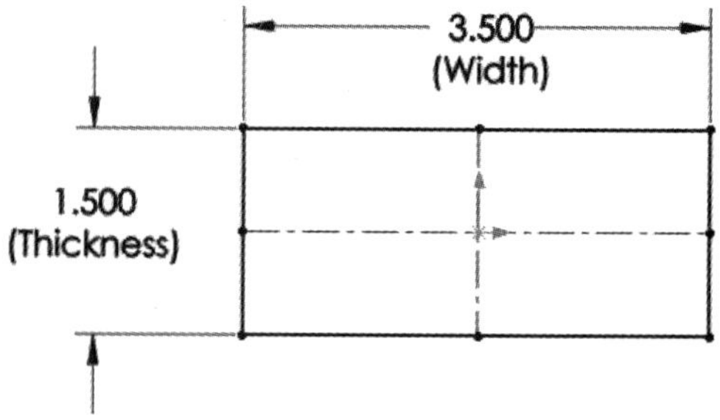

3.500
(Width)
1.500
(Thickness)

图9-51　轮廓草图

重命名尺寸，目的是在配置轮廓时方便识别，退出草图。

步骤6　配置轮廓　在FeatureManager设计树中右键单击草图，然后单击【配置特征】，重命名默认配置为"2×4"。使用对话框添加额外配置，输入图9-52中的值。

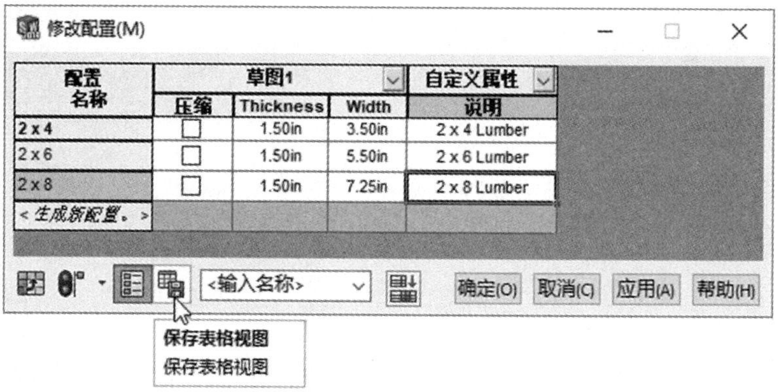

修改配置(M)

配置名称	草图1			自定义属性
	压缩	Thickness	Width	说明
2x4	☐	1.50in	3.50in	2 x 4 Lumber
2x6	☐	1.50in	5.50in	2 x 6 Lumber
2x8	☐	1.50in	7.25in	2 x 8 Lumber
<生成新配置。>				

<输入名称>　确定(O)　取消(C)　应用(A)　帮助(H)

保存表格视图
保存表格视图

图9-52　配置表

在对话框中单击【显示/隐藏自定义属性】按钮。生成【说明】属性，如图9-52所示。命名该表格并【保存表格视图】，这样可以在任何时候访问该表。

步骤7　预览配置　单击【应用】，双击配置名称后可在视图区域预览每个配置。单击【确定】。

> **技巧**　表格储存在ConfigurationManager中，并且可以在任何时间双击它进行查看。

步骤8　另存为设计库零件　为了将草图作为轮廓使用，其必须另存为设计库零件。

在FeatureManager设计树中，选择"草图1"。单击【文件】/【另存为...】，更改【保存类型】为"Lib Feat Part（*.sldlfp）"。

浏览到练习文件中的 Weldment Profiles 文件夹，在里面创建一个名为“Lumber”的文件夹。对于配置轮廓，该文件夹名将作为【标准】，如图 9-53 所示。

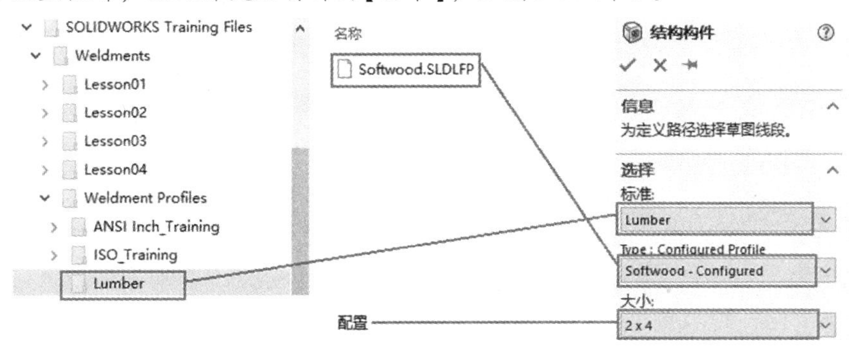

图 9-53 配置轮廓的文件夹结构

文件命名为“Softwood”并保存在 Lumber 文件夹中。对于配置轮廓，该文件名将作为【Type】，如图 9-53 所示。

检查草图显示“L”字样，表明它包含在了库零件中，如图 9-54 所示。关闭 Softwood 库零件。

草图1

图 9-54 库零件草图

步骤 9 添加 2×8 结构构件 在野餐桌零件中，单击【结构构件】。结构构件的轮廓设置如下：

- 标准：Lumber。
- Type：Softwood-Configured。
- 大小：2×8。

创建 3 个组，并正确放置轮廓，如图 9-55 所示，单击【确定】✔。

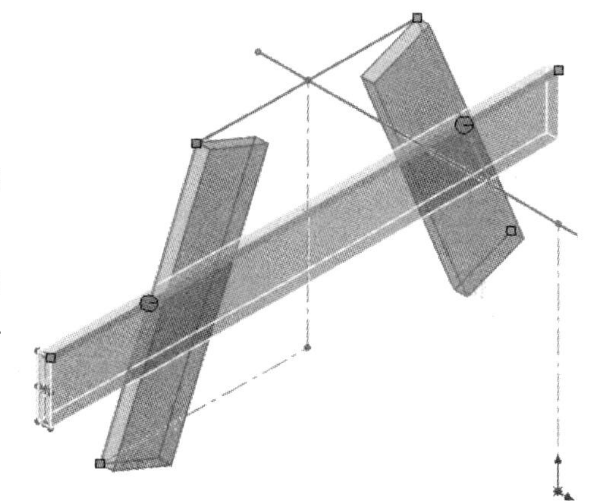

图 9-55 创建组

步骤 10 创建 2×4 结构构件 单击【结构构件】，结构构件的轮廓设置如下（见图 9-56）：

- 标准：Lumber。
- Type：Softwood-Configured。
- 大小：2×4。

创建 2 个组，使用【找出轮廓】和相关设置来定位轮廓，如图 9-57 所示。

步骤 11 创建 2×6 结构构件 结构构件的轮廓设置如下（见图 9-58）：

- 标准：Lumber。
- Type：Softwood-Configured。
- 大小：2×6。

如图 9-59 所示，定位该轮廓。

步骤 12 剪裁/延伸结构构件 【隐藏】布局草图，【剪裁/延伸】“A”型框架侧面的结构构件。在【剪裁边界】中，选择【面/平面】选项，使用如图 9-60a 所示的上视基准面和面。【剪裁/延伸】斜支架结构构件到如图 9-60b 所示的面。

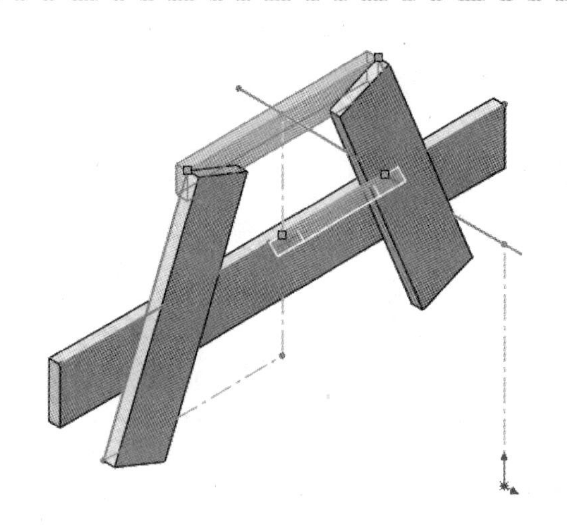

图 9-56 创建结构构件

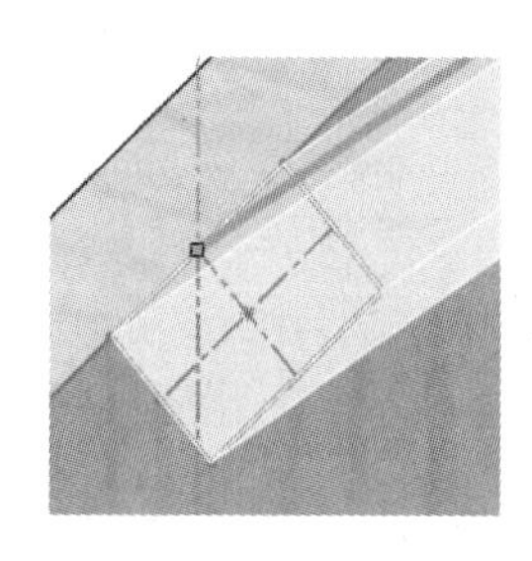

图 9-57 定位轮廓

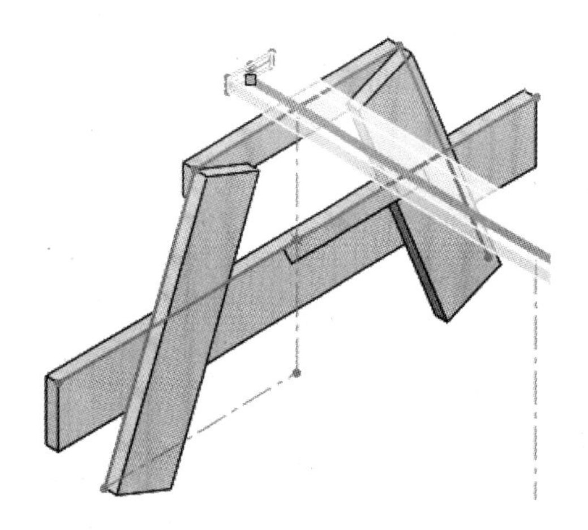

图 9-58 创建结构构件

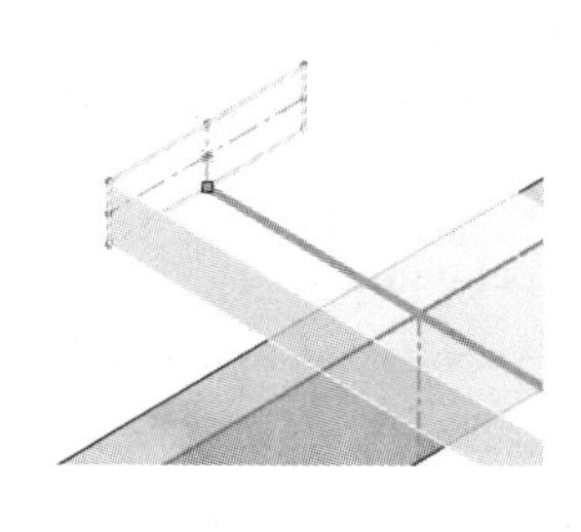

图 9-59 定位轮廓

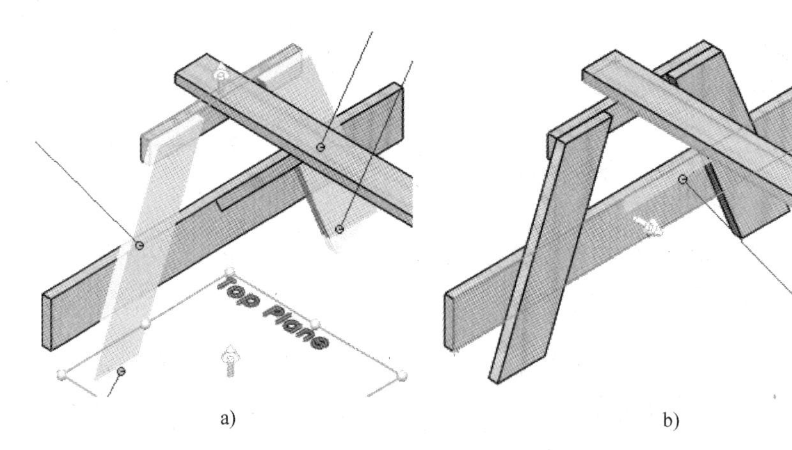

a) b)

图 9-60 剪裁/延伸结构构件

步骤 13 镜像实体 关于右视基准面【镜像】“A”型框架和斜支架实体。

步骤 14 阵列实体 如图 9-61 所示，为顶部构件在两个方向创建【线性阵列】，并使用如下设置：

- 间距：5.5。
- 实例数：3。
- 方向2：只阵列源。

图 9-61 阵列实体

步骤 15 创建长凳的结构构件 使用现有的平面，为长凳的结构构件绘制布局草图。使用 2×6 规格的轮廓，位置如图 9-62 所示。

步骤 16 阵列实体 使用阵列和镜像特征完成长凳。

步骤 17 添加倒角(可选操作) 使用退回控制棒，在阵列之前为实体添加倒角，如图 9-63 所示。

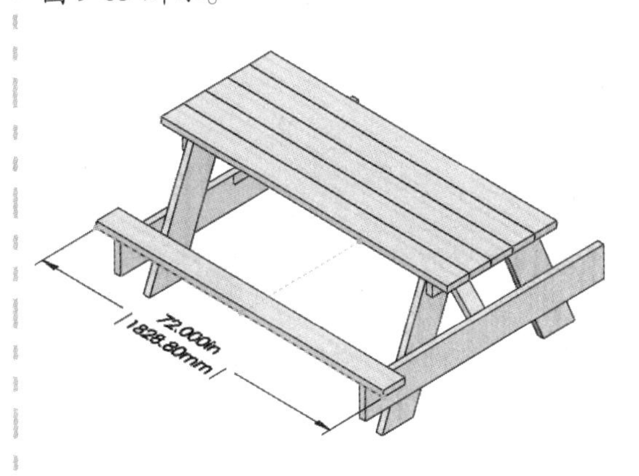

图 9-62 长凳的布局草图和轮廓位置

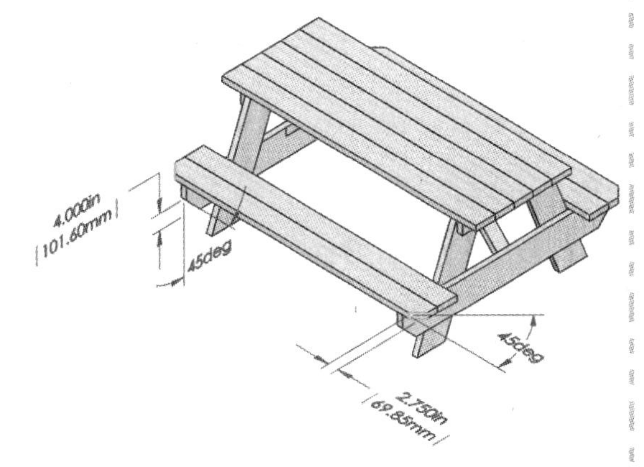

图 9-63 添加倒角

步骤 18 查看切割清单属性 使用【切割清单属性】对话框查看每个项目，并预览切割清单表格。

步骤 19 保存并关闭所有文件

练习 9-3 插入零件

通过插入已有零件模型的方式，为悬架添加焊接环(Welded Ring)，如图 9-64 所示。

本练习将应用以下技术：

- 创建自定义轮廓。
- 配置轮廓。
- 另存为库零件。
- 添加切割清单属性。
- 焊件中的边界框。

图 9-64　插入焊接环

操作步骤

步骤 1　打开零件　打开 Lesson09 \ Exercises 文件夹中的 Suspension Frame_Insert 零件。

扫码看视频

步骤 2　插入零件　单击【插入】/【零件...】。浏览到 Lesson09 \ Exercises 文件夹并打开 Welded Ring 零件，如图 9-65 所示。在 PropertyManager 中使用以下设定：

- 转移：【实体】、【基准面】、【自定义属性】中的【切割列表属性】。
- 找出零件：勾选。
- 链接：不勾选。

在视图区域单击并放置零件。弹出关于测量单位的消息框，如果需要则单击【是】。

步骤 3　定位零件　为 Welded Ring 添加配合。焊接环的底面与梁的底面【重合】，如图 9-66 所示。焊接环的右视基准面与悬架的前视基准面【重合】，如图 9-67 所示。

图 9-65　焊接环

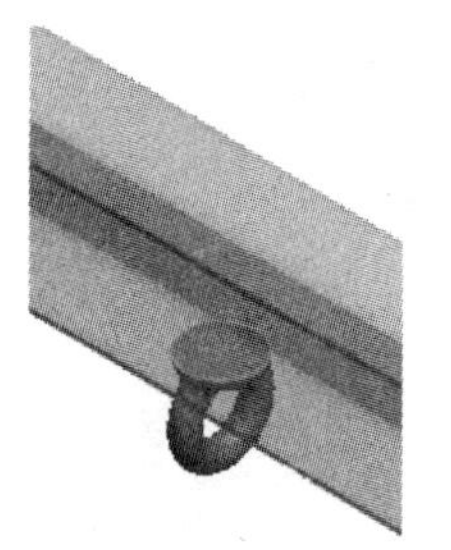

图 9-66　配合 1

焊接环前视基准面与悬架右视基准面的【距离】为609.6mm，如图9-68所示。单击【确定】完成对零件的定位。

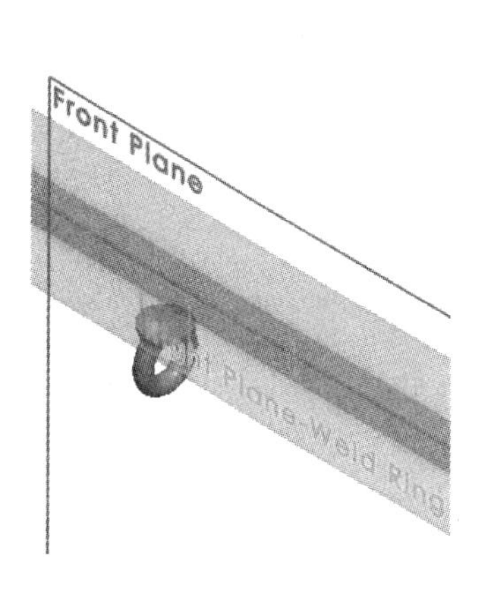

图9-67 配合2

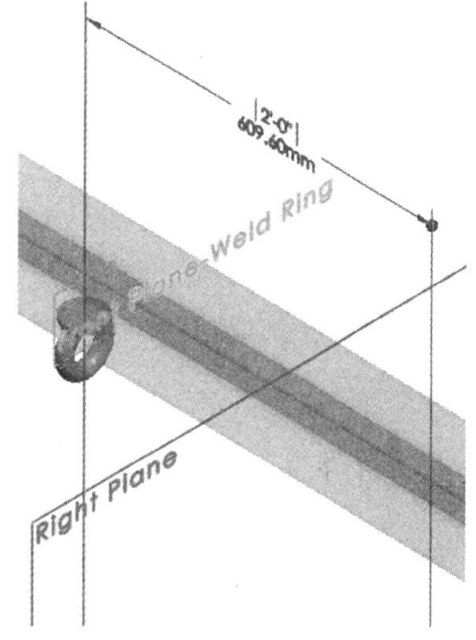

图9-68 配合3

技巧 如果用户需要在零件创建后修改【找出零件配合】，则需展开插入的零件并编辑【实体-移动/复制】。

步骤4 镜像实体 关于右视基准面【镜像】Welded Ring实例。

步骤5 查看切割清单属性 使用【切割清单属性】对话框查看属性并预览切割清单表格。

步骤6 添加材料和属性(可选操作) 将悬架的材料定义为【ASTM A36钢】，为切割清单项目中的脚垫添加额外的链接特征尺寸的属性。

步骤7 保存并关闭所有文件

第 10 章　焊件的配置与出详图

学习目标

- 装配后的加工特征
- 使用特征范围
- 表示焊缝
- 创建焊件模型和独立实体的工程图
- 在工程图中创建切割清单表格
- 在工程图中创建焊接表

10.1　焊件配置

焊件默认自动生成“按加工”和“按焊接”两个配置，其代表了模型的两个状态，如图 10-1 所示。在焊件模型中使用这些配置，为制造过程中不同阶段的信息交流提供了便利。

图 10-1　焊件配置

以下是使用焊件配置的一些基础：

- 派生配置，例如“按焊接”配置，与顶层配置共享父子关系。这意味着父配置做出的更改会自动传递到派生配置。当派生配置激活时，更改不会自动在父配置中显示。
- 代表装配后续加工的特征应当在“按焊接”配置中被压缩。
- 切割清单属性默认代表“按焊接”配置。
- 创建焊件模型工程视图时，可使用工程图属性控制显示哪个配置。

> **提示**　更改选项可以禁止配置的生成，更多信息参见“8.1.3　焊件配置选项”。

当焊件选项设定为创建配置时，任何新添加的顶层配置会自动派生一个与之相关联的“按焊接”配置。

10.2　装配后的加工特征

装配后的加工特征通常是指组装或焊接后，对产品进行钻孔和切割，如图 10-2 所示。在“Conveyor Frame”示例中，会在脚垫上创建切除并确保它们完全平齐。焊件的配置将用来代表模型加工前后的状态。

扫码看视频

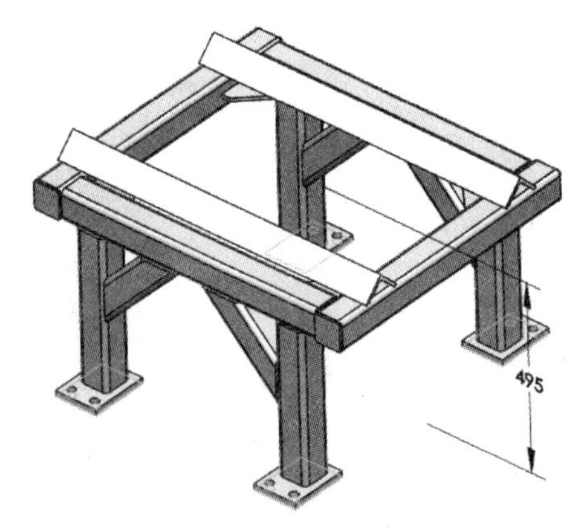

图 10-2　装配后的加工特征

操作步骤

步骤 1　打开 Conveyor Frame　打开 Lesson10 \ Case Study 文件夹下的 Conveyor Frame_ L3 文件。

步骤 2　在前视基准面绘制草图　创建如图 10-3 所示的草图，根据顶部框架平面标注尺寸。

步骤 3　拉伸切除　单击【拉伸切除】，在【方向 1】中选择【完全贯穿-两者】。在【特征范围】中，确保勾选【自动选择】复选框，单击【确定】。

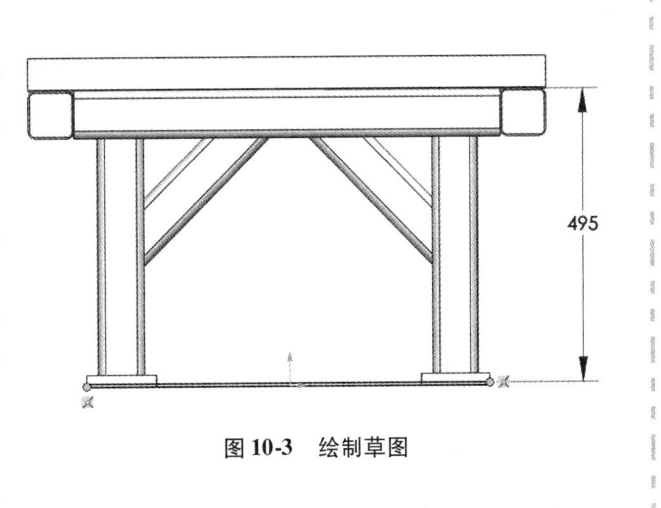

图 10-3　绘制草图

对于多实体零件，某些特征会有【特征范围】选项，如图 10-4 所示。它用来控制特征作用于哪些实体。

1.【自动选择】(默认)　当勾选【自动选择】复选框时，所有与该特征相交的可见实体会被自动选取，作为受影响的实体。

2.【所选实体】　未勾选【自动选择】复选框时，实体可以在零件中被手动选取。只有被选择的实体才会受到特征的影响，其余实体被忽略。

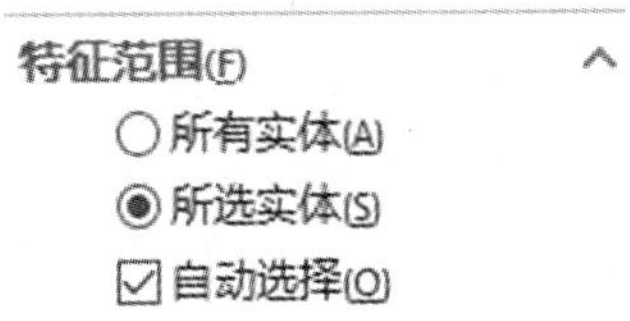

特征范围(F)
所有实体(A)
所选实体(S)
自动选择(O)

图 10-4　特征范围

3.【所有实体】　所有实体(包括隐藏实体)都会受到特征的影响。创建特征后，特征范围可以修改，实体也可以从 PropertyManager 中的选择框中移除。

步骤 4　编辑拉伸切除　选择切除特征并单击【编辑特征】。受到切除影响的实体在【特征范围】中显示为【所选实体】，如图 10-5 所示。单击【确定】。

步骤 5　压缩配置特征　右键单击"切除-拉伸 1"，然后单击【配置特征】。

将切除特征在配置"Default < As Welded >"(默认 < 按焊接 >)中压缩，如图 10-6 所示。因为它是装配后的加工特征，所以不在 Conveyor Frame 焊接时出现。

单击【确定】。配置可在 ConfigurationManager 中预览。

图 10-5　特征范围

步骤 6　保存零件

配置名称	切除-拉伸1
	压缩
Default<As Machined>	☐
Default<As Welded>	☑
<生成新配置。>	

图 10-6　压缩配置特征

10.3　焊件工程图

制作焊件工程图和制作其他零件工程图一样，另外还有以下特有的出详图技巧：

- 为独立的实体添加视图。
- 表示焊接。
- 添加切割清单表格。

Conveyor Frame 的详图将会使用以上技巧来创建。

提示　本节的目的并不是讨论所有关于创建工程图的复杂步骤，而只是讲解关于焊件工程图的一些知识。

操作步骤

扫码看视频

步骤 1　激活"默认＜按焊接＞"配置　使用 ConfigurationManager 激活"默认＜按焊接＞"配置。在第一张工程图中将会详细标注该配置版本的模型。创建的工程图默认将激活的配置作为参考。

步骤 2　创建工程图　单击【从零件/装配体制作工程图】，使用 C_Size_ANSI_MM 模板。

步骤 3　创建工程视图　创建一个等轴测视图，确保参考的是"默认＜按焊接＞"配置，单击【带边线上色】。

步骤 4　编辑图纸比例　编辑【图纸属性】，将【图纸比例】更改为 1:5，如图 10-7 所示。

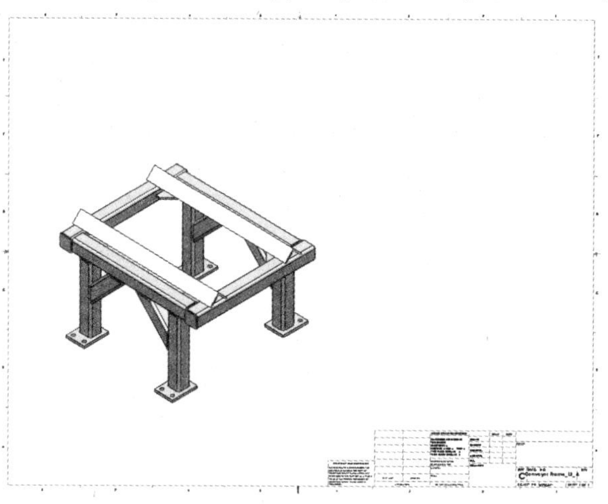

图 10-7　焊件工程图

10.4　独立实体工程图

生产 Conveyor Frame 的部件所需的大部分信息将从切割清单表格中获取，但某些部件需要额外的信息才能完全描述清楚，如图 10-8 所示。

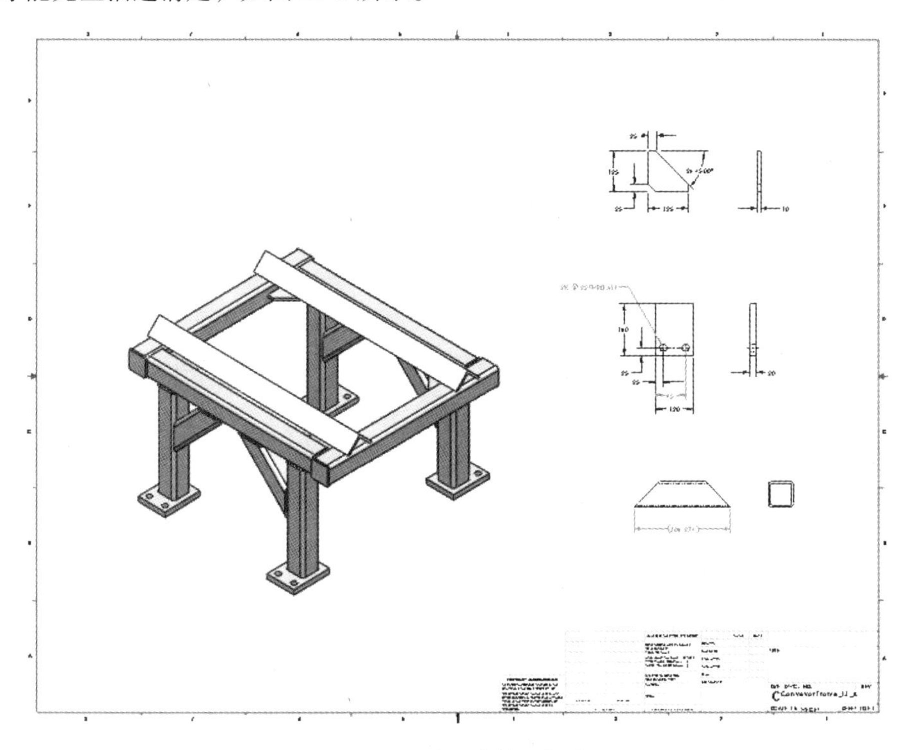

图 10-8　独立实体工程图

创建独立实体工程图有以下几个选择：

- 在现有的工程视图中使用【选择实体】功能。
- 在模型中创建【显示状态】，并且在标准工程视图中使用该显示状态。
- 在工程图中创建【相对视图】。

10.4.1　选择工程视图的实体

创建一个工程视图后，【选择实体】选项可以用于选出要包含在视图中的实体，而其余的实体将全部被隐藏。

该技巧将用于创建角撑板的视图。

知识卡片	选择实体	• 工程视图属性：选取一个工程视图，单击【选择实体】。

步骤 5　创建俯视图　为 Conveyor Frame 添加俯视图。

技巧　如果使用视图调色板创建单一视图，则不勾选【自动开始投影视图】复选框。

步骤6　选择实体　选取Top(俯视)视图。在工程视图属性中单击【选择实体】。模型变成激活状态，可以从中选择实体。单击Gusset1（角撑板1)实体，选择原始创建的实体而不是镜像的实体。单击【确定】✔。

提示　原始创建的实体有相关联的尺寸，但阵列的实体没有。

步骤7　创建投影视图　创建右侧【投影视图】，如图10-9所示。

步骤8　插入模型项目(可选操作)　在【注解】CommandManager中，单击【模型项目】，使用以下设置：

- 来源：所选特征。
- 目标视图：角撑板工程视图。
- 尺寸：为工程图标注。

通过单击Gusset1特征的一个面，向工程视图添加尺寸，如图10-10所示。单击【确定】✔。

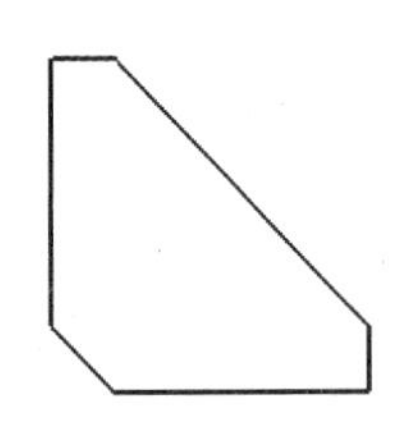

图10-9　角撑板工程视图

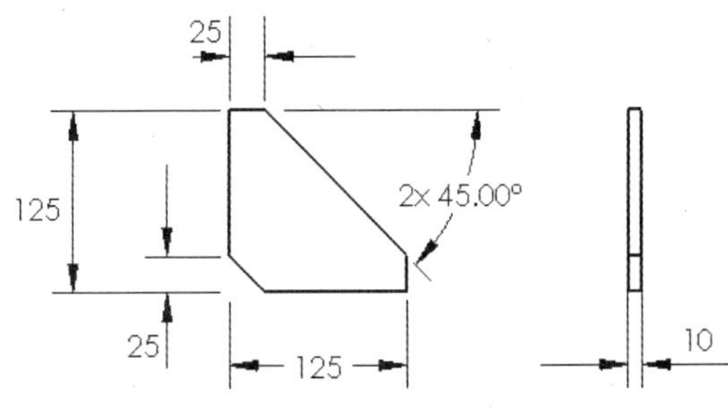

图10-10　添加尺寸

步骤9　调整尺寸(可选操作)　根据需要调整尺寸。

10.4.2　使用显示状态

显示状态控制模型的视觉属性，它可在工程视图中选择。如果创建一个显示状态，它只显示单个选中的实体，那么它对应的工程视图中也会只创建该实体。显示状态储存在Configuration-Manager中，它可以关联模型中的某个配置或者用于所有配置。

使用该技术时，务必检查现有显示状态中的修改是否已应用到模型。零件中新添加的实体会出现在显示状态中，所以可能需要更新。

对于Conveyor Frame，显示状态将会用于创建脚垫的视图。

知识卡片	显示状态	• ConfigurationManager：单击右键，选择【添加显示状态】，修改模型的视觉属性。 •【孤立】命令：选择一个实体或零部件后单击右键，并选择【孤立】，然后单击【保存为显示状态】。

步骤10　打开Conveyor Frame模型　激活Conveyor Frame窗口，或者从工程视图中打开。

步骤11　孤立脚垫　单击原始脚垫实体(即用草图创建的实体)，如图10-11所示。单击右键并选择【孤立】。

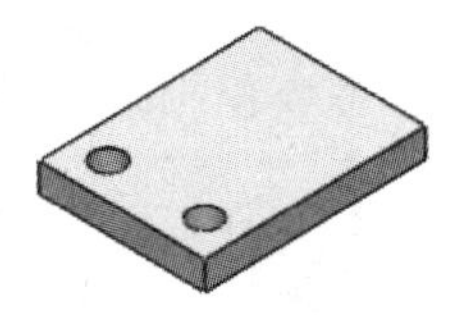

图10-11　孤立脚垫

技巧　如果命令不可见，使用双箭头 展开菜单。用户可以自定义快捷菜单，通过单击命令列表底部的【自定义菜单】可以选择让哪些命令默认出现。

步骤 12　保存显示状态　单击【保存为显示状态】，将显示状态命名为“Base Plate Detail”。

步骤 13　退出孤立

步骤 14　查看结果　新的显示状态可从 ConfigurationManager 中访问，双击显示状态可将其激活。

提示　Conveyor Frame 的显示状态未与配置关联，所以每个显示状态适用于所有配置。这个设置可以在【显示状态属性】中找到（右键单击显示状态，单击【属性...】）。

步骤 15　保存零件

步骤 16　创建脚垫的工程视图　激活工程图文档窗口。创建一个俯视图，并在工程视图属性中使用“Base Plate Detail”显示状态。确认参考的是“Default < As Welded >”配置。

步骤 17　创建投影视图　创建右侧【投影视图】，如图 10-12 所示。

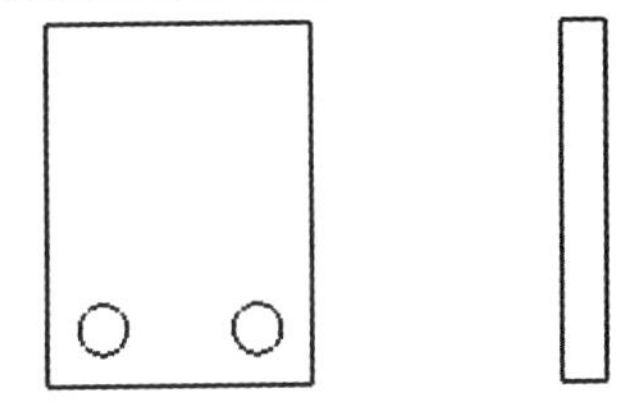

图 10-12　脚垫投影视图

提示　利用该技术，视图边框尺寸仍反映整个模型的大小。投影视图需要拖动超过该边框才能放置。

技巧　当工程视图边界框超出图纸的边线时，可使用【缩放图纸】使工程图图纸在屏幕上居中显示，而不要使用【整屏显示全图】。

步骤 18　插入模型项目（可选操作）　在【注解】CommandManager 中，单击【模型项目】。使用以下设定：

- 来源：所选特征。
- 目标视图：脚垫工程视图。
- 尺寸：【为工程图标注】、【异型孔向导位置】和【孔标注】。

单击“Boss-Extrude1”的一个面和孔的边线，在工程视图中为这些特征添加尺寸。单击【确定】。

技巧　光标在几何模型上悬停时会出现工具提示，用于识别所选的几何体对应的是哪个特征。

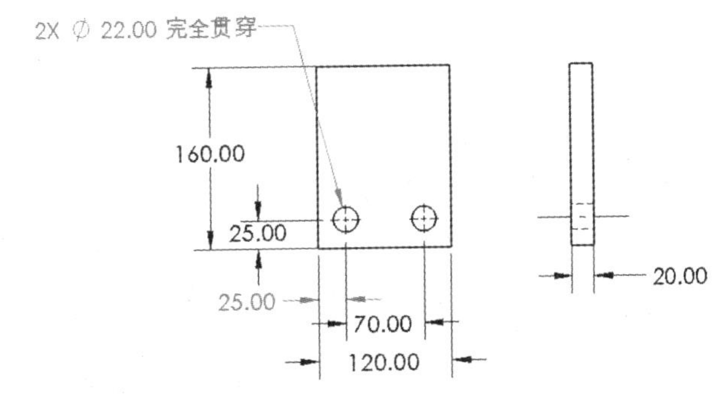

图 10-13　修改尺寸并添加注解

步骤 19　修改尺寸并添加注解（可选操作）　通过隐藏、移动和添加来适当修改尺寸。添加【中心符号线】和【中心线】，如图 10-13 所示。

10.4.3　使用相对视图

【相对视图】可相对于所选择的面或基准面创建模型的工程视图。【相对视图】选项中的命令可以选择视图是基于整个模型还是基于所选择的实体。当现有的视图方向无法满足预期的模型或实体视图时，【相对视图】就显得非常重要了。

知识卡片	相对视图	• 快捷菜单：右键单击一个工程视图，选择【工程视图】/【相对视图】。 • 菜单：【插入】/【工程图视图】/【相对于模型】。

步骤 20　创建相对视图　单击【相对视图】，模型文件变为激活以便进行选择。在【范围】中，单击【所选实体】然后选择如图 10-14 所示的斜支架。

步骤 21　设置方向　确保【第一方向】设为【前视】并选择斜支架的前面。将【第二方向】设为【下视】并选择如图 10-15 所示的面。单击【确定】。工程图文档窗口变为激活以用于放置视图。

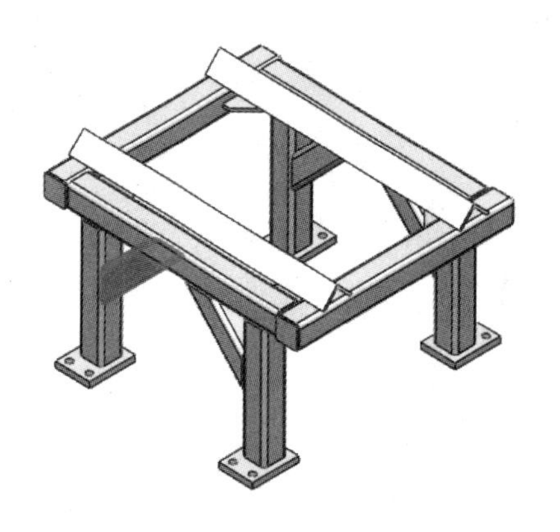

图 10-14　创建相对视图

图 10-15　相对视图的方向参考

步骤 22　放置视图　单击工程图图纸放置视图。

步骤 23　修改工程视图属性　修改工程视图属性为【隐藏线可见】和【使用图纸比例】。右键单击相对视图并单击【切边】/【切边不可见】，结果如图 10-16 所示。

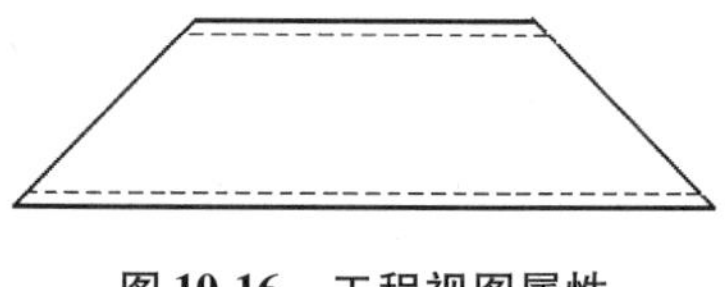

图 10-16　工程视图属性

步骤 24　创建投影视图　创建相对视图的右侧【投影视图】。

步骤 25　添加尺寸（可选操作）　添加尺寸以显示斜支架的长度，如图 10-17 所示。

步骤 26　保存工程视图　结果如图 10-18 所示。

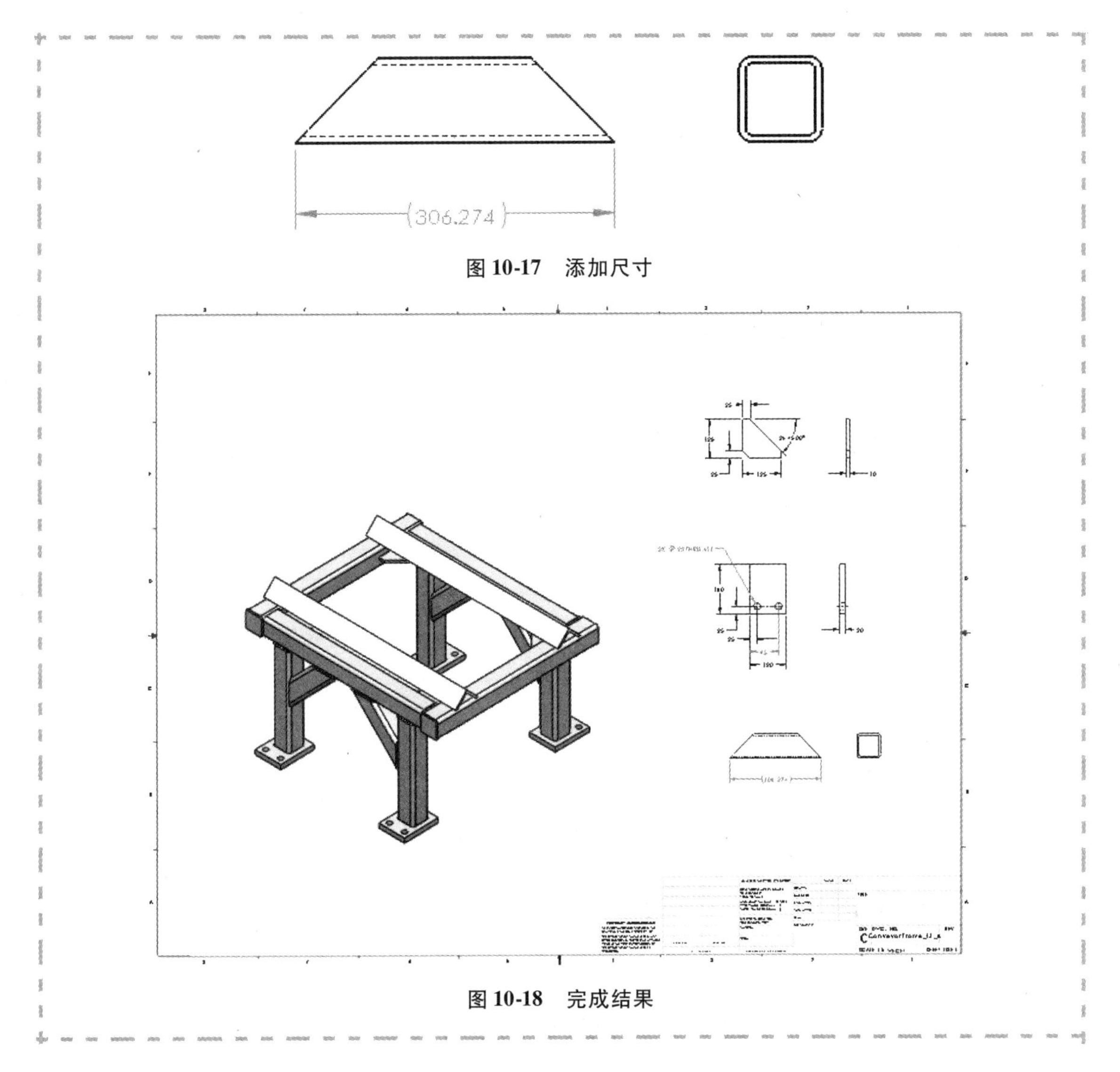

图 10-17　添加尺寸

图 10-18　完成结果

10.4.4　切割清单表格

通过插入切割清单表格来创建焊件中的零部件清单。与切割清单项目相关联的属性被导入表格中。

知识卡片	焊件切割清单	• CommandManager:【注解】/【表格】/【焊件切割清单】。 • 菜单:【插入】/【表格】/【焊件切割清单】。

步骤 27　插入切割清单表格　单击【焊件切割清单】并选取焊件的等轴测视图,【表格模板】为“cut list”。在【表格位置】一栏,勾选【附加到定位点】复选框,该表格链接到“Default < As Welded >”配置。单击【确定】。

提示：若模板没有被列出,可单击【浏览模板】按钮,从安装路径中选择“cut list. sldwldtbt”。

步骤 28　查看结果　结果如图 10-19 所示。

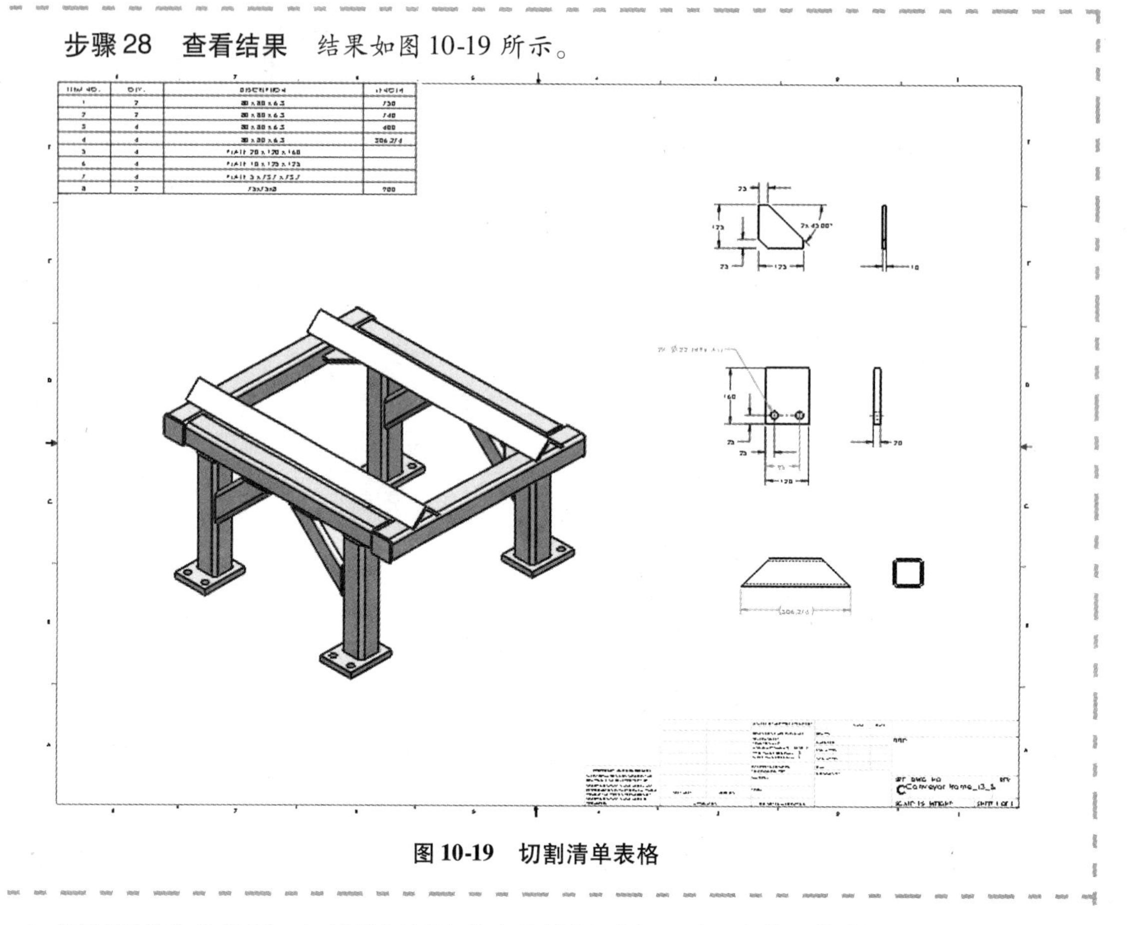

图 10-19　切割清单表格

1. 切割清单表格设置　初始的切割清单表格设置可在以下两个位置控制：

- 工程图文档属性。
- 切割清单模板。

在【选项】/【文档属性】/【表格】中，【使用模板设定】的设置决定了表格的格式是由文档属性来控制还是由表格模板来控制。

- 如果勾选了该复选框，表格将会被设置为模板的格式。
- 如果不勾选该复选框，表格模板只控制表格的列，而格式则由工程图文档属性控制。

切割清单具体的文件属性在【表格】/【普通】类别中。

2. 修改切割清单表格　修改切割清单表格的方法与修改材料明细表及其他表格的方法一样。

- 拖动表格的标题对行和列重新排序。
- 拖动行和列的边框更改大小。
- 在表格中单击右键，进入快捷菜单的修改命令，命令在表 10-1 中列出。

表 10-1　修改命令

命令	内容	命令	内容
• 插入	左列 右列 上行 下行	• 选择	表格 列 行

（续）

命令	内容	命令	内容
• 删除	表格	• 格式化	列宽 列宽 行高 锁定行高 整个表
命令	**内容**	**命令**	**内容**
• 排序	升序 降序	• 分割	水平自动分割 横向上 横向下 纵向左 纵向右
命令	**内容**	**命令**	**内容**
• 合并单元格	无	• 另存为模板	无

步骤 29　向表格添加列　右键单击标有“DESCRIPTION ”的列，选择【插入】/【右列】。在 PropertyManager 中，单击【切割清单项目属性】，然后选择【MATERIAL】。单击【确定】✔。

步骤 30　在表格中再添加一列　右键单击“DESCRIPTION”列，然后选择【插入】/【左列】。在 PropertyManager 中，选择“CUT LIST ITEM NAME”。如有需要，可在标题区域中编辑文字，单击【确定】✔。

步骤 31　按照需要调整行和列的大小　结果如图 10-20 所示。

ITEM NO.	QTY.	CUT LIST ITEM NAME	DESCRIPTION	MATERIAL	LENGTH
1	2	SIDE TUBES	80×80×6.3	Plain Carbon Steel	750
2	2	FRONT-REAR TUBES	80×80×6.3	Plain Carbon Steel	740
3	4	LEGS	80×80×6.3	Plain Carbon Steel	400
4	4	ANGLED BRACES	80×80×6.3	Plain Carbon Steel	306.274
5	4	BASE PLATES	PLATE, 20×120×160	Plain Carbon Steel	
6	4	GUSSETS	PLATE, 10×125×125	Plain Carbon Steel	
7	4	END CAPS	PLATE, 5×73.7×73.7	Plain Carbon Steel	
8	2	RAILS	75x75x8	AISI 304	900

图 10-20　焊件切割清单表格

技巧　按住〈Ctrl〉键并选择表格标题可选取多个行或列。为了一次性格式化所有行和列，可单击右键并选择【格式化】/【整个表】。

图 10-20 中的表格格式如下：

- A、B 和 F 的列宽：20mm。
- C、D 和 E 的列宽：50mm。
- 整个表格的行高：7.5mm。

步骤 32　添加零件序号　在【注解】CommandManager 中，使用【零件序号】或【自动零件序号】在所需的位置创建零件序号注解 。使用以下设置来创建如图 10-21 所示的零件序号：

- 零件序号设定：圆形分割线、2 个字符。
- 零件序号文字：项目数。
- 下部文字：数量。

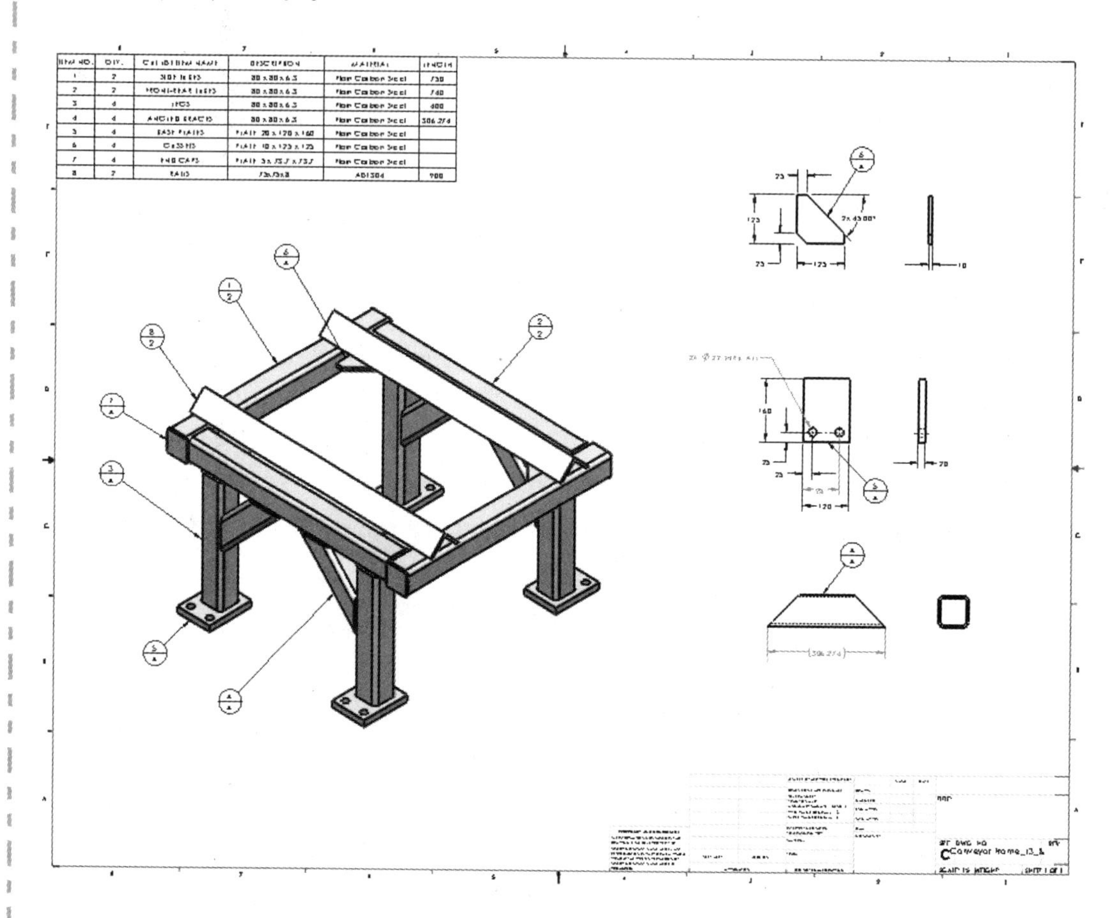

图 10-21　创建零件序号

步骤 33　重命名工程图图纸　将 sheet1 图纸 1 重命名为“Cut List”。

步骤 34　添加图纸　向工程图中添加两张图纸。重命名图纸 2 为“Weld Detail”，重命名图纸 3 为“Machining”。

步骤 35　添加工程视图　在“Machining”图纸中添加前视图，使用“Default < As Machined >”作为【参考设置】。利用模型项目为“Cut - Extrude1”插入尺寸（或者用尺寸命令添加尺寸）。给底面添加【表面粗糙度符号】，表明它将会被机械加工，如图 10-22 所示。

步骤 36　保存工程图

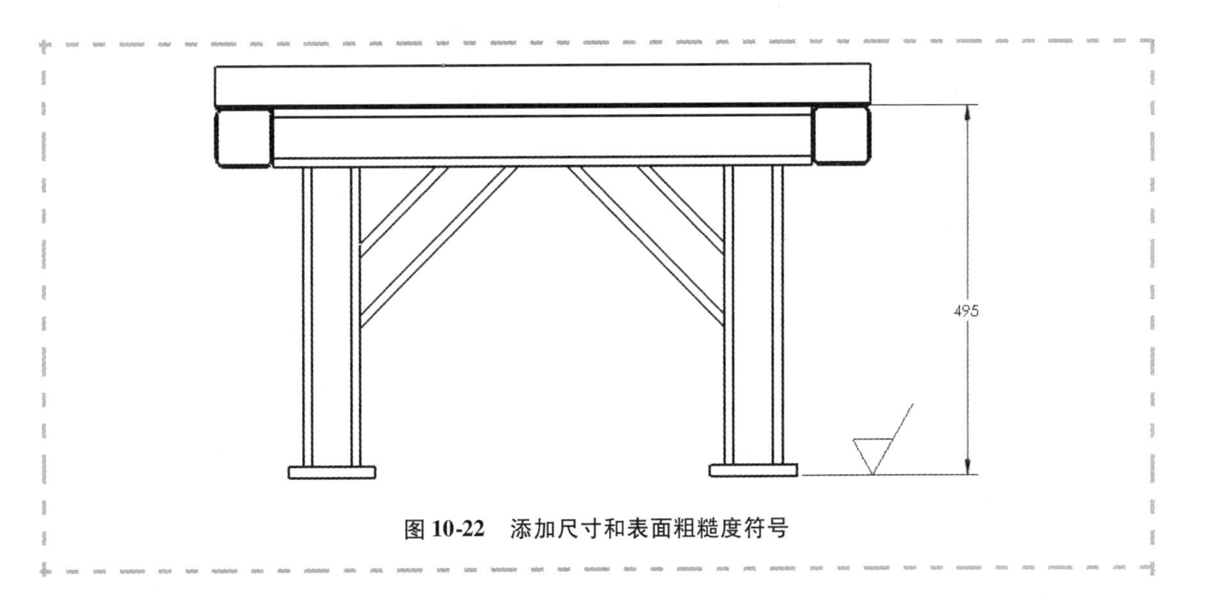

图 10-22　添加尺寸和表面粗糙度符号

10.5　表示焊接的方法

SOLIDWORKS 提供了几种表示焊接的方法：

- 焊接符号　可添加到工程视图、零件及装配体中的注解。
- 【圆角焊缝】特征　添加到多实体零件中的实体特征。
- 【焊缝】特征　添加到零件或者装配体中的图形特征。

这些技术可以同时或者单独使用。

10.5.1　焊接符号

通常焊接只用焊接符号表示即可。这些注解可以直接在工程视图中添加，或者在 3D 模型中添加后再通过模型项目命令导入。

SOLIDWORKS 提供了一个扩展对话框，用来定义焊件符号。

焊接符号	• CommandManager：【注解】/【焊件符号】。 • 菜单：【插入】/【注解】/【焊接符号】。

操作步骤

步骤 1　创建标准三视图　激活“Weld Detail”图纸。从 CommandManager 中选择【视图布局】选项卡，单击【标准三视图】，如图 10-23 所示。【参考配置】为“Default <As Welded>”。

扫码看视频

提示　该模板的图纸使用的是【第三视角投影】，如图 10-24 所示。

步骤 2　添加焊接符号　单击【焊接符号】。

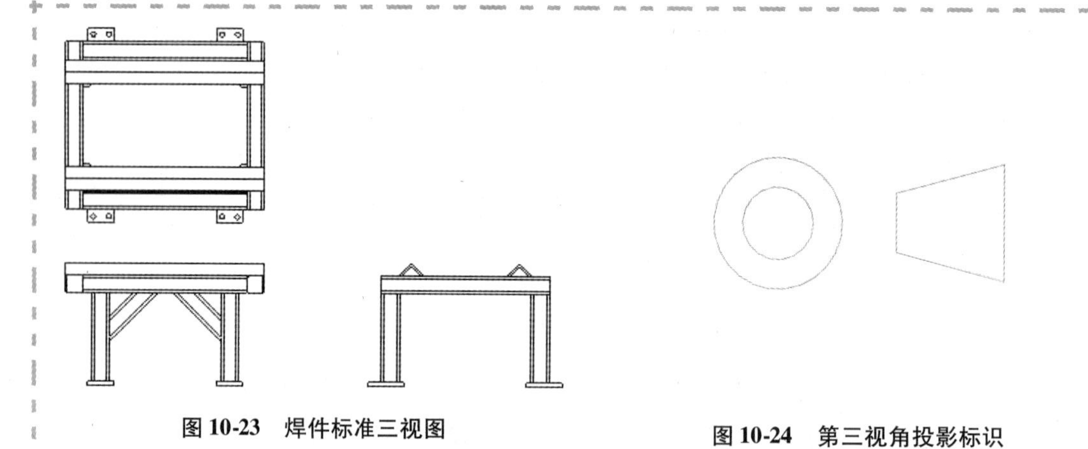

图 10-23　焊件标准三视图　　　　图 10-24　第三视角投影标识

提示　在焊接符号对话框中编辑时，移动光标到图纸位置可预览符号。对话框打开时也可使用缩放和平移，对话框也可以移动，这会方便符号的放置。对话框可以保持打开状态，用来一次添加多个符号。

步骤 3　两边填角焊接　单击【焊接符号...】按钮，在横线上下两边都选择【填角焊接】。在【焊接符号...】按钮左边的上下两个输入框中，都输入“8”。在符号中添加“TYP”注解，如图 10-25 所示。

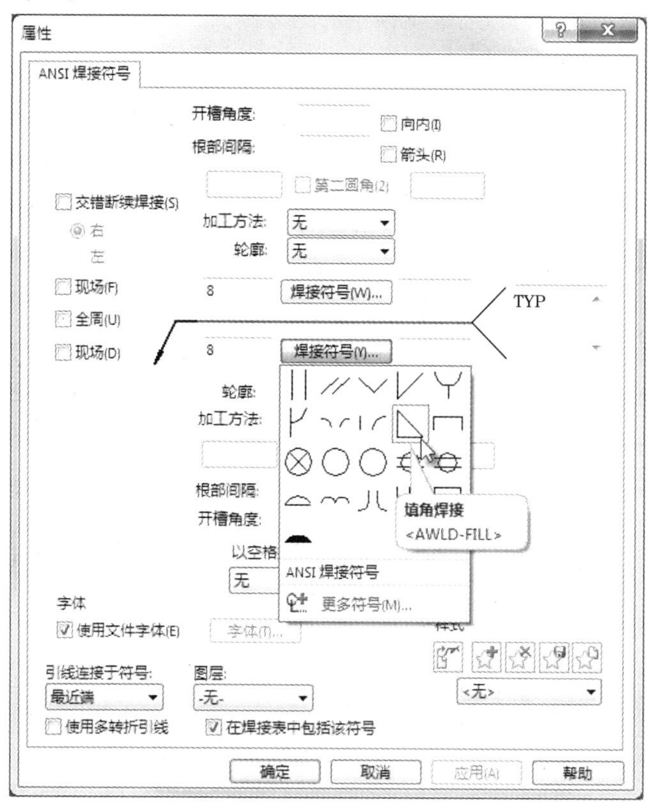

图 10-25　填角焊接符号属性设置

步骤 4　放置焊接符号　将符号放置在如图 10-26 所示的前视图中。单击【确定】关闭对话框。

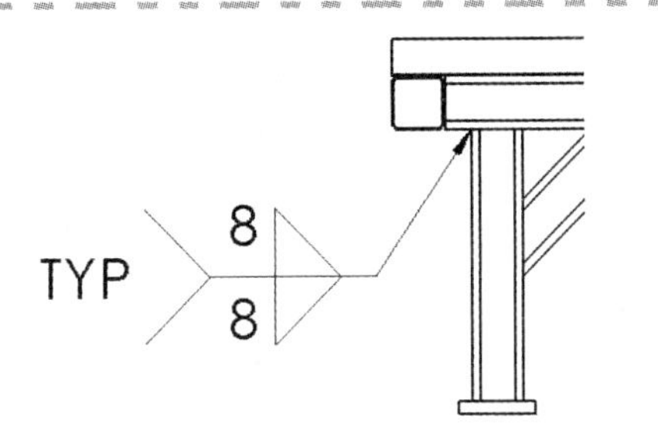

图 10-26　放置焊接符号

步骤 5　带填角焊接的外张斜面焊接　单击【焊接符号】，添加一个新的焊接符号。

单击【焊接符号...】，选择【外张斜面焊接】。

勾选【第二圆角】复选框，在左侧文本框中输入圆角尺寸“8”。在焊接符号的另一边添加相同的标注，向符号添加“TYP”注解，结果如图 10-27 所示。

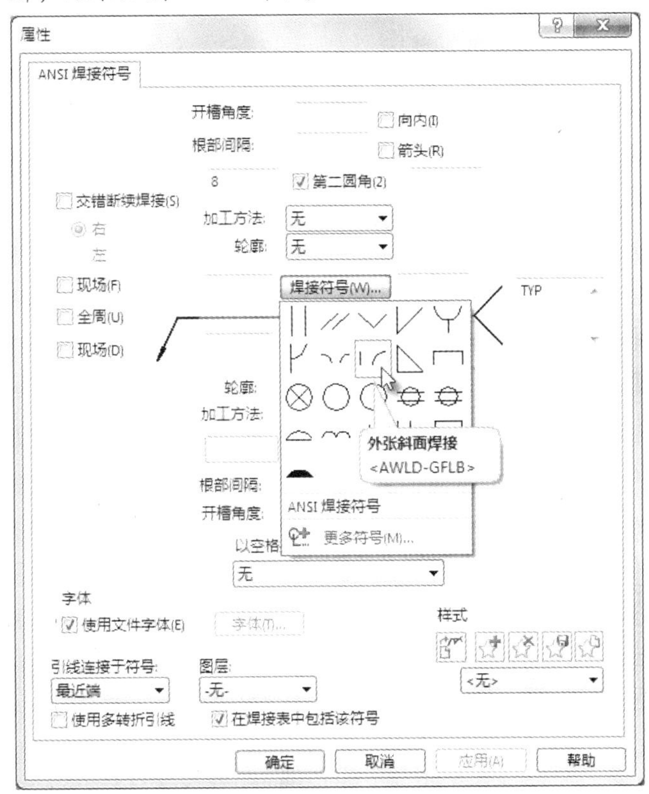

图 10-27　外张斜面焊接符号属性设置

步骤 6　放置焊接符号　将符号放置在如图 10-28 所示的前视图中。单击【确定】关闭焊接符号对话框。

步骤 7　保存工程图

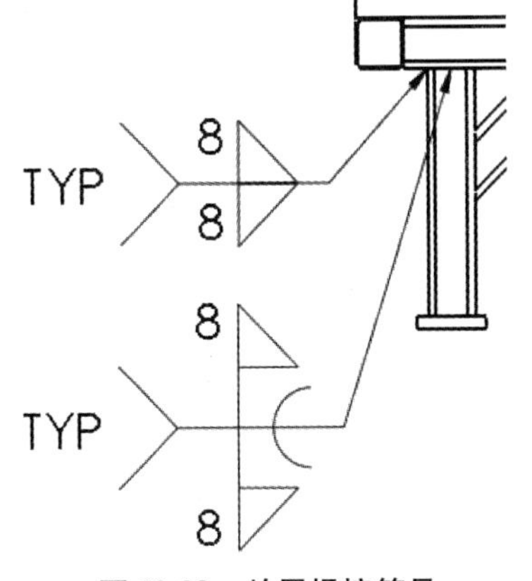

图 10-28　放置焊接符号

10.5.2 其他焊接注解

除了焊接符号，工程图文件中还包括一些用于表示焊接的注解。在【插入】/【注解】中添加【毛虫】或【端点处理】到工程视图中，为焊缝增加可视化效果，如图10-29所示。

10.5.3 圆角焊缝

【圆角焊缝】特征是通过在模型中创建实体来表示焊接的。作为实体特征，对圆角焊缝的处理和像其他几何实体一样，可以对其阵列和切割，将其算入模型的质量，也可以在工程视图中表示。如图10-30所示。但过多的圆角焊缝可能会影响模型的性能。另外，该特征只有圆角类型的焊接，也只适用于焊件模型。

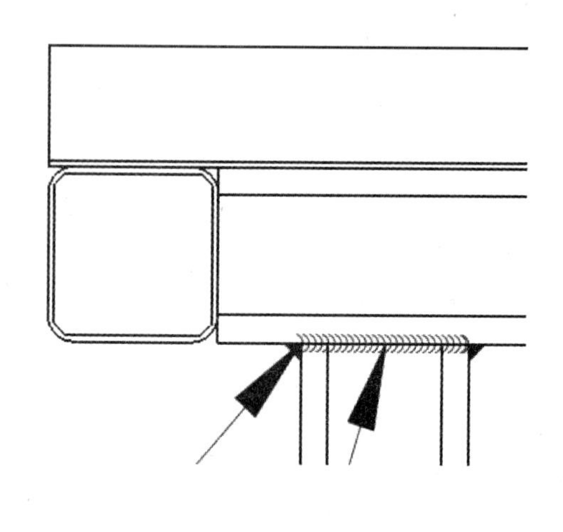

图10-29 可视化焊接注解

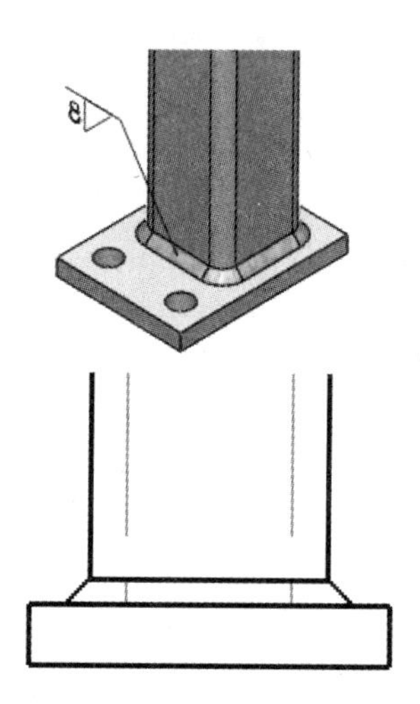

图10-30 圆角焊缝

【圆角焊缝】通常在需要进行干涉检查和分析操作时使用。圆角焊缝通过选取两个独立的实体面来创建。允许选择的面或实体之间有缝隙，但缝隙要小于指定的焊缝大小。

该选项包括全长或间歇焊缝，以及在一边或两边添加焊缝。用户可以在一边使用全长而在另一边使用间歇。当需要在两边创建不连续焊缝时，可以使用交错。

在圆角焊缝特征创建时生成的焊接符号，可以通过【模型项目】命令将它们导入工程视图中。

表10-2是一些圆角焊缝的实例。注意，将竖直板变透明是为了更好地说明。

表10-2 圆角焊缝实例

说 明	图 示	说 明	图 示
箭头边：全长 对边：无	0.25	箭头边：全长 对边：间歇	0.25 0.25 1.5-3

（续）

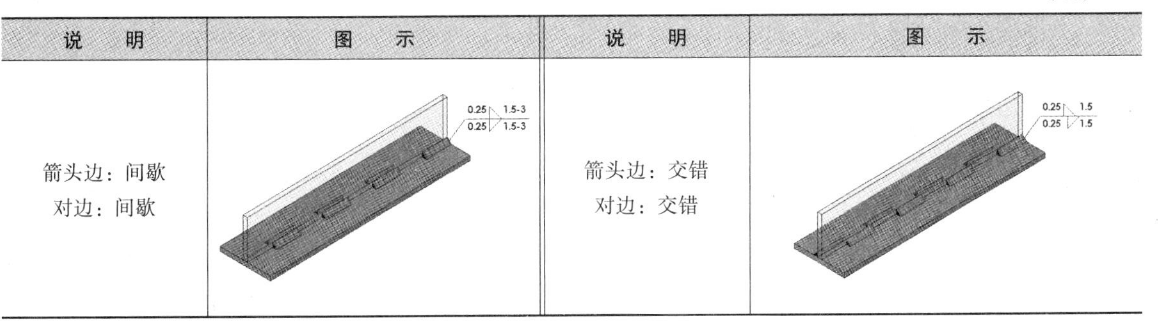

说　明	图　示	说　明	图　示
箭头边：间歇 对边：间歇	0.25 1.5-3 0.25 1.5-3	箭头边：交错 对边：交错	0.25 1.5 0.25 1.5

所有焊接特征都可以在零件中被压缩：右键单击焊件特征然后选择【压缩焊缝】。

知识卡片	圆角焊缝	• 菜单：【插入】/【焊件】/【圆角焊缝】。

技巧 如果经常使用【圆角焊缝】，可以自定义 CommandManager 的【焊件】选项卡，并添加该命令。

步骤 8　打开 Conveyor Frame　激活 Conveyor Frame 文件窗口，或者从工程视图中打开。

步骤 9　激活 Default <As Machined> 配置　在顶层配置中编辑将确保焊接特征出现在两个配置中。

步骤 10　添加圆角焊缝　单击【圆角焊缝】，【箭头边】设置如下：

- 焊缝类型：全长。
- 圆角大小：8mm。
- 切线延伸：勾选。

步骤 11　选择面　为第一组面选择直腿的前方平面；为第二组面选择脚垫的上方平面，如图 10-31 所示。单击【确定】✔。结果如图 10-32 所示。

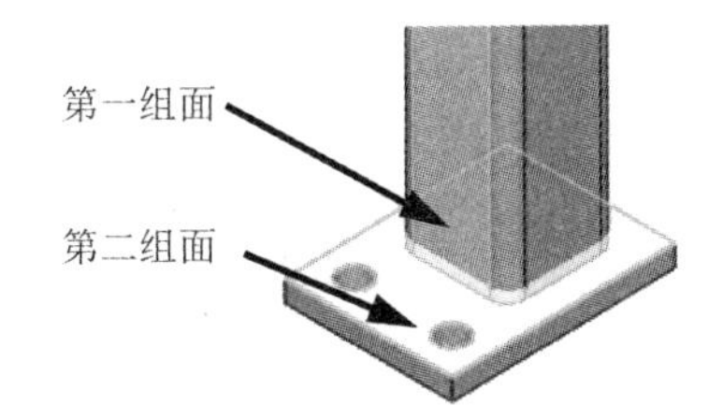

图 10-31　选择面

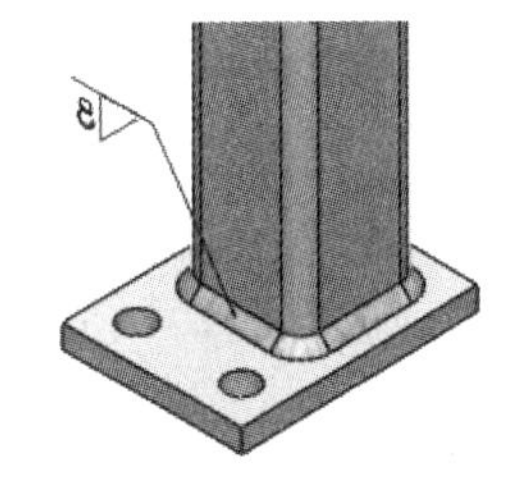

图 10-32　圆角焊缝结果

焊接符号只有在【视图】菜单中开启【所有注解】选项后才能显示。

步骤 12　重新排序　在 FeatureManager 设计树中，将“Fillet Bead1”（圆角焊缝 1）特征拖动到“Mirror1”（镜像 1）之前。

步骤 13　编辑镜像特征　编辑两个镜像特征的定义，并将填角焊接包括进【要镜像的实体】列表中。

步骤 14　查看结果　查看【切割清单】文件夹，如图 10-33 所示。

【圆角焊缝】实体没有被组合到切割清单中，也不会在切割清单表格中显示。

步骤 15　修改显示状态　激活脚垫的显示状态，【隐藏】这些新实体的显示状态。激活“<Default>_Display State1”。

步骤 16　保存零件

步骤 17　添加工程视图的注解　激活工程图文件窗口，单击【项目模型】，进行如下设置：

- 来源：所选特征。
- 注解：焊接符号。

在右视图中，选择【圆角焊缝】。单击【确定】。结果如图 10-34 所示。

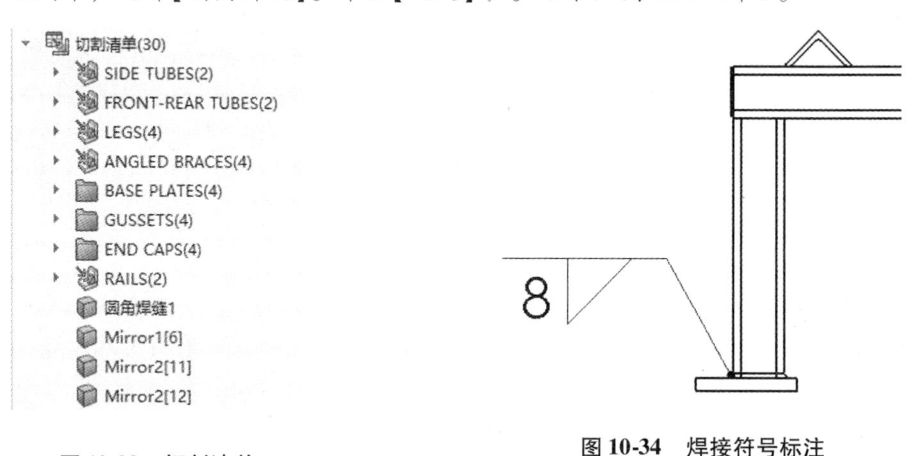

图 10-33　切割清单

图 10-34　焊接符号标注

步骤 18　编辑焊接符号　双击现有的焊接符号可以进行修改。编辑填角焊接符号，添加“TYP”注释。

10.5.4　焊缝特征

【焊缝】是 3D 模型中代表焊接的图形特征，如图 10-35 所示。它不创建几何实体，因此十分轻化，也不太会影响模型性能。

在标注工程图时，【模型项目】可用于添加焊缝，例如【毛虫】或【端点处理】注解，或者在工程视图中显示相对应的焊接符号。

【焊缝】自带属性信息，例如长度。这些信息可以用于估算数值，例如成本。此属性信息可以在焊接表中显示。

【焊缝】主要用于捕获这类属性并在模型中展示装饰焊缝。【焊缝】特征不只限于在焊件模型中使用，也可在装配体和标准零件中使用。

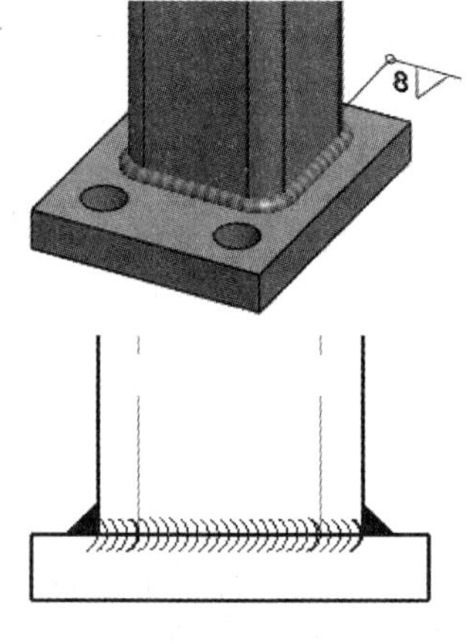

图 10-35　焊缝特征

焊缝的关键特性：

- 兼容所有几何体类型和焊件类型。
- 焊缝所包括的属性可以用于工程图中的焊接表。
- 自动创建焊接符号。

- 焊接符号与焊缝相关联。
- FeatureManager 树中的焊接文件夹(Weld Folder)包含了所有焊缝。

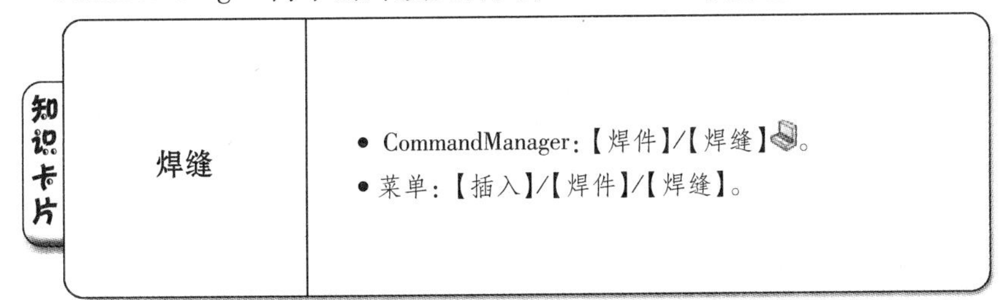

扫码看视频

操作步骤

步骤 1　打开 Conveyor Frame　激活 Conveyor Frame 文件窗口或从工程视图中打开。

步骤 2　激活"Default < As Machined >"配置　在顶层配置中编辑，会确保焊接特征在两个配置中都出现。

步骤 3　添加焊缝　单击【焊缝】，第一条【焊接路径】将作为【焊接路径 1】，如图 10-36 所示。

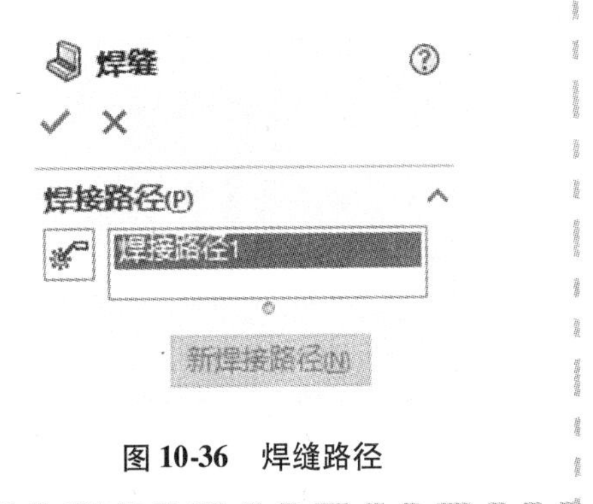

图 10-36　焊缝路径

1. 焊缝选项　同一个焊缝的 PropertyManager 可用于生成多个【焊缝路径】。若使用【焊接几何体】选项，焊缝的路径由所选面之间的虚交线定义。若使用【焊接路径】选项，焊缝路径则通过选取边线或草图来定义。当选择【焊接几何体】时，【智能焊接选择工具】可以用于快速选取面。当【智能选择】处于激活状态时，可在面上拖动光标以进行选取。

【设定】选项应用于每一条焊接路径。当定义完成当前焊接路径后，单击【新焊接路径】定义下一个。现有的路径可随时在【焊接路径】中修改，如图 10-37 所示。

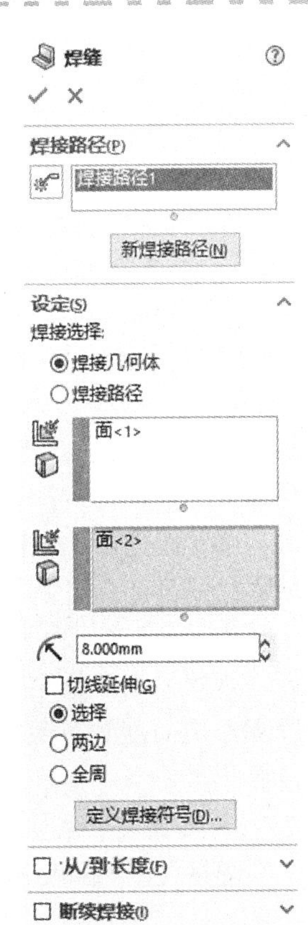

图 10-37　【焊缝】的 PropertyManager

> **技巧**　在创建焊缝特征时快捷菜单提供【新焊接路径】选项。

基于不同的选择，每条焊缝的路径可能不同。有如下选项：

- 【焊接选择】：列出了应用焊缝时所涉及的面、边或草图。
- 【焊缝大小】：设定焊缝厚度。
- 【切线延伸】：将焊缝应用到与选取的面或边相切的所有边线，如图 10-38 所示。

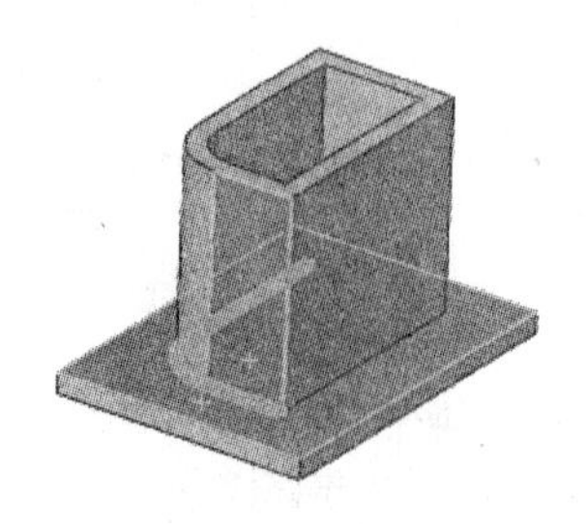

图 10-38　切线延伸

若不勾选【切线延伸】复选框，表 10-3 列选项可用。

表 10-3　不勾选【切线延伸】的选项

选项	选择	两边	全周
图示			

●【定义焊接符号...】：弹出与焊缝相关的自定义焊接符号对话框。默认的符号是填角焊接。

●【‘从/到’长度】：使用以下的设置或者使用视图区域的控标来控制焊缝的起止，如图 10-39 所示。

1)【起点】：定义焊缝起始点与第一个端点的距离。

2)【反向】：焊缝从另一端起始。

3)【焊接长度】：设定焊缝长度。

●【断续焊接】：使用图 10-40 的设置定义断续焊接。

1) 缝隙与焊接长度：允许指定断续焊接中每小段焊接的长度及相邻段之间的缝隙。

2) 节距与焊接长度：允许指定断续焊接中每小段焊接的长度和节距（前一段焊接与后一段的距离）。

3)【交错】：如果在【两边】都使用了断续焊接，则焊接可以相互交错，而不仅仅是直线关系。

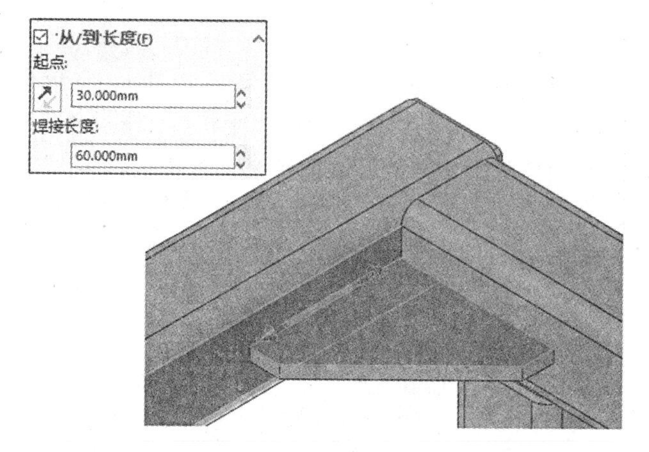

图 10-39　‘从/到’长度

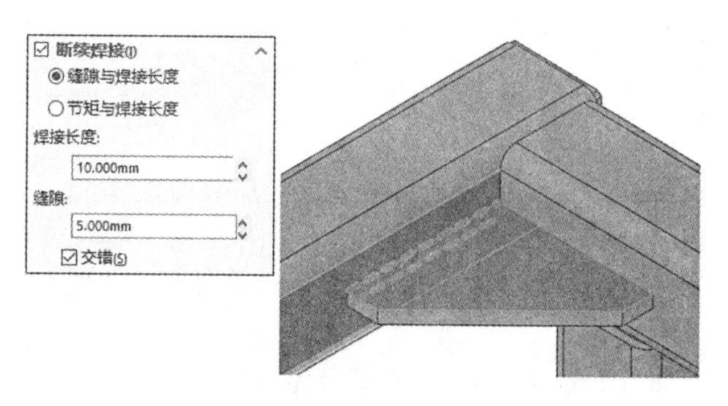

图 10-40　断续焊接

步骤4　选择面　在【设定】/【焊接选择】中使用【焊接几何体】。在【焊缝起始点】选取框中选取侧管筒的顶面。在【焊缝终止点】选取框中选取轨道“Rail”的表面，如图10-41所示。

焊接路径的预览显示为紫红色。

> **技巧**　当光标显示为一个右键带蓝色箭头的鼠标图样时，单击鼠标右键可以激活PropertyManager中的下一个选择框。

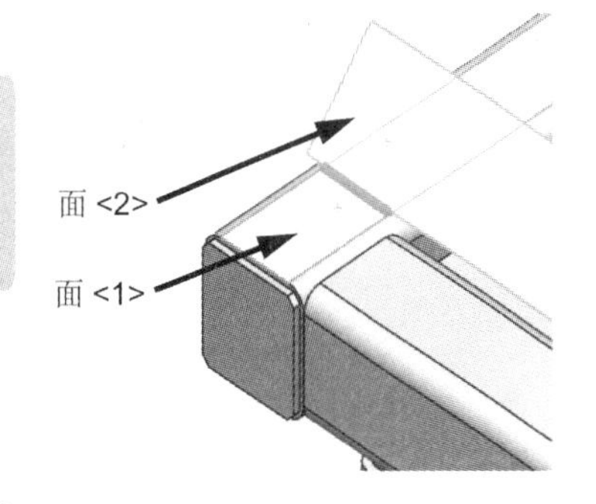

图10-41　选择面

步骤5　焊缝设置　使用如下设置：

- 焊缝大小：8mm。
- 选择。

步骤6　添加新焊接路径　单击【新焊接路径】，通过相应的选取，在轨道“Rail”的对侧添加焊接路径，如图10-42所示。

步骤7　添加涉及多个面的焊接路径　单击【新焊接路径】，选取对侧管筒的顶面和如图10-43所示的轨道上的两个面。只要这些选择属于同一个实体，就可以通过该方式自动生成多个焊接路径。

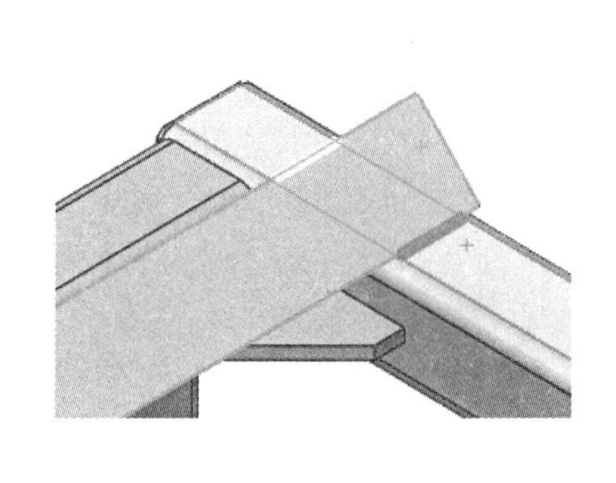

图10-42　添加焊接路径

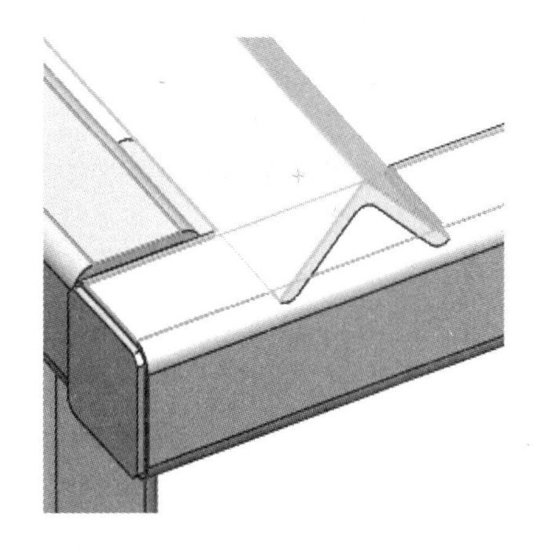

图10-43　涉及多个面的焊接路径

步骤8　智能焊接选择工具　单击【新焊接路径】，单击【智能焊接选择工具】。光标在后轨道和侧边管筒的面上进行拖曳，如图10-44所示。单击【新焊接路径】并重复上述操作，完成后轨道的剩余焊接路径。

> **技巧**　使用此命令时，快捷菜单为【新焊接路径】提供了一个选项。要访问快捷菜单，需首先稍稍移动光标，取消在完成焊接路径后出现的【确定】快捷按钮，然后单击右键。

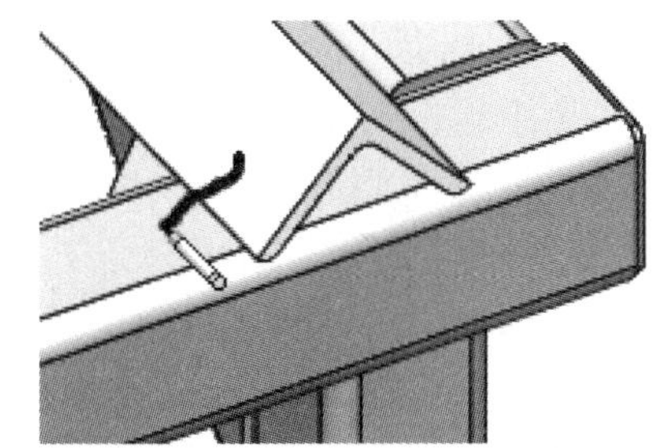

图10-44　智能焊接选择工具

步骤 9　使用焊接路径　如果现有的边线或者草图可以正确代表焊接路径，则可以使用【焊接路径】选项。关闭【智能焊接选择工具】并单击【新焊接路径】。在【设定】中，单击【焊接路径】。右键单击顶端盖边缘，单击【选择环】。如有需要，可使用箭头来改变所选的环链，如图 10-45 所示。

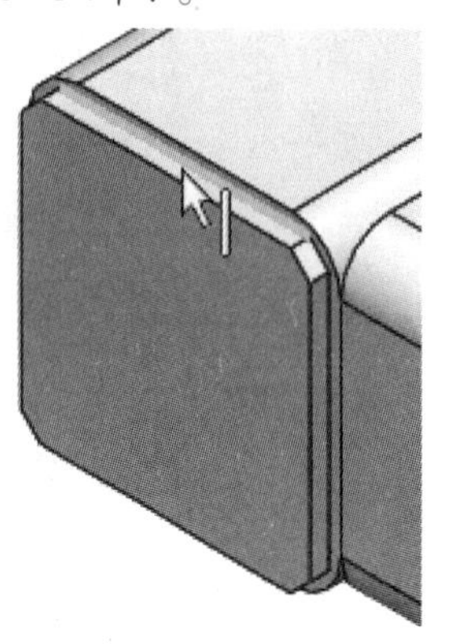

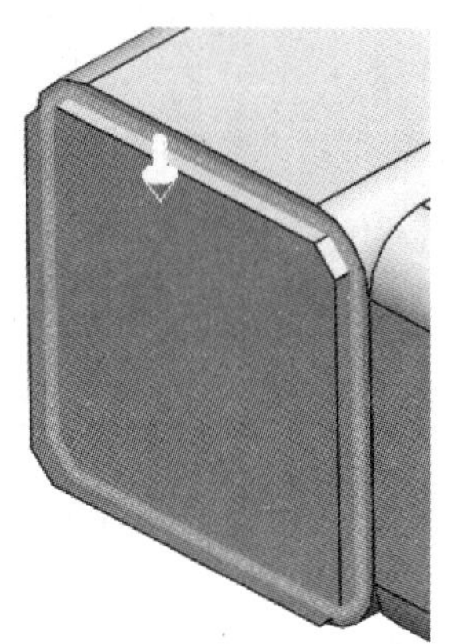

图 10-45　焊接路径

将焊缝大小调整为 3mm。

步骤 10　添加新焊接路径　为其余顶端盖选择新焊接路径。单击【确定】✔。

步骤 11　查看结果　结果如图 10-46 所示。为了使焊接符号和焊缝同时可见，【隐藏/显示】选项中必须打开【所有注解】和【焊缝】。

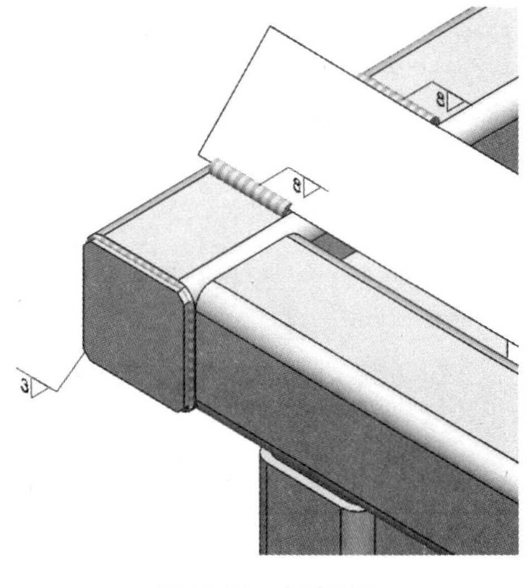

图 10-46　查看结果

> **技巧**　要只关闭焊件符号注解，可进入【工具】/【选项】/【文件属性】/【出详图】里的【显示过滤器】中，不勾选【焊接】复选框。

2. 焊接文件夹　焊缝储存在靠近 FeatureManager 设计树顶部的文件夹中，如图 10-47 所示。在该文件夹中，相同大小的焊缝为一组，分在子文件中。与切割清单项目文件夹一样，每个焊接子文件夹也拥有与焊接相关的属性。

单独的焊接路径可以从每个子文件夹或者从每个路径的长度清单中获取。在文件夹或视图区域右键单击路径，然后单击【编辑特征】，可以对焊接路径进行编辑。

所有焊缝都可以隐藏，通过右键单击焊缝文件，然后单击【隐藏装饰焊接】。

3. 焊缝属性　使用焊缝属性对话框查看和设定焊缝属性。这些属性可用于工程图中的焊接表。焊缝属性对话框由表 10-4 中的内容组成。

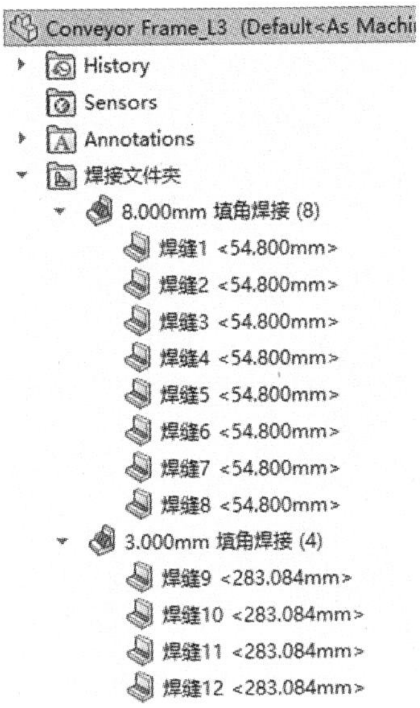

Conveyor Frame_L3 (Default<As Machi
History
Sensors
Annotations
焊接文件夹
8.000mm 填角焊接 (8)
焊缝1 <54.800mm>
焊缝2 <54.800mm>
焊缝3 <54.800mm>
焊缝4 <54.800mm>
焊缝5 <54.800mm>
焊缝6 <54.800mm>
焊缝7 <54.800mm>
焊缝8 <54.800mm>
3.000mm 填角焊接 (4)
焊缝9 <283.084mm>
焊缝10 <283.084mm>
焊缝11 <283.084mm>
焊缝12 <283.084mm>

图 10-47 焊接文件夹

表 10-4 焊缝属性内容

属性名称	说 明
焊接文件夹	对话框左栏列出了焊缝的每一个组（相同类型与大小）。当在该栏里选中某一项目后，在属性栏中对其做出的任何修改都会应用到组内的所有焊缝
属性	焊接材料
	焊接加工
	单位长度焊接质量
	单位质量焊接成本
	单位长度焊接时间
	焊道数
估算数值	总焊接数
	总焊接长度
	总焊接质量
	总焊接成本
	总焊接时间

知识卡片	焊缝属性	• 快捷菜单：展开【焊接文件夹】，右键单击焊接子文件夹并单击【属性】。

步骤 12 添加焊接属性 展开【焊接文件夹】，右键单击“8.000mm 填角焊接”并单击【属性】，设置参数如下：

- 焊接材料：309L SS。
- 焊接加工：GTAW。

步骤 13 添加额外焊接属性 在该焊接属性对话框中，单击 3mm 填角焊接，设置参数如下：

- 焊接材料：CARBON STEEL。
- 焊接加工：SMAW。

单击【确定】。

4. 工程图中的焊接信息 当模型中存在焊缝特征和注解时，可以通过【模型项目】命令将它们导入工程视图。【焊缝】特征可以将以下注解导入工程视图：

- 【焊接符号】。
- 【毛虫】。
- 【端点处理】。

焊接属性信息也可在工程图中通过焊接表来展示。

步骤 14 添加焊缝的工程图注解 激活工程图文件窗口，单击【项目模型】，使用以下设置：

- 来源：整个模型。
- 目标视图：俯视图和右视图，如图10-48所示。
- 尺寸：清除所有选择。
- 注解：【焊接符号】、【毛虫】和【端点处理】。单击【确定】。

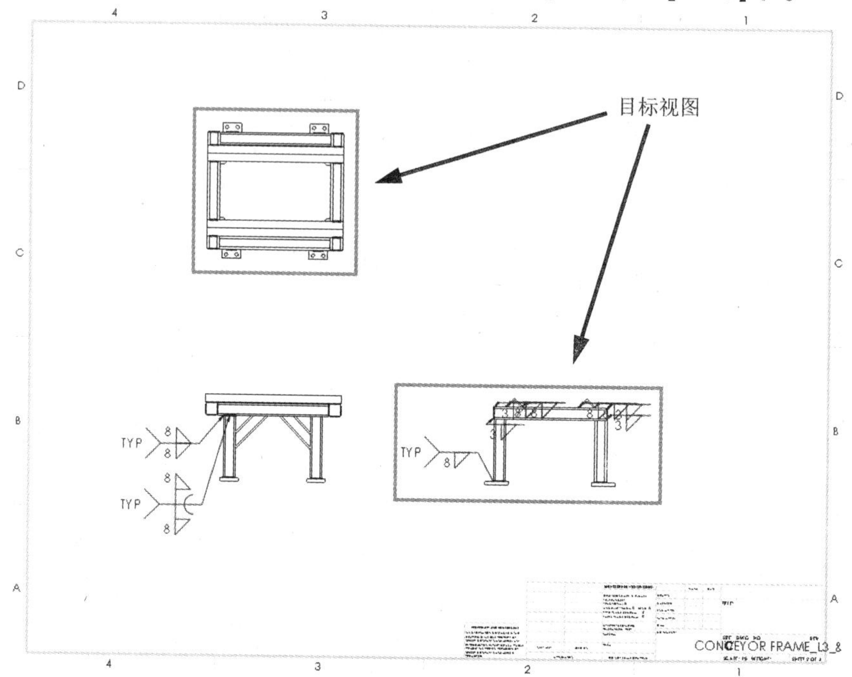

图10-48　焊缝工程图注解

> **技巧** 如果只是为所选择的焊缝特征添加模型项目，应使用光标反馈和工具提示来选取与焊接路径相关联的边线，如图10-49所示。

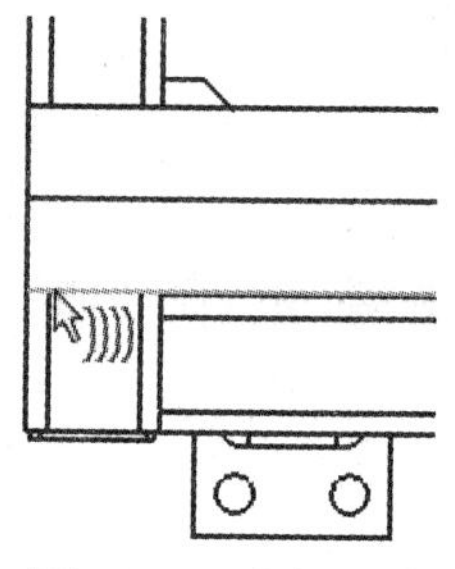

图10-49　光标反馈

步骤15　查看结果　注解被添加到所选的视图中，如图10-50所示。

用户可以删除或隐藏不需要的焊接符号。

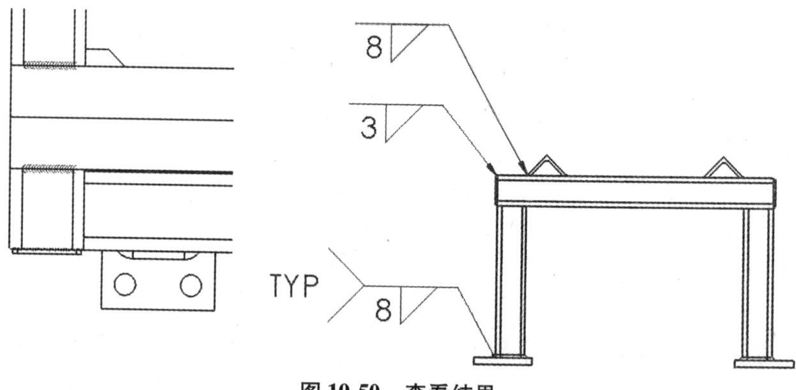

图10-50　查看结果

10.5.5　焊接表

焊接表用于显示模型中关于焊接的信息。与焊缝特征相关的属性会被导入到该表中，其他的焊接符号也可以添加到该表中。

修改焊接表的方法与修改切割清单一样。

知识卡片	焊接表	• CommandManager：【注解】/【表格】/【焊接表】。 • 菜单：【插入】/【表格】/【焊件表】。

步骤 16　添加焊接表　单击【焊接表】，选择一个焊件视图，单击【确定】✔。单击工程图的右上角来放置表格。表格默认只包括焊缝特征，如图 10-51 所示。

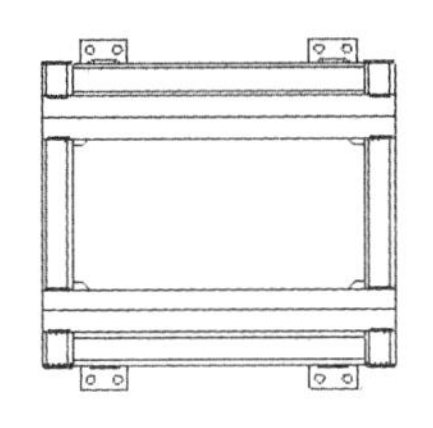

ITEM NO.	WELD SIZE	SYMBOL	WELD LENGTH	WELD MATERIAL	QTY.
1	8	◺	54.8	309L SS	8
2	3	◺	283.084	CARBON STEEL	4

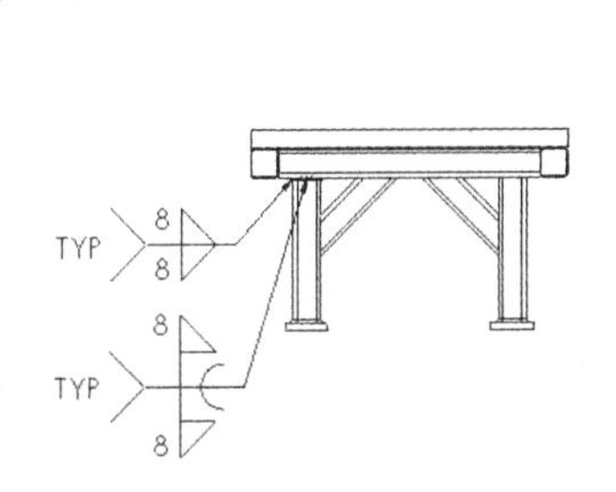

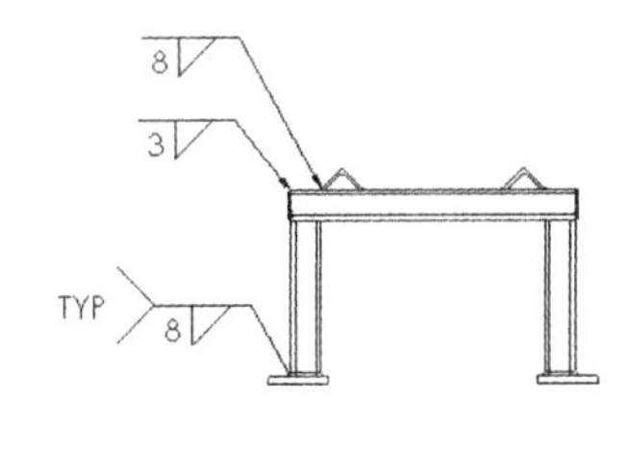

图 10-51　焊接表

步骤 17　在表格中添加工程图注解　单击表格的左上角，进入焊接表的 PropertyManager。勾选【包括工程图注解】复选框，结果如图 10-52 所示。如果需要，可以通过修改表中的单元格来调整数值。

ITEM NO.	WELD SIZE	SYMBOL	WELD LENGTH	WELD MATERIAL	QTY.
1	8	◺	54.8	309L SS	8
2	3	◺	283.084	CARBON STEEL	4
3	8	◺			3
4		|⌒			2

图 10-52　为焊接表添加注解

步骤 18　保存并关闭所有文件

练习 10-1　野餐桌详图

创建野餐桌的详图，如图 10-53 所示。

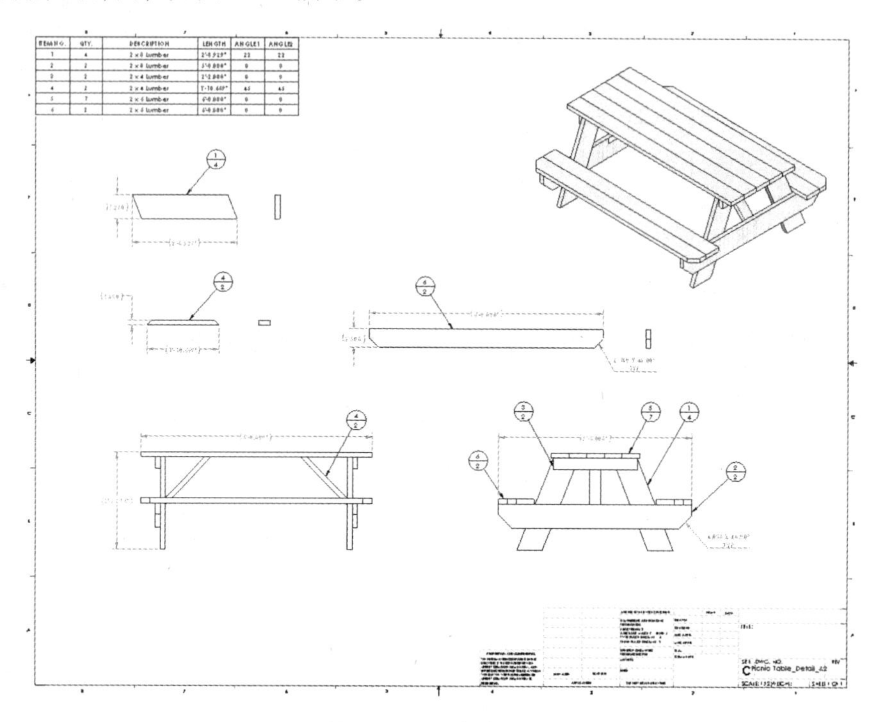

图 10-53　野餐桌详图

本练习将应用以下技术：

- 选择工程视图的实体。
- 使用相对视图。
- 切割清单表格。
- 修改切割清单表格。

扫码看视频

操作步骤

步骤 1　打开零件　从 Lesson10 \ Exercises 文件夹中打开“Picnic Table_Detail”零件。

步骤 2　确认模型已可用于出详图　查看【切割清单】文件夹和【切割清单属性】对话框。确认所有实体都是切割清单项目的一部分并有正确的属性。

步骤 3　从零件制作工程图　单击【从零件/装配体制作工程图】，使用 C_Size_ANSI_Inch 模板。

步骤 4　创建工程视图　创建前视图、右视图和等轴测视图。更改等轴测视图的工程视图属性，将显示状态改为【带边线上色】。

步骤 5　添加尺寸(可选操作)　添加参考尺寸，如图 10-54 所示。

步骤 6　创建选择实体的视图　创建俯视图，使用工程视图 PropertyManager 中的【选择实体】，选择倒角长凳件，结果如图 10-55 所示。

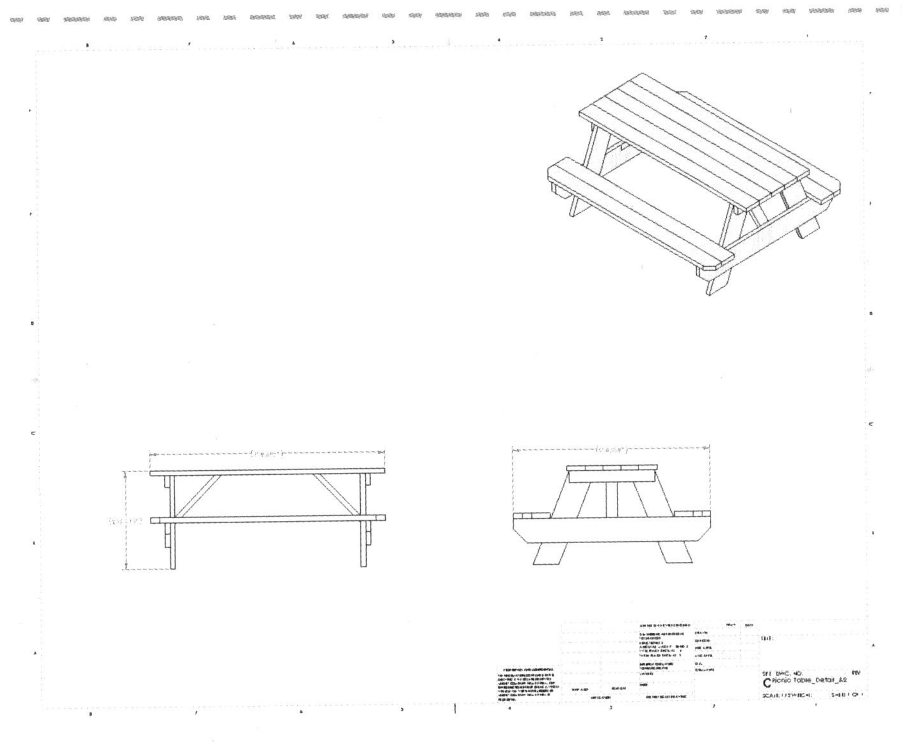

图 10-54　添加尺寸

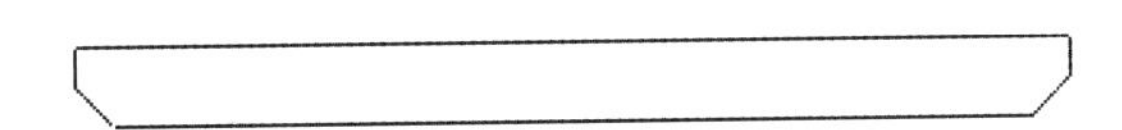

图 10-55　创建俯视图

技巧：为了防止工程视图对齐，在图纸上放置视图时按住〈Ctrl〉键。

步骤 7　创建投影视图　在右侧创建【投影视图】。

步骤 8　添加尺寸(可选操作)　添加参考尺寸和倒角尺寸，如图 10-56 所示。

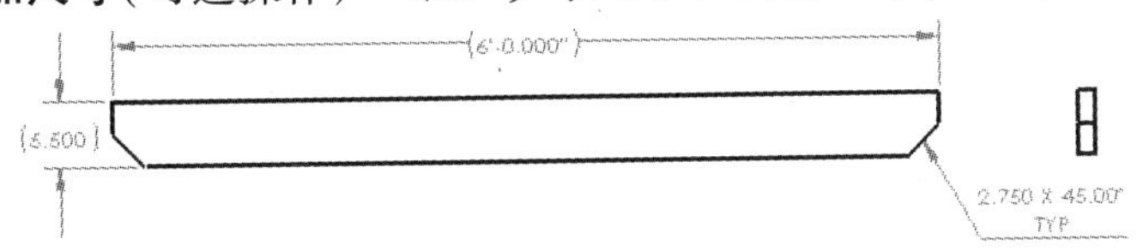

图 10-56　添加尺寸

提示：【倒角尺寸】工具在智能尺寸的弹出菜单中，它需要进行两个选择：倒角边线和作为测量角度起始的边线。

步骤 9　创建相对视图　为了标注斜支架，需要创建一个包含单一实体的视图。由于模型中没有任何一个默认视图的方向能够与该实体准确对齐，所以使用【相对视图】。右键单击现有的工程视图，选择【工程视图】/【相对视图】。在【范围】中，单击【所选实体】并选择斜支架，如图 10-57 所示。

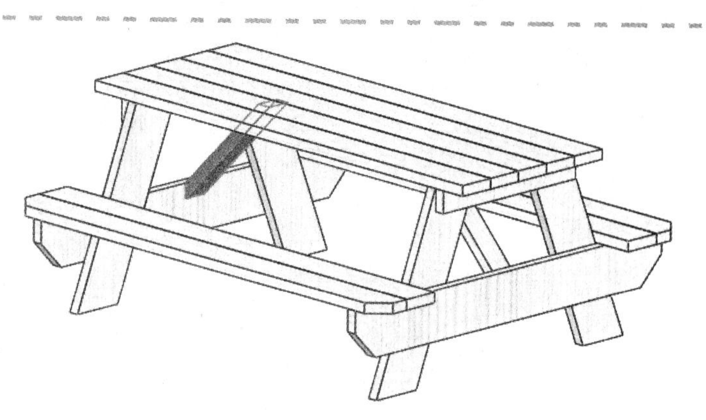

图 10-57 斜支架实体

步骤 10 确定方向 确保【第一方向】设定为【前视】，然后选取斜支架的“前”表面。

【第二方向】设定为【下视】，选择如图 10-58 所示的“下”表面。

单击【确定】✔。

步骤 11 放置视图 单击工程图图纸，放置视图。

步骤 12 创建投影视图 在右侧创建【投影视图】。

步骤 13 添加尺寸（可选操作） 添加参考尺寸，如图 10-59 所示。

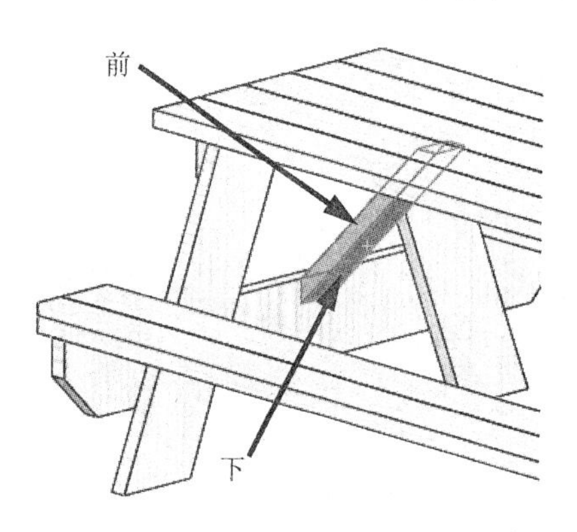

图 10-58 创建相对视图

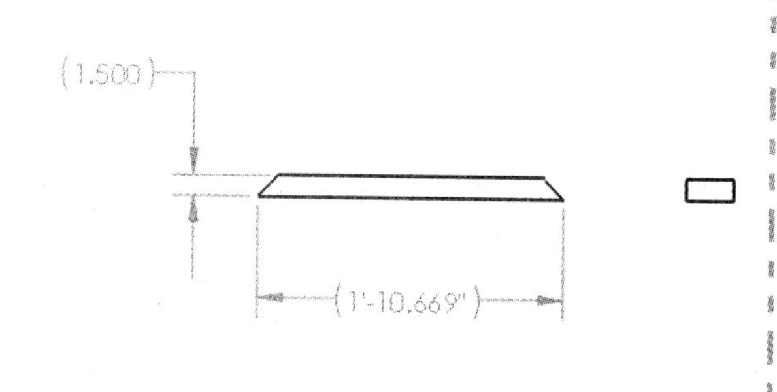

图 10-59 为斜支架添加尺寸

步骤 14 添加另一个相对视图 使用如图 10-60 所示的实体和面，添加【相对视图】。

步骤 15 创建投影视图 在右侧创建【投影视图】。

步骤 16 添加尺寸（可选操作） 添加如图 10-61 所示的参考尺寸。

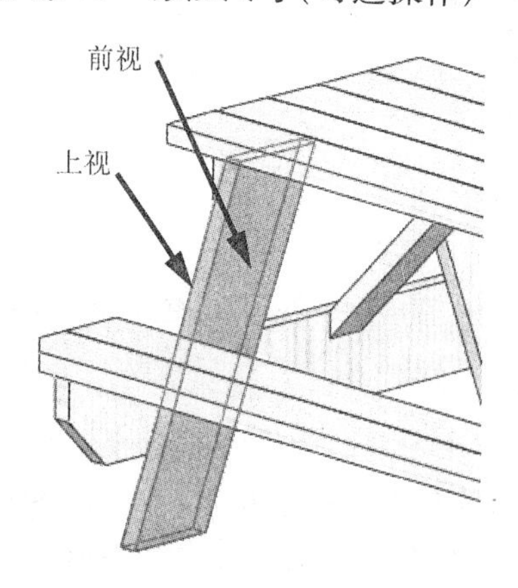

图 10-60 创建另一个相对视图

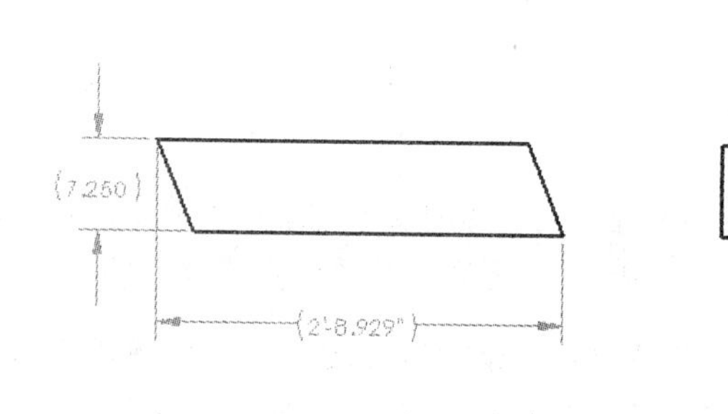

图 10-61 添加尺寸

步骤 17　添加切割清单表格　添加【焊件切割清单】到工程图图纸。

步骤 18　修改表格　使用快捷菜单在表右侧插入两新列，使用“Angle1”和“Angle2”切割清单属性。

按图 10-62 所示修改表格。

ITEM NO.	QTY.	DESCRIPTION	LENGTH	ANGLE1	ANGLE2
1	4	2×8 Lumber	2'-8.929"	22	22
2	2	2×8 Lumber	5'-0.000"	0	0
3	2	2×4 Lumber	2'-2.000"	0	0
4	2	2×4 Lumber	1'-10.669"	45	45
5	7	2×6 Lumber	6'-0.000"	0	0
6	2	2×6 Lumber	6'-0.000"	0	0

图 10-62　切割清单表格

步骤 19　添加零件序号　使用【注解】选项卡中的【零件序号】或【自动零件序号】，创建零件序号注解并放置在所需的位置。

使用如下设定创建零件序号，结果如图 10-63 所示。

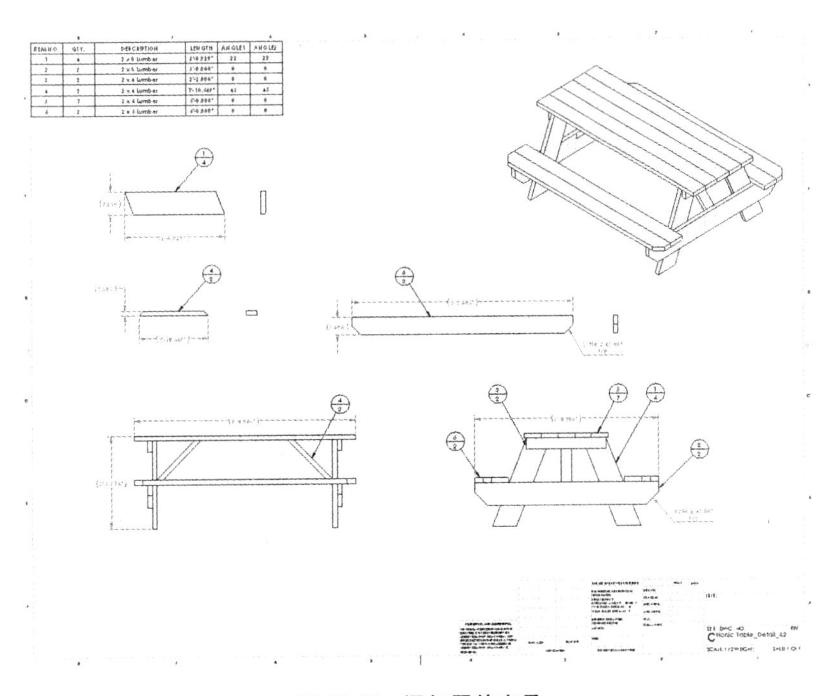

图 10-63　添加零件序号

- 零件序号设定：圆心分割线、2 个字符。
- 零件序号文字：项目数。
- 下部文字：数量。

步骤 20　保存并关闭文件

练习 10-2　表示焊接

使用不同的技术来表示蒸发器支架的焊接，并创建详图，如图 10-64 所示。

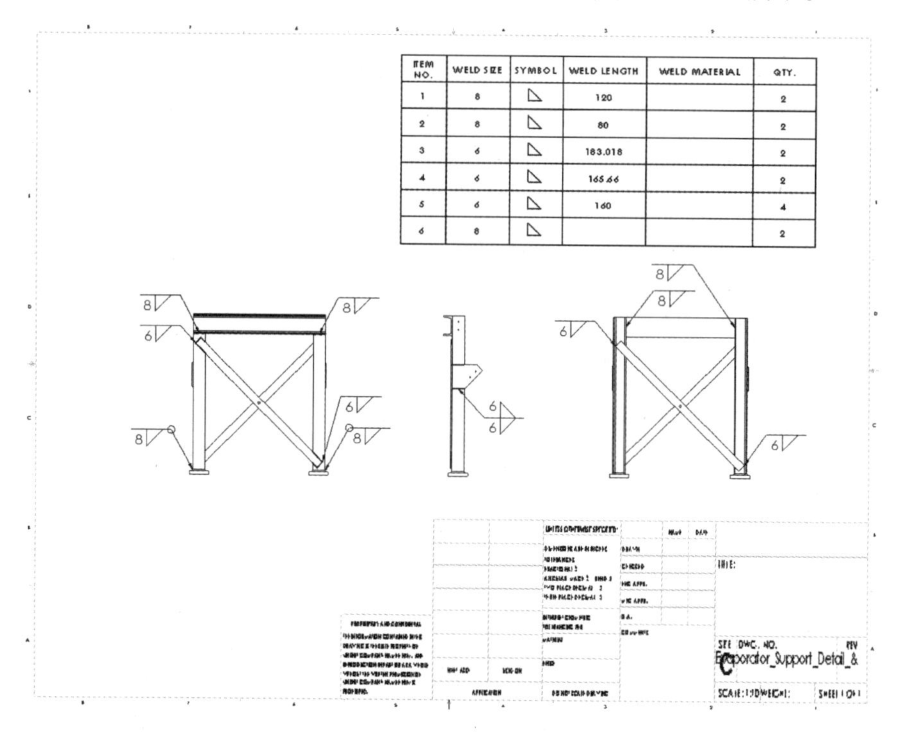

图 10-64　蒸发器支架详图

本练习将应用以下技术：

- 特征范围。
- 显示状态。
- 孤立。
- 圆角焊缝。
- 焊缝特征。
- 焊接表。

扫码看视频

操作步骤

步骤 1　打开零件　打开 Lesson10 \ Exercises 文件夹中的 Evaporator_Support_Detail 零件，如图 10-65 所示。

步骤 2　添加通孔　框架上的一些连接使用了螺栓。使用【异型孔向导】为螺栓添加 6mm 通孔，使用【完全贯穿】的终止条件，如图 10-66 所示。

提示

【异型孔向导】特征只能设置一个方向，所以确保在最靠外的面上绘制草图，或者在合适的位置创建基准面。

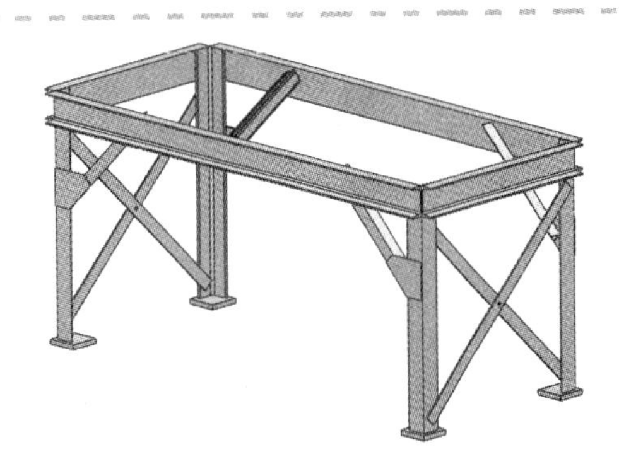

图 10-65　蒸发器支架零件

通过在【特征范围】中使用【自动选择】，确保孔作用于模型中所有可见实体。这是默认的设置。实际生产时，这些孔是在焊接之前添加的，所以不需要配置特征。

步骤 3　镜像螺栓孔　以右视基准面【镜像】螺栓孔特征，如图 10-67 所示。

步骤 4　创建显示状态　使用〈Ctrl〉键选择如图 10-68 所示每个实体的面，并单击【孤立】。

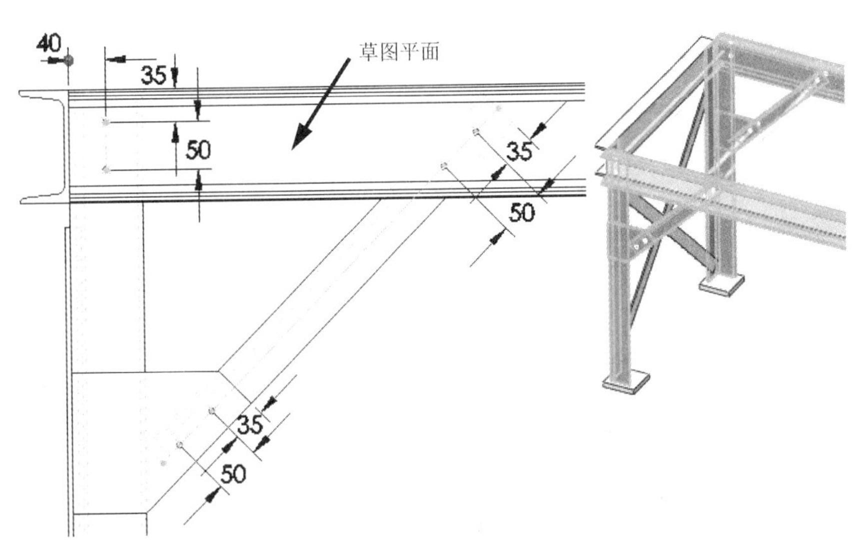

图 10-66　添加通孔

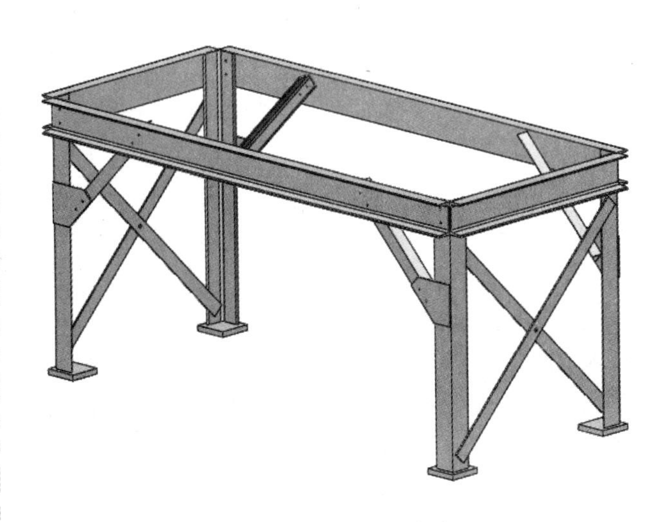

图 10-67　镜像螺栓孔

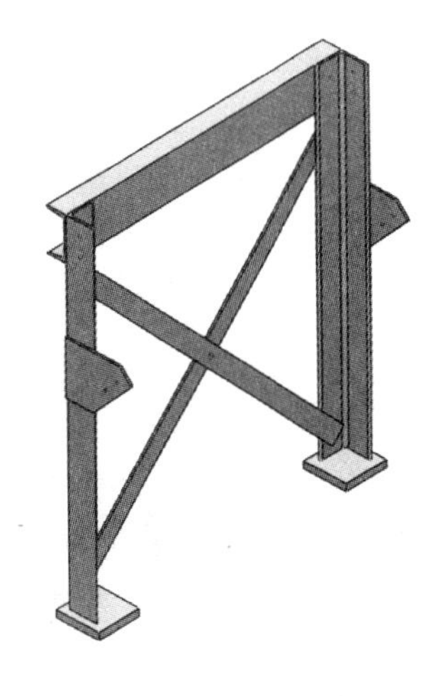

图 10-68　孤立实体

这些部件需要焊接。在孤立对话框中单击【保存为显示状态】。命名该显示状态为“Welded End”。焊缝将被添加到该区域，然后在工程图中被标注出。

步骤 5　添加圆角焊缝　添加【圆角焊缝】特征以表示其中一个脚垫的焊接，使用如下设置：

- 焊缝类型：全长。
- 圆角大小：8mm。
- 切线延伸：勾选。

步骤 6　选择面　为第一组面选择脚垫顶部的面。第二组面中需要至少选择角钢的三个面，才能使圆角焊接绕其一周，如图 10-69 所示。

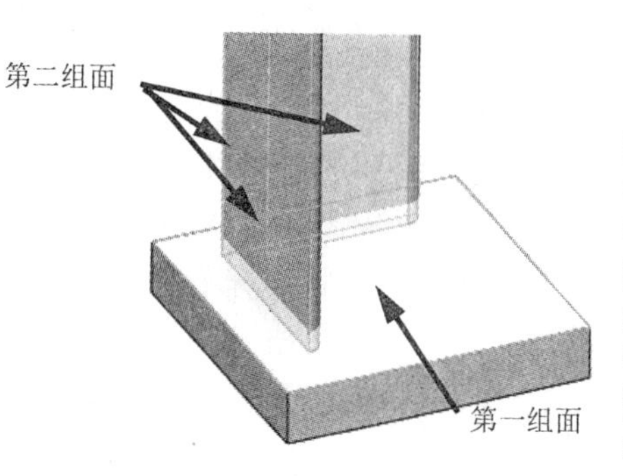

图 10-69　选择面

不勾选【添加焊接符号】复选框，正确的符号将被手动添加到工程图中，单击【确定】。结果如图 10-70 所示。

步骤 7　重新排序和镜像　在 FeatureManager 设计树中对“焊缝 1”特征重新排序，使它位于“镜像 1”之前。编辑“Mirror1”(镜像 1)，使其包括圆角焊缝实体。

步骤 8　添加焊缝　单击【焊缝】，如图 10-71 所示，为焊缝 1 使用如下设定：

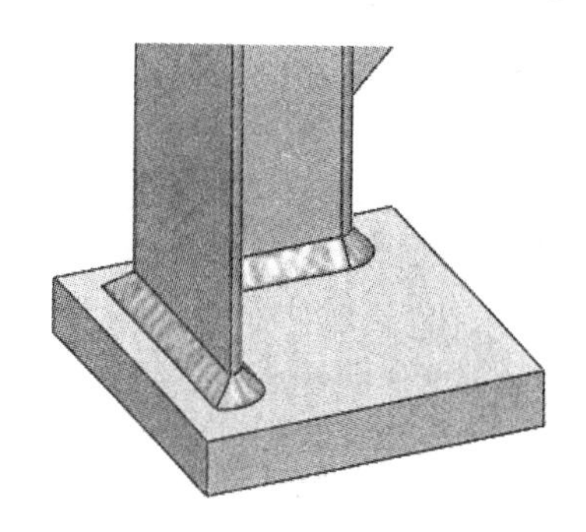
图 10-70　圆角焊缝结果

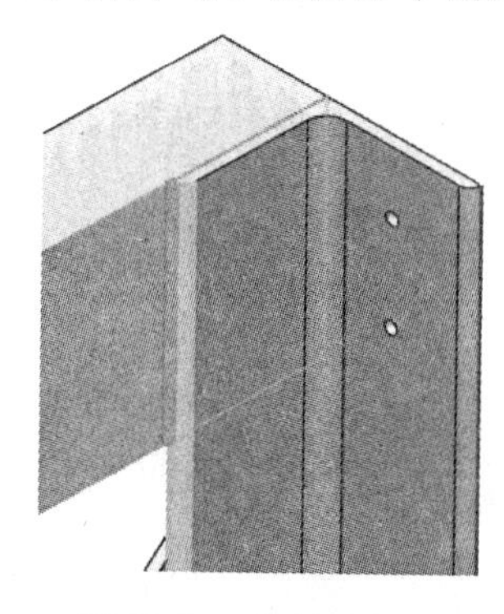
图 10-71　焊缝路径 1

- 焊接选择：焊接几何体。
- 焊缝起始点：顶部梁的表面。
- 焊缝终止点：竖腿的表面。
- 焊缝大小：8mm。

步骤 9　添加新焊接路径(1)　单击【新焊接路径】，为另一侧添加相同的焊缝。

步骤 10　添加新焊接路径(2)　单击【新焊接路径】，在竖腿和顶部梁之间创建额外的 8mm 焊缝，如图 10-72 所示。

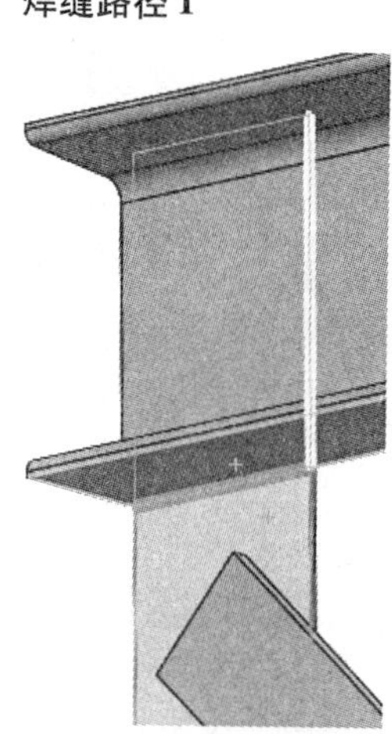
图 10-72　焊缝路径 2

步骤 11　为横支架添加焊缝　如图 10-73 所示，为每个横支架实体的终端添加焊缝，并使用如下设定：

- 焊接选择：焊接几何体。
- 焊接起始点：竖腿的表面。
- 焊接终止点：横支架的三个表面。
- 焊缝大小：6mm。

单击【确定】✔。

步骤 12 加强板焊缝路径 单击【焊缝】。如图 10-74 所示，在加强板两侧添加焊接，使用如下设定：

- 焊接选择：焊接几何体。
- 焊接起始点：竖直腿的面。
- 焊接终止点：加强板的面。
- 焊缝大小：6mm。
- 两侧。

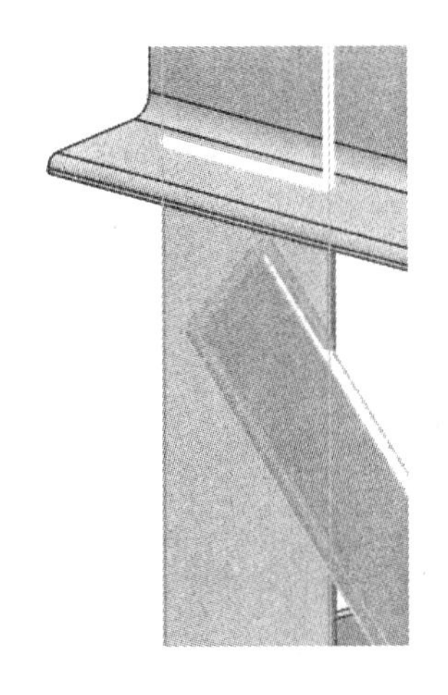

图 10-73 焊缝路径 3

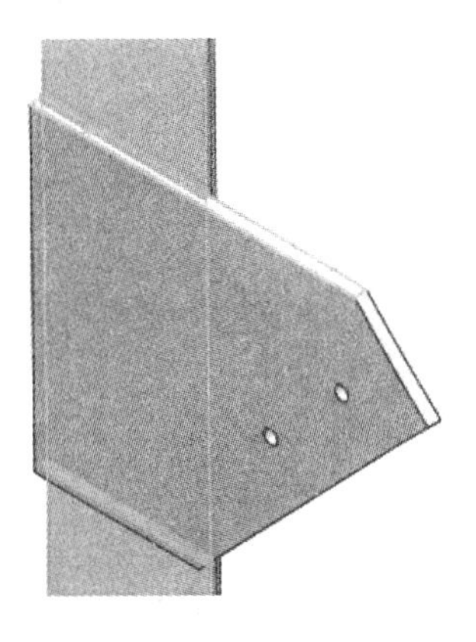

图 10-74 加强板焊缝路径

为另一个加强板创建新的相同类型的焊接路径，单击【确定】✔。

> 提示 如果将不同类型的焊接作为分开的特征添加，而不是作为新焊接路径，则自动焊接符号可以更好地工作。

步骤 13 查看结果 结果如图 10-75 所示，为了同时看见焊接符号和焊缝，【视图】选项中的【所有注解】和【焊缝】必须开启。

步骤 14 退出孤立 单击【退出孤立】，保存零件。

步骤 15 创建工程图 使用 Training Templates 中的 C_Size_ANSI_MM 模板，新建一幅工程图。

创建前视视图，使用"Default < As Machined >"配置和"Welded End"显示状态。在视图的左侧和右侧创建【投影视图】，并按要求对视图重新定位，如图 10-76 所示。

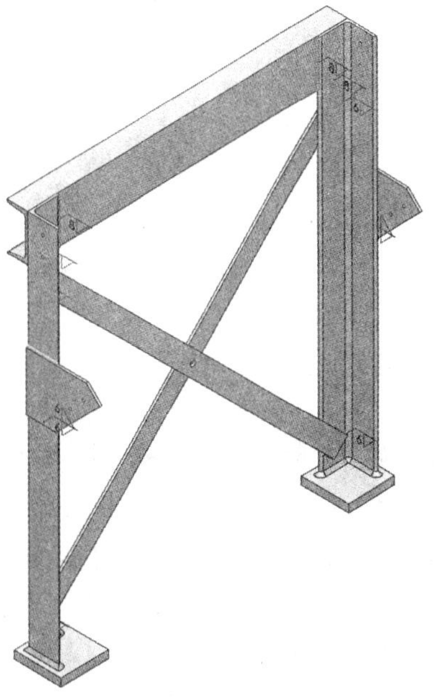

图 10-75 完成结果

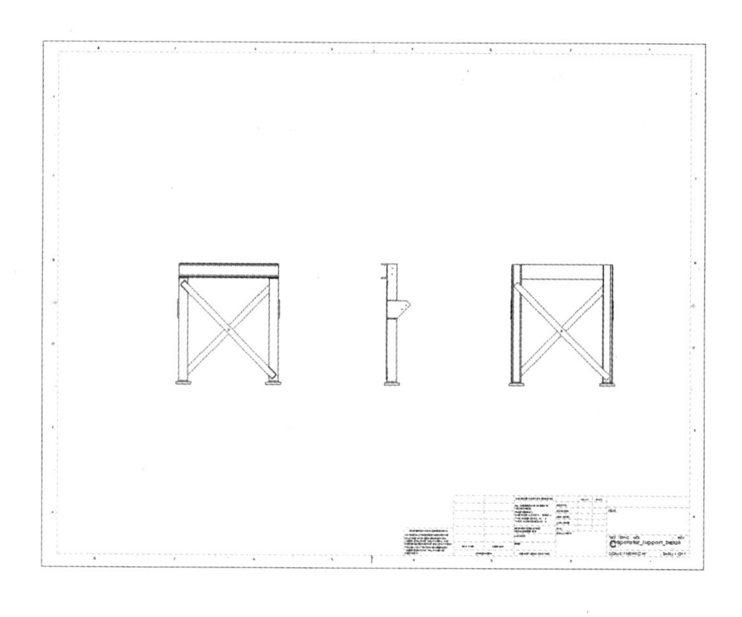

图 10-76　创建前视图和投影视图

步骤 16　添加焊接符号　为填角焊接添加焊接符号，单击【焊接符号】。在焊接对话框中，单击【焊接符号...】并选择【填角焊接】，大小输入 8mm，并勾选【全周】复选框，如图 10-77 所示。

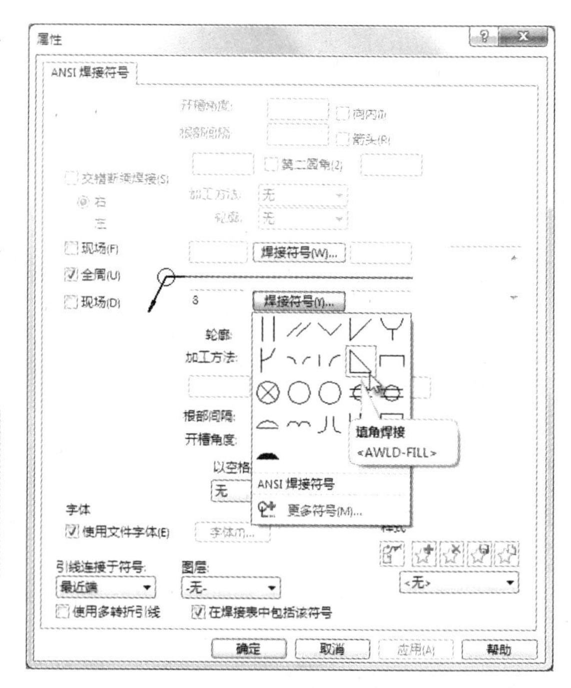

图 10-77　添加焊接符号

步骤 17　放置焊接符号　单击要添加焊缝特征的边线来放置箭头，再次在图纸上单击来放置符号（见图 10-78）。为另一个焊缝也添加该焊接符号。

提示　在对话框打开时，可通过在工程图中单击多个位置来创建多个焊接符号实例。

步骤 18　添加模型项目　为了添加有关焊缝特征的注解，需要添加模型项目。单击【模型项目】。如图 10-79 所示，在【来源】中，选择【所选特征】，勾选【将项目输入到所有视图】复选框。所选特征可以很好地控制焊接符号注解添加的位置。在【尺寸】中，清除所有选择，焊接详图中不需要尺寸。在【注解】中，选择【焊接符号】、【毛虫】和【端点处理】。

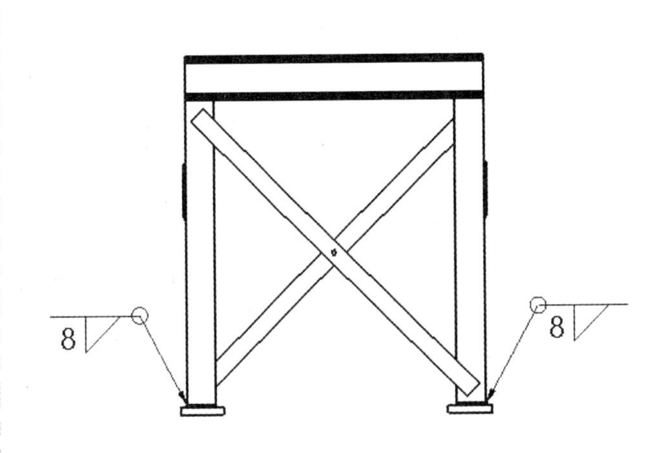

图 10-78　放置焊接符号

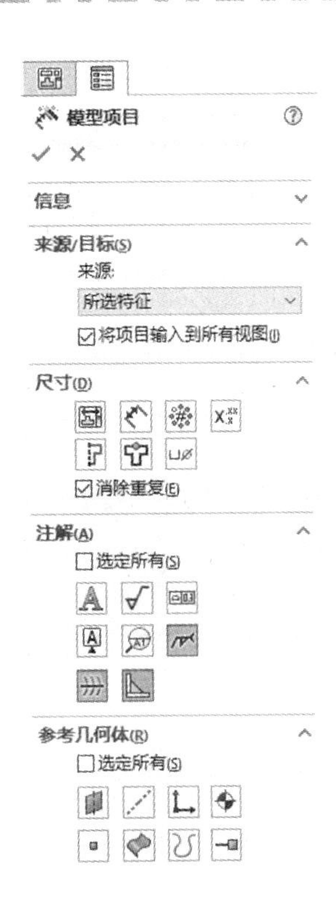

图 10-79　模型项目设置

步骤 19　选择特征　使用工具提示和光标反馈来帮助选取焊接符号注解，如图 10-80 所示。通过在左视图中选择 4 个焊缝特征，生成如图 10-81 所示的注解。根据需要调整焊接符号的位置。

在其余两个视图中选择特征，创建如图 10-82 所示的注解。

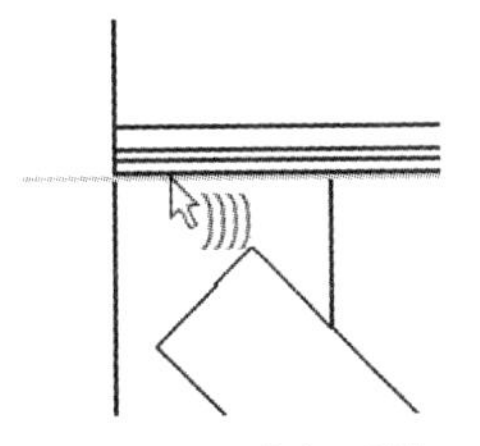

图 10-80　光标反馈

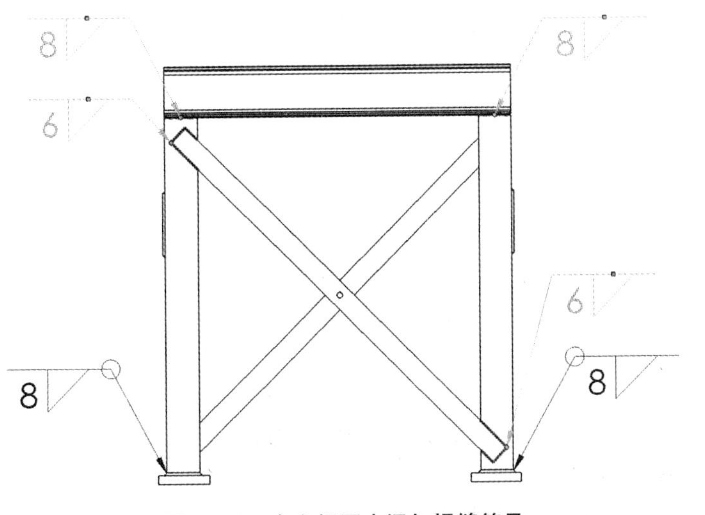

图 10-81　在左视图中添加焊缝符号

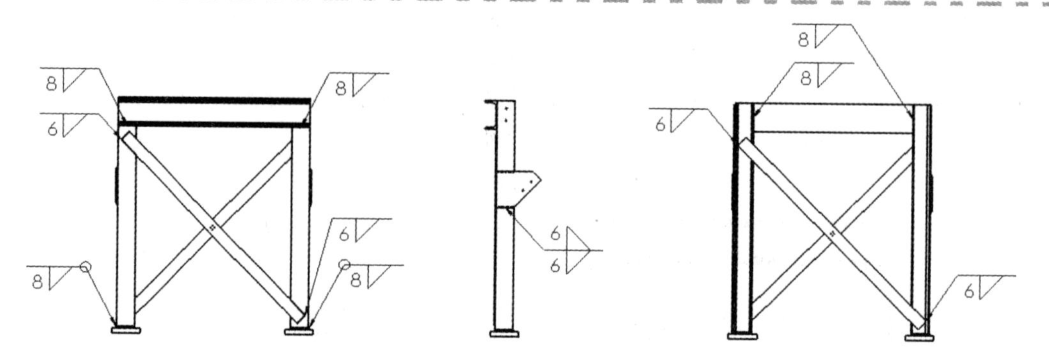

图 10-82　在其余视图中添加焊缝符号

步骤 20　添加焊接表　单击【焊接表】，选取一个焊件视图。为了包括手动添加到工程图中的符号，在【选项】中勾选【包括工程图注解】复选框。单击【确定】✔，如图 10-83 所示。单击工程图的右上角来放置表格，如图 10-84 所示。

ITEM NO.	WELD SIZE	SYMBOL	WELD LENGTH	WELD MATERIAL	QTY.
1	8	◺	120		2
2	8	◺	80		2
3	6	◺	183.018		2
4	6	◺	165.66		2
5	6	◺	160		4
6	8	◺			2

图 10-83　焊接表

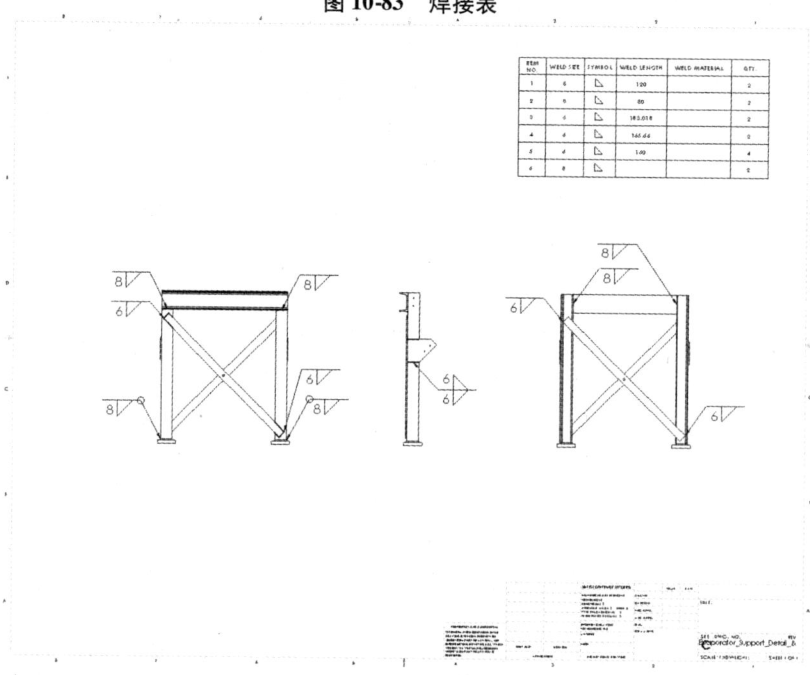

图 10-84　放置焊接表

步骤 21　查看结果

步骤 22　保存并关闭所有文件

第 11 章　弯曲结构构件

学习目标

- 创建 3D 草图
- 创建 3D 草图基准面
- 创建弯曲的结构构件

11.1　使用弯曲结构构件

使用焊件时，通过选项可以合并草图的线段来表示弯曲的结构构件。通常部件不止在两个方向上被弯曲，所以常常需要使用 3D 草图。

如图 11-1 所示，为了使用一根弯曲的管筒来创建手推车的外周框架，该构件的布局需要在 3D 草图中创建。

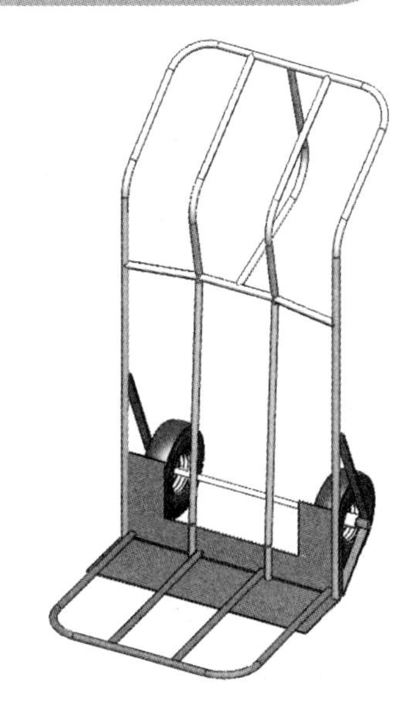

图 11-1　手推车

11.2　3D 草图

3D 草图并不像传统的 2D 草图那样只限于在单一平面上进行绘制。这对于一些应用，如扫描、放样和制作弯曲的结构构件是非常有用的。但 3D 草图通常相对难以上手。因此，理解屏幕反馈和 3D 草图环境中的几何关系是非常重要的。

3D 草图	• CommandManager:【焊件】/【3D 草图】。 • CommandManager:【草图】/【草图绘制】/【3D 草图】。 • 菜单:【插入】/【3D 草图】。

11.2.1　使用参考基准面

在标准参考面上绘制 3D 草图时，可以通过切换模型中已有的基准面来创建 3D 草图实体。在草图绘制工具激活时，可通过〈Tab〉键来切换模型中的默认基准面。

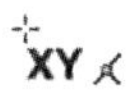

XY

图 11-2　光标反馈（1）

光标反馈指出了用户在哪个基准面绘制，如图 11-2 所示，光标有如下显示：

- XY：前视基准面。
- YZ：右视基准面。
- XZ：上视基准面。

在 3D 草图中可以选取模型中已存在的面或基准面作为绘制平面，按下〈Ctrl〉键的同时，单击面/基准面来实现该功能。面/基准面的图标会在光标旁边出现，如图 11-3 所示。

图 11-3　光标反馈（2）

在 3D 草图中可以创建基准面，用于在二维的表面上定位几何图形。3D 草图基准面是草图实体，可在【草图】选项卡中找到。

11.2.2　空间控标

除了光标反馈，SOLIDWORKS 还提供了另一种屏幕工具来帮助用户追踪方向，即空间控标，如图 11-4 所示。空间控标显示为红色，它的轴标示出当前所选的面或基准面的方向。空间控标通过跟踪 3D 草图中放置的点来帮助用户辨别方向。从空间控标引出的推理线可显示出自动关系的捕获位置。

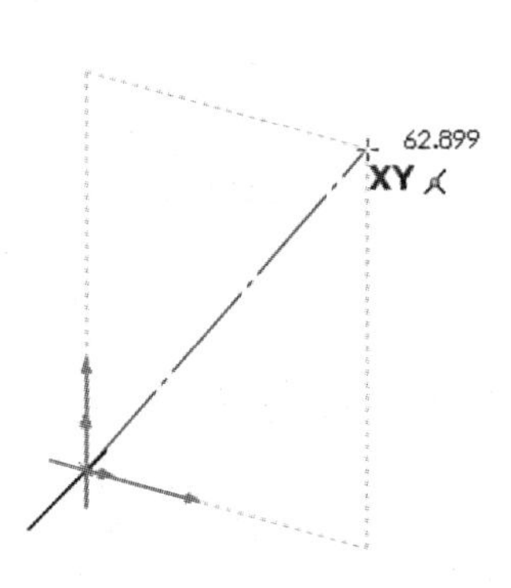

图 11-4　空间控标

11.2.3　草图实体的子集和几何关系

相比 2D 草图，3D 草图中的草图实体和草图关系较少。当使用 3D 草图时，水平和竖直关系被替代成【沿 X】、【沿 Y】和【沿 Z】。由于 3D 草图环境不止两个维度，这些关系通过使草图实体与模型坐标轴对齐的方式，来完全定义草图实体的方向。

操作步骤

步骤 1　新建零件　使用 Part_IN 模板新建零件，命名零件为“Frame”。

扫码看视频

步骤 2　打开一个新的 3D 草图　单击【3D 草图】。

步骤 3　绘制 3D 矩形　使用与前视基准面（XY）的默认对齐方式，创建一个如图 11-5 所示的离开原点的矩形。

步骤 4　添加几何关系　单击左侧边线，查看自动生成的草图几何关系。为左侧的竖直线添加【沿 Y】关系，为下部水平线添加【沿 X】关系，如图 11-6 所示。

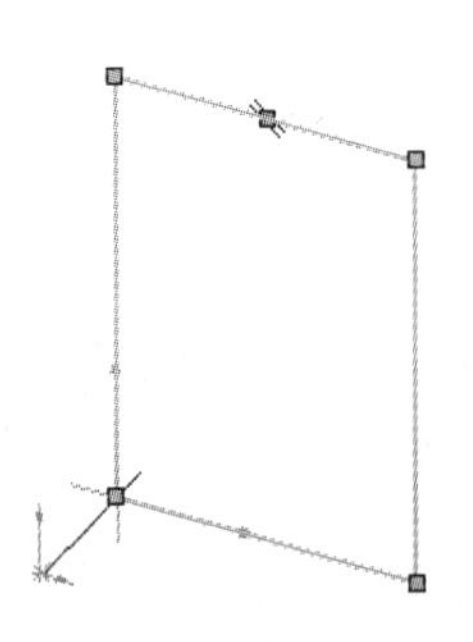

图 11-5　绘制 3D 矩形

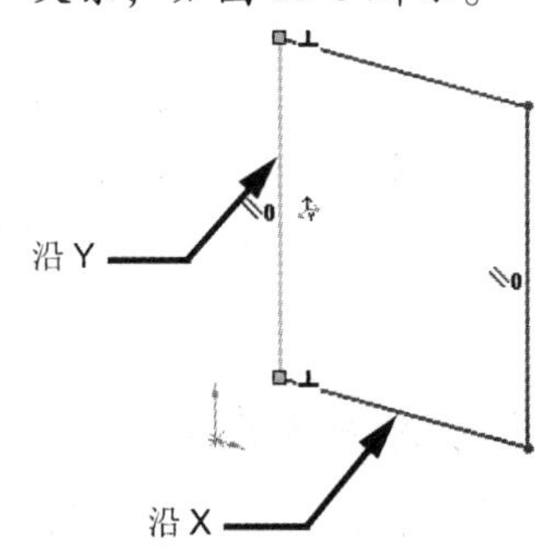

图 11-6　添加几何关系

步骤 5　添加尺寸　将水平线改为【构造线】，并为下部水平线和原点添加【中点】几何关系，添加如图 11-7 所示的尺寸。

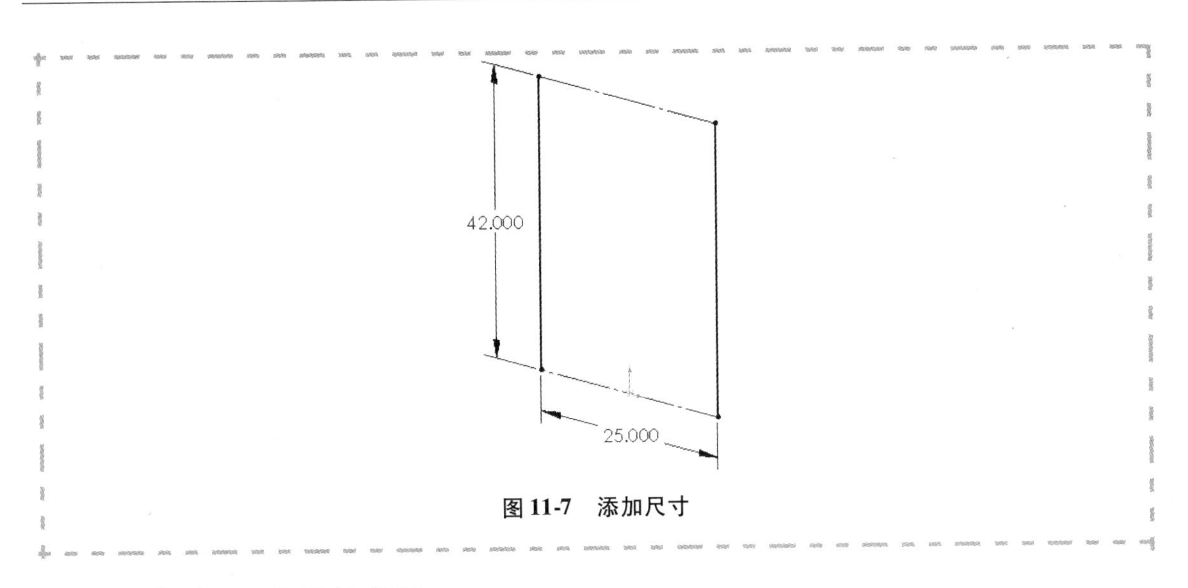

图 11-7　添加尺寸

11.2.4　创建 3D 草图基准面

3D 草图基准面是在 3D 草图中的二维基准面。当激活它时，草图几何图形将遵循该基准面的 X 和 Y 方向。该基准面使用相对于几何体的【第一参考】、【第二参考】以及可选的【第三参考】来定义。

知识卡片	基准面	• CommandManager：【草图】/【基准面】。 • 菜单：【工具】/【草图绘制实体】/【基准面】。

步骤 6　选择第一参考　单击【基准面】，选择前视基准面为第一参考，单击【重合】，如图 11-8 所示。

步骤 7　选择第二参考　如图 11-9 所示，选取上部构造线作为第二参考，单击【角度】，设置角度为 55°。如果需要，勾选【反向】复选框。单击【确定】。

步骤 8　激活基准面　基准面显现出网格，表明它是“激活的”，如图 11-10 所示。

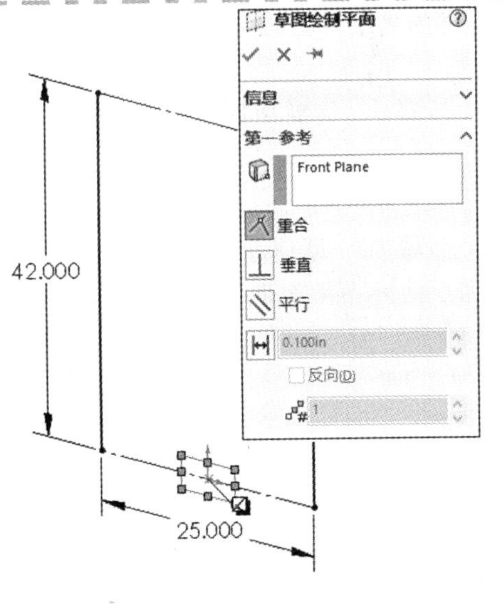

图 11-8　选择第一参考

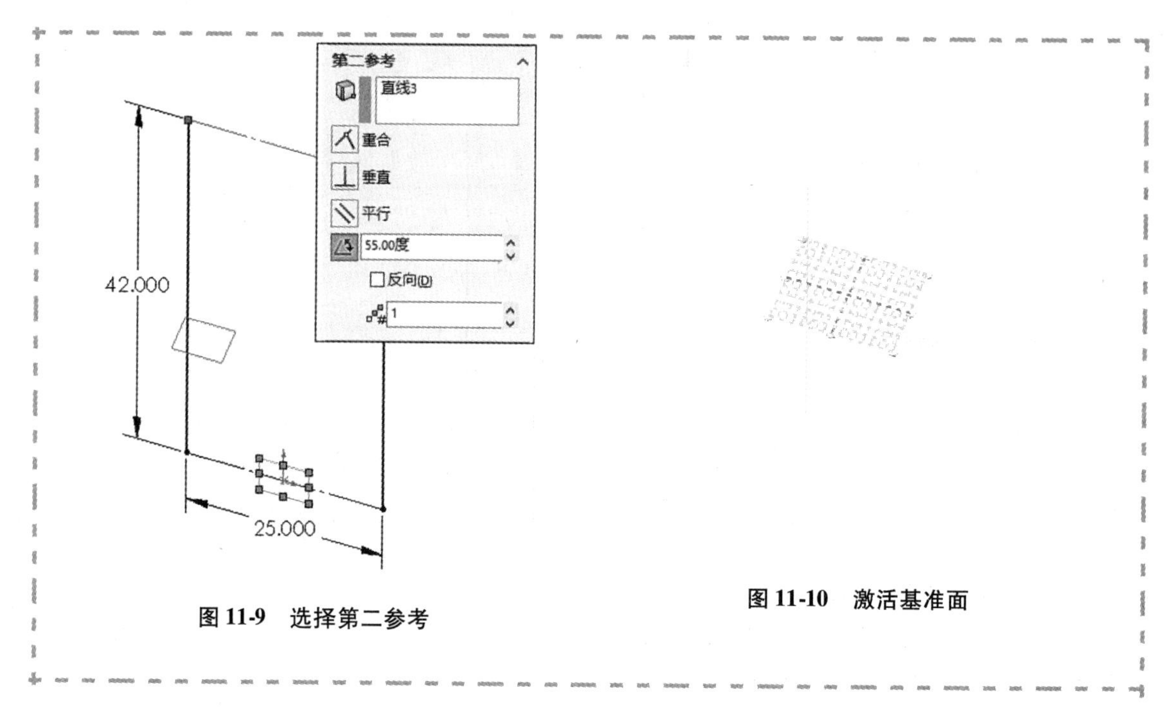

图 11-9　选择第二参考

图 11-10　激活基准面

11.2.5　活动基准面

3D 草图中的活动基准面会显示网格。当基准面处于活动状态时，草图中添加的实体将会自动创建【在平面上】几何关系。在活动基准面上绘制草图时，只有 2D 草图几何关系可以使用。

3D 草图基准面会在创建后自动激活。默认的参考基准面和基准面特征也可在 3D 草图中激活。基准面的激活可通过双击该基准面，在基准面外双击可取消激活。

步骤 9　绘制矩形　在现有几何图形上方绘制另一个矩形，如图 11-11 所示。3D 草图平面会自动调整大小来包括几何图形。

步骤 10　取消激活基准面　在基准面外双击取消激活。此时，平面带虚线框且显示为浅灰色。

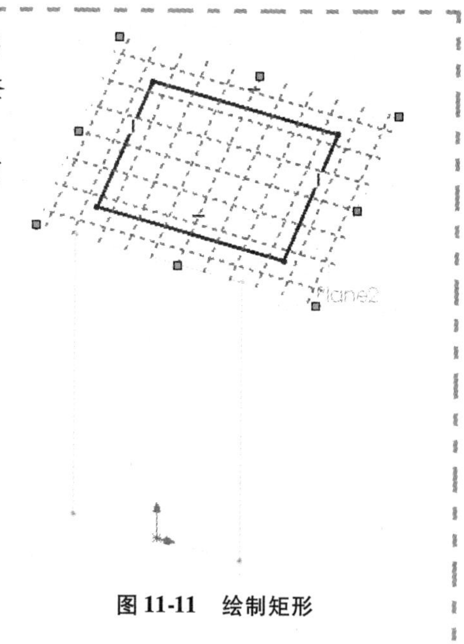

图 11-11　绘制矩形

11.2.6　显示状态控制

在草图中什么都不选取时，可以使用【3D 草图】的 PropertyManager。单击 PropertyManager 选项卡进入，顶部的列表框包括了在草图中创建的 3D 草图基准面。右键单击名称可以删除、删除所有或重命名这些平面。下部的【显示状态】选项可以隐藏或显示草图中的基准面、尺寸或几何关系，如图 11-12 所示。

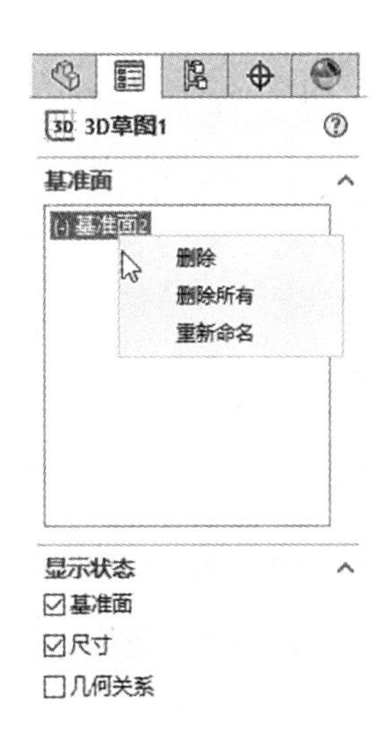

图 11-12　显示状态

步骤 11　添加几何关系　如图 11-13 所示，删除矩形底部的线段，使用【合并】几何关系，将端点与现有几何图形重合，添加【沿 X】几何关系。

步骤 12　标注尺寸　通过上视基准面和底部线段来创建尺寸，将数值设为 51.5in（1in ≈25.4cm），使草图完全定义，如图 11-14 所示。

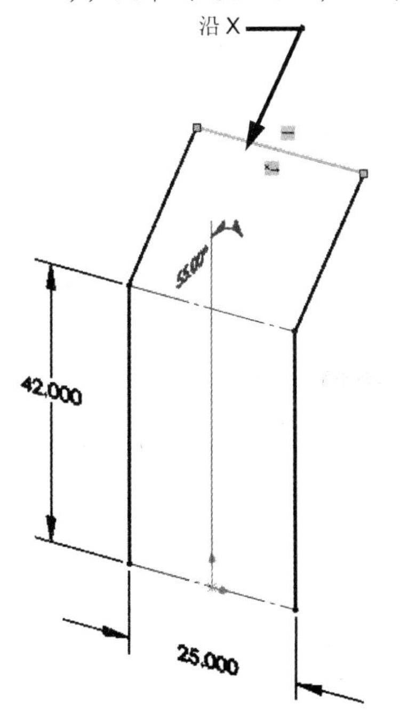

图 11-13　添加几何关系

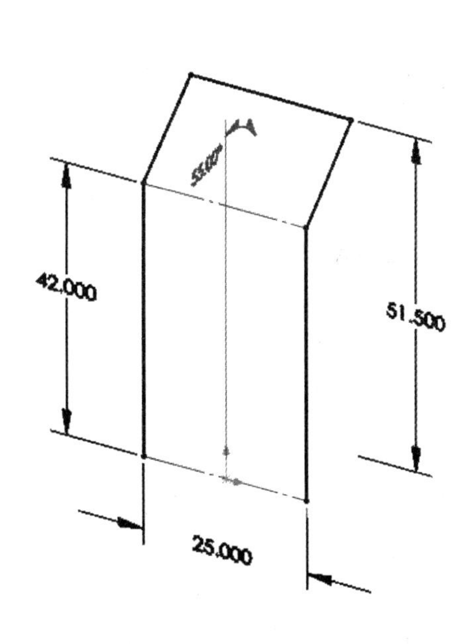

图 11-14　标注尺寸

步骤 13　添加圆角　如图 11-15 所示，为草图添加四个半径为 4in 的圆角。如果用一个命令生成，所有圆角的半径自动设定为相等。若这里是两幅分开的 2D 草图，则不能添加圆角。

步骤 14　退出草图

步骤 15　插入结构构件　如图 11-16 所示，单击【结构构件】，参数设置如下：

- 标准：ANSI Inch_Training。
- Type：Al Round Tubing。
- 大小：0.75 OD ×0.083 Wall。

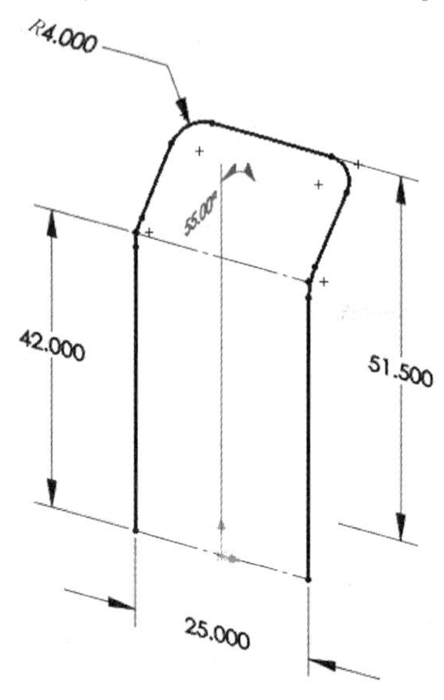

图 11-15　添加圆角

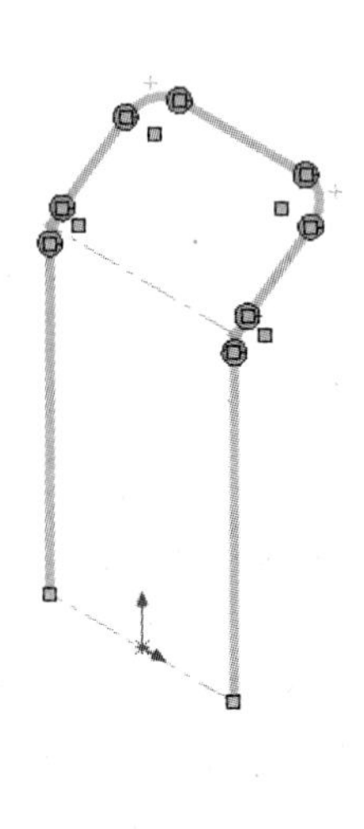

图 11-16　插入结构构件

在弹出的 FeatureManager 中选取“3D 草图 1”，这样该组就选取了草图中的所有实体。

11.2.7　合并圆弧段实体

当路径由一系列线段和圆弧段构成时，【合并圆弧段实体】复选框会在 PropertyManager 中出现。该选项是否勾选取决于如何制造该焊件。

如果用弯管筒制造焊件，该选项应当勾选，这样模型中的所有弯管会合并为一个实体。如果用弯头和直管筒制造焊件，该选项应不勾选。这样模型中的每个直线段和每个圆弧段（弯头）都是一个独立实体。

步骤 16　合并圆弧段实体　勾选【合并圆弧段实体】复选框，如图 11-17 所示。单击【确定】✔，完成创建结构构件。

步骤 17　查看结果　结构构件代表单一实体，在切割清单中应当只有一个实体。切割清单属性包括了一个长度属性，该长度代表的是弯管筒中心线的长度。

步骤 18　修改外观　利用任务窗格为框架应用“红糖苹果色”外观，如图 11-18 所示。

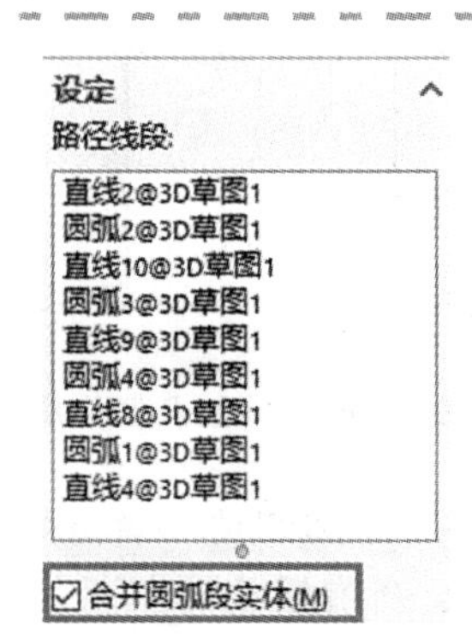

图 11-17　合并圆弧段实体

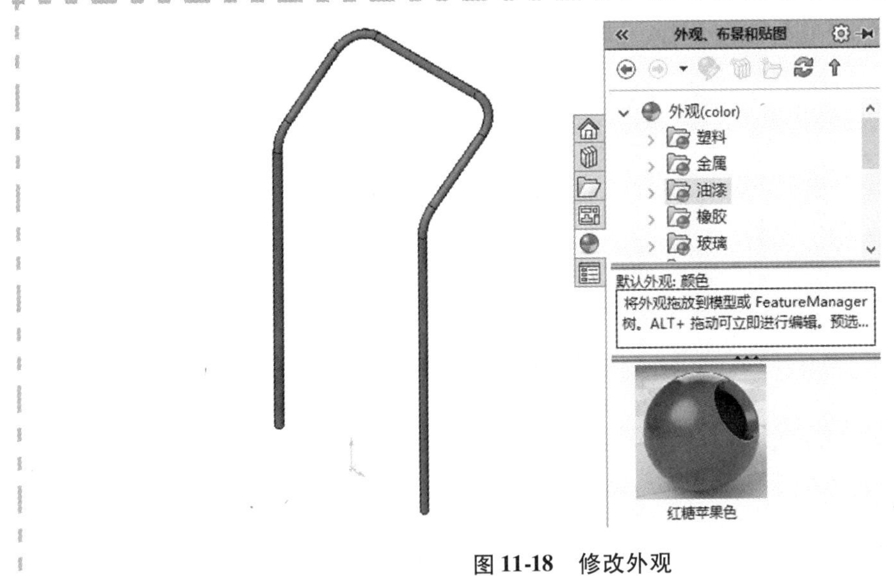

图 11-18　修改外观

下一步可以用 2D 草图创建剩余的草图布局，但需要建立基准面将它们放在合适的位置。

如图 11-19 所示，由于框架中额外的结构构件使用同一个轮廓，因此它们可以在同一个结构构件特征的新组中创建。为完成上述需求，需在 FeatureManager 设计树中退回到该特征之前，然后添加布局草图。

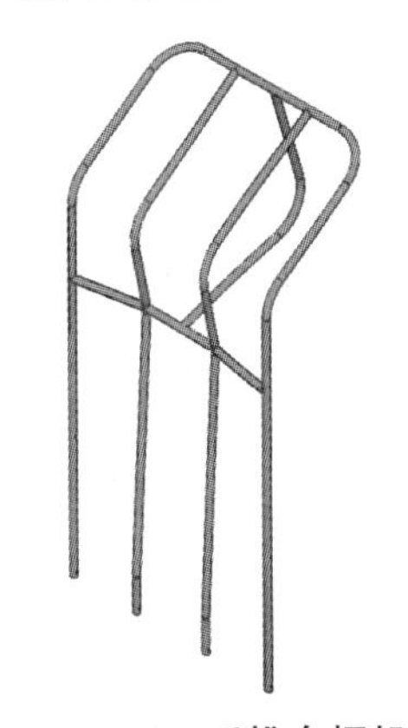

图 11-19　手推车框架

步骤 19　退回　在 FeatureManager 设计树中，将退回控制棒置于结构构件 1 之前，如图 11-20。

步骤 20　创建参考基准面　创建如图 11-21 所示的三个参考基准面，注意在方程式中使用全局变量来链接“offset_ left”和“offset_ right ”这两个参考基准面的偏移距离。

技巧　按住〈Ctrl〉键的同时拖动一个基准面预览，可以快捷地创建一个偏移面。

步骤 21　绘制草图　选中“offset_left”并单击【草图绘制】，更改为【右视】。

步骤 22　设置间距　绘制一个直径为 0.750in 的圆，将它放置在如图 11-22 所示的位置，圆心与 3D 草图的竖线【重合】。

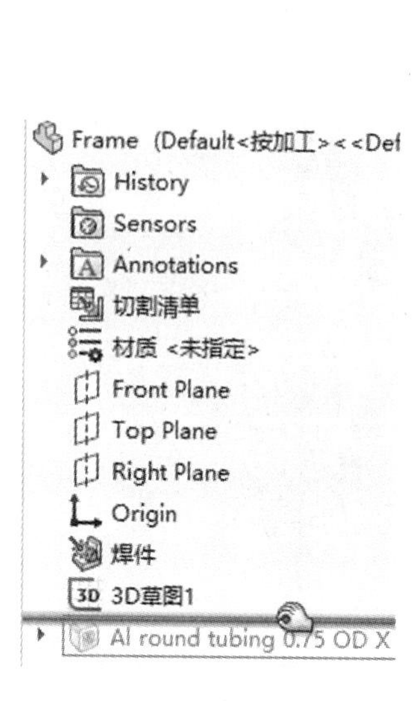

图 11-20 退回

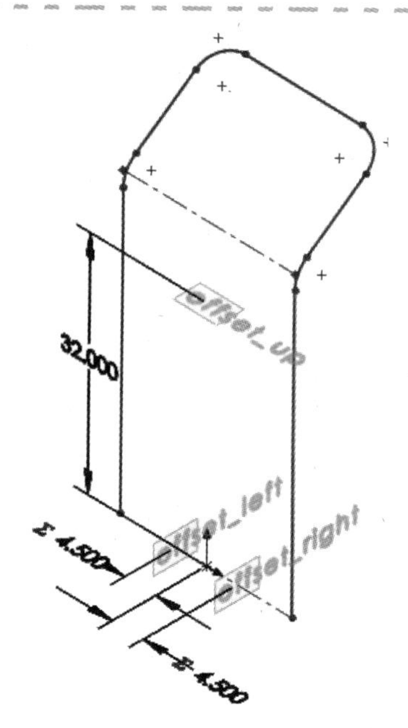

图 11-21 创建参考基准面

提示：手推车有个可移动平台（折叠延伸台），它可以向上折叠，如图11-23所示。该圆用于确定结构构件的角度。当平台向上折叠时，该角度为向上弯曲提供了足够的空间。

步骤23 继续绘制草图 如图11-24所示，以草图的原点为起点，绘制一条大约5in长的垂线，然后绘制其余的直线及切线弧。

步骤24 添加几何关系 如图11-25所示，在3D草图中为切线弧和4in圆角添加一个【全等】关系，为倾斜直线的端点和水平线添加一个【穿透】关系。

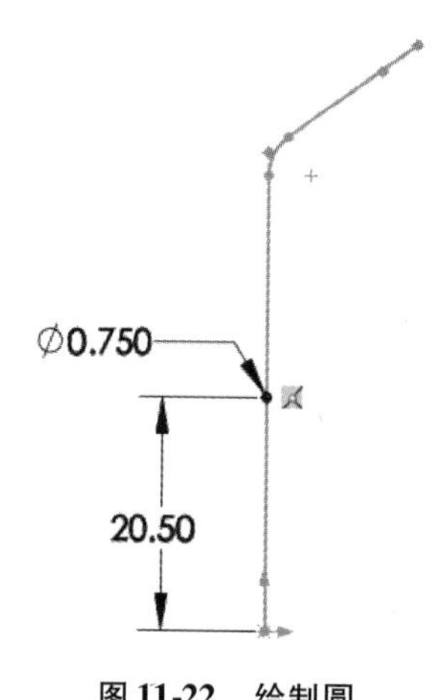

图 11-22 绘制圆

图 11-23 手推车前端的折叠延伸台

步骤25 完全定义草图 在最上边的尖角和“offset_ up”之间添加【重合】关系。添加如图11-26所示的尺寸和圆角。

步骤26 退出草图

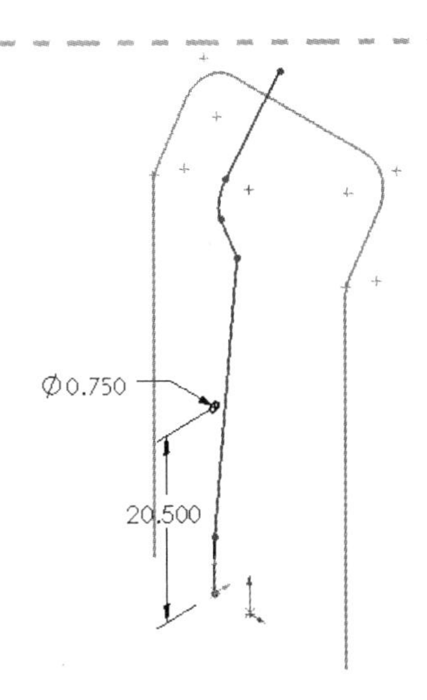

图 11-24　继续绘制草图

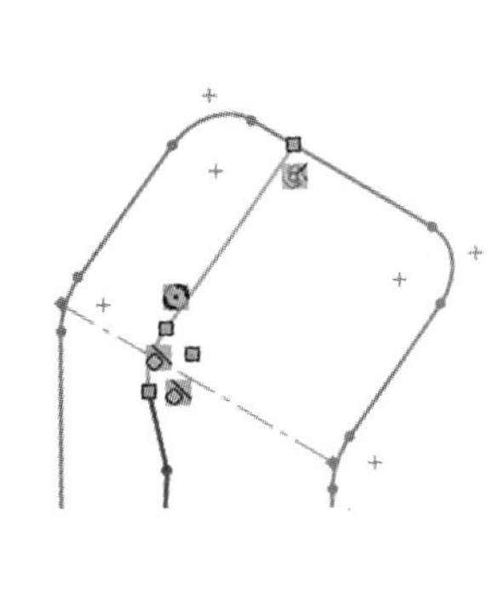

图 11-25　添加几何关系

步骤 27　派生草图　选择 2D 草图和 offset_right。单击【插入】/【派生草图】，结果如图 11-27 所示。

步骤 28　完全定义草图　在竖直线的最低端点和原点之间添加【重合】关系，为草图中的竖直线添加【共线】关系。

步骤 29　退出草图

步骤 30　新建 2D 草图　选择 offset_up 并打开一个 2D 草图。如图 11-28 所示，绘制三条直线。通过使用【穿透】关系，将这些直线的端点约束到 3D 草图上和 2D 草图中的圆弧上。

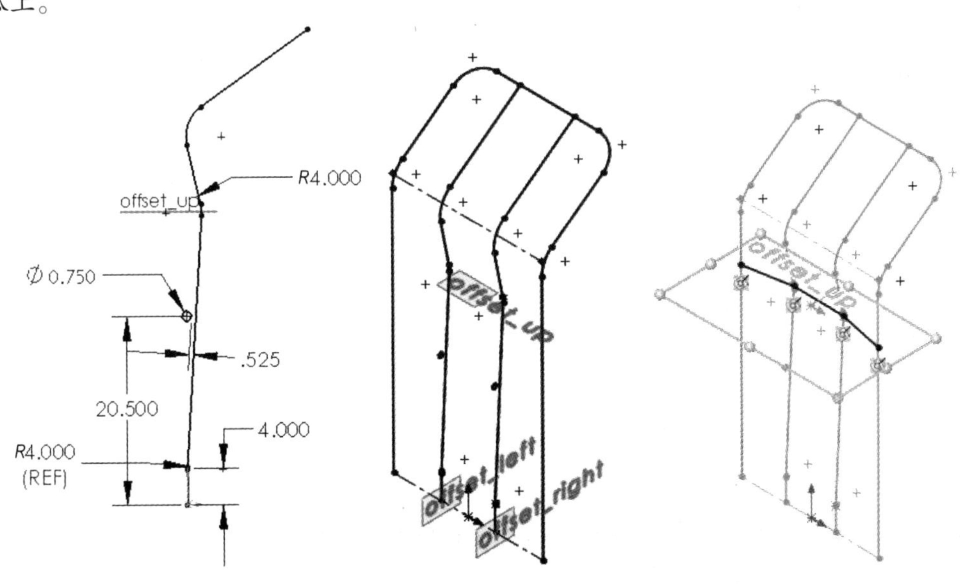

图 11-26　完全定义草图　　图 11-27　派生草图　　图 11-28　新建 2D 草图

技巧　注意通过光标反馈来确认圆弧已被选中，如图 11-29 所示。

图 11-29　光标反馈

步骤 31　退出草图

步骤32　隐藏基准面（可选操作）　通过选中基准面并单击【隐藏】或【显示】，可以单独控制它们的显示状态。另一种方法是使用【隐藏/显示项目】菜单控制所有基准面的显示状态，而忽略它们的隐藏或显示状态，如图11-30所示。

图11-30　隐藏/显示基准面

步骤33　编辑特征　将退回控制棒置于结构构件1之后，编辑结构构件1特征。

步骤34　创建新组　单击【新组】，在FeatureManager中选择草图2。确保勾选【合并圆弧段实体】复选框，保持其他选项的默认设置。

步骤35　创建新组　重复步骤34，为派生草图创建新组。

步骤36　继续创建新组　最后一组为分开的管筒部件。在构件之间设置【边角处理】为【终端斜接】。

在构件汇合处有轻微的重叠，使用边角处理可以确保他们被正确剪裁，如图11-31所示。单击【确定】。

技巧　为了更好地查看零件中自动剪裁的结果，可能需要调整【图像品质】设置。这些设置在【选项】/【文档属性】/【图像品质】中。

步骤37　新建2D草图　选取右边参考基准面，创建如图11-32所示的草图。退出草图。

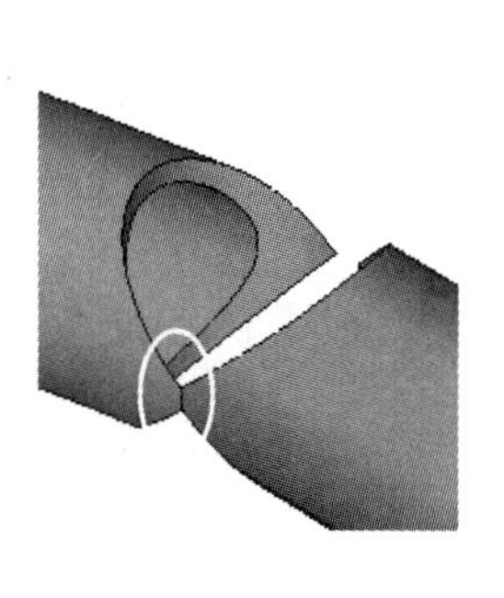

图11-31　使用边角处理

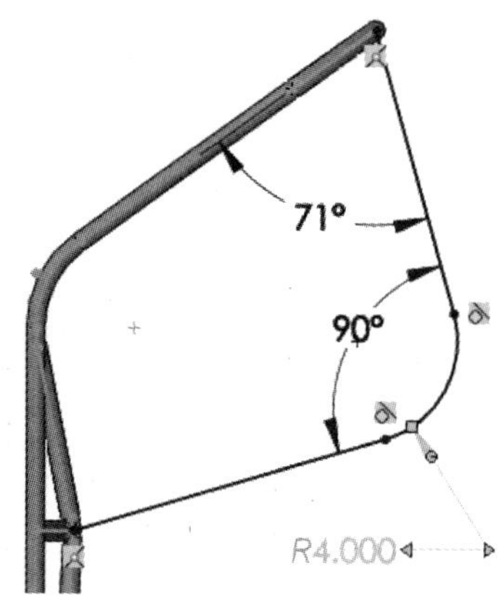

图11-32　新建2D草图

步骤38　重新排序　为了在现有的结构构件特征中使该草图作为新组，需要重新排序，使它在设计树中位于结构构件特征之前。

步骤39　编辑特征　编辑结构构件1，添加【新组】。在FeatureManager中选取该草图或者单独选取草图中的线段。单击【确定】。

11.2.8　最后的细节

在剩余步骤中添加最后的细节并完成框架。

步骤 40　绘制枢轴孔草图　如图 11-33 所示，在右视基准面上创建草图。使用【完全贯穿】向两个方向进行拉伸切除，如图 11-34 所示。

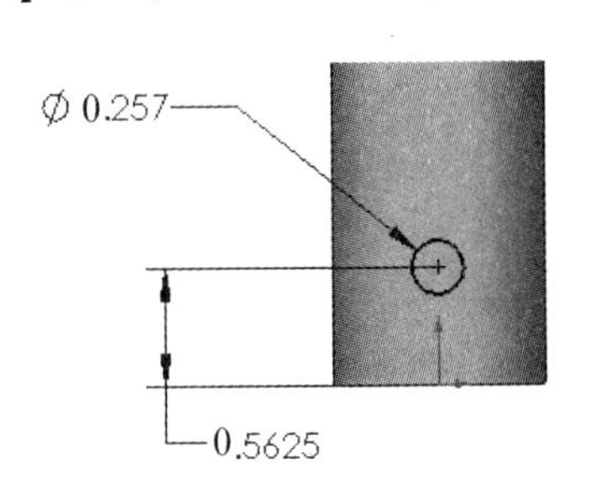

图 11-33　绘制枢轴孔草图

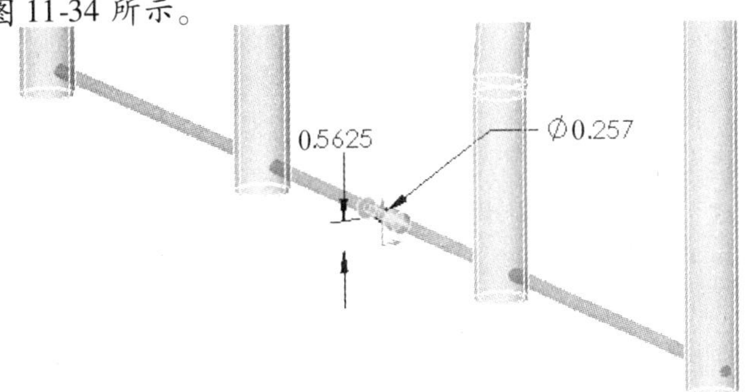

图 11-34　创建枢轴孔

步骤 41　创建倒角　如图 11-35 所示，在右视基准面上创建倒角草图。使用【完全贯穿】向两个方向进行拉伸切除，如图 11-36 所示。如有需要可使用【反向切除】。

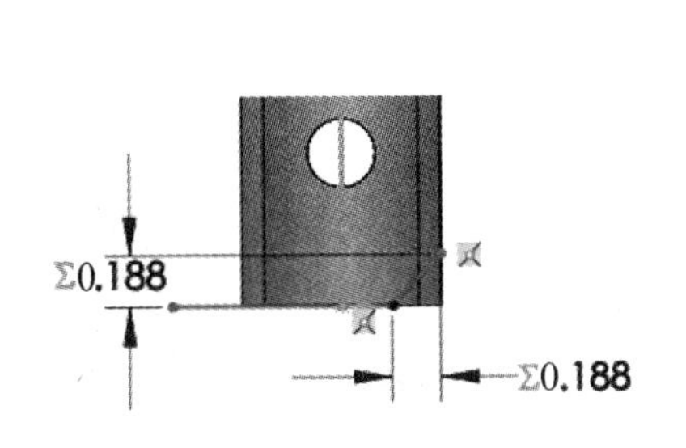

图 11-35　倒角草图

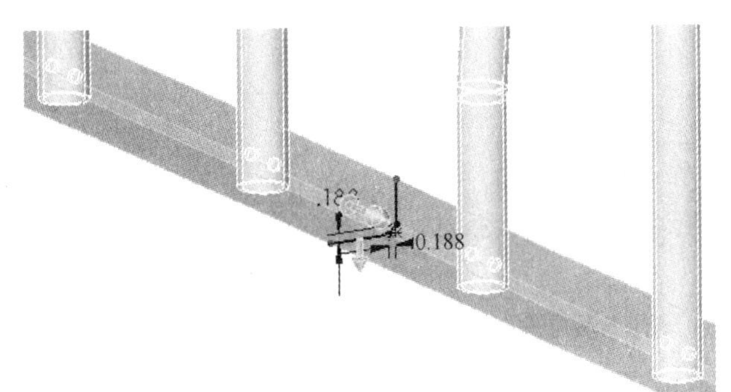

图 11-36　拉伸切除

提示　为了方便说明，可将实体设置为透明模式。

步骤 42　添加止动销孔　在右视基准面创建如图 11-37 所示的草图。使用【完全贯穿】在方向 1 进行拉伸切除。利用【特征范围】，使该切除特征只对外周实体起作用。

步骤 43　保存零件

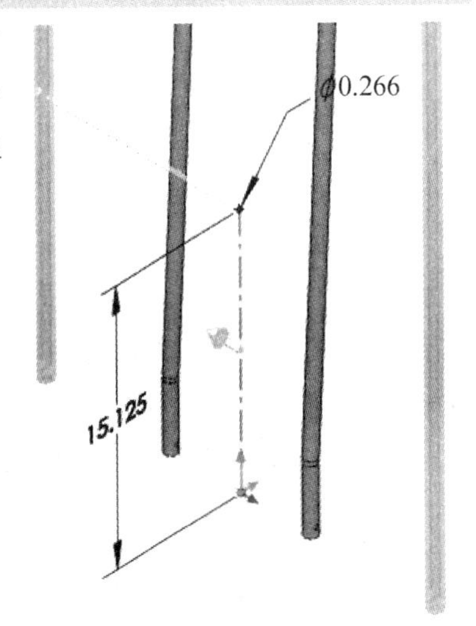

图 11-37　添加止动销孔

练习 11-1　靠背椅框架

图 11-38　靠背椅框架

使用弯管筒创建如图 11-38 所示的靠背椅框架。

本练习将应用以下技术：

- 3D 草图。
- 创建 3D 草图基准面。
- 合并圆弧段实体。
- 剪裁/延伸选项。

操作步骤

扫码看视频

步骤 1　新建零件　使用 Part_MM 模板，创建一个新零件。

步骤 2　打开一个新的 3D 草图　单击【3D 草图】。

步骤 3　绘制中心矩形　单击【中心矩形】，按〈Tab〉键切换方向，直到方向为上视基准面(XZ)，如图 11-39 所示。在原点位置创建矩形，将后面的线段改为【构造线】，如图 11-40 所示。

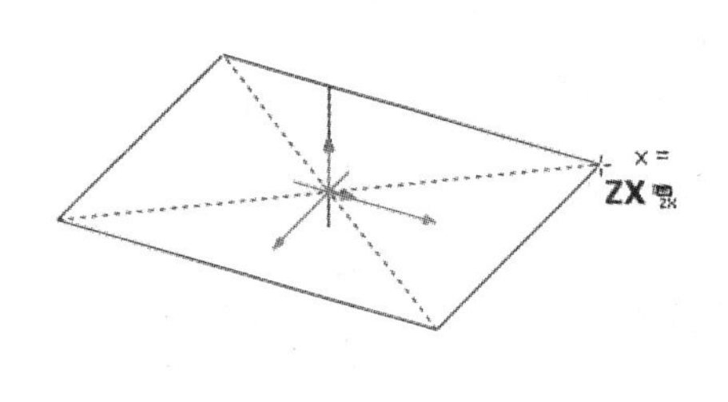

图 11-39　上视基准面

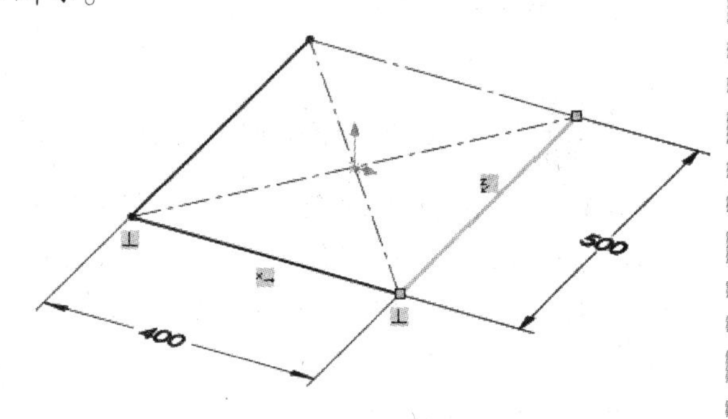

图 11-40　创建矩形

步骤 4　添加几何关系和尺寸　添加【沿 X】和【沿 Z】关系。标注矩形尺寸为 400mm × 500mm。

步骤 5　创建 3D 草图平面　如图 11-41 所示，使用如下参数创建【3D 草图基准面】：

- 第一参考：前视基准面。
- 第二参考：构造线。
- 角度：15.00°。

● 反向。

单击【确定】✔。

步骤 6　绘制边角矩形　在激活的平面上创建【边角矩形】，如图 11-42 所示。

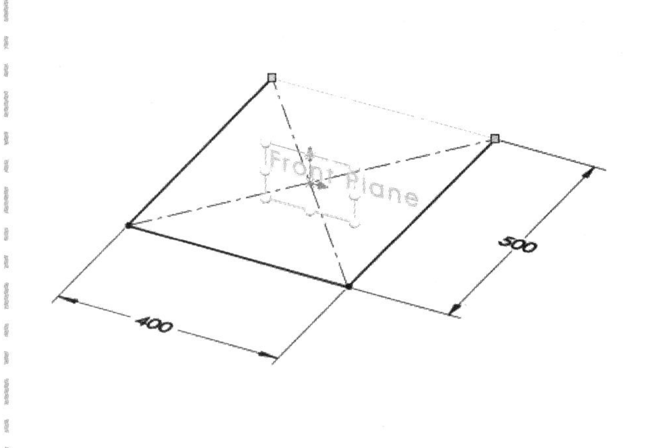

图 11-41　创建 3D 草图平面

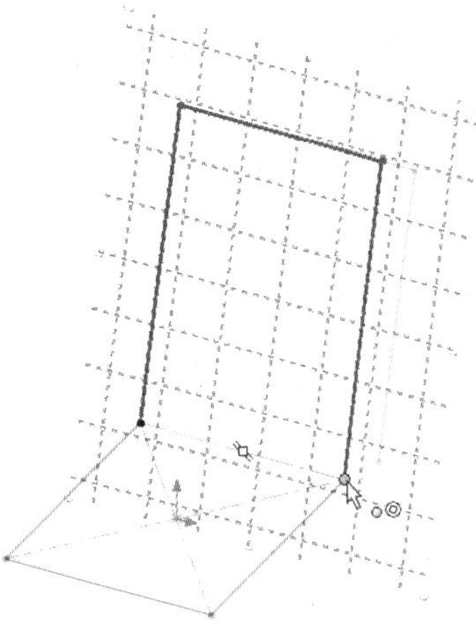

图 11-42　绘制边角矩形

删除矩形下部的线段。拖拽端点，使其与第一个矩形的端点【合并】。在基准面预览外双击以取消激活。

步骤 7　相对上视基准面标注尺寸　如图 11-43 所示，在上部直线和前视基准面之间添加【智能尺寸】，距离为 600mm。

步骤 8　添加圆角　为草图中的尖角添加 75mm 圆角，如图 11-44 所示。

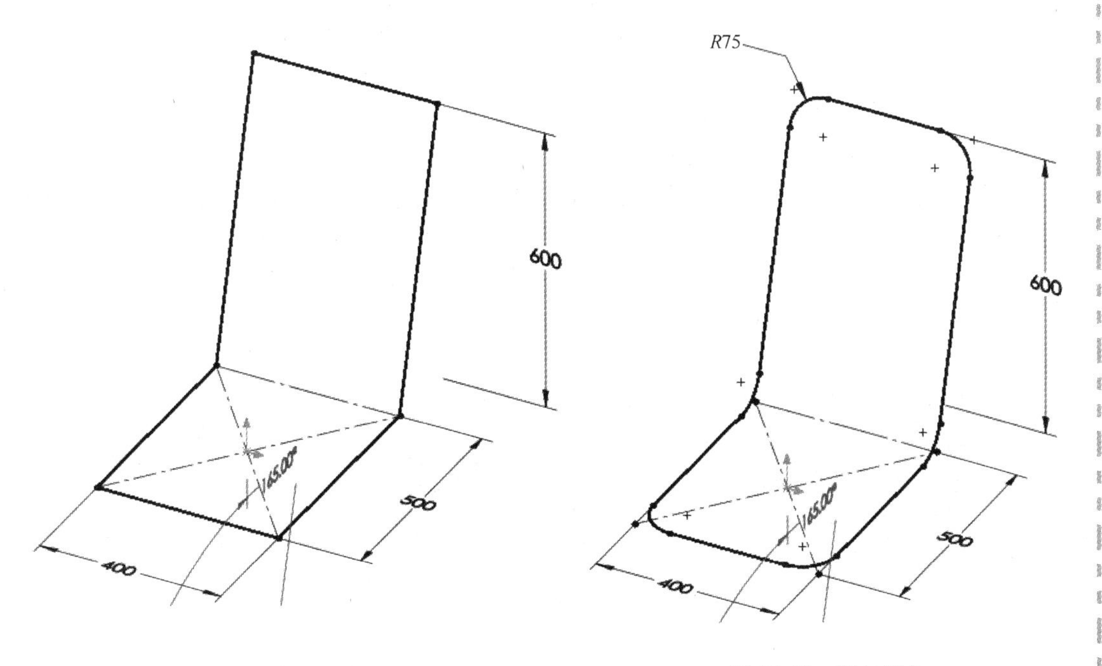

图 11-43　标注尺寸

图 11-44　添加圆角

提示 在 2D 草图中添加多个方向的圆角是无法实现的。

步骤 9　添加直线　在圆弧的端点间绘制一条直线，如图 11-45 所示。

步骤 10　退出草图

步骤 11　创建结构构件　单击【结构构件】，结构构件的设置如下：

- 标准：ISO_Training。
- Type：Tube（square）。
- 大小：30 × 30 × 2.6。

选取如图 11-46 所示的线段作为组 1，勾选【合并圆弧段实体】复选框。

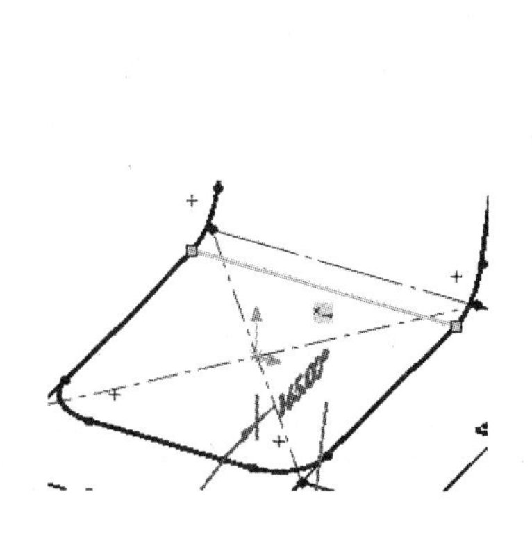

图 11-45　添加直线

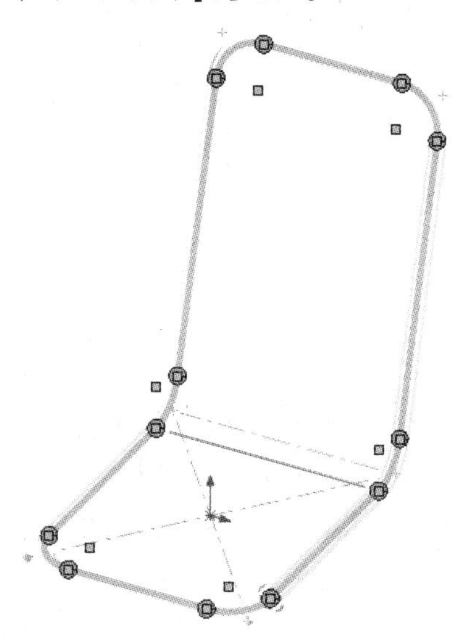

图 11-46　创建结构构件

步骤 12　创建新组　单击【新组】，选取剩下的草图线段为组 2。单击【找出轮廓】，单击如图 11-47 所示的点。单击【确定】。

步骤 13　绘制椅腿的草图　在如图 11-48 所示的面上绘制新草图。创建线段和切线弧，如图 11-49 所示。

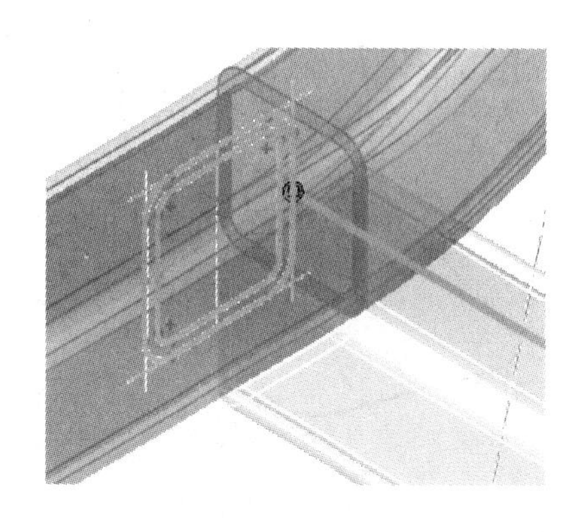

图 11-47　找出轮廓

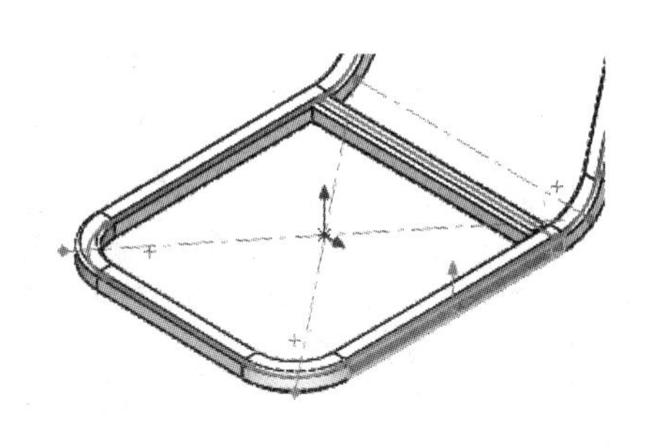

图 11-48　草图绘制平面

步骤 14　退出草图　退出草图，并将其命名为“Leg Layout”。

步骤 15　创建结构构件　单击【结构构件】。结构构件的设置如下：

- 标准：ISO_Training。
- Type：Tube（square）。
- 大小：30×30×2.6。

选择如图 11-50 所示的上半部线段作为组 1。勾选【合并圆弧段实体】复选框。单击【找出轮廓】，单击如图 11-50 下半部所示的点。

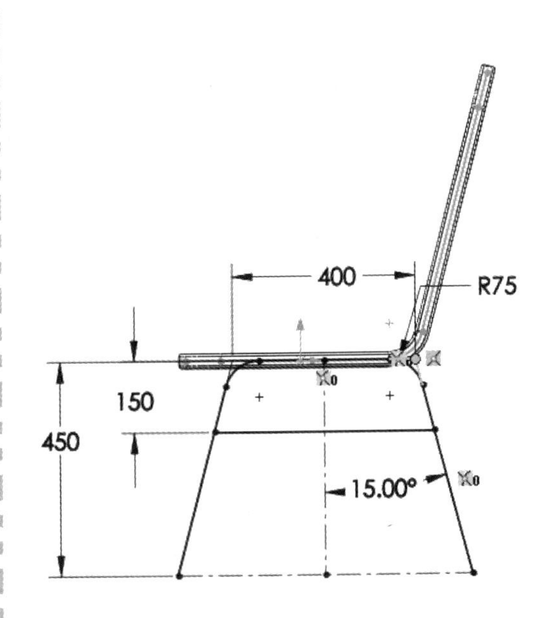

图 11-49　椅腿草图布局

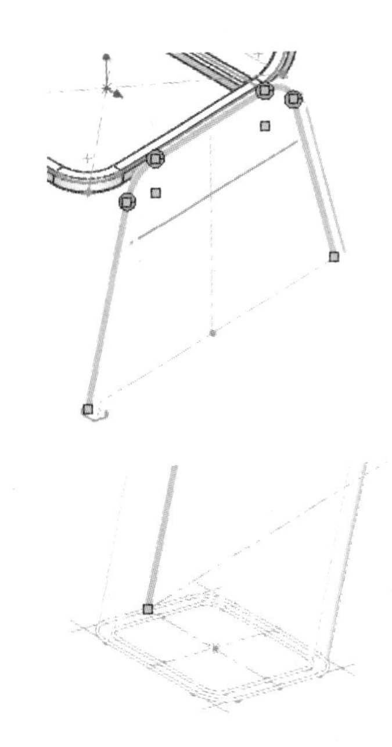

图 11-50　创建结构构件

提示　根据绘制草图实体的方式和首先选取线段的不同，轮廓位置会有所不同。

步骤 16　创建新组　单击【新组】，选取剩下的草图线段为组 2。单击【找出轮廓】，单击如图 11-51 所示的点。单击【确定】。

步骤 17　创建剪裁基准面　椅腿的底部需要剪裁到与地面平齐。创建【基准面】，使它与上视基准面【平行】，并与椅腿布局草图中的一点【重合】。将该基准面命名为“Bottom of Legs”，如图 11-52 所示。

步骤 18　剪裁椅腿　【隐藏】该草图。单击【剪裁/延伸】，选取弯椅腿实体为【要剪裁的实体】，选取 Bottom of Legs 基准面为【剪裁边界】。

在视图区域单击引线标注，正确切换【保留】和【丢弃】，如图 11-53 所示。

步骤 19　镜像椅腿　关于右视基准面【镜像】椅腿实体，如图 11-54 所示。

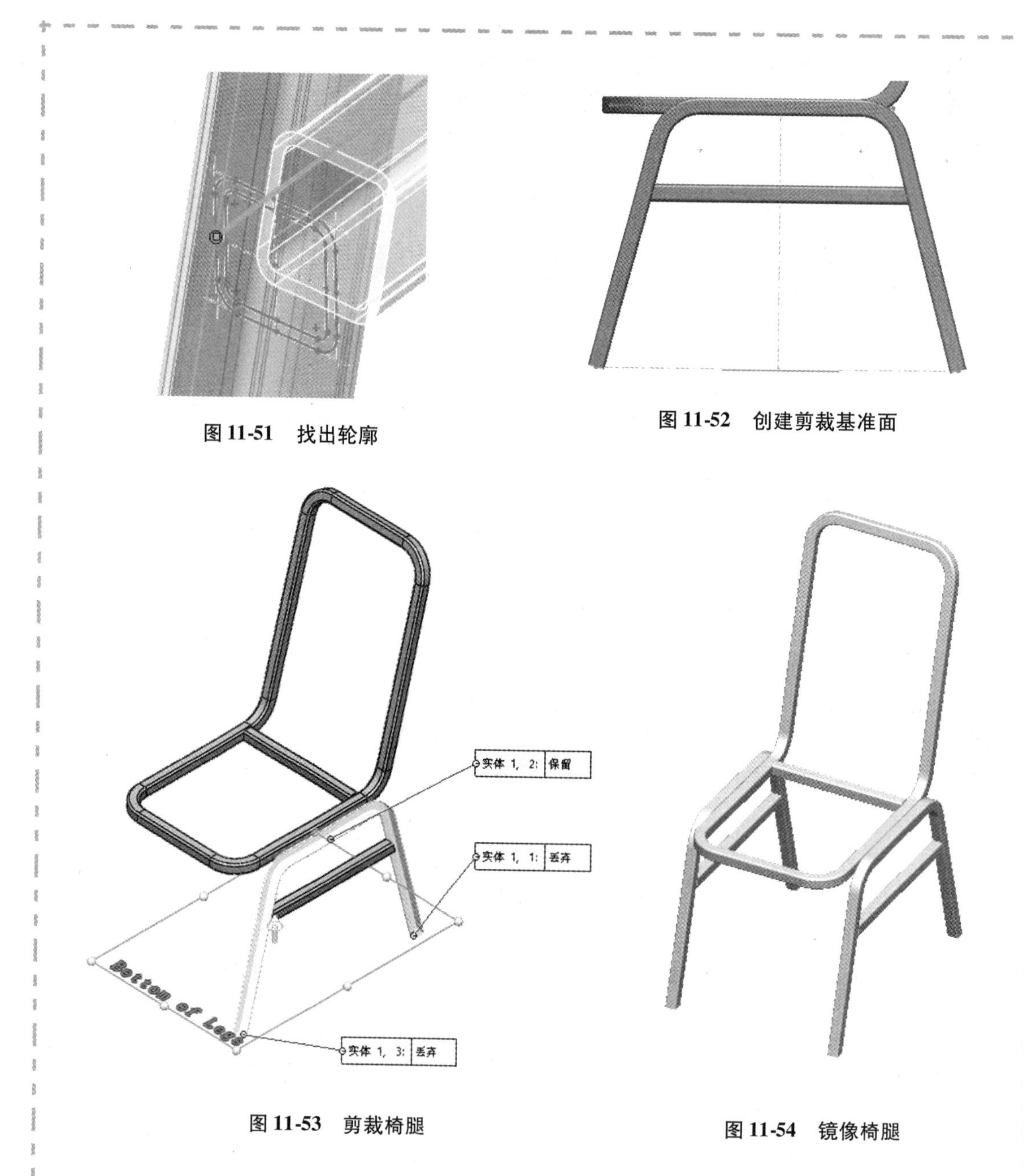

图 11-51　找出轮廓

图 11-52　创建剪裁基准面

图 11-53　剪裁椅腿

图 11-54　镜像椅腿

步骤 20　查看切割清单（可选操作）　使用【切割清单属性】对话框检查切割清单项目和属性。

步骤 21　保存并关闭所有文件

练习 11-2　弯管筒、钣金和装配体

按以下步骤创建如图 11-55 所示的移动仓库楼梯。

本练习将应用以下技术：

- 使用弯曲的结构构件。
- 3D 草图。

图 11-55　移动仓库楼梯

扫码看视频

操作步骤

首先要建立的零件是楼梯的框架。只需建立半边的框架，然后对其镜像，并添加连接两侧所需的结构构件，如图 11-56 所示。

步骤 1　新建零件　使用 Part_IN 模板新建零件，命名零件为“Stair_Frame”。

步骤 2　创建参考基准面　创建一个参考基准面，如图 11-57 所示。

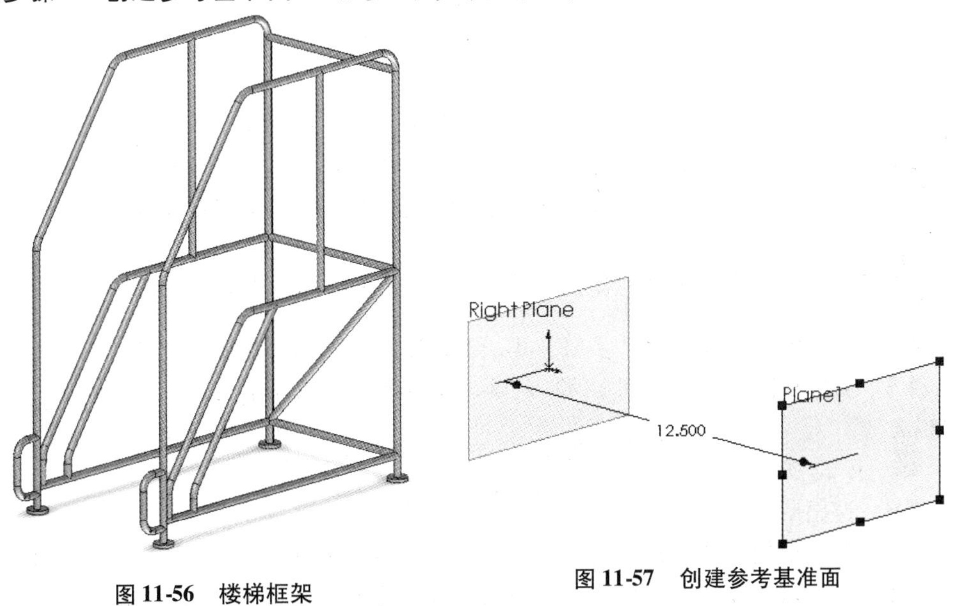

图 11-56　楼梯框架

图 11-57　创建参考基准面

步骤3　绘制草图　在Plane1(基准面1)上创建草图，如图11-58所示。

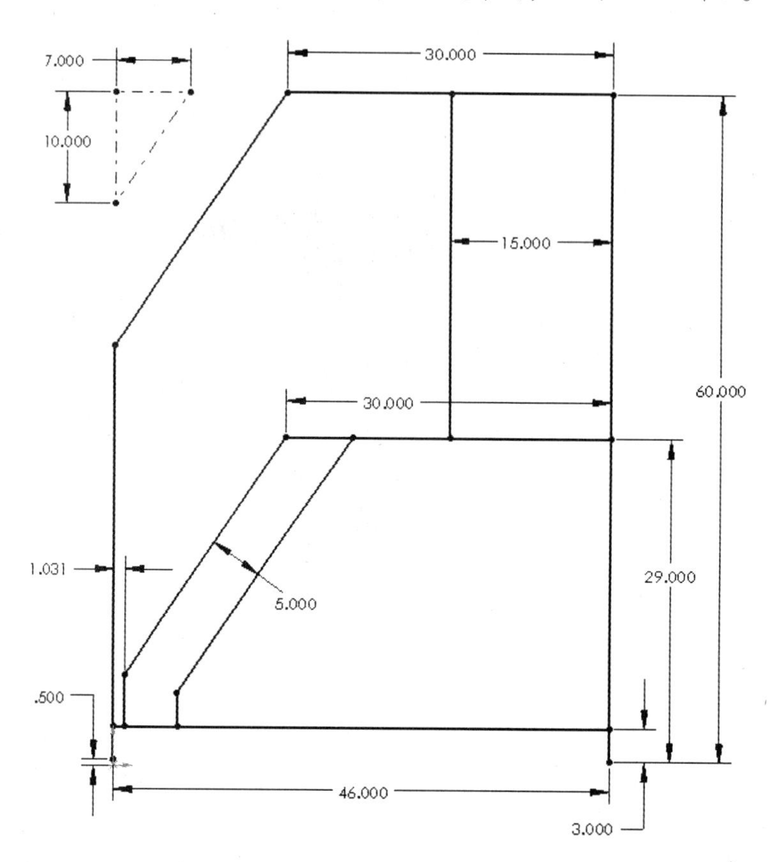

图11-58　绘制草图

> **技巧**　楼梯通常需要指定的是踏板高度和踏板宽度，而很少采用角度尺寸。一种简单的方法是使用构造几何体绘制一个三角形，并对踏板高度和踏板宽度标注尺寸，然后使楼梯的斜梁与该构造三角形的斜边保持平行。

> **提示**　有些信息可能没有在草图中标示，这需要推断和假定。

步骤4　绘制圆角　添加6个半径为3in的圆角，如图11-59所示。

步骤5　完成草图　添加如图11-60所示的几何图形，完成草图。

> **提示**　该草图中圆角半径是2in，而不是步骤4中的3in。

步骤6　退出草图　将草图命名为“Frame Sketch”。

步骤7　插入结构构件　插入结构构件，使用“ANSI Inch_Training”“AI Round Tubing”和“1OD×0.095Wall”的无缝管筒。结果如图11-61所示。为了创建弯管筒，应当合并所有圆弧段。

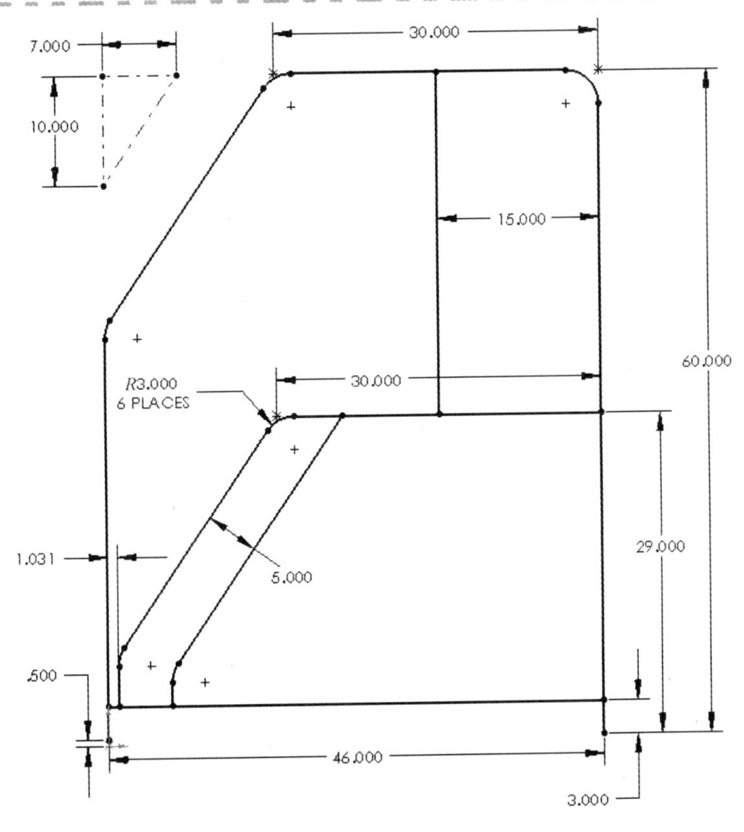

图 11-59　绘制圆角

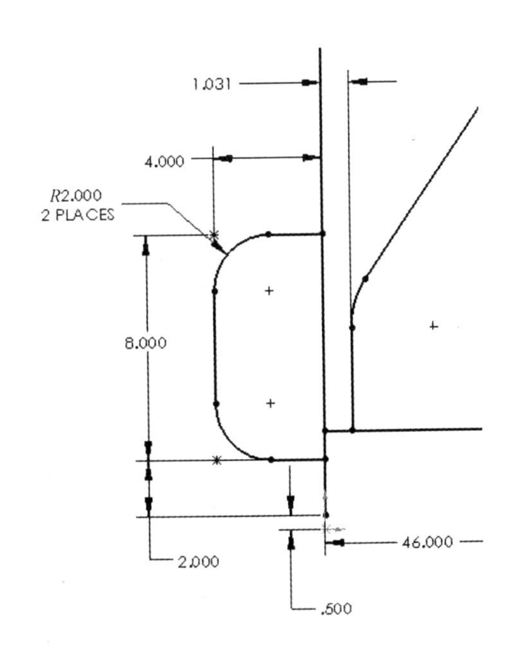

图 11-60　添加几何图形

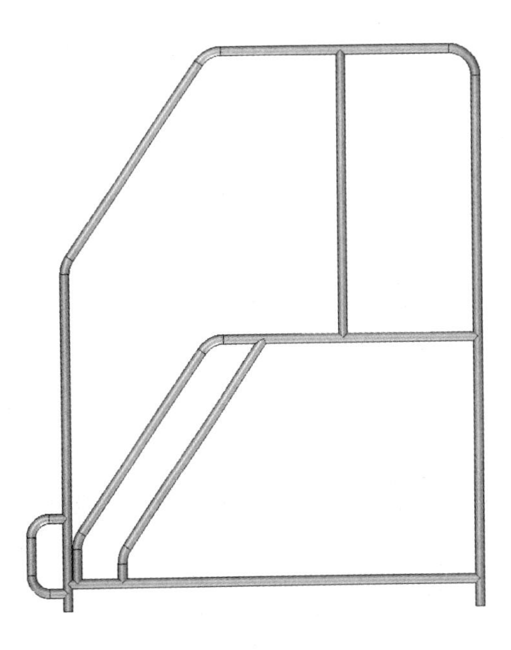

图 11-61　插入结构构件

步骤8　拉伸切除　选择Plane1并打开一个草图，绘制一个0.375in的圆，如图11-62所示。使用【完全贯穿】终止条件在两个方向上进行拉伸切除。

步骤9　添加并拉伸脚垫　在竖直结构构件的底面上新建一幅草图，如图11-63所示。绘制一个直径为3in的圆，该圆与每个竖直构件的底端同心。拉伸脚垫，深度为0.5in，如图11-64所示。

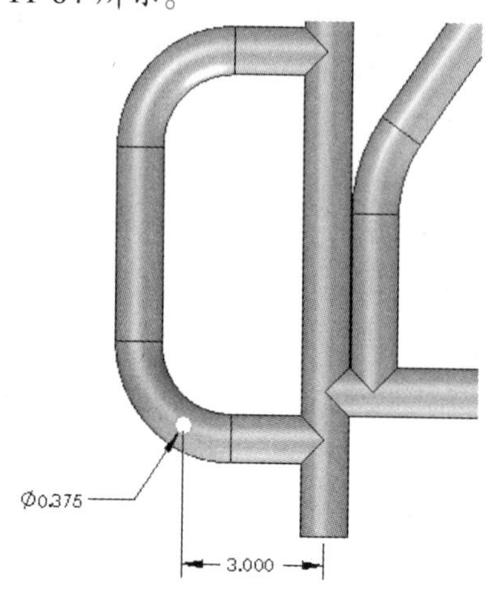

图11-62　拉伸切除

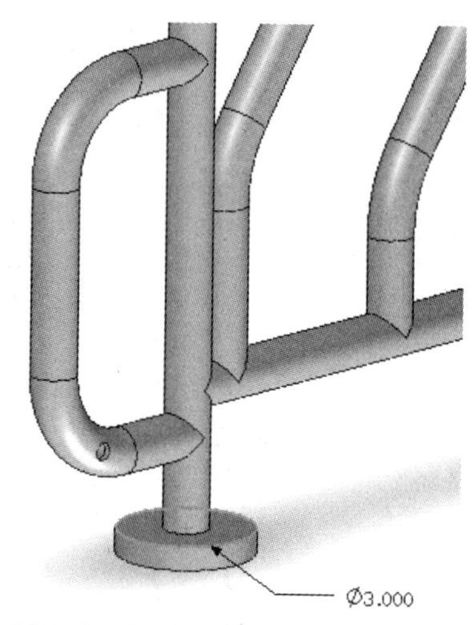

图11-63　脚垫草图

步骤10　镜像另一侧框架　选择右视基准面，通过镜像所有的实体来创建另一侧的框架，如图11-65所示。

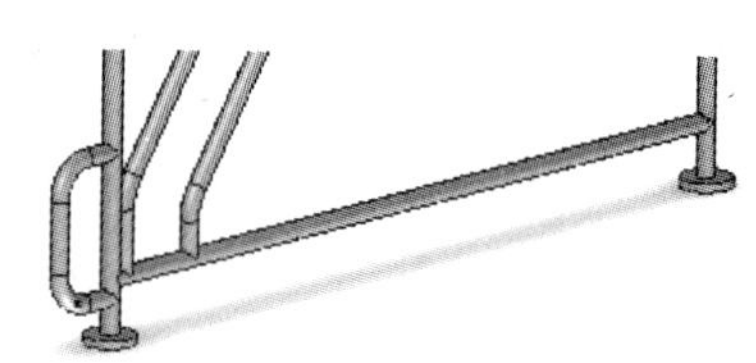

图11-64　拉伸脚垫

步骤11　绘制横梁草图　用户可以在3D或者2D草图下绘制横梁，如图11-66所示。在2D草图下可以采用以下步骤：

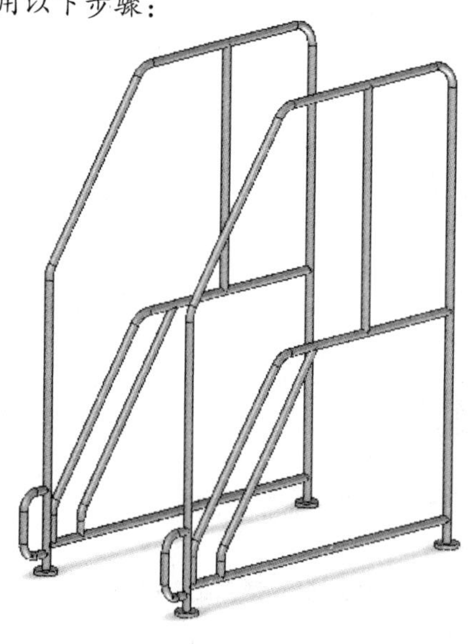

图11-65　镜像另一侧框架

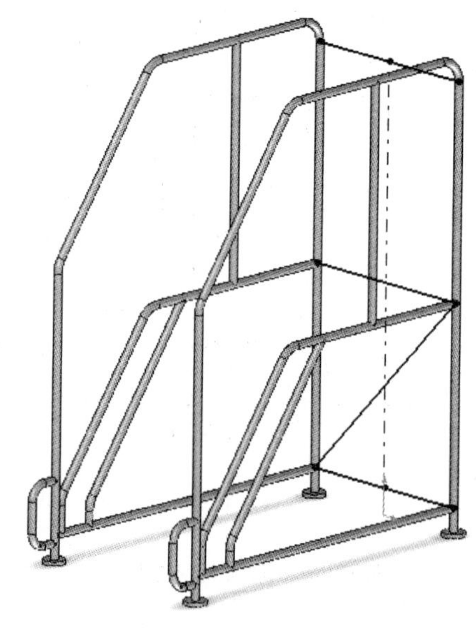

图11-66　绘制横梁草图

1）建立一个参考基准面，使它与前视基准面平行并与框架草图的一个端点重合。这样，如果框架的尺寸发生变化，那么参考基准面也会相应更新。

2）选择该新建基准面，创建2D草图。

3）绘制一条与右视基准面重合的中心线。

4）为水平路径段绘制三条线段，并且使它们的起始端点与框架草图路径段的端点重合。

5）使三条线段的中点与中心线重合。

6）最后，绘制对角线路径段。

步骤12　创建并剪裁结构构件　按需要创建结构构件并进行剪裁，如图11-67所示。

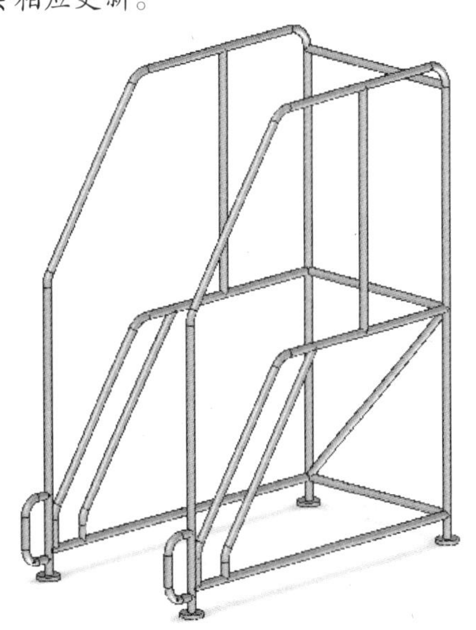

图11-67　创建结构构件

步骤13　保存零件

步骤14　创建装配体　单击【从零件/装配体制作装配体】，并选择Assembly_IN模板。在【要插入的零件/装配体】列表中，选取“Stair_Frame”。

单击【确定】，在原点插入零部件。

步骤15　保存装配体　命名该文件为“Moveable Steps”。

接下来，添加已有的钣金零件Tread到装配体中。该零件有两个配置：一个宽度为10in，另一个宽度为7in。

金属楼梯通常会有用于防滑的成形特征。用户可以从设计库中拖放一个“counter sink emboss”特征并阵列。然而，从性能的目的考虑，比较明智的方法是创建两个额外的派生配置，将这些特征在配置中压缩，如图11-68所示。

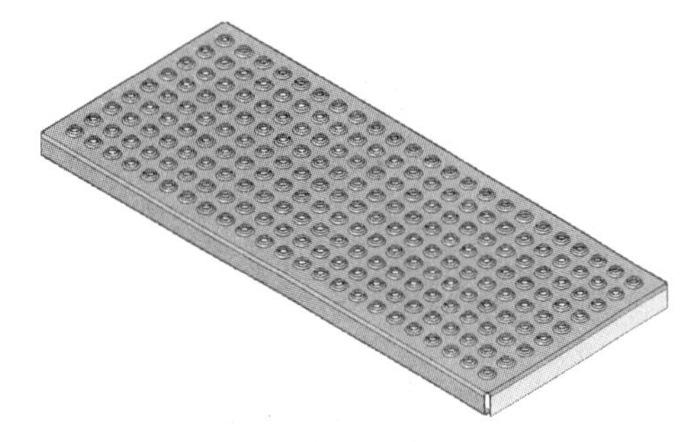

图11-68　防滑台阶

步骤16　插入零部件　单击【插入零部件】。从Lesson11\Exercises文件夹中，为装配体添加Tread零部件。使用“10×24”的配置，如图11-69所示。

步骤17　配合零部件　使用如图11-70所示的剖视图作为参考，为Tread添加如下配合：

- 零件Tread最上边的面与中间横梁的圆柱面【相切】。
- 零件Tread的背面与横梁的圆柱面【相切】。
- 零件Tread最上边的面与装配体的上视基准面【平行】。
- 零件Tread的右视基准面与装配体的右视基准面【重合】。

步骤18　添加另两个踏板　这些实例同样使用“10×24”的配置。对Tread进行配合，以完全定义该零件，如图11-71所示。

步骤19　添加楼梯踏板零部件　这些实例使用“7×24”的配置，如图11-72所示。

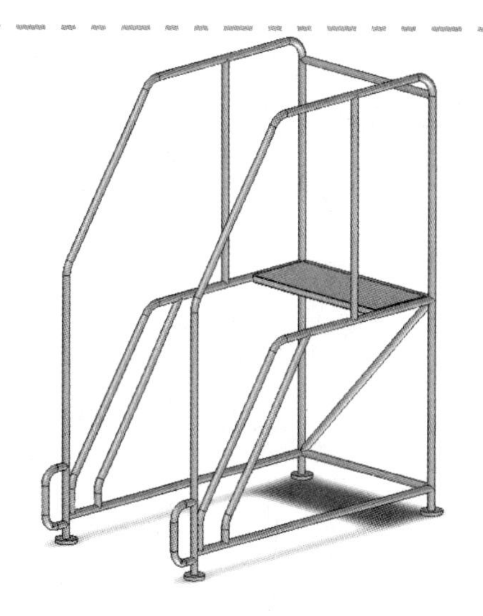

图 11-69　插入 Tread 零部件

图 11-70　参考剖视图

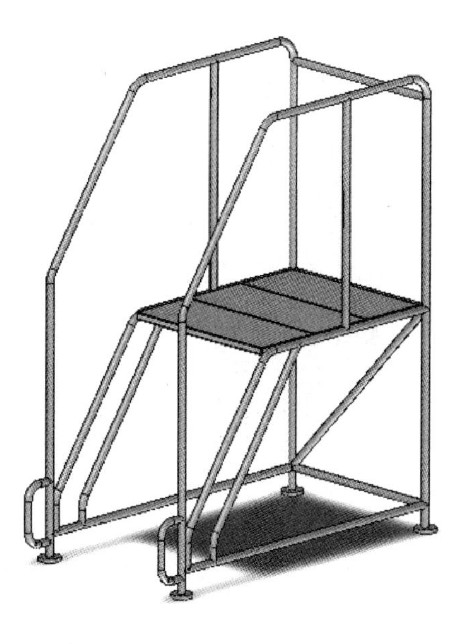

图 11-71　添加另两个踏板

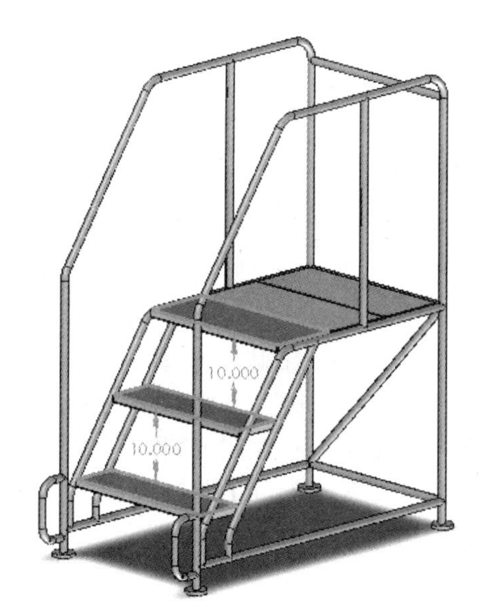

图 11-72　添加楼梯踏板零部件

对该零部件添加如下配合：

- 使用 10in 的【距离】配合来控制零部件 Tread 的上表面之间的距离。
- Tread 的背面与位于它上面的 Tread 的前面【重合】。
- Tread 的右视基准面与装配体的右视基准面【重合】。

步骤 20　添加轮子　添加两个 Wheel-4in 零部件。

对它们进行配合，使其与孔【同心】且与 Frame【相切】，如图 11-73 所示。

图 11-73　添加轮子

步骤 21　查看结果　最终结果如图 11-74 所示。

选做：

- 生成零件 Frame 的切割清单。

图 11-74　查看结果

- 创建零件 Frame 的工程图并插入切割清单表格。
- 完成装配体 Moveable Steps 的工程图，并列出材料明细表。

步骤 22　保存并关闭所有文件

附录　钣金表格

1. 表格

SOLIDWORKS 提供了几种样例表格。它们位于<安装目录>\lang\<lang>文件夹下。需要明确的是，这些表格只起示范作用。在提供的表格中，含有规格表以及带有 K-因子、折弯扣除和折弯系数的折弯表格。

对于偶尔接触钣金并使用通用的材料和规格的设计者而言，样例表格能够向其提供一定帮助。然而，随着项目的深入以及钣金范围的扩大，需要更大、更完整、更精确的表格。因此，用户需要扩展和自定义表格。

（1）样例表格　在 Sheet Metal Gauge Tables 文件夹中有下列表格：

1）简单规格表：

- sample table – steel – english units. xls。
- sample table – aluminum – metric units. xls。

2）规格表/折弯表混合：

- k – factor mm sample. xls。
- k – factor inches sample. xls。
- bend deduction mm sample. xls。
- bend deduction inches sample. xls。
- bend allowance mm sample. xls。
- bend allowance inches sample. xls。

（2）模板和其他表格　在 Sheetmetal Bend Tables 文件夹中有下列表格：

1）折弯表模板（用户可以按照需要进行自定义）：

- base bend table. xls。
- metric base bend table. xls。
- kfactor base bend table. xls。
- bend_calculation. xls。

2）对某些铜和黄铜材料增加的折弯表格：

- table1 – bend allowance. xls。
- table2 – bend allowance. xls。
- table3 – bend allowance. xls。
- table4 – metric bend allowance. xls。
- table1 – bend deduction. xls。
- table2 – bend deduction. xls。
- table3 – bend deduction. xls。

2. 自定义表格

现有表格，尤其是模板，可以由个人、公司或行业进行定制。在自定义表格时，需要遵循以下几个基本准则：

- 规格表的数值应当按照厚度值从小到大排列。也就是说，表格中每个连续的规格部分应当至少包含一个和之前部分相同厚度的数据。

• 每列中的半径值应当相等，即如果第一个规格的第一列对应的折弯半径为 1.0mm，那么之后的每个规格部分的第一列也应当保持 1.0mm。

• 所有数据列都应该被填满，不能留有空白项。

技巧 使用 100 的虚拟数值作为要忽略的标记。

• 作为这种完全填满的多规格表的替代方法，用户可为每个规格生成完全独立的文件，即每个规格只有一个表格，如附图 1 所示。

如果用户不遵循这些准则，则生成的表格有可能工作，也有可能不工作。

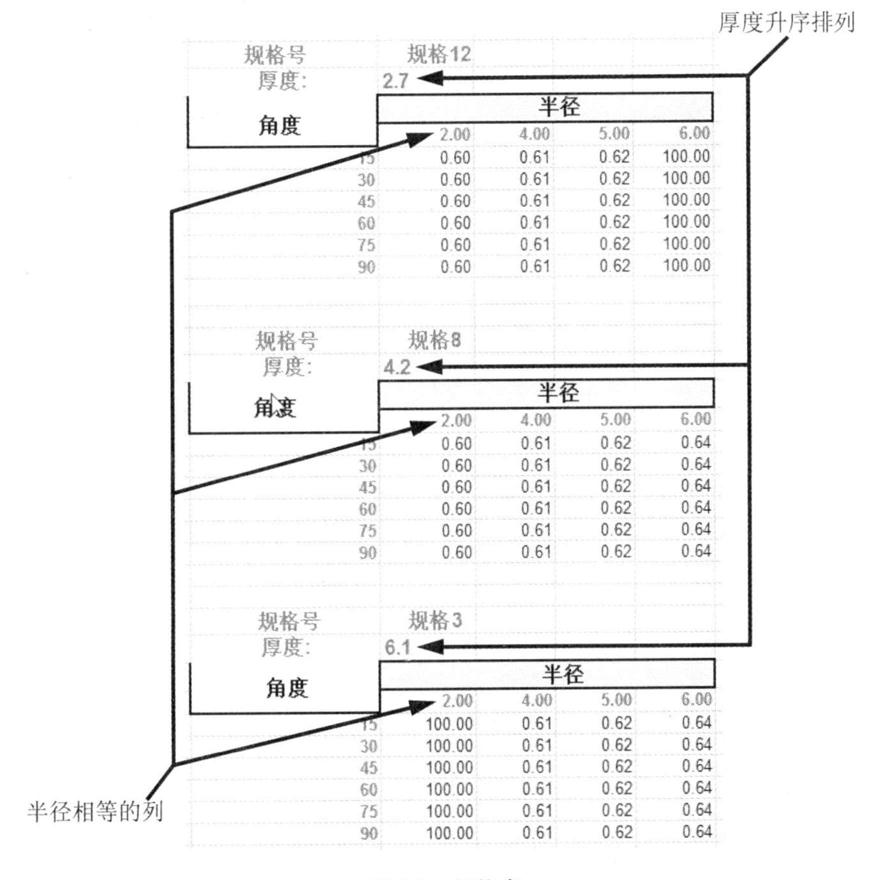

规格号 规格12　厚度: 2.7

角度	半径 2.00	4.00	5.00	6.00
15	0.60	0.61	0.62	100.00
30	0.60	0.61	0.62	100.00
45	0.60	0.61	0.62	100.00
60	0.60	0.61	0.62	100.00
75	0.60	0.61	0.62	100.00
90	0.60	0.61	0.62	100.00

规格号 规格8　厚度: 4.2

角度	半径 2.00	4.00	5.00	6.00
15	0.60	0.61	0.62	0.64
30	0.60	0.61	0.62	0.64
45	0.60	0.61	0.62	0.64
60	0.60	0.61	0.62	0.64
75	0.60	0.61	0.62	0.64
90	0.60	0.61	0.62	0.64

规格号 规格3　厚度: 6.1

角度	半径 2.00	4.00	5.00	6.00
15	100.00	0.61	0.62	0.64
30	100.00	0.61	0.62	0.64
45	100.00	0.61	0.62	0.64
60	100.00	0.61	0.62	0.64
75	100.00	0.61	0.62	0.64
90	100.00	0.61	0.62	0.64

附图 1　规格表

3. K-因子比率表格

常见的错误是使用折弯扣除或折弯系数表作为 K-因子表。

K-因子表和折弯系数/折弯扣除表的组合完全不同，它使用半径/厚度的比值，而不是像折弯系数/折弯扣除表那样只使用半径。这时候需要使用独有的 K-因子表。它们的处理方法不同，因此是不可以互换的。

注意 某些折弯系数/折弯扣除表包含一个 K－因子选项(在【折弯类型】内)，请不要使用它，因为这将带来不正确的结果。

折弯系数/折弯扣除表如附图 2 所示。

K-因子表如附图 3 所示。

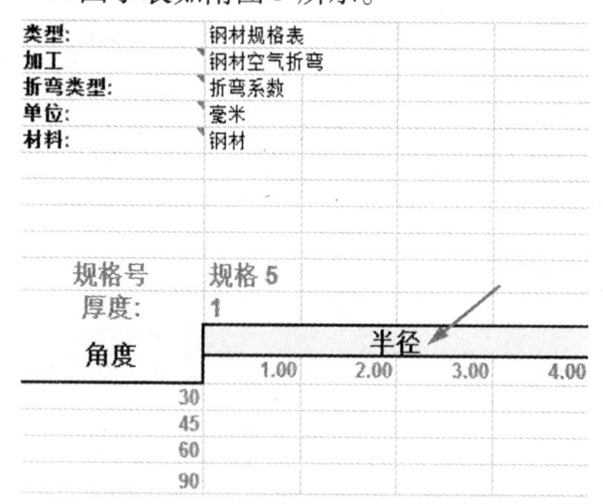

类型:	钢材规格表			
加工	钢材空气折弯			
折弯类型:	折弯系数			
单位:	毫米			
材料:	钢材			
规格号	规格 5			
厚度:	1			
角度	半径			
	1.00	2.00	3.00	4.00
30				
45				
60				
90				

附图 2　折弯系数/折弯扣除表

类型:	K-因子			
材料:	软铜和软黄铜			
角度	半径 / 厚度			
	1.00	2.00	3.00	4.00
30				
45				
60				
90				
120				
150				
180				

附图 3　K-因子表